KB132745

그림과 함께 읽는

바디

그림과 함께 읽는

바디

우리 몸 안내서

빌 브라이슨

이한음 옮김

까치

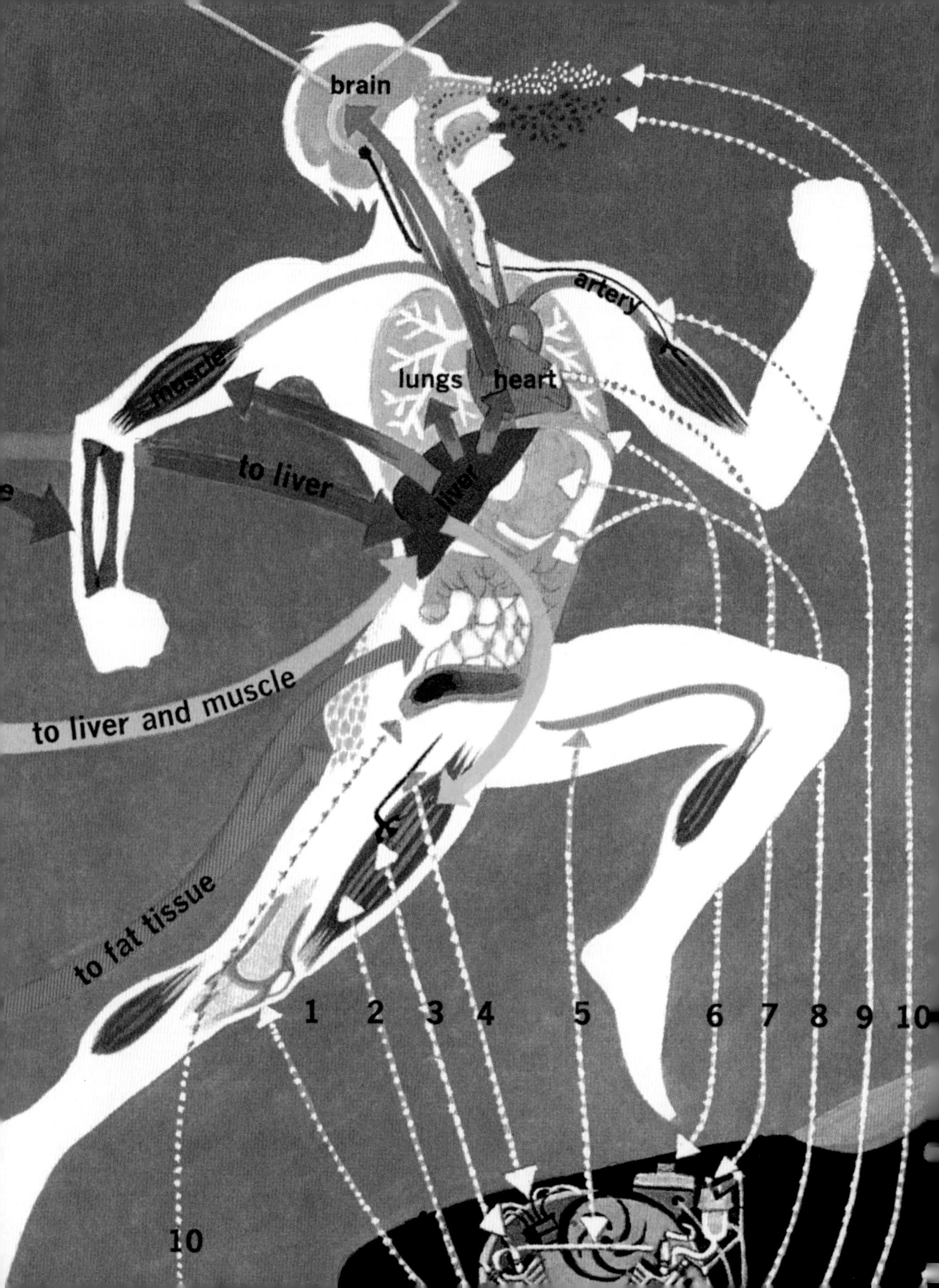
brain
artery
muscle
lungs
heart
to liver
liver
to liver and muscle
to fat tissue
1
2
3
4
5
6
7
8
9
10
10

1

사람을 만드는 방법

"그 얼마나 신과 같은가!"

윌리엄 셰익스피어

『햄릿(*Hamlet*)』

Tav. VII.ª

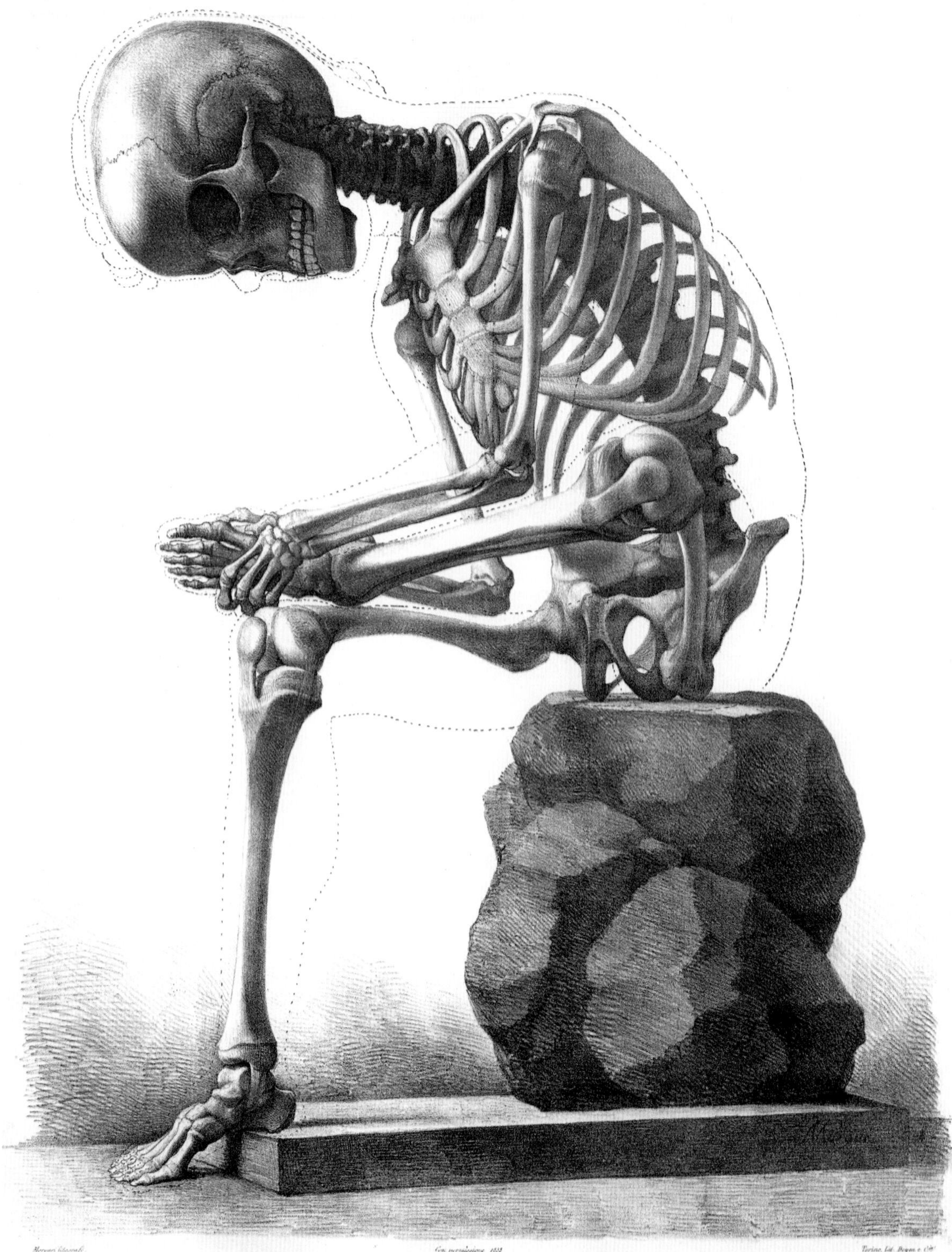

Morgari litograf. *Con permissione 1833* *Torino, Lit. Doyen e C.ie*

나는 오래 전 미국에서 중학교를 다닐 때, 생물학 선생님이 5달러쯤 들고 철물점에 가면 사람을 만드는 데에 필요한 화학물질을 모두 살 수 있을 것이라고 말씀하셨던 일이 기억난다. 실제로 정확히 얼마라고 하셨는지는 가물가물하다. 2.97달러나 13.50달러였을 수도 있다. 아무튼 1960년대 기준으로도 아주 푼돈이었다는 것은 분명하며, 여드름투성이에 자세도 구부정한 나 같은 인간을 만드는 데에 사실상 비용이 거의 안 든다는 사실에 놀랐던 생각이 난다.

나 자신이 그렇게 너무나 하찮은 존재라는 깨달음은 그 뒤로 줄곧 내 마음 한구석에 남아 있었다. 그런데 걸리는 것이 하나 있었다. 정말일까? 정말로 우리가 그 정도 가치밖에 없는 것일까?

이따금 권위 있는 (아마도 "주말에 데이트를 하러 나가지 않는 과학 전공 대학생들"이 읽을) 문헌들에 사람을 만드는 데에 필요한 재료를 구입하는 비용이 얼마나 될지 계산한 값이 종종 실리곤 한다. 대개 재미로 하는 일이다. 최근에 이루어진 시도 중에는 2013년 케임브리지 과학 축제 때 왕립화학협회가 내놓은 것이 가장 포괄적이면서 상당히 타당성이 있어 보인다. 그들은 배우 베네딕트 컴버배치를 만드는 데에 필요한 모든 원소들을 모으는 비용이 얼마나 들지를 계산했다. (컴버배치는 그해 축제의 객원 감독이었고, 편리하게도 전형적인 몸집이었다.)

협회는 사람을 만들려면 총 59가지 원소가 필요하다고 파악했다. 그중 6가지인 탄소, 산소, 수소, 질소, 칼슘, 인이 99.1퍼센트를 차지한다. 나머지 중에서 상당수는 조금 의외의 원소들이다. 몰리브덴이나 바나듐, 망가니즈, 주석, 구리가 없다면, 우리가 불완전할 것이라고 과연 누가 생각이나 하겠는가? 이런 원소들 중에는 겨우 ppm(100만 분의 1)이나 ppb(10억 분의 1) 단위로 필요한 것들도 있다는 점을 말해둘 필요가 있겠다. 예를 들면, 다른 모든 원자 999,999,999.5개당 코발트 원자는 20개, 크롬 원자는 30개만 필요하다.

사람에게서 가장 큰 비중을 차지하는 것은 산소로, 우리 몸 공간의 61퍼센트를 차지한다. 우리 몸의 약 3분의 2가 아무런 냄새도 없는 기체로 이루어졌다니 조금은 직관에 반하는 듯도 하다. 우리가 풍선처럼 가벼우면서 통통 튀지 않는 이유는 산소가 대부분 (우리 몸에서 10퍼센트를 차지하는) 수소와 결합하여 물을 이루고 있기 때문이다. 연못에서 노를 젓거나 그냥 젖은 옷을 입고 걸어본 사람이라면 다 알겠지만, 물은 놀라울 정도로 무겁다. 자연에서 가장 가벼운 축에 드는 산소와 수소라는 두 원소가 결합하여 가장 무거운 것 중의 하나를 형성한다는 것이 조금은 역설적인 듯이 느껴지겠지만, 그것이 당신

맞은편 : 작동하는 복잡성. 화가를 위한 19세기 해부학 책에 실린 이 그림은 소녀의 뼈대를 보여준다. 발에 박힌 가시를 뽑고 있는 자세를 취했을 때 뼈의 배치 양상이다. 뼈대를 감싼 점선은 나이와 키가 이 뼈대와 같은 모형에서 본뜬 살의 윤곽이다. 성서 「시편」의 한 대목처럼 우리는 정말로 "기묘하게 만들어져" 있다.

앞쪽 : 자동차와 비교한 몸. 미첼 윌슨의 1959년 책 『인체 : 구조와 작용(*The Human Body: What It Is and How It Works*)』에 실린 코르넬리우스 더빗의 그림으로, 각 신체 부위를 비슷한 기능을 하는 부품과 비교한다.

자연에서 가장 가벼운 축에 드는 산소와 수소라는 두 원소가
결합하여 가장 무거운 것 중의 하나를 형성한다는 것이
조금은 역설적인 듯이 느껴지겠지만, 그것이 당신의 본질이다.

의 본질이다. 산소와 수소는 당신의 몸에서 값이 싼 원소이기도 하다. (당신의 몸집이 베네딕트 컴버배치와 비슷하다고 가정할 때) 산소는 8.90파운드어치만 사면 되고, 수소의 가격은 16파운드를 조금 넘는 수준이다. (몸의 2.6퍼센트를 차지하는) 질소는 좀더 비싼데, 그래도 27펜스어치만 사면 된다.

그러나 그 다음 원소부터는 가격이 꽤 올라간다. 탄소는 약 14킬로그램이 필요한데, 왕립화학협회는 그만큼 구입하려면 4만4,300파운드가 든다고 보았다. (협회는 가장 순수하게 정제된 원소를 구입한다고 가정했다. 불순물이 섞인 싸구려로 인간을 만들고 싶지는 않았을 것이다.) 칼슘, 인, 칼륨은 훨씬 더 소량만 필요하지만, 그래도 4만7,000파운드어치는 사야 한다. 나머지 원소들은 대부분 단위 부피당 가격이 더욱 비싸지만, 다행히도 아주 미량만 필요하다. 토륨은 1그램당 거의 2,000파운드이지만, 우리 몸의 0.0000001퍼센트만 차지하므로 21펜스만큼만 사면 된다. 주석은 4펜스, 지르코늄과 니오븀은 각각 2펜스면 된다. 사마륨은 몸의 0.000000007퍼센트를 차지해서 거의 가격을 매기기가 불가능하다. 그래서 협회는 0.00파운드라고 적었다.

우리 몸에 있는 59가지 원소 중에서 24가지는 전통적으로 "필수 원소"라고 알려진 것들이다. 그것들이 없다면 사실상 살아갈 수 없기 때문이다. 나머지는 잡동사니라고 할 수 있다. 확실하게 이로운 것도 있고, 이로울 수도 있지만 어떤 식으로 유익한지는 아직 잘 모르는 것도 있다. 해롭지도 이롭지도 않으면서 그냥 무임승차한 것도 있고, 뻔히 해로운 것도 소수 가지고 있다. 예를 들면, 카드뮴은 몸에서 23번째로 흔한 원소로서, 몸 부피의 0.1퍼센트를 차지하지만, 독성이 매우 강하다. 카드뮴이 몸에 들어 있는 이유는 몸이 그것을 갈구하기 때문이 아니라, 식물이 흙에서 그 원소를 빨아들이고 우리가 식물을 먹음으로써 몸에 들어오기 때문이다. 만약 당신이 북아메리카에

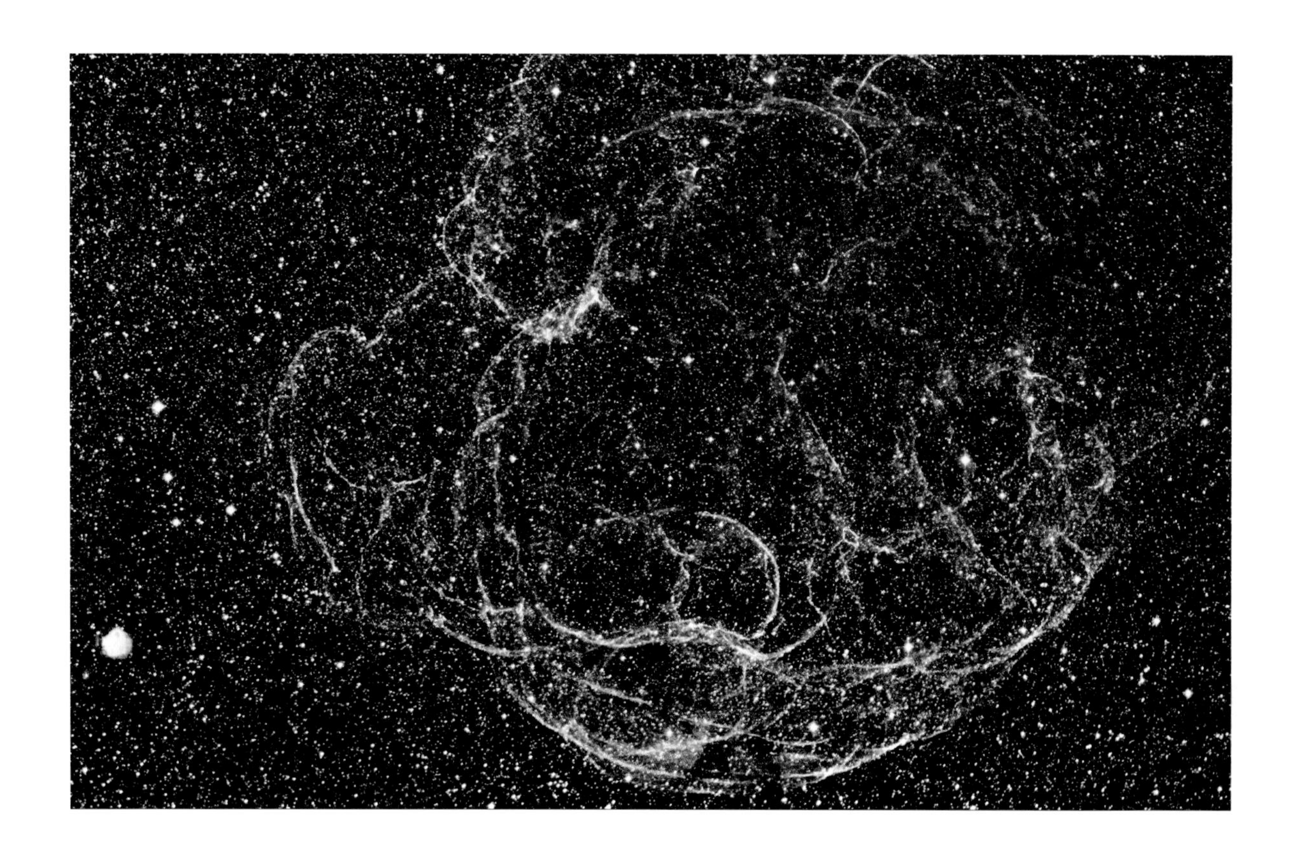

서 산다면, 아마 매일 약 80마이크로그램의 카드뮴을 섭취할 것이다. 그 카드뮴은 몸에 유익한 일을 전혀 하지 않는다.

이런 원소 수준에서 일어나는 일들 중에는 아직 밝혀지지 않은 것들이 아주 많다. 당신의 몸에서 아무 세포나 하나 떼어내어 살펴보면 셀레늄 원자가 100만 개쯤 들어 있을 것이다. 그러나 그 원소가 왜 있는지가 밝혀진 것은 최근 들어서였다. 이제 우리는 셀레늄이 두 중요한 효소의 성분이라는 것을 안다. 셀레늄 부족은 고혈압, 관절염, 빈혈, 몇몇 암과 관련이 있으며, 심지어 정자 수 감소와도 관련이 있을 가능성이 있다. 따라서 셀레늄을 섭취하면 몸에 좋다는 것은 분명하지만(견과류, 통밀 빵, 생선에 많이 들어 있다), 너무 많이 섭취하면 간에 돌이킬 수 없는 중독 증상을 일으킬 수도 있다. 삶의 많은 것들이 그렇듯이, 중용을 지키는 것이 좋지만 어디 쉬운 일인가.

왕립화학협회는 사람 좋은 베네딕트 컴버배치를 주형으로 삼아서 새로운 인간을 만들 때에 드는 총비용이 정확히 96,546.79파운드라고 했다. 여기에 인건비와 부가가치세까지 더하면 액수가 더 많이 늘어날 것이다. 그러니 20만 파운드에 한참 못 미치는 비용으로 컴버배치 한 명을 집안에 들일 수 있다면, 운이 좋은 편이라고 할 수 있을 것이다. 이것저것 다 따지면 엄청난 비용이라고는

우리를 이루는 원소들은 폭발하는 별에서 생성된다. 우리를 이루는 원소들의 특별한 점은 바로 우리를 만든다는 것이다. 그것이 바로 생명의 기적이다.

이것이 우리 자신에 관한 가장 놀라운 점이라는 데에는 의문의 여지가 없다. 우리가 쓰레기 더미에서도 찾아낼 수 있는 것들과 동일한 불활성 성분들을 그러모은 것에 불과하다는 점 말이다.

할 수 없지만, 예전에 나의 중학교 선생님이 말씀하셨던 몇 달러 수준은 아니라는 것은 분명하다. 2012년에 미국의 공영방송인 PBS의 장수 과학 프로그램 「노바(Nova)」에서도 "원소 사냥"이라는 제목으로 똑같은 분석을 한 적이 있다. 그 프로그램에서는 인체를 이루는 기본 성분들의 값이 168달러라고 계산했다. 이런 가격 차이는 이 책에서 피치 못하게 마주치게 될 하나의 요점을 잘 보여준다. 인체에는 세세하게 따지고 들어가면 놀라울 만치 불확실한 부분들이 많다는 것이다.

물론 이 추정값은 사실 전혀 중요하지 않다. 그 원소들을 얼마를 주고 사서 얼마나 꼼꼼하게 섞든지 간에, 사람이 만들어지지는 않을 테니까. 생존해 있거나 지금까지 살았던 가장 명석한 사람들을 한데 모아서 인류의 모든 지식을 동원한다고 할지라도, 그들은 베네딕트 컴버배치를 복제하기는커녕, 살아 있는 세포 하나조차도 만들지 못할 것이다.

이것이 우리 자신에 관한 가장 놀라운 점이라는 데에는 의문의 여지가 없다. 우리가 쓰레기 더미에서도 찾아낼 수 있는 것들과 동일한 불활성 성분들을 그냥 그러모은 것에 불과하다는 점 말이다. 이전에 다른 저서에서도 했던 말을 여기에서 다시 한번 하련다. 그럴 가치가 충분하다고 생각하기 때문이다. 우리를 이루는 원소들에 특별한 점이 있다면, 바로 우리를 이루고 있다는 것뿐이다. 그것이 바로 생명의 기적이다.

우리는 꿈틀거리는 이 따뜻한 살덩어리 안에 자신이 있다고 생각하지만, 몸을 거의 당연한 것으로 보고 별 관심도 기울이지 않는다. 지라(비장)가 대강 어디에 있고 무슨 일을 하는지 아는 사람이 얼마나 될까? 힘줄과 인대의 차이는? 림프절이 무슨 일을 하는지는? 자신이 하루에 눈을 몇 번이나 깜박이는지 아는가? 500번? 아니 1,000번? 물론 전혀 모르고 하는 소리이다. 당신은 하루에 약 1만4,000번 눈을 깜박인다. 달리 말하면, 하루에 깨어 있는 시간 중에서 약 23분은 눈을 감고 있는 셈이다. 그러나 우리는 굳이 그 일에 신경을 쓸 필요가 없다. 하루의 매초마다 우리 몸은 단 한순간도 주의를 기울일 필요가 없는 상

혈관 속을 바쁘게 돌아다니면서 산소를 전달하는 적혈구를 찍은 광학현미경 사진. 적혈구는 몸에서 매일 1분에 수백만 개씩 만들어진다.

태에서 말 그대로 이루 헤아릴 수 없이 많은 일들을 하고 있기 때문이다. 1,000조든, 100양이든, 1극이든, 1천나유타(실제로 있는 단위들이다)든 간에 이루 상상할 수도 없을 만큼 많은 일들을 하고 있다.

이 문장을 읽기 시작하면서 1초쯤 지나는 사이에 당신의 몸은 적혈구를 100만 개 만들었다. 그 적혈구들은 이미 혈관을 따라 바쁘게 돌면서 우리의 생명을 유지하고 있다. 이 적혈구 하나하나는 당신의 몸속을 약 15만 번 돌면서 세포로 산소를 전달하고, 낡아서 쓸모가 없어지면 우리 몸의 유지라는 더 큰 대의를 위해서 자신을 다른 세포의 처분에 내맡김으로써 조용히 삶을 마감한다.

당신을 만드는 데에는 총 70억 × 10억 × 10억(7,000,000,000,000,000,000,000,000,000, 즉 7자) 개의 원자가 들어간다. 그 70억 × 10억 × 10억 개의 원자가 당신이 되기를 매우 절실히 원할 이유가 있는지 여부는 아무도 모른다. 어쨌거나 원자는 그 어떤 생각도 개념도 지니지 못한 그냥 입자일 뿐이다. 그러나 그 원자들은 당신이 존재하는 동안, 어떻게든 당신이 계속 활동을 하고, 당신

1930년대의 이 조금 으스스한 그림이 보여주듯이, 허파의 호흡 표면을 전부 펼치면 테니스 코트만 하다.

을 당신으로 만들고, 당신에게 형태와 모습을 제공하고, 당신이 삶이라는 희귀하면서 대단히 흡족한 조건을 즐길 수 있도록 필요한 모든 무수한 체계들과 구조들을 만들고 유지할 것이다.

그 일은 당신이 실감하는 차원을 훨씬 넘어서는 엄청난 규모이다. 전부 풀어헤치면 당신은 정말로 엄청난 존재이다. 당신의 허파는 모두 펼치면 테니스 코트만 하며, 그 안에 든 공기 통로들은 모조리 이으면 런던에서 모스크바까지 뻗어갈 것이다. 몸의 혈관을 전부 이으면 지구를 두 바퀴 반 감을 만큼이 될 것이다. 그중에서도 가장 인상적인 것은 DNA이다. 모든 세포에는 모조리 이으면 1미터쯤 되는 DNA가 빽빽하게 감겨서 들어 있다. 몸에는 세포가 아주 많으므로, 몸에 든 모든 DNA를 한 가닥으로 죽 이으면 160억 킬로미터는 된다. 명왕성 너머까지 뻗어나갈 길이이다. 이렇게 생각해보라. 당신 안에는 태양계를 벗어날 만큼 긴 것이 들어 있다고. 당신은 말 그대로 우주적인 존재이다.

그러나 당신의 원자는 단지 기본 구성단위일 뿐이며, 그 자체로 살아 있는 것이 아니다. 생명이 정확히 어디에서 시작되었는지는 말하기가 쉽지 않다. 생명의 기본 단위는 세포이다. 그 말에는 모두가 동의한다. 세포는 분주하게 일하는 것들—리보솜과 단백질, DNA, RNA, 미토콘드리아, 그밖의 많은 미세한 것들—로 가득하지만, 어느 것도 그 자체로는 살아 있지 않다. 세포 자체는 그것들을 담고 있는 칸막이, 일종의 작은 방, 격실일 뿐이며, 그 칸막이 자체는 다른 여느 방들과 마찬가지로 살아 있지 않다. 그러나 이 모든 것들이 어떻게든 하나로 모이면, 당신은 생명을 가지게 된다. 과학은 아직 그 부분을 규명하지 못하고 있다. 내 마음 한구석에서는 앞으로도 죽 그러기를 바라고 있다.

아마 가장 놀라운 부분은 세포에 관리자가 전혀 없다는 점일 것이다. 세포의 각 성분은 다른 성분들로부터 오는 신호에 반응한다. 이 모든 성분들은 아주 많은 범퍼카들이 모여 있는 것처럼 서로 부딪히고 뒤엉키곤 하지만, 어찌된 영문인지 몰라도 이 모든 무작위 운동들로부터 매끄럽고 조화로운 활동이 출현한다. 세포 속 전체에서만이 아니라, 당신 개인의 우주인 몸의 각 부위들에서도 세포들은 서로 의사소통을 하면서 몸 전체를 조화롭게 움직인다.

몸에는 세포가 아주 많으므로, 몸에 든 모든 DNA를 한 가닥으로 죽 이으면 160억 킬로미터는 된다. 명왕성 너머까지 뻗어나갈 길이이다.

세포의 중심은 세포핵이다. 그 안에는 세포의 DNA가 들어 있다. 앞에서 말했듯이 길이가 1미터에 달하는 DNA는 칭칭 감겨서 우리가 무한소(無限小)라고 부를 만한 공간 안에 들어가 있다. 그렇게 긴 DNA가 세포핵 안에 들어갈 수 있는 이유는 아주 가늘기 때문이다. DNA 200억 가닥을 나란히 늘어놓아야만 사람의 가장 가느다란 머리카락 굵기만 해질 것이다. 게다가 우리 몸의 모든 세포(엄밀히 말하면, 세포핵을 지닌 모든 세포)에는 DNA 사본이 2개 들어 있다. 그렇기 때문에 몸의 DNA를 전부 이으면 명왕성 너머까지 뻗을 만큼 긴 것이다.

DNA가 존재하는 이유는 단 하나, DNA를 더 많이 만들기 위해서이다. 우리의 DNA는 그저 우리를 만드는 제작 설명서일 뿐이다. 생물 교과서뿐만 아니라 무수한 텔레비전 프로그램을 통해서 접했을 테니 당신도 분명 기억하고 있을 것이다. DNA 분자가 두 가닥이 서로 연결되어 비틀린 사다리 모양의, 유명한 이중나선 구조를 이루고 있다는 것을 말이다. DNA는 염색체라는 큰 토막으로 나뉘어 있고, 각 염색체는 유전자라는 더 짧은 개별 단위들로 이루어진다. 유전자의 총합이 바로 유전체이다.

생명의 사용 설명서를 담은 유능한 복제자인 DNA 이중나선을 컴퓨터로 재현한 이미지. DNA는 놀라울 만치 안정적인 분자이기도 하다. 우리 몸의 각 세포에는 아주 긴 DNA 분자가 빽빽하게 감긴 채 들어 있다.

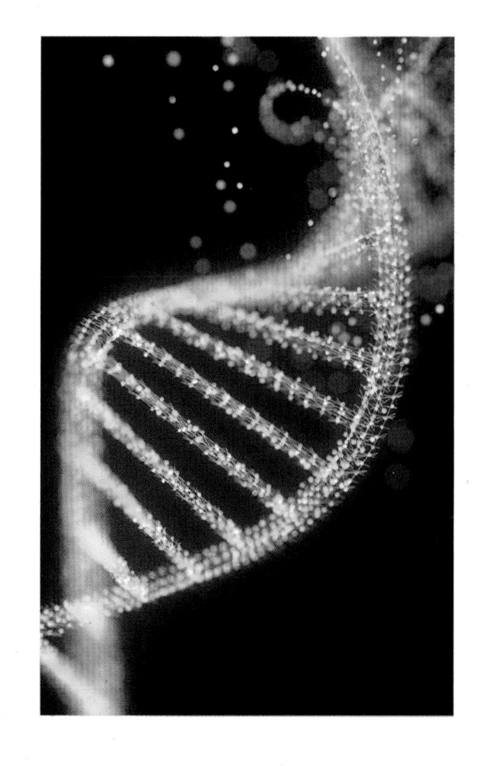

DNA는 대단히 안정적이어서 수만 년 동안 존속할 수 있다. 덕분에 현재 과학자들은 먼 과거의 인류도 연구할 수 있다. 편지든 보석이든 애지중지하는 가보든 간에 당신이 지금 가지고 있는 물품들 중에서 1,000년 동안 남아 있을 것은 아마 없겠지만, 당신의 DNA는 남을 것이 거의 확실하며, 누군가가 굳이 살펴보고자 마음을 먹는다면 복원도 가능할 것이다. DNA는 정보를 대단히 충실하게 전달한다. 복제되는 문자 10억 개당 약 1개꼴로 오류가 일어날 뿐이다. 세포 분열이 한 번 일어날 때, 이 오류, 즉 돌연변이는 3개쯤 생긴다. 몸은 이 돌연변이들을 대부분 무시할 수 있지만, 아주 이따금 지속적인 의미를 지니는 것이 생겨난다. 그것이

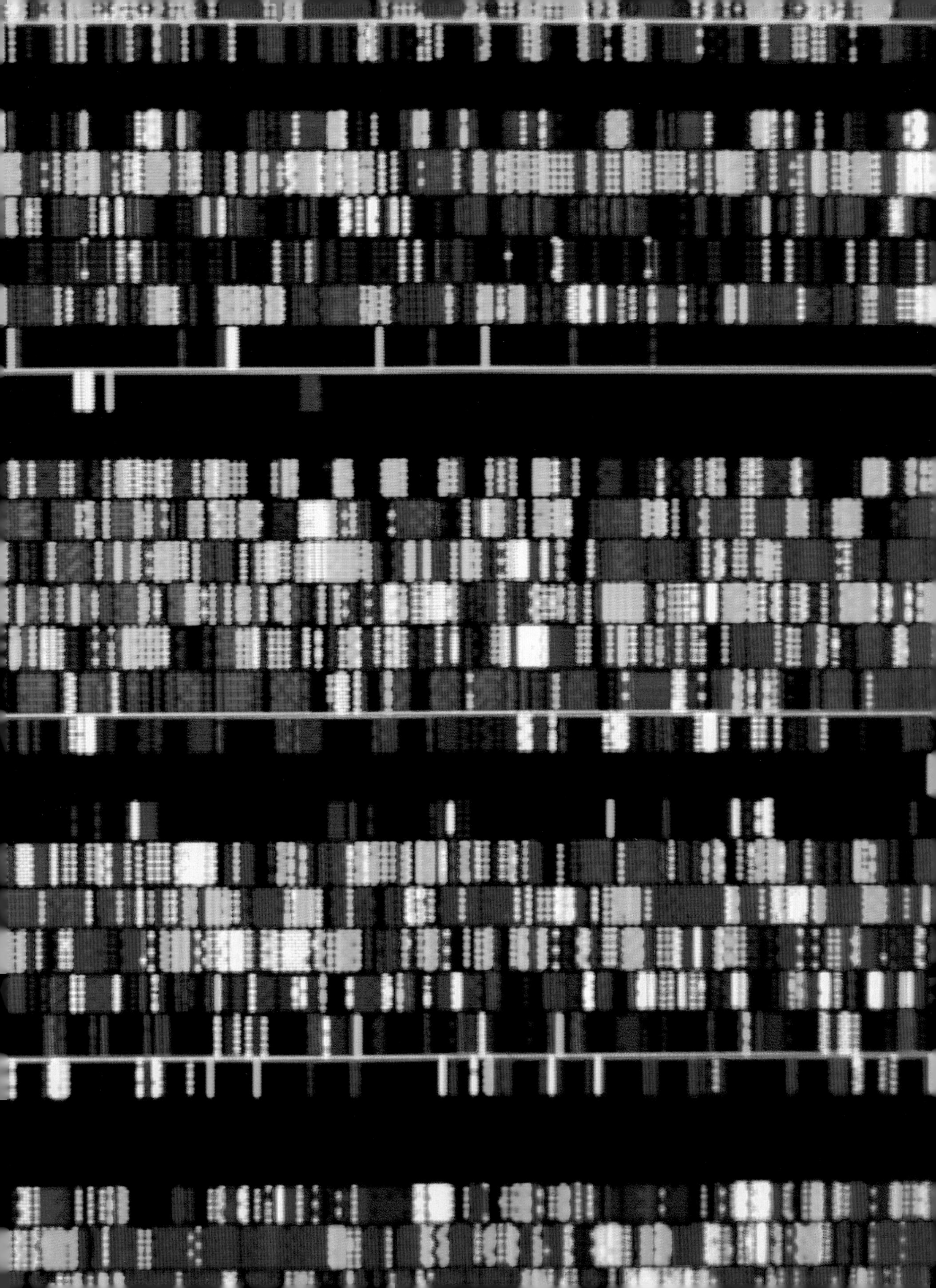

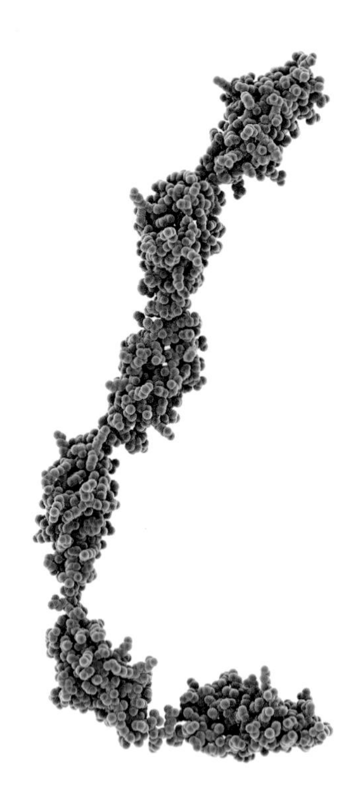

유전자는 단백질을 만들고, 단백질은 아주 많은 일을 한다. 이 컴퓨터 시뮬레이션은 근육의 탄성 조절을 돕는 화학적 고무줄 역할을 하는 티틴 단백질의 일부이다.

앞쪽 : 인간 유전체 계획 당시에 케임브리지의 생어 연구소에서 분석한 사람 DNA 서열을 보여주는 디지털 이미지. 유전체를 이루는 다양한 화합물들이 서로 다른 색깔로 표시되어 있다.

바로 신화이다.

유전체의 모든 성분들은 오직 단 한 가지 목적을 가진다. 당신의 혈통을 계속 잇는 것이다. 당신이 지닌 유전자들이 엄청나게 오래되었으며 아마도 영속할 가능성이 있다—아무튼 지금까지는 그랬으니까—고 생각하면 조금은 겸허해진다. 당신은 죽어서 사라지겠지만, 당신의 유전자는 당신과 당신의 자손들이 계속 대를 이어가는 한 존속할 것이다. 그리고 생명이 시작된 이래로 30억 년 동안 당신에게로 이어진 혈통이 단 한번도 끊이지 않았다는 점을 생각하면 놀랍기 그지없다. 당신이 지금 여기에 있다는 것은 당신의 모든 선조들이 삶이 끝나기 전에 자신의 유전물질을 다음 세대에게 전달하는 데에 성공했다는 의미이다. 그렇지 않았다면, 대가 이어지지 못했을 것이다. 성공으로 이어진 사슬이었다.

구체적으로 유전자가 하는 일은 단백질을 만들 명령문을 제공하는 것이다. 몸에서 유용한 것들의 대다수는 단백질이다. 그중에는 화학적 변화를 촉진하는 효소가 있고, 또한 화학적 메시지를 전달하는 호르몬도 있다. 병원체를 공격하는 것들은 항체라고 불린다. 우리 몸의 단백질 중에서 가장 큰 것은 티틴(titin)으로, 근육의 탄성 조절을 돕는다. 화학적으로 기술하면, 문자 189,819개로 이루어져 있다. 사전이 화학적 표기를 받아들인다면, 영어로 적힌 가장 긴 단어가 되는 셈이다. 우리 몸 안에 몇 종류의 단백질이 있는지는 아무도 모른다. 추정값도 수십만 가지에서 100만 가지 이상까지 다양하다.

유전학의 역설은 우리 모두가 서로 전혀 다르면서도 유전적으로는 사실상 동일하다는 것이다. 모든 사람은 DNA의 99.9퍼센트가 같지만, 그럼에도 어느 누구도 똑같지 않다. 나의 DNA와 당신의 DNA는 약 300만–400만 곳이 다를 것이다. 전체적으로 보면 미미한 비율이지만, 그래도 우리를 다르게 만들기에는 충분하다. 또 당신은 약 100개의 개인적인 돌연변이를 가지고 있다. 당신에게 유전자를 물려준 부모에게는 없고 당신에게만 있는 유전자 돌연변이이다.

이 모든 것들이 구체적으로 어떻게 작용하는지는 아직 대체로 수수께끼로 남아 있다. 사람의 유전체 중 단백질의 암호를 가진 것은 2퍼센트에 불과하다. 바꿔 말하면, 단 2퍼센트만이 확실히 드러나면서 명백하게 실질적인 일을 한다. 나머지가 무슨 일을 하는지는 거의 밝혀지지 않았다. 그중 상당수는 피부의 주근깨처럼, 그냥 있을 뿐인 것처럼 보인다. 아무런 의미도 없는 것들도 있다. Alu 인자(Alu element)라는 유달리 짧은 서열은 우리 유전체 전체에 100만 번 넘게 되풀이해서 나타난다. 때로는 중요한 단백질 암호 유전자의 한가운데이 점은 의문의 여지가 없다. 당신은 진정으로 경이로운 존재이다. 그러나 당신이 그렇다면, 지렁이도 마땅히 그렇다.

에 끼워져 있기도 한다. 우리가 아는 한 아무런 의미도 없는 서열이지만, 우리 유전물질의 10퍼센트를 차지한다. 유전체의 이런 수수께끼 같은 부위들을 전에는 정크(junk) DNA라고 했지만, 지금은 암흑(dark) DNA라는 좀더 우아한 이름으로 부른다. 그것들이 무엇을 하는지 또는 왜 있는지를 모른다는 뜻이다. 그중 일부는 유전자 조절에 관여하지만, 나머지 대부분은 아직 미지의 상태로 남아 있다.

몸은 종종 기계에 비유되고는 하는데, 그보다는 훨씬 더 뛰어나다. (대체로) 정기 수리를 받거나 예비 부품으로 교체할 필요 없이 하루 24시간 내내 수십 년간 가동되고, 물과 몇 종류의 유기화합물로 작동하며, 부드러우면서 조금은 사랑스럽고, 이동성과 융통성을 갖추고, 열정적으로 스스로 번식을 하고, 농담을 주고받고, 애정을 느끼고, 저녁노을을 감상하고, 시원한 산들바람을 느낀다. 이런 일들 중에서 어느 하나라도 할 수 있는 기계를 과연 얼마나 많이 알고 있는가? 이 점은 의문의 여지가 없다. 당신은 진정으로 경이로운 존재이다. 그러나 당신이 그렇다면, 지렁이도 마땅히 그렇다.

그렇다면 우리는 자기 존재의 영광을 어떻게 찬미하고 있을까? 음, 대다수는 운동을 최소로 하고 최대한 많이 먹음으로써 찬미한다. 당신이 온갖 정크푸드를 목으로 집어넣으면서 인생의 얼마나 많은 시간을 빛을 내는 화면 앞에서 거의 식물인간 상태로 축 늘어져서 보내는지를 생각해보라. 그러나 어떤 친절하면서 기적적인 방식으로 우리 몸은 우리를 돌보고, 우리가 입으로 집어넣는 잡다한 음식물로부터 영양소를 추출하고, 수십 년 동안 일반적으로 꽤 높은 수준으로 어떻게든 계속 몸을 유지한다. 생활습관을

기계와 그 너머 : 독일의 의사 프리츠 칸이 "산업의 궁전"으로 묘사한 인체. 그는 누구보다 앞서서 1920년대에 인포그래픽을 활용한 책들을 씀으로써 인체의 해부 구조를 기계에 비유한 관점을 널리 퍼뜨렸다.

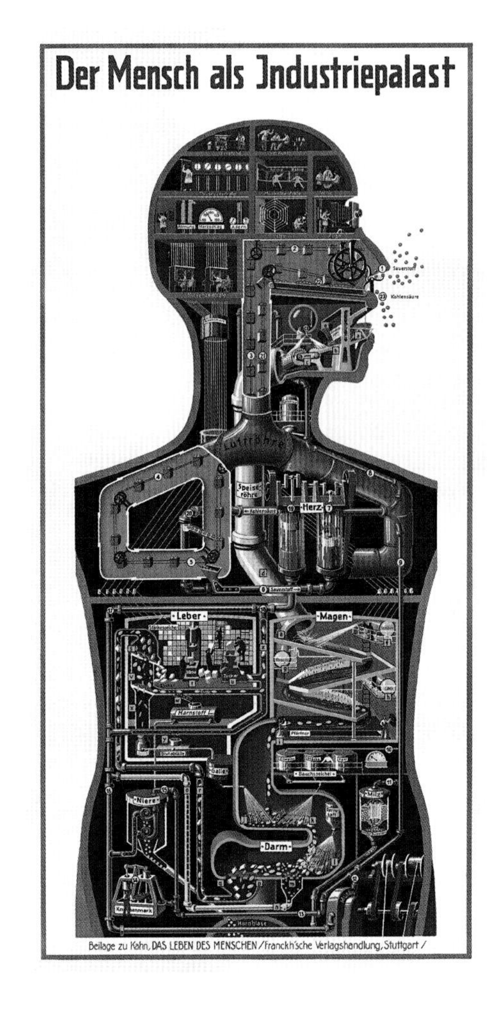

우리를 죽일 수 있는 것들은 수천 가지이다. 그리고 우리는 그 하나하나를 전부 피하다가 한 가지에 걸릴 뿐이다. 우리 대다수에게는 그리 나쁜 장사가 아니다.

이용한 자살에는 오랜 시간이 걸린다.

설령 거의 모든 일에서 잘못된 생활습관을 채택할 때에도, 우리 몸은 우리를 유지하고 보존한다. 우리 대다수는 이런저런 방식으로 그렇다는 것을 증언한다. 흡연자 6명 중 5명은 폐암에 걸리지 않을 것이다. 심근경색의 가장 유력한 후보자들 중 대다수는 심근경색을 일으키지 않는다. 매일 우리 세포 중 1–5개는 발암성을 띠고, 면역계가 그것들을 포착하여 죽이는 것으로 추정되어왔다. 이렇게 생각해보라. 일주일에 20여 번, 1년이면 1,000번 넘게 당신은 이 시대의 가장 끔찍한 병에 걸리지만, 그때마다 당신의 몸은 당신을 구하고 있는 것이다. 물론 아주 이따금 암이 심각하게 진행되어 우리의 목숨을 앗아갈 수도 있지만, 전반적으로 보면 암은 드물다. 몸에 있는 세포들은 대부분 잘못되는 일 없이 계속 복제되고 또 복제된다. 암은 죽음의 흔한 원인일 수 있지만, 인생에서 흔한 사건은 아니다.

우리 몸은 거의 줄곧 다소 완벽하게 조화로운 방식으로 작동하는 37.2조 개의 세포로 이루어진 우주이다.* 두통, 배앓이, 별난 멍이나 뾰루지는 모두 우리가 불완전함을 선언하는 정상적인 과정들이다. 우리를 죽일 수 있는 것들은 수천 가지이다. 세계보건기구가 집대성한 국제질병 사인 분류에 따르면, 약 8,000가지가 넘는다. 그리고 우리는 그 하나하나를 전부 피하다가 한 가지에 걸릴 뿐이다. 우리 대다수에게는 그리 나쁜 장사가 아니다.

분명히 우리는 어느 모로 보나 완벽하지 않다. 우리는 턱이 너무 작아지는 쪽으로 진화했기 때문에 타고난 치아를 다 받아들이지 못해서 매복 사랑니가 있으며, 골반이 너무 작아서 아기를 낳을 때에 끔찍한 고통을 겪어야 한다. 그리고 절망적일 만큼 요통에 걸리기 쉽다. 우리가 가진 장기들은 대부분 자체 복구가 되지 않는다. 제브라피시는 심장이 손상되면, 새 조직이 자란다. 그러나

....

* 이 수는 물론 지금까지 밝혀진 것을 토대로 한 추측이다. 사람의 세포는 종류, 크기, 밀도가 다양하며, 말 그대로 이루 헤아릴 수가 없다. 37.2조라는 수는 2013년 이탈리아 볼로냐 대학교의 에바 비앙코니가 이끄는 유럽의 과학자들이 『인간 생물학 연보(*Annals of Human Biology*)』에 발표한 것이다.

우리에게 심장 손상은 치명적인 문제가 된다. 거의 모든 동물은 스스로 비타민 C를 만들지만, 우리는 하지 못한다. 우리는 그 생산 과정의 모든 단계들을 갖추고는 있다. 그런데 이해할 수 없게도 마지막 단계를 이루는 효소만 없다.

인간 삶의 기적은 우리가 어떤 약점들을 타고난다는 것이 아니라, 그것들에 매몰되지 않는다는 것이다. 당신의 유전자는 심지어 거의 대부분의 시간 동안에 인간도 아니었던 먼 조상들로부터 온 것임을 잊지 말기를. 그들 중에는 물고기도 있었다. 작고 털로 덮이고 굴속에서 살던 조상들도 많았다. 우리의 체제는 그들로부터 물려받은 것이다. 우리는 30억 년에 걸친 진화적 비틀고 다듬기의 산물이다. 아예 새롭게 시작하여 우리 호모 사피엔스에게 필요한 것들을 갖춘 몸을 지닌다면 훨씬 더 나을 것이다. 무릎과 등이 망가지지 않은 채 서서 걷고, 목이 메어 캑캑거릴 위험 없이 음식을 삼키고, 자판기에서 뽑아내듯이 아기를 쑥쑥 낳는 몸을 갖춘다면 말이다. 그러나 우리는 그런 식으로 만들어지지 않았다. 우리는 따뜻하고 얕은 바다에서 떠다니는 단세포 방울로서 기나긴 역사를 거치는 여행을 시작했다. 그 뒤로 일어난 모든 일들은 하나의 기나긴 흥미로운 사건이었지만, 꽤 영광스러운 사건이기도 했다. 이 책의 이어지는 부분들에서 그 점이 명확히 드러나기를 기대한다.

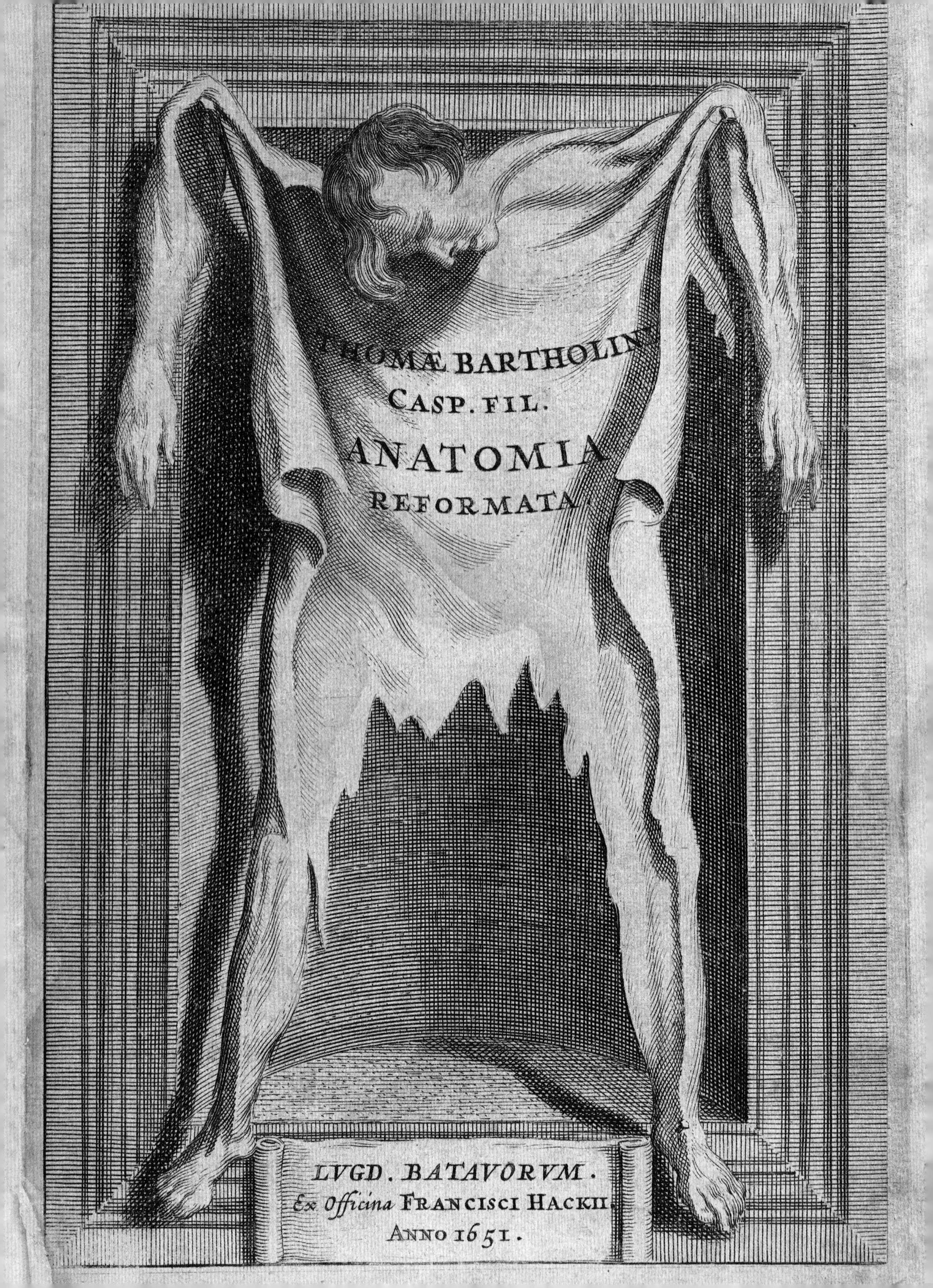
THOMÆ BARTHOLINI
CASP. FIL.
ANATOMIA
REFORMATA
LVGD. BATAVORVM.
Ex Officina FRANCISCI HACKII.
ANNO 1651.

2

바깥 : 피부와 털

"아름다움은 피부 한 꺼풀에 불과하지만, 추함은 뼛속까지 파고든다."

도로시 파커

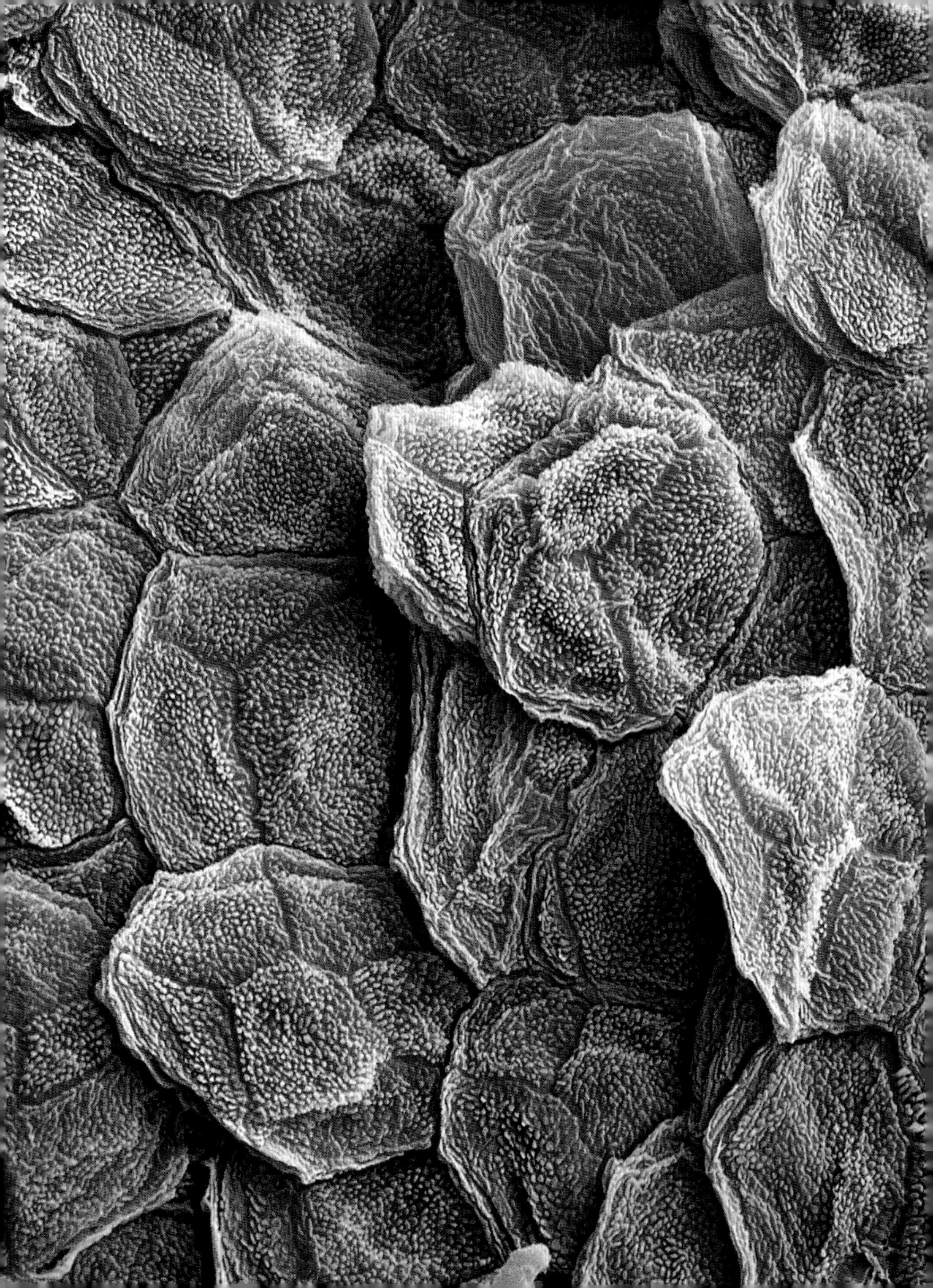

I

생각해보면 조금 놀랄지도 모르지만, 우리 피부는 몸에서 가장 큰 기관이자, 아마 가장 다재다능한 기관일 것이다. 피부는 나쁜 것들이 들어오지 못하게 막고, 안에 있는 나쁜 것들을 배출한다. 충격을 완화한다. 촉감을 통해서 쾌감과 온기와 아픔 등 우리를 살아 있게 만드는 거의 모든 느낌을 일으킨다. 멜라닌을 생성하여 햇빛을 가린다. 우리가 피부를 혹사하면 스스로 복구한다. 우리가 내세울 수 있는 아름다움의 원천이 된다. 우리를 보살핀다.

피부의 정식 명칭은 피부계(cutaneous system)이다. 면적은 약 2제곱미터이며, 피부를 다 모으면 무게가 약 5–7킬로그램이 될 것이다. 당연히 키, 엉덩이와 배의 둘레에 따라서 많이 달라진다. 피부는 눈꺼풀이 가장 얇고(0.02밀리미터에 불과하다), 손바닥 아래쪽과 발뒤꿈치가 가장 두껍다. 심장이나 콩팥과 달리, 피부는 결코 고장 나지 않는다. 피부에 관한 모든 것의 권위자인 펜실베이니아 주립대학교 인류학과 교수인 니나 자블론스키는 이렇게 말한다. "우리의 솔기는 터지는 법이 없어요. 저절로 벌어져서 새는 일이 없지요."

피부는 진피라는 안쪽 층과 표피라는 바깥쪽 층으로 이루어진다. 표피의 가장 바깥 표면은 각질층인데, 전부 죽은 세포로 이루어져 있다. 우리를 사랑스러워 보이게 하는 것이 모두 죽은 것이라니 흥미롭다. 몸이 공기와 만나는 지점만 보면, 우리는 모두 시체이다. 이 바깥 피부세포들은 매달 교체된다. 우리는 거의 알아차리지 못한 상태에서 많은 피부를 떨군다. 1분에 약 2만5,000개, 즉 1시간에 100만 개가 넘는 피부 조각이 떨어져 나간다. 손가락으로 책꽂이에 내려앉은 먼지를 죽 훑으면, 대체로 예전의 자신이었던 것의 잔해들을 헤치면서 길을 내는 셈이 된다. 소리 없이 그리고 냉혹하게 우리는 먼지로 변해간다.

이런 피부 조각을 전문용어로는 비늘(squame)이라고도 한다. 해마다 약 500그램의 피부가 먼지가 되어 쌓인다. 진공청소기로 빨아들인 먼지들을 태우면, 주된 냄새는 머리카락 타는 냄새와 똑같다. 우리의 피부와 머리카락이 대체로 케라틴이라는 동일한 물질로 되어 있기 때문이다.

표피 밑에는 더 왕성하게 활동하는 진피가 있다. 혈관과 림프관, 신경섬유, 털집(모낭), 땀샘과 피부기름샘(피지샘) 등 활동하는 체계들이 모두 들어 있다. 진피 밑은 지방이 저장되어 있는 피부밑층(피하층)이다. 이 층은 학술적으로는 피부가 아니다. 피부계에 속하지는 않지만, 이 층은 에너지를 저장하고, 단열을 하고, 피부를 몸에 부착시키는 역할을 하므로, 몸의 중요한 부위이다.

맞은편: 피부의 가장 바깥층에 붙어 있는 이 피부 조각들은 죽은 것이며, 곧 떨어져 나가고 밑에서 새 세포들이 자라 그 자리를 대신하게 된다. 떨어져 나간 조각들은 여기저기 흩날리다가 표면에 쌓여서 우리 눈에 먼지로 보이게 된다.

앞쪽: 사람의 피부는 면적이 약 2제곱미터이다. 17세기의 이 해부학 그림은 피부 전체를 한꺼번에 보여준다.

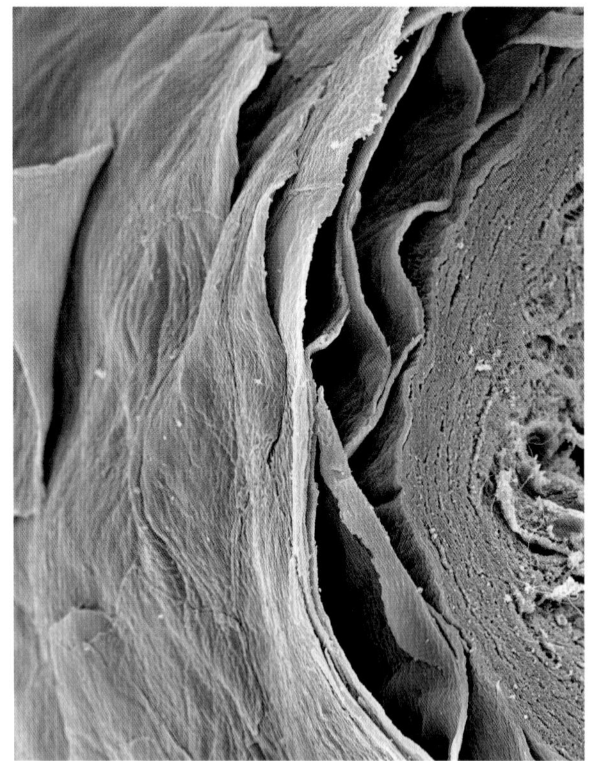

왼쪽은 끊임없이 재생되고 있는 여러 층으로 이루어진 피부를 찍은 현미경 사진. 오른쪽은 털줄기와 털이 자라나는 털집을 찍은 현미경 사진이다. 피부에는 이렇게 움푹 들어간 털집 수백만 개가 흩어져 있다.

피부에 구멍이 얼마나 많이 나 있는지 확실히 아는 사람은 아무도 없다. 어쨌든 구멍이 꽤 많다는 것은 틀림없다. 대개 털집이 200만–500만 개, 땀샘은 그보다 2배쯤 더 많을 것이라고 추정한다. 털집은 두 가지 일을 한다. 털을 자라게 하고, (피지샘에서) 피지를 분비하는 것이다. 피지는 땀과 섞여서 피부에 기름기 있는 층을 형성한다. 이 기름층은 피부를 부드럽게 하고 많은 생물의 침입을 막는 역할을 한다. 죽은 피부와 말라붙은 피지가 구멍을 종종 막곤 하는데, 그러면 블랙헤드가 된다. 털집에 감염이 일어나서 염증까지 생기면, 사춘기의 걱정거리인 뾰루지가 된다. 뾰루지가 젊은이들에게 많은 이유는 그들의 피지샘이—다른 모든 샘들과 똑같이—더 왕성하게 활동하기 때문이다. 뾰루지가 만성적이 되면, 여드름(acne)이 된다. 이 영어 단어는 기원이 불확실하다. 탄복할 만한 탁월한 성취를 가리키는 그리스어 아크메(acme)와 관련이 있는 것 같지만, 뾰루지가 다닥다닥 난 얼굴이 그런 성취와 관련이 있을 가능성은 거의 없다. 둘이 어떻게 얽히게 되었는지는 너무나 모호하다. 이 용어가 영어에 등장한 것은 1743년 영국 의학사전에서였다.

또한 진피에는 말 그대로 우리를 세계와 계속 접촉시키는 다양한 수용기들이 있다. 산들바람이 뺨을 가볍게 스칠 때, 우리가 그 사실을 알아차리는 것은 마이스너 소체 덕분이다.* 뜨거운 그릇에 손을 대면, 루피니 소체가 비명을 지른다. 메르켈 세포는 지속적인 압력에 반응하고, 파치니 소체는 진동에 반응한다.

마이스너 소체는 누구나 좋아할 것이다. 가벼운 접촉을 검출하는 일을 하는 이 소체는 성감대를 비롯하여 손가락 끝, 입술, 혀, 클리토리스, 음경 같은 민감한 부위에 유달리 많다. 1852년에 이 소체를 발견했다고 알려진 독일의 해부학자 게오르크 마이스너의 이름을 땄다. 그러나 그의 동료인 루돌프 바그너는 실제 발견자가 자신이라고 주장했다. 두 사람은 그 문제로 사이가 나빠짐으로써, 과학에서는 아무리 작은 것이라도 충분히 증오를 불러일으킬 수 있음을 입증했다.

가벼운 접촉의 대가들 : 독일의 해부학자 게오르크 마이스너(위)는 피부에 있는 아주 민감한 수용체인 마이스너 소체를 발견했다. 그러나 동료인 루돌프 바그너(아래)는 진짜 발견자가 자신이라고 주장했다.

이 모든 수용기들은 세계를 느낄 수 있도록 절묘하게 조정되어 있다. 파치니 소체는 0.00001밀리미터의 미미한 움직임도 검출할 수 있다. 실질적으로 전혀 움직임이 없다고 할 수 있는 수준인데도 말이다. 게다가 굳이 접촉하지 않고서도 어떤 물질인지 파악할 수 있다. 데이비드 J. 린든이 저서 『터치(*Touch*)』에서 지적하듯이, 삽을 자갈이나 모래에 꽂을 때, 우리는 삽만 만지고 있음에도 자갈과 모래의 차이를 느낄 수 있다. 신기한 점은 우리에게는 젖음을 검출하는 수용기가 없다는 것이다. 우리는 열 감지기만으로 젖었는지 여부를 판단한다. 젖은 의자에 앉을 때, 정말로 젖었는지 아니면 그냥 차가운 것인지를 대개 구별하지 못하는 이유가 그 때문이다.

여성은 남성보다 손가락의 촉감이 훨씬 더 예민하지만, 그저 손이 더 작아서 감지기들의 연결망이 더 촘촘해서 그런 것일 수도 있다. 촉각의 한 가지 흥미로운 점은 뇌가 단지 무엇인가가 어떤 느낌이라고 말하는 것이 아니라, 어떤 느낌이어야 한다고 말한다는 것이다. 연인의 애무는 황홀한 느낌을 주는 반면, 낯선 사람의 동일한 접촉은 징그럽거나 섬뜩한 느낌을 주는 이유가 바로 그 때문이다. 자기 스스로 간지럼을 태우기가 몹시 어려운 이유 역시 그 때문이다.

나는 이 책을 쓰기 위한 취재를 하는 과정에서 가장 기억에 남는 뜻밖의 일들

* 소체(corpuscle)의 영어 단어는 "작은 몸"이라는 뜻의 라틴어에서 유래했는데, 해부학적으로 보면 조금은 모호한 단어이다. 혈구(blood corpuscle)처럼 붙어 있지 않고 자유롭게 떠다니는 세포에도 쓰이고, 마이스너 소체처럼 기능적으로 독립된 세포 덩어리를 가리키는 데에도 쓰인다.

중 하나를 노팅엄 대학교 의과대학의 해부실에서 겪었다. 그곳에서 교수이자 외과의사인 벤 올리비어(누구인지는 나중에 더 자세히 이야기할 것이다)는 한 시신의 팔을 부드럽게 짼 뒤에 약 1밀리미터 두께로 피부를 얇게 벗겼다. 너무나 얇아서 투명할 정도였다. "우리의 피부색은 다 여기에서 나오는 겁니다. 인종 어쩌고 하는 것들이 다 얇은 표피에 불과한 거죠."

그 직후에 나는 펜실베이니아 주립대학교에 있는 그녀의 사무실에서 니나 자블론스키를 만났을 때, 그의 말을 들려주었다. 그녀는 적극적으로 동의를 표했다. "우리 인체 조성의 한 작은 측면을 그토록 중시한다는 것이 이상한 일이죠. 피부색은 햇빛에 대한 반응일 뿐인데도, 사람들은 마치 피부색이 사람을 결정하는 인자인 양 행동한다니까요. 생물학적으로 보면, 실제로 인종 같은 것은 아예 없어요. 피부색, 얼굴 특징, 모발 유형, 골격 구조 등 사람들을 규정하는 그 어떤 특성도 인종이 있다고 말해주지 않아요. 그런데도 피부색 때문에 인류 역사 내내 얼마나 많은 이들이 노예가 되거나 증오나 폭력의 대상이 되거나 기본권을 박탈당했는지 보세요."

은발을 짧게 자른, 키가 크고 우아한 여성인 자블론스키는 주립대학교의 인

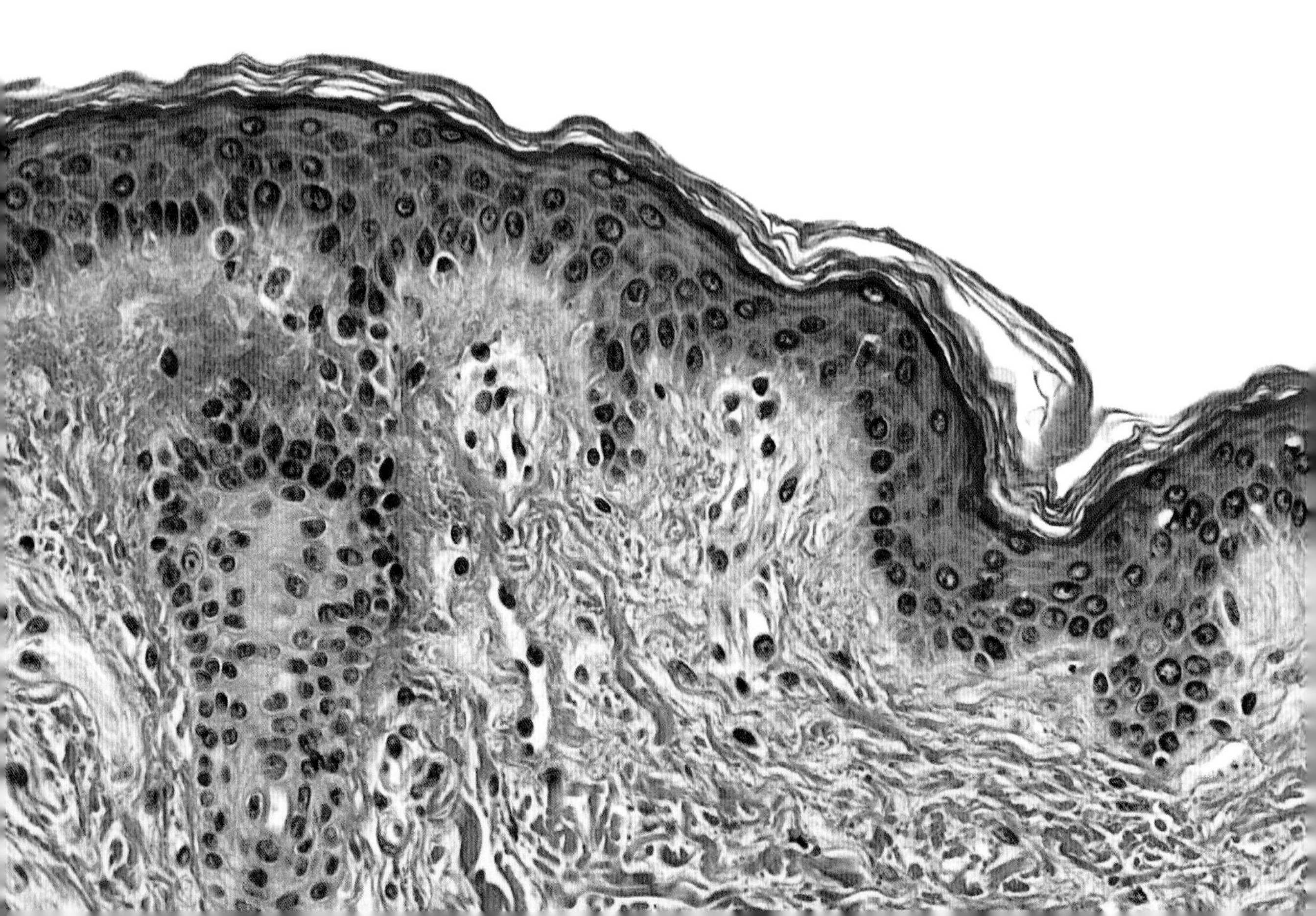

죽은 납작한 바깥층 아래에서 표피(자주색)로부터 살아 있는 세포들이 밀려 올라오는 모습과 그 아래에서 떠받치는 진피(노란색)라는 섬유질 연결조직을 놀라울 만치 뚜렷하게 보여주는 현미경 사진.

"우리 인체 조성의 한 작은 측면을 그토록 중시한다는 것이 이상한 일이죠. 피부색은 햇빛에 대한 반응일 뿐인데도, 사람들은 마치 피부색이 사람을 결정하는 인자인 양 행동한다니까요."

류학 건물 4층의 아주 말끔한 교수실에서 일하지만, 그녀가 피부에 관심을 가지게 된 것은 약 30년 전에 퍼스에 있는 웨스턴오스트레일리아 대학교에서 젊은 영장류학자이자 고생물학자로 일할 때였다. 그녀는 영장류의 피부색과 사람의 피부색의 차이를 논의하는 강의를 준비하다가 그 주제에 관한 정보가 놀라울 정도로 부족하다는 사실을 깨달았다. 그리하여 평생토록 이어질 연구가 시작되었다. "꽤 순진하게, 작은 연구 과제로 시작한 것이 내 연구 인생의 큰 부분을 차지하게 되었지요." 2006년에 그녀는『스킨(*Skin: A Natural History*)』이라는 탁월한 저서를 냈고, 6년 뒤에는『살아 있는 색깔 : 피부색의 생물학적 및 사회적 의미(*Living Color: The Biological and Social Meaning of Skin Color*)』라는 후속작을 펴냈다.

미국의 고생물학자이자 인류학자인 니나 자블론스키는 피부색이 그저 햇빛에 대한 반응이며, 인종 같은 것은 전혀 없다는 사실을 증명하는 일에 평생을 바쳤다.

피부색은 과학적으로 볼 때 어느 누구도 상상하지 못한 수준으로 복잡하다는 것이 밝혀졌다. 자블론스키는 이렇게 말한다. "포유동물의 체색에 관여하는 유전자는 120개가 넘어요. 그 모든 유전자를 다 살펴보기란 정말 어렵죠." 우리가 말할 수 있는 것은 이렇다. 피부는 다양한 색소를 통해서 색깔을 띠며, 색소들 중에서 월등한 차이로 가장 중요한 역할을 하는 것은 공식 명칭은 유멜라닌(eumelanin)이지만, 흔히 멜라닌이라고 불리는 분자라는 것이다. 멜라닌은 가장 오래된 생명 분자에 속하며, 생물계 전체에서 발견된다. 멜라닌이 피부에 색깔을 입히는 일만 하는 것은 아니다. 새의 깃털 색깔, 물고기 비늘의 질감과 반짝임, 오징어 먹물의 새까만 색깔에도 관여한다. 심지어 과일이 갈색으로 변하는 과정에도 관여한다. 우리 몸의 털에도 색깔을 입힌다. 우리가 나이를 먹을수록 멜라닌의 생산량은 급격하게 줄어들며, 그 결과 나이가 들면서 털이 세는 경향이 나타난다.

"멜라닌은 탁월한 천연 선크림이에요. 멜라닌 세포에서 만들어지죠. 인종과 상관없이, 우리 모두는 동일한 수의 멜라닌 세포를 갖고 있어요. 생산되는 멜라닌의 양이 다를 뿐이죠." 자블론스키의 말이다. 멜라닌은 종종 햇빛에 말 그대로 누더기 같은 양상으로 반응하여 주근깨를 만든다.

“탈색소 피부”라고 부르는 옅은 색깔의 피부는 지구에서 적어도 세 차례 진화했다. 사람들이 자랑하는 아름다운 피부 색조들은 끊임없이 변화하는 과정에 있다.

피부색은 수렴 진화라는 것의 고전적인 사례이다. 수렴 진화는 둘 이상의 지역에서 비슷한 양상으로 진화가 일어나는 것을 말한다. 예를 들면, 스리랑카인들과 폴리네시아인들은 모두 피부가 옅은 갈색이다. 유전적으로 직접 연관되어 있기 때문이 아니라, 사는 지역의 환경 조건에 대처하기 위해서 독자적으로 그 방향으로 진화했기 때문이다. 예전에는 피부색이 옅어지는 데에 1만–2만 년이 걸릴 것이라고 생각했지만, 유전체학 덕분에 지금은 훨씬 더 빨리 일어날 수 있음을 안다. 2,000–3,000년 내에도 일어날 수 있다. 또 우리는 그런 일이 되풀이하여 일어났다는 것도 안다. 자블론스키가 “탈색소 피부”라고 부르는 옅은 색깔의 피부는 지구에서 적어도 세 차례 진화했다. 사람들이 자랑하는 아름다운 피부 색조들은 끊임없이 변화하는 과정에 있다. 자블론스키는 이렇게 표현한다. “우리는 인류 진화 쪽으로 새로운 실험을 하는 중입니다.”

옅은 피부색은 인류의 이주와 농경의 출현이 빚어낸 결과라는 주장이 있어왔다. 그러니까 수렵채집인일 때에는 물고기와 사냥감을 통해서 비타민 D를 많이 섭취했는데, 작물을 기르기 시작하고, 특히 고위도 지역으로 이주함에 따라서 그 섭취량이 크게 줄어들었다. 그러자 비타민 D를 더 많이 합성할 수 있는 더 옅은 피부가 큰 이점을 가지게 되었다는 것이다.

비타민 D는 건강에 매우 중요하다. 뼈와 이를 튼튼하게 하고, 면역력을 증진시키며, 암과의 싸움을 돕고, 심장을 튼튼하게 한다. 어느 모로 보아도 유익하다. 우리는 두 가지 방법, 음식과 햇빛으로 비타민 D를 얻는다. 문제는 태양의 자외선에 너무 많이 노출되면 세포의 DNA가 손상되어서 피부암이 생길 수 있다는 점이다. 적절히 균형을 유지한다는 것은 까다로운 문제이다. 인류는 다양한 위도에서 햇빛의 세기에 맞게 다양한 피부색을 진화시킴으로써 이 도전 과제에 대처해왔다. 인체가 달라진 환경에 적응하는 과정을 표현형 적응성(phenotypic plasticity)이라고 한다. 우리는 줄곧 피부색을 바꾼다. 환한 태양에 피부를 그을릴 때도 있고, 당황해서 얼굴을 붉힐 때도 있다. 햇빛에 탈 때 피부가 빨갛게 달아오르는 것은 그 부위의 모세혈관들에 피가 모여서 충혈되기 때문이다. 그래서 만지면 피부가 뜨겁다. 일광 화상의 공식 명칭은 일광 홍반(erythema)이다. 임신한 여성은 멜라닌 생산량이 늘어나면서 유두와 유륜이 거뭇해지곤 하며, 때로는 배와 얼굴 등 다른 신체 부위들까지도 색깔이 짙어진다. 이 과정을 임신 기미(melasma)라고 하는데, 무엇을 위해서 이렇게 짙어지는지는 잘 모른다. 한편 화가 날 때 얼굴이 붉어지는 것은 직관에 조금 반하는 듯하다. 몸은 싸울 준비를 할 때면, 혈액을 주로 정말로 필요한 곳, 바로 근육으로 돌린다. 따라서 생리적으로 아무런 뚜렷한 혜택도 없는 얼굴로 굳이 피를 보내는 이유는 수수께끼로 남아 있다. 자블론스키는 그것이 어떤 식으로든 혈압의 조절에 기여하는 것이 아닐까 하는 가능성을 제시한 적이 있다. 아니면 그저 진정으로 화가 났다는 것을 알림으로써 상대를 물러서게 하는 역할을 할 수도 있다.

아무튼 다른 피부 색조로의 느린 진화는 사람들이 한곳에 머무르거나 느릿느릿 이주할 때에는 잘 통했지만, 이동성이 크게 증가한 오늘날에는 많은 사람들이 햇빛의 세기와 피부 색조가 맞지 않는 곳에서 살고 있다는 의미이다. 북유럽과 캐나다 같은 곳에서는 겨울에 햇빛이 약해서 피부색이 아무리 옅어진다고 해도 건강을 유지할 만큼의 비타민 D를 충분히 만들 수가 없다. 따라서 음식으로 비타민 D를 섭취해야 하는데, 충분히 섭취하는 사람이 거의 없다. 그다지 놀랄 일도 아니다. 음식만으로 필요한 양을 섭취하려면, 매일 달걀 15알이나 스위스 치즈 3킬로그램을 먹거나, 설령 입맛에 더 맞지 않더라도 찻숟가락 0.5개 분량의 대구 간유를 삼켜야 할 것이다. 미국에서는 편리하게도 비타민 D를 강화한 우유가 나와 있지만, 함량이 성인의 하루 필요량의 3분의 1에 불과하다. 그 결과 전 세계 사람들 가운데 약 50퍼센트는 적어도 1년 중 일부는 비타민 D 결핍 상태라고 추정된다. 북쪽 지역에서는 90퍼센트에 달할 수도 있다.

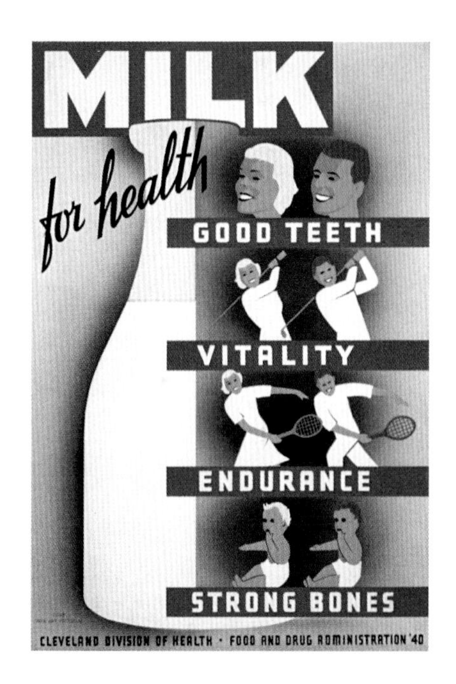

병에 담긴 햇빛? 비타민 D 보충에 도움을 주는 우유의 이로움을 알리기 위해서 1940년 클리블랜드 보건과가 내붙인 포스터. 그러나 성인이 우유를 통해서 얻는 비타민 D는 하루 필요량의 3분의 1에 불과하다.

피부색이 더 옅어져간 사람들은 눈동자와 머리카락의 색깔도 더 옅어졌다. 그러나 그런 일은 상당히 최근에야 이루어졌다. 더 옅은 색깔의 눈과 머리카락은 약 6,000년 전에 발트 해 주변의 어딘가에서 진화했다. 이유는 불분명하다. 머리카락과 눈의 색깔은 비타민 D 대사에, 아니 더 나아가 생리학적으로 그 어떤 대사에도 영향을 미치지 않으므로, 실질적으로 주는 혜택은 전혀 없는 듯하다. 따라서 이런 형질이 같은 부족의 표식으로 선택되었거나 사람들이 더 매력적이라

코이산족은 아프리카 남서부 사막의 뜨거운 태양 아래에서 줄곧 살고 있음에도, 비교적 피부가 하얗다. 상당히 최근에 미지의 외부인들이 들여온 유전자 돌연변이 때문이다.

고 생각했기 때문에 선택되었다고 추정해볼 수도 있다. 파란색이거나 녹색인 눈은 남들보다 홍채에 그 색깔이 더 많이 들어 있어서가 아니라 다른 색소들이 더 적게 들어 있어서이다. 즉 다른 색소들이 적으면 눈이 파란색이나 녹색을 띤다.

피부색은 훨씬 더 긴 세월, 적어도 6만 년에 걸쳐서 변해왔지만, 일관성을 띤 과정은 아니었다. 자블론스키는 이렇게 말한다. "탈색소화가 이루어진 집단도 있었고, 재색소화가 이루어진 집단도 있었어요. 새로운 위도로 옮겨갈 때 피부 색조가 많이 변한 집단도 있었고, 거의 변하지 않은 집단도 있었고요."

예를 들면, 남아메리카의 토착 부족들은 그들이 사는 위도에서 예상되는 것보다 피부색이 더 옅다. 그 이유는 그들이 그 지역으로 들어온 것이 진화적으로 보면 최근이기 때문이다. "그들은 아주 빨리 열대로 옮겨갈 수 있었고, 옷가지를 비롯해서 많은 가재도구를 가지고 있었어요. 따라서 사실상 진화를 훼방한 거죠." 아프리카 남부의 코이산족의 사례는 설명하기가 이보다 더 어렵다. 그들은 줄곧 사막의 태양 아래에서 살았고, 결코 장거리 이주를 한 적이 없다. 그럼에도 불구하고 그들의 피부색은 그 지역의 환경에서 예상되는 것보다 50퍼센트 더 옅다. 지금은 지난 2,000년 동안의 어느 시점에 외부인들을 통해서 옅은 피부색의 유전자 돌연변이가 도입된 것으로 추정하고 있다. 이 수수께끼의 사실 우리는 유인원 사촌들만큼 털이 많다.
그저 우리의 털이 훨씬 더 가늘고 연약할 뿐이다.
우리 몸에는 털이 약 500만 개나 있다고 추정된다.

외부인들이 누구인지는 알려지지 않았다.

최근 들어서 고대 DNA를 분석하는 기법들이 개발되면서 예전보다 훨씬 더 많은 것들이 밝혀지고 있다. 그중에는 놀라운 것도 많다. 또한 혼란스러운 것도 있고, 논란을 불러일으키는 것도 있다. 2018년 초 런던 유니버시티 칼리지와 영국 자연사 박물관의 과학자들은 DNA 분석을 통해서 영국에서 유골로 발견된 체다인(Cheddar Man)이라고 알려진 고대인의 피부가 "짙은 갈색에서 검은색"이었다고 발표함으로써 사람들을 깜짝 놀라게 했다. (그들이 실제로 한 말은 검은 피부였을 확률이 76퍼센트라는 것이었다.) 또 그는 눈이 파란색이었던 듯하다. 체다인은 약 1만 년 전 마지막 빙하기가 끝난 뒤에 영국으로 돌아온 최초의 집단에 속했다. 그의 선조들은 3만 년 동안 유럽에서 살았다. 옅은 피부로 진화하고도 남을 시간이었다. 따라서 그가 진정으로 짙은 피부였다면, 정말로 놀라운 일일 것이다. 그러나 다른 전문가들은 그 DNA가 너무 손상된 상태였고, 피부색의 유전학에 대한 우리의 이해가 체다인의 피부와 눈에 관해서 어떤 결론을 내리기에는 너무 불확실성이 크다고 반박했다. 아무튼 이 사례는 우리가 아직 모르는 것이 얼마나 많은지를 상기시키는 역할을 했다. 자블론스키는 내게 이렇게 말했다. "피부에 관한 한, 우리는 여러 면에서 아직 출발점에 서 있는 것이나 다름없어요."

피부는 털이 있는 피부와 털이 없는 피부 둘로 나뉜다. 우리 몸에서 털 없는 피부는 그다지 많지 않다. 진정으로 털이 없는 부위는 입술, 유두, 생식기, 그리고 손바닥과 발바닥뿐이다. 몸의 나머지 부위는 머리털처럼 성숙털(terminal hair)이라는 눈에 잘 띄는 털이나 아기의 뺨에 난 배내털처럼 부드러운 솜털(vellus hair)로 덮여 있다. 사실 우리는 유인원 사촌들만큼 털이 많다. 그저 우리의 털이 훨씬 더 가늘고 연약할 뿐이다. 우리 몸에는 털이 약 500만 개나 있다고 추정되지만, 나이와 환경에 따라서 달라지며, 아무튼 그 숫자는 추정에 불과할 뿐이다.

털은 포유류에게만 있다. 피부처럼 털도 다양한 역할을 한다. 단열, 완충과 위장, 자외선 차단 기능을 제공하고, 같은 집단의 구성원들에게 화가 났거나 흥분했음을 알리는 역할도 한다. 이중에는 털이 거의 없다면 그다지 효과가 없을 특징들도 분명히 있다. 모든 포유동물은 추위를 탈 때면 털집 주위의 근육이 수축한다. 이를 소름 또는 닭살이 돋는다고 말한다. 털이 수북한 포유동물에게서는 털과 피부 사이에 유용한 단열 공기층이 형성되지만, 사람의 솜털은 아무런 생리적인 혜택도 제공하지 않으며, 단지 우리의 피부가 상대적으로 얼마나 밋밋한지를 상기시키는 역할을 할 뿐이다. 또 소름이 돋으면 포유동물의 털은 빳빳이 일어선다. (그러면 몸집이 더 크고 더 사납게 보인다.) 우리가 겁을 먹거나 흥분할 때에 소름이 돋는 이유가 그 때문이다. 그러나 물론 우리 사람에게는 별 효과가 없다.

사람의 털을 이야기할 때면 으레 나오는 질문이 두 가지 있다. 우리가 사실상 털이 없는 동물이 된 것이 언제이며, 왜 특정 부위에만 털이 남아 있는 것일까? 인간이 언제 털을 잃었다고 단정적으로 말하는 것은 불가능하다. 털과 피부는 화석 기록으로 보존되지 않기 때문이다. 그러나 유전적 연구는 검은 색소를 가지게 된 것이 120만–170만 년 전이라고 말한다. 우리 몸에 아직 털이 수북했다면 검은 피부가 필요하지 않았을 것이므로, 그런 연구는 그 시기에 우리가 털을 잃었을 것임을 강하게 시사한다. 왜 특정 부위에는 털이 남아 있는가라는 두 번째 질문에는 머리 쪽은 꽤 명확하게 답할 수 있겠지만, 다른 부위들은 그렇지 못하다. 머리의 털은 추운 날씨에 좋은 단열재 역할을 하고 뜨거운 날씨에는 좋은 열 반사막 역할을 한다. 니나 자블론스키는 촘촘하게 말린 곱슬머리가 가장 효율적이라고 말한다. "털의 표면과 두피 사이의 공간의 두께가 증가해서 공기가 통할 수 있거든요." 머리털이 남아 있는 중요한 또 한 가지 이유는 그것이 아득한 옛날부터 유혹의 도구로 쓰였다는 것이다.

사타구니와 겨드랑이의 털은 더 난해하다. 겨드랑이의 털이 사람의 삶에 어떻게 기여하는지를 떠올리기가 쉽지 않다. 이차 털(secondary hair)이 성적인 냄새 물질인 페로몬을 (이론에 따라서) 가두거나 퍼뜨리는 데에 쓰인다는 추정도 있다. 이런 이론의 한 가지 문제는 사람이 페로몬을 만드는 것 같지 않다는 것이다. 2017년 오스트레일리아 연구진이 「왕립협회 오픈 사이언스(*Royal Society Open Science*)」에 발표한 논문은 사람의 페로몬이 아마도 존재하지 않는 듯하며, 어쨌거나 상대를 유혹하는 일에 아무런 역할도 하지 않는다고 결론을 내렸다. 또 한 가지 가설은 이차 털이 어떤 식으로든 마찰로부터 피부를 보호한다는 것이다. 문제는 많은 이들이 전신의 털을 박박 미는데도 피부 자극이 그다지 증가하는 것 같지 않다는 것이다. 그보다는 아마 이차 털이 과시용이라

맞은편: 큰 자랑거리: 로제티의 1868년 작품 「레이디 릴리트」는 우리가 머리카락의 유혹에 늘 매료되어 있음을 잘 보여준다.

우리의 평생 동안 털은 8미터쯤 자라지만,
모든 털은 어느 시점에든 빠지기 때문에 약 1미터 넘게
자랄 수 있는 것은 단 한 가닥도 없다.

는 이론이 더 설득력이 있을 것이다. 즉 성적으로 성숙했음을 선언하는 역할을 한다는 것이다.

몸의 모든 털은 성장 단계를 지나 휴지 단계에 이르는 성장 주기를 거친다. 얼굴 털의 성장 주기는 대개 4주일이면 완결되지만, 머리털은 6-7년까지도 걸릴 수 있다. 겨드랑이의 털은 약 6개월, 다리의 털은 2개월 뒤에 새로 자랄 가능성이 높다. 털은 하루에 3분의 1밀리미터씩 자라지만, 성장 속도는 나이와 건강, 심지어 계절에 따라서도 달라진다. 자르든 면도를 하든 잡아 뜯든 간에 제모는 모근에서 일어나는 일에는 아무런 영향도 미치지 못한다. 우리의 평생 동안 털은 8미터쯤 자라지만, 모든 털은 어느 시점에든 빠지기 때문에 약 1미터 넘게 자랄 수 있는 것은 단 한 가닥도 없다. 털들은 주기가 서로 엇갈리기 때문에, 우리는 대개 털이 빠지는 것을 잘 알아차리지 못한다.

II

1902년 10월, 프랑스 파리 제8구에 있는 개선문에서 수백 미터 떨어진 부유한 동네인 포부르생토노레 가 157번지에 있는 한 아파트에서 경찰서로 신고가 들어왔다. 한 남자가 살해되었고, 미술품 몇 점이 도난당했다는 것이다. 살인자는 뚜렷한 단서를 전혀 남기지 않았지만, 다행히도 수사관들은 범죄자의 신원을 파악하는 데에 천재적인 재능을 가진 알퐁스 베르티용에게 의지할 수 있었다.

베르티용은 인체측정학(anthropometry)이라는 신원 확인 체계를 고안했는데, 그를 찬미하는 이들은 그냥 베르티용 방식이라고 불렀다. 그 체계는 얼굴 사진(mugshot) 개념을 도입했다. 모든 체포된 사람의 전면과 측면 얼굴 사진을 찍는 방식은 지금도 널리 쓰이고 있다. 그러나 베르티용 방식의 탁월한 점은 꼼꼼한 측정이었다. 베르티용이 나이가 들어도 변하지 않을 것이라고 판단하여 고른 앉은키, 왼쪽 새끼손가락 길이, 뺨의 폭 등 11가지 특이한 속성들을 측정했다. 베르티용 체계는 범죄자들의 유죄를 입증하기 위해서가 아니라 상습범을 잡기 위해서 고안된 것이다. 프랑스는 상습범에게 더 엄중한 형을 선고했기 때문에(그리고 악마의 섬 같은 뜨겁고 황량한 오지 섬으로 유형을 보내고는 했다) 많은 범죄자들은 자신이 초범이라고 속이려고 온갖 시도를 했다. 베르티용

맞은편 : 인물 사진이 말하게 하기 : 알퐁스 베르티용의 얼굴 분류표. 얼굴의 특이한 속성들을 상세히 분류하고 정확하게 측정한 값도 적어놓은 이 표를 이용해서 그는 많은 상습 범죄자의 신원을 확인할 수 있었다.

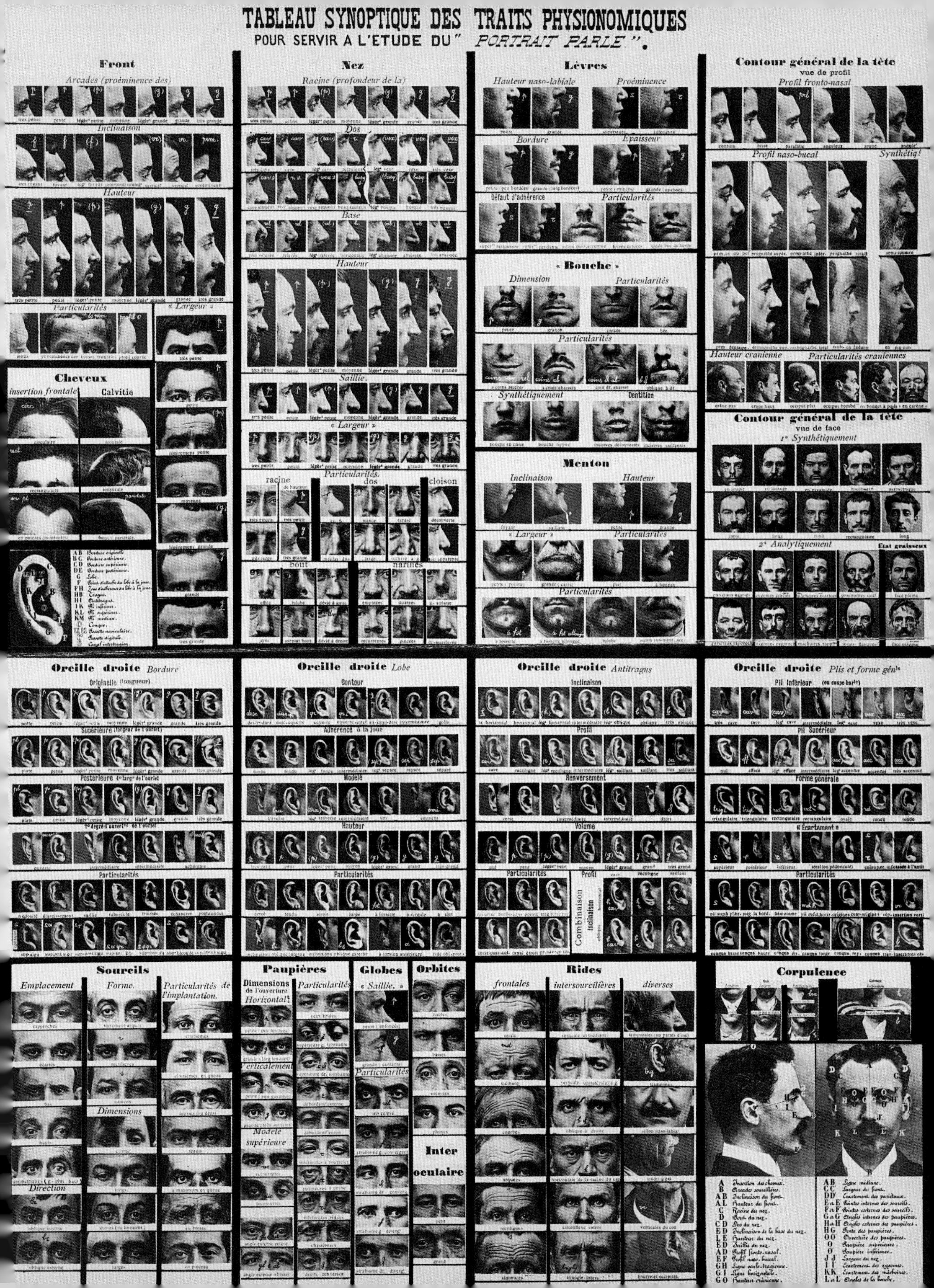
TABLEAU SYNOPTIQUE DES TRAITS PHYSIONOMIQUES
POUR SERVIR A L'ETUDE DU "PORTRAIT PARLE".
Front
Arcades (proéminence des)
Inclinaison
Hauteur
Particularités
« Largeur »
Cheveux
insertion frontale
Calvitie
Nez
Racine (profondeur de la)
Dos
Base
Hauteur
Saillie.
« Largeur »
Particularités.
racine
dos
cloison
bout
narines
Lèvres
Hauteur naso-labiale
Proéminence
Bordure
Epaisseur
Défaut d'adhérence
Particularités
« Bouche »
Dimension
Particularités
Particularités
Synthétiquement
Dentition
Menton
Inclinaison
Hauteur
« Largeur »
Particularités
Particularités
Contour général de la tête
vue de profil
Profil fronto-nasal
Profil naso-bucal
Hauteur cranienne
Particularités craniennes
Contour général de la tête
vue de face
1° Synthétiquement
2° Analytiquement
Etat graisseux
Oreille droite Bordure
Originelle (longueur)
Supérieure
Postérieure
Particularités
Oreille droite Lobe
Contour
Adhérence à la joue
Modelé
Hauteur
Particularités
Oreille droite Antitragus
Inclinaison
Profil
Renversement
Volume
Particularités
Profil
Combinaison
Inclinaison
Oreille droite Plis et forme génle
Pli inférieur
Pli Supérieur
Forme générale
« Ecartement »
Particularités
Sourcils
Emplacement
Forme.
Particularités de l'implantation.
Dimensions
Direction
Paupières
Dimensions de l'ouverture
Horizontalt
Verticalement
Modelé supérieure
Particularités
Globes
« Saillie. »
Particularités
Orbites
Inter oculaire
Rides
frontales
intersourcilières
diverses
Corpulence

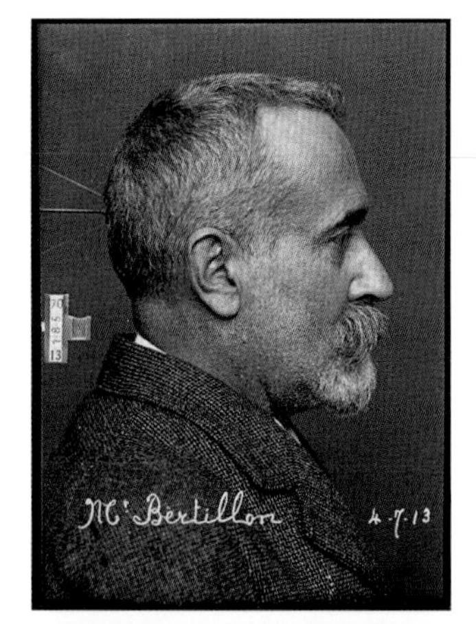

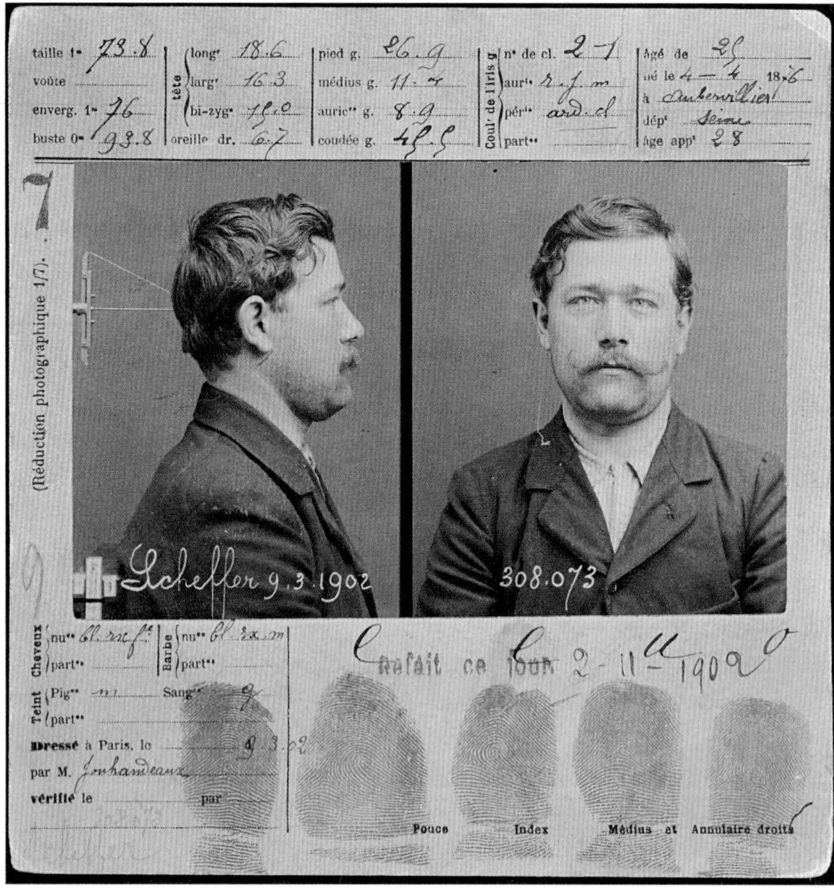

얼굴 사진에 비친 사냥꾼과 사냥감 : 지금은 친숙한 형태의 얼굴 앞면과 옆면 사진. 왼쪽은 알퐁스 베르티용 자신의 모습. 오른쪽은 단 하나의 지문 때문에 범행 사실이 드러난 살인자 앙리 레옹 셰퍼.

체계는 그들을 식별하기 위해서 고안되었고, 꽤 뛰어났다. 운영을 시작한 첫해에 그는 초범이라고 속인 상습범 241명을 밝혀냈다.

지문 분석은 사실 베르티용 체계에서 부차적인 것에 불과했지만, 그가 포부르생토노레 가 157번지 아파트의 창틀에서 지문 하나를 발견하고, 그것을 이용해서 앙리 레옹 셰퍼라는 사람이 살인자임을 밝혀내자, 프랑스뿐만 아니라 전 세계에서 엄청난 반향이 일어났다. 곧 지문 분석은 전 세계 경찰의 기본 도구가 되었다.

지문이 사람마다 다르다는 사실은 중국에서는 이미 1,000여 년에 발견했고, 일본에서는 수백 년 전부터 도공들이 도자기를 굽기 전에 점토에 손가락을 찍어서 누가 만든 것인지 구별했다. 그러나 서양에서는 19세기에 체코의 해부학자 얀 푸르키녜가 처음으로 밝혀냈다. 찰스 다윈의 사촌인 프랜시스 골턴은 베르티용이 그 개념을 내놓기 여러 해 전에 이미 범죄자를 잡는 데에 지문을 이용하자는 주장을 한 바 있었고, 헨리 폴즈라는 일본에서 선교를 했던 스코틀랜드

선교사도 같은 주장을 했다. 심지어 지문으로 실제로 살인자를 잡은 것도 베르티용이 처음이 아니었다. 그보다 10년 전에 아르헨티나에서도 있었다. 그러나 그 영예는 베르티용에게 돌아갔다.

우리 손가락 끝에 소용돌이무늬를 만들게 한 진화적 명령이 무엇이었을까? 아무도 모른다. 우리 몸은 수수께끼로 가득한 우주이다. 몸의 안팎에서 일어나는 일들 중에는 우리가 그 이유를 알지 못하는 것들이 너무나 많다. 분명히 아무런 이유도 없이 일어나는 일도 아주 많을 것이다. 어쨌거나 진화는 우연한 과정이니까. 지문이 사람마다 다르다는 개념은 사실은 하나의 가정이다. 당신과 지문이 일치하는 사람이 아무도 없다고 그 누구도 절대적으로 확신을 가지고 말할 수는 없다. 우리가 말할 수 있는 것은 정확히 똑같은 두 개의 지문을 발견한 사람이 아직까지 아무도 없다는 것이다.

베르티용이 모든 사람의 지문이 다르다는 사실을 적용하여 세상을 깜짝 놀라게 하기 수십 년 전에 이미 그 사실을 발견한 체코의 해부학자 얀 푸르키녜.

지문을 연구하는 학문을 지문학(dermatoglyphics)이라고 한다. 지문을 이루는 쟁기질한 듯한 선들은 유두상(乳頭狀) 능선이다. 타이어에 난 홈이 도로에서 접지력을 높이는 것처럼 지문이 움켜쥐는 데에 도움을 준다고 여겨지지만, 아직까지 실제로 증명한 사람은 아무도 없다. 지문의 무늬가 물이 더 잘 빠지도록 돕는다거나, 손가락의 피부가 더 잘 늘어나고 유연하도록 만든다거나, 감각을 더 예민하게 해준다는 주장도 있지만, 그것들도 그저 추측일 뿐이다. 마찬가지로, 목욕을 오래하면 손가락이 쭈글쭈글해지는 이유 역시 아직까지 약간의 설득력 있는 설명조차 내놓은 사람이 없다. 가장 흔히 제시되는 설명은 주름이 물이 잘 빠지도록 돕고 무엇인가를 움켜쥐는 데에도 도움을 준다는 것이다. 사실 그다지 와닿지 않는 설명이다. 무엇인가를 꽉 움켜쥘 필요성을 가장 긴박하게 느끼는 사람은 물에 막 빠진 사람이지, 물에 오래 들어가 있던 사람이 아니기 때문이다.

아주 때로는 손가락 끝이 완전히 매끄러운 사람이 태어난다. 이런 상태를 무지문증(adermatoglyphia)이라고 한다. 이들은 보통 사람들보다 땀샘의 수도 조금 더 적다. 이는 땀샘과 지문이 유전적으로 관계가 있음을 시사하는 듯하지만, 어떤 식으로 연결되어 있는지는 아직 모른다.

피부의 특징들을 다룬다는 측면에서 볼 때, 지문은 사실 아주 사소한 것이다. 그보다는 땀샘이 훨씬 더 중요하다. 그런 생각을 해보지 않았을지도 모르지만, 땀은 우리가 인간으로서 존재하는 데에 중요한 역할을 한다. 니나 자블론스키의 말을 빌리면 이렇다. "인간을 오늘날의 인간으로 만든 것은 그저 그

뜨거운 태양 아래에서 걷는 것처럼 몸을 녹초로 만드는 상황에서 하루에 10-12리터까지도 쉽게 땀으로 빠져나갈 수 있다. 날씨가 더울 때에는 계속 물을 섭취해야 하는 것도 놀랄 일이 아니다.

런 오래된 별 매력 없는 땀이다." 침팬지는 땀샘이 우리의 약 절반에 불과하므로, 사람만큼 빨리 땀을 내보낼 수 없다. 네발동물들은 대부분 헐떡임으로써 몸을 식힌다. 심하게 헐떡거리면서 계속 달린다는 것은 불가능하다. 무더운 기후에 사는 털로 뒤덮인 동물은 더욱 그렇다. 거의 맨살에서 물기 있는 체액이 스며나오는 우리의 방식이 훨씬 더 낫다. 땀은 증발하면서 몸을 식힘으로써 우리를 일종의 살아 있는 에어컨으로 만든다. 자블론스키는 이렇게 썼다. "몸의 털을 대부분 잃고 땀샘을 통해서 남는 체열을 발산시키는 능력을 얻은 것이, 가장 온도에 민감한 기관인 뇌가 대폭 커질 수 있도록 기여했다." 즉 땀이 우리가 똑똑해지는 데에 큰 기여를 했다는 뜻이다.

드러나지는 않지만, 우리는 쉬고 있을 때에도 꾸준히 땀을 흘린다. 그러나 격렬하게 활동을 하는데 날씨까지 덥다면, 몸속의 수분이 매우 빠르게 빠져나간다. 피터 스타크는 『마지막 숨 : 인간의 인내의 한계로부터 얻은 교훈(*Last Breath: Cautionary Tales from the Limits of Human Endurance*)』에서 체중이 70킬로그램인 남성의 몸에는 40리터 남짓의 물이 들어 있을 것이라고 했다. 그가 아무것도 하지 않고 가만히 앉아서 숨만 쉰다면, 땀과 호흡, 소변을 통해서 하루에 약 1.5리터의 물을 잃을 것이다. 운동을 한다면, 물을 잃는 속도가 시간당 1.5리터까지 치솟을 수 있다. 그러면 금방 위험해질 수 있다. 뜨거운 태양 아래에서 걷는 것처럼 몸을 녹초로 만드는 상황에서는 하루에 10-12리터까지도 쉽게 땀으로 빠져나갈 수 있다. 날씨가 더울 때에는 계속 물을 섭취해야 하는 것도 놀랄 일이 아니다.

수분 손실을 막거나 수분 보충을 하지 않는다면, 체액을 고작 3-5리터 잃은 뒤부터는 두통과 졸음증이 나타나기 시작할 것이다. 보충 없이 6-7리터를 잃으면, 정신에 문제가 생길 가능성이 높다. (탈수 상태에 빠진 등산객이 길을 벗어나서 헤매곤 하는 이유가 그 때문이다.) 70킬로그램의 남성이 10리터 이상의 수분을 잃으면, 쇼크 상태에 빠져서 목숨을 잃을 것이다. 제2차 세계대전 당시 과학자들은 병사들이 물 없이 사막을 얼마나 오래 걸을 수 있는지 조사했다. 처음에 물을 충분히 섭취한 상태라고 가정했을 때, 기온 28도에서는 72킬로미터, 38도에서는 24킬로미터, 49도에서는 겨우 11킬로미터를 걸을 수 있다고 결론지었다.

우리의 땀은 99.5퍼센트가 물이다. 나머지 중 약 절반은 소금이고, 절반은 기타 화학물질이다. 소금은 땀 전체로 보면, 비율은 미미하지만, 더운 날씨에는 하루에 12그램(찻숟가락 3개 분량)까지 잃을 수 있다. 그 정도의 양을 잃으면 위험할 수 있다. 따라서 물뿐만 아니라 소금을 보충하는 것도 중요하다.

땀 분비는 아드레날린이 분비되면서 활성화된다. 긴장하면 땀이 나기 시작하는 이유가 그 때문이다. 몸의 다른 부위들과 달리, 손바닥은 신체 운동이나 열이 아니라, 오직 스트레스에만 반응하여 땀을 흘린다. 거짓말 탐지기 검사에서는 이 감정적인 땀 분비를 측정한다.

땀샘은 두 종류이다. 에크린 샘(eccrine gland)과 아포크린 샘(apocrine gland)이다. 에크린 샘은 수가 훨씬 더 많고, 무더운 날에 셔츠를 축축하게 적시는 물기 많은 땀을 분비한다. 아포크린 샘은 주로 사타구니와 겨드랑이에 몰려 있으며, 더 진하고 끈적거리는 땀을 분비한다.

발의 지독한 고린내는 발에서 분비되는 에크린 땀 때문이다. 아니, 더 정확히 말하면, 발에서 나는 땀은 세균이 분비할 때에 나오는 화학물질 때문이다. 땀 자체는 사실 냄새가 없다. 냄새가 나려면 세균이 있어야 한다. 고린내의 주된 원인은 이소발레르산(isovaleric acid)과 메탄디올(methanediol)이라는 두 화학물질인데, 세균의 활동으로 몇몇 치즈에서도 생긴다. 발 냄새와 치즈 냄새가 때로 아주 비슷한 것은 그 때문이다.

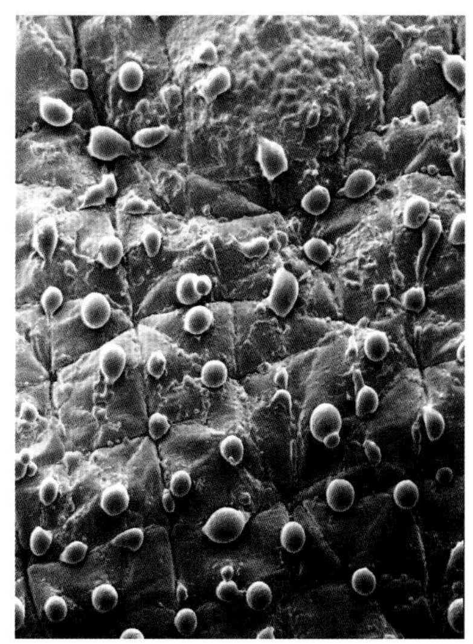

피부 에어컨 : 손등에서 배어나온 땀방울.

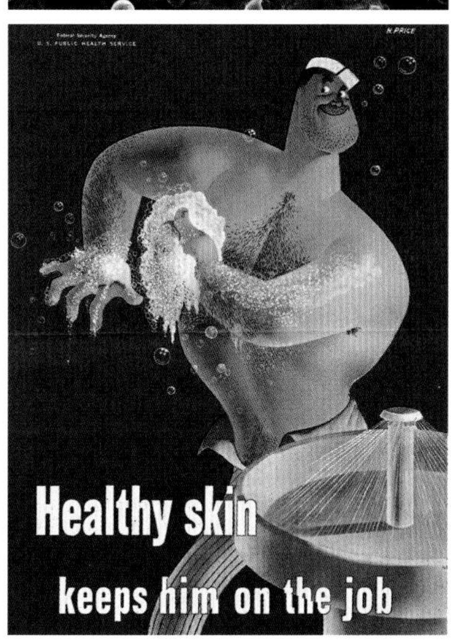

청결하게, 건강하게, 계속 일합시다……그리고 전쟁에서 이깁시다. 미국 공중보건국의 1942년 포스터. 지금 같으면 세균이 없어질 만큼 충분히 오래 씻으라는 말도 분명히 들어갔을 것이다.

우리 피부의 미생물은 매우 개인적인 양상을 띤다. 당신의 몸에 사는 미생물은 당신이 어떤 비누나 세탁 세제를 쓰는지, 즐겨 입는 옷이 면직물인지 모직물인지, 일을 하기 전이나 후에 샤워를 하는지 등에 따라 놀라울 만치 다르다. 영구 거주하는 미생물도 있고, 일주일이나 한 달 동안 머물다가 방랑하는 부족처럼 조용히 사라지는 종류도 있다.

우리 피부에는 1제곱센티미터당 약 10만 마리의 미생물이 살며, 그들을 없애기란 쉽지 않다. 한 연구에 따르면, 목욕이나 샤워를 한 뒤에 사실상 세균의 수가 더 증가한다고 한다. 구석구석에 숨어 있던 세균들이 쏟아져 나오기 때문이 연구진은 무작위로 고른 미국인 60명의 배꼽을 면봉으로 훑어서 어떤 미생물이 숨어 있는지 조사했다. 발견된 세균은 2,368종이었다.

다. 아무리 꼼꼼하게 위생에 신경을 쓴다고 해도, 세균을 박멸하기란 쉽지 않다. 의사가 진찰을 한 뒤에 손을 안전할 정도로 깨끗이 씻으려면 비누와 물로 적어도 1분을 꼬박 씻어야 한다. 그것이 표준 절차이기는 하지만, 현실적으로 많은 환자들을 대하는 의사로서는 지키기가 거의 어렵다. 한 해에 병원에서 심각한 감염에 걸리는 미국인이 약 200만 명(그중 9만 명은 그 감염 때문에 사망한다)인데, 손 소독을 제대로 하지 않은 것이 원인의 큰 부분을 차지한다. 아툴 가완디는 이렇게 썼다. "가장 큰 문제는 나 같은 의사들이 감염의 전파를 멈추기 위해서 꼭 해야 하는 한 가지를 하는 것이 점점 어려워지고 있다는 것이다. 바로 손 씻기이다."

2007년 뉴욕 대학교 연구진은 대부분의 사람들의 피부에는 약 200종의 미생물이 살지만, 몇 종이 사는지는 사람마다 크게 다르다고 발표했다. 검사한 모든 사람들에게 있는 미생물은 4종류에 불과했다. 또다른 널리 알려진 연구는 노스캘리포니아 주립대학교 연구진이 수행한 배꼽 생물 다양성 연구이다. 연구진은 무작위로 고른 미국인 60명의 배꼽을 면봉으로 훑어서 어떤 미생물이 숨어 있는지 조사했다. 발견된 세균은 2,368종이었는데, 그중 1,458종은 과학계가 모르던 종이었다. (다시 말해서, 배꼽 1개당 평균 24.3종의 미지의 미생물이 있었다.) 개인별 종수는 29종에서 107종까지 다양했다. 한 자원자는 일본 바깥에서는 결코 기록된 적이 없는 미생물을 1종 가지고 있었다. 일본에 간 적도 없는 사람이었다.

살균 비누의 문제는 피부에서 나쁜 세균뿐만 아니라 좋은 세균도 죽인다는 것이다. 손 세정제도 마찬가지이다. 2016년 미국 식품의약청은 제조사들이 장기적으로 안전하다는 것을 입증하지 못했다는 이유로 살균 비누에 흔히 들어가던 성분 19가지를 금지했다.

피부에는 미생물만 사는 것이 아니다. 지금 이 순간에도 털집진드기(*Demodex folliculorum*, 모낭충)라는 미세한 진드기가 당신의 머리에서 비듬을 갉아먹고 있다(우리 피부의 기름기 있는 표면이면 어디에든 있지만, 머리에 가장 많다). 정말 다행히도, 이들은 대개 무해하며, 맨눈으로는 보이지 않는다. 이들은 아

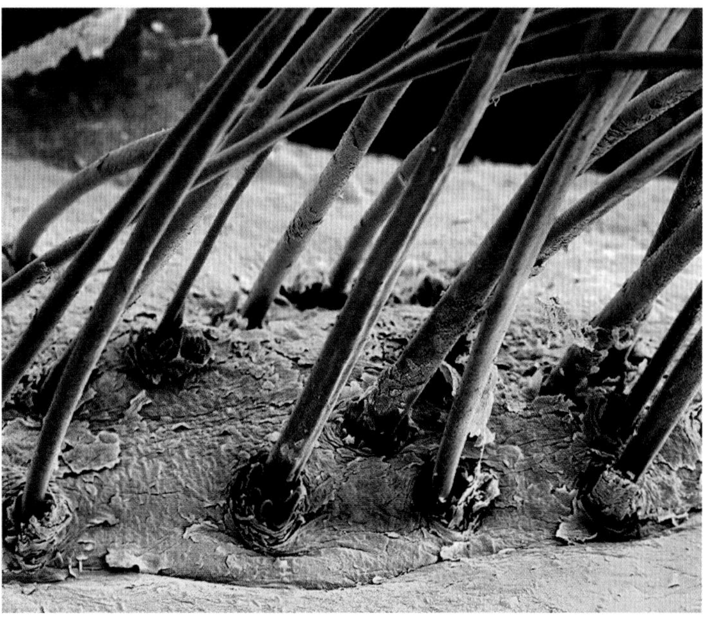

털집진드기의 전자현미경 사진. 왼쪽은 늘 우리와 함께하는 이 동물이 사람의 털집 밖으로 나온 모습. 오른쪽은 속눈썹(초록색) 부위이며, 눈썹이 자라는 뿌리에서부터 피부 밖으로 꼬리를 내밀고 있는 모습이다.

주 오랫동안 우리와 함께 살았다. 한 연구에 따르면, 그들의 DNA를 이용해서 수십만 년에 걸친 우리 조상들의 이주 경로를 추적할 수 있다고 한다. 그들의 기준에서 보면, 우리 피부는 바삭거리는 콘플레이크가 가득 든 그릇과 비슷하다. 눈을 감고 상상력을 조금 발휘하면, 그들이 떨어져나온 피부 조각을 먹는 바삭거리는 소리가 들리는 듯하다.

피부에서 자주 일어나지만, 왜 일어나는지 이유를 제대로 모를 때가 많은 또 한 가지가 바로 가려움이다. 모기에게 물렸거나 뾰루지가 났거나 쐐기풀에 찔려서라는 식으로 쉽게 설명할 수 있는 가려움도 아주 많지만, 원인을 설명할 수 없는 가려움도 아주 많다. 이 대목을 읽으면서 독자는 조금 전까지도 전혀 가렵지 않았던 이곳저곳을 긁고 싶은 충동을 느낄 수도 있다. 그냥 내가 가려움이라는 말을 꺼내서이다. 우리가 가려움 쪽으로 왜 그렇게 암시에 쉽게 넘어가는지, 아니 뚜렷한 자극 요인이 전혀 없음에도 왜 가려움을 느끼는지 말할 수 있는 사람은 아무도 없다. 뇌에서 가려움을 전담하는 영역은 따로 없으므로, 가려움을 신경학적으로 연구하기란 거의 불가능하다.

가려움은 피부의 바깥층과 몇몇 드러난 습한 부위—주로 눈, 목, 코, 항문—에 한정되어 나타난다. 아무리 가려움이 심해져도, 지라가 가렵다는 느낌은 결코 받지 못할 것이다. 긁기를 연구했더니, 긁었을 때 가려움이 가라앉는 효과가 가장 오래 지속되는 부위는 등이지만, 가장 시원하다고 느껴지는 부위

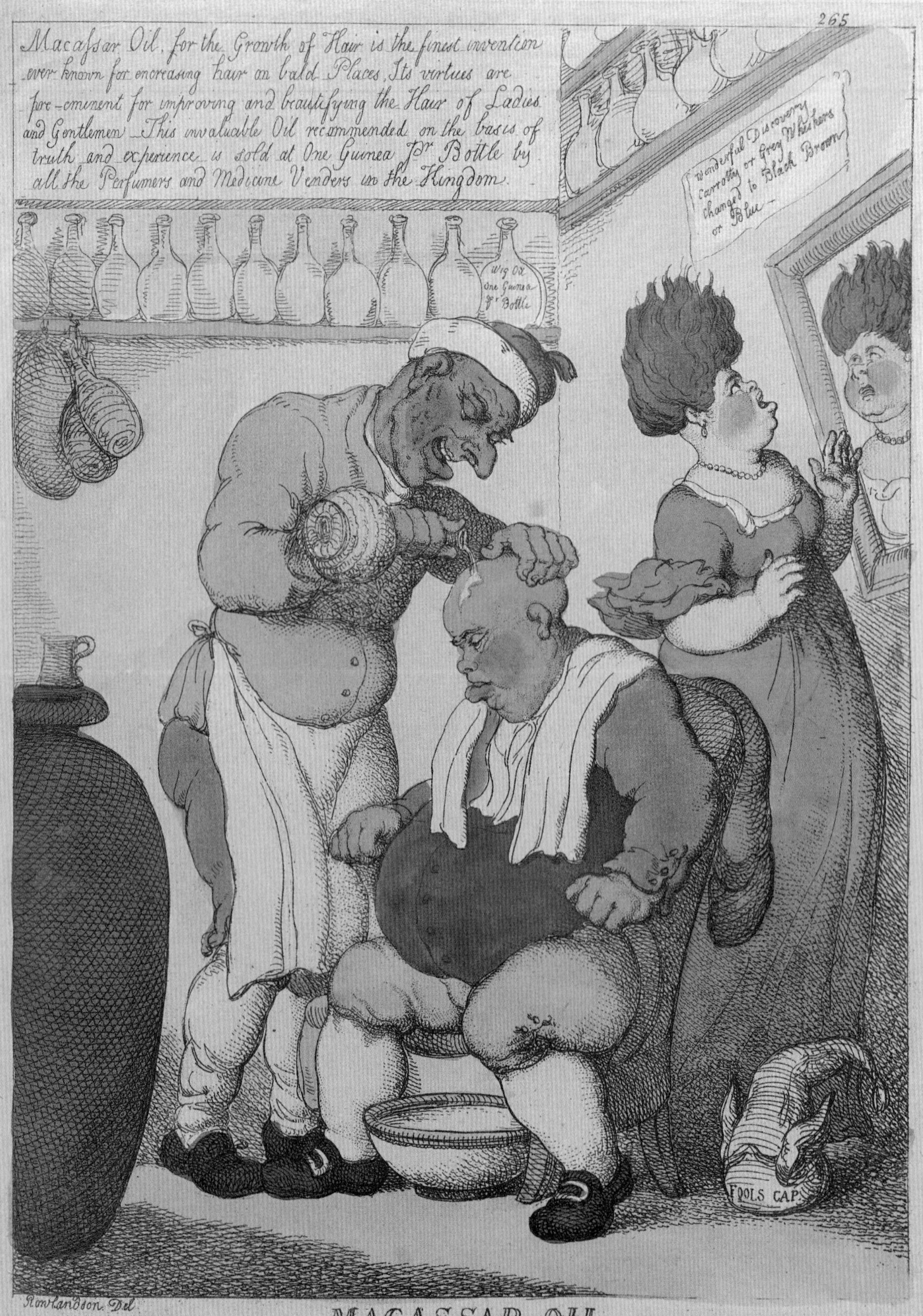

MACASSAR OIL,
An Oily Puff for Soft Heads.

는 발목임이 드러났다. 만성 가려움증은 뇌종양, 뇌졸중, 자가면역 질환, 약의 부작용 등 온갖 질병과 원인으로 나타날 수 있다. 가장 미칠 것 같은 형태의 가려움 중 하나는 환상 가려움(phantom itching)으로서, 팔다리 절단수술을 받은 이들에게 종종 나타난다. 계속 가려움을 느끼지만 긁을 부위가 없기 때문에 당사자는 몹시 괴롭다. 그러나 아마 가라앉힐 수 없는 가려움에 시달린 가장 기이한 사례는 "M"이라는 환자였을 것이다. 매사추세츠 주에 살던 30대 후반의 이 여성은 대상포진이 한 차례 발진을 일으킨 뒤에 이마 위쪽에 도저히 참을 수 없는 가려움을 느끼기 시작했다. 미칠 듯이 가려워서 피부를 박박 긁어대다 보니 지름 약 5센티미터 면적의 피부가 완전히 벗겨지고 말았다. 약을 먹어도 소용이 없었다. 그녀는 특히 자는 동안에 그 부위를 마구 문질러댔다. 어찌나 심하게 문질렀던지, 하루는 아침에 일어나보니 얼굴로 뇌척수액이 흐르고 있었다. 머리뼈를 깎아내고 뇌까지 긁어댔던 것이다. 10여 년이 지난 지금 그녀는 그럭저럭 몸을 심하게 훼손할 정도로까지 긁지는 않게 되었지만, 그래도 가려움은 결코 사라지지 않았다. 가장 의아한 점은 그녀가 그 피부 부위의 신경섬유들을 거의 모조리 없앴는데도, 미칠 듯한 가려움을 여전히 느낀다는 것이다.

그러나 피부의 수수께끼 중에서 우리를 가장 당혹스럽게 만드는 것은 아마 나이를 먹을수록 털을 점점 잃어가는 기이한 경향이 아닐까 싶다. 모든 사람들의 털집이 똑같지 않다는 것은 분명하지만, 사람의 머리에는 대개 약 10만–15만 개의 털집이 있다. 평균적으로 머리털은 매일 평균 50–100개가 빠지며, 다시 자라지 않을 때도 있다. 남성의 약 60퍼센트는 50세쯤이면 머리가 꽤 벗겨진다. 5명 중 1명은 30세에 이미 그런 일을 겪는다. 우리는 이 과정을 거의 이해하지 못하고 있다. 우리가 아는 것은 디하이드로테스토스테론(dihydrotestosterone)이라는 호르몬이 나이를 먹음에 따라서 날뛰면서 머리에 있는 털집은 문을 닫게 하고, 콧구멍과 귀에 있는 더 얌전하던 털집은 당혹스러울 만치 털을 뻗도록 만든다는 것이다. 지금까지 알려진 대머리의 치료법은 단 하나, 거세이다.

털이 너무나 쉽게 빠진다는 점을 생각하면 역설적이게도, 털은 분해가 잘 되지 않으며, 무덤에서 수천 년 동안 남아 있다고 알려져 있다.

아마 이 상황을 좀더 긍정적으로 바라보는 방법은, 중년에 이르기 위해서 우리 몸의 일부를 내놓아야 한다면, 털집이야말로 희생해도 좋을 대상이라는 것이다. 어쨌거나 대머리 때문에 죽는 사람은 없다.

맞은편 : "부드러운 머리를 위한 마카사르 오일과 오일 퍼프" : 19세기의 풍자화가 토머스 롤런드슨이 남녀 모두가 머리 모양의 유행과 탈모 문제에 매달리고 있다고 비꼰 언어적 및 시각적 유머.

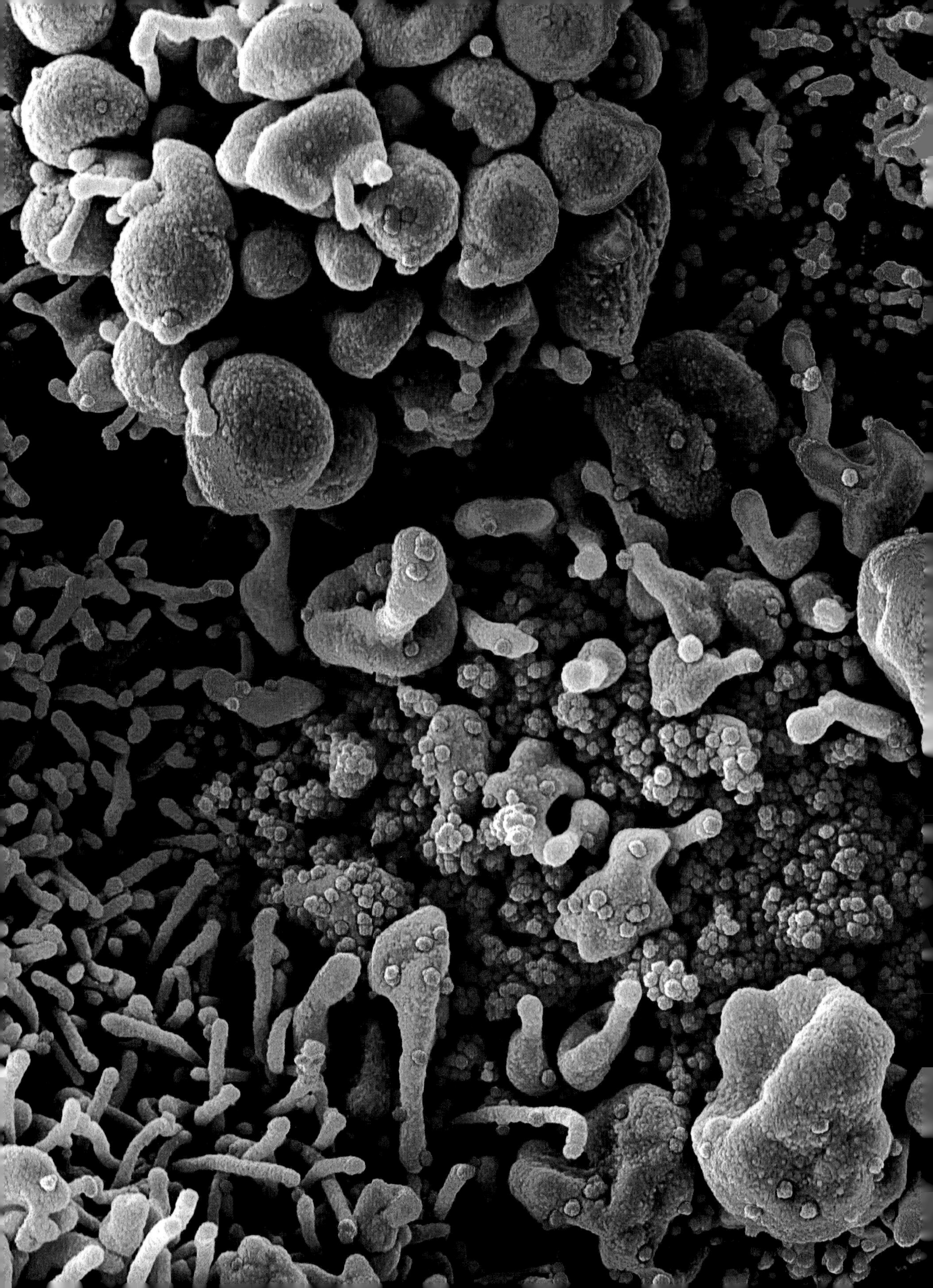

3

우리 몸의 미생물

"그리고 페니실린 이야기는 끝난 것이 아닙니다.
아마 이제 겨우 시작된 것일 수 있습니다."

알렉산더 플레밍

1945년 12월 노벨상 수상 연설

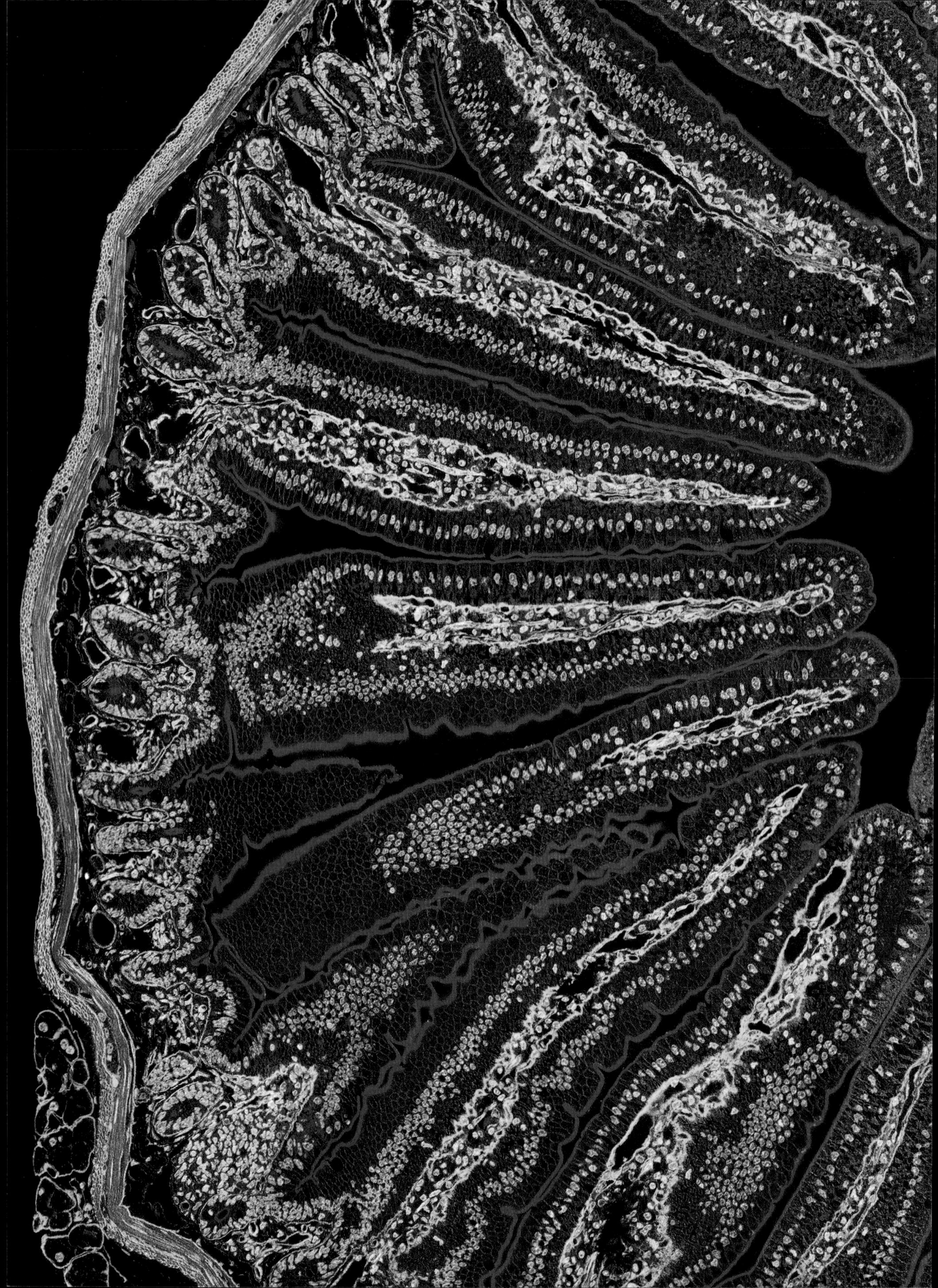

I

숨을 깊이 들이마셔보라. 생명을 주는 풍부한 산소로 허파를 가득 채웠다고 생각할지도 모르겠다. 사실은 그렇지 않다. 우리가 호흡하는 공기의 80퍼센트는 질소이다. 질소는 대기에서 가장 풍부한 원소이며 우리가 존재하는 데에 대단히 중요하지만, 다른 원소들과 상호작용을 하지 않는다. 호흡을 할 때, 공기에 든 질소는 우리 허파로 들어왔다가 곧바로 그냥 다시 빠져나간다. 딴 생각에 빠진 쇼핑객이 엉뚱한 상점에 들어왔다가 그냥 나가는 것과 비슷하다. 질소가 우리에게 유용한 일을 하려면, 먼저 암모니아 같은 더 사교적인 형태로 전환되어야 한다. 세균은 우리를 위해서 그 전환 작업을 한다. 그들의 도움이 없다면, 우리는 죽을 것이다. 사실 아예 존재할 수조차 없었을 것이다. 여기서 우리는 자신의 미생물에게 고맙다는 말을 해야 한다.

우리 몸에는 수조 곱하기 수조에 해당하는 수의 미세한 생물들이 살며, 그들은 우리를 위해서 놀라울 만치 많은 일을 한다. 우리가 흡수할 수 없었을 음식물을 분해함으로써 우리가 흡수하는 열량을 약 10퍼센트 더 늘려주며, 그 과정에서 비타민 B2와 B12, 엽산 같은 유익한 영양소들이 추출된다. 사람은 20가지의 소화 효소를 만든다. 동물계에서 꽤 많이 만드는 축에 들기는 하지만, 스탠퍼드 대학교의 영양학자 크리스토퍼 가드너는 세균이 1만 가지, 즉 우리보다 500배나 더 많이 만든다고 말한다. "세균이 없다면 우리 삶은 훨씬 덜 풍요로울 겁니다."

세균 하나하나는 극도로 작으며 그 삶은 덧없지만—평균적으로 세균은 무게가 1달러 지폐의 약 1조 분의 1이고, 20여 분 동안 산다—모이면 정말로 가공할 존재이다. 우리는 타고난 유전자를 평생 동안 그대로 가지고 살아간다. 더 나은 유전자를 살 수도, 있는 것과 바꿀 수도 없다. 그러나 세균은 마치 포켓몬 카드를 교환하듯이 서로 유전자를 교환할 수 있으며, 죽은 이웃의 DNA를 주워서 쓸 수도 있다. 수평 유전자 전달(horizontal gene transfer)이라는 이 과정을 통해서 세균은 자연과 과학이 어떤 과제를 안겨주든 간에 엄청나게 빨리 적응할 수 있다. 또 세균의 DNA는 복제될 때에 그다지 꼼꼼하게 교정을 보지 않기 때문에, 돌연변이가 더 자주 일어나며, 그 결과 유전적으로 다양성이 훨씬 더 커진다.

변화의 속도 면에서 우리는 아예 경쟁 상대 축에도 들지 못한다. 대장균은 하루에 72번 증식을 할 수 있다. 즉 사흘이면 인류 역사 전체에 걸친 인류의 세

맞은편 : 우리의 소화관에는 약 3만6,000종의 미생물이 산다. 작은창자에 있는 이 손가락 모양의 돌기인 융모에는 많은 미생물들이 살면서 음식물의 영양소 흡수를 돕는다. 융모는 흡수하는 표면적을 늘린다.

앞쪽 : 노벨상 수상자 피터 메더워가 "단백질로 감싼 나쁜 소식"이라고 한 말이 고스란히 들어맞는 바이러스 : 사진은 심하게 감염된 세포(녹색과 파란색)에서 방출되고 있는 코비드-19를 일으키는 코로나바이러스 입자(빨간색)이다.

지구의 모든 미생물을 저울의 한쪽에 쌓고, 다른 한쪽에는 다른 모든 동물들을 쌓는다면, 미생물 더미가 동물 더미보다 25배 더 무거울 것이다.

대수보다 더 길게 세대가 이어질 수 있다는 뜻이다. 이론상 세균 1마리에서 이틀 이내에 지구 무게보다 더 많은 수의 자손이 나올 수 있다. 사흘이면 관찰 가능한 우주 전체의 질량을 넘어설 것이다. 물론 실제로 그런 일이 일어날 리는 없겠지만, 이미 상상할 수도 없을 만큼 수많은 세균이 우리 곁에서 살고 있다. 지구의 모든 미생물을 저울의 한쪽에 쌓고, 다른 한쪽에는 다른 모든 동물들을 쌓는다면, 미생물 더미가 동물 더미보다 25배 더 무거울 것이다.

확실히 말하자. 지구는 미생물의 행성이다. 우리는 그들의 처분에 달려 있다. 그들은 우리를 전혀 필요로 하지 않는다. 반면에 그들이 없다면 우리는 하루도 지나지 않아 죽을 것이다.

우리는 우리 몸 안팎과 우리 주위의 미생물들을 놀라울 만큼 거의 모른다. 그들은 대개 실험실에서 자라지 않을 것이고, 그래서 연구하기가 너무나 어렵기 때문이다. 우리가 말할 수 있는 것은 독자가 지금 앉아서 이 책을 읽고 있을 때, 독자를 집이라고 부를 미생물이 약 4만 종에 달하리라는 것이다. 콧구멍에 900종, 뺨 안에 800여 종, 잇몸에 1,300여 종, 소화관에는 약 3만6,000종이 있을 것이다. 새로운 발견이 이루어질 때마다 이 수는 계속 수정되어야 한다. 2019년 초에 케임브리지 인근에 있는 웰컴 생어 연구소는 겨우 20명을 조사했는데도 이전까지 짐작하지도 못했던 새로운 장 미생물 105종을 발견했다는 연구 결과를 내놓았다. 정확한 종수는 사람마다, 그리고 한 사람에게서도 아기인가 노인인가, 어디에서 누구와 잠을 자는가, 항생제를 투여했는가, 뚱뚱한가 말랐는가 등에 따라서 시간이 흐르면서 달라질 것이다. (마른 사람은 살찐 사람보다 장 미생물이 더 많다. 그들이 마른 이유를 장에 굶주린 미생물이 많다는 것으로 적어도 어느 정도는 설명이 가능할지도 모르겠다.) 물론 이 숫자는 종의 수만 가리키는 것이다. 미생물의 수를 따지자면, 상상할 수도 없을 만큼 많기 때문에 아예 센다는 생각을 말기를. 조 단위에 달할 것이다. 개인의 몸에 사는 미생물의 무게는 약 1.5킬로그램에 달한다. 뇌 무게와 거의 비슷하다. 이제 사람들은 우리의 미생물군(microbiota)을 우리의 신체 기관 중의 하나라고

입에는 다양한 세균이 산다. 이 사진은 그중 일부를 보여준다. 입안의 세균은 대부분 무해하며, 이로운 것들도 있다. 한 번의 열정적인 키스로 새로운 세균 수백만 마리가 옮겨간다는 사실도 기억하자.

기술하기까지 한다.

우리 몸에는 사람의 세포보다 세균의 세포가 10배는 더 많다는 말이 오래 전부터 흔히 쓰였다. 그 확실한 것처럼 들리는 수치는 1972년에 발표된 한 논문에 실린 것인데, 사실은 추측에 불과한 것이었다. 2016년 이스라엘과 캐나다의 공동 연구진은 더 꼼꼼하게 조사한 끝에, 개인의 몸에 인간 세포는 약 30조 개, 세균 세포는 30조–50조 개(건강과 식단 같은 많은 요인들에 따라서 달라진다)가 들어 있으므로, 일대일에 가깝다고 결론 내렸다. 비록 인간 세포 중 85퍼센트는 적혈구라는 점도 언급해야 하겠지만 말이다. 적혈구는 세포핵과 미토콘드리아 같은 일반적인 세포 내 기관들이 전혀 없고, 사실상 헤모글로빈을 채운 통에 불과하므로 진정한 세포가 아니다. 또 한 가지 고려할 점은 세균 세포는 아주 작은 반면 인간 세포는 상대적으로 거대하므로, 하는 일의 복잡성은 말할 것도 없고 부피의 관점에서 볼 때도 인간 세포가 더 중요하다는 점에 의문의 여지가 없다는 것이다. 그러나 유전적으로 보면, 우리의 세포들에는 약 2만 개의 똑같은 유전자들이 들어 있는 반면, 세균의 유전자는 2,000만 개에 달할 것이다. 따라서 그 관점에서 보면, 인간은 대략 99퍼센트는 세균이며 나는 겨우 1퍼센트에 불과한 셈이다.

* * *

미생물군은 놀라울 정도로 특이성을 띨 수 있다. 당신과 나의 몸에 수천 종의 세균이 살기는 하지만, 양쪽 몸에 공통되는 종의 비율은 매우 적을 수도 있다. 미생물은 성깔 있는 가정부인 듯하다. 당신이 배우자와 성관계를 맺을 때에도 많은 미생물과 유기물질이 부득이 교환될 것이다. 한 연구에 따르면, 열정적인 입맞춤만 해도 한쪽 입에서 다른 입으로 최대 10억 마리의 세균과 함께 단백질 약 0.7밀리그램, 염분 0.45밀리그램, 지방 0.7마이크로그램, "잡다한 유기화합물"(즉 음식 찌꺼기) 0.2마이크로그램이 넘어간다고 한다.* 그러나 잔치가 끝나자마자, 각자의 몸에 있는 주인 미생물들은 일종의 대청소 작업을 시작한다. 그러면 하루 안에 양쪽 몸에서 미생물 조성은 혀가 서로 얽히기 전의 상태로 거의 다 복원된다. 때로는 일부 병원체가 슬그머니 침투하며, 대상포진이나 감기가 옮을 때도 있지만, 그런 사례들은 예외적이다.

다행히도 대부분의 미생물은 우리에게 아무런 영향도 주지 않는다. 일부는 우리 몸에서 살면서 이익을 얻으며, 이들을 공생균이라고 한다. 아주 일부만 우리를 아프게 한다. 지금까지 파악된 약 100만 종의 미생물 중에서 1,415종만이 사람에게 질병을 일으킨다고 알려져 있다. 모든 사항들을 고려했을 때에 극히 적은 수준이다. 그렇기는 해도 그 수는 우리를 불편하게 만드는 방법이 그만큼 많다는 뜻이며, 이 1,415종의 생각도 못 하는 작은 존재들은 전 세계 인류의 사망 원인의 3분의 1을 차지한다.

개인의 미생물 목록에는 세균뿐만 아니라 균류, 바이러스, 원생생물(아메바, 조류, 원생동물 등), 고세균도 있다. 고세균은 오랫동안 그저 세균이라고 인식되었지만, 실제로는 전혀 다른 생물군에 속한다. 고세균은 아주 단순하며 세포핵이 없다는 점에서 세균과 아주 흡사하지만, 우리에게 큰 혜택을 제공하는 반면에 질병을 일으키는 사례는 전혀 알려져 있지 않다. 모든

* 옥스퍼드 대학교의 애나 매친은 당신이 누군가와 입을 맞출 때, 사실상 상대의 조직 적합성 유전자들의 표본조사를 하고 있는 것이라고 말한다. 면역반응에 관여하는 유전자들이다. 입맞춤하는 순간에는 그 문제가 당신의 마음속에서 우선순위에 놓이지 않겠지만, 당신은 본질적으로 상대가 면역학적으로 잘 맞는 짝인지 여부를 검사하고 있는 것이다.

고세균은 우리에게 메탄이라는 형태로 약간의 기체를 제공한다.

이 모든 미생물들이 각자의 역사와 유전 측면에서 공통점이 거의 없다는 점을 기억할 가치가 있다. 그들을 하나로 묶는 특징은 오직 작다는 것뿐이다. 그들에게 우리는 사람이 아니라 하나의 세계이다. 편리하게 이동성도 갖추고 있고, 재채기를 하고, 동물을 쓰다듬고, 실제로 해야 하는 것만큼 열심히 손을 닦지도 않는 등 매우 도움이 되는 습관들까지 갖춘 경이로울 정도로 풍성한 생태계들로 이루어진 드넓고 흔들거리는 세계이다.

II

노벨상 수상자 피터 메더워가 남긴 불멸의 표현을 빌리면, 바이러스는 "단백질로 감싼 나쁜 소식"이다. 사실상 나쁜 소식이 아닌, 적어도 인간에게는 나쁘지 않은 바이러스도 많다. 바이러스는 조금 기이하다. 완전히 살아 있는 것은 아니지만, 그렇다고 결코 죽은 것이라고도 할 수 없기 때문이다. 살아 있는 세포 바깥에서는 그냥 불활성 물질에 불과하다. 먹지도 호흡하지도 않고, 아무것도 하지 않는다. 어떤 이동 수단도 없다. 스스로 움직이지 않고, 무임승차한다. 우리는 돌아다니면서 문손잡이를 쥐거나 악수를 함으로써, 아니면 호흡하는 공기를 통해서 바이러스를 모은다. 대체로 바이러스는 먼지 알갱이처럼 활기 없는 상태로 존재하지만, 살아 있는 세포 안에 넣으면 갑자기 활기에 차서 여느 살아 있는 존재들처럼 격렬하게 증식한다.

세균처럼 바이러스도 놀랍도록 성공한 존재이다. 헤르페스 바이러스(herpes virus)는 수억 년 동안 존속해왔으며, 모든 동물을 감염시킨다. 우리가 먹는 굴도 감염된다. 또한 바이러스는 아주 작다. 세균보다 훨씬 작고, 너무 미세해서 일반 현미경으로는 볼 수 없다. 바이러스를 테니스공 크기로 확대하면, 사람은 키가 800킬로미터가 될 것이고, 세균은 비치볼만큼 커질 것이다.

아주 작은 미생물이라는 현대적 의미의 바이러스라는 용어는 1900년에야 등장했다. 네덜란드 식물학자인 마르티누스 베이에링크가 자신이 연구하는 식물인 담배가 세균보다 더 작은 어떤 수수께끼의 감염원에 취약하다는 것을 발견하면서였다. 처음에 그는 그 수수께끼의 감염원을 콘타기움 비붐 플루이둠(*contagium vivum fluidum*)이라고 했다가, 나중에 "독소"를 뜻하는 라틴어인 비루스(virus)로 바꾸었다. 비록 그는 바이러스학의 아버지이지만, 생전에 자신의 발견의 중요성

바이러스학은 이곳에서 시작되었다 : 연구실에 있는 네덜란드 미생물학자이자 식물학자인 마르티누스 베이에링크의 모습.

> 프록터가 평균적으로 바닷물 1리터에
> 바이러스가 1,000억 개까지 들어 있다는 것을 밝혀내자
> 사람들은 약간 놀랐다.

을 인정받지 못했다. 그래서 받아야 마땅했을 노벨상을 받지 못했다.

예전에는 모든 바이러스가 질병을 일으킨다고 생각했지만—피터 메더워의 말도 그래서 나왔다—지금은 대부분의 바이러스가 오직 세균만을 감염시키고 우리와는 무관하다는 것이 알려져 있다. 바이러스는 수십만 종이 있을 것으로 추정되지만, 포유동물에게 감염을 일으킨다고 알려진 것은 586종에 불과하며, 그중에 263종만이 사람을 감염시킨다.

우리는 병원성이 없는 대다수의 바이러스에 관해서는 거의 아는 것이 없다. 질병을 일으키는 것만이 주로 연구 대상이 되기 때문이다. 1986년 스토니브룩스에 있는 뉴욕 주립대학교의 리타 프록터라는 학생은 바닷물에서 바이러스를 찾아보기로 결심했다. 당시에는 하수구 같은 곳에서 일시적으로 흘러드는 것을 제외하면 바다에 바이러스가 전혀 없을 것이라는 개념이 널리 퍼져 있었기 때문에, 프록터의 생각은 아주 뜬금없다고 여겨졌다. 그래서 프록터가 평균적으로 바닷물 1리터에 바이러스가 1,000억 개까지 들어 있다는 것을 밝혀내자 사람들은 약간 놀랐다. 더 최근에 샌디에이고 주립대학교의 생물학자 대너 윌너는 건강한 사람의 허파에 많은 바이러스들이 있다는 것을 발견했다. 많은 바이러스들이 숨어 있을 것이라고는 생각되지 않던 곳이었다. 윌너는 평균적으로 개인당 174종의 바이러스를 품고 있으며, 그중 90퍼센트는 지금까지 발견된 적이 없던 것임을 알아냈다. 즉 우리의 지구는 바이러스로 우글거리는 행성이지만, 우리는 그 사실을 최근까지도 거의 짐작조차 하지 못하고 있었던 것이다. 바이러스학자 도로시 H. 크로퍼드는 해양 바이러스만 죽 늘어세워도 1,000만 광년 거리까지 뻗을 것이라고 말한다. 사실상 상상할 수도 없는 거리이다.

바이러스의 또 한 가지 능력은 세월을 견디는 것이다. 가장 놀라운 사례로는 2014년 프랑스 연구진이 시베리아에서 발견한 피토비루스 시베리쿰(*Pithovirus sibericum*)이라는 새로운 종을 꼽을 수 있다. 3만 년 동안 영구동토대에 갇혀 있었음에도, 아메바에 집어넣자 활동을 시작하면서 젊음이 넘친다는 것을 보여주었다. 다행히도 *P.* 시베리쿰은 사람에게는 감염을 일으키지 않는다는 것이 드러났지만, 발굴되기를 기다리고 있는 또다른 바이러스들이 있을지 누가

알겠는가? 수두 대상포진 바이러스(varicella-zoster virus)는 바이러스의 인내력을 보여주는 더 흔한 사례이다. 이 바이러스는 어릴 때에는 수두를 일으키지만, 신경세포에 50년 넘게 비활성 상태로 잠복해 있다가 갑자기 활동을 시작해서 노년에 끔찍한 고통과 굴욕감을 안겨줄 수 있다. 대상포진(shingle)을 일으키기 때문이다. 대상포진은 대개 몸통에 나는 고통스러운 발진이라고 이야기되지만, 실제로는 몸 표면이면 거의 어디에서든 나타날 수 있다. 내 친구는 왼쪽 눈에 대상포진이 나타났다. 그 친구는 자기 인생에서 가장 끔찍한 경험이었다고 말했다. (말이 나온 김에 덧붙이면, 대상포진의 영어 단어는 지붕널[shingle]과 아무 관계가 없다. 대상포진은 "띠"라는 뜻의 라틴어 킹굴루스[cingulus]에서 유래한 반면, 지붕널은 "계단식 타일"을 뜻하는 라틴어 스킨둘라[scindula]에서 유래했다. 두 영어 단어의 철자가 똑같은 것은 우연일 뿐이다.)

가장 흔한 바이러스와의 불쾌한 만남은 감기이다. 몸이 으슬으슬해지면 감기에 걸리기 더 쉽다는 것은 누구나 안다. (어쨌든 감기의 영어 단어가 cold인 것은 그 때문이다.) 그러나 과학은 그 이유를 결코 밝히지 못하고 있다. 아니, 그런 생각이 실제로 맞는 것인지조차도 밝혀내지 못했다. 감기가 여름보다 겨울에 더 흔하다는 것은 분명하지만, 그저 우리가 겨울에 실내에서 더 많은 시간을 보냄으로써 다른 사람의 콧물과 내뱉는 공기에 더 많이 노출되기 때문에 그런 것일 수도 있다. 감기는 단일한 질병이 아니라, 다양한 바이러스들이 일으키는 증상들의 집합이다. 그중에서 가장 지독한 것은 리노바이러스(rhinovirus)이다. 리노바이러스만 해도 100종류가 있다. 한마디로 우리가 감기에 걸리는 방법은 많으며, 그것이 바로 감기에 걸리지 않도록 면역력을 갖추기가 어려운 이유이다.

영국은 오랫동안 윌트셔에 감기 연구단이라는 연구 시설을 운영했는데, 치료제 하나 발견하지 못한 채 1989년에 문을 닫았다. 그러나 그곳에서는 몇 가지 흥미로운 실험들이 이루어졌다. 한 실험에서는 자원자의 콧구멍에 코감기에 걸렸을 때 흐르는 콧물과 같은 속도로 액체가 가늘게 흘러나오도록 한 장치를 붙였다. 그런 상태에서 자원자는 마치 칵테일파티에 갔을 때처럼 다른 자

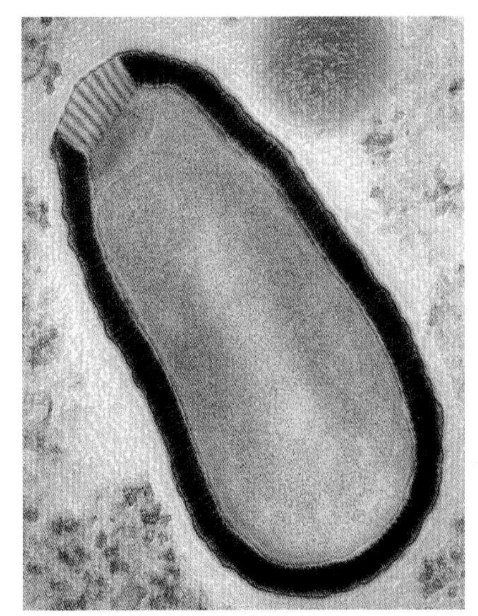

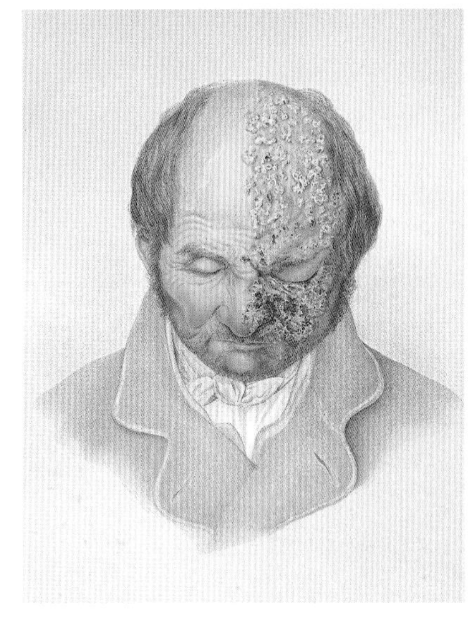

지금까지 발견된 바이러스 중 가장 큰 피토비루스 시베리쿰. 3만 년 동안 영구동토대에서 불활성 상태로 있다가, 아메바에 집어넣자 활동을 시작했다.

아이에게 수두를 일으키는 바이러스는 몸속에 수십 년간 숨어 있다가 몸 어디에서든 활동을 시작하여 고통스러운 발진인 대상포진을 일으킬 수 있다. 그림은 헤브라의 『피부질환의 도해(*Atlas of Skin Diseases*)』(1856–1876)에 실린 것이다.

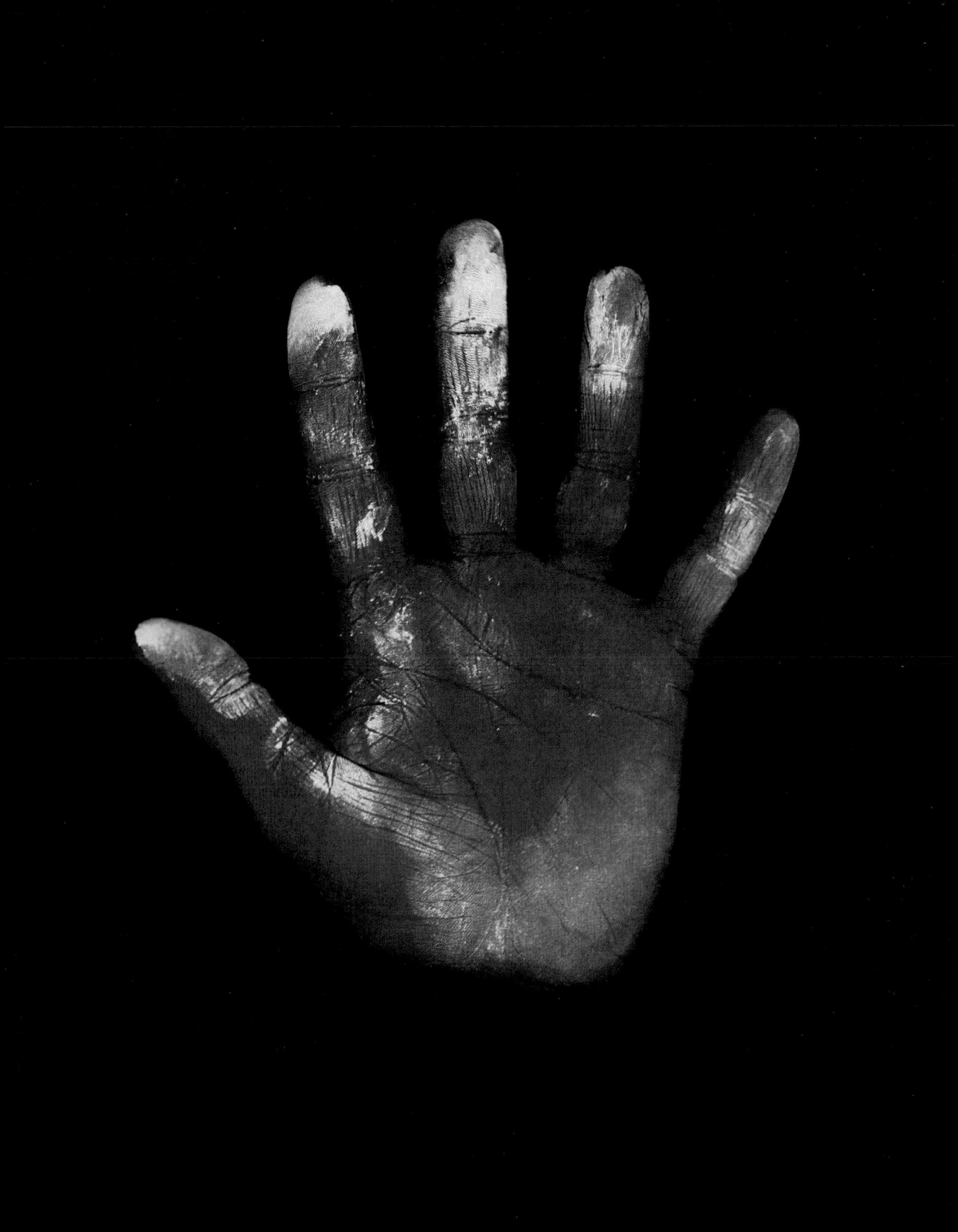

코에서 흘러나오는 병원균을 대신하는 색소는 코에서 간식 그릇을 거쳐서 다른 사람에게로 전달되고, 이어서 문손잡이를 통해서 또다른 사람에게로 전달되는 식으로 모든 사람에게로 전달되었다. 그리하여 모든 사람과 사방에 그 가상의 콧물이 묻어서 빛이 났다.

원자들과 어울렸다. 그들은 알지 못했지만, 그 액체에는 자외선을 쬐면 보이는 색소가 들어 있었다. 사람들이 얼마간 어울린 뒤에 자외선을 켜고 살펴보자 모두가 깜짝 놀랐다. 모든 자원자들의 손과 머리와 상체는 물론이고, 안경, 문손잡이, 소파, 견과 그릇 등 모든 곳에 색소가 묻어 있었다. 어른은 1시간당 평균 16번 얼굴을 만지며, 그렇게 만질 때마다 코에서 흘러나오는 병원균을 대신하는 색소는 코에서 간식 그릇을 거쳐서 다른 사람에게로 전달되고, 이어서 문손잡이를 통해서 또다른 사람에게로 전달되는 식으로 모든 사람에게로 전달되었다. 그리하여 모든 사람과 사방에 그 가상의 콧물이 묻어서 빛이 났다. 애리조나 대학교의 연구진도 비슷한 연구를 했다. 한 사무실 건물의 금속 문손잡이에 이른바 "바이러스"를 묻혀두었더니, 약 4시간이 지나자 그 바이러스가 건물 전체로 퍼졌다. 직원 중 절반 이상이 감염되었고, 복사기와 커피 자판기 등 거의 모든 공용 기기들에도 묻었다. 현실 세계에서는 그렇게 묻은 바이러스들이 사흘까지 활성을 띨 수 있다. 놀라운 점은 (다른 연구에 따르면) 입맞춤이 병균을 전파하는 효과가 가장 떨어진다는 것이다. 위스콘신 대학교에서 자원자들에게 감기 바이러스를 접종한 뒤에 조사했더니 입맞춤은 그 바이러스를 옮기는 효과가 거의 없었다. 재채기와 기침도 그다지 효과가 없었다. 감기 바이러스를 옮기는 진정으로 신뢰할 만한 방법은 접촉을 통하는 것뿐이었다.

보스턴의 지하철을 조사했더니, 금속 막대가 미생물에게 꽤 적대적인 환경임이 드러났다. 좌석의 천과 플라스틱 손잡이는 미생물로 득실거린다. 병균을 옮기는 가장 효과적인 방법은 지폐와 콧물의 조합인 듯하다. 스위스의 한 연구에서는 독감 바이러스가 미세한 콧물을 통해서 지폐에 달라붙으면 2주일 반 동안 생존할 수 있다는 것이 드러났다. 콧물이 없다면, 대부분의 감기 바이러스는 접힌 지폐에서 몇 시간밖에 살지 못했다.

우리 안에 숨어 있는 또다른 두 가지 흔한 미생물은 균류와 원생생물이다. 균

맞은편 : 손을 씻자, 다시 한번. 자외선 아래에서 형광을 띠는 부위들은 충분히 씻지 않아서 미생물이 남아 있는 곳이다. 이 손이 누군가를 오염시키지 않도록 충분히 씻자.

균류는 오랫동안 과학계를 곤혹스럽게 했다. 과학계는 균류를 그냥 조금 별난 식물이라고 분류하고는 했다. 그러나 사실 세포 수준에서 보면, 균류는 결코 식물과 비슷하지 않다. 광합성을 하지 않으므로, 엽록소가 없으며 따라서 녹색도 띠지 않는다. 균류는 사실 식물보다는 동물에 더 가깝다.

류(팡이류)는 오랫동안 과학계를 곤혹스럽게 했다. 과학계는 균류를 그냥 조금 별난 식물이라고 분류하고는 했다. 그러나 사실 세포 수준에서 보면, 균류는 결코 식물과 비슷하지 않다. 광합성을 하지 않으므로, 엽록소가 없으며 따라서 녹색도 띠지 않는다. 균류는 사실 식물보다는 동물에 더 가깝다. 균류가 별개의 생물임이 인정되고 별도의 생물계로 분류된 것은 1959년이 되어서였다. 균류는 기본적으로 두 집단으로 나뉜다. 곰팡이류와 효모류이다. 대체로 균류는 우리를 건드리지 않는다. 수백만 종 가운데 약 300종만이 우리에게 영향을 미치며, 균류가 일으키는 병을 가리키는 진균증(mycosis)은 대부분 우리를 아프게 한다기보다는 무좀처럼 가벼운 불편함이나 자극을 일으키는 정도이다. 그러나 그보다 더 큰 해를 끼치는 종류가 소수 있는데, 그 수가 점점 증가하고 있다.

아구창을 일으키는 균류인 칸디다 알비칸스(*Candida albicans*)는 1950년대까지는 입과 생식기에서만 발견되었지만, 지금은 때로 몸속 더 깊숙이 침투하기도 한다. 이 균류가 심장 같은 곳에서 과일을 덮은 곰팡이처럼 자랄 수도 있다. 또 캐나다의 브리티시컬럼비아에서 수십 년 전에 발견된 크립토코쿠스 가티이(*Cryptococcus gattii*)는 주로 나무나 그 주변의 흙에서 살 뿐, 사람에게는 전혀 해를 끼치지 않았다. 그러다가 1999년에 갑자기 병원성을 띠게 되면서 캐나다 서부와 미국 곳곳에서 허파와 뇌에 심각한 감염증을 일으켰다. 이 질병이 종종 다른 병으로 잘못 진단되고 특히 주된 발병 지역 중의 한 곳인 캘리포니아에서는 당국에 보고할 의무가 없기 때문에 정확한 감염 통계를 알 수 없지만, 1999년 이래로 북아메리카 서부에서 확인된 사례만 300건이 넘으며, 그중 약 3분의 1은 사망했다.

계곡열(valley fever)이라는 이름으로 더 잘 알려진 콕시디오이데스 진균증(coccidioidomycosis)은 그보다 감염 통계자료가 좀더 나와 있다. 거의 전적으

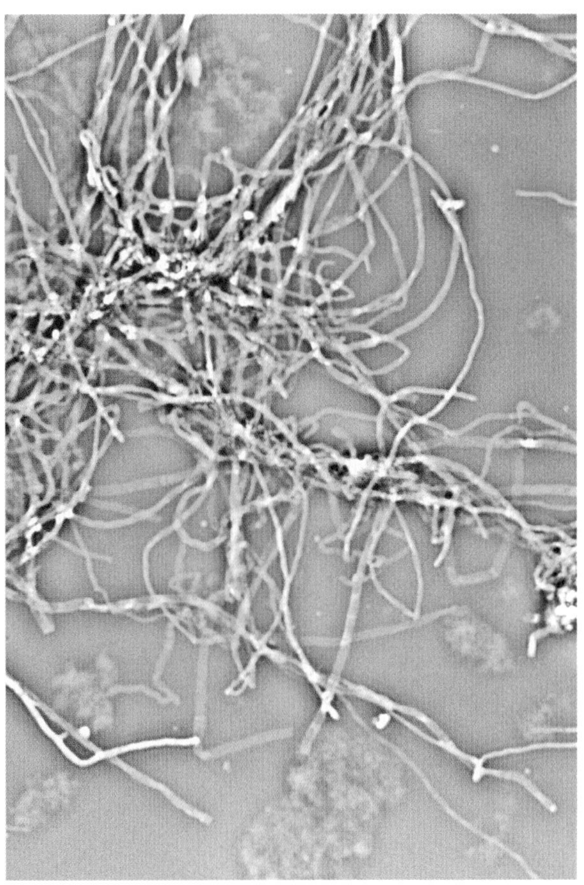

왼쪽은 애리조나 계곡열 희생자 협회를 설립한 퍼트리샤 화이트가 미국 서부에서 해마다 수천 명을 감염시키는 이 진균증에 관해서 강연을 하는 모습. 오른쪽은 콕시디오이데스 진균증이라는 이 병을 일으키는 균의 팡이실.

로 캘리포니아, 애리조나, 네바다 주에서만 감염자가 나타나는데, 연간 약 1만-1만5,000명이 감염되고 그중에 약 200명이 사망한다. 그러나 그 증상이 폐렴과 혼동될 수도 있기 때문에, 실제 감염자 수는 이보다 좀더 많을 것이다. 이 곰팡이는 흙에 사는데, 지진이나 먼지 폭풍처럼 흙이 교란될 때마다 감염자 수가 늘어난다. 균류는 한 해에 전 세계에서 약 100만 명의 목숨을 앗아간다고 추정되므로, 결코 사소한 존재가 아니다.

마지막으로 원생생물이 있다. 원생생물은 식물, 동물, 균류가 아닌 모든 생물을 가리킨다. 다른 어느 생물 범주에도 속하지 않는 모든 생명체를 뭉뚱그린 범주이다. 원래 19세기에는 모든 단세포 생물을 원생동물(protozoa)이라고 했다. 그리고 그 모든 단세포 생물들이 유연관계가 가깝다고 가정했다. 그러나 시간이 흐르면서 세균과 고세균을 각자 별개의 생물계로 분류해야 한다는 사실이 명백히 드러났고, 그 나머지는 원생생물로 분류되었다. 원생생물은 아주 큰 범주이며, 아메바, 짚신벌레, 규조류, 변형균류 등 생물학 분야에서 일하

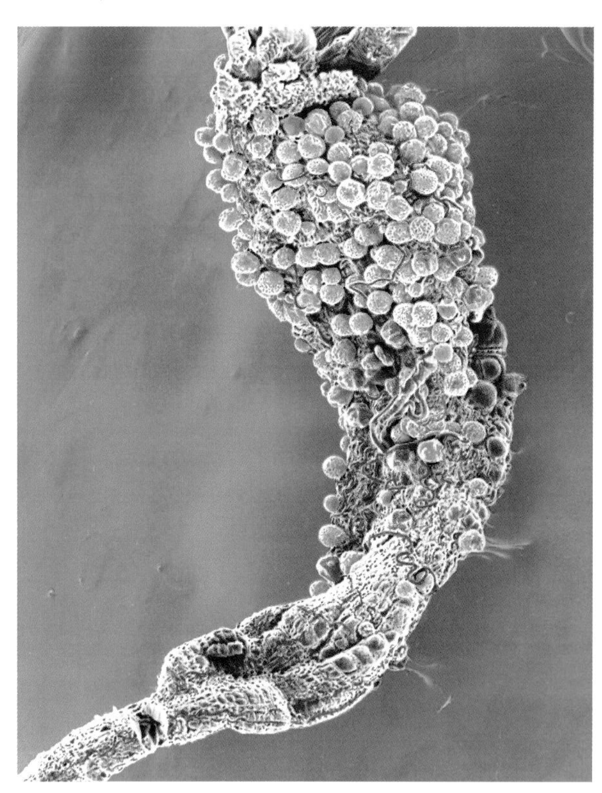

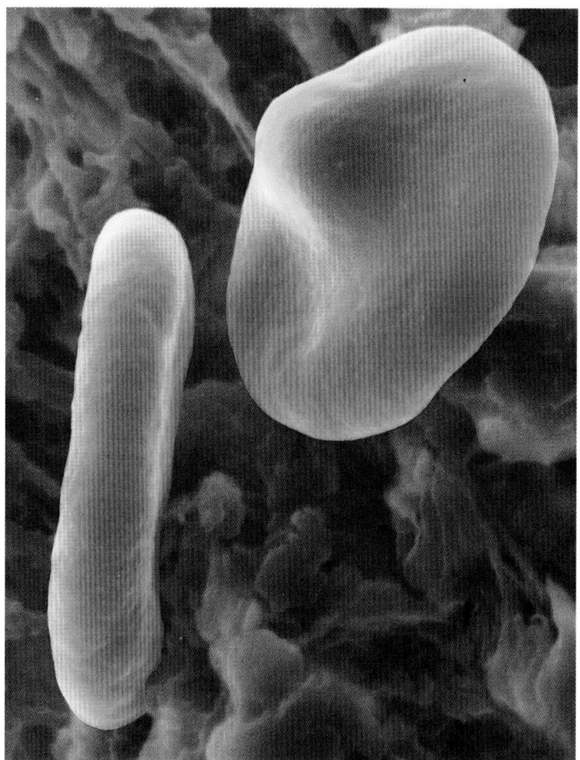

는 사람들 외에는 거의 잘 모르는 많은 생물들을 포함한다. 사람의 건강이라는 측면에서 볼 때, 가장 두드러진 원생생물은 플라스모디움속(*Plasmodium*), 즉 말라리아 원충이다. 이들은 모기를 통해서 우리 몸으로 들어와서 말라리아를 일으키는 지독한 생물이다. 또 톡소플라스마증, 람블편모충증, 크립토스포리듐증을 일으키는 원생생물도 있다.

요컨대 우리 주위에는 놀라울 만치 다양한 미생물이 있으며, 우리는 그들이 좋든 나쁘든 간에 우리에게 어떤 영향을 미치는지를 이해하는 일을 아직 시작도 하지 못한 상태라고 할 수 있다. 1992년 영국 북부 웨스트 요크셔의 브래드퍼드라는 유서 깊은 평온한 소도시에서 일어난 일은 그 점을 아주 잘 보여주는 사례이다. 이 지역에서 폐렴이 대발생하자, 원인을 알아내기 위해서 정부 소속 미생물학자인 티머시 로보섬이 파견되었다. 그가 한 냉각탑의 물을 떠서 조사했을 때, 자신뿐만 아니라 어느 누구도 본 적이 없던 미생물이 하나 보였다. 그는 그것이 새로운 세균이라고 잠정적으로 분류했다. 세균의 특징이 뚜렷해서가 아니라, 다른 생물로 볼 수가 없었기 때문이다. 그는 나중에 더 나은 이

말라리아 원충(파란색)에 감염된 모기의 위벽. 원충은 성숙하면, 모기의 체강 전체로 흩어지며, 이윽고 침샘에도 다다른다. 그 모기가 사람을 물 때 사람에게 전파된다. 오른쪽 사진은 정상적인 적혈구와 말라리아 원충에 감염된 적혈구를 보여준다. 오른쪽 적혈구는 안에서 원충이 증식하면서 가운데가 불룩해져 있다.

맞은편 : 말라리아 마우스피스. 감비아학질모기(*Anopheles gambiae*) 암컷을 찍은 놀라울 만치 상세한 주사전자현미경 사진. 피를 빨 때 말라리아를 일으키는 원충을 옮기는 긴 주둥이가 뚜렷이 보인다.

름이 붙기를 바라면서, 잠정적으로 그 생물을 "브래드퍼드 코쿠스(Bradford coccus)"라고 불렀다. 그는 전혀 짐작조차 하지 못했지만, 사실 그는 그 발견으로 미생물학 전체를 바꿔놓았다.

로보섬은 그 표본을 6년 동안 냉동고에 보관하고 있다가, 이른 은퇴를 하면서 동료들에게 보냈다. 표본은 여러 사람의 손을 거친 뒤에 프랑스에서 일하던 영국 생화학자 리처드 버틀스의 손에 들어왔다. 버틀스는 브래드퍼드 코쿠스가 세균이 아니라 바이러스임을 알아차렸다. 그러나 그것은 바이러스에 관한 기존의 어떤 정의에도 들어맞지 않는 바이러스였다. 우선 이 바이러스는 지금까지 알려진 다른 모든 바이러스보다 훨씬 더, 100배 이상 컸다. 또 대부분의 바이러스는 유전자가 약 12개에 불과한데, 이 바이러스는 1,000개가 넘었다. 바이러스는 살아 있다고 간주되지 않지만, 이 바이러스의 유전 암호에는 생명이 탄생한 이래로 모든 생물들에게 존재해온 62개의 문자 서열이 들어 있었다.* 따라서 이 바이러스는 살아 있을 뿐만 아니라, 지구의 다른 모든 생물들만큼 오래되었다고 주장할 수도 있는 것이었다.

버틀스는 새 바이러스에 미미바이러스(mimivirus)라는 이름을 붙였다. "미생물을 흉내낸다(microbe-mimicking)"는 뜻이다. 버틀스 연구진은 논문을 발표하려고 했지만, 너무나 기이한 내용이었기 때문에 받아주겠다는 학술지가 없었다. 그 냉각탑은 1990년대 말에 해체되었으며, 이 기이하면서도 오래된 바이러스 군체도 그와 함께 사라진 듯하다.

그러나 그 뒤로 더욱 커다란 바이러스들이 발견되었다. 2013년 엑스마르세유 대학교(버틀스가 미미바이러스의 정체를 밝혀냈을 때에 재직하던 곳)의 장미셸 클라베리 연구진은 판도라바이러스(pandoravirus)라는 새로운 거대 바이러스를 발견했다. 유전자가 무려 2,500개나 되고, 그중 90퍼센트는 자연의 다른 어디에서도 발견된 적이 없었다. 그들은 세 번째 거대 바이러스인 피토바이러스(pithovirus)도 발견했다. 더욱 크고 그만큼 더 기이한 바이러스였다. 이 글을 쓰고 있는 현재까지 발견된 거대 바이러스는 5개 집단이다. 모두 지구의 다른 모든 바이러스들과 다를 뿐만 아니라, 그들끼리도 크게 다르다. 이런 기이하면서 이질적인 생명입자(bioparticle)가 세균역, 고세균역, 진핵생물역에 이어서 네 번째 생명의 영역(domain)이 존재한다는 증거라는 주장까지 나왔다. 진

....

* 적어보면 이렇다. GTGCCAGCAGCCGCGGTAATTCAGCTCCAATAGCGTATATTAAAGTTGCTGCAGTTAAAAAG.

핵생물역은 우리 같은 복잡한 생물들을 모두 포함하는 범주이다. 미생물에 관한 한, 우리는 정말로 이제 겨우 알기 시작했을 뿐이다.

세균 전쟁 : 로베르트 코흐(위)와 막스 폰 페텐코퍼(아래). 후자는 콜레라균을 삼키고도 건강했다. 그 자신에게는 좋은 일이었지만, 의학 연구의 발전에는 도움이 되지 않았다.

III

현대로 들어와서도 꽤 오랫동안 미생물처럼 작은 것이 우리에게 심각한 해를 끼칠 수 있다는 생각은 얼토당토않다는 인식이 팽배해 있었다. 독일의 미생물학자 로베르트 코흐가 1884년에 콜레라를 전적으로 바실루스(간균, 막대 모양의 세균)가 일으킨다고 발표했을 때, 당시의 저명하지만 의심 많은 막스 폰 페텐코퍼라는 동료 학자는 격렬하게 반박하고 나섰다. 그는 코흐가 틀렸다는 것을 입증하겠다며 작은 병에 든 바실루스를 꿀꺽 삼키는 시연회까지 열었다. 그 일로 페텐코퍼가 심하게 앓음으로써 근거가 빈약한 자신의 반대 견해를 철회하게 되었다면 훨씬 더 나은 일화가 되었겠지만, 그는 아무 일 없이 멀쩡했다. 때로는 그런 일도 일어난다. 지금은 페텐코퍼가 과거에 콜레라에 걸린 적이 있어서 면역력이 얼마간 남아 있었을 것이라고 본다. 그보다 덜 알려진 사실이 있는데, 그의 학생 두 명도 콜레라 추출액을 마셨다가 아주 심하게 앓았다는 것이다. 아무튼 그 일화는 이른바 세균론(germ theory)이 널리 받아들여지는 것을 지체시키는 역할을 했다. 어떤 의미에서는 콜레라나 다른 많은 흔한 질병들의 원인이 무엇인지는 그다지 중요한 문제가 아니었다. 어쨌든 치료제가 전혀 없었으니까.*

* 물론 지금 코흐의 발견은 아주 잘 알려져 있으며, 발견자인 그의 이름도 널리 알려져 있다. 그러나 종종 간과되는 점이 있는데, 작고 사소한 기여가 과학 발전에 얼마나 엄청난 역할을 할 수 있는가이다. 아마 코흐 자신의 생산적인 연구실이야말로 그 점을 가장 잘 보여주는 곳이었을 것이다. 점점 늘어나는 다양한 세균 표본을 배양하려니 연구실 공간이 점점 비좁아졌고 교차 오염의 가능성도 점점 커졌다. 하지만 다행히도 코흐에게는 율리우스 리하르트 페트리라는 조수가 있었다. 그는 보호 뚜껑이 있는 얕은 접시를 고안했다. 바로 자신의 이름이 붙게 될 페트리 접시였다. 페트리 접시는 아주 작은 공간만 차지했고, 멸균되고 균일한 환경을 제공했으며, 교차 오염의 위험을 사실상 제거했다. 그러나 아직 배양할 매체가 필요했다. 다양한 젤라틴을 시험했지만, 모두 만족스럽지 못하다는 것이 드러났다. 그러다가 다른 젊은 연구자의 미국인 아내인 패니 헤세가 한천을 써보라고 제안했다. 미국에 살 때 패니는 할머니에게 한천으로 젤리를 만드는 법을 배운 적이 있었다. 할머니는 그러면

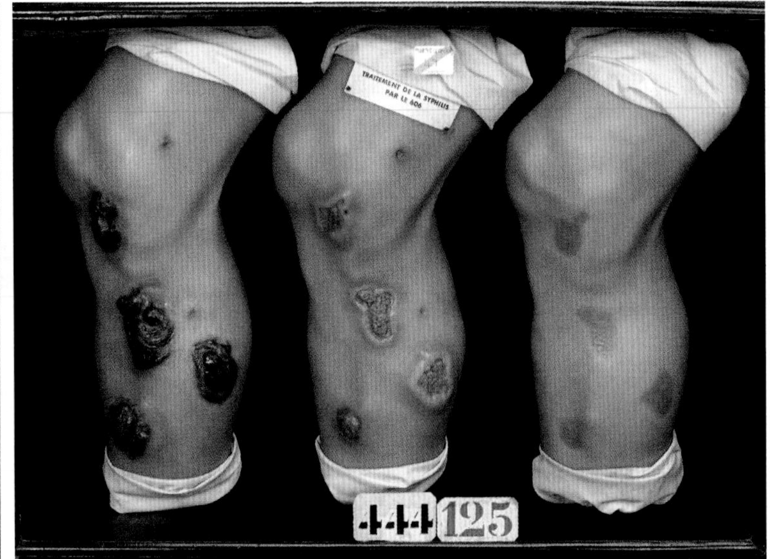

효과는 있지만 위험한 매독 약인 살바르산을 개발한 파울 에를리히. 살바르산의 이로운 효과와 그 약으로 치료한 매독 궤양을 으스스할 만치 생생하게 보여주는 다리 밀랍 모형. 위험한 성교를 꺼리게 만드는 효과를 일으키려는 의도로 이렇게 생생하게 표현한 것이었겠지만, 아마도 그 질병에 이미 따라붙은 두려움과 혐오를 부추기는 역할도 했을 것이다.

맞은편 : 알렉산더 플레밍과 페니실린의 발견. 왼쪽 위부터 시계 방향으로 : 연구실에 있는 플레밍; "곰팡이가 억제"라고 적힌 1928년 12월 연구 일지; 항세균—항생—효과를 꼼꼼하게 기록한 일지; 우연히 이 중요한 발견이 이루어진 지 25년 뒤에 찍은 원래의 세균 배지 사진.

페니실린이 등장하기 전까지, 어떤 경이로운 약에 가장 근접한 것은 독일의 면역학자 파울 에를리히가 1910년에 개발한 살바르산(Salvarsan)이었다. 그러나 살바르산은 매독을 비롯한 몇 가지 질병에만 효과가 있었고, 많은 문제들을 안고 있었다. 무엇보다도 비소로 만들었기 때문에 독성이 있었다. 게다가 치료를 하려면 50주일 넘게 매주 1번씩 환자의 팔에 약 0.5리터의 용액을 주입해야 했다. 정확히 제대로 주입하지 않으면, 용액이 근육으로 새어나갈 수 있었다. 그러면 몹시 고통스럽고 때로 심각한 부작용이 생기며, 팔을 절단해야 하는 상황도 벌어졌다. 이 치료를 안전하게 할 수 있는 의사는 유명해지게 되었다. 역설적이게도, 알렉산더 플레밍은 그 방면으로 가장 큰 명성을 얻은 의사 중 한 명이었다.

플레밍이 우연히 페니실린을 발견한 이야기는 너무나 자주 들리지만, 이야기마다 내용이 조금씩 다르다. 그 발견 이야기가 처음으로 온전한 형태로 나온 것은 1944년이었다. 그 일이 있은 지 15년이 흐른 뒤였고, 세부적인 사항들은 이미 모호해진 상태였다. 그러나 최선을 다해 재구성하면 이렇게 될 것 같다. 알렉산더 플레밍은 런던의 세인트메리 병원에서 의학 연구자로 일하고 있었다. 1928년에 그가 휴가를 간 동안, 페니실륨속(*Penicillum*)의 곰팡이 홀씨가 연구

....

여름의 열기에도 녹지 않는다고 했다. 한천은 실험용으로도 완벽하게 적합했다. 이 두 가지 발전이 없었다면, 코흐는 혁신적인 발견을 이루기까지 시간이 더 오래 걸렸거나 아예 해내지 못했을지도 모른다.

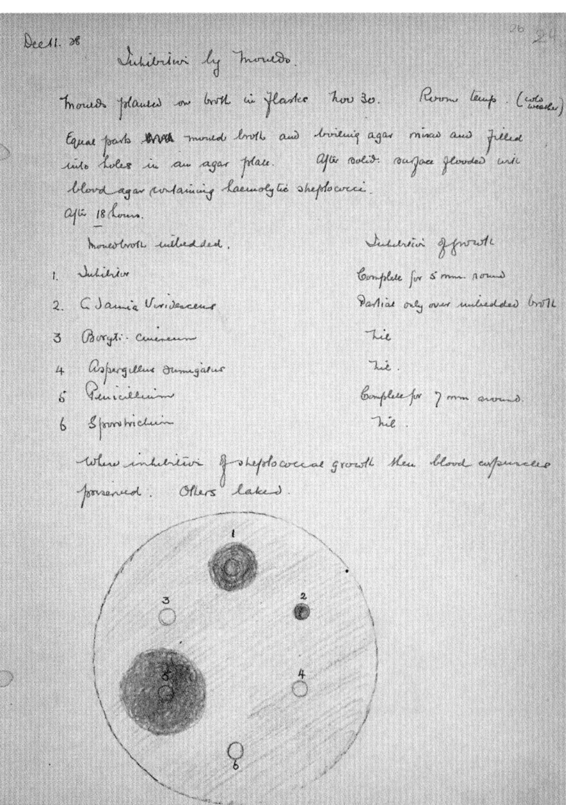

Dec 11. 28

Inhibition by moulds.

Moulds planted on broth in flasks Nov 30. Room temp. (cold weather)

Equal parts mould broth and boiling agar mixed and filled into holes in an agar plate. After solid: surface flooded with blood agar containing haemolytic streptococci.

After 18 hours.

Mould broth imbedded.	Inhibition of growth
1. Inhibitor	Complete for 5 mm round
2. C Jania Viridescens	Partial only over imbedded broth
3 Botrytis cinereum	Nil
4 Aspergillus fumigatus	Nil.
5 Penicillium	Complete for 7 mm around.
6 Sporotrichum	Nil.

Where inhibition of streptococcal growth there blood corpuscles preserved. Others laked.

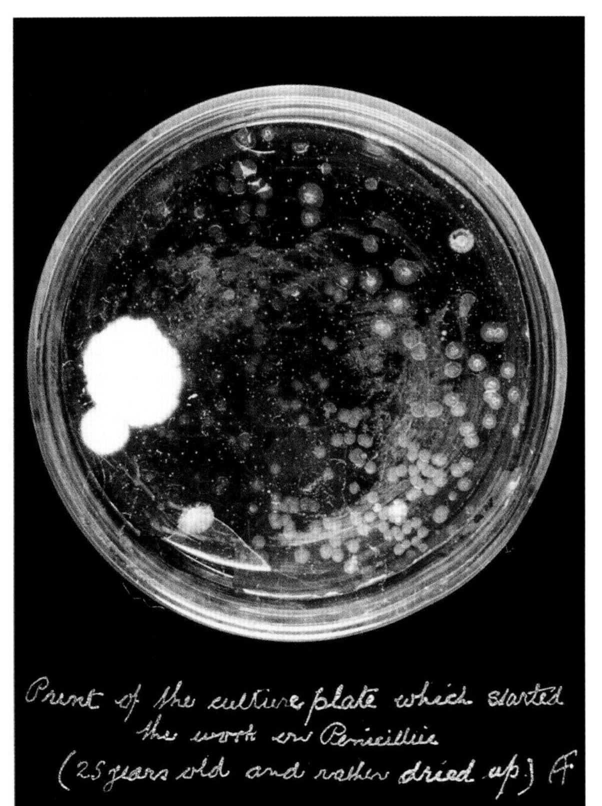

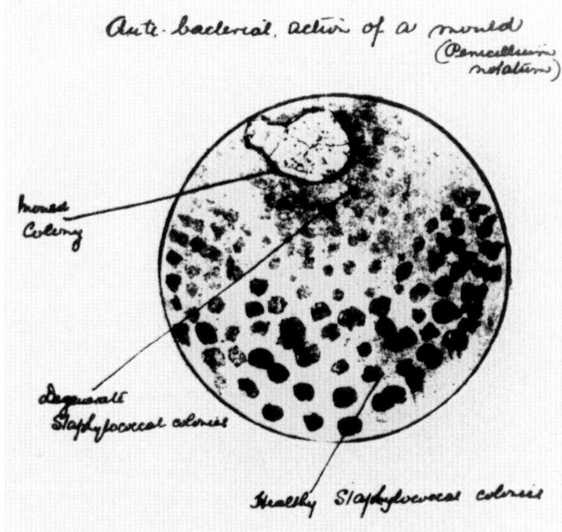

On a plate planted with Staphylococci a colony of a mould appeared. After about two weeks it was seen that the colonies of staphylococci near the mould colony were degenerate

> 플레밍은 그 곰팡이의 중요성을 알아차렸다는 영예를 받아 마땅하다. 덜 주의 깊은 과학자였다면 그 접시를 그냥 내버렸을지도 모른다.

실로 날아와서 그가 무심코 뚜껑을 닫지 않았던 페트리 접시에 내려앉았다. 일련의 우연한 사건들—플레밍이 페트리 접시를 정리하지 않은 채 휴가를 떠났다는 것, 그해 여름 날씨가 (홀씨가 발아하기 딱 좋게) 유달리 선선했다는 것, 느리게 자라는 곰팡이가 활동을 할 수 있을 만큼 플레밍이 오래 떠나 있었다는 것—이 이어진 덕분에 연구실로 돌아온 그는 그 페트리 접시에서 세균의 증식이 유달리 억제되어 있다는 것을 알아차렸다.

접시에 내려앉은 곰팡이가 아주 희귀한 종류여서 그 발견이 사실상 기적에 가깝다는 식의 이야기들도 종종 보이지만, 그 부분은 언론의 창작인 듯하다. 그 곰팡이는 사실 페니실륨 노타툼(*Penicillium notatum*)이었다. 지금은 학명이 페니실륨 크리소게눔(*Penicillium chrysogenum*)으로 바뀌었다. 런던에서 아주 흔한 곰팡이이므로, 홀씨 몇 개가 떠다니다가 그의 연구실로 들어가서 한천 배지에 내려앉는 것은 그다지 어렵지 않았을 것이다. 또 플레밍이 자신의 발견을 활용하지 못했고 여러 해가 지난 뒤에야 다른 이들이 그의 발견을 토대로 유용한 약물을 발견했다는 이야기도 흔하다. 어쨌거나 그것은 편협한 해석이다. 첫째, 플레밍은 그 곰팡이의 중요성을 알아차렸다는 영예를 받아 마땅하다. 덜 주의 깊은 과학자였다면 그 접시를 그냥 내버렸을지도 모른다. 게다가 그는 자신이 발견한 것을 권위 있는 학술지에 충실하게 발표했고, 그 곰팡이를 항생제로 쓸 수 있을지도 모른다는 내용도 적었다. 또 그는 그 발견을 유용한 약물로 전환하려는 시도도 얼마간 했지만—나중에 연구자들이 발견하게 되듯이—그 일은 기술적으로 까다로웠으며 그에게는 더 시급하게 처리해야 할 연구 과제들이 있었기 때문에 그 일에 매달릴 수가 없었다. 편협한 해석은 플레밍이 이미 유명하면서 바쁜 과학자였다는 점을 간과하고는 한다. 그는 1923년에 라이소자임(lysozyme)을 발견했다. 라이소자임은 침, 콧물, 눈물에 들어 있는 항균 효소로서, 침입하는 병원체에 맞서는 몸의 일차 방어선에 속한다. 그는 아직 그 물질의 특성을 살펴보는 일에 몰두하고 있었다. 이 이야기의 몇몇 판본은 그를 어리석거나 무모하다고 묘사하기도 하는데, 그는 그렇지 않았다.

1930년대 초에 독일의 연구자들은 술폰아미드(sulphonamide)라는 항균 약

옥스퍼드 연구진 : 하워드 플로리(뒷줄 왼쪽에서 두 번째)와 성질은 급했지만 재능만은 뛰어났던 어니스트 체인(뒷줄 오른쪽에서 두 번째)이 페니실린을 연구하는 동료 다섯 명과 함께 플레밍의 발견이 이루어진 건물 앞에서 찍은 사진. 안타깝게도 이 새로운 "기적의 약"은 양이 부족해서, 그들의 첫 환자는 목숨을 잃고 말았다.

물을 내놓았지만, 그 약물은 효과가 없는 경우도 많았고 때로 심각한 부작용을 수반하고는 했다. 옥스퍼드에서 오스트레일리아 태생의 하워드 플로리가 이끄는 생화학자들은 더 효과적인 약물이 있는지 탐색에 나섰다. 그 과정에서 그들은 플레밍의 페니실린 논문을 재발견했다. 옥스퍼드에서 그 연구의 책임자는 언스트 체인이라는 괴짜 독일 이민자였다. 그는 기괴할 만치 알베르트 아인슈타인을 닮았다(수북한 콧수염까지도). 하지만 훨씬 더 도전적인 성향을 지니고 있었다. 체인은 베를린의 부유한 유대인 집안에서 자랐지만, 아돌프 히틀러가 정권을 잡자 영국으로 피신했다. 그는 여러 분야에서 재능을 보였고, 과학자가 되기 전에는 피아노 협주자로 살아갈 생각을 했다. 그러나 그는 까다로운 사람이기도 했다. 성질이 불같았고, 편집증도 살짝 보였다. 물론 1930년대는 유대인이 편집증을 가질 만한 시대였다고 말하는 것이 공정할 듯하다. 연구실에서 중독될지도 모른다는 병적인 두려움을 품었기 때문에, 그는 어떤 발견을 할 만한 인물 같지가 않았다. 그러나 그는 두려움을 견디면서 연구를 계속한 끝에, 페니실린이 생쥐의 병원균을 죽일 뿐만 아니라 눈에 띄는 부작용도 전혀 없다는 사실을 발견하고서 깜짝 놀랐다. 완벽한 약물을 발견한 것이다. 부수적인 피해를 입히지 않은 채 표적만 제거할 수 있었다. 그런데 플레밍도 내다보았지만, 문제는 치료에 쓸 수 있을 만큼 페니실린을 대량생산하기가 무척 어렵다는 점이었다.

플로리의 요구로 옥스퍼드는 곰팡이를 키우면서 인내심을 가지고 미량의 페니실린을 추출할 수 있도록 많은 자원과 연구 공간을 제공했다. 1941년 초까지 그들은 겨우 시험할 만큼의 약물을 모아서 앨버트 알렉산더라는 경찰관에게 투여했다. 그는 항생제가 나오기 전에 인간이 감염에 얼마나 취약했는지를 비극적으로 보여준 이상적인 사례였다. 그는 정원에서 장미의 가지를 치다가 가시에 얼굴을 긁혔다. 상처에는 감염이 일어났고 곧 다른 부위로 번졌다. 알렉산더는 한쪽 눈을 잃었고, 이제 정신착란까지 일어나면서 죽음을 앞두고 있었다. 그런데 페니실린을 투여하자 기적 같은 효과가 나타났다. 이틀 사이에 그는 일어나 앉을 수 있었고 거의 정상으로 돌아온 듯했다. 그러나 공급량이 금방 동이 났다. 필사적이 된 과학자들은 알렉산더의 소변을 걸러서까지 최대한 모아서 다시 주사했지만, 결국 나흘 뒤에 페니실린이 동이 나고 말았다. 알렉산더는 재발했고 결국 사망했다.

영국이 제2차 세계대전에 한창이던 반면에 미국은 아직 참전하지 않은 시기에, 페니실린을 대량생산할 방법을 찾는 일은 일리노이 주 피오리아에 있는 미국 정부의 연구 시설로 옮겨갔다. 연합국 측의 과학자들과 유관 단체들은 흙과 곰팡이 표본을 보내달라는 요청을 비밀리에 받았다. 수백 군데에서 표본이 왔지만, 전망이 엿보이는 것은 전혀 없었다. 조사를 시작한 지 2년이 지난 어느 날, 피오리아의 메리 헌트라는 연구원이 동네 채소 가게에서 캔털루프 멜론을 사왔다. 그녀가 나중에 회상한 바에 따르면, "예쁜 황금색 곰팡이"가 겉에 붙어서 자라고 있었다. 그 곰팡이는 지금까지 시험한 곰팡이들보다 200배 더 강력하다는 것이 드러났다. 메리 헌트가 멜론을 구입했던 가게의 이름과 위치는 잊혔고, 역사에 기록을 남긴 그 멜론도 보존되어 있지 않다. 곰팡이를 긁어낸 뒤에 직원들이 먹었기 때문이다. 그러나 그 곰팡이는 살아남았다. 이후로 지금까지 페니실린은 모두 그 우연히 구입한 캔털루프 멜론에 붙어 있던 곰팡이의 후손들에서 나온 것이다.

모든 것은 곰팡이가 핀 멜론으로부터 : 제2차 세계대전 당시 미국의 페니실린 생산량이 대폭 늘어나면서 그 가치를 자랑스럽게 알리는 광고도 등장했다.

1944년 영국 해군은 노르망디 상륙 작전을 위해서 자체적으로 페니실린을 제조하고 있었다. 이들이 착용한 마스크와 장갑은 작업자가 아니라 귀중한 제품을 보호하기 위한 것이다.

이후 1년이 지나기도 전에, 미국 제약사들은 페니실린을 월간 1,000억 단위씩 생산했다. 영국의 발견자들은 미국인들이 제조 특허를 받는 바람에 자신들이 발견한 것을 특허료를 내고 이용해야 한다는 사실에 분통해했다.

알렉산더 플레밍이 페니실린의 아버지로 유명해진 것은 그 우연한 발견을 한 지 약 20년 뒤인 전쟁이 끝날 무렵이었다. 아무튼 그는 대단히 유명해졌다. 전 세계에서 각종 상과 명예 학위를 189번이나 받았고, 심지어 달 분화구에 그의 이름이 붙기도 했다. 1945년에 그는 언스트 체인, 하워드 플로리와 공동으로 노벨 생리의학상을 받았다. 플로리와 체인은 받아 마땅한 대중의 갈채를 결코 받지 못했다. 플레밍보다 사교성이 훨씬 떨어지기 때문이기도 했고, 고집스럽게 응용 연구를 계속한 이야기보다는 우연히 일어난 발견의 이야기가 언론의 입맛에 더 들어맞았기 때문이기도 했다. 체인은 노벨상을 공동 수상했음에도 불구하고, 플로리가 자신의 공로를 제대로 인정하지 않는다고 믿었고, 드문 일도 아니지만 그래서 우정도 파탄 났다.

플레밍은 1945년 노벨상 수상 연설에서 이미 항생제를 무분별하게 사용한다면 미생물이 내성을 띠는 쪽으로 쉽사리 진화할 수 있을 것이라고 경고했다. 이 정도로 선견지명이 있는 노벨상 연설은 거의 찾아보기 어렵다.

IV

페니실린의 크나큰 장점인 모든 미생물을 한꺼번에 제거하는 능력은 근본적인 약점이기도 하다. 미생물을 항생제에 더 노출시킬수록 미생물이 내성을 갖추게 될 기회도 더 많아진다. 아무튼 항생제를 투여하고 나면 가장 내성이 강한 미생물만이 몸에 남는다. 다양한 세균들을 한꺼번에 공격함으로써, 우리는 많은 방어 활동을 자극한다. 동시에 불필요한 부수적 피해까지 일으킨다. 항생제는 수류탄만큼 무차별적이다. 나쁜 미생물뿐만 아니라, 좋은 미생물까지 싹 없앤다. 좋은 미생물 중 일부는 결코 돌아오지 않고 영구적으로 손실된다는 증거가 점점 늘고 있다.

서양 세계의 대다수 시민은 성인이 될 즈음에는 항생제 치료를 받은 횟수가 5–20번에 달한다. 두려운 점은 각 세대가 바로 앞 세대로부터 물려받는 미생물이 점점 줄어들면서, 이 효과가 누적될 수도 있다는 것이다. 마이클 킨치라는 미국의 과학자만큼 이 문제를 뼈저리게 느끼는 사람은 아마 거의 없을 것이다. 2012년 그가 코네티컷에 있는 예일 대학교 분자발견 센터의 소장으로 있을 때였다. 어느 날 열두 살이던 아들 그랜트로부터 몹시 배가 아프다는 연락이 왔다. 킨치는 이렇게 회상한다. "아들이 여름 캠프로 떠난 첫날이었어요. 컵케이크를 좀 먹었다고 했죠. 그래서 우리는 처음에는 좀 들뜬 상태에서 과식을 해서 그런가보다 생각했는데, 상태가 더욱 안 좋아지는 거예요." 결국 그랜트는 예일 뉴헤이븐 병원에 입원했는데, 온갖 우려되는 증상들이 빠르게 잇달아 나타났다. 곧 막창자꼬리(충수)가 터져서 장 미생물들이 배 안으로 탈출함으로써 복막염을 일으켰다는 것이 드러났다. 감염으로 인한 패혈증도 나타났다. 혈액까지 감염되었고 따라서 온몸으로 퍼질 수도 있다는 의미였다. 실망스럽게도 항생제를 네 종류나 투여했는데, 세균의 번식을 막는 데에는 아무런 효과가 없었다.

"정말로 경악할 지경이었죠. 그때까지 우리 애가 항생제를 처방받은 건 딱 한 번뿐이었거든요. 귀에 감염이 일어났을 때였

항생제의 우려되는 몇몇 문제점을 알리고 있는 마이클 킨치는 병마와 싸우는 아들의 모습을 고통스럽게 지켜보다가 그런 사실들을 깨달았다.

우리는 그냥 미친 짓이라고 할 만큼 항생제를 마구 써댄다. 미국에서 한 해에 발행되는 항생제 처방전 4,000만 건 중에서 거의 4분의 3은 항생제로 치료할 수 없는 증상에 쓰인다.

죠. 그런데도 아들의 장 세균들은 항생제에 내성을 띠고 있었어요. 일어나서는 안 될 일이었어요." 다행히도 다른 두 항생제는 효과가 있었고, 그랜트는 목숨을 구했다.

"아들은 운이 좋았어요. 그러나 우리 몸속의 세균이 우리가 투여하는 항생제의 3분의 2가 아니라 전부에 내성을 띠게 되는 날이 빠르게 다가오고 있어요. 그때가 되면 우리는 정말로 심각한 문제에 빠질 겁니다."

현재 킨치는 세인트루이스에 있는 워싱턴 대학교 생명공학 연구혁신 센터의 소장이다. 그는 대학교가 추진하는 동네 재생 사업의 일환으로 버려진 전화기 공장을 새롭게 개보수한 건물에서 일한다. "예전에는 여기가 세인트루이스에서 마약을 구하기 가장 좋은 곳이었어요." 그는 살짝 비꼬는 어조로 자랑하듯이 말한다. 중년 초입에 들어선 유쾌한 인물인 그는 기업가 정신을 함양하기 위해서 워싱턴 대학교로 왔지만, 여전히 제약업의 미래와 새로운 항생제의 개발 문제에 깊은 관심을 가지고 있다. 2016년에 그는 그 문제를 경고하는 『변화를 위한 처방 : 곧 닥칠 약물 개발의 위기(*A Prescription for Change: The Looming Crisis in Drug Development*)』라는 책을 썼다.

"1950년대부터 1990년대까지는 미국에서 1년에 대략 세 종류의 새로운 항생제가 나왔어요. 지금은 2년에 대략 한 종류가 나올 뿐입니다. 효과가 없거나 쓸모가 없어져서 시장에서 항생제가 사라지는 속도가 새 항생제가 나오는 속도보다 두 배는 빨라요. 어떤 결과가 빚어질지 뻔히 보여요. 우리가 세균 감염을 치료하는 데 쓸 약물의 병기고는 점점 비어가고 있어요. 게다가 이 추세는 멈추려는 기미조차 없어요."

설상가상으로 현재 우리는 그냥 미친 짓이라고 할 만큼 항생제를 마구 써댄다. 미국에서 한 해에 발행되는 항생제 처방전 4,000만 건 중에서 거의 4분의 3은 항생제로 치료할 수 없는 증상에 쓰인다. 하버드 대학교의 약학과 교수인 제프리 린더는 처방 지침에 아무런 효과가 없다고 명백히 나와 있음에도, 급성 기관지염 환자 중 70퍼센트가 항생제 처방을 받는다고 말한다.

더욱 두려운 점은 미국에서 항생제 중 80퍼센트를 가축에게 먹이고 있다는

세균은 꾸준히 점점 더 내성을 띠어왔을 뿐만 아니라,
널리 알려진, 과장이라고는 거의 없는 용어인 슈퍼버그라는
무시무시한 새로운 병원균으로 진화해왔다

것이다. 주로 가축을 더 살찌우기 위해서이다. 과일 농가들도 세균 감염을 막으려고 항생제를 쓴다. 그 결과 대부분의 미국인은 자신도 모르게 (심지어 유기농이라는 꼬리표가 붙은 것까지 포함하여) 식품을 통해서 간접적으로 항생제를 먹고 있다. 스웨덴은 1986년에 농업에 항생제 사용을 금지했다. 유럽 연합도 1999년에 같은 조치를 취했다. 1977년 미국 식품의약청은 가축을 살찌우는 용도의 항생제 사용을 금지했다가, 농업 이익단체들과 그들을 지지하는 의회 지도자들이 들고 일어나는 바람에 철회하고 말았다.

알렉산더 플레밍이 노벨상을 받은 해인 1945년에는 페니실린 총 4만 단위를 투여하면 전형적인 폐렴알균성 폐렴을 치료할 수 있었다. 지금은 내성 증가 때문에, 하루에 2,000만 단위 이상을 여러 날 동안 투여해야만 같은 결과를 얻을 수 있다. 지금은 페니실린이 전혀 듣지 않는 질병들도 있다. 그래서 감염병의 사망률은 점점 증가해왔으며, 약 40년 전의 수준으로 돌아가 있다.

세균은 사실 우습게 볼 존재가 아니다. 세균은 꾸준히 점점 더 내성을 띠어왔을 뿐만 아니라, 널리 알려진, 과장이라고는 거의 없는 용어인 슈퍼버그(superbug)라는 무시무시한 새로운 병원균으로 진화해왔다. 황색포도알균은 사람의 피부와 콧구멍에 있는 미생물이다. 대개는 아무런 해를 끼치지 않지만, 면역계가 약해지면 몸속으로 침입하여 큰 혼란을 일으킬 수 있는 기회주의자이다. 이 세균은 1950년대에 페니실린에 내성을 획득했지만, 다행히 메티실린(methicillin)이라는 다른 항생제가 나와서 감염의 확산을 막을 수 있었다. 그러나 메티실린이 나온 지 겨우 2년 뒤에 런던 인근 길드퍼드의 로열 서리 카운티 병원에서 환자 2명이 메티실린이 듣지 않는 황색포도알균에 감염되었다는 것이 밝혀졌다. 거의 하룻밤 사이에 새로운 약물에 내성을 띠는 형태로 진화한 것이다. 이 새로운 균주는 메티실린 내성 황색포도알균(methicillin-resistant *Staphylococcus aureus*), 줄여서 MRSA라고 불리게 되었다. 2년이 지나지 않아서 이 균주는 유럽 대륙으로 퍼졌고, 곧이어 미국으로 확산되었다.

현재 MRSA와 그 유사 균주들은 연간 전 세계에서 70만 명의 목숨을 앗아가는 것으로 추정된다. 최근까지 반코마이신(vancomycin)이라는 약물이 MRSA

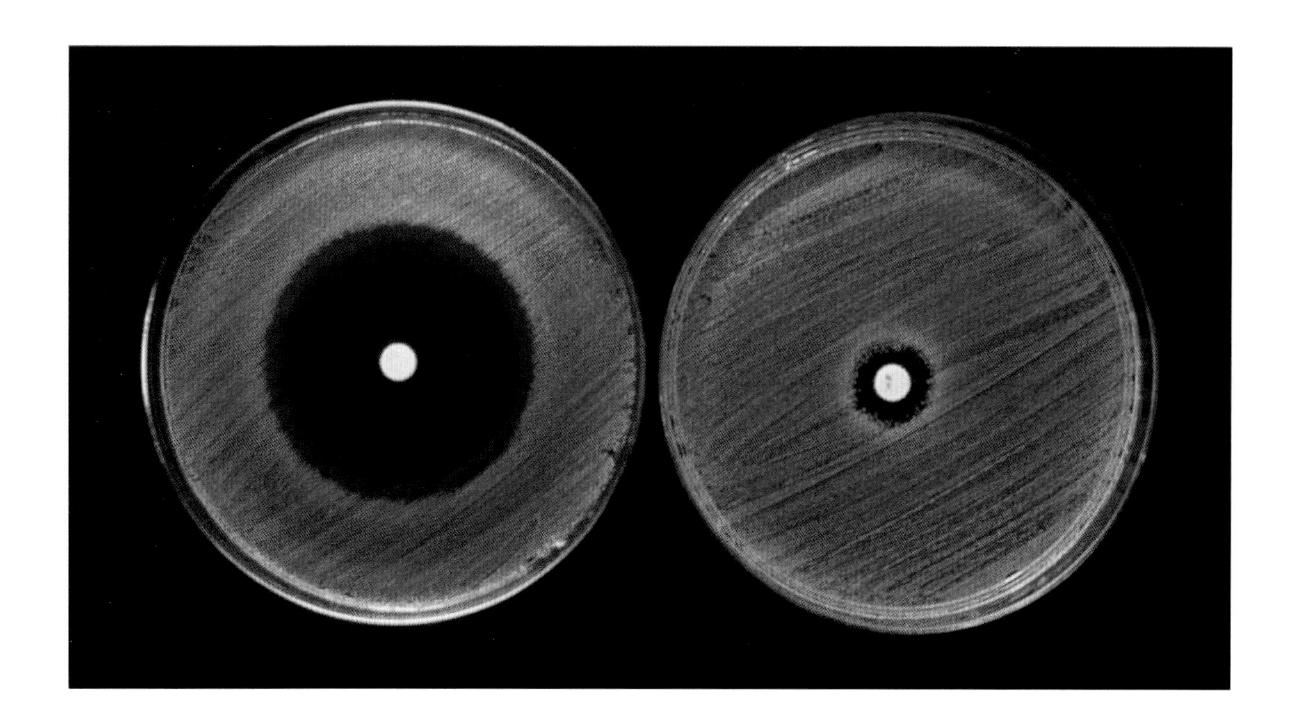

항생제 내성의 효과. 이 두 배지에는 서로 다른 황색포도알균 균주가 들어 있다. 각 배지의 한가운데에는 하얀 페니실린 덩어리가 놓여 있다. 왼쪽 배지에서는 페니실린이 세균 증식을 억제하기 때문에 경계가 뚜렷이 나타난다. 오른쪽 배지에서는 세균이 약물이 있는 곳까지 자라고 있다.

에 효과가 있었지만, 지금은 그 약물에도 내성을 띠기 시작했다. 또 카바페넴 내성 장내세균(carbapenem-resistant Enterobacteriaceae, CRE) 감염이라는 무시무시하게 들리는 것도 현재 우리를 위협하고 있다. 이 세균들은 우리가 투여하는 거의 모든 약물에 내성을 띤다. CRE에 감염되면 거의 절반이 사망한다. 다행스럽게도, 대개 건강한 사람은 아직까지는 감염되지 않는다. 그러나 어찌 될지 모르니 주의해야 한다.

이렇게 문제가 점점 심각해지고 있는데도, 제약업계는 새로운 항생제 개발에서 발을 빼왔다. 킨치는 이렇게 말한다. “개발비가 너무 많이 든다는 거죠. 현재 화폐 가치로 환산했을 때, 1950년대에는 10억 달러에 약 90가지 약물을 개발할 수 있었어요. 지금은 그 돈으로 평균적으로 한 약물의 3분의 1만 개발할 수 있어요. 약물 특허권은 겨우 20년 동안 유지돼요. 게다가 임상시험에 들어간 기간도 포함되죠. 실질적으로 배타적 권리를 행사할 기간이 겨우 5년에 불과합니다.” 그 결과 세계에서 가장 규모가 큰 제약회사 18곳 중에서 2곳 외에는 새 항생제 개발을 포기했다. 항생제는 대개 1–2주일만 투여한다. 그보다는 좀더 꾸준히 계속 투여할 수 있는 스타틴(고지혈증 치료제/역주)이나 항우울제 같은 약물의 개발에 초점을 맞추는 편이 훨씬 더 낫다. “제정신이 박힌 기업이라면 다음 항생제를 개발하지 않을 겁니다.” 킨치의 말이다.

상황이 반드시 절망적이라고는 할 수 없겠지만, 주의를 기울일 필요가 있다.

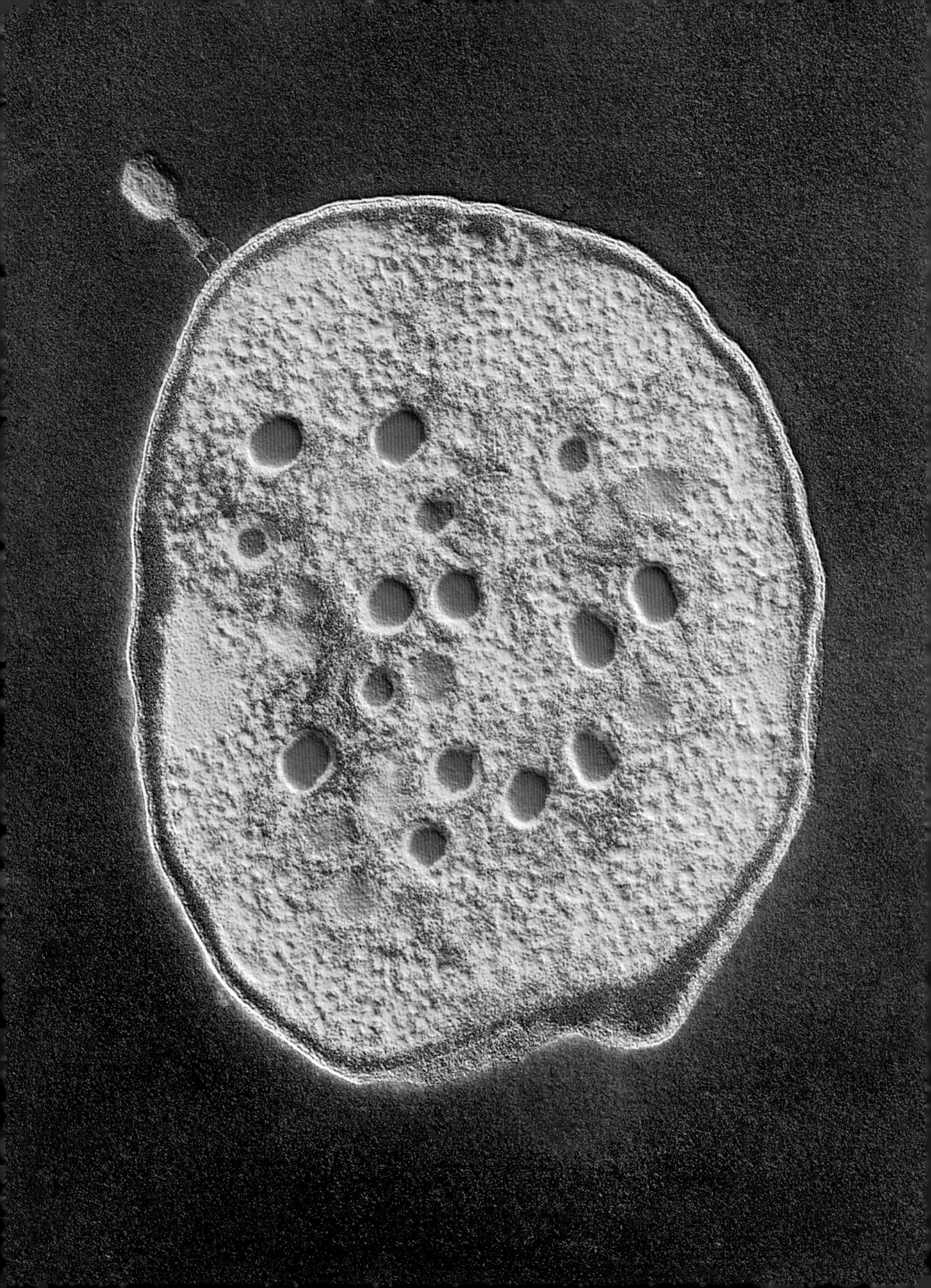

현재의 확산 속도로 볼 때, 항생제 내성으로 앞으로 30년 안에 현재의 화폐 가치로 따져서 100조 달러의 손실을 입고 연간 1,000만 명이 목숨을 잃을 것으로 예측된다. 현재 암으로 죽는 사람들의 수보다 더 많다.

표적만 골라서 공격하는 접근법이 필요하다는 데에는 거의 모두가 동의한다. 흥미로운 가능성이 엿보이는 방법 중 하나는 세균의 의사소통을 교란하는 것이다. 세균은 개체수가 충분히—이를 정족수(quorum)라고 한다—모이기 전까지는 공격을 하지 않으므로 연구할 만한 가치가 있다. 모든 세균을 죽이는 것이 아니라, 단지 공격을 촉발할 정족수 미만으로 세균의 수를 영구히 유지시킬 정족수 감지 약물을 만들자는 것이다.

또 한 가지 가능성은 바이러스의 일종인 박테리오파지(bacteriophage)가 우리를 대신하여 해로운 세균을 죽이도록 하는 것이다. 박테리오파지는 줄여서 파지라고도 하는데, 대부분의 사람들은 잘 모르지만 지구에서 가장 수가 많은 생명 입자이다. 우리를 포함하여 지구의 거의 모든 표면은 그들로 덮여 있다. 그들이 아주 잘 하는 일이 하나 있다. 바로 특정한 세균을 표적으로 삼는 것이다. 그 말은 의사가 병원균의 정체를 파악하고 그것을 죽일 수 있는 파지를 골라야 한다는 뜻이다. 더 많은 비용과 시간이 드는 과정이다. 그러나 세균에게서 내성이 진화하기가 훨씬 어려워질 것이다.

분명한 것은 무슨 수든 써야 한다는 것이다. "우리는 항생제 위기가 조만간 닥칠 거라는 식으로 말하는 경향이 있어요. 하지만 결코 그렇지 않아요. 그 위기는 이미 와 있어요. 내 아들의 사례가 보여주었듯이, 지금 우리가 겪고 있는 문제이고, 앞으로 훨씬 더 악화될 겁니다."

한 의사는 내게 이렇게 말했다. "우리는 감염 위험이 너무 높아서 인공 관절 수술이나 으레 하는 치료들을 하지 못하게 될 가능성까지 내다보고 있어요."

사람들이 다시금 장미 가시에 찔려서 목숨을 잃게 될 날이 그다지 멀지 않을 수도 있다.

맞은편 : 도둑을 잡는 도둑? 한 미생물을 이용하여 다른 미생물을 처리하는 것이 가장 유망한 의학적 수단에 속할 수도 있다. 사진은 박테리오파지(빨간색)에 감염된 대장균이다. 파지는 세균의 세포 기구를 강탈하여, 자신의 사본을 많이 만들게 한다. 충분히 만들어지면, 세포가 터지면서 파지들은 밖으로 쏟아진다.

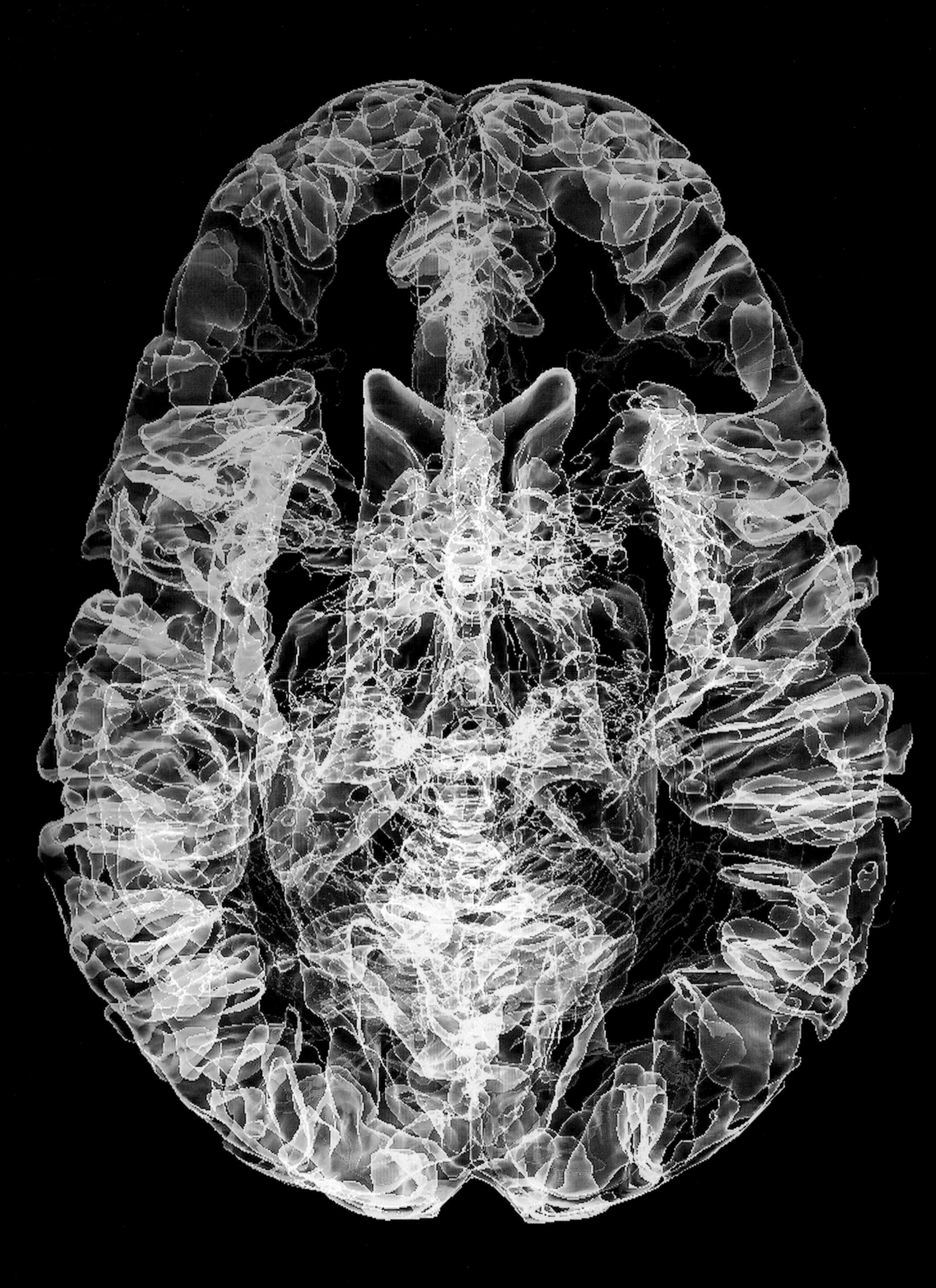

4

뇌

뇌는 하늘보다 넓어
둘을 나란히 놓으면
뇌가 하늘을 포용할 테니까
쉽게, 그리고 너까지도

에밀리 디킨슨

뇌의 크나큰 역설은 우리가 세계에 관해 아는 모든 것이
그 자체로는 결코 세계를 본 적도 없는 기관을 통해서
우리에게 제공된다는 점이다.

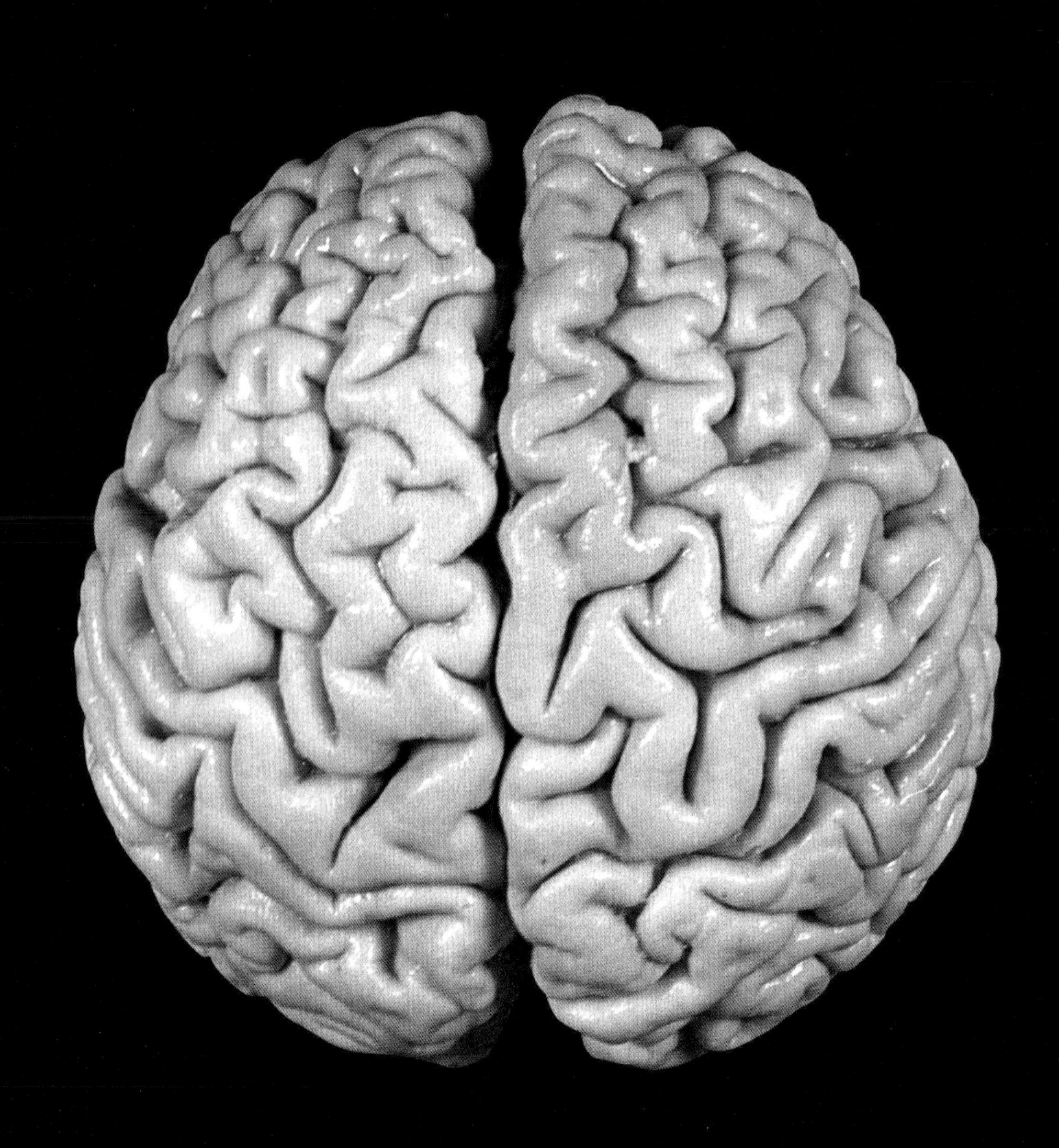

우주에서 가장 놀라운 것이 우리의 머릿속에 들어 있다. 바깥 우주를 아무리 더 멀리 여행한다고 해도, 우리의 두 귀 사이에 있는 무게 약 1.5킬로그램의 물컹거리는 덩어리만큼 경이로우면서 복잡하고 고도의 기능을 수행하는 것을 찾을 가능성은 아주 낮다.

인간의 뇌는 너무나도 경이로운 대상치고는 너무나 볼품이 없다. 우선 뇌는 75-80퍼센트가 물이며, 나머지는 주로 지방과 단백질이다. 이런 평범한 물질 세 가지가 생각과 기억과 시각과 미적 감상 등 온갖 일들을 할 수 있는 방식으로 모일 수 있다는 것 자체가 너무나도 놀라운 일이다. 만약 당신이 머리뼈에서 뇌를 꺼내든다면, 분명 당신은 뇌가 무척 부드럽다는 것을 깨닫고 놀랄 것이다. 뇌의 부드러움은 두부, 부드러운 버터, 살짝 지나치게 익힌 블랑망제(젤리 모양의 과자/역주) 등 다양한 것에 비유되어왔다.

뇌의 크나큰 역설은 우리가 세계에 관해 아는 모든 것이 그 자체로는 결코 세계를 본 적도 없는 기관을 통해서 우리에게 제공된다는 점이다. 뇌는 지하 감옥에 갇힌 죄수처럼 소리도 빛도 없는 곳에 있다. 통증 수용기도 전혀 없고, 아무것도 느끼지 못한다. 따뜻한 햇볕도 부드러운 바람도 결코 느끼지 못한다. 우리 뇌에는 세계가 그저 모스 부호를 두드리는 것 같은 전기 펄스의 흐름일 뿐이다. 뇌는 당신을 위해서 이 밋밋하고 중립적인 정보로부터 활기차고, 삼차원적이고, 감각적인 우주를 만든다. 말 그대로 창조한다. 당신의 뇌가 바로 당신이다. 그밖의 모든 것은 그저 배관과 비계(飛階)일 뿐이다.

아무것도 하지 않고 가만히 앉아만 있어도, 우리의 뇌는 30초 사이에 허블 우주 망원경이 30년 동안 처리해온 것보다 더 많은 정보를 훑는다. 겉질(피질) 1세제곱밀리미터—모래알만 한 크기—에는 많으면 2,000테라바이트의 정보가 저장될 수 있다. 예고편까지 포함하여 지금까지 만들어진 모든 영화나, 이 책 약 12억 부를 저장할 수 있는 용량이다.* 사람의 뇌는 총 200엑사바이트 수준의 정보를 담는다고 추정된다. 「네이처 뉴로사이언스(*Nature Neuroscience*)」의 말을 빌리면, "현재 세계의 디지털 콘텐츠 전체"와 거의 비슷한 용량이다. 뇌가 우주에서 가장 비범한 것이 아니라면, 우리에게는 분명히 아직 발견할 경이들이

맞은편: 사람의 뇌. 한 수준에서 보면 주로 물(약 4분의 3), 지방, 단백질로 이루어진 물컹거리는 덩어리이다. 더 상위 수준에서 보면 우리가 접할 수 있는 가장 기적 같은 실체이다. 즉 우리의 모든 경험을 빚어내는 실체이다. 이 뇌는 아인슈타인의 것으로, 대부분의 측면에서는 지극히 평범해 보이지만, 시각 및 공간적 사고에 관여하는 영역인 마루엽이 평균보다 15퍼센트 더 크다는 사실이 1999년에 드러났다.

앞쪽: 지금은 자기공명영상(MRI)을 이용해서 사람의 뇌를 복잡하게 주름진 부위까지 자세히 볼 수 있다.

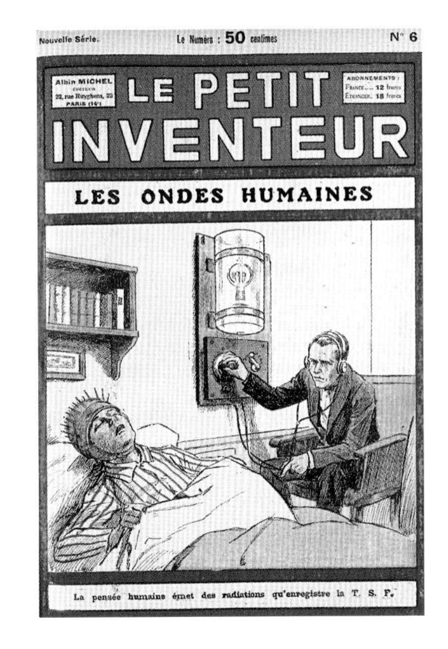

1926년에 나온 "젊은 발명가"를 대상으로 한 프랑스 잡지의 표지 그림. 사람들이 뇌의 전기 활성에 큰 관심을 가졌음을 보여준다.

* 이 계산값 중 일부는 더럼 대학교 컴퓨터과학과의 매그너스 보더위치에게서 얻었다.

남아 있는 셈이다.

뇌는 굶주린 기관이라고 묘사되고는 한다. 몸무게 중 2퍼센트를 차지할 뿐이지만, 에너지의 20퍼센트를 쓴다. 신생아의 뇌는 에너지의 무려 65퍼센트를 쓴다. 아기가 늘 자고 있는 이유도 어느 정도는 그 때문이다. 자라는 뇌가 에너지를 다 소비하기 때문이다. 그리고 아기가 체지방이 많은 이유도 그렇다. 지방은 필요할 때에 쓸 에너지 저장소이다. 사실상 근육이 에너지를 더 많이—약 4분의 1—쓰지만, 그것은 몸에 근육이 많기 때문이다. 물질 단위당 따졌을 때, 뇌는 우리의 기관들 중에서 가장 그리고 월등히 유지비가 많이 든다. 그러나 뇌는 경이로울 만치 효율적이기도 하다. 우리 뇌는 에너지를 하루에 약 400칼로리만 필요로 한다. 블루베리 머핀 1개의 열량과 비슷하다. 머핀 1개로 노트북을 24시간 작동시킬 수 있을지 생각해보면, 우리 뇌가 얼마나 뛰어난지 알 수 있다.

다른 신체 부위들과 달리, 뇌는 우리가 무엇을 하든 상관없이 일정한 속도로 400칼로리를 태운다. 열심히 머리를 써도 체중 감소에는 도움이 되지 않는다. 사실 아무런 혜택도 없는 듯하다. 어바인에 있는 캘리포니아 대학교의 리처드 하이어는 양전자 단층 촬영장치를 이용해서 가장 열심히 일하는 뇌가 대개 가장 덜 생산적임을 알아냈다. 한 과제를 빠르게 해결한 뒤, 일종의 대기 상태로 진입할 수 있는 뇌가 가장 효율적이었다.

이 모든 능력을 갖추고 있음에도, 우리 뇌에서 인간만이 가졌다고 할 만한 것은 전혀 없다. 우리 뇌는 개나 햄스터의 뇌와 똑같이 뉴런, 축삭, 신경절 등의 구성 요소로 이루어져 있다. 고래와 돌고래는 우리보다 뇌가 훨씬 더 크다. 비록 몸도 훨씬 더 크지만. 그러나 생쥐도 사람만 하게 커진다면 뇌도 사람의 뇌만 할 것이고, 많은 새는 사람보다 뇌가 더 클 것이다. 또 사람의 뇌는 오랫동안 가정해왔던 것보다 조금 덜 인상적이라는 사실도 드러났다. 오랫동안 우리는 뇌에 신경세포, 즉 뉴런이 1,000억 개 있다고 기술해왔지만, 2015년 브라질의 신경과학자 수자나 에르쿨라누-오젤은 꼼꼼히 살펴본 끝에 860억 개에 가깝다고 발표했다. 상당히 초라한 수준이다.

뉴런은 작고 치밀하며 공 모양인 전형적인 다른 세포들과 모습이 다르다. 뉴런은 길며 실처럼 생겨서, 한 세포에서 다른 세포로 전기 신호를 전달하는 일을 잘 한다. 뉴런에서 굵고 길게 뻗은 주된 가닥은 축삭이라고 한다. 뉴런의 말단은 나뭇가지처럼 갈라져서 뻗어 있는데, 이를 수상돌기라고 한다. 수상돌기는 많으면 40만 개에 달한다. 신경세포 말단 사이의 좁은 공간은 시냅스라고 한

맞은편: 회백질. 신경세포가 빽빽하게 들어차 있는 얇은 조직층으로, 뇌의 고등한 기능들이 모두 여기에 담겨 있다. 겉질 조직의 단면을 찍은 이 광학현미경 사진은 둥근 핵을 가진 세포체와 이리저리 뻗어 있는 신경섬유로 이루어진 신경세포를 보여준다. 신경세포들은 모두 끊임없이 믿어지지 않을 만치 복잡하게 의사소통을 하고 있다. 신경세포를 부양하고 지지하는 역할을 하는 아교세포는 더 작고 수가 더 많다(보라색).

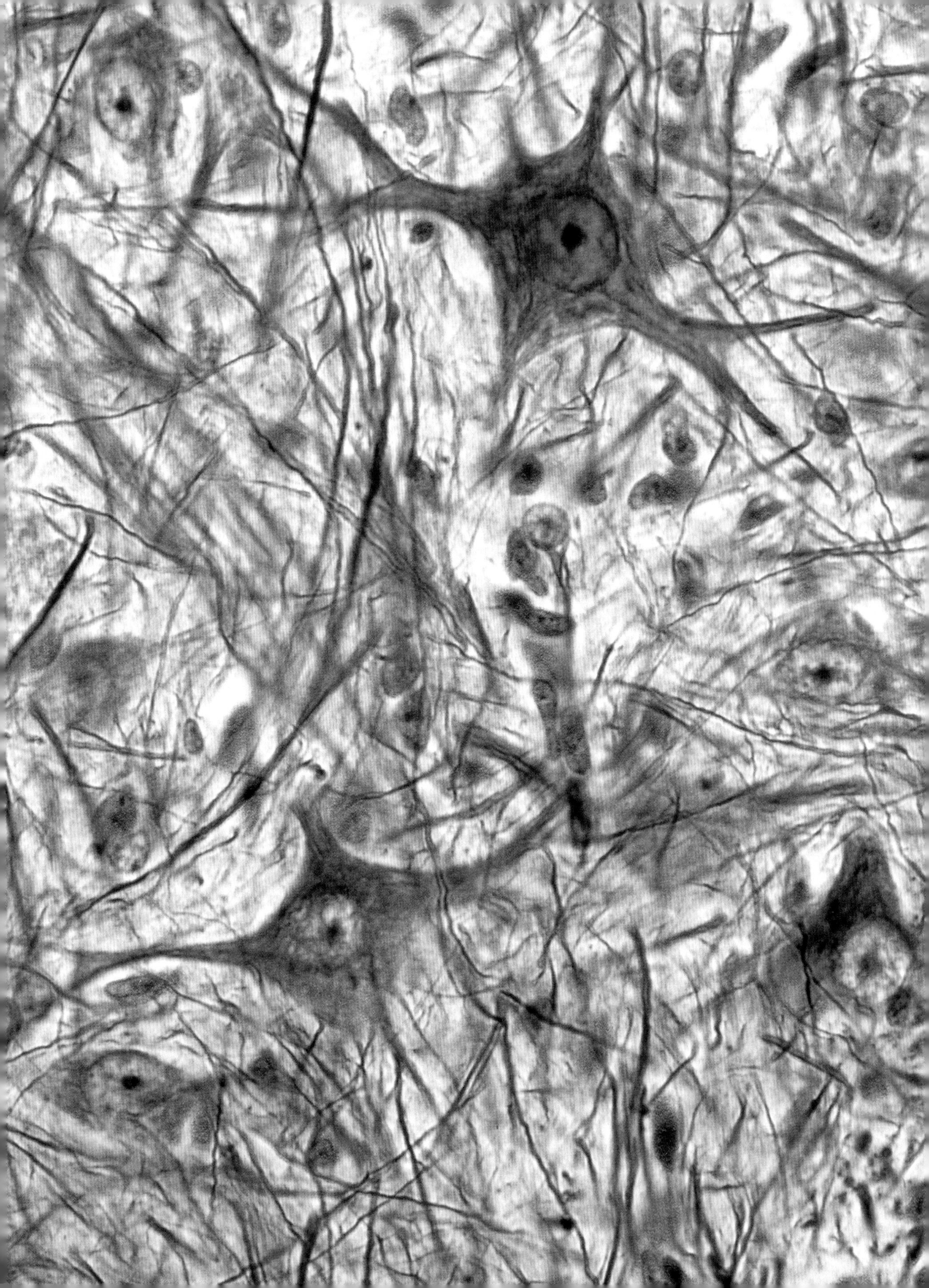

다. 각 뉴런은 수천 개의 다른 뉴런과 연결되어 있다. 그래서 조 × 조 단위의 연결이 이루어진다. 신경과학자 데이비드 이글먼의 말을 빌리면, "우리 뇌 조직 1세제곱센티미터에는 은하수의 별만큼" 많은 연결이 이루어지고 있다. 예전에는 지능이 뉴런의 수에 달려 있다고 생각했지만, 지금은 시냅스의 복잡한 연결 양상에 달려 있다고 본다.

우리 뇌의 가장 신기하면서 특이한 점은 대체로 그런 뇌가 굳이 필요하지 않다는 것이다. 지구에서 생존하기 위해서, 음악을 작곡하고 철학에 빠질 수 있는 능력까지는 필요하지 않다. 사실상 그저 네발동물보다 조금 더 뛰어나기만 하면 된다. 그렇다면 우리는 왜 진정으로 필요하지 않은 정신적 능력을 갖추기 위해서 그토록 많은 에너지를 투자하고 위험을 무릅쓰는 것일까? 그 의문은 우리 뇌가 우리에게 알려주지 않으려는 뇌에 관한 많은 것들 중의 하나이다.

우리의 신체 기관들 중에서 가장 복잡한 기관이므로, 특징과 표지를 가리키는 명칭들이 다른 어떤 신체 부위들보다 뇌에 더 많다는 것도 놀랄 일은 아니다. 하지만 본질적으로 뇌는 세 부분으로 나뉜다. 맨 위쪽에는 말 그대로 또 비유적으로 대뇌가 있다. 대뇌는 머리덮개뼈의 대부분을 채우고 있으며, 우리가 "뇌"를 생각할 때에 으레 떠올리는 부위에 속한다. 대뇌(cerebrum, "뇌"를 뜻하는 라틴어에서 유래)는 모든 고등한 기능이 자리한 곳이다. 두 반구로 나뉘어 있으며, 각각은 주로 몸의 반쪽을 담당한다. 그러나 이유는 모르겠지만, 배선의 대부분이 엇갈려 있어서, 대뇌의 오른쪽 반구는 몸의 왼쪽을, 왼쪽 반구는 몸의 오른쪽을 맡는다. 양쪽 반구는 뇌들보(corpus callosum, "질긴 물질" 또는 글자 그대로 "딱딱해진 몸"을 가리키는 라틴어에서 유래)라는 섬유 다발로 연결되어 있다. 뇌 표면에는 고랑과 이랑으로 이루어진 깊은 주름이 가득하며, 이런 주름은 표면적을 늘리는 역할을 한다. 뇌의 고랑과 이랑이 이루는 정확한 패턴은 사람마다 다르지만—지문처럼 독특하다—그것이 우리 각자를 정의하는 지능이나 기질, 또는 다른 무엇인가와 관련이 있는지는 알려져 있지 않다.

각 대뇌 반구는 4개의 엽(葉)으로 나뉜다. 이마엽, 마루엽, 관자엽, 뒤통수엽이며, 각자 대체로 특정한 기능을 담당한다. 마루엽은 촉각과 온도 같은 감각 입력을 맡는다. 뒤통수엽은 시각 정보를 처리하며, 관자엽은 주로 청각 정보를 다루지만 시각 정보를 처리하는 데에도 도움을 준다. 관자엽에는 6개의 반점이 있다는 것이 최근에 밝혀졌으며, 얼굴반(face patch)이라는 이 영역들은 누군가

주요 구성 부분과 구조적 차이를 놀라울 만치 뚜렷이 보여주는 사람의 뇌 단면 사진.

의 얼굴을 볼 때에 활성을 띤다. 그리고 얼굴의 부위별로 활성을 띠는 얼굴반이 달라지는 듯한데, 내 얼굴의 어느 부위가 어느 얼굴반의 활성을 자극하는지는 아직 불분명하다. 이마엽은 추론, 예측, 문제 해결, 감정 제어 등 뇌의 고등한 기능들을 담당한다. 성격, 즉 우리가 누구인지를 담당하는 부위이기도 하다. 예전에 올리버 색스가 말했듯이, 역설적이게도 이마엽은 뇌에서 가장 나중에야 기능이 밝혀진 부위이다. 그는 2001년에 이렇게 썼다. “내가 의대생이던 시절에도 이마엽은 ‘침묵의 엽’이라고 불렸다.” 기능이 없다고 여겨져서가 아니라, 기능이 스스로를 드러내지 않았기 때문이다.

대뇌 밑, 머리의 뒤쪽 목덜미와 만나는 지점에는 소뇌(cerebellum, 라틴어로 “작은 뇌”라는 뜻)가 있다. 소뇌는 머리뼈 안의 공간 중 10퍼센트를 차지할 뿐이지만, 뇌 뉴런의 절반 이상이 자리한다. 생각을 많이 하기 때문이 아니라 균형과 복잡한 운동을 제어하기 때문에 많은 것이다. 그런 기능들에는 많은 배선이 필요하다.

뇌의 맨 아래쪽에는 뇌에서 가장 오래된 부분인 뇌줄기(brainstem)가 있다.

승강기 통로가 위아래를 연결하듯이 뇌줄기는 척추 및 그 아래의 몸과 이어져 있다. 뇌줄기는 더 기본적인 기능들을 맡고 있다. 수면, 호흡, 심장 박동 같은 것들이다. 뇌줄기는 우리의 관심을 끄는 일이 그다지 없지만 우리 존재의 핵심을 이루기 때문에, 영국에서는 뇌줄기가 죽었는지를 사망 여부를 판단하는 기본 척도로 삼는다.

뇌 전체에는 과일 케이크에 박힌 견과와 조금 비슷하게 더 작은 구조들—시상하부, 편도체, 해마, 끝뇌, 투명사이막, 고삐맞교차, 내후각겉질 등 10여 가지—이 많이 흩어져 있다.* 이것들을 통틀어서 가장자리계(limbic system, "가장자리"라는 뜻의 라틴어 limbus에서 유래)라고 한다. 문제가 생기지 않는 한, 살면서 이런 구조의 이름을 아예 듣지 못할 수도 있다. 예를 들면, 바닥핵은 운동, 언어, 생각에 중요한 역할을 하지만, 퇴화하여 파킨슨병을 일으킬 때에만 우리의 주목을 받고는 한다.

미국의 신경과학자 폴 D. 매클린. 1952년에 그는 우리 뇌에 작지만 매우 중요한 구조들로 이루어진 가장자리계가 있다는 개념을 내놓았다.

가장자리계의 구조들은 잘 알려지지 않았고 크기도 작지만, 기억, 식욕, 감정, 졸음, 각성 같은 기본 과정들을 조절하고 통제하며, 감각 정보를 처리함으로써 우리의 행복에 근본적인 역할을 한다. "가장자리계"라는 개념은 1952년 미국의 신경과학자 폴 D. 매클린이 내놓았다. 그러나 오늘날에는 그 구성 요소들이 하나의 통합된 계통을 이룬다는 견해에 모든 신경학자들이 동의하는 것은 아니다. 사고 이외의 신체 기능들을 담당하고 있다는 사실 하나만으로 서로 별개인 많은 구조들을 그냥 하나로 엮었을 뿐이라고 보는 사람들이 많다.

가장자리계의 가장 중요한 구성 요소는 시상하부(hypothalamus)라는 작은 발전소이다. 사실은 구조라기보다는 신경세포의 다발이다. 시상하부라는 이름은 하는 일이 아니라 있는 위치를 말한다. 시상(thalamus) 밑에 있다는 뜻이다. (시상의 영어 단어는 "안쪽 방"이라는 라틴어에서 유래했다. 시상은 일종의 감각 정보의 중계소이며, 뇌의 중요한 부위이지

* 이런 구조들은 양쪽 반구에 다 있으므로, 영어로 쓸 때는 복수형을 써야 맞지만 그렇게 쓰는 일은 거의 없다.

뇌가 아주 오랫동안 매우 철저하게 연구되어왔다는 점을 생각하면, 우리가 뇌에 대한 기초적인 사항들에서조차 모르는 부분이 너무 많다는 사실에 놀라지 않을 수 없다.

만—물론 뇌에서 중요하지 않은 부위는 없지만—가장자리계에 속하지 않는다는 것은 분명하다.) 시상하부는 신기하게도 눈에 잘 띄지 않는다. 크기는 땅콩만 하고 무게는 3그램에 불과하다. 그러나 시상하부는 몸의 가장 중요한 화학적 과정 중 상당수를 제어한다. 성 기능을 조절하고, 허기와 갈증을 통제하고, 혈압과 염분의 변화를 지켜보고, 잠을 잘 시간이 되었는지를 판단한다. 심지어 우리가 얼마나 느리게 또는 빠르게 나이를 먹는지에도 관여한다. 인간으로서 제대로 살아갈 수 있는지 여부의 상당 부분이 머리 한가운데 들어 있는 이 작은 부위에 달려 있다.

해마(hippocampus)는 기억의 저장에서 중추적인 역할을 한다. (영어 명칭은 바다에 사는 "해마"를 뜻하는 그리스어에서 유래했다. 모습이 비슷하다고 생각했기 때문이다.) 편도체(amygdala, "편도[아몬드]"를 뜻하는 그리스어에서 유래)는 두려움, 분노, 불안, 온갖 유형의 공포증 같은 강렬하면서 스트레스를 유발하는 감정들을 담당한다. 편도체가 망가진 사람들은 말 그대로 두려움을 모르며, 심지어 남들의 두려움도 알아차리지 못할 때가 많다. 편도체는 우리가 자고 있을 때에 유달리 활성을 띠며, 우리가 왜 그렇게 자주 악몽을 꾸는지를 그 점이 어느 정도 설명해줄지도 모른다. 악몽은 그저 편도체가 무거운 짐을 내려놓는 과정일지도 모른다.

뇌가 아주 오랫동안 매우 철저하게 연구되어왔다는 점을 생각하면, 우리가 뇌에 대한 기초적인 사항들에서조차 모르는 부분이, 아니 적어도 의견 차이를 보이는 부분이 너무 많다는 사실에 놀라지 않을 수 없다. 의식이란 정확히 무엇일까? 아니, 생각이란 정확히 무엇을 뜻할까? 유리병에 담거나 현미경 슬라이드에 올려놓을 수는 없지만, 생각이 실제로 분명히 있는 무엇이라는 점은 확실하다. 생각은 우리의 가장 중요하면서 경이로운 재능이다. 그러나 생리학적인 토대라는 측면에서 보면, 우리는 생각이 무엇인지를 사실상 알지 못한다.

기억에도 거의 같은 말을 할 수 있다. 우리는 기억이 어떻게 형성되고, 어떻게 어디에 저장되는지를 꽤 많이 알지만, 일부만 저장하고 일부는 저장하지 않는 삶을 풍성하게 하는 이 모든 것들은 우리의 머릿속에서 만들어진다. 우리가 보는 것은 그 모습이 아니지만 우리 뇌는 그 모습이라고 우리에게 말하는데, 둘은 결코 같은 것이 아니다.

이유는 알지 못한다. 실제 가치나 유용성과는 거의 무관하다는 것은 분명하다. 나는 1964년 세인트루이스 카디널스 야구팀의 선발진 이름을 다 기억할 수 있다. 1964년 이래로, 아니 사실상 그 당시에도 내게 전혀 중요하지 않은 내용임에도 그렇다. 반면에 나는 나의 휴대전화 번호도, 커다란 주차장에서 내 차를 주차한 지점도, 아내가 슈퍼마켓에서 사오라고 말한 세 가지 중에서 하나도, 1964년 카디널스 선발 명단보다 분명히 더 시급하면서 더 기억할 필요가 있는 훨씬 더 많은 것들을 떠올리지 못한다(말이 난 김에 덧붙이면, 팀 매카버, 빌 화이트, 훌리안 하비에르, 딕 그로트, 켄 보이어, 루 브럭, 커트 플러드, 마이크 섀넌이다).

따라서 우리가 배워야 할 것이 아직 엄청나게 많으며, 우리가 결코 배우지 못할 것도 많다. 그러나 우리가 아는 것들 가운데 일부는 적어도 우리가 모르는 것만큼이나 놀랍다. 우리가 어떻게 보는지, 아니 좀더 정확히 말해서 뇌가 우리가 무엇을 본다고 어떻게 알려주는지를 생각해보라.

지금 주변을 한번 둘러보라. 눈은 초당 1,000억 개의 신호를 뇌로 보낸다. 그러나 그것은 이야기의 일부일 뿐이다. 당신이 무엇인가를 "볼" 때, 시각 정보 중 시신경에서 오는 것은 약 10퍼센트에 불과하다. 우리 뇌의 다른 부위들이 그 신호들을 해체해서 얼굴을 인식하고, 움직임을 해석하고, 위험을 식별해야 한다. 다시 말해서 보는 것의 가장 큰 부분은 시각 이미지를 받는 것이 아니라, 그 이미지를 이해하는 것이다.

시각 입력이 시신경을 통해서 이를 처리하고 해석할 뇌로 전달되는 데에는 미미하지만 알아차릴 수 있을 만큼 시간—5분의 1초, 즉 약 200밀리초이다—이 걸린다. 5분의 1초는 빠른 반응이 요구될 때, 이를테면 다가오는 차를 피하거나 머리가 입을 타격을 피하려고 할 때에는 사소한 시간이 아니다. 이 시간 지연에 대처하는 데 도움이 되도록, 뇌는 정말로 놀라운 일을 한다. 앞으로 5분의 1초 뒤에 세계가 어떤 모습일지를 끊임없이 예측하며, 그 예측이 바로 우리에게 현재라고 제시되는 것이다. 즉 우리는 결코 바로 이 순간의 세계를 보는 것이 아니라, 잠시 뒤의 세계를 보고 있다는 의미이다. 다시 말해서, 우리는 평생을 아직 존재하지 않는 세계에서 살면서 보낸다.

뇌는 우리를 위해서 많은 방법으로 우리를 속인다. 소리와 빛은 우리에게 도달되는 속도가 다르다. 비행기가 머리 위로 지나가는 소리를 듣고서 올려다볼 때마다 우리는 이 현상을 경험한다. 소리는 하늘 저편에서 나는데 비행기는 다른 쪽에서 소리 없이 움직이고 있다. 그러나 뇌는 더 가까운 주변 세계를 대할 때에는 대개 이 차이를 무시한다. 그래서 우리는 모든 자극이 동시에 도달되는 것처럼 느낀다.

비슷한 방식으로, 뇌는 우리의 감각을 구성하는 모든 요소들을 꾸며낸다. 존재에 관한 기이하면서 직관에 반하는 한 가지 사실은 광자는 아무런 색깔도 없고, 음파는 아무런 소리도 나지 않으며, 후각 분자는 아무런 냄새도 없다는 것이다. 영국의 의사이자 작가인 제임스 르 파누는 이렇게 말한다. "나무의 초록과 하늘의 파랑이 열린 창을 통해서 우리 눈으로 쏟아져 들어올 때, 우리는 압도적인 인상을 받지만, 사실 망막에 부딪히는 빛 입자는 색깔이 없으며, 고막에 부딪히는 음파는 소리가 나지 않고, 냄새 분자들은 아무런 냄새도 없다. 모두가 공간을 날아다니는 보이지도 않고 무게도 없는 아원자 입자들이다." 삶을 풍성하게 하는 이 모든 것들은 우리의 머릿속에서 만들어진다. 우리가 보는 것은 그 모습이 아니지만 우리 뇌는 그 모습이라고 우리에게 말하는데, 둘은 결코 같은 것이 아니다. 비누를 생각해보자. 비누가 어떤 색깔이든 간에 비누 거품은 늘 하얗다는 생각을 해본 적이 있는가? 비누를 물에 적셔서 문지르면 어떤 식으로든 색깔이 변하기 때문이 아니다. 분자를 보면 전과 전혀 다르지 않다. 그저 거품이 빛을 다른 식으로 반사하기 때문이다. 해변에서 부서지는 파도에서도 같은 효과를 본다. 물은 파란데 거품은 하얗다. 그런 현상들은 많이 찾아볼 수 있다. 이유는 색깔이 고정된 현실이 아니라, 하나의 지각 대상이기 때문이다.

여러분은 아마 붉은 사각형을 15–20초쯤 응시하다가 흰 종이로 시선을 옮기면 흰 종이에 청록색 사각형이 유령처럼 보이는 등의 착시 검사를 한 번쯤은 해보았을 것이다. 이 잔상은 의도적으로 오래 집중하여 보도록 함으로써 눈의 광수용기들을 피로하게 만든 결과이지만, 여기서 중요한 점은 청록색이 실제로 존재하는 것이 아니라 오직 상상 속에서만 존재한다는 것이다. 사실 실제로는 모든 색깔이 다 그렇다.

또한 우리의 뇌는 패턴을 찾아내고 혼돈 속에서 질서를 찾아내는 일을 놀라울 만큼 잘 한다. 아래에 나오는 널리 알려진 두 착시 그림이 이 점을 잘 보여준다.

왼쪽 그림을 처음 보는 사람들은 대부분 무작위로 찍힌 얼룩밖에 보지 못하지만, 그림에 달마시안이 한 마리 있다고 알려주면, 갑자기 거의 모든 사람에게서 뇌가 빠진 선들을 채워서 개의 전체 모습을 파악한다. 이 착시 그림은 1960

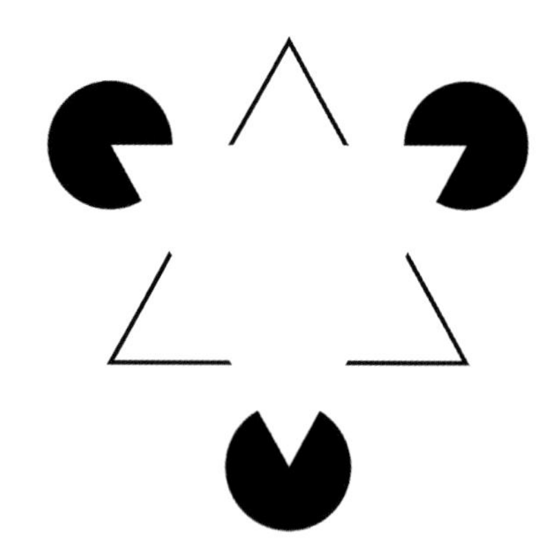

년대부터 있었지만, 처음에 누가 만들었는지는 기록되어 있지 않는다. 오른쪽 그림은 기원이 알려져 있다. 1955년에 이 그림을 만든 이탈리아의 심리학자 가에타노 카니자의 이름을 따서 카니자 삼각형이라고 한다. 물론 이 그림에 실제로 삼각형은 없다. 우리 뇌가 삼각형을 만드는 것이다.

우리의 뇌가 이 모든 일들을 하는 이유는 자신이 할 수 있는 모든 방식으로 우리를 돕도록 만들어져 있기 때문이다. 그러나 역설적이게도 뇌는 놀라울 만치 신뢰할 수 없는 것이기도 하다. 몇 년 전에 어바인에 있는 캘리포니아 대학교의 심리학자 엘리자베스 로프터스는 암시를 통해서 사람들의 머릿속에 완전한 가짜 기억을 심는 것이 가능하다는 점을 발견했다. 그녀는 사람들에게 결코 일어난 적이 없었음에도 불구하고, 어린 시절에 백화점이나 쇼핑몰에서 미아가 되어 정신적인 충격을 받았거나, 디즈니랜드에서 벅스 버니가 안아주었던 경험이 있다고 확신하게 만들 수 있었다. (덧붙이면 벅스 버니는 디즈니 캐릭터가 아니며, 디즈니랜드에 있었던 적이 없다.) 그녀가 어린 시절에 열기구를 탄 것처럼 조작한 사진을 사람들에게 보여주자, 사람들은 갑자기 그 기억을 떠올리면서 신이 나서 이야기를 했다. 그런 일이 결코 없었다는 것을 알려주어도 마찬가지였다.

당신은 자신이 그런 암시에는 결코 넘어가지 않을 수 있다고 생각할지도 모

기억의 형성과 회상 과정을 연구하는 엘리자베스 로프터스가 2014년에 연구 결과를 발표하는 모습.

르겠다. 그럴 수도 있다. 잘 속아 넘어가는 사람들은 약 3분의 1에 불과하기 때문이다. 그러나 우리 모두가 가장 생생하게 기억하는 사건조차도 때로 전혀 잘못 회상하고 있음을 보여주는 증거들도 있다. 2001년 9/11 테러로 뉴욕의 월드 트레이드 센터가 무너진 직후에, 일리노이 대학교의 심리학자들은 700명에게 그 소식을 들었을 때, 어디에 있었으며 무엇을 하고 있었는지를 상세히 적어달라고 했다. 1년 뒤에 연구진은 그들에게 똑같은 질문을 했다. 그런데 거의 절반이 어떤 중요한 측면에서 모순되는 답변을 했다. 테러 소식을 들었을 때 다른 곳에 있었다거나, 실제로는 라디오로 들었음에도 텔레비전에서 보았다는 식이었다. 게다가 그들은 자신이 떠올린 기억이 바뀌었다는 사실조차 자각하지 못했다. (나는 당시 살고 있던 뉴햄프셔에서 두 자녀와 함께 텔레비전으로 그 광경을 보고 있었다는 것을 생생하게 떠올렸다. 그런데 그때 자녀 중 한 명이 영국에 있었다는 사실을 나중에야 깨달았다.)

기억 저장은 독특하며 이상하게 뒤죽박죽인 양상을 띤다. 마음은 각 기억을 구성 요소들—이름, 얼굴, 장소, 맥락, 촉감, 심지어 대상이 생물인지 사물인지까지—로 따로따로 해체한다. 그런 뒤에 각 정보를 뇌의 서로 다른 곳으로 보낸 다음, 전체를 다시 떠올릴 필요가 있을 때면 그것들을 불러내서 재조립한 언뜻 떠오르는 하나의 생각이나 회상은 뇌 전체에 흩어져 있는 100만 개 이상의 뉴런을 활성화할 수 있다.

다. 언뜻 떠오르는 하나의 생각이나 회상은 뇌 전체에 흩어져 있는 100만 개 이상의 뉴런을 활성화할 수 있다. 게다가 이런 기억의 조각들은 시간이 흐르면서 옮겨질 수 있다. 겉질의 한 영역에서 다른 영역으로 옮겨간다. 이유는 전혀 모른다. 그러니 세세한 부분에서 기억이 혼란스러운 것도 놀랄 일이 아니다.

결국 기억은 서류철 속에 들어 있는 문서 같은 고정된 영구적인 기록이 아니다. 훨씬 더 흐릿하면서 가변적인 것이다. 엘리자베스 로프터스는 2013년의 한 인터뷰에서 이렇게 말했다. "위키피디아 페이지와 좀 비슷해요. 당신은 그 사이트에 가서 페이지를 수정할 수 있어요. 그리고 남들도 그럴 수 있지요."*

기억은 다양한 방식으로 분류되며, 모든 권위자가 저마다 다른 용어를 사용하는 듯하다. 그중에 (지속 시간에 따라서) 장기 기억과 단기 기억, 작업 기억으로 나누는 방식과 (유형에 따라서) 절차 기억, 개념 기억, 의미 기억, 서술 기억, 암묵 기억, 자전적 기억, 감각 기억으로 나누는 방식이 가장 흔하다. 그러나 기본적으로 기억은 두 가지 주된 유형이 있다. 서술 기억과 절차 기억이다. 서술 기억(declarative memory)은 단어로 표현할 수 있는 기억이다. 어느 나라의 수도, 자신의 생일, 어려운 단어의 철자 등 자신이 사실이라고 알고 있는 모든 것의 기억을 가리킨다. 절차 기억(procedural memory)은 알고 이해하지만 단어로 쉽게 표현할 수 없는 것들을 가리킨다. 수영하는 법, 운전하는 법, 오렌지 껍질을 까는 법, 색깔을 파악하는 법 등이 그렇다.

작업 기억(working memory)은 단기 기억과 장기 기억이 결합되는 장소를 가리킨다. 풀어야 할 수학 문제가 제시된다고 해보자. 그 문제는 단기 기억에 들어 있다. 아무튼 앞으로 몇 달 동안 그 문제를 기억해야 할 필요는 없을 테니까. 그러나 계산을 하는 데에 필요한 방법은 장기 기억에 저장되어 있다.

....

* 캐나다의 한 대학교에서 이루어진 실험도 가상 기억의 놀라운 사례를 보여준다. 연구진은 자원한 학생 60명에게 그들이 사춘기에 도둑질이나 폭력 관련 범죄를 저질러서 체포된 적이 있다는 기록을 제시했다. 실제로는 어느 누구도 그런 일을 저지른 적이 없었지만, 마음을 조작하는 다정한 면담자와 세 차례 면담을 하자 70퍼센트는 자신이 그 가상의 사건을 저질렀다고 고백했다. 때로는 생생한 세부사항까지 덧붙이기도 했다. 전적으로 상상의 산물임에도 진정으로 믿은 것이다.

또 기억을 저절로 떠올릴 수 있는 것들—이를테면, 일반 지식을 다루는 퀴즈를 풀 때 당신이 알고 있는 것들—인 회상 기억(recall memory)과 그 대상 자체는 조금 흐릿하지만 맥락은 떠올릴 수 있는 재인 기억(recognition memory)으로 구분하는 것이 유용할 때도 있다. 재인 기억은 많은 사람들이 책의 내용은 기억하지 못하면서도 그 책을 어디에서 읽었고 표지의 색깔이나 디자인 등 별 관련이 없어 보이는 자질구레한 것들은 기억하는 이유를 설명해준다. 재인 기억은 불필요한 세세한 것들을 뇌에 가득 우겨넣는 것이 아니라, 필요할 때에 그 세부 사항들을 어디에서 찾을 수 있는지를 떠올리는 데에 도움을 주므로 사실상 유용하다.

단기 기억은 정말로 단기적이다. 주소나 전화번호 같은 것들을 30초쯤 담고 있는 기억이다. (30초가 지난 뒤에도 여전히 기억할 수 있다면, 그것은 학술적으로는 더 이상 단기 기억이 아니다. 장기 기억이다.) 대부분의 사람들은 단기 기억 능력이 지독히도 나쁘다. 우리 대다수는 무작위로 고른 단어나 숫자 6개를 잠시 동안만 믿을 수 있는 수준으로 기억할 수 있을 뿐이다.

반면에 노력을 기울여서 기억력을 단련하면 대단히 놀라운 결과를 얻을 수 있다. 미국에서는 해마다 전국 기억력 챔피언을 뽑는 대회가 열리는데, 참가자들은 정말로 경이로운 기억력을 보여준다. 한 챔피언은 겨우 30분을 쳐다보고서 무려 4,140자리의 무작위 숫자를 떠올릴 수 있었다. 또다른 챔피언은 같은 시간 동안 쳐다보고서 무작위로 섞은 카드를 27벌(1벌은 52장이다/역주)이나 떠올릴 수 있었다. 또 한 사람은 32초 동안 쳐다본 뒤에 카드 1벌을 순서대로 떠올릴 수 있었다. 그것이 사람의 마음을 가장 가치 있게 이용하는 방법은 아닐지 몰라도, 기억의 놀라운 능력과 융통성을 보여주는 사례임은 분명하다. 말이 나온 김에 덧붙이면, 기억력 챔피언들은 대부분 지능이 유달리 높은 이들이 아니다. 그저 몇 가지 비범한 실력을 보이겠다는 동기를 가지고 기억력을 훈련했을 뿐이다.

예전에는 모든 경험이 뇌의 어딘가에 기억으로 영구 저장되어 있지만, 대부분은 우리의 회상 능력이 접근하지 못하는 곳에 잠겨 있다고 생각했다. 이 개념은 주로 캐나다 신경외과의사인 와일더 펜필드가 1930–1950년대에 걸쳐서 한 일련의 실험으로부터 도출되었다. 몬트리올 신경학 연구소에서 수술을 집도하면서, 펜필드는 환자의 뇌를 탐침으로 건드리면 환자가 강렬한 감각을 떠올리곤 한다는 것을 발견했다. 어렸을 때 맡았던 생생한 냄새, 황홀한 기분, 때로는 잊고 있었던 아주 어린 시절의 일까지 떠올리곤 했다. 이런 실험들로부터 뇌가 아

경쟁 스포츠로서의 뇌 훈련 : 2017년 중국 선전에서 열린 제26회 세계기억력대회.

무리 사소한 것이라도 살면서 겪은 모든 의식적 사건들을 기록하고 저장한다는 결론이 도출되었다. 그러나 지금은 그 자극이 주로 기억이라는 감각을 제공하는 것에 불과하고, 환자가 경험하는 것은 회상한 사건이 아니라 환각에 더 가깝다고 본다.

물론 우리가 쉽게 떠올릴 수 있는 것보다 훨씬 더 많은 것들을 기억한다는 말은 분명히 맞다. 자신이 어릴 때 살던 동네의 모습이 잘 떠오르지 않는다고 해도, 다시 그 동네에 가서 걸어보면 오랫동안 생각해본 적도 없는 이런저런 아주 세세한 사항들이 떠오를 것은 거의 확실하다. 시간과 자극이 충분하다면, 우리 안에 얼마나 많은 것들이 저장되어 있는지에 아마 놀라게 될 것이다.

역설적이게도 우리는 기억에 관한 꽤 많은 지식을 그 자신은 기억을 거의 하지 못하는 사람으로부터 배웠다. 바로 헨리 몰레이슨이다. 미국 코네티컷 주에서 사는 잘생긴 외모에 상냥한 젊은이였던 그는 심각한 간질 발작을 겪고 있었다. 그는 스물일곱이던 1953년에 윌리엄 스코빌이라는 외과의사에게 뇌 수술을 받았다. 와일더 펜필드의 연구에서 영감을 얻은 스코빌은 몰레이슨의 머리

모두 어딘가에는 들어 있겠지? 와일더 펜필드(왼쪽)는 우리가 하는 모든 경험이 뇌에 저장된다고 잘못 믿었다. 반드시 다 꺼낼 수는 없다고 할지라도 말이다.

현재만 살기 : 헨리 몰레이슨과 부모. 간질 발작을 줄이고자 뇌 수술을 받은 그는 불행히도 새로운 기억을 형성하는 능력을 잃어버렸다.

에 구멍을 뚫어서 양쪽 뇌 반구에서 해마의 절반과 편도체의 대부분을 잘라냈다. 이 수술은 몰레이슨의 간질 발작을 크게 줄였지만(완전히 사라지지는 않았다), 대신에 그에게서 새로운 기억을 형성하는 능력을 앗아갔다. 전향 기억상실(anterograde amnesia)이라는 증상이었다. 몰레이슨은 먼 과거의 일은 떠올릴 수 있었지만, 새로운 기억을 형성하는 능력은 거의 완전히 잃었다. 방을 떠난 사람이 누구든 간에 곧바로 잊었다. 몇 년간 거의 매일 그를 본 정신과의사조차도 문을 열고 들어올 때마다 새로운 사람이 되었다. 몰레이슨은 거울에 비친 자기 모습이 자신임을 알아보았지만, 자신이 나이를 먹었다는 사실에 깜짝 놀라곤 했다. 때때로 그리고 수수께끼처럼, 그는 몇 가지 기억을 저장할 수 있었다. 그는 존 글렌이 우주 비행사이고 (비록 오스왈드가 누구를 암살했는지는 떠올릴 수 없었지만) 리 하비 오스왈드가 암살자라는 것을 떠올릴 수 있었다. 또 이사한 새 집의 주소와 실내 배치를 배웠다. 그러나 그 외에는 자신이 결코 이해하지 못할 영원한 현재에 갇혀 있었다. 헨리 몰레이슨의 시련 덕분에 과학계는 해마가 기억을 저장하는 데에 중추적인 역할을 한다는 것을 처음으로 알게 되었다. 그러나 과학자들이 몰레이슨으로부터 배운 것은, 기억이 어떻게 작동하는가라기보다는 어떻게 작동하는지를 이해하기가 대단히 어렵다는 것이었다.

생각하고 보고 듣고 하는 모든 고등한 과정들이 뇌의 표면인 4밀리미터 두께의 대뇌 겉질에서 이루어진다는 것이야말로 뇌의 가장 놀라운 특징임이 분명하다. 대뇌 겉질의 지도를 처음으로 작성한 사람은 독일의 신경학자 코르비니안 브로드만(1868–1918)이었다. 브로드만은 현대 신경과학자들 중에서 가장 뛰어난 인물에 속하지만, 가장 제대로 된 인정을 받지 못한 사람이었다. 1909년 베를린의 한 연구소에서 일하면서, 그는 매우 꼼꼼하게 조사하여 대뇌 겉질의 47개 영역을 파악했다. 이후로 이 부위들은 브로드만 영역이라고 불렸다. 한 세기 뒤에 카를 칠레스와 카트린 아문츠는 「네이처 뉴로사이언스」에 이렇게 썼다. "신경과학의 역사에서 그림 하나가 이토록 큰 영향을 미친 사례는 드물다."

지독히도 수줍음이 많아서 브로드만은 중요한 연구를 했음에도 계속 승진에서 밀려났고, 제대로 연구를 할 만한 자리를 구하지 못한 채 여러 해 동안 노심초사했다. 게다가 제1차 세계대전이 벌어지는 바람에 그는 더욱 한직으로 밀려나서 튀빙겐에 있는 한 정신병원에서 일해야 했다. 그러다가 마침내 1917년 마흔여덟의 나이에 행운이 찾아왔다. 그는 뮌헨에 있는 한 연구소의 위상해부학 과장이라는 중요한 자리를 맡게 되었다. 드디어 경제적인 안정을 찾은 그는 혼인을 하고 아이도 한 명 낳았다. 둘 다 빠른 시간에 이루어졌다. 그러나 그는 익숙하지 않은 평온한 삶을 1년밖에 누리지 못했다. 혼인한 지 11개월 반, 아이를 본 지는 2개월 반밖에 지나지 않은 1918년 여름, 행복이 정점에 달했을 때, 그는 갑작스럽게 감염 증세를 보였다. 그리고 5일이 채 지나기 전에 세상을 떠났다. 그의 나이는 마흔아홉이었다.

최초로 대뇌 겉질을 47개 영역으로 나눈 지도를 작성한 뛰어난 신경과학자 코르비니안 브로드만. 이 부위들은 현재 브로드만 영역이라고 부른다.

브로드만이 지도를 작성한 영역인 대뇌 겉질은 뇌의 회백질이라고 한다. 그 밑으로는 부피가 훨씬 더 큰 백질이 있다. 미엘린(myelin)이라는 옅은 색의 지방질 절연체가 뉴런을 감싸고 있기 때문에 백질이라고 불린다. 미엘린은 신경 신호의 전달 속도를 대폭 높인다. 백질과 회백질은 둘 다 잘못된 이름이다. 회백질은 살아 있을 때에는 회색이 전혀 아니고, 분홍색을 띤다. 피를 빼고 보존제를 넣은 뒤에야만 뚜렷하게 회색을 띤다. 백질도 죽은 뒤의 특징이다. 보존액에 절이는 과정에서 신경섬유를 감싼 미엘린이 윤기 나는 흰색으로 변하기 때문이다.

말이 나온 김에 덧붙이면, 우리가 뇌의 10퍼센트만 사용한다는 개념은 괴담에 불과하다. 그 개념이 어디에서 왔는지는 아무도 모르지만, 그 말은 진리인 것도 진리에 근접한 것도 아니다. 우리는 뇌를 아주 분별 있게

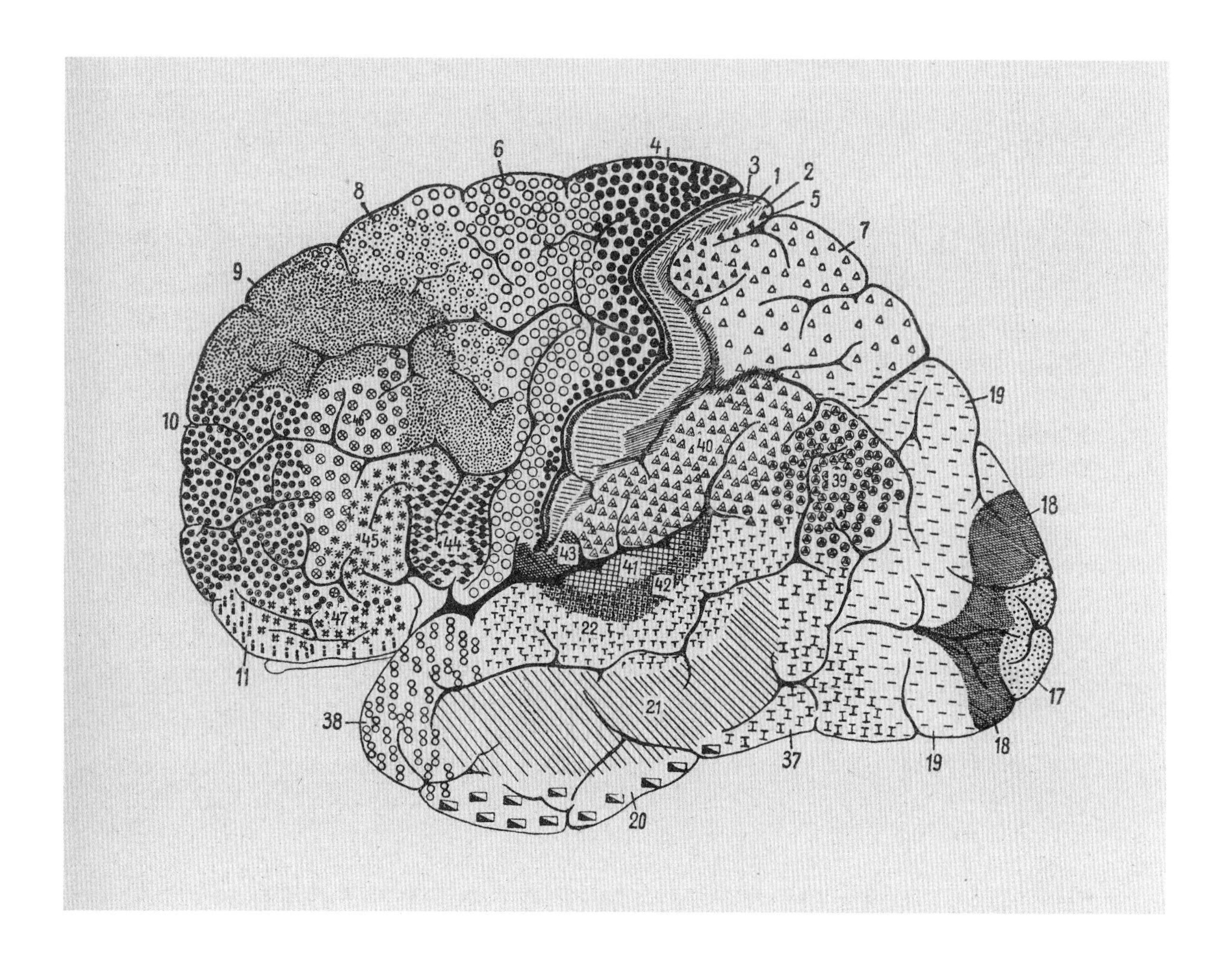

브로드만이 1909년에 발표한, 대뇌 겉질 영역들을 파악한 논문에 실림으로써 많은 영향을 미친 그림들 중 하나.

사용하지 않을지는 몰라도, 이런저런 식으로 뇌의 모든 영역을 쓴다.

뇌는 완전히 형성되는 데에 오랜 시간이 걸린다. 십대 청소년의 뇌 회로는 약 80퍼센트만 완성된 상태이다. (십대 청소년을 자녀로 둔 부모에게는 그리 놀랄 내용이 아닐 것이다.) 비록 뇌의 성장이 주로 생후 첫 2년 동안에 이루어지고 10세 무렵이면 95퍼센트까지 완료되지만, 시냅스의 배선은 20대 중반이나 후반이 되어서야 완전히 마무리된다. 이는 청소년기가 사실상 성년까지도 꽤 이어진다는 뜻이다. 그 기간에 청소년은 더 나이든 이들보다 더 충동적이고 덜 심사숙고한 행동을 보일 것이 거의 확실하며, 또 알코올의 효과에 더 민감할 것이다. 신경학 교수인 프랜시스 E. 젠슨은 2008년 「하버드 매거진(*Harvard Magazine*)」에 이렇게 말했다. "십대의 뇌는 그저 조금 덜 성숙한 어른의 뇌가 아니다." 그보다는 전혀 다른 종류의 뇌이다.

십대 청소년의 뇌 회로는 약 80퍼센트만 완성된 상태이다. (십대 청소년을 자녀로 둔 부모에게는 그리 놀랄 내용이 아닐 것이다.)

쾌락과 관련이 있는 앞뇌 영역인 측좌핵(nucleus accumbens)은 십대 때 최대 크기로 자란다. 같은 시기에 몸은 쾌감을 전달하는 신경전달물질인 도파민을 미래의 그 어느 때보다도 더 많이 생산한다. 이것이 바로 인생의 그 어느 시기보다도 십대에 더 격렬하게 감정을 느끼는 이유이다. 하지만 그것은 쾌락 추구가 청소년에게 일종의 직업병이 될 수 있다는 의미이기도 하다. 청소년의 주된 사망 원인은 사고이며, 사고의 주된 원인은 그저 다른 청소년들과 함께 있다는 것이다. 예를 들면, 자동차에 청소년이 2명 이상 타고 있으면, 사고 위험은 400퍼센트가 급증한다.

뉴런이라는 말은 누구나 들어보았겠지만, 뇌에 있는 또 하나의 주된 세포인 아교세포(glia 또는 glial cell)에 대해서는 들어본 적이 없는 사람이 꽤 있을 것이다. 뇌에 아교세포가 뉴런보다 10배나 더 많다는 점을 생각하면 조금 기이하다. 아교세포(영어 단어는 말 그대로 “풀” 또는 “아교”를 뜻하는 말에서 유래)는 뇌와 중추신경계에서 뉴런을 지원하는 세포이다. 예전에는 아교세포가 그다지 중요하지 않다고 생각했다. 주로 뉴런을 물리적으로 지탱하는 역할을 한다고, 즉 해부학자의 용어를 빌리면 세포 외 기질(extracellular matrix) 역할을 할 뿐이라고 보았다. 그러나 지금은 아교세포가 미엘린의 생산에서부터 노폐물 청소에 이르기까지 많은 중요한 화학적 기능을 한다고 알려져 있다.

뇌가 새 뉴런을 만들 수 있는지를 놓고 많은 논란이 있어왔다. 컬럼비아 대학교의 마우라 볼드리니 연구진은 2018년 초에 뇌의 해마가 적어도 약간의 새로운 뉴런을 만드는 것이 분명하다고 발표했지만, 샌프란시스코에 있는 캘리포니아 대학교 연구진은 정반대의 결론을 내렸다. 문제는 뇌의 뉴런이 새로운 것인지 아닌지를 확실하게 구별할 방법이 없다는 것이다. 확실한 점은 설령 새로운 뉴런이 약간 만들어진다고 할지라도, 뇌졸중이나 알츠하이머병을 막

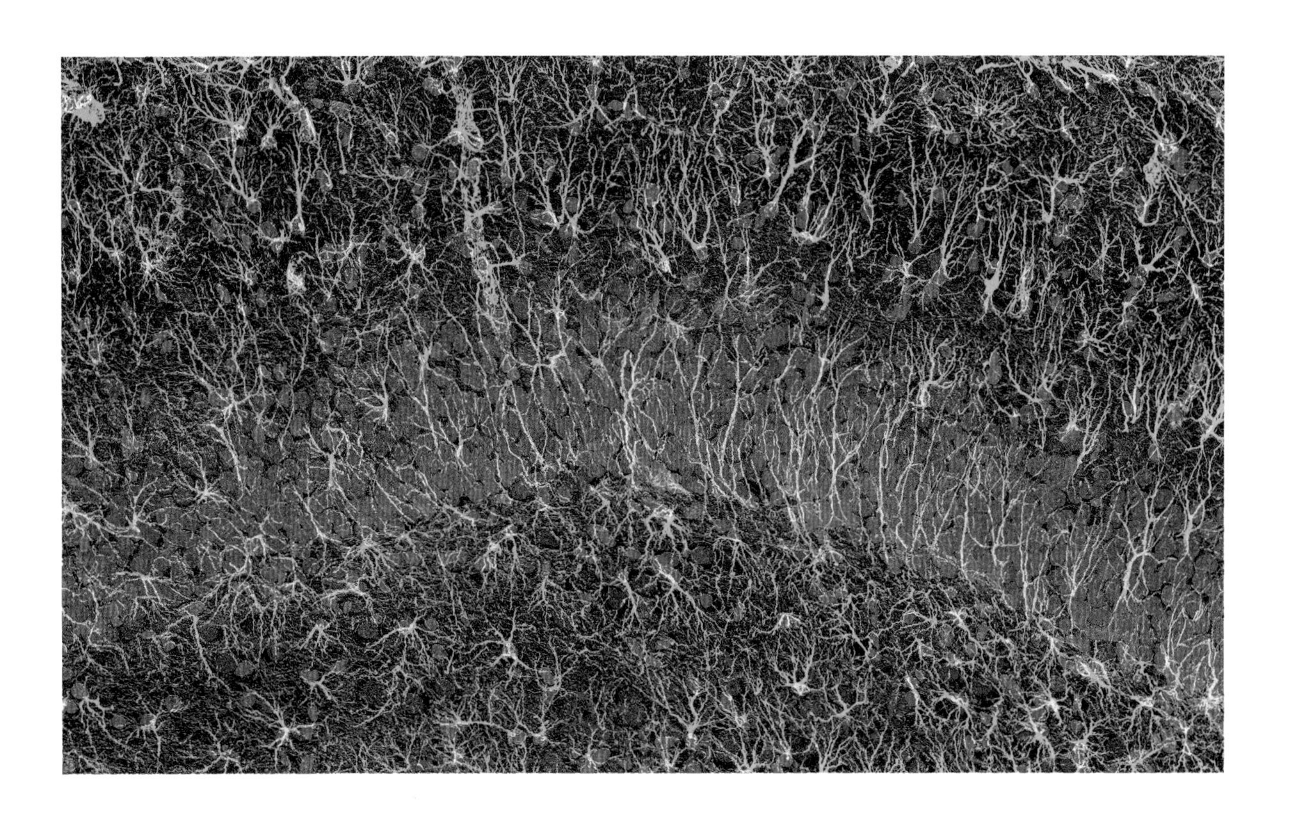

기는커녕 전반적인 노화 과정에서 잃는 뉴런을 보충하기에도 턱없이 부족하다는 것이다. 따라서 말 그대로 또는 사실상 일단 유아기를 지나면, 평생을 가지고 살아갈 뇌세포들을 다 확보한 셈이다.

긍정적으로 보면, 뇌는 아주 심각한 질량 손실을 스스로 보완할 수 있다. 제임스 르 파누가 『왜 우리인가(*Why Us?*)』에서 인용한 사례를 살펴보자. 지능이 정상인 한 중년 남성의 뇌를 촬영한 의사들은 거대한 양성 혹이 그의 머리뼈 속 공간의 거의 3분의 2를 차지하고 있는 것을 보고 경악했다. 아기 때부터 죽 있었던 것이 분명했다. 이마엽의 전부, 마루엽과 관자엽의 일부가 사라지고 없었다. 그러나 뇌의 남아 있는 3분의 1이 사라진 3분의 2의 의무와 기능을 떠맡았을 뿐만 아니라 무척 잘 해냈기 때문에, 그의 뇌가 그토록 크게 줄어든 상태라는 사실을 의심한 사람이 아무도 없었다.

이 모든 경이로움을 간직하고 있음에도, 뇌는 신기할 만치 자신을 드러내지 않는 기관이다. 심장은 펌프질을 하고, 허파는 부풀었다가 쪼그라들었다 하며, 창자는 조용히 물결치듯이 움직이고 꼬르륵거리지만, 뇌는 아무것도 드러내지 않은 채 블랑망제처럼 그냥 가만히 있는다. 겉으로 드러난 뇌 구조의 어디에도 뇌가 고등

해마의 단면을 찍은 놀라운 광학현미경 사진. 해마 모양의 이 아주 작은 구조 내에 있는 요소들을 보여주기 위해서 각기 다른 색깔로 나타냈다. 빨간 원은 뉴런의 핵이다. 파란 덩굴손은 뉴런 축삭의 신경섬유이다. 초록 덩굴손은 아교세포로서, 뉴런을 지원하는 한편으로 중요한 화학적 기능들을 수행한다.

한 사고를 하는 기관임을 시사하는 특징을 전혀 찾아볼 수 없다. 버클리의 존 R. 설 교수는 이렇게 말한 바 있다. "피를 뿜어내는 유기물 기계를 설계한다면 심장과 비슷한 것이 나오겠지만, 의식을 만드는 기계를 설계한다고 할 때 1,000억 개의 뉴런을 떠올릴 사람이 과연 누가 있겠는가?"

따라서 우리가 뇌의 기능을 대체로 우연한 계기를 통해서 조금씩 이해해왔다고 해도 놀랄 필요는 없다. 신경과학의 초창기에 일어난 가장 큰(그리고 가장 많이 인용되었다고 말할 수 있는) 사건 중 하나는 1848년 미국 버몬트의 시골에서 일어났다. 피니어스 게이지라는 젊은 철도 건설인이 바위에 다이너마이트를 설치하다가 폭발이 너무 일찍 일어나는 바람에, 길이 60센티미터쯤 되는 충전 막대가 그의 왼쪽 뺨을 뚫고 들어가서 머리 꼭대기로 튀어나가 약 15미터 떨어진 땅에 땡그랑하며 떨어졌다. 막대에 밀려서 지름 약 2.5센티미터의 원기둥 형태로 뇌의 내용물이 완벽하게 쑥 빠져나갔다. 게이지는 기적적으로 살아남았고, 심지어 의식조차 잃지 않은 듯하다. 그러나 그는 왼쪽 눈을 잃었고 성격도 영구히 바뀌었다. 사고 전까지는 태평스럽고 인기 있는 사람이었지만, 이제는 뚱해 있고 시비를 걸고 불쑥 욕설을 내뱉는 사람이 되었다. 한 오랜 친구가 서글프게 토로했듯이, 그는 "더 이상 게이지"가 아니었다. 이마엽이 손상된 환자들이 종종 그렇듯이, 게이지는 자신의 상태를 알아차리지 못했고, 자신이 변했다는 것을 이해하지 못했다. 한곳에 정착할 수가 없게 된 그는 뉴잉글랜드 지방에서 남아메리카로 갔다가 샌프란시스코로 향했다. 그곳에서 발작을 일으켜 서른여섯의 나이에 세상을 떠났다.

젊은 철도 건설인인 피니어스 게이지. 바위에 다이너마이트를 설치하는 데에 쓰이는 길이 60센티미터의 충전 막대가 그의 뺨을 뚫고 들어가 머리를 관통하면서 지름 약 2.5센티미터의 원기둥 형태로 뇌의 내용물이 빠져나갔음에도 그는 기적적으로 살아남았다.

게이지의 불행은 뇌의 물리적 손상이 성격을 바꿀 수도 있음을 보여준 최초의 증거였지만, 그 뒤로 수십 년이 흐르는 동안 다른 연구자들은 종양으로 이마엽의 일부가 손상되거나 침범당할 때, 당사자가 신기하게도 차분해지거나 유순해지는 사례도 종종 나타난다는 것을 알아차렸다. 1880년대에 고틀리프 부르크하르트라는 스위스 의사는 일련의 수술을 통해서 정신 장애가 있는 한 여성의 뇌를 18그램 제거했다. 그의 표현을 빌리면, 그 과정에서 여성은 "위험하면서 흥분한 정신착란자에서 조용한 정신착란자"로 바뀌었다. 그는 다른 환자 5명에게도 이 수술을 시도했지만, 3명은 사망하고 2명은 간질을 일으켰기 때문에 포기하

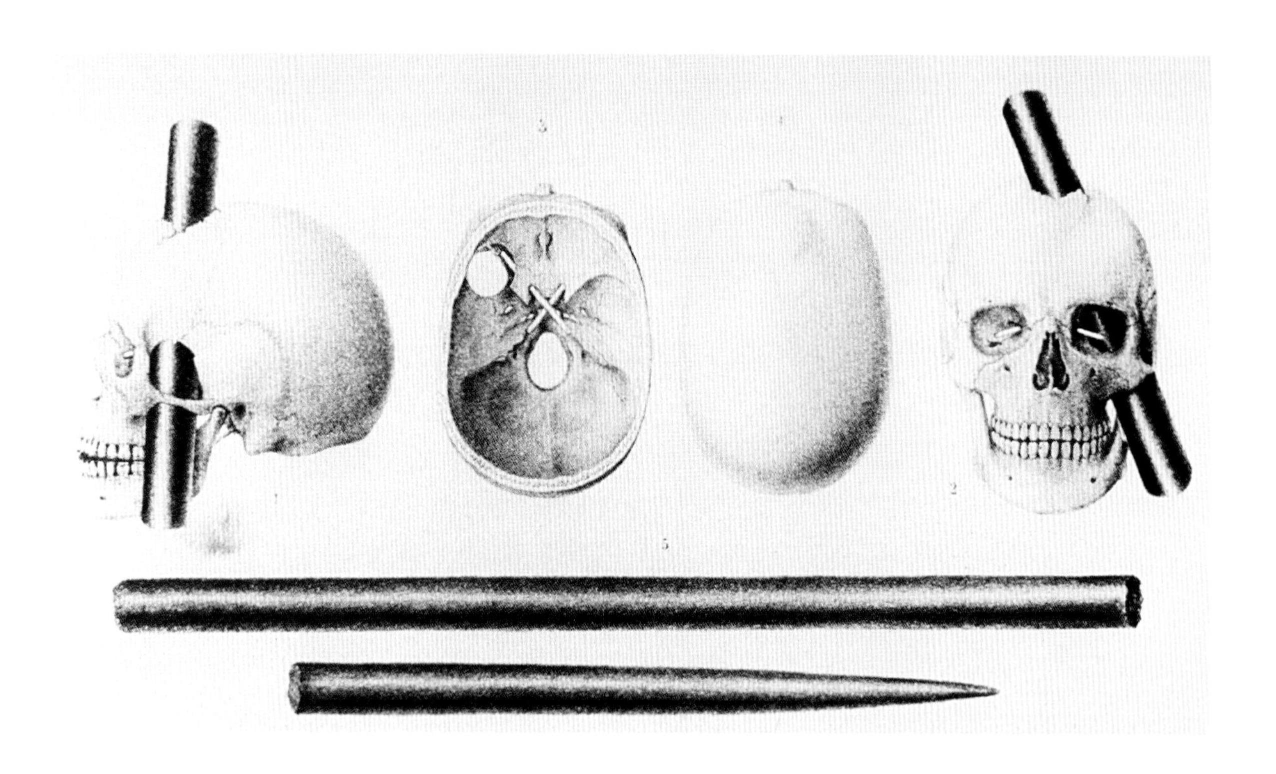

고 말았다. 50년 뒤에 포르투갈에서 리스본 대학교의 신경학 교수 에가스 모니스가 같은 시도를 다시 해보기로 결심했다. 그는 조현병 환자들의 이마엽을 잘라내면 불안정한 마음이 가라앉을지 알아보기 위해서 시험 삼아 이마엽을 자르기 시작했다. 그리하여 이마엽 절개술(frontal lobotomy, 특히 영국에서는 leucotomy라고 불리기도 했다)이 탄생했다.

모니스는 과학적이지 않은 방법이 어떤 것인지를 말해주는 거의 완벽한 사례를 제공했다. 그는 환자가 어떤 손상을 입을지 또는 어떤 결과가 나올지 전혀 생각도 하지 않은 채 무작정 수술을 했다. 동물을 대상으로 예비 실험조차도 전혀 하지 않았다. 환자를 세심하게 선별한 것도 아니었고, 수술 뒤의 경과도 자세히 지켜보지 않았다. 심지어 사실 수술도 직접 집도한 것이 아니라, 남들에게 시킨 뒤에 감독만 했고 어떤 식으로든 성공하면 그 영예를 흔쾌히 독차지했다. 그 수술은 실제로 어느 정도까지는 효과가 있었다. 이마엽 절개술을 받은 이들은 대체로 덜 폭력적이고 더 온순해졌다. 그러나 성격도 돌이킬 수 없이 크게 손상되고는 했다. 그 수술법이 단점이 많고 모니스의 임상 기준 역시 유감스럽기 짝이 없었음에도, 그는 전 세계에서 환영을 받았고 1949년에는 궁극적인 찬사인 노벨상까지 받았다.

미국에서는 월터 잭슨 프리먼이라는 의사가 모니스의 수술법에 관해서

게이지의 왼쪽 눈, 뇌 일부, 예전의 성격을 앗아간 부상의 후유증을 보여주는 석판화.

에가스 모니스. 수술과 의료 윤리를 대하는 태도가 우려될 만치 독선적이었음에도 불구하고, 절개술의 선구자로서 명성과 노벨상까지 거머쥔 포르투갈의 신경학자.

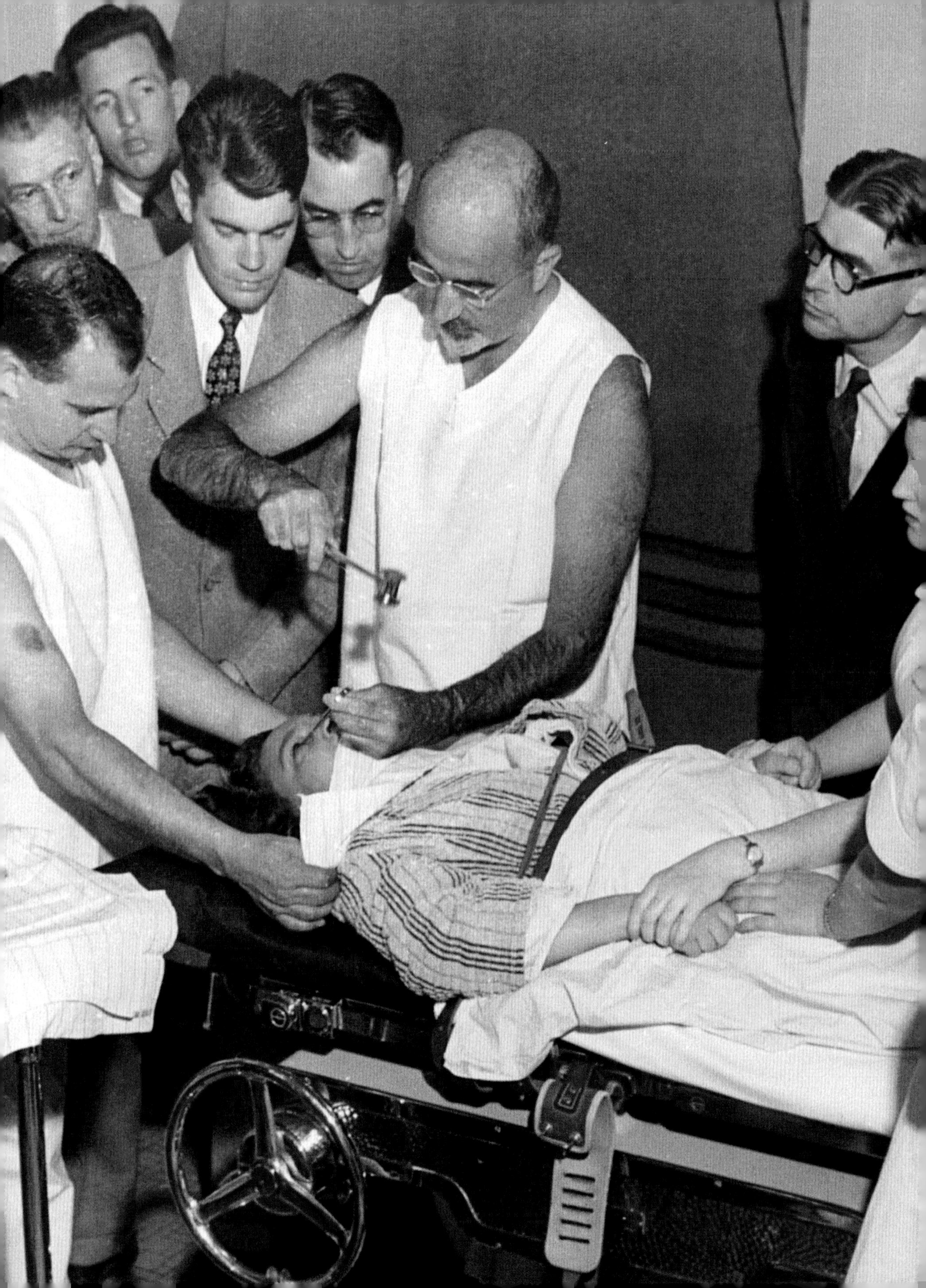

얼음송곳은 뇌 수술을 위해서 고안된 것이 아니었기 때문에,
이따금 끝이 부러져서 환자의 머릿속에 남기도 했다.
그러면 수술로 꺼내야 했다.
환자가 그 전에 사망하지 않는다면 말이다.

듣고서 그의 가장 열렬한 추종자가 되었다. 프리먼은 거의 40년 동안 미국 전역을 돌아다니면서 자기 앞에 데려오는 거의 모든 사람의 이마엽을 잘라냈다. 한번은 순회하면서 12일 동안 225명의 이마엽을 잘라냈다. 그는 네 살밖에 되지 않은 어린 환자도 수술했다. 공포증 환자, 거리에서 그냥 끌고 온 주정뱅이, 동성애 행위로 유죄 판결을 받은 사람 등 한마디로 정신적으로 또는 사회적으로 일탈 행동을 보인 거의 모든 이들이 그의 수술 대상이었다. 프리먼의 방법이 너무나 빠르고 야만적이어서, 다른 의사들은 보고는 움찔했다. 그는 가정에서 흔히 쓰는 얼음송곳을 눈구멍을 통해서 뇌 가까이 들이민 뒤에 망치로 쾅 쳐서 머리뼈를 깨서 집어넣었다. 그런 다음 마구 휘저어서 신경 연결을 끊어놓았다. 그는 아들에게 보낸 편지에서 그 수술법을 경쾌하게 묘사했다.

> 충격을 가해서 깨뜨렸지……"마취제"에 취해 있는 동안 얼음송곳을 눈알과 눈꺼풀 사이로 넣어서 눈구멍 천장으로 찔러넣는 거야. 그러면 사실상 뇌의 이마엽으로 들어가게 돼. 이제 좌우로 송곳을 휘저어서 신경을 잘라내지. 양쪽에 환자 두 명을 놓고 또 한 켠에 한 명을 더 놓고 수술을 했어. 합병증은 전혀 없었어. 한 명이 눈이 새까매진 것만 빼면. 나중에 문제가 생길지도 모르겠지만 별것 아닌 듯했어. 보기에는 안 그렇겠지만 말이야.

진짜로 그랬다. 그 수술이 너무나 엉성한 탓에 뉴욕 대학교의 경험 많은 한 신경학자는 프리먼의 수술을 지켜보다가 그만 까무러쳤다. 그러나 수술은 환자가 대개 한 시간 안에 집에 돌아갈 수 있을 정도로 빨리 끝났다. 의학계의 많은 이들은 이 신속함과 단순함에 감탄했다. 프리먼은 그때그때 되는 대로 수술에 임했다. 장갑도 수술 마스크도 끼지 않은 채, 그냥 돌아다니던 평상복 차림 그대로 수술을 했다. 그 수술법은 흉터를 전혀 남기지 않았지만, 자신이 어떤 정신 능력을 파괴하고 있는지 확실히 아는 것이 전혀 없는 상태에서 맹목적으로 수술을 했다.

맞은편 : 모니스의 수술법을 적극적으로 받아들여서 정신질환자들을 단 한 가지 방법으로 야만적으로 치료한 월터 프리먼. 그는 20세기 중반에 미국 전역을 순회하면서 치료를 한답시고 얼음송곳으로 환자들의 뇌를 쑤셨다. 또한 수술실의 표준 위생 장비들을 외면한 채 그냥 작업하는 쪽을 선호했다.

얼음송곳은 뇌 수술을 위해서 고안된 것이 아니었기 때문에, 이따금 끝이 부러져서 환자의 머릿속에 남기도 했다. 그러면 수술로 꺼내야 했다. 환자가 그 전에 사망하지 않는다면 말이다. 이윽고 프리먼은 뇌 수술용 송곳을 고안했는데, 사실상 더 튼튼하게 만든 얼음송곳에 불과했다.

아마 가장 놀라운 점은 프리먼이 수술할 자격이 아예 없는 정신과의사였다는 사실일 것이다. 많은 의사들은 그 사실에 섬뜩함을 느꼈다. 프리먼의 수술을 받은 사람들 가운데 약 3분의 2는 그 수술로 아무런 혜택도 얻지 못했거나 상태가 더 나빠졌다. 2퍼센트는 사망했다. 그의 가장 잘 알려진 실패 사례는 나중에 대통령이 될 인물의 여동생인 로즈메리 케네디였다. 1941년 스물세 살이 된 그녀는 활기차고 매력적인 여성이었지만, 때로 고집을 심하게 부리고 기분이 오락가락하는 양상을 보였다. 또 그녀는 학습 능력도 조금 떨어졌다. 심각한 장애 수준이었다는 기사가 종종 나오기는 했지만, 그래도 그 정도까지는

프리드먼의 절개술을 받기 3년 전인 1938년의 로즈메리 케네디(오른쪽). 활기차고 매력적이던 이 젊은 여성은 절개술을 받은 뒤 멍하게 있는 무력한 존재가 되었다.

아니었던 듯하다. 외고집을 피우곤 하는 딸에게 절망한 나머지 부친은 아내와 상의도 하지 않은 채, 프리먼에게 딸의 이마엽 절개술을 의뢰했다. 그 수술로 본질적으로 로즈메리는 파괴되었다. 그 뒤로 64년 동안 그녀는 말도 하지 못하고, 실금을 하고, 성격도 잃어버린 채로 미국 중서부의 요양원에서 지냈다. 그녀가 사랑하던 모친은 20년 동안 그녀를 찾지 않았다.

프리먼을 비롯한 이들이 사람을 피폐하게 만든다는 사실이 서서히 명백해지면서, 그 수술의 인기도 사라져갔다. 효과적인 정신 작용제들이 개발된 덕분이기도 했다. 프리먼은 70대까지도 이마엽 절개술을 계속하다가 1967년에야 마침내 은퇴했다. 그를 비롯한 이들이 남긴 여파는 여러 해 동안 더 이어졌다. 내가 직접 경험한 사례들도 있다. 1970년대 초에 나는 런던 외곽의 한 정신병원에서 2년 동안 일했다. 그곳의 한 병동에서 지내던 사람들은 대부분 1940-1950년대에 이마엽 절개술을 받았던 이들이었다. 그들은 거의 예외 없이 순종적이고 생기가 사라지고 껍데기만 남아 있었다.*

뇌는 가장 취약한 기관 중의 하나이다. 역설적이게도 보호하는 머리뼈 안에 아늑하게 들어 있다는 바로 그 사실 때문에, 뇌는 감염으로 붓거나 출혈이 일어나서 액체가 더 늘어날 때면 손상을 입기 쉽다. 늘어난 물질이 갈 곳이 없기 때문이다. 그러면 뇌에 압박이 가해져서 치명적인 결과가 벌어질 수 있다. 또 뇌는 자동차 충돌이나 추락 같은 갑작스러운 충격을 받으면 머리뼈에 부딪혀서 손상을 입기도 쉽다. 뇌의 바깥막인 뇌막에는 뇌척수액이 얇게 층을 이루고 있어서 조금의 완충 효과를 발휘하지만, 말 그대로 조금이다. 맞충격 손상(contrecoup injury)이라는 이 손상은 충격 지점의 반대편에서 나타난다. 뇌가 반대편으로 밀리면서 보호(여기서는 그다지 보호한다고 할 수 없지만) 덮개에 부딪히기 때문이다. 이런 손상은 신체 접촉이 이루어지는 스포츠에서 매우 흔하다. 이것이 심각하거나 반복된다면 만성외상 뇌병증(chronic traumatic encephalopathy, CTE)이라는 퇴행성 뇌 장애가 생길 수 있다. 전미 미식축구연맹에서 뛰다가 은퇴한 선수들 가운데 20-45퍼센트가 정도의 차이는 있지만 CTE를 앓는다는 추정값도 나와 있다. 이 증상은 은퇴한 럭비 선수들에게도 흔한 것으로 알려져 있다. 은퇴한 오스트레일리아식 축구 선수들과 선수 시절

....

* 2001년 『옥스퍼드 인체 사전』의 가장 의심스러운 한 항목에는 이렇게 적혀 있다. "많은 이들은 '이마엽 절개술'이라고 하면, 뇌가 심하게 훼손되거나 잘려나감으로써 잘해야 성격도 감정도 없는 식물인간 상태에 있는 정신장애자의 모습을 떠올린다. 그것은 결코 사실이 아니었다……." 아니, 정말로 사실이었다.

20세기에 들어와서도 꽤 오랫동안 간질 발작이
감염 때문에 생긴다는 믿음이
의료계에 널리 퍼져 있었다.

에 헤딩을 많이 한 축구 선수들도 마찬가지이다.

뇌는 접촉 손상뿐만 아니라, 내부에서 휘몰아치는 폭풍에도 취약하다. 인간은 뇌졸중과 발작에 유달리 취약하다. 대부분의 다른 포유동물들은 결코 뇌졸중을 일으키지 않으며, 설령 뇌졸중을 겪는 종이라고 해도 그런 일은 극히 드물게 일어난다. 반면에 세계보건기구에 따르면, 인간에게는 뇌졸중이 세계적으로 두 번째로 흔한 사망 원인이다. 왜 그런지는 수수께끼이다. 대니얼 리버먼이 『우리 몸 연대기(*The Story of the Human Body*)』에서 간파했듯이, 우리 뇌에는 뇌졸중 위험을 최소화하는 쪽으로 혈액 공급망이 탁월하게 갖추어져 있지만, 그럼에도 우리는 뇌졸중에 걸린다.

간질도 마찬가지로 수수께끼로 남아 있다. 게다가 간질 환자들은 역사적으로 악마에 씌었다는 비난을 받거나 기피의 대상이 되는 부담까지 안아왔다. 20세기에 들어와서도 꽤 오랫동안 간질 발작이 감염 때문에 생긴다는 믿음이 의료계에 널리 퍼져 있었다. 사람들은 발작을 지켜보는 것만으로도 발작이 옮을 수 있다고 믿었다. 간질 환자는 으레 정신질환자로 다루어졌고 정신병원에 수용되고는 했다. 미국의 17개 주에서는 1956년까지도 간질 환자와 혼인하는 것이 불법이었다. 18개 주에서는 간질 환자에게 강제로 불임 수술을 했다. 이런 법들이 최종적으로 폐지된 것은 1980년이 되어서였다. 영국에서는 1970년까지 간질이 혼인 무효 소송의 근거로서 법령에 남아 있었다. 몇 년 전에 라젠드라 케일은 「영국 의학회지(*British Medical Journal*)」에 이렇게 썼다. "간질의 역사는 4,000년 동안 무지, 미신, 낙인으로, 그 뒤로 100년 동안은 지식, 미신, 낙인으로 점철되었다고 요약할 수 있다."

간질은 사실 단일한 질병이 아니라, 짧은 의식 상실에서부터 지속적인 경련에 이르기까지 다양한 증상

간질 치료는 그 증상을 둘러싼 미신 때문에 몹시 지체되었다. 이 18세기 판화에는 두 신사—의사가 아니라 성직자—가 악마로부터 간질을 비롯한 많은 질병을 떼어내는 모습이 담겨 있다.

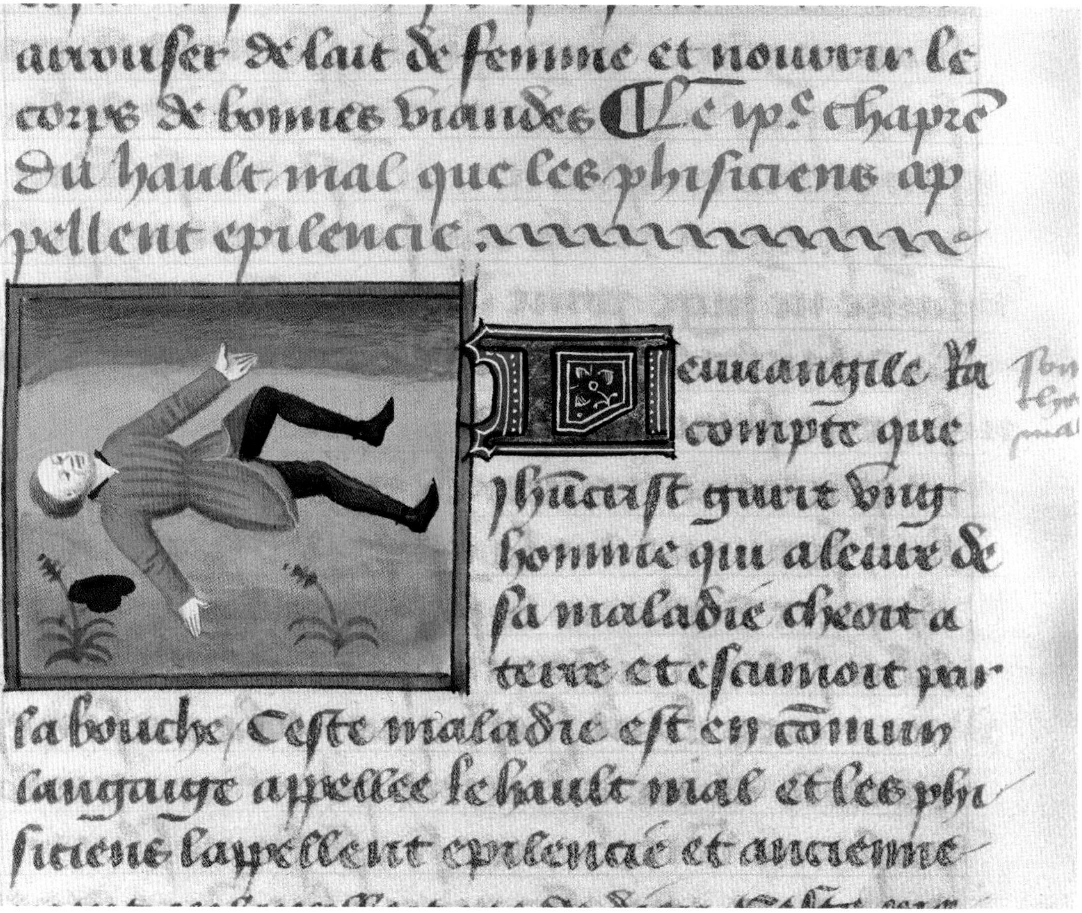
arrouser de lait de femme et nourrir le
corps de bonnes viandes ¶ Le xv^e chapitre
du hault mal que les phisiciens ap
pellent epilencie
Leuuangile la compte que
Jhesucrist gurit vng
homme qui aleure de
sa maladie cheoit a
terre et escumoit par
la bouche Ceste maladie est en commun
langaige appellee le hault mal et les phi
siciens lappellent epilencie et ancienne

간질 발작은 효과적인 치료가 나오기 오래 전부터 학자들의 관심사였다. 13세기 프란체스코회 수도사 바르톨로메우스 앙글리쿠스의 프랑스판 백과사전에 실린 간질 환자를 묘사한 대목.

들의 집합이다. 모두 뇌의 뉴런이 잘못 발화함으로써 일어난다. 간질은 질병이나 머리 외상으로 생길 수도 있지만, 아무런 뚜렷한 이유 없이 생기는 경우도 매우 흔하다. 뜬금없이 갑자기 섬뜩한 간질 발작이 일어나는 식이다. 현대의 약물은 간질 환자 수백만 명의 발작을 크게 줄이거나 없애왔지만, 약물이 별 효과가 없는 환자도 약 20퍼센트에 달한다. 한 해에 환자 1,000명 중 약 1명꼴로 발작이 일어난 직후에 사망한다. 간질 돌연사(Sudden Unexpected Death in Epilepsy, SUDEP)이다. 콜린 그랜트는 『타는 냄새 : 간질 이야기(*A Smell of Burning: The Story of Epilepsy*)』에 이렇게 썼다. "원인이 무엇인지 아무도 모른다. 그냥 심장이 멈출 뿐이다." (또 간질 환자 1,000명 중 1명은 목욕을 하거나 걷다가 쓰러지면서 머리를 심하게 부딪치는 등 불운한 상황에서 의식을 잃는 바람에 비극적으로 죽음을 맞이한다.)

피치 못할 사실은 뇌가 경이로운 동시에 무력한 기관이라는 점이다. 신경 장

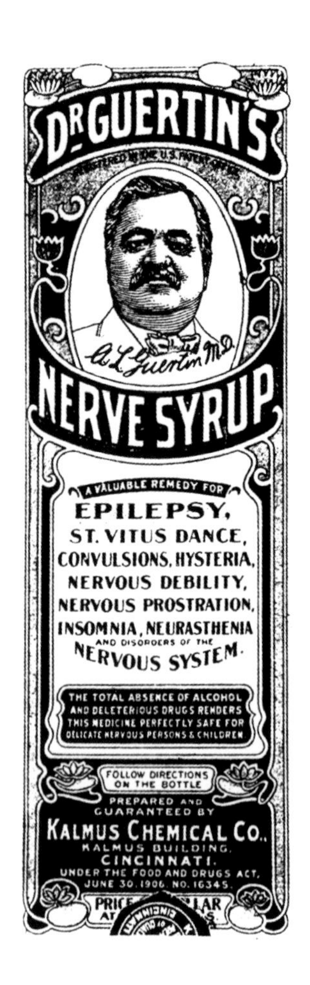

간질에는 뱀 기름을? 간질은 수수께끼 같은 존재였기 때문에, 그 점을 이용하려는 온갖 사기꾼들이 판을 쳤다. 닥터 거틴의 "신경 시럽"이라는 이름으로 판매된 조금 미덥지 않은 이 제품은 사기꾼인 오토 캘머스가 만들었을 가능성이 가장 높다. 그는 자신의 간질연구소를 통해서 치료제를 판매한다고 사기를 치다가 1908년 미국 우정공사로부터 우편물 발송 금지 조치를 받았다.

애와 관련된 신기하거나 기이한 증후군과 질환은 거의 무한할 정도로 많아 보인다. 안톤-바빈스키 증후군(Anton-Babinski syndrome)은 눈이 멀었음에도 믿으려고 하지 않는 장애이다. 리독 증후군(Riddoch syndrome)이 있는 사람은 무엇이든 간에 움직이지 않는 것은 보지 못한다. 카그라 증후군(Capgras syndrome)에 걸린 사람들은 자신이 잘 아는 모든 사람이 사기꾼이라고 확신하게 된다. 클뤼버-부시 증후군(Kluver-Bucy syndrome) 환자는 닥치는 대로 먹고 (사랑하는 이들에게 몹시 당혹스럽게도) 섹스를 하려는 충동에 휩싸인다. 아마 가장 기이한 증후군은 코타르 망상(Cotard delusion)일 것이다. 이 환자는 자신이 죽었다고 믿으며, 어떤 방법으로도 그 확신을 깨뜨릴 수가 없다.

뇌에 관한 그 어떤 것도 단순하지 않다. 의식이 없는 상태라는 것도 복잡한 문제이다. 잠을 자고 있거나 마취되어 있거나 뇌진탕을 일으켰을 수도 있고, 혼수 상태(눈이 감기고 완전히 의식이 없는), 식물인간 상태(눈을 뜨고 있지만 의식이 없는), 최소 의식 상태(의식이 이따금 명료해지지만 대개는 혼란에 빠져 있거나 의식이 없는)에 있을 수도 있다. 감금 증후군(Locked-in syndrome)은 또 다르다. 의식은 온전하지만 몸이 마비되어 있으며, 때로 눈을 깜박이는 것만으로 의사소통을 하기도 한다.

얼마나 많은 사람들이 최소 의식 상태에서 또는 그보다 더 나쁜 상태에서 살고 있는지는 아무도 모른다. 그러나 「네이처 뉴로사이언스」는 2014년에 전 세계에 수십만 명은 있을 것이라는 추정값을 내놓은 바 있다. 1997년 당시 케임브리지의 젊은 신경과학자였던 에이드리언 오언은 식물인간 상태로 보이는 사람들 중에서 일부가 실제로는 의식이 온전하지만 그 사실을 바깥으로 알릴 수 없는 상태일 뿐이라는 것을 발견했다.

오언은 『회색지대로(*Into the Grey Zone*)』라는 저서에서 에이미라는 환자의 사례를 든다. 에이미는 넘어지면서 머리를 심하게 다쳐서 여러 해 동안 병원 침대에 누워 지냈다. 그런데 에이미에게 이런저런 질문을 하면서 fMRI 스캐너로 신경 반응을 유심히 지켜보았더니, 그녀가 완전히 의식이 있다는 것을 알아낼 수 있었다. "그녀는 모든 대화를 들었고, 모든 방문자를 알아보았고, 자신을 상대로 이루어지는 모든 결정을 귀 기울여 들었다." 그러나 그녀는 근육 한 가닥도 움직일 수 없었다. 눈을 뜰 수도, 가려운 곳을 긁을 수도, 욕구를 표현할 수도 없었다. 오언은 영구 식물인간 상태라고 여겨지는 사람들 중에서 15-20퍼센트는, 사실 온전히 깨어 있다고 믿는다. 지금도 뇌가 활동하고 있는지를 알 확실한 방법은 오직 그 뇌의 소유자가 그렇다고 말하는 것뿐이다.

아마 우리 뇌에 관한 가장 뜻밖의 사실은 1만-1만2,000년 전에 비해서 지금 인류의 뇌가 더 작으며, 그것도 상당히 작다는 것이 아닐까?

아마 우리 뇌에 관한 가장 뜻밖의 사실은 1만-1만2,000년 전에 비해서 지금 인류의 뇌가 더 작으며, 그것도 상당히 작다는 것이 아닐까? 구체적으로 말하면, 인간의 뇌는 평균 1,500세제곱센티미터에서 1,350세제곱센티미터로 줄었다. 뇌에서 테니스공 크기 만큼을 떠낸 것과 비슷하다. 이런 변화가 일어난 이유는 설명하기가 어렵다. 전 세계에서 동시에 일어났기 때문이다. 마치 우리가 뇌의 크기를 줄이기로 협약을 맺은 듯하다. 우리 뇌가 더 효율성이 높아져서 더 작은 공간에 더 많은 성능을 집어넣을 수 있게 된 것일 뿐이라는 가설이 흔히 제시된다. 기술이 발전하면서 점점 더 작은 크기에 더 많은 성능을 집어넣을 수 있었던 휴대전화처럼 말이다. 그러나 우리가 그저 머리가 더 나빠진 것이 아님을 입증할 수 있는 사람도 아무도 없다.

거의 같은 기간에 걸쳐서 우리의 머리뼈도 얇아졌다. 이 두 가지 현상을 진정으로 설명할 수 있는 사람은 아무도 없다. 그저 우리가 예전 조상들보다 덜 힘하면서 덜 활동적인 생활습관을 갖춤으로써 머리뼈에 투자를 그렇게 많이 할 필요가 없어진 것일 수도 있다. 그러나 이것 역시 그냥 우리가 예전보다 더 약해진 탓일 수도 있다.

생각하면 할수록 자신을 진지하게 돌아보게 만드는 이런 사항들을 염두에 두고서, 머리의 나머지 부분들을 살펴보기로 하자.

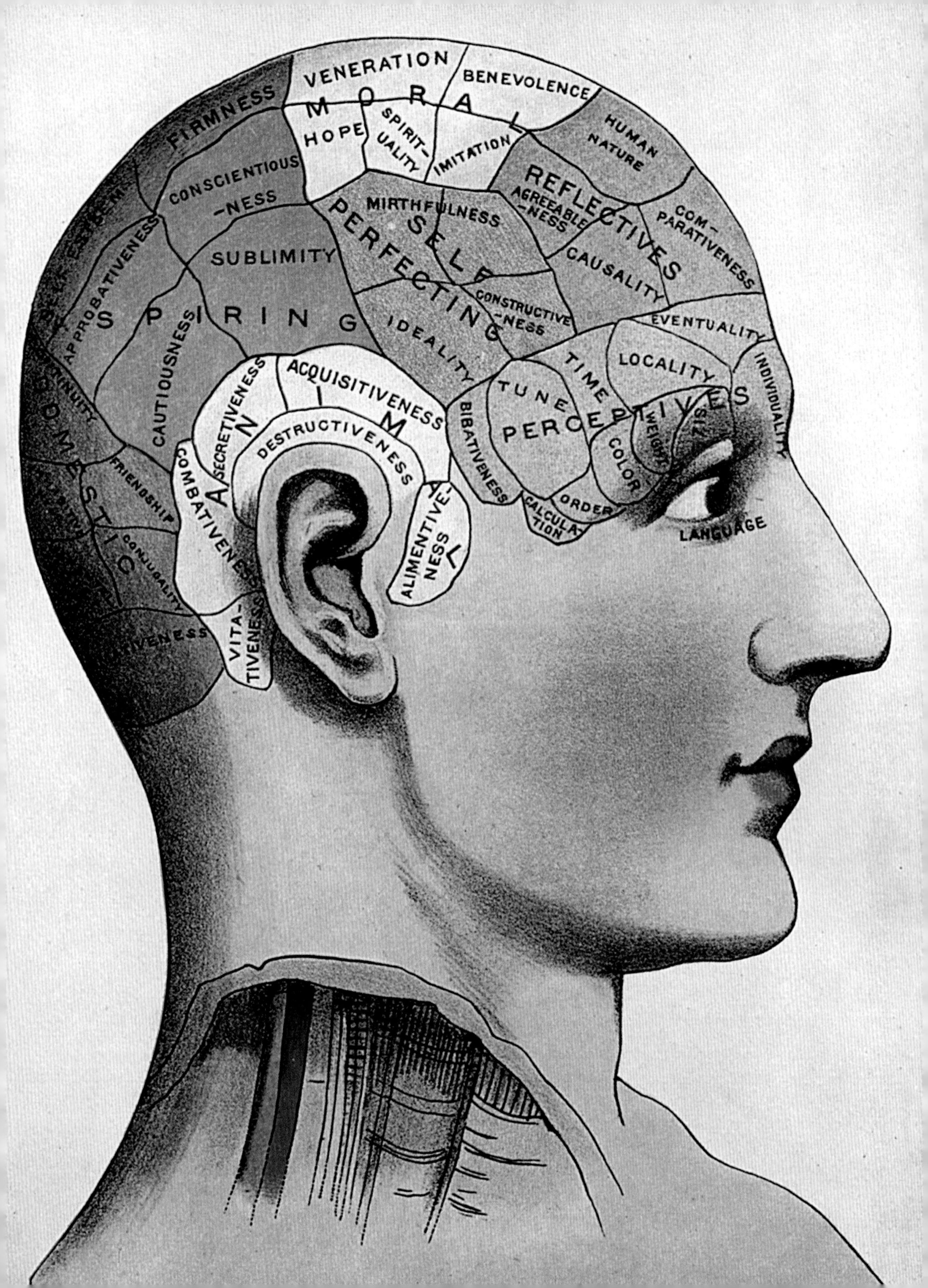

VENERATION
BENEVOLENCE
MORAL
FIRMNESS
HOPE
SPIRIT-UALITY
IMITATION
HUMAN NATURE
CONSCIENTIOUS-NESS
MIRTHFULNESS
REFLECTIVES
AGREEABLE-NESS
COM-PARATIVENESS
SELF
PERFECTING
SUBLIMITY
CAUSALITY
APPROBATIVENESS
SPIRING
CONSTRUCTIVE-NESS
EVENTUALITY
IDEALITY
LOCALITY
INDIVIDUALITY
TIME
TUNE
PERCEPTIVES
WEIGHT
SIZE
COLOR
ORDER
CALCULATION
LANGUAGE
ACQUISITIVENESS
SECRETIVENESS
DESTRUCTIVENESS
ANIMAL
CAUTIOUSNESS
BIBATIVENESS
ALIMENTIVE-NESS
COMBATIVENESS
FRIENDSHIP
CONJUGALITY
DOMESTIC
VITA-TIVENESS

5
머리

"단지 하나의 착상이 아니라, 번뜩이는 영감이었다. 그 머리뼈를 본 순간, 갑자기 하늘에 번개가 번쩍이면서 그 아래의 드넓은 평원을 비출 때처럼, 범죄의 본성이라는 문제의 해답이 드러나는 듯했다."

체사레 롬브로소

4

SALVATORE A. brigante calabrese

1

G.SANA di Galluccio brigante

5

CAVAGLIA' detto FUSIL assassino

2

G.B.VENAFRO di Caspoli brigante

6

O. ladro napoletano

3

CARBONE capobrigante

사람은 머리가 없으면 살 수 없지만, 머리가 잘렸을 때 정확히 얼마나 오래 버틸 수 있을까 하는 문제는 18세기 말에 많은 관심을 끌었다. 그런 궁금증을 가질 만한 시대였다. 프랑스 혁명으로 인해서 이런 호기심을 품은 이들이 살펴볼 수 있는 막 잘린 머리가 계속 나왔기 때문이다.

잘린 머리에도 아직은 피에 산소가 얼마간 들어 있을 것이므로, 잘린 즉시 의식을 잃는 것은 아닐지도 모른다. 뇌가 얼마나 오래 버틸 수 있는지에 대한 추정값은 2초에서 7초까지 다양하다. 그런 추정값은 깨끗이 잘린다는 것을 전제로 하는데, 머리가 늘 그렇게 깨끗이 잘리는 것은 아니었다. 머리는 아주 예리하게 벼린 도끼를 전문가가 세차게 휘두른다고 해도 쉽게 잘리지 않는다. 프랜시스 라슨은 목 베기의 흥미로운 역사를 다룬 저서 『참수(*Severed*)』에서 스코틀랜드 여왕 메리의 머리가 목이 비교적 가늘었음에도, 도끼를 세 번 내리쳤을 때에야 바구니로 굴러 떨어졌다고 적고 있다.

처형 장면을 지켜본 사람들 중에는 막 잘린 머리가 의식이 있는 것을 보았다고 주장한 이들이 많았다. 급진주의 지도자인 장-폴 마라를 살해한 죄로 1793년에 단두대에 오른 샤를로트 코르데는 사형 집행인이 환호하는 군중 앞에 머리를 들어올렸을 때에 격분한 표정을 지었다고 한다. 라슨의 책에는 마치 머리가 말을 하려는 양 입술을 움직이거나 눈을 깜박이는 것을 보았다는 목격담들도 실려 있다. 테리에라는 남자는 머리가 몸에서 떨어진 지 약 15분이 지난 뒤에 연설자를 향해 시선을 돌렸다고 한다. 그러나 이런 목격담 중에서 어느 정도가 반사작용이었는지, 또 구전되면서 과장이 얼마나 섞였는지는 누구도 알 수 없다. 1803년에 두 명의 독일 연구자가 조금 과학적으로 엄밀하게 이 문제를 조사하기로 결심했다. 그들은 머리가 떨어지자마자 뛰어가서 "내 말 들려요?"라고 소리쳐서 의식의 징후가 있는지 조사했다. 어떤 머리도 반응하지 않았다. 그들은 의식의 상실이 즉시 이루어지거나, 적어도 너무 빨리 일어나서 측정할 수 없다고 결론을 내렸다.

몸에서 머리만큼 잘못된 방향에서 관심의 대상이 되었거나, 과학적으로 이해하려는 노력 앞에 완강히 버텨온 부위는 또 없다. 19세기는 특히 그런 방향들 쪽에서 볼 때는 황금기와 같았다. 그 시기에 골상학(phrenology)과 두개측정학(craniometry)이라는 서로 다르면서도 종종 혼동되던 두 분야가 출현했다. 골상학은 머리뼈에 난 혹들을 정신 능력이나 성격 속성들과 연관 짓는 학문이었고, 늘 변두리 학문의 지위를 벗어나지 못했다. 두개측정학자들은 거의 예외 없

자신들의 이론을 뒷받침할 과학적 근거가 전혀 없다는 사실에도 개의치 않은 채, 골상학과 범죄 인류학이라는 새로운 "학문 분야"의 열광자들은 뇌(**앞쪽**)와 얼굴 유형에 열심히 꼬리표를 붙였다. 이 그림들(**맞은편**)은 체사레 롬브로소의 『범죄인의 탄생(*L'Uomo Delinquente*)』 프랑스어판에 실려 있다.

골상학자들이 경기병 10연대의 윌리엄 배티어와 두 장교의 머리를 검사하는 광경을 담은 1824년의 이 풍자적인 판화는 골상학이 모든 분야에서 진지하게 받아들여진 것은 아니었음을 말해주는 것일 수도 있다.

이 골상학이 미친 과학이라고 치부하면서, 그 대안으로 자신들의 헛소리를 내세웠다. 두개측정학은 머리와 뇌의 부피, 모양, 구조를 더 폭넓게 더 정확하게 측정하는 데에 초점을 맞추었지만, 마찬가지로 얼토당토않은 결론을 내리고는 했다.*

역사상 머리뼈에 가장 열광한 사람은 지금은 잊혔지만 당대에는 대단히 유명했던 영국 중부 지방의 의사 바너드 데이비스(1801–1881)였다. 데이비스는 1840년대에 두개측정학에 몰두했고 곧 그 분야에서 세계 최고의 권위자가 되었다. 그는 『서태평양의 특정 제도 주민들의 특이한 머리뼈』, 『인종별 뇌 무게에 관하여』 같은 무거워 보이는 제목의 책들을 잇달아 펴냈다. 이런 책들은 놀랍

* 두개측정학은 머리뼈학(두개학, craniology)이라고 불리기도 하는데, 후자로 쓸 때에는 같은 이름의 지극히 타당한 현대 학문 분야와 구별해야 한다. 현대 머리뼈학은 인류학자와 고고학자가 고대 인류의 해부학적 차이를 연구하고, 법의학자가 회수한 머리뼈의 나이, 성별, 인종을 파악하는 데에 쓰인다.

게도 인기가 있었다. 『오스트레일리아 원주민 부족들의 융합된 머리뼈에 관하여』는 15판까지 나왔다. 2권으로 낸 『영국 제도의 머리뼈』는 31판까지 찍었다.

데이비스가 워낙 유명했기 때문에 전 세계에서 자신의 머리뼈를 연구용으로 기증하겠다는 이들이 나타났다. 그들 중에는 베네수엘라 대통령도 있었다. 이윽고 그는 세계에서 가장 많은 머리뼈를 모으게 되었다. 총 1,540점으로, 전 세계의 연구기관에 있는 머리뼈를 전부 더한 것보다 많았다.

데이비스는 수집품을 늘리기 위해서 거의 무슨 짓이든 했다. 태즈메이니아 원주민의 머리뼈가 가지고 싶어지자, 그는 그곳 원주민의 공식 보호자인 조지 로빈슨에게 머리뼈를 골라달라고 편지를 썼다. 이 무렵에는 원주민의 무덤을 약탈하는 것이 범죄 행위였기 때문에, 데이비스는 원주민의 머리뼈를 꺼내고 대신에 아무 머리뼈나 넣어서 의심을 피하라는 등 상세한 방법을 제시했다. 그의 노력은 성공을 거둔 것이 분명하다. 곧 그의 수집품에 태즈메이니아인 머리뼈 16점이 추가되었으니까. 게다가 1점에는 몸 전체의 뼈대도 딸려 있었다.

데이비스의 근본적인 야심은 피부색이 짙은 사람들이 옅은 사람들과 별개로 창조되었음을 입증하겠다는 것이었다. 그는 개인의 지능과 도덕성이 머리뼈의 윤곽과 구멍에 지워지지 않게 새겨져 있으며, 그것들이 오직 인종과 계급의 산물이라고 굳게 믿었다. 그는 "머리뼈가 특이한" 사람은 "범죄자가 아니라 위험한 백치"로 취급해야 한다고 주장했다. 그는 1878년 일흔일곱 살의 나이에 50년 연하의 여성과 혼인했다. 그녀의 머리뼈가 어떤 모양이었는지는 알려져 있지 않다.

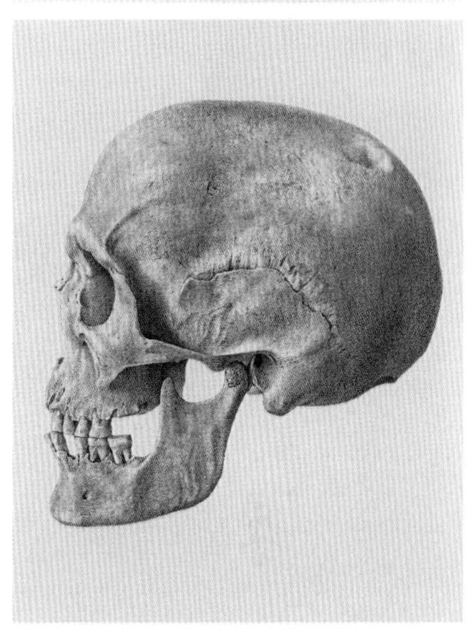

바너드 데이비스의 두개측정학에는 그의 인종과 계급에 관한 편견이 깊이 배어 있었다. 그의 책 『영국 제도의 머리뼈』에 실린 이 그림은 그가 모은 아주 많은 사람 머리뼈들 중의 하나를 그린 것이다. 유증을 받은 것도 있었지만, 도둑질이나 다름없는 착복을 통해서 얻은 것도 많았다.

다른 모든 인종이 열등하다는 것을 입증하려는 유럽 권위자들의 이런 본능적인 태도는 설령 보편적이라고 할 수는 없다고 해도, 널리 퍼져 있었다. 1866년 영국의 저명한 의사 존 랭던 헤이던 다운(1828-1896)은 「백치의 인종 분류에 관한 관찰」이라는 논문에서 오늘날에는 다운 증후군(Down's syndrome)이라고 불리는 증후군을 처음으로 보고했다. 그러나 그는 그 증후군을 "몽골증(Mongolism)"이라고 했고, 그 증후군을 지닌 이들을 "몽골증 백치(Mongoloid idiot)"라고 했다. 열등한 아시아 유형으로 퇴행하려는 타고난 성향에 시달린다

자신의 이름이 붙은 증후군을 발견하여 의학에 기여한 존 랭던 헤이던 다운(위). 그 증후군을 "열등한" 인종 유형과 연관짓는 바람에 명성이 조금 퇴색되었다.

"범죄 인류학"을 창안한 체사레 롬브로소(아래). 진정한 과학이나 법의학적 조사에 전혀 토대를 두지 않은, 이름만 거창한 분야였다.

고 믿었기 때문이다. 디운은 백치와 인종이 서로 결부되어 있는 특성들이라고 믿었고, 그의 말을 의심하는 사람은 아무도 없었던 듯하다. 또 그는 "말레이인"과 "흑인"도 퇴화한 유형이라고 보았다.

한편 이탈리아에서는 전국에서 가장 유명한 생리학자인 체사레 롬브로소(1835-1909)가 범죄 인류학(criminal anthropology)이라는 비슷한 이론을 주창했다. 롬브로소는 범죄자들이 진화적 격세유전(隔世遺傳)의 산물이며, 다양한 해부학적 특징들을 통해서 범죄 본능을 드러낸다고 믿었다. 이마의 기울기, 붙거나 늘어진 귓불 모양, 심지어 발가락 사이의 간격도 그런 특징이었다. (그는 발가락 간격이 넓은 이들은 유인원에 더 가깝다고 설명했다.) 그의 주장들이 털끝만큼도 과학적 타당성이 없었음에도 불구하고, 그는 널리 존경을 받았으며 심지어 오늘날 현대 범죄학의 아버지라고 일컬어지고는 한다. 롬브로소는 법정에 전문가 증인으로 종종 출석했다. 스티븐 제이 굴드가 『인간에 대한 오해(*The Mismeasure of Man*)』에서 인용한 사례를 보자. 롬브로소는 두 용의자 중에서 여성을 죽인 살인자가 누구인지 판단해달라는 요청을 받았다. 그는 한 명이 범인임이 자명하다고 선언했다. "턱, 이마굴, 광대뼈가 크고, 윗입술이 얇고, 앞니가 크고, 머리가 유달리 크고, 왼손잡이에다가 촉각이 무디기" 때문이라는 것이었다. 그런 것들이 무슨 의미인지 아무도 몰랐다는 점과 그 딱한 사람에게 불리한 실제 증거가 전혀 없었다는 점 따위에는 신경 쓰지 말라. 그 남자는 유죄판결을 받았다.

그러나 두개측정학자 중에서 가장 큰 영향을 미친 의외의 인물은 위대한 프랑스의 해부학자 피에르 폴 브로카(1824-1880)였다. 브로카가 명석한 과학자였다는 점에는 의문의 여지가 없다. 브로카는 1861년, 뇌졸중을 겪은 뒤에 여러 해 동안 "탕"이라는 음절만 끝없이 되풀이하는 것 말고는 아무 말도 하지 못했던 환자를 부검하다가 이마엽에서 언어 중추를 발견했다. 뇌의 한 영역을 특정한 행동과 연관 지은 최초의 사례였다. 그 언어 중추는 지금도 브로카 영역이라고 불리며, 브로카가 발견한 장애는 브로카 언어상실증(Broca's aphasia)이라고 한다. (이 장애가 있는 사람들은 말을 이해할 수는 있지만, 의미 없는 잡음만 내거나 때로 "내 말은" 또는 "어, 그게" 같은 상투적인 어구만 말할 수 있다.)

그러나 브로카는 형질을 파악하는 쪽으로는 덜 명석한 모습을 보였다. 그는 모든 증거가 아니라고 말하고 있는데도 여성, 범죄자, 피부가 검은 외국인이 백인 남성보다 뇌가 더 작고 덜 영리하다고 굳게 믿었다. 그런 생각과 반대되는 증거가 나올 때마다, 그는 무엇인가 틀림없이 결함이 있을 것이라고 주장하면서 무시했다. 독일에서 독일인이 프랑스인보다 뇌가 평균 100그램 더 무겁다는 연구 결과가 나왔을 때에도 믿지 않으려고 했다. 그는 검사한 프랑스인들이 아주 나이가 많은 이들이어서 뇌가 쭈그러든 것이라는 주장으로 이 껄끄러운 결과를 설명했다. "노년이 뇌에 가할 수 있는 퇴행의 정도는 아주 다양하다." 또 그는 처형된 범죄자들 중에 뇌가 큰 이들이 종종 있다는 사실도 설명하기가 어려웠는데, 목이 매달릴 때의 스트레스로 뇌에 충혈이 일어났기 때문이라고 주장했다. 그가 겪은 가장 큰 모욕은 그의 사후에 뇌의 크기를 쟀더니 평균보다 더 작다는 사실이 드러났다는 것이다.

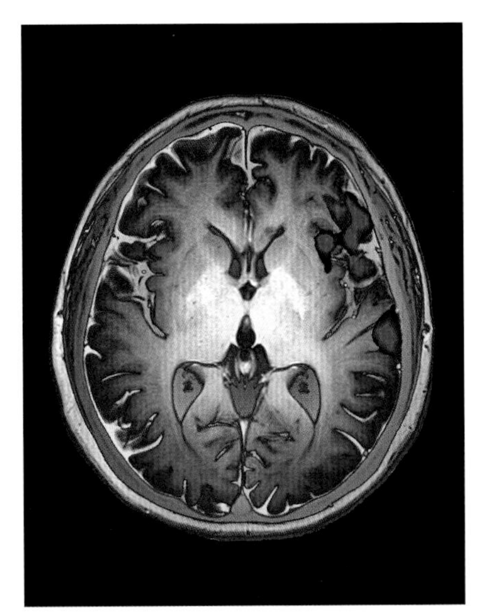

19세기 프랑스의 해부학자 피에르 폴 브로카는 뇌의 특정한 영역과 특정한 기능, 즉 언어 기능을 올바로 연결한 최초의 인물이었다. 건강한 젊은 뇌를 찍은 이 fMRI는 현재 "브로카 영역"이라고 부르는 곳 주위(위 오른쪽 빨간색)가 활성을 띠고 있음을 보여준다.

사람의 머리에 대한 연구를 마침내 타당한 과학적 토대처럼 보이는 것 위에 올려놓은 사람은 다름 아닌 위대한 찰스 다윈이었다. 『종의 기원(*On the Origin of Species*)』을 출간한 지 13년 뒤인 1872년에 그는 또 한 권의 기념비가 될 저서인 『인간과 동물의 감정 표현(*The Expression of the Emotions in Man and Animals*)』을 내놓았다. 편견 없이 합리적으로 표정을 살펴본 책이었다. 그 책은 사려 깊다는 측면에서만이 아니라, 특정한 표정들이 모든 인류에게 공통된 것처럼 보인다는 점을 간파했다는 면에서도 혁명적이었다. 이는 오늘날 우리가 생각하는 것보다 훨씬 더 대담한 발언이었다. 인종에 상관없이 모든 사람들이 공통의 조상을 지닌다는 자신의 확신을 뒷받침하는 증거였기 때문이다. 그리고 그 개념은 1872년에는 대단히 혁신적인 것이었다.

다윈이 깨달은 것은 모든 아기가 본능적으로 아는 것이기도 하다. 사람의 얼굴은 표정이 아주 풍부하며 즉시 사람의 시선을 사로잡는다는 것 말이다. 우리가 얼마나 많은 표정을 지을 수 있는지에 대해서는 연구자마다 견해가 다르다. 4,100가지에서 1만 가지에 이르기까지 추정값이 다양하다. 아무튼 아주 많다는 것은 분명하다.* 얼굴 표정에 관여하는 근육은 40가지가 넘는다. 우리 몸

* 그러나 어떤 값이든 간에 대체로 개념적인 차원의 것임에 분명하다. 이를테면, 표정의 수가 1,013가지인지 1,012가지인지, 아니면 1,014가지인지를 과연 누가 구별할 수 있겠는가? 그런 차이를 구별하려면 아주 세밀하게 분석해야 할 것이다. 심지어 몇몇 기본 표정들은 거의 구별하기가 불가능하다. 두려움과 놀람은 그 감정을 촉발한 맥락을 모르면 대개 구별할 수가 없다.

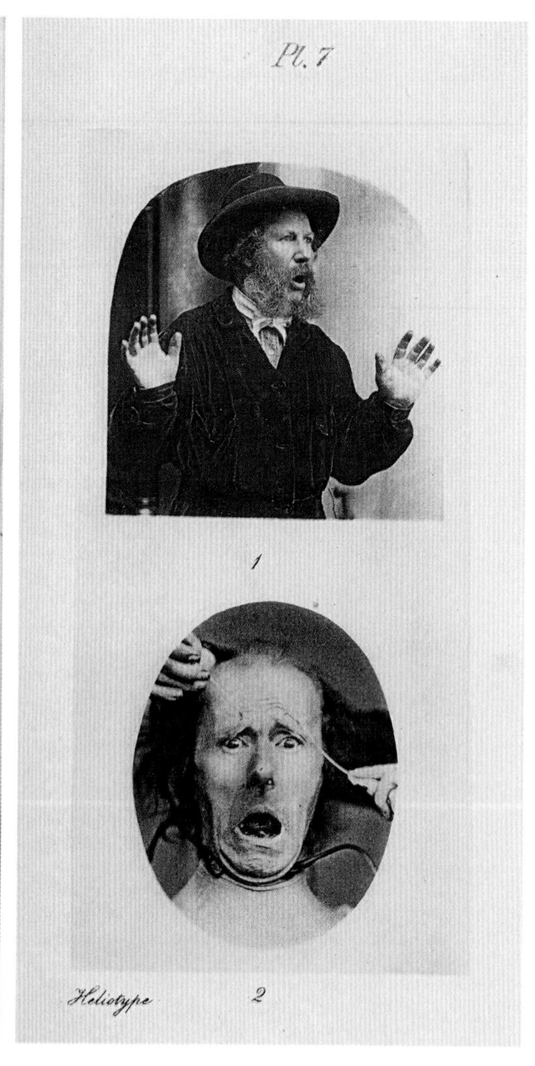

여러 가지 측면에서 시대를 앞서간 다윈은 표정을 연구할 때에도 과학적 엄밀함과 명확한 분석을 적용했다. 이 사진들은 그의 책 『인간과 동물의 감정 표현』에 실린 것들이다. 왼쪽 위의 표정은 경멸이고 아래는 혐오, 오른쪽은 놀람과 스트레스이다.

전체의 근육 수에 비춰보면 꽤 높은 비율이다. 갓 태어난 아기는 다른 어떤 모양보다도 얼굴, 아니 얼굴의 일반적인 형태를 더 선호한다고 한다. 뇌에는 얼굴을 인식하는 일만 하는 전담 영역들이 있다. 우리는 의식하고 있지 않을 때조차 기분이나 표정의 가장 미묘한 변화까지도 대단히 민감하게 알아차린다. 대니얼 맥닐이 저서 『얼굴(*The Face*)』에 인용한 실험을 보자. 남성들에게 여성들의 사진을 두 장 보여주었다. 한쪽 사진만 눈동자를 미묘하게 조금 키웠을 뿐, 두 사진은 모든 면에서 똑같았다. 의식적으로 알아차릴 수 없을 만큼 미묘하게 바꾸었을 뿐인데도, 실험 참가자들은 예외 없이 눈동자가 더 큰 사진의 여성이 더 매력적이라고 보았다. 그러나 이유는 전혀 설명하지 못했다.

다윈이 『감정 표현』을 쓰고 거의 한 세기 뒤인 1960년대에 샌프란시스코에

모든 표정 중에서 가장 보편적인 것은 웃음이며, 그 점은 타당성이 있어 보인다.

있는 캘리포니아 대학교의 심리학 교수 폴 에크먼은 서구의 관습을 전혀 접하지 못한 뉴기니 오지의 부족들을 대상으로 얼굴 표정이 보편성을 띠는지 아닌지를 조사하기로 했다. 에크먼은 6가지 표정이 보편적이라고 결론지었다. 두려움, 분노, 놀람, 기쁨, 혐오, 슬픔이었다. 모든 표정 중에서 가장 보편적인 것은 웃음이며, 그 점은 타당성이 있어 보인다. 지금까지 웃음에 같은 식으로 반응하지 않는 사회는 단 한곳도 없었다. 진정한 웃음은 지속 시간이 3분의 2초에서 4초 사이로 아주 짧다. 그것이 바로 계속 웃음을 짓고 있으면 위협적으로 보이는 이유이다. 진정한 웃음은 우리가 꾸며낼 수 없는 표정이다. 일찍이 1862년에 프랑스의 해부학자 G.-B. 뒤셴 드불로뉴는 진정한 자발적인 웃음이 양쪽 눈의 눈둘레근(orbicularis oculi muscle)의 수축을 수반하며, 이 근육은 우리가 따로 통제할 수 없다는 것을 밝혀냈다. 즉 기쁜 척할 때 입으로는 웃음을 지을 수 있지만, 눈을 반짝이게 할 수는 없다.

폴 에크먼은 우리 모두가 "미세표정(microexpression)"에 탐닉한다고 말한다. 더 일반적이면서 통제된 표정에 무엇이 담겨 있든 간에, 진정한 내면의 감정을 드러내는, 지속 시간이 4분의 1초에 불과한 감정의 번뜩임을 포착하는 일에 몰두한다는 것이다. 에크먼은 거의 모든 사람들이 대개는 이런 숨길 수 없는 표정을 놓치고 지나가지만, 직장 동료나 사랑하는 사람이 정말로 우리를 어떻게 생각하는지를 알고 싶어진다면 그런 표정을 포착하는 법을 터득할 수 있다고 말한다.

영장류의 기준에서 보면, 우리의 머리는 매우 기묘하다. 얼굴은 편평하며, 이마는 수직으로 서 있고, 코는 튀어나와 있다. 우리의 독특한 얼굴 배치에 기여하는 요인들이 많다는 것은 거의 확실하다. 곧추선 자세, 커다란 뇌, 식성과 생활습관, (우리의 호흡방식에 영향을 미치는) 오래 달리기에 적합한 몸, 짝에게서 매력적이라고 보는 것들이 다 기여한다. (예를 들면, 보조개는 고릴라가 장난치고 싶을 때에 찾는 특징이 아니다.)

얼굴이 우리의 삶에서 대단히 중추적인 역할을 한다는 점을 생각하면, 여전히 얼굴의 많은 것들이 수수께끼로 남아 있다는 사실이 놀랍게 느껴진다. 눈썹을 생각해보라. 우리보다 앞서 살았던 모든 선행 인류 종들은 눈썹 뼈가 튀어나와 있

여러모로 수수께끼 같은 그림. 「모나리자」는 눈썹이 없다.

었다. 반면에 우리 호모 사피엔스는 그 뼈를 포기하고 작고 활동적인 눈썹을 지녔다. 이유를 말하기란 어렵다. 눈으로 땀이 흘러들지 않도록 하기 위해서 눈썹이 있다는 이론도 있지만, 눈썹이 정말로 잘 하는 일은 감정 전달이다. 한쪽 눈썹을 움직이는 것만으로도 얼마나 많은 메시지를 전달할 수 있는지 생각해보라. "믿어지지 않아"부터 "발 조심해", "섹스할래?"에 이르기까지 아주 다양하다. "모나리자"가 수수께끼 같아 보이는 이유 중 하나도 눈썹이 없다는 것이다. 한 흥미로운 실험에서는 유명인사들의 사진을 디지털로 수정하여 두 장씩 만들었다. 한 장에서는 눈썹을 지웠고, 다른 한 장에서는 눈 자체를 지웠다. 놀랍게도 눈이 없을 때보다 눈썹이 없을 때 누구인지를 알아보지 못하는 사람들이 압도적으로 더 많았다.

속눈썹도 마찬가지로 기능이 불분명하다. 속눈썹이 눈 주위의 공기 흐름을 미묘하게 바꿈으로써 티끌을 날려보내고 작은 입자들이 눈에 내려앉는 것을 막는 데에 기여한다는 증거가 약간 있지만, 주된 혜택은 아마도 얼굴에 흥미와 매력을 더해주는 것인 듯하다. 속눈썹이 긴 사람들은 대개 그렇지 않은 사람들보다 더 매력적이라는 평가를 받는다.

더욱 비정상인 부위는 코이다. 포유동물은 대개 둥그스름하게 튀어나온 코가 아니라, 주둥이가 달려 있다. 하버드 인류진화생물학과 교수 대니얼 리버먼은 인간의 코와 그 안의 복잡한 굴이 호흡 효율을 높이고, 오래 달릴 때 과열되는 것을 방지하는 데에 도움을 주려고 진화했다고 본다. 이 배치는 분명히 우리에게 딱 맞는다. 인류와 그 조상들은 약 200만 년 동안 튀어나온 코를 가지고 있었다.

가장 신비로운 부위는 턱이다. 턱은 인류에게 아주 특별한 것이며, 우리에게 왜 턱이 있는지는 아무도 모른다. 턱은 머리에 아무런 구조적 혜택도 제공하지 않는 듯하므로, 인류가 그냥 잘생긴 턱이 멋있다고 여긴 것일 수도 있다. 리버먼은 아주 드물게 경쾌한 분위기에 휩싸였을 때에 이렇게 적었다. "이 마지막 가설을 검증하기란 유달리 어렵지만, 독자 여러분은 적절한 실험을 생각해보기를 바란다." 영어에서 "턱 없는 경이(chinless wonder : 어리석은 자라는 뜻/역주)" 같은 말을 쓰는 것을 보면, 우리는 분명히 작은 턱을 개성과 지능의 결핍과 동일시하는 듯하다.

* * *

멋진 코나 커다란 눈에 모두가 혹하기는 하지만, 우리 얼굴의 특징들 대부분의 진짜 목적은 감각을 통해서 세계를 해석하도록 돕는 것이다. 신기한 점은 우리가 늘 오감이라고 말한다는 것이다. 우리의 감각은 그보다 더 많기 때문이다. 우리는 균형, 가속과 감속, (고유감각이라고 하는) 공간적인 위치, 시간의 경과, 식욕의 감각도 가지고 있다. 어떻게 세느냐에 따라서 달라지겠지만, 우리 안에는 자신이 어디에 있으며 무엇을 하고 있는지를 알려주는 감각이 총 33가지가 있다.

미각은 다음 장에서 입을 살펴보면서 다루기로 하고, 여기서는 머리에 있는 가장 친숙한 세 가지 감각인 시각, 청각, 후각을 살펴보기로 하자.

시각

말할 필요도 없겠지만, 눈은 하나의 경이이다. 대뇌 겉질의 약 3분의 1은 시각에 관여한다. 빅토리아 시대 사람들은 눈의 복잡성에 깊이 경탄한 나머지 눈을 지적 설계의 증거라고 제시하고는 했다. 눈은 사실 그와 정반대이기 때문에 사실상 잘못된 선택이었다. 즉 눈은 앞뒤가 뒤집혀 있는 엉성한 구조이다. 빛을 검출하는 막대세포와 원뿔세포는 뒤쪽에 있는 반면, 그 세포들에 산소를 공급하는 혈관은 앞쪽에 놓여 있다. 혈관과 신경섬유 같은 것들이 빛을 감지하는 세포들의 앞쪽으로 흩어져 있기 때문에, 눈은 그것들을 뚫고서 내다보아야 한다. 보통은 뇌가 모든 간섭을 편집하여 제거하지만, 늘 성공하는 것은 아니다. 맑은 날 새파란 하늘을 쳐다보면 난데없이 하얀 불꽃같은 것을 본 경험이 있을 것이다. 아주 순식간에 사라지는 별똥별 같기도 하다. 놀랍겠지만, 우리는 자신의 백혈구가 망막 앞쪽의 혈관을 타고 움직이는 모습을 본 것이다. 백혈구는 적혈구에 비해서 크기 때문에 때로 좁은 모세혈관에서는 꽉 끼어서 잠깐 멈칫하기도 하는데, 바로 그럴 때 눈에 보이게 된다. 이를 학술용어로는 셰러 청색장 눈속 현상(Scheerer's blue field entoptic phenomenon)이라고 한다. 20세기 초 독일의 안과의사인 리하르트 셰러의 이름을 땄다. 파란 하늘의 허깨비(blue-sky sprite)

프랑스의 화가 루이 부알리가 묘사한 "오감". 실제로 감각은 종류가 훨씬 더 많다.

라는 시적인 표현이 더 흔히 쓰이기는 한다. 맑은 파란 하늘에서 백혈구가 더 잘 보이는 이유는 그저 눈이 빛의 파장들을 흡수하는 방식 때문이다. 시야에 부유물이 티끌처럼 떠다니는 것도 비슷한 현상이다. 눈의 유리체액이라는 젤리 같은 물질에 들어 있는 미세한 섬유들의 덩어리가 망막에 그림자를 드리움으로써 나타난다. 나이를 먹을수록 이 부유물이 더 흔해진다. 대개는 무해하지만, 드물게는 망막 찢김을 시사할 수도 있다. 이것을 전문용어로 날파리증 또는 비문증(muscae volitantes)이라고 한다.

사람의 눈알을 손에 올려놓으면, 그 크기에 놀랄지도 모른다. 눈구멍에 박혀 있을 때는 약 6분의 1만 드러나 있기 때문이다. 눈은 젤로 채워진 주머니 같은 느낌인데, 실제로 앞에서 말한 유리체액(vitreous humor)이라는 젤 같은 물질로 채워져 있으므로 놀랄 일도 아니다. (유리체액의 영어 단어에서 "유머[humor]"는 웃음을 일으키는 능력이 아니라, 몸에 있는 액체나 반액체를 가리키는 해부학적 의미이다.)

복잡한 기관이므로 여러분도 예상할 수 있겠지만, 눈은 여러 부위로 이루어져 있다. 홍채, 각막, 망막처럼 우리가 잘 아는 부위들도 있고, 중심오목, 맥락막, 공막처럼 덜 들어본 부위들도 있지만, 본질적으로 눈은 일종의 카메라이다. 앞쪽에 있는 수정체와 각막은 들어오는 상을 포착하여 눈알 뒤쪽 벽인 망막에 투사한다. 망막의 빛 수용기들은 그 상을 전기 신호로 바꾸어서 시신경을

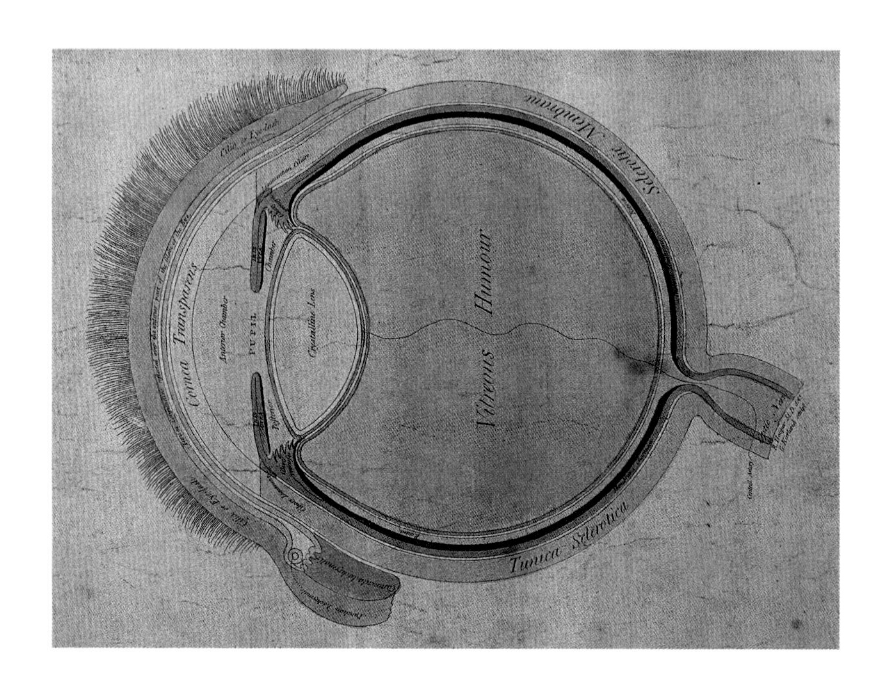

사람 눈의 단면을 그린 1803년의 그림. 잘 알려진 것부터 모호한 것에 이르기까지 눈의 각 부위의 명칭도 적혀 있다.

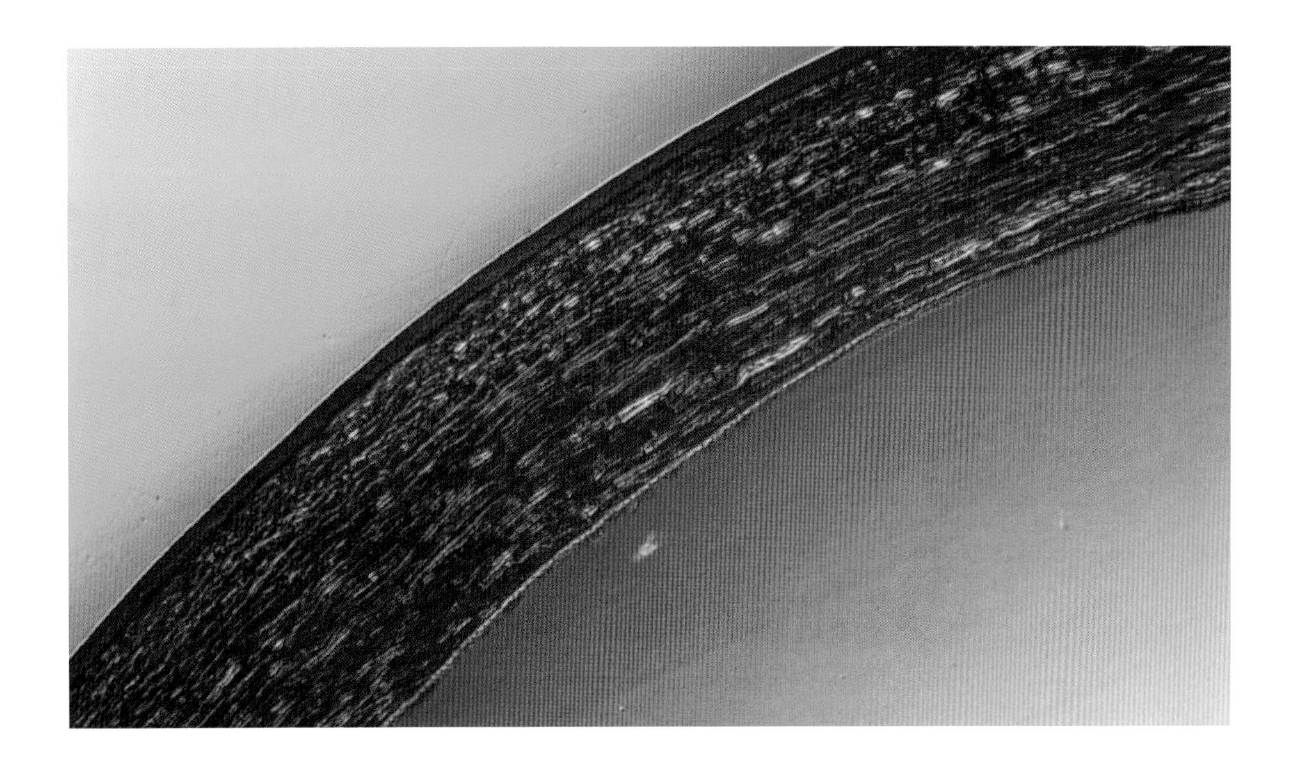

눈알을 보호하고 초점을 맞추는 데에도 기여하는 둥글고 투명한 조직층인 각막. 단면을 찍은 이 광학현미경 사진에는, 편평상피로 된 아주 얇은 바깥층—겨우 세포 약 5개 두께—아래에 연결조직으로 이루어진 치밀한 층이 보인다.

통해서 뇌로 보낸다.

눈의 해부 구조 중에서 잠깐 짬을 내어 감사를 표할 곳을 고르라면, 바로 각막이다. 이 수수한 돔 모양의 덮개는 세상의 공격으로부터 눈을 보호할 뿐만 아니라, 눈의 초점을 맞추는 일도 사실상 3분의 2를 맡고 있다. 사람들은 으레 수정체가 초점을 맞추는 일을 전담한다고 생각하지만, 사실 수정체는 3분의 1만을 맡고 있다. 각막은 정말로 놀랍기 그지없다. 물론 각막을 떼어내어 손가락 끝에 올리면(아주 딱 들어맞을 것이다), 별로 놀랍게 여겨지지 않을 것이다. 그러나 더 자세히 살펴보면, 거의 모든 신체 부위들이 그렇듯이 놀라운 복잡성이 드러난다. 각막은 상피, 보먼 막(Bowman's membrane), 버팀질, 데스메 막(Descemet's membrane), 내피의 다섯 층으로 이루어져 있다. 0.5밀리미터 남짓한 두께에 이 층들이 다 들어차 있다. 투명함을 유지하기 위해서 각막에는 피가 거의 공급되지 않는다. 아니, 사실상 전혀 공급되지 않는다.

눈에서 빛 수용기가 가장 많은 부위—사실상 보는 부위—는 중심오목(fovea, "얕은 구멍"이라는 뜻의 라틴어에서 유래했으며, 중심오목은 조금 우묵한 곳에 놓여 있다)이다.* 이 중요한 일을 하는 부위의 이름을 아예 들어본

* 말이 나온 김에 덧붙이면, 시력 1.0은 6미터 떨어진 곳에서 눈이 좋은 사람이라면 볼 수 있는 것들을 잘 볼 수 있다는 뜻이다. 시력이 완벽하다는 뜻이 아니다.

우리가 아는 한, 감정이 북받칠 때
눈물을 흘리는 동물은 인간밖에 없다.
그것도 인간의 많은 수수께끼 중의 하나이다.

적도 없는 사람이 많다니 흥미롭다.

눈의 활동이 (말 그대로의 의미에서) 매끄럽게 이루어지도록, 우리는 끊임없이 눈물을 분비한다. 눈물은 눈꺼풀이 매끄럽게 미끄러지도록 할 뿐만 아니라, 눈알 표면의 미세하게 울퉁불퉁한 부위들을 균일하게 함으로써 초점이 더 잘 맞도록 한다. 또 눈물에는 항균 화학물질이 들어 있어서 대부분의 병원균을 막는다. 눈물에는 세 종류가 있다. 기초 눈물, 반사 눈물, 감정 눈물이다. 기초 눈물은 윤활 작용을 한다. 반사 눈물은 연기나 양파 같은 것에 눈이 자극을 받으면 흘러나온다. 감정 눈물은 물론 감정이 북받칠 때 나오는데, 독특하기도 하다. 우리가 아는 한, 감정이 북받칠 때 눈물을 흘리는 동물은 인간밖에 없다. 그것도 인간의 많은 수수께끼 중의 하나이다. 눈물을 터뜨림으로써 얻는 생리적 혜택은 전혀 없다. 또 극심한 슬픔을 의미하는 이 행위가 극도의 기쁨이나 차분한 희열이나 강렬한 자긍심 등 다른 거의 모든 강렬한 감정 상태를 통해서도 촉발된다는 사실 역시 조금 기이하다.

눈물은 눈가에 있는 아주 많은 작은 샘들을 통해서 분비된다. 크라우제 샘, 볼프링 샘, 몰 샘, 차이스 샘이 있고, 눈꺼풀에는 거의 48개에 달하는 마이봄 샘이 있다. 우리는 하루에 약 150-300그램의 눈물을 생산한다. 눈물은 눈의 코 바로 옆쪽 구석에 위치한 눈물 유두(papilla lacrimalis)라는 조금 살집이 있는 부위에 있는 눈물 점이라는 구멍을 통해서 빠져나간다. 감정 눈물을 흘릴 때면 눈물 점이 빼낼 수 없을 만큼 눈물이 많이 나와서 뺨을 타고 흘러내린다.

홍채는 눈에 색깔을 부여한다. 카메라의 조리개처럼 눈동자의 크기를 조절해서 필요한 만큼만 빛이 들어오도록 하는 한 쌍의 근육으로 이루어져 있다. 언뜻 보면 홍채는 눈동자를 에워싸고 있는 밋밋한 고리처럼 보이지만, 더 자세히 보면 대니얼 맥닐의 말처럼 "무수한 점, 쐐기, 바큇살"로 이루어져 있음이 드러난다. 게다가 이 무늬는 사람마다 다르며, 그래서 홍채 인식 장치가 보안시설의 신원 확인용으로 점점 더 많이 쓰이고 있다.

눈의 흰 부위는 공막(sclera, "단단한"이라는 그리스어에서 유래)이다. 우리의 공막은 영장류 중에서도 독특하다. 공막 덕분에 우리는 타인의 시선이 어디를

맞은편: 사람의 눈을 확대한 사진. 홍채의 점, 쐐기, 바큇살 같은 복잡한 무늬가 보인다. 이 무늬는 사람마다 다르며, 그래서 홍채 인식 장치가 신원 확인용으로 점점 더 널리 쓰이고 있다.

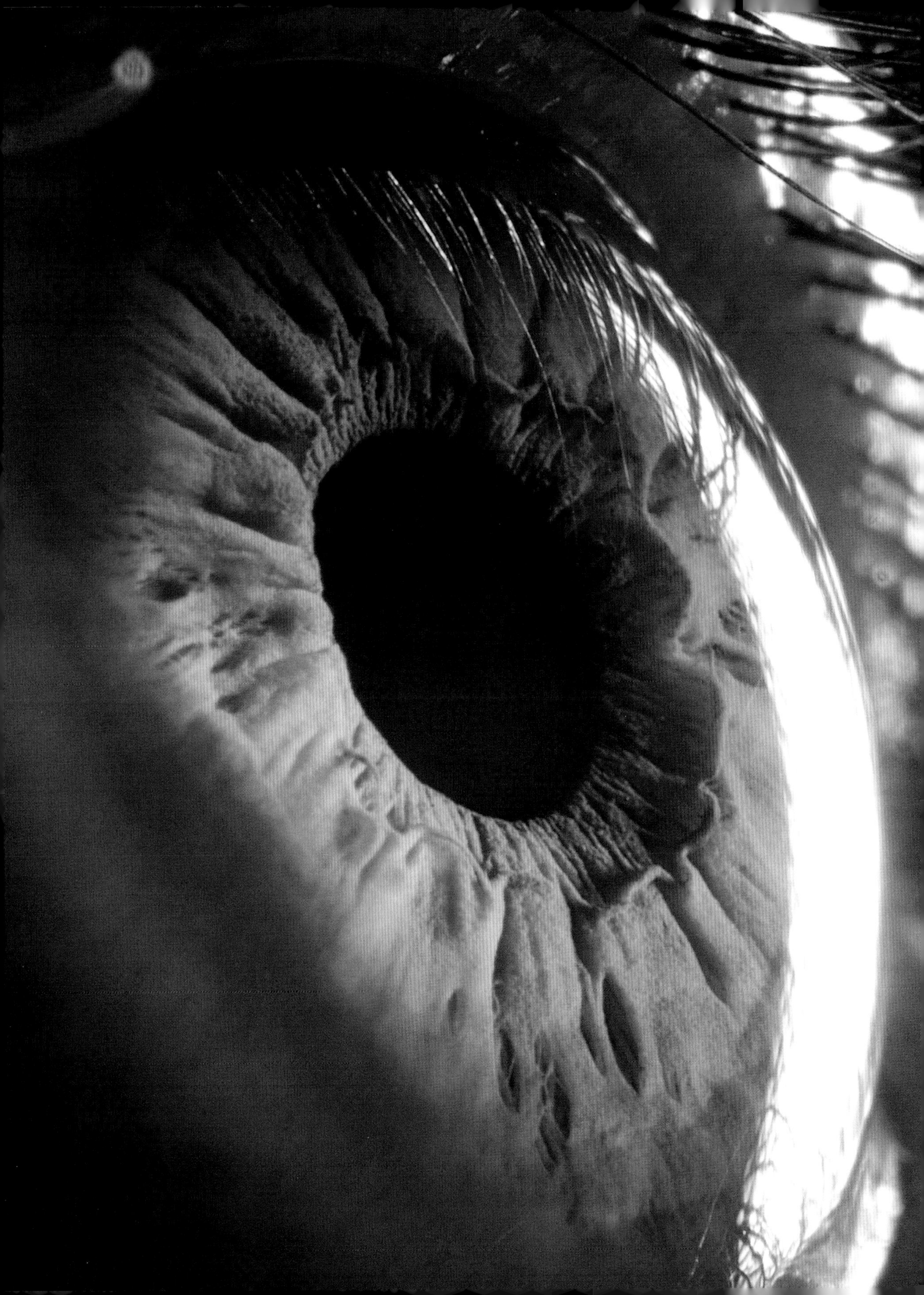

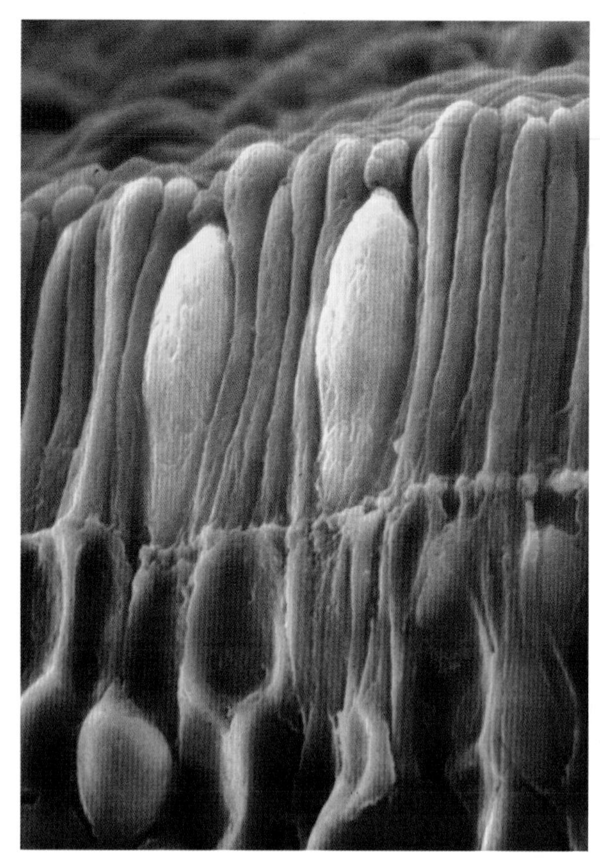

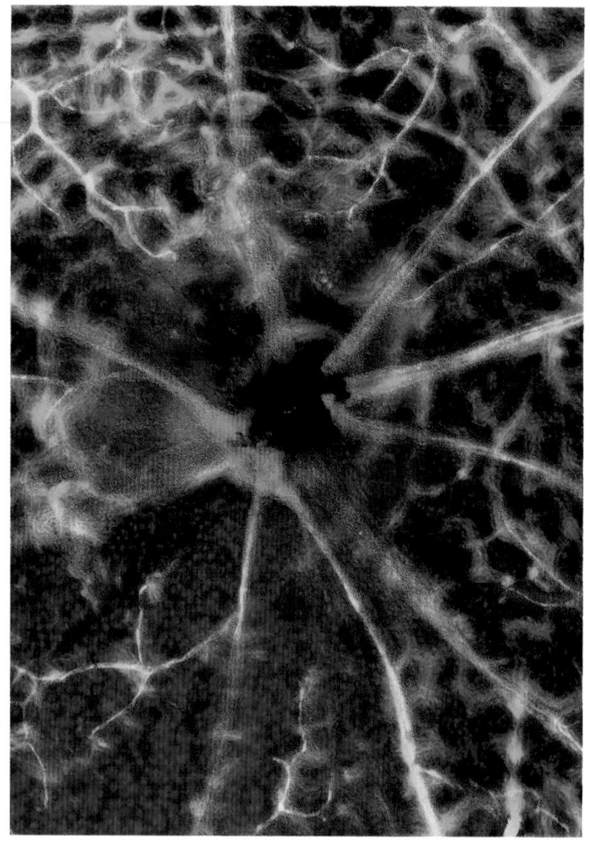

망막의 빛에 민감한 조직에는 두 종류의 세포가 들어 있다. 막대세포(주황색)는 흐릿한 빛에서도 볼 수 있게 해주며, 원뿔세포(노란색)는 한정된 색깔을 토대로 볼 수 있게 해준다. 사냥의 요구 조건과 채집의 요구 조건 사이에서 이루어진 진화적 타협이다.

오른쪽 사진은 맹점이다. 맹점은 온갖 비유의 기원이지만, 실제로 맹점은 눈의 핵심 부위 중의 하나이다. 중앙의 시신경유두(검은색)는 혈관들(옅은 색깔의 가닥들)이 눈으로 들어오고 나가는 주요 통로이다. 눈동자로 들어온 모든 시각 정보들은 시신경을 통해서 뇌로 전달된다.

향하는지를 꽤 정확히 알아차릴 수 있고, 또 말없이 눈짓으로 의사소통도 할 수 있다. 이를테면, 식당에서 눈알을 조금 움직이는 것만으로 동료에게 옆 식탁을 쳐다보라고 알릴 수 있다.

우리 눈에서 시각을 담당하는 빛 수용기는 두 종류이다. 막대세포는 어둑할 때에도 볼 수 있게 해주지만 색깔을 보지는 못한다. 원뿔세포는 빛이 밝을 때에 활동하며 세상을 파랑, 초록, 빨강이라는 세 색깔로 구분한다. "색맹"인 사람은 대개 이 세 가지 원뿔세포 중 어느 하나가 없어서 모든 색깔을 다 보는 대신에 일부만 본다. 원뿔세포가 아예 없는 사람들을 완전색맹(achromatopsia)이라고 한다. 그들의 주된 문제는 세계가 창백하게 보인다는 것이 아니라, 빛이 환한 곳에서는 견디기가 너무나 어렵고 햇빛이 강하면 말 그대로 눈이 멀 수도 있다는 것이다. 우리 조상들은 본래 야행성이었기 때문에, 밤에 더 잘 보기 위해서 색깔 감지 능력을 얼마간 포기했다. 즉 원뿔세포를 버리고 막대세포를 늘렸다. 훨씬 뒤에 영장류는 익은 열매를 더 잘 찾아내기 위해서 빨간색과 오렌지색을 보는 능력을 다시 갖추었지만, 우리는 여전히 세 종류의 색깔 수용기만을 지니고 있다. 반면에 조류, 어류, 파충류는 색깔 수용기가 4종류이다. 포유류 이외의 거의 모든 동물들이 시각적으로 우리보다 더 풍성한 세계에서 살고 있다는 사실 앞에서 우리는 조금 겸허해진다.

그런 한편으로, 우리는 자신이 지닌 것을 상당히 잘 활용한다. 연구자마다 계산 결과에 차이는 있지만, 사람의 눈은 200만-750만 가지 색깔을 구별할 수 있다고 한다. 가장 낮은 추정값을 택해도 많은 수준이다.

우리의 시야는 놀라울 만치 좁다. 팔을 쭉 펴고 엄지손가락을 치켜 들어보라. 그 손가락의 폭이 우리가 한 번에 온전히 초점을 맞출 수 있는 범위이다. 그러나 우리 눈이 끊임없이 움직이기 때문에—1초에 4번 스냅 사진을 찍는 식이다—우리는 훨씬 더 넓은 범위를 보고 있다는 인상을 받는다. 눈의 이 움직임을 홱보기(saccade, 세게 잡아당긴다는 뜻의 프랑스어에서 유래)라고 하며, 하루에 약 25만 번이나 일어나고 있지만 우리는 알아차리지도 못한다. (또 우리는 남의 눈에서 일어나는 홱보기도 알아차리지 못한다.)

게다가 모든 신경섬유는 뒤쪽에 있는 하나의 통로를 통해서 눈을 빠져나가기 때문에, 우리 시야의 중앙에서 약 15도쯤 떨어진 곳에 맹점(blind spot)이 생긴다. 시신경은 꽤 굵다. 거의 연필만큼 굵어서, 시야에서 꽤 큰 부분이 빠지게 된다. 우리는 단순한 방법으로 자신의 맹점을 찾을 수 있다. 왼쪽 눈을 감고서 한쪽 눈으로 정면을 응시한다. 이제 오른손의 손가락을 하나 치켜든 뒤에 시야의 가장 먼 가장자리에 놓는다. 여전히 정면을 응시한 채로 손가락을 천천히 시야의 중앙 쪽으로 움직인다. 어느 지점에 이르면, 마치 기적처럼 손가락이 사라질 것이다. 축하한다. 거기가 바로 당신의 맹점이다.

우리는 대개 맹점을 알아차리지 못한다. 뇌가 그 빈곳을 끊임없이 메꾸기 때문이다. 이 과정을 지각 채움(perceptual interpolation)이라고 한다. 맹점이 그냥 점이 아니라는 점을 유념할 필요가 있다. 맹점은 시야 중앙의 상당한 부분을 차지한다. 그 말은 놀랍게도 우리가 "보는" 것의 상당 부분이 사실은 상상의 산물이라는 의미이다. 빅토리아 시대의 자연사학자들은 이것이 신의 자애로움을 보여주는 증거라고 말하고는 했는데, 애당초 신이 왜 결함 있는 눈을 주었는가라는 의문은 아예 품지도 않았던 듯하다.

청각

청각도 매우 과소평가되고 있는 기적에 속한다. 세 개의 아주 작은 뼈, 약간의 근육과 인대, 섬세한 막 하나와 몇 개의 신경세포로, 은밀한 속삭임, 교향악의

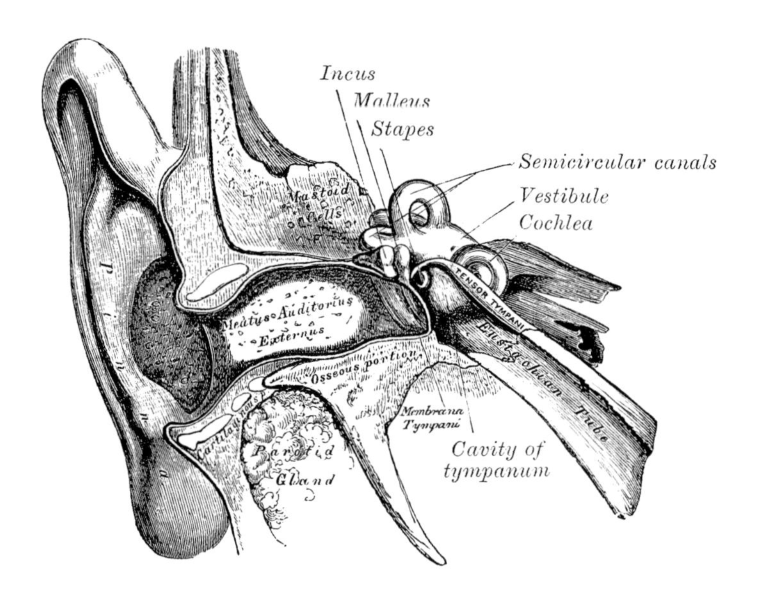

우리가 귀라고 부르는 것은 귀 전체의 첫머리에 불과하다. 헨리 그레이의 유명한 의학 교과서 『그레이 해부학』 1893년판에 실린 이 오른쪽 귀 그림이 아주 잘 보여준다.

풍성한 연주, 마음을 차분하게 해주는 나뭇잎에 떨어지는 빗방울 소리, 방문 너머 저쪽 수도꼭지에서 물방울이 똑똑 떨어지는 소리 등 온갖 소리들을 다소 완벽할 만치 충실하게 포착하여 신뢰할 만한 청각 경험을 제공하는 장치를 만들려고 한다고 상상해보라. 600파운드짜리 헤드폰에서 들려오는 풍부하면서 절묘한 소리에 감탄할 때면, 그 값비싼 기술이 제공하는 모든 소리가 귀가 우리에게 공짜로 제공하는 청각 경험을 꽤 근접하게 흉내낸 것임을 기억하자.

귀는 세 부분으로 이루어진다. 가장 바깥에는 우리 머리 양쪽에 달려 있는 나긋나긋한 테가 있다. 우리가 귀라고 부르는 부위이다. 정식 명칭은 귓바퀴(pinna, 살짝 이상하지만 "지느러미" 또는 "깃털"을 뜻하는 라틴어에서 유래)이다. 언뜻 볼 때, 귓바퀴는 맡은 일을 하기에는 모양이 조금 엉성해 보일 수도 있다. 공학자가 아예 새로 설계한다면, 위성 접시 안테나와 좀더 비슷하게 더 크고 더 딱딱한 형태로 설계할 것이고, 그 위로 머리카락이 수북하게 뒤덮지 않도록 할 것이 확실하다. 그러나 사실 바깥귀의 살집 있는 소용돌이 모양은 지나가는 소리를 붙잡는 일을 놀라울 만치 잘 해내며, 더 나아가 소리가 어디에서 오고 주의를 기울일 필요가 있는지를 입체적으로 파악한다. 칵테일파티에서 누군가가 저쪽에서 당신의 이름을 말하면, 고개를 돌려서 기괴할 만치 정확하게 말한 사람을 찾아낼 수 있는 것도 그 때문이다. 우리의 조상들이 기나긴 세월에 걸쳐 먹잇감으로 살아오면서 얻은 능력의 혜택을 우리가 보고 있는 것이다.

비록 모든 바깥귀가 동일한 기능을 수행하지만, 지문처럼 바깥귀도 사람마

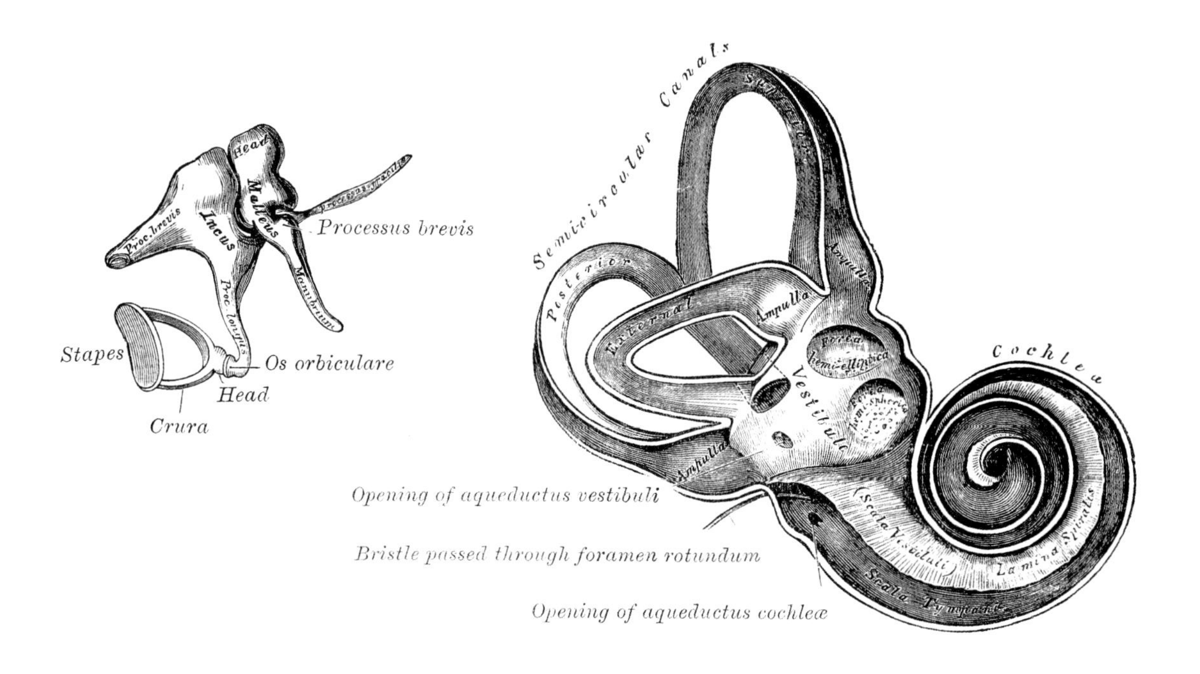

『그레이 해부학』에 실린 그림. 왼쪽은 우리 몸에서 가장 작은 세 개의 뼈이다. 가운뎃귀에 있는 귓속뼈로서, 고막의 진동을 증폭시켜서 속귀(오른쪽 그림)로 전달한다. 속귀는 이 정보를 해석할 뇌로 보낸다. 고함, 마찰음, 교향악 모두가 이 작고 복잡한 구조를 통해서 전달된다.

다 모양이 다른 듯하다. 데즈먼드 모리스는 유럽인의 3분의 2는 늘어진 귓불이고, 3분의 1은 붙은 귓불이라고 했다. 붙어 있든 늘어져 있든 간에, 귓불은 듣는 능력에, 아니 사실상 어떤 쪽으로도 아무런 차이가 없다.

귓바퀴 안쪽으로 뻗은 귓길은 팽팽하면서 튼튼한 조직과 만난다. 바로 고막(영어에서 전문용어로는 tympanic membrane, 일반용어로는 eardrum)이다. 고막은 바깥귀와 가운뎃귀를 나누는 경계이다. 고막의 미세한 떨림은 몸에서 가장 작은 세 개의 뼈를 통해서 안쪽으로 전달된다. 통틀어서 귓속뼈라고 하는데, 각각 망치뼈, 모루뼈, 등자뼈라는 이름이 붙어 있다(그 물건들과 생김새가 비슷하기 때문이다). 귓속뼈는 진화가 그때그때 상황에 맞추어서 "땜질식"으로 이루어질 때가 아주 많다는 것을 보여주는 완벽한 사례이다. 귓속뼈는 우리 조상들이 지녔던 턱뼈에서 진화한 것이다. 세월이 흐르는 동안 턱뼈가 서서히 이동한 끝에 우리의 속귀에 자리를 잡은 것이다. 즉 우리 조상들의 역사에서 상당 기간에 걸쳐서 이 세 개의 뼈는 청각과 아무런 관계가 없었다.

귓속뼈는 소리를 증폭하여 달팽이처럼 생긴 구조인 달팽이관(cochlea, "달팽이"라는 뜻)을 거쳐서 속귀로 전달한다. 달팽이관 안에는 부동섬모(stereocilium)라는 아주 가느다란 털 같은 것들이 2,700개가 들어 있다. 물결이 칠 때 바닷말들이 흔들리듯이, 이 섬모들은 음파가 지나갈 때에 흔들거린다. 이 흔들거림으로 생기는 전기 신호가 뇌로 전달되고, 뇌는 이 신호들을 종합하여 자신이 어떤 소리를 듣고 있는지를 판단한다. 이 모든 일은 아주 작은 규모에서 이루어진다. 달팽이관은 크기가 해바라기씨만 하며, 세 개의 귓속뼈는 셔

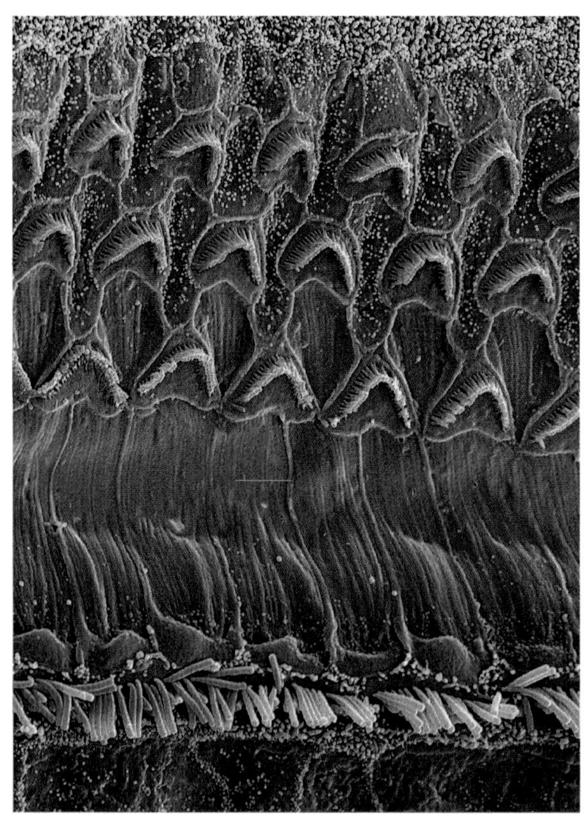

빨간색으로 표시된 달팽이관의 털세포, 즉 부동섬모. 소리의 진동을 신경 펄스로 전환한다. 조류와 달리, 우리는 이 털이 닳으면 다시 자라지 않는다. 그래서 청력은 한번 떨어지면, 기계의 도움을 받지 않는 한 회복되지 않는다.

윈스턴 처칠은 현명하게도 1943년 가을 캐나다에서 리나운 호를 타고 귀국하면서 포격 훈련을 지켜볼 때 귀마개를 했다.

츠 단추 하나에 다 올려놓을 수 있다. 그럼에도 이 기구는 놀랍도록 잘 작동한다. 압력파가 원자의 지름보다 짧은 거리만큼 고막을 흔들 때에 귓속뼈도 따라서 움직이면서 뇌에 소리를 전달한다. 더 이상 개선할 여지가 없을 만큼 완벽하다. 음향학자 마이크 골드스미스는 이렇게 말한 바 있다. "우리가 더 조용한 소리까지 들을 수 있다면, 우리는 늘 소음이 이어지는 세상에서 살게 될 것이다. 어디에서나 일어나는 공기 분자의 무작위 운동의 소리도 들릴 것이기 때문이다. 우리의 청각은 사실 이보다 더 나아질 수가 없다." 검출 가능한 가장 조용한 소리와 가장 큰 소리는 진폭이 약 100만 × 100만 배 차이가 난다.

진정으로 시끄러운 소음이 일으키는 손상으로부터 우리를 보호하는 데에 도움이 되도록, 우리는 소리 반사(acoustic reflex)라는 것을 지닌다. 엄청나게 강렬한 소리가 들릴 때마다 근육이 등자뼈를 달팽이관에서 확 떼어놓음으로써 본질적으로 회로를 끊는다. 근육은 이 잡아챈 상태를 몇 초 동안 유지한다. 폭발 이후에 종종 귀가 들리지 않는 이유가 이 때문이다. 불행히도 이 과정은 완벽하지 않다. 모든 반사가 그렇듯이, 빠르기는 해도 동시에 일어나지는 않는다. 이 근육이 수축하는 데에는 약 3분의 1초가 걸리며, 그 사이에 상당한 손상

진화는 인류가 어느 날 플라스틱 마개를 귀에 끼우고
고작 몇 밀리미터 떨어진 거리에서
100데시벨에 이르는 굉음 같은 음악으로 고막을
난타하리라는 것을 내다보지 못했다.

이 일어날 수 있다.

우리 귀는 조용한 세계에 맞추어져 있다. 진화는 인류가 어느 날 플라스틱 마개를 귀에 끼우고 고작 몇 밀리미터 떨어진 거리에서 100데시벨에 이르는 굉음 같은 음악으로 고막을 난타하리라는 것을 내다보지 못했다. 부동섬모는 우리가 나이를 먹을수록 닳아서 헤지는 경향이 있으며, 안타깝게도 재생이 되지 않는다. 일단 기능을 잃은 부동섬모는 영구히 그 상태로 남는다. 여기에 어떤 특별한 이유가 있는 것은 아니다. 새들의 부동섬모는 완벽하게 재생된다. 그냥 우리에게서는 재생이 되지 않을 뿐이다. 높은 주파수를 담당하는 부동섬모가 앞쪽에 있고, 낮은 주파수를 담당하는 섬모는 더 뒤쪽에 있다. 이 말은 높든 낮든 모든 음파가 높은 주파수를 담당하는 섬모 위로 지나가며, 이렇게 음파를 더 많이 접하다 보니 그 섬모가 더 빨리 닳는다는 뜻이다.

다양한 소리의 세기와 크기를 측정하기 위해서, 1920년대에 음향학자들은 데시벨이라는 개념을 내놓았다. 그 용어는 영국 우체국(당시에는 전화망도 맡고 있었기 때문에, 소리의 증폭 문제에 관심이 있었다)의 수석 기술자인 토머스 포천 퍼브스가 창안했다. 데시벨은 로그 단위이다. 즉 값의 증가가 일상적인 의미에서 쓰이는 산술적인 증가가 아니라, 자릿수의 증가를 가리킨다는 뜻이다. 따라서 10데시벨인 두 소리의 합은 20데시벨이 아니라, 13데시벨이 된다. 음량은 약 6데시벨마다 두 배로 커진다. 즉 96데시벨의 소음은 90데시벨의 소음보다 그저 조금 시끄러운 것이 아니라, 두 배나 시끄럽다는 뜻이다. 소음의 통증 문턱값은 약 120데시벨이며, 150데시벨이 넘는 소음은 고막을 터뜨릴 수 있다. 소리를 비교하자면 도서관이나 시골 같은 조용한 곳은 약 30데시벨, 코골이는 60-80데시벨, 아주 가까이에서 치는 천둥은 120데시벨, 제트엔진이 이륙할 때의 소리는 150데시벨이다.

또한 귀는 몸의 균형을 유지하는 일도 한다. 반고리관과 귀돌(이석) 기관이라는 두 개의 작은 주머니로 이루어진 안뜰계(전정계, vestibular system)라는

안토니오 마리아 발살바는 동력 비행이 발명되기 약 300년 전에 이미 자신의 이름이 붙게 될 효과를 발견했다. 비행기를 탔을 때 우리가 으레 겪는 "귀가 먹먹해지는" 현상이 그것이다. 발살바의 동료인 해부학자 바르톨롬메오 유스타키오는 가운뎃귀와 코안을 연결하는 통로를 발견했다. 이 유스타키오 관은 귓속의 압력이 높아지면 낮추는 밸브 역할을 한다.

작지만 창의적인 체계 덕분이다. 안뜰계는 항공기의 자이로스코프와 똑같은 일들을 하지만, 극도로 소형화된 형태이다. 안뜰계 안에는 수평기 안의 공기방울과 조금 흡사한 역할을 하는 젤이 들어 있다. 젤의 좌우 또는 위아래 움직임은 뇌로 전달되어 우리가 어느 방향으로 가고 있는지를 알려준다(시각 단서가 전혀 없는 상태에서도 우리가 탄 승강기가 올라가는지 내려가는지를 감지할 수 있는 이유가 이 때문이다). 회전목마에서 뛰어내릴 때 어지럼증을 느끼는 이유는 머리가 움직임을 멈추었는데도 이 젤은 계속 움직여서 몸이 일시적으로 방향 감각을 상실하기 때문이다. 이 젤은 나이를 먹을수록 진해지며, 출렁거림이 줄어든다. 노인들이 발을 헛디디는 일이 잦은 이유(그리고 움직이는 물체에서 결코 뛰어내려서는 안 되는 이유)가 바로 그 때문이다. 균형 감각의 상실이 지속되거나 심각할 때, 뇌는 어쩔 줄 모르는 상태가 되고, 중독되었기 때문이라고 해석한다. 이 때문에 균형 감각을 잃으면 으레 욕지기가 치밀고는 한다.

귀에는 이따금 우리를 자각하게 만드는 것이 또 하나 있다. 바로 유스타키오 관(Eustachian tube)이다. 가운뎃귀와 코 안 사이에 공기를 이동시키는 일종의 탈출 통로이다. 비행기가 착륙하려고 내려올 때처럼, 고도가 급격히 바뀔 때 귓속이 불편해지는 느낌을 누구나 받게 된다. 이를 발살바 효과(Valsalva effect)라고 하며, 바깥의 기압 변화에 맞추어 머릿속의 기압이 올라가지 않아서 나타나는 현상이다. 이럴 때 입과 코를 닫은 상태에서 공기를 불어넣어서 귀의 압력을 높이는 것을 발살바 조작(Valsalva maneuver)이라고 한다. 17세기 이탈리아의 해부학자 안토니오 마리아 발살바의 이름을 딴 것이다. 유스타키오 관의 이름도 그가 동료 해부학자 바르톨롬메오 유스타키오의 이름을 따서 붙였다. 여러분의 어머니도 분명히 말했겠지만, 너무 세게 불면 안 된다. 그러다가 고막이 파열된 사람들이 꽤 많다.

후각

오감 중 하나를 포기하라면, 거의 모든 사람들은 후각을 포기하겠다고 말할 것이다. 한 조사에서 30세 미만의 사람들 중 절반은 자신이 애용하는 전자기기를 포기하느니 차라리 후각을 포기하겠다고 대답했다. 굳이 내가 말하지 않더라도, 그것이 어리석은 짓이라는 점을 알아차리기를 바란다. 사실 후각은 대부분의 사람들이 이해하고 있는 것보다 우리의 행복과 만족감에 훨씬 더 중요한 역할을 한다.

필라델피아의 모넬 화학감각 센터는 후각을 이해하는 일에 매진하고 있다. 그 분야에 몰두하는 연구기관이 그다지 많지 않다는 점을 생각하면, 다행스러

"우리가 장미라고 부르는 것은 다른 어떤 이름이어도 달콤한 향기를 풍기리라." 후각은 으레 과소평가되고는 하지만, 셰익스피어에게는 아니었다.

방향 분자는 대개 한 종류의 냄새 수용기가 아니라
여러 수용기들을 활성화한다. 피아니스트가 화음을
연주하는 것과 비슷하지만, 이 건반은 키가 엄청나게 많다.

운 일이다. 펜실베이니아 대학교 옆의 이름 없는 벽돌 건물에 자리한 모넬은 흔히 소홀하게 대하는 후각과 미각이라는 복잡한 감각을 전문적으로 연구하는 기관 중에서 세계에서 가장 큰 곳이다.

"후각은 일종의 과학의 고아라고 할 수 있죠." 2016년 가을에 내가 그를 찾아갔을 때 게리 뷰챔프가 한 말이다. 흰 수염을 짧게 다듬은 얼굴에 친절하면서 부드러운 목소리를 지닌 뷰챔프는 센터의 명예회장이다. "시각과 청각을 다룬 논문은 1년에 수만 편씩 나와요. 후각 논문은 잘해야 수백 편입니다. 연구비도 그래요. 후각보다 청각이나 시각 쪽에 적어도 10배는 더 많이 지원이 이루어지죠."

그 결과 우리는 여전히 후각에 관해서 모르는 것이 아주 많다. 후각이 정확히 어떻게 이루어지는지도 아직 잘 모른다. 우리가 킁킁거리거나 들이마실 때, 공기에 든 냄새 분자는 콧길로 들어와서 후각 상피에 닿는다. 후각 상피는 약 350–400가지의 냄새 수용기를 지닌 신경세포 집단이다. 알맞은 분자가 알맞은 수용기를 활성화하면 뇌로 신호가 전달되고, 뇌는 그것을 냄새라고 해석한다. 쟁점이 되는 부분은 이 일이 정확히 어떻게 이루어지느냐이다. 많은 전문가들은 냄새 분자가 열쇠와 자물쇠처럼 수용기에 끼워진다고 믿는다. 이 이론의 문제점은 화학적으로 모양이 전혀 다른 분자들이 냄새가 동일할 때도 있고, 모양이 거의 똑같은 분자들이 서로 냄새가 다를 때도 있다는 것이다. 이는 분자의 모양만으로 설명하는 것이 미흡함을 시사한다. 대안으로 제시된 좀더 복잡한 한 이론은 수용기가 이른바 공명(resonance)을 통해서 활성을 띤다고 본다. 본질적으로 수용기는 분자의 모양이 아니라 진동하는 방식에 따라서 자극을 받는다는 것이다.

과학자가 아닌 우리에게는 별로 중요한 문제는 아니다. 어느 쪽이 옳든 간에 결과는 같으니까. 중요한 점은 냄새가 복잡하며 해체하기가 어렵다는 것이다. 방향(aroma) 분자는 대개 한 종류의 냄새 수용기가 아니라 여러 수용기들을 활성화한다. 피아니스트가 화음을 연주하는 것과 비슷하지만, 이 건반은 키가 엄청나게 많다. 예를 들면, 바나나에는 방향을 내뿜는 활성 분자인 휘발

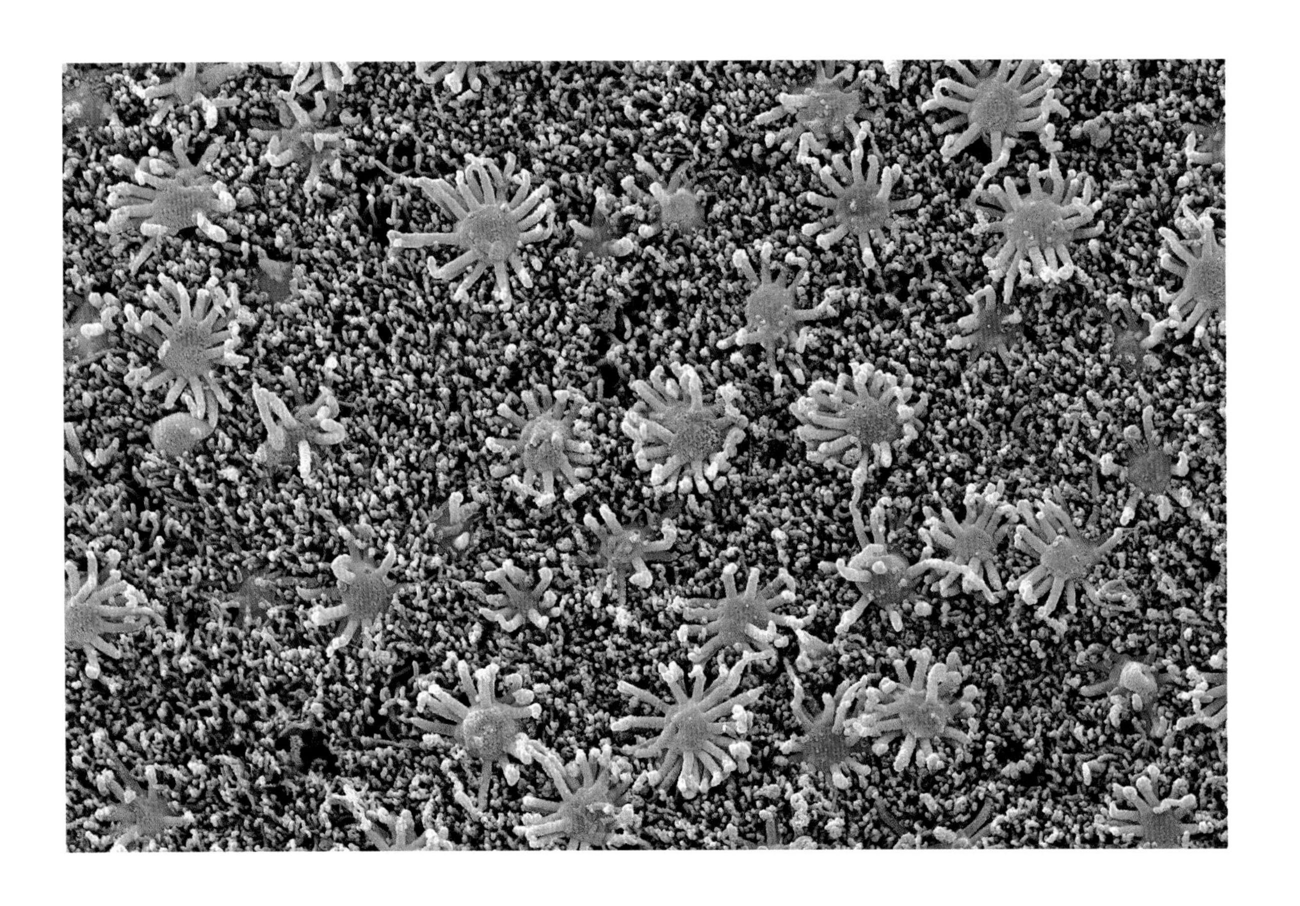

성 물질이 300가지나 들어 있다. 토마토에는 400가지, 커피에는 적어도 600가지가 들어 있다. 이런 물질들이 방향에 얼마나 어느 정도로 기여하는지를 밝혀내기란 쉽지 않다. 가장 단순한 수준에서도 너무나 직관에 반하는 결과가 나올 때가 많다. 과일 냄새인 에틸 아이소뷰티레이트(ethyl isobutyrate)를 캐러멜 비슷한 냄새를 풍기는 에틸 말톨(ethyl maltol)과 제비꽃 냄새인 알릴 알파이오논(allyl alpha-ionone)과 섞으면 파인애플 냄새가 난다. 세 원료와는 전혀 다른 냄새이다. 또 구조가 전혀 다른 화학물질들이 동일한 냄새를 내기도 하는데, 그 이유를 아는 사람은 아무도 없다. 탄 아몬드 냄새를 낼 수 있는 화학물질 조합은 75가지나 되며, 그 조합들은 인간의 코가 그 냄새라고 지각한다는 것말고는 아무런 공통점이 없다. 이런 복잡성 때문에, 우리는 여전히 이런 것들을 이해하는 쪽으로는 걸음마 단계를 벗어나지 못하고 있다. 한 예로, 감초의 냄새는 2016년에야 해독되었다. 흔한 냄새 중에도 여전히 해독되지 않은 것들이 많다.

수십 년 동안 대다수의 연구자들은 사람이 약 1만 가지의 냄새를 식별할 수 있다고 생각했다. 그러다가 누군가가 그 주장의 출처를 살펴볼 생각을 했다.

이 사진은 우리가 숨을 들이마실 때 공기에 든 냄새 분자의 정보를 포착하여 뇌로 보내는 코안의 후각세포(빨간색)를 보여준다. 파란 영역에는 보호하는 섬모들이 보인다. 섬모는 점액으로 덮여 있으며, 먼지 같은 알갱이들은 점액에 달라붙었다가 코 뒤쪽으로 보내져 삼켜진다.

찾아보니, 1927년에 보스턴에 있는 두 화학공학자가 처음 내놓은 것이었는데, 이는 그냥 추측에 불과했음이 드러났다. 2014년에 파리에 있는 소르본 대학교 피에르앤마리퀴리 캠퍼스와 뉴욕에 있는 록펠러 대학교의 공동 연구진은 우리가 실제로는 그보다 훨씬 더 많은 냄새를 검출할 수 있다는 논문을 「사이언스(*Science*)」에 발표했다. 최소한 1조 가지는 되며, 그보다 더 많을 가능성도 있다는 것이다. 그러자 그 분야의 다른 과학자들이 통계 방법론에 문제가 있다며 의문을 제기하고 나섰다. 캘리포니아 공과대학의 생명과학과 교수 마커스 마이스터는 단호하게 선언했다. "아무런 근거도 없는 주장이다."

우리 후각의 한 가지 흥미로우면서 중요한 특징은 후각이 5가지 기본 감각 중에서 유일하게 시상하부를 거치지 않는다는 점이다. 우리가 어떤 냄새를 맡을 때, 우리가 알지 못하는 어떤 이유로 그 정보는 후각 겉질로 곧장 향한다. 후각 겉질은 기억이 생성되는 해마 가까이에 있으며, 그래서 일부 신경과학자들은 특정한 냄새가 우리의 기억을 그토록 강하게 환기시키는 이유를 이것으로 설명할 수도 있지 않을까 생각한다.

후각은 몹시 개인적인 경험이기도 하다. 뷰챔프는 이렇게 말한다. "나는 후각의 가장 특이한 측면이 우리 모두가 저마다 다른 식으로 냄새를 맡는다는 점이라고 생각합니다. 우리 모두가 350-400가지의 냄새 수용기를 가지고 있지만, 모든 사람에게 공통되는 것은 약 절반에 불과해요. 모두가 같은 냄새를 맡는 건 아니라는 뜻이지요."

그는 책상으로 손을 뻗어서 작은 유리병을 하나 꺼냈다. 뚜껑을 열고는 내게 건네면서 맡아보라고 했다. 아무 냄새도 나지 않았다.

"'안드로스테론(androsterone)'이라는 호르몬입니다. 사람들 중에서 대략 3분의 1은 선생님처럼 냄새를 못 맡아요. 3분의 1은 소변 같은 냄새가 난다고 하고, 3분의 1은 백단향 냄새를 맡지요." 그가 더 활짝 웃었다. "세 사람이 뭔가가 기분 좋은지, 역겨운지, 그냥 아무 냄새도 없는지를 놓고서도 동의하지 못한다는 점을 생각하면, 냄새의 과학이 얼마나 복잡한지를 깨닫기 시작하지요."

우리는 우리 대다수가 깨닫고 있는 것보다 냄새를 검출하는 데에 더 뛰어나다. 버클리에 있는 캘리포니아 대학교의 연구진은 흥미로운 실험을 했다. 드넓은 풀밭에 초콜릿

우리는 후각이 어떻게 작동하는지 아직 정확히 알지 못하지만, 우리의 후각은 많은 이들이 짐작하는 것보다 훨씬 더 뛰어나다. 버클리에 있는 캘리포니아 대학교 연구진은 실험 자원자들에게 경찰견처럼 코를 땅에 바짝 대고 냄새를 추적해보라고 했다. 놀랍게도 대부분이 아주 잘 해냈다. 개보다 더 뛰어난 능력을 보인 이들도 있었다.

의 냄새 흔적을 남긴 뒤에, 실험 자원자들에게 경찰견이 하듯이 자취를 따라가려고 해보라고 했다. 코를 땅에 대고 킁킁거리면서 손과 무릎으로 기면서 말이다. 놀랍게도 자원자들의 약 3분의 2는 꽤 정확하게 자취를 따라갈 수 있었다. 검사한 15가지 냄새 중 5가지에서 인간은 사실상 개를 능가했다. 냄새로 티셔츠를 고르는 실험에서도 대체로 사람들은 배우자가 입었던 것을 고를 수 있었다. 아기와 엄마도 냄새로 서로를 식별하는 능력이 뛰어나다. 한마디로 냄새는 우리의 생각보다 훨씬 더 중요하다.

냄새를 아예 맡지 못하는 것을 후각상실증(anosmia)이라고 하며, 일부 상실은 후각저하증(hyposmia)이라고 한다. 세계 인구의 2–5퍼센트는 이 둘 중 하나를 앓고 있다. 꽤 높은 비율이다. 유달리 불행한 소수의 사람들은 악취증(cacosmia)을 겪는다. 이 질병을 앓는 이들은 모든 것에서 대변 냄새를 맡는다고 한다. 상상도 하지 못할 만큼 끔찍하다. 모넬에서는 후각의 상실을 "보이지 않는 장애"라고 부른다.

뷰챔프는 이렇게 말한다. "사람들은 미각을 거의 잃지 않아요. 미각은 세 가닥의 신경을 통해 지탱되므로, 예비품이 꽤 많지요. 후각은 훨씬 더 취약해요." 후각 상실의 주된 원인은 독감과 코의 굴염 같은 감염병이지만, 머리 충격이나 신경 퇴화로 생길 수도 있다. 알츠하이머병의 초기 증상 중의 하나는 후각 상실이다. 머리 손상으로 후각을 상실한 이들 중 90퍼센트는 결코 후각을 되찾지 못한다. 감염으로 후각을 상실한 이들 중에는 70퍼센트가 영구히 잃는다.

"후각을 잃은 이들은 대개 자신의 삶에서 얼마나 많은 즐거움이 사라졌는지를 깨닫고 경악해요. 우리는 후각에 의지해 세계를 해석할 뿐 아니라, 그에 못지않게 중요한 점은 후각을 통해 기쁨을 얻는다는 겁니다."

이 말은 특히 음식에 들어맞는다. 이 중요한 주제는 별도의 장으로 다룰 필요가 있다.

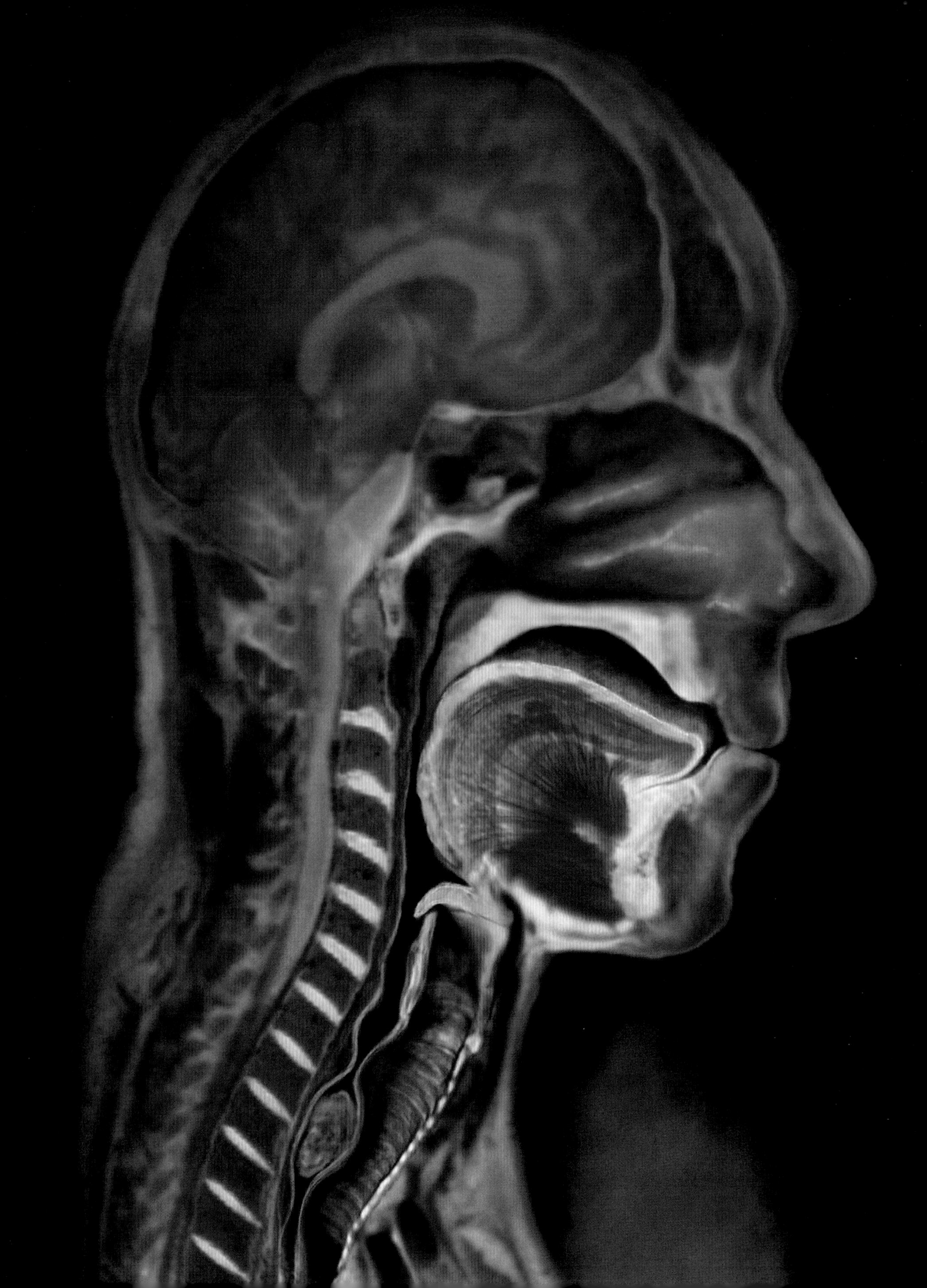

6

입과 목

"오래 살려면, 식사량을 줄여라."

벤저민 프랭클린

1843년 봄, 영국의 위대한 기술자인 이점바드 킹덤 브루넬은 당시 세계에서 가장 큰 배이자 가장 만들기 어려운 배인 그레이트 브리턴 호를 건조하느라 바쁘게 지내고 있었다. 어느 날 그는 흔치 않은 일이었지만 모처럼 짬을 내어서 아이들에게 마술 묘기를 보여주기로 마음먹었다. 그런데 일은 계획대로 되지 않았다. 신나게 웃던 도중에, 그는 혓바닥 밑에 숨기고 있던 10실링짜리 금화를 실수로 삼키고 말았다. 동전이 목으로 미끄러져 내려가다가 기관 아래쪽에 걸리는 느낌을 받았을 때, 우리는 그가 처음에는 놀랐다가 이어서 당황했다가, 아마도 약간의 공황 상태에 빠졌을 것이라고 충분히 상상할 수 있다. 통증은 별로 없었지만, 속이 불편했고 불안해졌을 것이다. 동전이 조금만 움직여도 질식을 일으킬 수 있다는 것을 알았기 때문이다.

그 뒤로 며칠 동안 브루넬 자신은 물론이고, 친구, 동료, 가족과 의사는 등을 세게 때리는 것부터 발목을 붙들고 거꾸로 들어올린 채(그는 체구가 작아서 쉽게 들 수 있었다) 마구 뒤흔드는 것에 이르기까지 확실하다고 하는 온갖 방법들을 시도했지만, 아무 소용이 없었다. 브루넬은 공학적인 해결책을 모색했다. 그는 자신을 거꾸로 매달아서 크게 호를 그리면서 흔들 수 있는 장치를 고안했다. 움직임과 중력으로 동전이 빠져나오게 할 수 있지 않을까 하는 마음에서였다. 그 방법도 통하지 않았다.

브루넬의 곤경은 전국적인 화젯거리가 되었다. 전국 각지에서뿐만 아니라 해외에서도 온갖 제안이 쏟아졌다. 그러나 어떤 방법도 소용이 없었다. 결국 저명한 의사인 벤저민 브로디가 나서서 기관절개술을 해보기로 했다. 위험하면서 까다로운 수술이었다. 마취를 하지 않은 상태에서—영국에서 마취제는 그로부터 3년 뒤에야 처음으로 쓰였다—브로디는 브루넬의 목을 짼 뒤에 긴 집게를 기도 안으로 집어넣어서 동전을 꺼내려고 시도했다. 그러나 브루넬이 숨을 쉬지 못하고 격렬하게 기침을 하는 바람에 포기해야 했다.

시련이 시작된 지 6주일이 넘은 5월 16일에, 브루넬은 다시 한번 자신이 고안한 장치에 몸을 묶고서 거꾸로 선 채로 몸을 흔들어댔다. 그러자 마침내 동전이 튀어나와 바닥으로 굴러 떨어졌다.

그 직후에 저명한 역사가인 토머스 배빙턴 매콜리는 런던의 팰맬 가에 있는 애서니엄 클럽으로 허겁지겁 달려가서 소리쳤다. “나왔어요!” 모든 사람들이 그가 무슨 말을 하는지 즉시 알아차렸다. 브루넬은 그 뒤로 여생 동안 아무런 후유증을 겪지 않았으며, 우리가 아는 한 결코 동전을 입에 넣지 않았다.

여기에서 이 일화를 언급한 이유는 그렇게 만들고자 한다면, 입이란 위험한

맞은편 : 이점바드 킹덤 브루넬은 실수로 10실링 금화(위, 실물 크기)를 삼킨 적이 있었다. 다행히도 몸을 거꾸로 매다는 장치를 만들어서 그는 동전을 뱉어낼 수 있었다. 하지만 몇 차례의 시도를 해야 했다. 그때까지 동전은 몇 주일 동안 그의 기관 아래쪽에 박혀 있었다.

앞쪽 : 삼키는 과정을 찍은 사진. 약 50개의 근육들이 잇달아 움직여서 씹은 음식물 덩어리를 식도로 내려보낸다.

입이란 위험한 곳이 된다는 점을 지적하기 위해서이다.
우리는 다른 포유동물들보다 질식사하기가 더 쉽다.
사실 우리가 질식되도록 만들어져 있다고 말할 수도 있다.

곳이 된다는 점을 지적하기 위해서이다. 우리는 다른 포유동물들보다 질식사하기가 더 쉽다. 사실 우리가 질식되도록 만들어져 있다고 말할 수도 있다. 그런 특성을 안고 살아가야 한다니 기묘하기 그지없다. 입에 동전을 넣든 말든 간에 말이다.

입속을 들여다보면 익숙한 것이 꽤 많다. 혀, 이, 잇몸, 목젖이라는 신기한 작은 살덩어리와 그 뒤의 검은 구멍이 그렇다. 그러나 이외에도 입천장혀근, 턱끝목뿔근, 혀계곡, 입천장올림근 등 대다수가 이름조차 들어보지 못한 매우 중요한 부위들이 아주 많다. 머리의 다른 모든 부위들처럼, 입도 복잡성과 수수께끼로 가득한 곳이다.

편도를 보자. 편도는 누구에게나 친숙하지만, 편도가 무슨 일을 하는지 아는 사람이 과연 얼마나 될까? 사실 편도가 정말로 무슨 일을 하는지 아는 사람은 아무도 없다. 편도는 목 양쪽에 보초처럼 서 있는 두 둥그런 덩어리이다. (혼란스럽게도 19세기에는 편도체라고도 했다. 그 이름이 뇌의 한 구조에 이미 쓰이고 있었는데도 말이다.) 아데노이드(인두편도, adenoid)는 편도와 비슷하지만 코 안에 있어서 눈에 띄지 않는다. 둘 다 면역계에 속하지만, 그다지 인상적인 역할은 하지 않는다는 말을 덧붙여야겠다. 아데노이드는 사춘기에 쪼그라들어서 거의 완전히 사라지기도 하며, 아데노이드와 편도 모두를 떼어내도 몸의 전반적인 건강에 눈에 띄는 차이가 나타나지 않는다.* 편도는 발다이어 편도 고리(Waldeyer's tonsillar ring)라는 좀더 큰 구조의 일부이다. 독일의 해부학자인 하인리

하인리히 빌헬름 고트프리트 폰 발다이어-하르츠. 편도가 속한 구조에 그의 이름이 붙어 있다.

* 2011년에 스톡홀름의 카롤린스카 연구소에서 내놓은 논문도 주목할 가치가 있어 보인다. 연구진은 어릴 때 편도 제거 수술을 받은 이들이 훗날 심근경색에 걸릴 확률이 44퍼센트 더 높다고 했다. 물론 이 두 사건이 우연의 일치에 불과할 수도 있지만, 결정적인 증거가 없는 상태에서는 편도를 그냥 놔두는 쪽이 신중한 태도일 수 있음을 시사한다. 또 그 연구에서는 막창자꼬리(충수)를 제거하지 않은 사람들이 중년에 심근경색에 걸릴 위험이 33퍼센트 더 적다고도 했다.

히 빌헬름 고트프리트 폰 발다이어-하르츠(1836-1921)의 이름을 땄다. 그는 1888년에 "염색체(chromosome)", 1891년에 "뉴런(neuron)"이라는 용어를 창안한 사람으로 더 잘 알려져 있다. 사실 해부학 쪽에서 보면 그는 모든 곳에 족적을 남겼다. 게다가 그는 일찍이 1870년에 여성이 완전히 형성되어 배란될 날만 기다리고 있는 난자들을 모두 지닌 채 태어난다고 처음으로 추정한 사람이기도 하다.

우리는 삼키기(deglutition)를 꽤 많이 하는데 하루에 약 2,000번 한다. 평균 30초마다 하는 셈이다. 삼키기는 우리의 예상보다 훨씬 까다로운 과정이다. 음식을 삼킬 때, 음식이 중력 때문에 그냥 위로 떨어지는 것이 아니다. 근육의 수축을 통해서 아래로 밀려 내려가는 것이다. 물구나무를 선 채로도 먹고 마실 수 있는 이유가 바로 그 때문이다. 음식 한 조각이 입술에서 위까지 가는 데에는 근육이 총 50개까지 쓰일 수 있으며, 무엇을 소화계로 내려보내든 간에 잘못된 길로 가서 브루넬의 동전처럼 기도에 끼는 일이 없도록 정확히 올바른 순서로 작동해야 한다.

사람의 삼키기가 복잡한 이유는 대체로 다른 영장류들에 비해서 우리의 후두가 목 아래쪽에 붙어 있기 때문이다. 우리가 두 발로 섰을 때, 곧추선 자세에 맞추기 위해서 목은 더 길어지고 곧아졌고, 다른 유인원들처럼 머리뼈의 뒤쪽에 붙어 있는 대신에 중심 쪽으로 옮겨갔다. 우연히도 이런 변화 덕분에 우리는 말을 하기가 더 쉬워졌을 뿐만 아니라, 대니얼 리버먼의 말을 빌리면 "기관 막힘"의 위험도 더 커졌다. 포유류 중에서 공기와 음식을 같은 통로로 보내는 동물은 우리뿐이다. 재앙이 닥치지 않게 막아주는 것은 목을 지키는 일종의 뚜껑문인 후두덮개라는 작은 구조뿐이다. 후두덮개는 호흡을 할 때에는 열리

삼키기는 복잡한 과정이다. 삼킬 때면 멋진 해부학적 안무가 펼쳐진다. 부드러운 입천장이 위로 올라가서 음식물이 코 안으로 들어가지 않도록 막는다. 기도에 있는 후두덮개도 같은 일을 한다. 혀는 음식물 덩어리를 뒤쪽 아래로 밀고, 식도는 늘어나서 음식물을 아래로 내려보낸다.

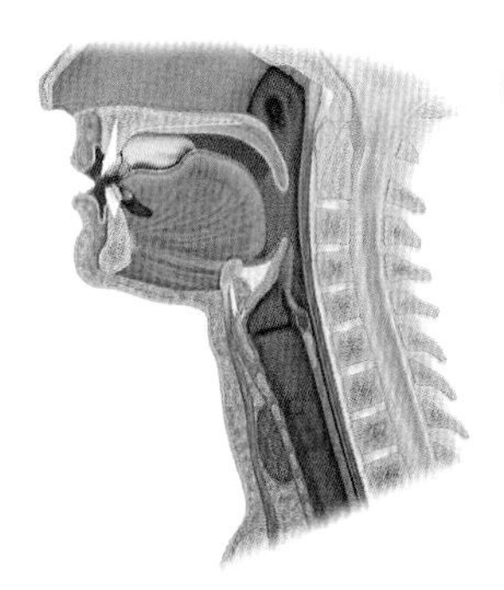
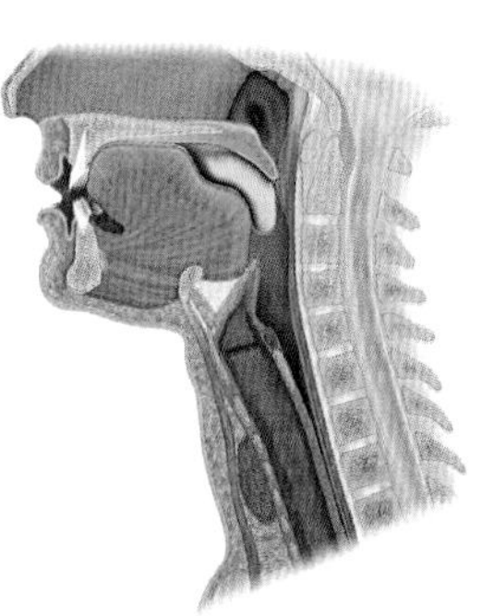
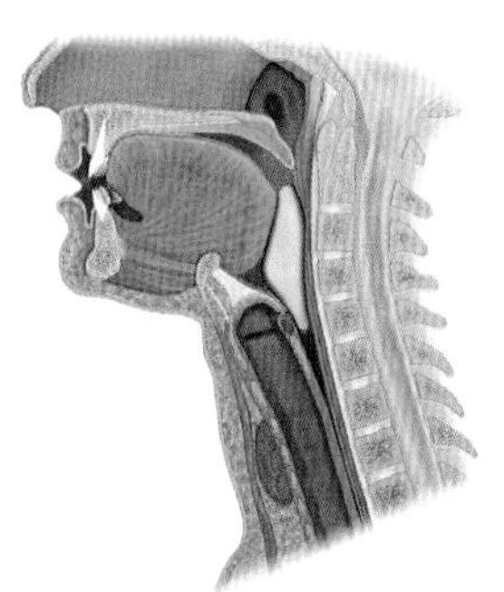
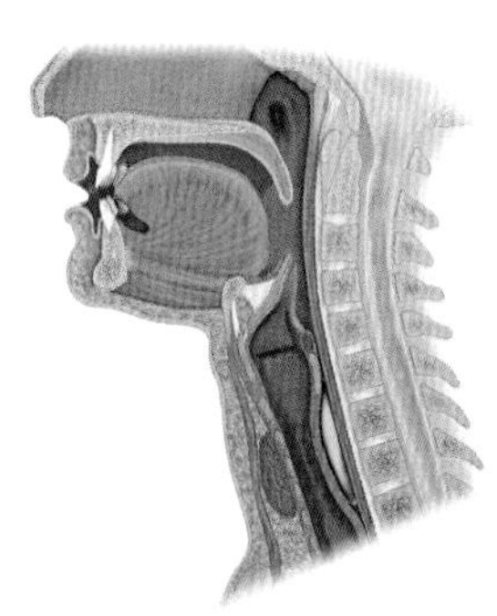

삼키기를 놀라운 서커스 장면처럼 생각하는 사람은 거의 없겠지만, 우리의 코인두에 늘어서 있는 지킴이들은 우리가 삼키는 모든 것을 두 방향 중 정확히 맞는 방향으로 보내는 놀라운 일을 해낸다. 어느 통로로 보낼지 생각할 필요가 없다.

고 삼킬 때에는 닫힘으로써 음식과 공기를 서로 다른 방향으로 보낸다. 그러나 이따금 오류를 일으키고, 그럴 때에는 심각한 문제가 생길 수도 있다.

저녁 모임에서 계속 신나게 먹고, 떠들고, 웃고, 숨쉬고, 포도주를 들이키는 동안, 우리가 단 한순간도 신경을 쓸 필요 없이 코인두의 지킴이들이 모든 것을 두 방향 중 올바른 방향으로 알아서 보내고 있다는 점을 생각하면 정말 놀랍다. 정말로 대단한 능력이다. 그러나 그보다 더욱 놀라운 능력이 있다. 우리가 업무나 학군이나 음식의 가격을 놓고 수다를 떨면서 식사를 하는 동안, 우리 뇌는 자신이 먹고 있는 것의 맛과 신선도뿐만 아니라, 부피와 질감도 세심하게 살핀다. 그래서 (굴이나 아이스크림 덩어리 같은) 커다란 "젖은" 덩어리는 그냥 삼킬 수 있게 하지만, 매끄럽게 지나가지 않을 법한 견과와 씨앗 같은 작고 마르고 뾰족한 음식은 더 꼼꼼히 씹으라고 고집한다.

그러는 동안 당신은 이 중요한 과정을 돕기는커녕, 포도주를 목에 더 많이 쏟아부음으로써 몸의 모든 계통들의 활동을 불안하게 만들고, 뇌의 기능들에 심각한 지장을 일으키고 있다. 그러니 몸이 참을성이 많은 하인이라는 말은 너무나 온건한 표현이다.

몸의 계통들에게 요구되는 정확성과 그 계통들이 평생토록 겪는 도전의 횟수를 생각하면, 우리가 질식을 지금보다 훨씬 더 자주 겪지 않는다는 것이 놀라운 일이다. 공식 자료에 따르면, 한 해에 음식이 목에 걸려서 질식사하는 사람의 수가 미국은 약 5,000명, 영국은 약 200명이라고 한다. 인구 비율로 따졌을 때, 미국인이 영국인보다 먹다가 질식사할 확률이 5배 더 높다는 의미이므로 조금 기이한 통계이다.

설령 나의 미국인 동료들이 식도락가라고 해도, 이렇게 차이가 날 가능성은 없어 보인다. 그보다는 질식사를 심장마비로 잘못 판단한 사례가 많기 때문이라고 보는 편이 더 설득력이 있다. 여러 해 전에 플로리다의 로버트 호건이라는 검시관은 그런 의구심을 품고서 식당에서 심장마비로 사망했다고 추정된 사람들의 사인을 조사했는데, 그중 9명이 사실은 질식사한 것임을 쉽게 알아낼 수 있었다. 그는 「미국 의학협회지(*Journal of the American Medical Association*)」에 쓴 논문에서 질식사가 일반적으로 생각하는 것보다 훨씬 더 흔하다고 주장했다. 그러나 더 신중한 추정값을 선택한다고 해도, 질식은 현재 미국에서 네 번째로 흔

하임리히 법은 질식 상태인 사람을 뒤에서 껴안고
배꼽 바로 위를 세게 꽉 조임으로써
기도를 막고 있는 코르크 마개 같은 이물질이
튀어나오도록 하는 방법이다.

한 사고사의 원인이다.

질식할 위기에 처했을 때, 하임리히 법(Heimlich maneuver)이라는 널리 알려진 응급처치법이 흔히 쓰인다. 1970년대에 그 방법을 창안한 뉴욕의 외과의사 헨리 저드 하임리히(1920–2016)의 이름을 땄다. 하임리히 법은 질식 상태인 사람을 뒤에서 껴안고 배꼽 바로 위를 세게 꽉 조임으로써 기도를 막고 있는 코르크 마개 같은 이물질이 튀어나오도록 하는 방법이다. (말이 나온 김에 덧붙이면, 그럴 때 공기가 왈칵 뿜어지는 것을 기침 분출[bechic blast]이라고 한다.)

헨리 하임리히는 쇼맨십이 뛰어난 사람이었다. 그는 기회가 생기기만 하면 그 방법과 자기 자신을 선전하고 다녔다. 자니 카슨이 진행하는 「투나잇쇼」에도 출연했고, 포스터와 티셔츠도 만들어 팔았고, 미국 전역을 순회하면서 크고 작은 모임에서 강연도 했다. 그는 자신의 방법이 로널드 레이건, 셰어, 에드 코치 뉴욕 시장 등 수십만 명의 목숨을 구했다고 자랑했다. 그러나 주변 사람들에게 언제나 인기가 있었던 것은 아니었다. 예전의 한 동료는 그가 "거짓말쟁이이자 도둑"이라고 했고, 그의 아들 중 한 명은 그를 "50년 동안 다방면으로 사기"를 치고 다닌 사람이라고 비난했다. 하임리히는 이른바 말라리아 요법을 주창하고 나섬으로써 자신의 평판을 심하게 깎아먹었다. 사람들을 소량의 말라리아에 의도적으로 감염시키면, 암, 라임병, 에이즈를 비롯한 온갖 질병들을 치료할 수 있다는 것이었다. 과학적 근거라고는 전혀 없는 치료법이었다. 그 때문에 곤란한 처지에 놓인 탓도 작용하여, 미국 적십자사는 2006년부터 "하임리히 법"이라는 용어를 버리고 "복부 밀어내기(abdominal thrust)"라는 용어를 쓰기 시작했다.

뉴욕 시장 에드 코치(왼쪽)와 헨리 하임리히가 1981년에 목이 막혔을 때 도와달라는 신호를 보내는 방법을 설명하는 모습. 일주일 뒤에 시장은 이 방법으로 목숨을 구했다.

하임리히는 2016년 아흔여섯의 나이로 사망했다. 사망하기 얼마 전에 그는

질식의 전문가일 뿐 아니라 숨을 막는 이물질을 꺼내는 능력도 뛰어났던 슈발리에 키호테 잭슨. 그는 별난 이름에 걸맞게, 별난 것들을 수집했다. 주위의 전시물들은 그가 20세기 전반기에 미국인 수천 명의 식도와 기관에서 꺼낸 온갖 이물질들이다.

자신이 지내던 요양원에서 그 방법으로 한 여성의 목숨을 구했다. 아마 직접 그 방법을 쓸 기회를 평생 처음으로 접했을 것이다. 처음이 아니었을 수도 있다. 그는 그 전에도 직접 누군가의 목숨을 구했다고 주장한 적이 있으니까. 하임리히는 걸린 음식물뿐만 아니라 진실도 조작하는 사람이었던 듯하다.

질식 연구 분야에서 역사상 최고의 권위자는 슈발리에 키호테 잭슨이라는 화려한 이름에 뚱한 얼굴의 미국인 의사일 것이 거의 확실하다. 그는 1865년부터 1958년까지 살았다. 미국 흉부외과학회는 그를 "미국 기관지 식도경 검사의 아버지"라고 불러왔으며, 그 점은 거의 확실하다. 비록 그 분야에 경쟁자가 그리 많지 않았다는 점도 언급해야겠지만 말이다. 사람들이 삼켰거나 흡입한 이물질들이야말로 그의 전문 분야—그가 집착한 분야—였다. 거의 75년 동안 의사로 일하면서 잭슨은 그런 이물질들을 꺼내는 기구들을 고안하고 방법을 개선했으며, 그 과정에서 사람들이 경솔하게 삼킨 물건들을 2,374점이나 모았

성인은 하루에 평균 약 1.5리터의 침을 분비한다. 우리가 평생에 분비하는 침이 약 3만 리터에 달한다는 계산 결과도 있다(깊은 욕조 약 200개를 채울 양이다).

다. 슈발리에 잭슨 이물질 수집품이라는 그 물건들은 현재 펜실베이니아에 있는 필라델피아 의과대학 무터 박물관의 지하실 진열장에 보관되어 있다. 물건마다 삼킨 사람의 나이와 성별, 물건의 유형, 또 기관, 후두, 식도, 기관지, 위, 가슴막안 등 꺼낸 곳, 목숨을 위협했는지 여부, 빼낸 방법 등이 꼼꼼하게 기록되어 있다. 실수든 별난 착상 때문이든 간에 사람들이 목에 집어넣은 온갖 별난 것들을 모은 세계 최대의 수집품이라고 간주된다. 잭슨이 살아 있거나 죽은 사람의 식도에서 꺼낸 것들 중에는 손목시계, 묵주가 달린 십자가, 소형 쌍안경, 작은 맹꽁이자물쇠, 장난감 나팔, 온전한 길이의 꼬치 막대, 방열기 열쇠, 숟가락, 포커 칩, (매우 얄궂게도) "지니고 다니면 행운이 와요"라고 새겨진 메달도 있었다.

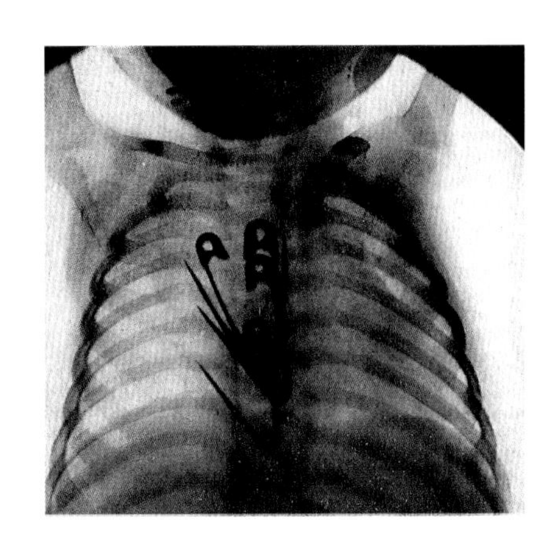

잭슨의 1071번 환자의 X선 사진은 왜 그가 이 수술이 가장 어려웠다고 말했는지를 아주 명확히 보여준다.

잭슨은 어떤 의미로도 친구 한 명 없는 쌀쌀맞은 인물이었지만, 내면에는 얼마간 다정함이 숨어 있었던 듯도 하다. 자서전에 그는 한 여자아이의 목에서 삼킨 지 며칠 된 "음식물일 수도 있고 죽은 조직일 수도 있는 회색 덩어리"를 꺼낸 일화를 적었다. 덩어리를 꺼낸 뒤, 그는 간호사를 시켜 아이에게 물을 가져다주게 했다. 아이는 조심스럽게 조금 마시더니, 속에서 쑥 내려가자 좀더 많이 마셨다. "그런 뒤 아이는 물 컵을 든 간호사의 손을 살짝 옆으로 밀고는 내 손을 잡고 입맞춤을 했다." 잭슨은 자신의 평생에 감동을 받은 듯이 느껴진 것은 그때가 유일했다고 적었다.

잭슨은 75년 동안 일하면서 수백 명의 목숨을 구했고, 다른 의사들을 가르침으로써 무수한 목숨을 더 구했다. 그가 환자들과 동료들에게 더 친절했더라면, 아마 오늘날 훨씬 더 널리 알려졌을 것이다.

입안이 축축하면서 반들거리는 방이라는 점에도 주목하자. 입안에 12개의 침

당분 섭취의 대가 : 입의 세균 감염과 충치. 다행히도 1870년대에 촬영된 이 발치 장면 이래로 치과학은 많은 발전을 이루었다.

샘이 있기 때문이다. 성인은 하루에 평균 약 1.5리터의 침을 분비한다. 우리가 평생에 분비하는 침이 약 3만 리터에 달한다는 계산 결과도 있다(깊은 욕조 약 200개를 채울 양이다).

침은 거의 전부가 물이다. 그밖의 물질은 0.5퍼센트에 불과하다. 그러나 이 소량의 물질 속에는 유용한 효소들, 즉 화학 반응을 촉진하는 단백질들이 가득하다. 아밀라아제(amylase)와 프티알린(ptyalin)은 음식물이 아직 입에 있을 때 탄수화물에서 당을 분해하기 시작한다. 빵이나 감자 같은 녹말이 든 음식을 조금 오래 씹으면, 곧 단맛이 나기 시작한다. 불행히도, 우리 입속의 세균도 이런 단 것을 좋아한다. 세균들은 분리된 당을 포식하고 산을 분비한다. 이 산은 우리 치아에 구멍을 내고 충치를 일으킨다. 다른 효소들, 특히 알렉산더 플레밍이 페니실린에 앞서서 발견했던 라이소자임은 침입한 병원균 중 상당수를 공격한다. 그러나 안타깝게도 충치를 일으키는 이 병원균은 예외이다. 그러니 우리는 많은 문제를 일으키는 세균을 죽이지 못할 뿐만 아니라, 적극적으로 배양하는 다소 기이한 상황에 놓여 있다.

최근에는 침에 오피오르핀(opiorphin)이라는 강력한 진통제도 들어 있다는 것이 밝혀졌다. 모르핀보다 6배나 더 강력한 물질이다. 비록 아주 소량만 분비될 뿐이지만, 우리가 뺨을 깨물거나 혀를 데었을 때 아픔이 계속되지 않는 이유, 아니 사실상 통증을 유달리 느끼지 못하는 이유가 바로 그 때문이다. 그러나 너무나 묽기 때문에, 침에 이것이 들어 있는 이유를 아무도 확실히 알지 못한다. 너무나 숨겨져 있었기 때문에, 2006년이 되어서야 그 존재를 알아차렸다.

잠을 잘 때는 침이 거의 분비되지 않는다. 수면 중에 미생물이 증식하여 아침에 지독한 입 냄새를 풍기는 이유가 바로 그 때문이다. 또 자기 전에 이를 닦는 것이 바람직한 이유도 그 때문이다. 동침할 세균의 수를 줄여준다. 당신이 아침에 일어나자마자 입맞춤을 하는 것을 반길 사람이 아무도 없는 이유는 날숨에 최대 150가지의 화학물질이 들어 있을 가능성이 높기 때문일 것이다. 누구나 그 화합물들이 상쾌한 민트향을 풍기기를 바라겠지만, 그렇지 못하다. 아침 입 냄새에 기여하는 흔한 화학물질로는 메틸메르캅탄(썩은 양배추 냄새와 매우 비슷한), 황화수소(썩은 달걀 냄새), 황화이메틸(썩은 바닷말 냄새), 디메틸아민과 트리메틸아민(썩은 생선 냄새), 이름 그대로 시체를 떠올리게 하는 카다베린(cadaverine : 시체[cadaver]에서 단백질이 분해되면서 생기는 악취 물질/역주)이 있다.

1920년대에, 펜실베이니아 대학교 치과대학의 조지프 애플턴 교수는 최초로 입속의 세균 군체를 연구했다. 그는 미생물의 입장에서 볼 때 혀, 이, 잇몸이 각각 동떨어져 있는 대륙이나 다름없으며, 각각에 나름의 미생물 군체들이 산다는 것을 발견했다. 심지어 치아의 드러난 부위와 잇몸 아래에 숨겨진 부위에 사는 세균 군체도 서로 달랐다. 지금까지 사람의 입에서 발견된 세균은 약 1,000종에 달한다. 그러나 어느 한 시점에 당신의 입에 살고 있는 세균이 약 200종을 넘을 가능성은 적다.

입은 세균들이 살기 좋은 집일 뿐만 아니라, 다른 곳으로 옮겨가고 싶어하는 세균들에게 좋은 환승역이기도 하다. 사우스캐롤라이나 주에 있는 클렘슨 대학교의 식품학과 교수 폴 도슨은 물병을 함께 쓰거나 먹던 과자로 소스를 다시 찍어 먹는 등의 행동을 할 때, 한 사람의 세균이 다른 곳으로 확산되는 양상을 연구함으로써 경력을 쌓았다. "생일 케이크의 촛불을 불 때의 세균 전달"이라는 연구를 통해서 도슨 연구진은 케이크의 촛불을 불어서 끌 때, 세균의 분포 범위가 1,400퍼센트까지 넓어진다는 것을 알아냈다. 매우 섬뜩하게 들리지만, 사실 우리가 일상생활에서 으레 세균에 노출되는 양상에 비하면 별것 아니다. 세상에는 공중에 떠다니거나 표면에서 보이지 않게 꿈틀거리며 돌아다니는

우리 몸의 나머지 부위들이 먼지가 되거나 녹아 사라져도,
지구에 우리가 존재했음을 알려줄 마지막 흔적은
화석화된 어금니일 것이다.

세균이 아주 많다. 당신이 입에 넣는 많은 것들과 당신이 만지는 거의 모든 것들도 그런 표면에 속한다.

입에서 가장 친숙한 구성 요소는 물론 이와 혀이다. 우리의 이는 가공할 구조물이며, 매우 다재다능하다. 이는 납작하거나 뾰족하거나 오목한 세 가지 형태가 있다. 이의 바깥쪽은 에나멜질(사기질)이다. 인체에서 가장 단단한 물질이지만, 얇은 층에 불과하며, 손상되면 다시 생성되지 않는다. 그것이 바로 이에 구멍이 나면 치과의사를 찾아가야 하는 이유이다. 에나멜질 안쪽에는 다른 광물질을 함유한 훨씬 더 두꺼운 층인 상아질이 있다. 상아질은 재생이 가능하다. 이의 가장 안쪽에는 신경과 혈관으로 이루어진 살로 된 속질이 있다. 이는 아주 단단하기 때문에 "준비된 화석(ready-made fossil)"이라고 불려왔다. 우리 몸의 나머지 부위들이 먼지가 되거나 녹아 사라져도, 지구에 우리가 존재했음을 알려줄 마지막 흔적은 화석화된 어금니일 것이다.

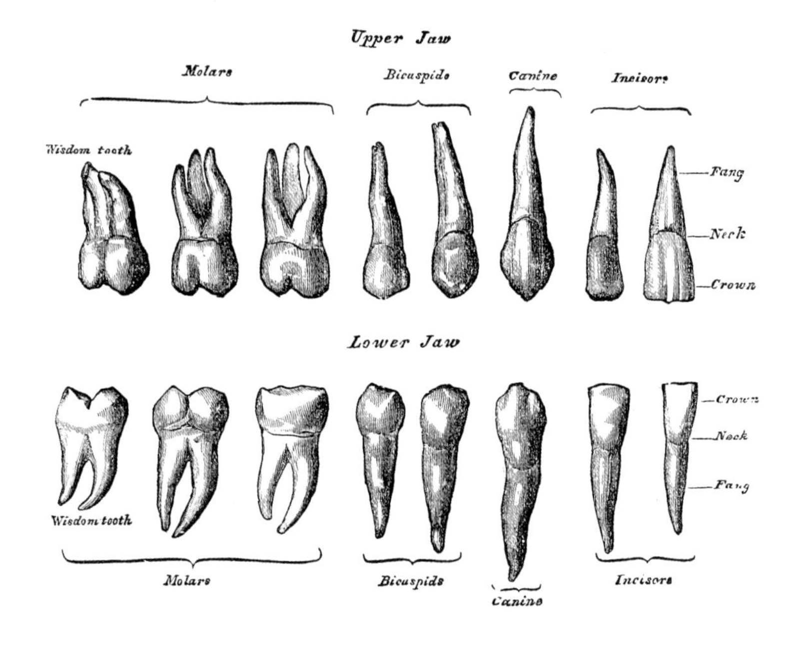

헨리 반다이크 카터의 시대 이래로 치아 명명법은 조금 달라졌지만, 우리 치아의 종류와 모양은 그대로이므로, 『그레이 해부학』에 실린 이 그림은 여전히 좋은 안내자 역할을 한다. 우리 입 속은 가공할 병기고이다.

우리는 아주 꽉 물 수 있다. 무는 힘은 뉴턴이라는 단위(아이작 뉴턴의 입이 내뱉은 독설이 아니라 운동 제2법칙을 기념하는 단위)로 측정한다. 성인 남성은 평균 약 400뉴턴까지 무는 힘을 낼 수 있다. 꽤 큰 힘이지만, 오랑우탄에 비하면 아무것도 아니다. 오랑우탄은 우리보다 5배 더 세게 물 수 있다. 그래도 얼음 같은 것을 얼마나 잘 깨물 수 있는지(주먹으로 깨려고 해보라) 그리고 턱의 5가지 근육이 얼마나 좁은 공간에 들어 있는지를 생각하면, 사람의 깨무는 능력이 정말로 대단하다는 것을 이해할 수 있다.

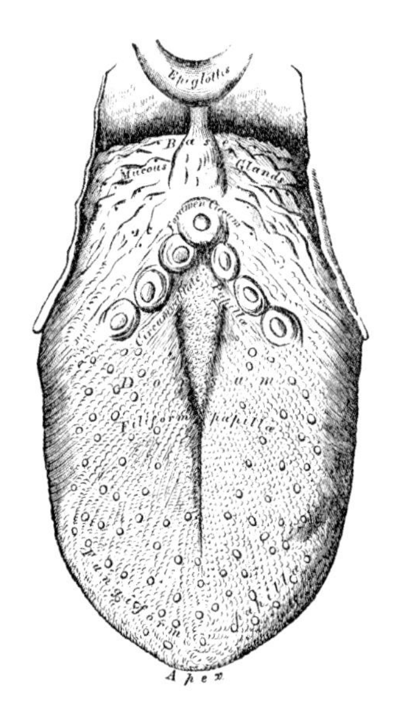

혀는 근육이지만, 다른 근육들과 전혀 다르다. 무엇보다도 혀는 아주 예민하다. 혀가 달걀 껍데기 조각이나 모래알처럼 음식에 들어 있지 말아야 할 것을 얼마나 능숙하게 포착하고, 언어의 음절 발음과 음식 맛보기 같은 중요한 활동들에 얼마나 긴밀하게 관여하는지 생각해보라. 음식을 먹을 때 혀는 바쁘게 움직이면서 칵테일파티의 초조한 주최자처럼, 목으로 넘기기 전에 모든 음식 조각들의 맛과 모양을 하나하나 검사한다. 누구나 알다시피, 혀는 맛봉오리로 뒤덮여 있다. 맛봉오리는 혀 유두라는 혓바닥을 뒤덮고 있는 돌기들에 들어 있는 미각 수용기 세포들이다. 성곽유두(둥근 모양), 버섯유두, 잎새유두(잎 모양)의 세 가지 형태로 존재한다. 몸에 있는 세포 중에서 가장 재생 능력이 뛰어난 축에 들며, 10일마다 새로운 세포로 대체된다.

The 3 kinds of PAPILLÆ magnified

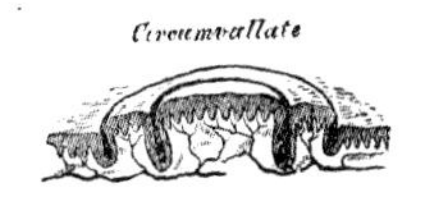

오랫동안 교과서에는 각각의 기본 맛을 담당하는 영역이 산뜻하게 나뉘어 있는 혀 지도가 실려 있었다. 단맛은 혀 끝, 신맛은 좌우 양쪽, 쓴맛은 뒤쪽이었다. 사실 그것은 괴담에 불과하다. 그 지도는 1942년 하버드의 심리학자 에드윈 G. 보링이 쓴 교과서에 처음 실렸는데, 그가 그보다 40년 전에 한 독일 연구자가 발표한 논문을 잘못 해석하면서 일어난 일이었다. 우리는 총 약 1만 개의 맛봉오리를 가지고 있으며, 대부분은 혓바닥에 있다. 혓바닥의 한가운데는 예외인데, 거기에는 맛봉오리가 전혀 없다. 또 맛봉오리는 입천장과 목 안쪽에도 있다. 그래서 약을 삼킬 때 쓴맛이 느껴지고는 한다.

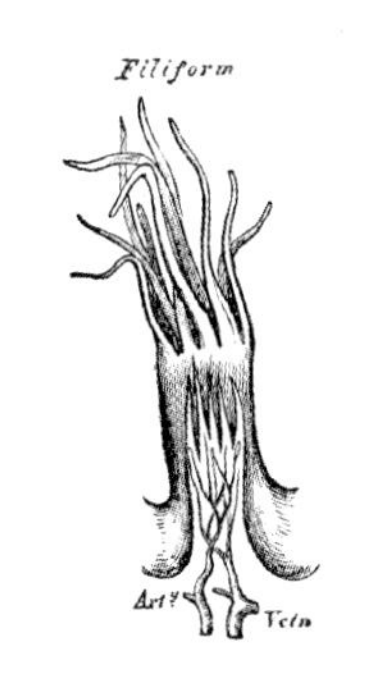

입뿐만 아니라, (상했거나 독이 있는 물질의 파악에 도움을 주기 위해서) 창자와 목에도 미각 수용기가 있다. 그러나 후자는 혀에 있는 미각 수용기들과는 다른 방식으로 뇌에 연결되어 있으며, 거기에는 타당한 이유가 있다. 우리는 위가 맛보고 있는 것을 맛보고 싶지 않다. 미각 수용기는 심장, 허파, 심지어 정소에서도 발견되었다. 그런 곳들에서 수용기들이 정확히 무슨

『그레이 해부학』에 실린 헨리 반다이크 카터의 혀 그림. 그는 맛봉오리의 유형에 특히 주의를 기울였다.

일을 하는지는 아직 아무도 모른다. 그것들도 췌장에 인슐린 분비를 조절하라는 신호를 보내므로, 그 일과 관련이 있을지도 모른다.

미각 수용기가 두 가지의 매우 실질적인 목적을 위해서 진화했다는 생각이 널리 받아들여져 있다. (잘 익은 달콤한 과일 같은) 열량이 풍부한 음식을 찾는 일을 돕고, 위험한 음식을 피하기 위해서라는 것이다. 그러나 이 양쪽 역할을 언제나 잘 해내는 것은 아니라는 말도 하지 않을 수 없다. 위대한 영국의 탐험가인 제임스 쿡 선장의 사례는 교훈적이다. 1774년 태평양을 건너는 2차 항해 당시였다. 한 선원이 통통한 물고기를 한 마리 잡았는데, 누구도 어떤 어류인지 알지 못했다. 그 물고기는 요리되어서 선장과 두 부관에게 바쳐졌다. 그러나 그들은 이미 식사를 했기 때문에 맛만 조금 보고는, 다음날 먹기로 하고 치워두었다. 그들은 정말로 운이 좋았다. 한밤중에 세 명 모두 "몹시 기운이 없고 팔다리가 다 마비되었기" 때문이다. 쿡은 몇 시간 동안 거의 마비 상태였고, 연필조차 들어올릴 수 없었다. 그들은 구토제를 먹고서 위를 비웠다. 그들이 살아남은 것은 행운이었다. 그들이 몇 점 뜯어먹은 물고기는 복어였기 때문이다. 복어에는 테트로도톡신(tetrodotoxin)이라는 청산가리보다 1,000배 이상 강력한 독이 들어 있다.

일본 어시장에서 복어는 다른 생선과 마찬가지로 거래되어 식탁에 오른다. 그러나 이 위험한 생선을 목숨을 잃을 걱정 없이 먹으려면, 세심하게 신경을 써서 독을 제거해야 한다.

치명적인 독을 품고 있음에도, 복어는 일본에서 별미로 유명하다. 복어 요리는 특수한 자격을 갖춘 요리사만이 한다. 요리사는 독이 특히 많이 들어 있는 간, 창자, 껍질 부위를 꼼꼼하게 제거한 뒤에 요리를 해야 한다. 그래도 입을 얼마간 마비시킬 정도의 독소가 남아 있으며, 그래서 먹고 난 뒤에 기분 좋은 얼얼함이 남는다. 1975년에 유명한 복어 중독 사건이 벌어졌다. 유명 배우인 반도 미츠고로가 사람들이 말리는데도 무시하고 복어 요리를 네 접시나 먹었다. 딱하게도 그는 4시간 뒤에 질식사했다. 지금도 해마다 한 명쯤 복어를 먹고 목숨을 잃는다.

복어 중독에는 대처하기가 어려운데, 증세가 나타날 무렵에는 이미 너무 늦어서 조치를 취할 수 없기 때문이다. 벨라도나에서 독버섯에 이르기까지, 다른 온갖 독소를 지닌 것들로 인한 중독도 마찬가지이다. 2008년에 일어난 사건도 널리 알려져 있다. 영국 작가 니컬러스 에번스는 가족 세 명과 함께 스코틀랜드로 휴가를 떠났다가 심하게 앓게

우리 몸에는 약 1만 개의 미각 수용기가 있지만,
사실 우리 입에는 통증을 비롯한 다른
신체 감각 수용기들이 훨씬 더 많다.

되었다. 치명적인 독을 지닌 녹슨끈적버섯을 맛 좋은 그물버섯으로 착각하고 먹었기 때문이다. 결과는 너무나 끔찍했다. 에번스는 콩팥 이식을 받아야 했고, 그들 모두는 오랫동안 후유증에 시달렸다. 그러나 맛에는 위험하다는 기미가 전혀 없었다. 그 말은 우리가 믿을 만하다고 생각하는 방어 체계들이 방어를 할 때에 추정에 꽤 많이 의존한다는 뜻이다.

우리 몸에는 약 1만 개의 미각 수용기가 있지만, 사실 우리 입에는 통증을 비롯한 다른 신체 감각 수용기들이 훨씬 더 많다. 이런 수용기들은 혀에 다닥다닥 붙어 있기 때문에, 종종 감각이 뒤섞인다. 고추를 먹고서 화끈거린다고 말할 때, 우리는 비유가 아니라 진실에 더 가까운 말을 하는 것이다. 우리 뇌는 실제로 혀가 데고 있다고 해석한다. 콜로라도 대학교의 조슈아 텍스버리는 이렇게 말한다. "고추는 섭씨 170도의 버너를 건드렸을 때 활성을 띠는 바로 그 뉴런을 자극합니다. 본질적으로 우리 뇌는 우리가 혀를 난로에 가져다댔다고 말하는 거죠." 마찬가지로 멘톨은 설령 가열된 담배 연기에 들어 있어도 시원하다고 지각된다.

모든 고추에 든 활성 성분은 캡사이신(capsaicin)이라는 화학물질이다. 캡사이신을 소화할 때면, 몸은 엔도르핀을 분비하며—이유는 불분명하다—그래서 우리는 말 그대로 은은하게 달아오르는 기분 좋은 느낌에 휩싸인다. 그러나 모든 온기가 그렇듯이, 금방 불편해지고 이어서 참을 수 없게 될 수도 있다.

고추의 매운 정도는 스코빌(Scoville)이라는 단위로 측정한다. 미국의 겸손한 약학자인 윌버 스코빌(1865–1942)의 이름에서 따왔다. 그는 원래 매운 음식에 전혀 관심이 없었으며, 평생 진짜 매운 음식은 맛본 적도 없었을 가능성이 높다. 스코빌은 주로 매사추세츠 약학대학에서 학생들을 가르치고, "글리세린 좌약에 관한 몇 가지 관찰" 같은 제목의 학술 논문을 쓰면서 세월을 보냈다. 그러다가 1907년, 마흔두 살의 나이에 디트로이트로 이사하여 대형 제약사인 파크데이비스 앤 코에 들어갔다. 아마도 높은 연봉에 끌렸을 것이다. 그가 맡은 업무 중 하나는 히트(Heet)라는 이름의 인기 많은 근육 연고의 생산을 감독하는 것이었다.

미국의 약학자 윌버 스코빌. 고추의 매운 정도를 평가하는 단위에 그의 이름이 붙어 있다.

중국에서 열린 고추 먹기 대회의 한 장면. 참가자들이 매워하는 모습이 보인다. 1분에 50개를 먹은 사람이 우승했다. 매운 것을 참으면서 그렇게 많이 먹을 수 있다니 놀랍다.

히트의 후끈거리는 느낌은 고추에서 나왔다. 음식에 쓰이는 것과 똑같은 고추였다. 그러나 고추의 매운 정도는 고추마다 크게 달랐으며, 한 번 제조할 때에 얼마나 넣어야 할지 판단할 신뢰할 만한 방법이 전혀 없었다. 그래서 스코빌은 스코빌 관능 검사(Scoville Organoleptic Test)라고 불리게 될 것을 고안했다. 모든 고추의 매운 정도를 측정하는 과학적 방법이었다. 이 검사는 지금도 쓰이는 표준 방법이다.

피망은 스코빌 척도로 50−100스코빌이며, 할라페뇨는 2,500−5,000스코빌이다. 오늘날 고추는 여러 지역에서 재배되고 있으며, 특히 가능한 한 매운 고추를 재배하려는 이들도 많다. 이 글을 쓰는 현재 세계에서 가장 매운 고추는 캐롤라이나 리퍼(Carolina Reaper)로서 220만 스코빌이다. 주위에서 흔히 자라거나 정원에서 키우는 꽃식물인 대극과에 속하는 모로코의 한 종은 순혈 품종이 160억 스코빌이라고 측정되었다. 극도로 매운 고추는 사람의 감각 문턱값을 넘어서기 때문에 음식에는 전혀 쓸모가 없지만, 고추 분사액을 제조하는 이들에게는 관심을 받는다. 이런 분사액에도 캡사이신을 사용한다.*

캡사이신은 평균적인 사람에게 혈압을 낮추고, 염증을 억제하고, 암 민감도를 줄이는 많은 혜택을 준다고 알려져 있다. 「영국 의학회지(*British Medical*

* 캡사이신이 자연에 존재하는 이유는 작은 포유동물에게 먹히지 않기 위한 방어 수단으로서 고추에서 진화했기 때문이다. 작은 포유동물은 이빨로 씨를 부수어 먹을 것이다. 반면에 조류는 씨를 통째로 삼키며 캡사이신의 맛을 느끼지 못하기 때문에, 익은 고추의 씨를 얼마든지 먹을 수 있다. 그런 뒤 다른 곳으로 날아가서 배설을 함으로써 씨를 퍼뜨린다. 씨는 비료가 될 하얀 배설물에 섞여서 떨어진다. 새와 씨 양쪽 모두에 좋은 관계이다.

Journal)」에 실린 한 논문에 따르면, 캡사이신을 많이 먹은 중국의 성인들이 연구 기간 동안 덜 먹은 사람들보다 어떤 원인으로든 간에 사망할 확률이 14퍼센트 더 적었다고 한다. 그러나 이런 발견들이 으레 그렇듯이, 매운 음식을 많이 먹은 사람들의 생존율이 14퍼센트 더 높았던 것은 우연의 일치일 수도 있다.

말이 나온 김에 덧붙이면, 우리는 입뿐만 아니라, 눈, 항문, 질에도 통증 감지기가 있다. 매운 음식을 먹으면 그런 부위도 아릴 수 있는 이유가 그 때문이다.

맛에 관한 한, 우리 혀는 단맛, 짠맛, 신맛, 쓴맛, 감칠맛이라는 진숙한 기본 맛만 식별할 수 있다. 금속맛, 물맛, 지방맛, 깊은맛을 느끼는 미각 수용기들이 따로 있다고 보는 연구자들도 있지만, 보편적으로 널리 받아들여진 것은 이 다섯 가지 기본 맛뿐이다.

감칠맛이라는 개념은 서양에서는 아직 조금 낯설다. 사실 이 용어는 처음에 제시된 일본에서조차 비교적 최근에 나온 것이다. 물론 수백 년 전부터 알려져 있던 맛이기는 하다. 다시마와 건어물 등을 끓여서 만든 일본 육수에서 나는 맛이며, 다른 음식에 넣으면 맛이 더 좋아지고 무엇이라고 말하기 어려운 독특한 향미가 난다. 1900년대 초에 도쿄의 이케다 기쿠나에라는 화학자는 이 맛의 근원을 찾아내어 인공 합성하려고 애썼다. 그는 1909년에 도쿄의 한 학술지에 그 향미의 근원이 아미노산인 글루탐산이라는 내용의 짧은 논문을 발표했다. 그리고 그 향미에 "맛 좋은 느낌"이라는 뜻의 우마미(旨味, umami)라는 이름을 붙였다.

일본의 화학자 이케다 기쿠나에. 감칠맛을 내는 MSG를 발견한 뒤, 제조 회사를 세워서 큰 성공을 거두었다. 이 물질의 위해성을 두고 논란이 지속되어왔다.

이케다의 발견은 일본 바깥에는 거의 알려지지 않았다. 우마미라는 단어 자체는 1963년에 한 학술 논문에 실리면서 처음으로 영어 어휘에 등장했다. 더 널리 알려진 출판물에 실리게 된 것은 1979년 「뉴 사이언티스트(*New Scientist*)」를 통해서였다. 이케다의 원래 논문은 서양 연구자들이 감칠맛 수용기가 있다는 것을 확인한 뒤인 2002년에 영어로 번역되었다. 그 사이에 이케다는 일본에서 저명인사가 되었다. 과학자로서가 아니라, 아지노모토라는 대기업의 공동 창업자로서였다. 아지노모토는 자신의 특허를 토대로 감칠맛의 원천을, 오늘날 글루탐산 나트륨(monosodium glutamate) 또는 MSG라고 널리 알려진 형태로 합성하는 회사로, 현재 세계 MSG의 3분의 1을 생산하는 대기업이다.

서양에서 MSG는 1968년에 「뉴잉글랜드 의학회지(*New*

향미와 냄새, 코와 혀: 향미가 어디에서 나오든, 무엇이라고 부르든 간에, 「맛보기」라는 딱 맞는 간결한 제목이 붙은 이탈리아의 화가 알레산드로 사니의 이 그림은 맛있는 음식을 맛보는 기쁨을 잘 표현하고 있다.

England Journal of Medicine)』에 실린 한 독자 편지—기사도 연구 논문도 아닌 그냥 편지—때문에 꽤 오랜 기간 수모를 겪었다. 한 의사가 보낸 편지였는데, 중국 음식점에서 식사를 하고 나면 속이 살짝 거북한 느낌을 받곤 했는데, 음식에 첨가된 MSG 때문이 아닐까 하는 생각이 든다는 내용이었다. 편지의 제목은 "중국 음식점 증후군"이었고, 이 사소한 편지가 계기가 되어 많은 사람들의 마음속에 MSG가 일종의 독이라는 생각이 굳게 자리를 잡게 되었다. 사실은 그렇지 않다. 글루탐산은 토마토 같은 많은 식품에 본래 들어 있으며, 정상적인 양을 먹었을 때에 해로운 효과가 나타난 사례는 전혀 없었다. 올레 G. 모우리트센과 클라우스 스튀르베크는 『감칠맛 : 다섯 번째 맛의 비밀(*Umami: Unlocking the Secrets of the Fifth Taste*)』이라는 흥미로운 연구서에서, "MSG는

이 사소한 편지가 계기가 되어 많은 사람들의 마음속에 MSG가 일종의 독이라는 생각이 굳게 자리를 잡게 되었다. 사실은 그렇지 않다.

역사상 가장 철저히 검사가 이루어진 식품 첨가물이다"라고 썼다. 지금까지 그 어떤 과학자도 그 물질을 탓할 근거를 전혀 찾아내지 못했지만, 그 물질이 두통과 속이 살짝 거북한 느낌을 일으킨다는 인식은 서양에서 약해지지 않은 채 여전히 지속되고 있는 듯하다.

혀와 그 맛봉오리는 부드러운지 매끈거리는지, 달콤한지 쓴지 같은 음식의 기본 질감과 속성을 제공할 뿐이며, 음식물로부터 받는 느낌 전체는 우리의 다른 감각들에도 의존한다. 우리는 음식이 얼마나 맛있다는 말을 늘 하지만, 그 표현은 거의 언제나 틀린 것이다. 먹을 때 우리가 음미하는 것은 향미(flavor), 즉 맛 더하기 냄새이다.*

향미에서 냄새의 비중은 적어도 70퍼센트에 달한다고 하며, 심지어 90퍼센트에 달할 수도 있다. 우리는 그 점을 인식하고 있음을 무심코 직관적으로 드러낸다. 누군가가 요구르트 병을 건네면서 "이거 딸기 맛이지?"라고 물으면, 당신은 대개 맛을 보기보다는 냄새를 맡는 반응을 보일 것이다. 딸기 맛이 사실은 입에서 느끼는 미각이 아니라, 코로 지각하는 냄새이기 때문이다.

무엇인가를 먹을 때에 우리가 접하는 방향(aroma)은 대부분 콧구멍을 통해서가 아니라, 콧길의 뒷계단을 통해서 들어온다. 즉 코 앞쪽 경로(orthonasal route)가 아니라 코 뒤쪽 경로(retronasal route)를 통한다. 맛봉오리의 능력의 한계를 알아보는 쉬운 방법이 하나 있다. 눈을 감고 손으로 콧구멍을 막고서, 다양한 맛의 젤리를 하나씩 입에 넣어보는 것이다. 달콤하다는 것은 금방 알아차리겠지만, 어떤 맛인지는 알 수 없을 것이 거의 확실하다. 그러나 눈을 뜨고 콧구멍을 열면, 그 즉시 어떤 과일 맛인지 생생하게 느껴진다.

심지어 소리도 우리의 음식 맛 지각에 물질적인 영향을 미친다. 바삭거리는 감자칩을 여러 그릇에 나눠 담아놓고서 맛보라고 한 뒤에, 골라 먹을 때마다

* 둘을 혼동하는 것은 영어만이 아니다. 적어도 10개의 언어가 "맛"과 "향미"를 동의어로 사용한다.

헤드폰으로 다양한 바삭거리는 소리를 들려주면, 사람들은 언제나 더 시끄럽게 바삭거리는 소리가 들릴 때 그 감자칩이 더 신선하고 맛있다고 평가할 것이다. 모든 감자칩이 다 똑같은데도 그렇다.

많은 검사들을 통해서 향미 측면에서 우리가 너무나 쉽게 속는다는 것이 드러났다. 보르도 대학교에서는 양조학 학생들을 대상으로 미각 실험을 했다. 학생들은 백포도주와 적포도주를 맛보았다. 사실 실험에 사용된 두 포도주는 똑같은 것이었다. 적포도주는 백포도주에 냄새도 맛도 없는 짙은 붉은색을 띠게 하는 첨가물을 넣은 것일 뿐이었다. 그런데 학생들은 예외 없이 두 포도주의 맛이 전혀 다르다고 했다. 그들이 미숙하거나 포도주 맛을 잘 몰라서가 아니었다. 시각적으로 전혀 달랐기 때문에 그들은 두 포도주의 맛이 전혀 다를 것이라고 예상했고, 그 예상이 실제로 한 모금씩 마셨을 때의 감각에 강력한 영향을 미쳤기 때문이다. 오렌지 맛이 나는 음료를 붉게 물들였을 때에도 같은 결과가 나온다. 우리는 체리 맛이라고 지각할 수밖에 없다.

따라서 냄새와 맛은 전적으로 우리의 머릿속에서 만들어지는 것이다. 맛있는 것을 하나 생각해보자. 이를테면 오븐에서 막 꺼낸 촉촉하고 쫀득거리고 따뜻한 초콜릿 브라우니를 떠올려보자. 한 입 먹으면 부드럽게 녹아내리는 달콤한 맛에다가 초콜릿의 풍부한 향기가 머릿속을 가득 채운다. 이제 이 모든 맛과 향기가 실제로는 전혀 존재하지 않는다는 점을 생각해보라. 입속에서 실제로 일어나는 일은 오직 질감과 화학물질의 작용뿐이다. 이런 냄새도 맛도 없는 분자들을 파악하여 거기에 생생한 감각을 불어넣어서 우리를 기쁘게 하는 것은 우리의 뇌이다. 브라우니는 악보이다. 그 악보를 교향악으로 만드는 것은 우리의 뇌이다. 다른 모든 것들이 그렇듯이, 우리는 뇌가 경험하도록 허용하는 세계를 경험하는 것이다.

물론 우리가 입과 목으로 하는 또 한 가지 놀라운 일이 있다. 바로 의미를 지닌 소리를 내는 것이다. 복잡한 소리를 내고 주고받는 능력이야말로 인간 존재의 가장 큰 경이에 속하며, 지금까지 존재한 모든 생물들과 우리를 구별하는 가장 주된 특징이다.

대니얼 리버먼의 말을 빌리면, 언어와 그 발달은 "아마 인류 진화에 관한 가장 철저하게 논쟁이 이루어진" 주제일 것이다. 언어가 언제 출현했는지를 근사적으로라도 아는 사람은 아무도 없으며, 그 능력을 호모 사피엔스만 가지는지 아니면 네안데르탈인과 호모 에렉투스 같은 고인류들도 터득했는지를 아는 사

맞은편: 의미 있는 소리를 내는 우리의 능력은 흥미롭기 때문에, 오래 전부터 해부학적 조사가 이루어졌다. 성직자이자 과학자인 존 윌킨스의 책에 실린 이 17세기 그림은 어떻게 입으로 특정 글자나 소리를 내는지를 보여준다.

O
B
P
ZH
SH
ȣ
V
F
N
HN
u
M
HM
G
C
α
D
T
GH
CH
a
DH
TH
NG
HNG
e
L
HL
1
R
HR
y
Z
S
1 Epiglottis.
2 Larynx.
3 Aspera Arteria.
4 Oesophagus.

말을 할 수 있으려면 커다란 뇌뿐만 아니라,
절묘하게 배치된 해부 구조도 갖춰야 한다.

람도 전혀 없다. 리버먼은 네안데르탈인이 커다란 뇌와 다양한 도구를 썼다는 점을 토대로 그들이 복잡한 언어를 구사했을 가능성이 높다고 보지만, 그 가설을 입증할 수는 없다.

확실한 것은 조절된 숨결을 알맞은 양으로 미세하게 단계적으로 뿜어낼 수 있는, 정확히 딱 맞는 길이와 탄력과 위치를 갖춘 미세한 근육, 인대, 뼈, 연골이 섬세하면서 조화롭게 균형을 이루어야 언어 능력이 생긴다는 것이다. 혀, 이, 입술도 빠릿빠릿하게 움직여야만 목에서 나오는 이 바람을 받아서 미묘한 음소(音素)로 바꿀 수 있다. 그리고 이 모든 일은 삼키거나 호흡하는 능력을 방해하지 않으면서 이루어져야 한다. 이루 말할 수 없이 어려운 일이다. 말을 할 수 있으려면 커다란 뇌뿐만 아니라, 절묘하게 배치된 해부 구조도 갖춰야 한다. 침팬지가 말을 할 수 없는 이유 중 하나는 복잡한 소리를 만들려면 혀와 입술을 미묘하게 움직여야 하는데 그 능력이 없기 때문이다.

이 모든 일은 우리가 두 발로 서게 되었을 때 새로운 자세에 맞추기 위해서 상체가 진화적으로 재편되는 과정에서 우연히 일어났을 수도 있고, 아니면 이런 특징들 중 일부가 느리게 점진적으로 일어나는 진화 과정을 통해서 선택된 것일 수도 있다. 어느 쪽이었든 간에, 우리는 이슥고 복잡한 생각을 처리할 수 있을 만큼 커다란 뇌와 그런 생각을 내뱉을 수 있는 독특한 발성 기관을 갖추게 되었다.

후두는 본질적으로 각 변의 길이가 약 30-40밀리미터인 상자이다. 후두 안팎에는 연골 9개, 근육 6개, 인대 1벌이 갖추어져 있다. 인대에는 흔히 성대(vocal cord)라고 하지만 성대 주름(vocal fold)이라는 말이 더 타당한 것도 1쌍 포함된다.* 공기가 성대 주름 사이로 밀려올라올 때, 성대 주름은 탁 열리면서 펄럭거린다(깃발이 강한 바람에 나부끼는 것에 비유되곤 한다). 그러면서 다양한 소리를 내며, 혀와 이와 입술은 협력하여 그 소리를 더 다듬어서 정보를 전달하는 경이로운 날숨으로 바꾼다. 이 과정은 호흡(respiration), 발성

....

* 아주 엄밀하게 말하자면, 성대 주름은 두 개의 성대에다가 약간의 근육과 막으로 이루어져 있다.

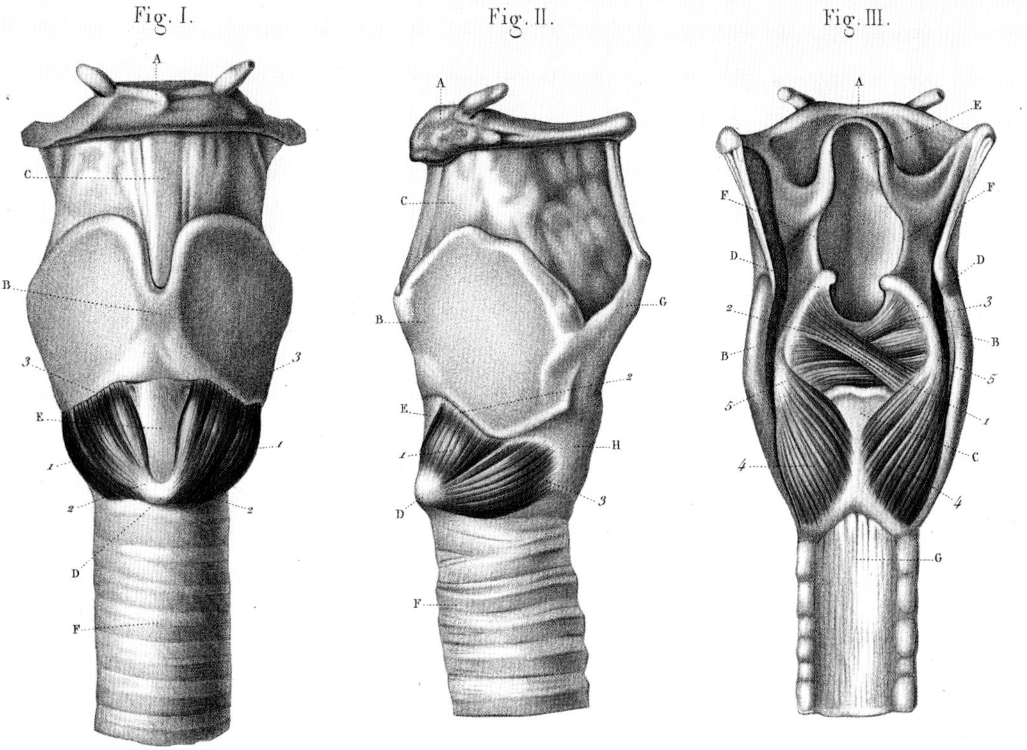

(phonation), 조음(articulation)이라는 세 단계로 이루어진다. 호흡은 단순히 두 성대 사이로 공기를 밀어내는 것이다. 발성은 그 공기를 소리로 바꾸는 과정이다. 조음은 소리를 가다듬어서 말로 만든다. 언어가 얼마나 경이로운 것인지를 실감하고 싶다면, 노래를 한 곡 불러보라. "안녕(Frère Jacques)"이라는 동요가 딱 좋다. 사람의 목소리가 얼마나 수월하게 가락을 뽑아내는지 보라. 사실 우리 목은 수문이자 바람 통로인 동시에 악기이기도 하다.

음성과 노래를 만드는 복잡한 구조 중의 일부. 19세기 프랑스의 해부학 교과서에 실린 이 그림은 후두의 근육을 보여준다.

이 일이 엄청나게 복잡하다는 점을 고려하면, 이 모든 일을 제대로 해내지 못하는 사람들이 있다는 것도 그리 놀랍지 않다. 말더듬 증상은 일상생활에 가장 괴로움을 안겨주면서도 가장 이해가 덜된 장애 중의 하나이다. 성인은 약 1퍼센트, 아동은 약 4퍼센트가 말을 더듬는다. 이유는 모르겠지만, 말더듬이 중 80퍼센트는 남성이다. 또 오른손잡이보다 왼손잡이가 더 많으며, 왼손잡이이면서 오른손으로 글을 쓰도록 교육을 받은 사람들에게서 더 많이 나타난다. 아리스토텔레스, 베르길리우스, 찰스 다윈, 루이스 캐럴, 윈스턴 처칠(어렸을 때), 헨리 제임스, 존 업다이크, 메릴린 먼로, 영국 국왕 조지 6세 등 많은 저명인사들 중에도 말더듬이가 많다. 조지 6세의 말더듬은 2010년 영화 「킹스 스피

언어치료사 라이오넬 로그의 도움을 받아서 말더듬을 치료한 영국 국왕 조지 6세. 이 이야기는 영화 「킹스 스피치」를 통해서 널리 알려졌다. 1939년 9월 3일 국왕이 라디오 방송으로 독일에 선전포고를 했음을 영국의 국민들에게 알리는 장면.

로그가 사용했던 것 같은 치료법이 널리 쓰이기 전까지는, 안타깝게도 많은 말더듬 환자들이 오른쪽 사진의 요한 디펜바흐 같은 외과의사의 손에 맡겨졌다. 그는 아무런 근거도 없으면서, 혀의 근육을 자름으로써 말더듬을 치료할 수 있다고 믿었다.

치」에서 콜린 퍼스가 감명적으로 연기한 바 있다.

무엇이 말더듬을 일으키는지, 왜 사람마다 서로 다른 문자나 한 문장의 서로 다른 단어에서 말을 더듬는지 아무도 알지 못한다. 많은 이들은 같은 단어를 노래로 부르거나 외국어를 하거나 혼자 중얼거릴 때에는 기적처럼 말을 더듬지 않는다. 또 말더듬이 중 대다수는 청소년기 무렵에는 말을 더듬지 않게 된다(아이보다 어른의 말더듬이 비율이 낮은 이유가 바로 이 때문이다). 여성이 남성보다 더 쉽게 증상이 사라지는 듯하다.

말더듬을 치료할 믿을 만한 방법 같은 것은 전혀 없다. 19세기 독일의 가장 저명한 외과의사 중 한 명인 요한 디펜바흐는 말더듬이 전적으로 근육의 문제이며, 환자의 혀 근육을 잘라내면 치료할 수 있을 것이라고 믿었다. 그 방법은 전혀 효과가 없었지만, 얼마 동안 유럽 전역과 미국에서 널리 유행했다. 그 수술로 많은 환자들이 죽었고, 살아남은 사람들은 모두 심각한 후유증에 시달렸다. 다행히도 지금은 말더듬을 겪는 대부분의 사람들이 언어치료와 인내심을 가지고 공감을 표하는 접근법을 통해서 상당히 도움을 받고 있다.

목을 떠나서 몸속으로 좀더 들어가기 전에, 잠깐 짬을 내어서 기이한 작은 살덩어리를 살펴보자. 몸의 가장 큰 구멍으로 향하는 이 여행을 시작했을 때 언급한, 목의 컴컴한 동굴 앞을 지키는 수수께끼로 남아 있는 작은 목젖(uvula) 말이다. (영어 단어는 "작은 포도"라는 라틴어에서 유래했다. 포도와 그다지 닮은 구석은 없다.)

오랫동안 목젖이 무슨 일을 하는지 아무도 몰랐다. 지금도 완전히 확신하지는 못하지만, 목젖은 목을 위해서 일종의 흙받기 역할을 하는 듯하다. 음식이 콧길로 가지 않고(먹다가 기침을 하면 그쪽으로 향할 수도 있다) 목으로 내려가도록 돕는다. 또 침 생산을 돕는 유익한 일도 하며, 구역질 반사를 촉발하는 듯도 하다. 또 언어에도 관여할지도 모른다. 이 결론은 목젖이 있는 포유동물이 우리뿐이고 말하는 동물도 우리뿐이라는 사실에서 도출한 것에 불과하지만 말이다. 목젖을 떼어내면 목구멍 소리를 제대로 내기가 조금 힘들어진다는 것은 사실이며, 전보다 노래를 더 못 부르게 되었다고 느끼는 사람들도 있기는 하다. 잠잘 때 떨리는 목젖은 코골이에 상당한 기여를 하는 듯하며, 그 때문에 목젖을 떼어내기도 하지만 그런 일은 아주 드물다. 아마 평생 목젖에 별로 관심을 가질 일 없이 살아가는 이들이 대다수일 것이다.

한마디로 목젖은 신기한 부위이다. 우리 몸에서 가장 커다란 입구, 지나면 더 이상 돌아올 수 없는 입구의 한가운데에 떡하니 자리한다는 점을 생각하면, 정말로 이상하게도 하는 일이 없어 보인다. 우리가 목젖을 잃을 일이 거의 없을 것이 분명하며, 설령 잃는다고 해도 별 문제가 되지 않을 것이라는 사실을 알고 나면 기이하게도 이중으로 위안이 될지도 모르겠다.

목젖은 목 한가운데에 떡하니 있지만, 어떤 기능을 하는지는 아직도 불분명하다. 입을 의학적으로 설명하는 이 20세기 초의 그림에도 목젖이 한가운데에 뚜렷이 보인다.

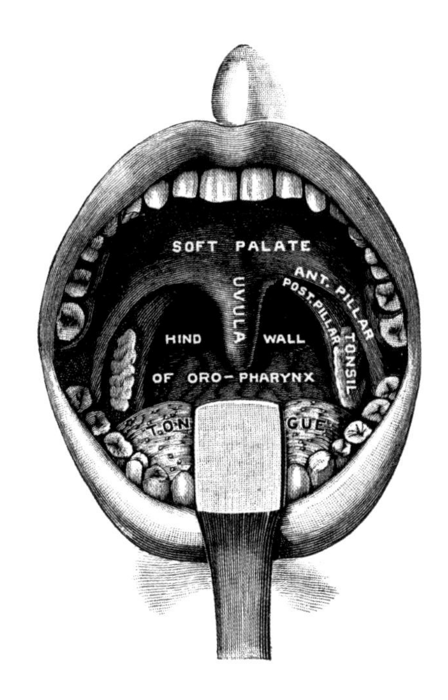

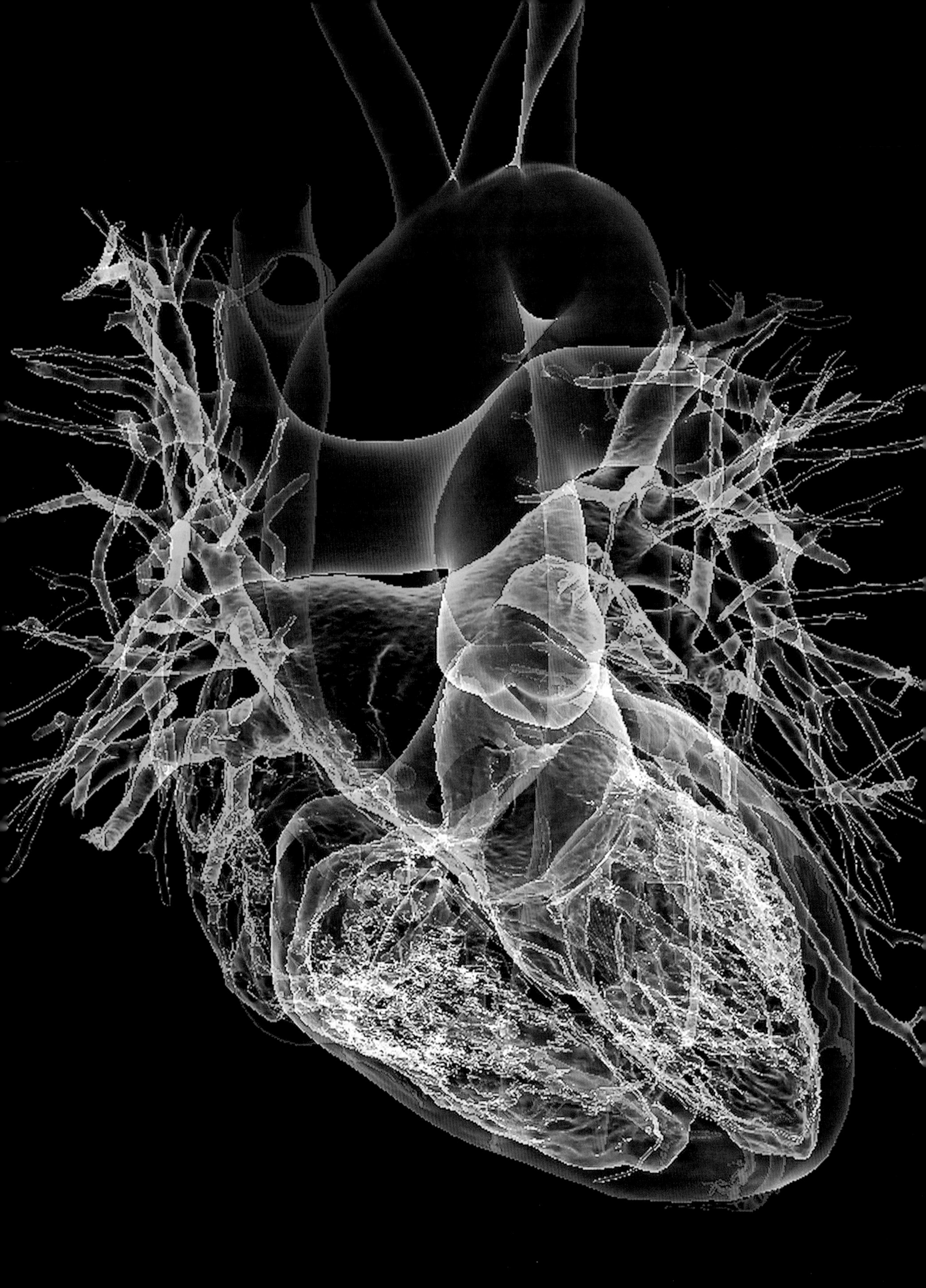

7

심장과 피

"멈췄군."

영국의 외과의사이자 해부학자인 조지프 헨리 그린(1791-1863)

자신의 맥박을 재다가 마지막으로 남긴 말

I

심장은 가장 오해를 받는 신체 기관이다. 우선 심장은 발렌타인 데이에 우리가 떠올리고, 연인들이 나무줄기 같은 곳에 이름과 함께 새기곤 하는 전통적인 기호와는 전혀 다르게 생겼다. (그 기호는 14세기 초 이탈리아 북부 지역의 그림들에서 뜬금없이 처음 등장했는데, 어디에서 착안했는지는 아무도 모른다.) 게다가 심장은 우리가 국기에 경례를 할 때에 오른손을 가져다대는 부위에 있지도 않다. 심장은 그보다 더 가슴 한가운데에 있다. 아마도 가장 신기한 점은 누군가를 진심으로 사랑한다고 선언하거나 연인에게서 버림받고서 가슴이 무너졌다고 토로할 때, 우리가 심장을 감정이 자리한 곳이라고 본다는 것이다. 내 말을 오해하지는 말기를. 심장은 경이로운 기관이며 우리의 찬사와 감사를 받아 마땅하지만, 우리의 감정과는 조금도 관련이 없다는 것이다.

그 점은 좋은 일이다. 심장에게는 한눈팔 겨를이 없으니까. 심장은 우리 몸에서 가장 한 가지 일에만 몰두하는 기관이다. 딱 한 가지 일만 하며, 그 일을 놀라울 정도로 잘 한다. 바로 뛰는 것이다. 1초에 1번 남짓, 하루에 약 10만 번, 평생에 35억 번을 율동적으로 뛰면서 온몸으로 피를 밀어낸다. 그리고 이 고동은 부드러운 밀어내기가 아니다. 대동맥이 잘린다면 피가 3미터나 솟구칠 만큼 힘찬 수축이다.

그렇게 쉴 새 없이 일하고 있다는 점을 생각할 때, 대부분의 심장이 그토록 오랫동안 일을 한다는 것 자체가 기적이 아닐 수 없다. 우리의 심장은 매시간 약 260리터의 피를 뿜어낸다. 하루에 6,240리터이다. 자동차에 1년 동안 넣는 연료의 양보다 더 많은 양의 피를 하루에 뿜어낸다. 심장은 피를 팔다리의 가장 끝까지 보낼 수 있을 만큼의 힘으로 뿜어내야 할 뿐만 아니라, 그 피가 다시 심장으로 돌아오도록 하는 데에도 도움을 주어야 한다. 당신이 서 있다면, 심장은 발보다 약 1.2미터 높은 곳에 있으므로, 피를 돌아오도록 하려면 많은 중력을 극복해야 한다. 관에 든 물을 1.2미터 높이까지 밀어올릴 수 있는 힘으로 자몽만 한 크기의 펌프를 세게 누른다고 상상해보라. 이제 그 일을 1초에 1번씩, 수십 년 동안 멈추지 않고 계속하면서도 피곤함을 느끼지 못한다고 상상해보라. 심장이 평생 동안 하는 일이 1톤짜리 물건을 240킬로미터 높이까지 들어올리는 것에 해당한다는 계산 결과가 있다(어떻게 계산했는지는 아무도 모른다는 말을 덧붙여야겠지만). 정말로 놀라운 능력이다. 다만 우리의 연애 활동에는 관여하지 않을 뿐이다.

맞은편 : 16세기에 그려진 이 그림은 우리 문화에 매우 확고히 자리를 잡은 몹시 부정확한 심장의 형태를 잘 포착하고 있다.

앞쪽 : 사람 심장의 반투명한 컬러 3D CT 사진. 위쪽의 대동맥활을 비롯하여 심장의 주요 동맥과 정맥이 보인다.

하는 일은 이렇게 엄청난데도, 심장은 놀라울 만치 보잘것없어 보인다. 심장은 무게가 450그램이 되지 않으며, 심방 2개와 심실 2개의 단순한 4개의 방으로 나뉘어 있다. 피는 심방(atrium, "앞방"이라는 뜻의 라틴어)으로 들어와서 심실(ventricle, "방"을 뜻하는 라틴어)로 나간다. 사실 심장은 한 대의 펌프가 아니라 두 대의 펌프이다. 한 대는 피를 허파로 보내고, 다른 한 대는 피를 온몸으로 보낸다. 두 펌프의 출력은 매번 균형을 이루어야 한다. 그래야 피가 원활하게 순환할 수 있다. 심장에서 뿜어지는 피 중에서 15퍼센트는 뇌로 가지만, 사실 가장 많은 20퍼센트는 콩팥으로 간다. 피가 온몸을 한 번 도는 데에는 약 50초가 걸린다. 신기한 점은 심장의 방들을 지나가는 피가 심장 자체를 위해서는 아무 일도 하지 않는다는 것이다. 심장은 따로 심장 동맥을 통해서 산소를 공급받는다. 다른 기관들에 산소가 공급되는 방식과 똑같다.

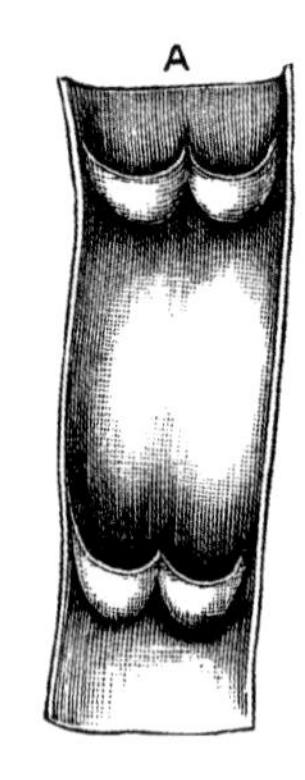

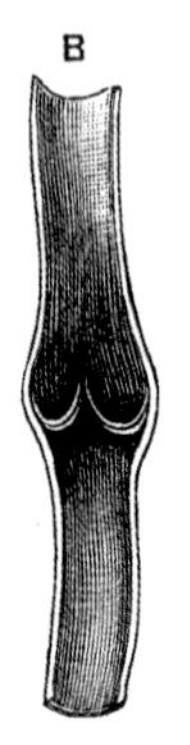

동맥은 심장에서부터 피를 내보낸다. 정맥은 피를 심장으로 돌려보낸다. 이 흐름이 알맞은 방향으로 계속 일어나도록, 정맥에는 피가 역류하는 것을 막는 판막이 들어 있다. 이 오래된 그림에도 판막이 잘 드러나 있다.

맞은편 : 19세기 무렵 의학계는 심장을 좀더 정확히 묘사했다. 왼쪽 위에서부터 시계 방향으로 심장의 앞쪽, 왼쪽, 오른쪽, 뒤쪽 모습이다.

심장 박동은 수축기와 확장기라는 두 단계로 이루어진다. 수축기는 심장이 수축하여 피를 몸으로 밀어내는 단계이고, 확장기는 심장이 확장되면서 피가 다시 채워지는 단계이다. 이 두 단계의 차이가 바로 혈압이다. 혈압 측정값의 두 숫자, 예를 들면 120/80은 심장이 한 번 뛸 때에 혈관이 겪는 최대 압력과 최소 압력을 가리킨다. 앞쪽의 큰 수는 수축기 압력이고, 뒤쪽의 작은 수는 확장기 압력이다. 구체적인 숫자는 관 안의 수은을 몇 밀리미터까지 밀어올리는지를 나타내며, 보정을 거친 값이다.

몸의 모든 부위에 계속 충분히 피를 공급한다는 것은 까다로운 일이다. 우리가 일어설 때마다 약 1리터의 피가 아래로 내려가려고 시도하며, 우리 몸은 그 중력의 당김을 어떻게든 극복해야 한다. 이 문제에 대처하기 위해서, 우리 정맥에는 피가 거꾸로 흐르는 것을 막는 판막이 들어 있고, 다리의 근육은 수축할 때에 펌프 역할을 하여 하체의 피가 심장으로 돌아가도록 돕는다. 그러나 근육이 수축하려면 다리를 움직여야 한다. 우리가 규칙적으로 일어나서 돌아다니는 것이 중요한 이유가 바로 그 때문이다. 전반적으로 몸은 이런 도전 과제들에 꽤 잘 대처한다. 노팅엄 대학교 의과대학의 해부학 강사인 쇼반 러프너는 내게 이렇게 말했다. "건강한 사람은 어깨와 발목의 혈압 차이가 20퍼센트 미만이에요. 몸이 어떻게 그렇게 하는지 정말로 놀라워요."

이런 내용들을 종합하면, 혈압이 어떤 고정된 값이 아니라 몸의 부위마다 다르고, 또 하루 중 몇 시인지에 따라서도 다르다는 것을 알게 된다. 우리가 활동하는 (또는 활동해야 하는) 낮에 가장 높고 밤에는 낮아져서 새벽 시간에 최저점에 이르는 경향이 있다. 심근경색은 한밤중에 더 많이 일어난다고 오래 전부

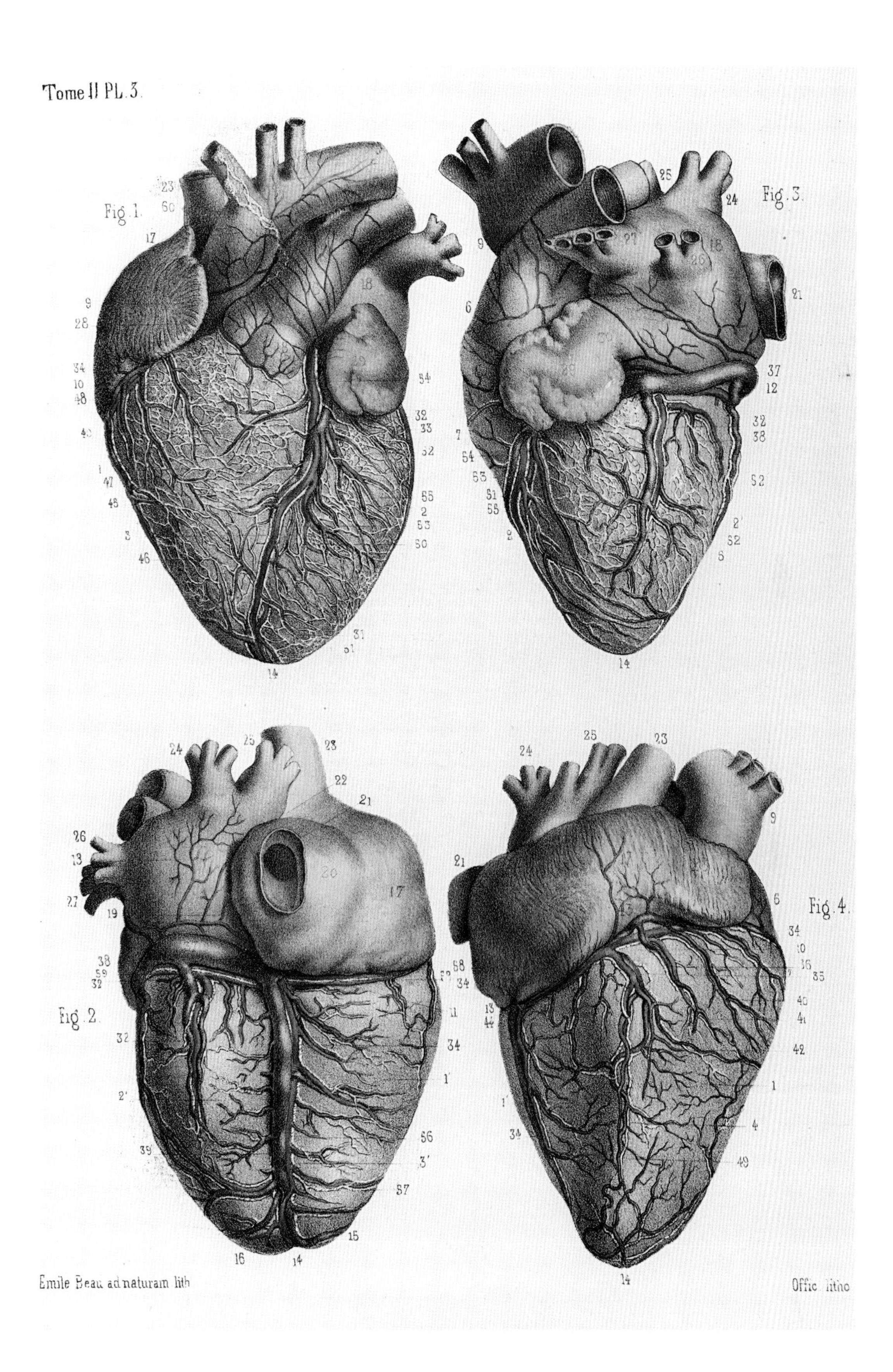
Tome II PL. 3.
Fig. 1.
Fig. 3.
Fig. 2.
Fig. 4.
Emile Beau ad naturam lith
Offic. litho

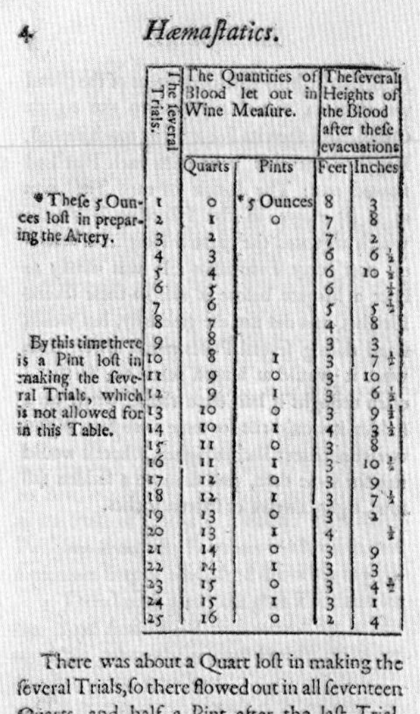

4 *Hæmaſtatics.*

The ſeveral Trials.	The Quantities of Blood let out in Wine Meaſure.		The ſeveral Heights of the Blood after theſe evacuations	
	Quarts	Pints	Feet	Inches
1	0	* 5 Ounces	8	3
2	1	0	7	8
3	2		7	2
4	3		6	6 ½
5	4		6	10 ½
6	5		6	½
7	6		5	5 ½
8	7		4	8
9	8		3	3
10	8	1	3	7 ½
11	9	0	3	10
12	9	1	3	6 ½
13	10	0	3	9 ½
14	10	1	4	3 ½
15	11	0	3	8
16	11	1	3	10 ½
17	12	0	3	9
18	12	1	3	7 ½
19	13	0	3	2
20	13	1	4	½
21	14	0	3	9
22	14	1	3	3
23	15	0	3	4 ½
24	15	1	3	1
25	16	0	2	4

* Theſe 5 Ounces loſt in preparing the Artery.

By this time there is a Pint loſt in making the ſeveral Trials, which is not allowed for in this Table.

There was about a Quart loſt in making the ſeveral Trials, ſo there flowed out in all ſeventeen Quarts, and half a Pint after the laſt Trial, when ſhe expired. This whole Quantity of Blood was equal to 1185.3 cubick Inches.

3 5. We

고혈압, 말 그대로 : 말을 대상으로 한 스티븐 헤일스의 잔인하지만 중요한 실험을 묘사한 그림. 그는 수직 관으로 피를 아주 높이 밀어올릴 만큼 심장이 피를 세차게 뿜어낸다는 것을 발견했다. 오른쪽 사진은 그의 연구 결과를 기록한 핵심 대목이다.

터 알려져 있으며, 밤의 혈압 변화가 어떤 식으로든 방아쇠 역할을 한다고 보는 연구자들도 있다.

혈압에 관한 초기 연구 중에서 상당 부분은 18세기 초에 런던 인근 미들섹스 테딩턴의 성공회 보좌신부인 스티븐 헤일스가 동물들을 대상으로 벌인 매우 소름끼치는 실험들을 통해서 이루어졌다. 그는 한 실험에서는 늙은 말을 꽉 묶어놓은 뒤에 청동 삽입관을 통해서 길이 2.7미터의 유리관을 목 동맥에 연결했다. 그런 다음 동맥을 열어서 피가 관을 따라 얼마나 높이 솟아오르는지를 쟀다. 그는 생리학적 지식을 얻기 위해서 아주 많은 무력한 동물들을 죽였고, 곳곳에서 비난을 받았다. 그 지역에서 살던 시인인 알렉산더 포프는 특히 격렬하게 비난하고 나섰다. 그러나 과학계는 그가 이룬 성과를 높이 샀다. 따라서 헤일스는 똑같은 실험이지만 악명과 과학 발전에 기여했다는 명성을 동시에 얻었다. 동물 애호가들로부터는 비난을 받았지만, 왕립협회는 헤일스에게 최고의 영예인 코플리 메달을 수여했고, 헤일스의 저서 『혈액통계학(*Haemastaticks*)』은 약 한 세기 동안 동물과 인간의 혈압에 관한 최고의 권위서로 인정받았다.

20세기에 들어와서도 꽤 오랫동안 의학계의 많은 사람들은 고혈압이 건강에 좋다고 믿었다. 피가 활기차게 흐르고 있음을 시사한다고 보았기 때문이다. 물론 현재 우리는 만성 고혈압이 심근경색이나 뇌졸중 위험을 심각하게 높인다는 것을 안다. 고혈압이 정확히 무엇이냐는 문제는 그보다 더 어렵다. 일반적

미국에서만 심혈관 질환을 앓는 사람이
8,000만 명을 넘으며, 그 치료에 드는 비용이
한 해에 3,000억 달러에 달한다.

으로 의학계는 오랫동안 혈압 140/90을 고혈압의 판단 기준으로 삼아왔다. 그런데 2017년 미국 심장협회는 갑작스럽게 이 기준을 130/80으로 낮춤으로써 거의 모든 이들을 경악시켰다. 이렇게 조금 낮추는 것만으로도 45세 이하의 사람들 중 고혈압 환자는 남성은 3배, 여성은 2배로 늘어나게 되었다. 게다가 65세 이상의 사람들은 사실상 전부가 위험 구간에 놓이는 셈이 되었다. 새로운 기준에 따르면 미국 성인 인구 중 거의 절반인 1억300만 명이 고혈압이다. 이전 기준으로는 7,200만 명이었는데 말이다. 미국인 중 적어도 5,000만 명은 적절한 고혈압 치료를 받지 않는 것으로 추정된다.

심장 건강은 현대 의학의 성공 사례 가운데 하나이다. 심장병 사망률은 1950년에는 10만 명당 거의 600명이었는데, 지금은 168명으로 낮아졌다. 비교적 최근인 2000년에는 257.6명이었다. 그럼에도 여전히 사망의 주된 원인임에는 분명하다. 미국에서만 심혈관 질환을 앓는 사람이 8,000만 명을 넘으며, 그 치료에 드는 비용이 한 해에 3,000억 달러에 달한다.

심장은 다양한 양상으로 이상을 일으킬 수 있다. 박동을 건너뛸 수도 있고, 박동을 추가로 일으킬 수도 있다. 대개 후자가 많다. 전기 신호가 잘못 생성되기 때문이다. 이런 두근거림이 하루에 1만 번까지 일어나는데도 알아차리지 못하는 사람들도 있다. 반면에 심장의 부정맥 때문에 늘 불안하게 살아가는 사람들도 있다. 심장의 리듬이 너무 느린 것을 느린맥, 너무 빠른 것을 빠른맥이라고 한다.

우리는 대개 혼동하여 사용하지만, 심근경색(heart attack)과 심장정지(cardiac arrest)는 사실 다른 것이다. 심근경색은 심장 동맥이 막히는 바람에 산소를 지닌 혈액이 심장 근육으로 갈 수 없을 때에 일어난다. 심근경색은 갑작스럽게 일어날 때가 많은 반면—그래서 발작(attack)이라는 단어가 붙었다(영어의 attack은 갑작스럽게 일어나는 발작을 가리키며, heart attack은 엄밀히 말하면 급성 심근경색을 뜻한다/역주)—다른 유형의 심장 기능 이상들은 (반드시 그렇지는 않지만) 더 천천히 일어날 때가 많다. 혈관이 막혀서 산소를 공급

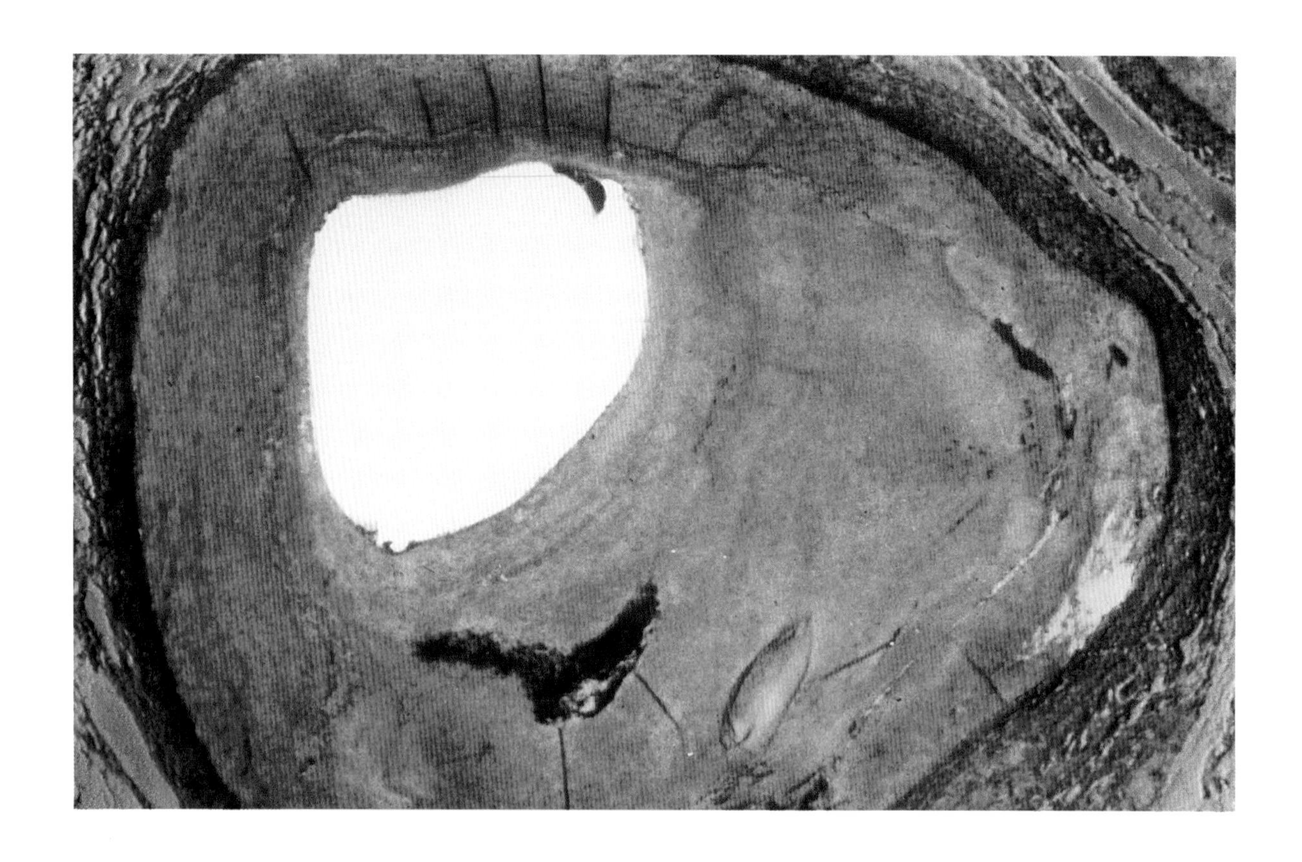

동맥의 벽에 지방 플라크(plaque)가 쌓여서 생기는 죽상경화증은 협심증을 일으킬 수 있고, 위험한 혈전 형성 가능성을 높인다. 사람의 심장 동맥 단면을 찍은 이 사진은 플라크(주황색)가 피(흰색)가 흐르는 동맥의 지름을 얼마나 줄일 수 있는지를 잘 보여준다.

받지 못하면, 심장 근육은 죽어가기 시작한다. 대개는 약 60분 이내에 죽는다. 우리는 이런 식으로 죽은 심장 근육을 영구히 잃게 된다. 제브라피시처럼 우리보다 훨씬 더 단순한 동물들은 손상된 심장 조직을 재생할 수 있다는 점을 생각하면 살짝 짜증이 날 수도 있다. 진화가 우리에게서 이 유용한 능력을 왜 앗아갔는지는 우리 몸의 풀지 못할 많은 수수께끼 중의 하나이다.

심장정지는 심장이 아예 펌프질을 멈출 때에 일어난다. 대개는 전기 신호 전달이 실패함으로써 일어난다. 심장이 펌프질을 멈추면, 뇌에 산소가 공급되지 않아서 우리는 즉시 의식을 잃는다. 빨리 조치를 취하지 않으면 곧 사망으로 이어진다. 심근경색은 심장정지로 이어질 때가 많지만, 심장정지는 심근경색 없이도 일어날 수 있다. 치료법이 다르기 때문에 의학적으로는 둘을 구별하는 것이 아주 중요하다. 물론 한시가 급한 환자 앞에서 조금 전문적인 이야기를 떠드는 것처럼 들릴 수도 있다.

모든 유형의 심장 기능 상실은 지독히도 은밀하게 진행될 수 있다. 그중 약 4분의 1은 치명적인 심근경색이 일어났을 때, 자신의 심장에 문제가 있음을 처음으로 (그리고 불행하게도 마지막으로) 알아차린다. 그에 못지않게 섬뜩한 점

약 4분의 1은 치명적인 심근경색이 일어났을 때, 자신의 심장에 문제가 있음을 처음으로 (그리고 불행하게도 마지막으로) 알아차린다.

은 (치명적이든 아니든 간에) 첫 심근경색을 일으키는 사람 중에서 절반 이상은 건강에 이상 징후가 전혀 없는 매우 건강한 이들이라는 것이다. 흡연도 과음도 하지 않고, 심한 과체중도 아니며, 만성 고혈압을 앓지도 심지어 콜레스테롤 수치도 나쁘지 않음에도, 심근경색이 일어나는 것이다. 즉 건강한 생활을 한다고 해서 심장 문제를 피할 수 있다고 보장하지는 못한다. 그저 피할 기회를 높여줄 뿐이다.

모든 심근경색은 어떤 식으로든 간에 저마다 양상이 다른 듯하다. 여성과 남성은 심근경색이 일어나는 양상이 서로 다르다. 여성은 남성보다 복통과 욕지기를 느낄 가능성이 더 높다. 그래서 심근경색이 아니라 다른 질병이라고 진단받을 가능성이 더 높다. 50대 중반 미만의 사람들에게서 여성이 남성보다 심근경색으로 사망할 확률이 두 배 높은 데에는 이런 진단 오류도 한몫을 한다. 여성이 심근경색에 걸릴 확률은 흔히 생각하는 것보다 더 높다. 영국에서는 한 해에 2만8,000명의 여성이 치명적인 심근경색을 일으킨다. 유방암으로 사망하는 여성보다 심장병으로 죽는 여성이 약 2배 더 많다.

치명적인 심장 기능 상실을 겪는 사람들 중에는 끔찍한 죽음의 전조 증상을 갑작스럽게 경험하는 이들도 있다. 이 전조 증상은 상당히 흔해서 의학 용어까지 붙어 있다. 앙고르 아니미(angor animi)로, "영혼의 불안"이라는 뜻의 라틴어에서 유래했다. 극소수는 (치명적인 사건에 행운이라는 말을 붙일 수가 있다면) 운 좋게도 고통을 느낄 새도 없이 단시간에 사망한다. 나의 아버지는 1986년의 어느 날 밤에 잠자리에 드셨다가 그대로 세상을 떠나셨다. 내가 아는 한, 아무런 고통도 스트레스도 없이, 아니 사실상 자각도 하지 못한 상태에서 돌아가셨다. 이유는 모르겠지만, 동남아시아의 흐몽족은 야간 돌연사 증후군(Sudden Unexpected Nocturnal Death Syndrome)에 유달리 취약하다. 자고 있는데 그냥 심장이 멈추는 증상이다. 부검을 해보면, 한결같이 심장이 지극히 정상이면서 건강한 것으로 나온다. 비대 심근병(hypertrophic cardiomyopathy)은 경기장에서 뛰던 운동선수를 갑작스럽게 사망에 이르게 하는 병이다. 한쪽 심실이 비정상적으로 (그리고 거의 언제나 진단을 받지 않은 상태에서) 두꺼워져

동남아시아의 흐몽족은 잠자고 있을 때, 건강하고 운동을 충분히 하는— 땔감을 운반하는 이 세 명의 여성이 보여주듯이— 심장이 갑작스럽게 멈춰서 죽는 수수께끼 같은 성향을 보인다.

서 생기며, 미국에서 45세 미만인 사람들 중 연간 1만1,000명이 이 병으로 갑자기 사망한다.

심장에 붙은 질병의 종류는 다른 어떤 기관들보다 더 많으며, 게다가 모두 심각한 것들이다. 프린츠메탈 협심증, 가와사키병, 엡스타인 이상, 아이젠멩거 증후군, 다코츠보 심근병 등의 많은 심장병에 걸리지 않고 살아갈 수 있다면, 자신이 정말로 운이 좋은 사람이라고 생각해도 된다.

현재 그토록 흔한 질병인 심장병이 대체로 현대에 들어와서 흔해진 것이라고 하면 조금 놀랄지도 모르겠다. 1940년대까지 보건 의료의 초점은 주로 디프테리아, 장티푸스, 결핵 같은 감염병을 정복하는 쪽에 맞추어져 있었다. 그런 감염병 중 상당수를 해결하자 비로소 우리가 가진 다른 건강 문제들이 뚜렷하게 드러나게 되었다. 그러면서 심혈관 질환이 점점 유행하기 시작했다. 아마 심장병에 대한 대중의 인식을 촉발시킨 사건은 프랭클린 델러노 루스벨트의 사망이었을 것이다. 1945년 초에 그의 혈압은 300/190으로 치솟았다. 그것은 활력의 징후가 아니라 정반대임이 명백했다. 그가 얼마 지나지 않아서 겨우 예순셋의 나이로 세상을 떠나자, 세계는 심장병이 심각해지고 만연해 있으며, 무엇인가 조치를 취할 때가 되었다는 사실을 갑작스럽게 알아차린 듯

1945년 2월 얄타에서 처칠, 스탈린과 회담을 할 당시 프랭클린 D. 루스벨트의 혈압이 위험한 수준까지 치솟았다. 그는 두 달 뒤에 사망했다. 심장병을 의학적으로 상세히 조사하려는 동기를 부여한 것도 그가 남긴 수많은 유산 중의 하나이다.

했다.

그 결과 매사추세츠 주의 프래밍엄이라는 소도시에서, 그 유명한 프래밍엄 심장 연구가 탄생했다. 연구진은 1948년 가을부터 그 지역의 성인 5,000명을 모집하여 여생 동안 꼼꼼하게 관찰하기 시작했다. 비록 이 연구는 거의 백인만을 대상으로 했다고 비판을 받았지만(이 문제는 나중에 바로잡았다), 적어도 여성을 포함시켰다. 당시에는 여성이 심장병에 잘 걸리지 않는다고 생각했기 때문에 이는 매우 선견지명이 있는 조치였다. 원래의 연구 목적은 왜 어떤 이들은 심장병에 걸리고 어떤 이들은 걸리지 않는지, 관련 요인을 파악하는 것이었다. 프래밍엄 연구 덕분에 당뇨병, 흡연, 비만, 불균형적인 식단, 만성 운동 부족 등 심장병의 주요 위험 요인들이 대부분 파악되거나 확인되었다. 사실 "위험 요인(risk factor)"이라는 용어 자체가 프래밍엄 연구로부터 나온 것이다.

20세기는 심장의 세기라고 해도 어느 정도는 타당하다고 할 수 있다. 의학에서 그만큼 빠르고 혁신적인 기술 발전이 이루어진 분야는 달리 없기 때문이다. 한 사람의 생애에 해당하는 기간에, 심장은 거의 건드릴 수 없는 기관에서 으레 수

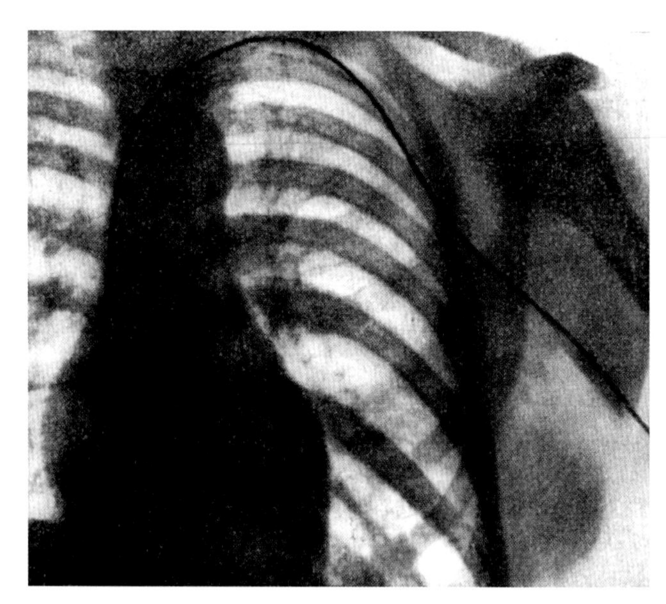

의학에는 윤리적으로 판단을 내리기가 모호한 사례들이 많음을 잘 보여준 베르너 포르스만. 이 X선 사진에는 그가 대담하게 자신의 팔에 꽂아서 심장까지 밀어넣은 카테터가 보인다. 포르스만은 의학의 개척자인 한편으로 열렬한 나치 추종자였다.

술의 대상이 되는 기관으로 바뀌었다. 복잡하고 위험한 수술들이 대개 그렇듯이, 수술 기법들이 완벽하게 다듬어지고 그런 수술을 가능하게 해줄 기구들이 고안되기까지는 오랜 세월에 걸쳐 많은 사람들의 끈기 있는 노력이 필요했다. 때로 일부 연구자들은 지극히 대담하게 개인적인 위험을 무릅썼다. 베르너 포르스만의 사례를 생각해보자. 1929년, 베를린 인근의 한 병원에서 일하던, 의사 자격을 갖춘 지 얼마 되지 않은 젊은 의사인 그는 카테터(catheter)를 통해서 심장에 직접 접근하는 것이 가능한지 알아보고 싶은 호기심이 발동했다. 결과가 어떻게 될지 전혀 모르는 상황에서, 그는 카테터를 자기 팔의 동맥 안으로 삽입했다. 그리고 조심스럽게 계속 밀어넣었다. 카테터는 동맥을 따라 어깨로 올라갔다가 가슴으로 내려갔고, 이윽고 심장에 닿았다. 그는 이물질이 침입했음에도 심장정지가 일어나지 않는다는 사실을 알자 너무나 기뻤다. 그는 자신이 한 일을 증거로 남길 필요가 있다는 것을 깨닫고는 다른 층에 있는 방사선과까지 걸어가서 X선 촬영을 했다. 심장에 카테터가 들어가 있는 놀라운 사진이 찍혔다. 포르스만의 방법은 이윽고 심장 수술을 혁신시켰지만, 당시에는 거의 주목을 받지 못했다. 주된 이유는 논문을 별 이름 없는 학술지에 발표했기 때문이다.

포르스만이 유대인을 축출하여 독일의 인종적 순수성을 확보하겠다는 사상의 배후에 있던 국가사회주의 독일 의사연맹과 나치당의 초기 열성 지지자가 아니었더라면, 좀더 사람들의 호감을 샀을지도 모르겠다. 홀로코스트 당시 그가 개인적으로 얼마나 악행을 저질렀는지는 불분명하지만, 적어도 철학적으로 한 사람의 생애에 해당하는 기간에, 심장은 거의 건드릴 수 없는 기관에서 으레 수술의 대상이 되는 기관으로 바뀌었다.

는 경멸을 받아야 마땅했다. 전쟁이 끝난 뒤, 그는 독일 남서부 삼림지대의 한 소도시에 숨어서 조용히 가정의로 일하며 지냈다. 처벌을 피하려는 의도도 얼마간 있었을 것이다. 아마 뉴욕 컬럼비아 대학교의 디킨슨 리처즈와 앙드레 쿠르낭이라는 두 연구자가 없었다면, 그는 세상에서 아예 잊힌 존재가 되었을 것이다. 그들은 포르스만이 개척한 방법을 토대로 한 심장 카테터 삽입법을 개발했고, 포르스만의 공헌을 널리 알렸다. 1956년에 세 사람은 노벨 생리의학상을 공동 수상했다.

펜실베이니아 대학교의 의사 존 H. 기번은 포르스만보다 훨씬 더 고결했고 실험의 불편함을 견디는 능력 면에서도 그에 못지않았던 인물이었다. 1930년대 초에 기번은 혈액에 인공적으로 산소를 공급하여 심장 절개수술을 가능하게 해줄 기계 개발에 착수했다. 그는 오랜 세월에 걸쳐서 끈기 있게 노력을 계속했다. 기번은 몸속 깊숙이 있는 혈관의 확장이나 수축 능력을 알아보기 위해서, 곧은창자(직장)로 온도계를 삽입하고, 위관(stomach tube)을 삼켰다. 그런 뒤 얼음물을 위로 흘려보내면서 체내의 온도 변화를 측정했다. 무려 20년 동안 얼음물을 삼키는 등의 영웅적인 노력을 한 끝에, 1953년 기번은 필라델피아의 제퍼슨 의과대학 부속병원에서 세계 최초로 심장-허파 기계(혈액을 밖으로 빼내어 인공적으로 산소를 공급한 뒤에 돌려보내는 기계로, 도중에 혈액을 냉각시키면 수술 성공률이 높아진다/역주)를 선보였다. 그는 그 기계를 이용해서 18세 여성의 심장에 뚫려 있는 구멍을 메우는 수술에 성공했다. 그의 노력이 없었다면 분명 살 가망이 없었을 그녀는 그 뒤로 30년을 더 살았다.

존 H. 기번과 그가 불편을 감수하면서 20년 동안 연구를 지속한 끝에 얻은 성과물. 피에 인공적으로 산소를 집어넣을 수 있는 세계 최초의 장치이다.

불행히도 그 뒤로 수술을 받은 환자 4명은 사망했고, 결국 기번은 그 기계를 포기했다. 이후에 미니애폴리스의 외과의사인 월턴 릴러하이가 그 장치와 수술법을 개선했다. 릴러하이가 개선한 방법은 조절 교차 순환(controlled

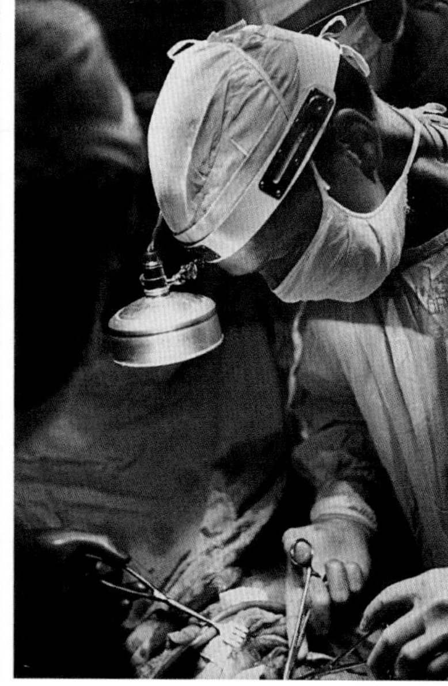
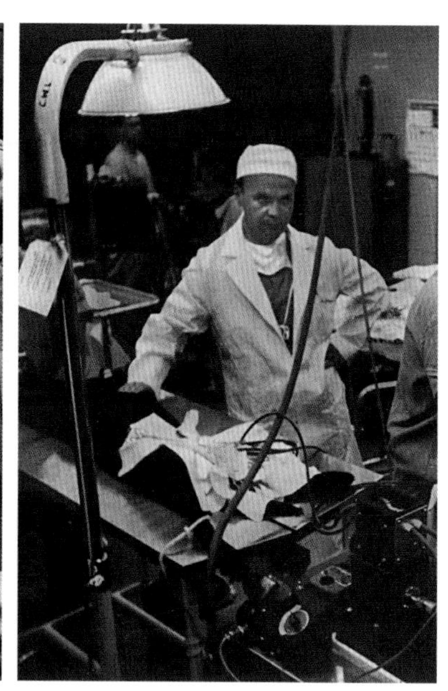

수술뿐 아니라 세금 환급 쪽으로도 매우 창의적이었던 월턴 릴러하이. 그는 1950년대에 혈액의 조절 교차 순환이라는 혁신적인 방법을 이용해서 심장 수술을 했다.

cross-circulation)이라는 것인데, 환자와 임시 헌혈자(대개 가까운 친척)의 혈관을 연결하여 수술하는 동안 환자의 피를 헌혈자의 몸으로 순환시키는 방법이었다. 이 방법이 너무나 효과가 좋았기 때문에, 릴러하이는 심장 절개수술의 아버지라고 알려지게 되었고, 엄청난 명성과 더불어 부까지 쌓았다. 불행히도 그는 명성에 걸맞지 않게 지저분한 짓을 저질렀다. 1973년에는 탈세와 지극히 창의적인 온갖 회계 부정 혐의로 5개 지방법원에서 유죄판결을 받았다. 매춘부에게 준 100달러를 기부한 것이라고 주장하면서 세금 환급을 받기도 했다.

심장 절개수술 덕분에 외과의사는 그 전까지는 손댈 수 없었던 많은 심장 기형을 치료할 수 있게 되었지만, 심장 박동이 비정상인 문제는 해결할 수 없었다. 그 문제를 해결하려면 심장 박동기가 있어야 했다. 1958년 스웨덴의 루네 엘름크비스트라는 기술자가 스톡홀름에 있는 카롤린스카 연구소의 외과의사 아케 세닝과 함께 주방 식탁에서 심장 박동기 두 대를 시험 제작했다. 그리고 한 대를 바이러스 감염 때문에 생긴 심장 부정맥으로 거의 사망 직전이던 마흔세 살의 아르네 라르손(그도 기술자였다)의 가슴에 삽입했다. 그러나 장치는 몇 시간만에 고장이 나고 말았다. 수술진은 재빨리 나머지 한 대로 교체했다. 그 장치는 비록 때때로 고장 나고 몇 시간마다 재충전을 해야 했지만, 그럭저럭 3년 동안 작동했다. 기술이 발전함에 따라, 라르손의 심장 박동기는 계속 새 것으로 교체되었고, 그는 43년을 더 살았다. 2002년에 세상을 떠났을 때, 그는 여든여섯의 나이에 26번째 심장 박동기를 달고 있었다. 자신의 외과의사

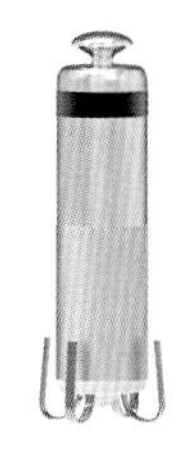

인 세닝과 동료 기술자인 엘름크비스트보다 더 오래 살았다. 최초의 심장 박동기는 담뱃갑만 했다. 지금은 백 원짜리 동전만 하며, 10년까지 작동할 수 있다.

다리에 있는 건강한 긴 정맥을 잘라서 심장 동맥의 병든 부위의 양쪽에 연결하여 피가 그 부위를 피해가도록 하는 심장 동맥 두름길(coronary bypass) 수술은 1967년 오하이오 주 클리블랜드 병원의 르네 파발로로가 고안했다. 파발로로의 생애는 성공과 비극을 다 담고 있다. 그는 아르헨티나의 가난한 가정에서 태어났으며, 운 좋게도 집안에서 처음으로 고등교육을 받게 되었다. 의사가 된 뒤에 그는 12년 동안 가난한 사람들을 진료하면서 지내다가, 1960년대에 좀더 실력을 갈고닦고자 미국으로 왔다. 클리블랜드 병원에 처음 왔을 때는 실습생이나 다름없는 대우를 받았지만, 곧 심장 수술에 탁월한 능력을 보여주었고 1967년에 두름길 수술을 창안했다. 비교적 단순하기는 했지만 창의적인 수술법이었고, 효과도 아주 좋았다. 파발로로의 첫 환자는 계단을 오르지도 못할 만큼 상태가 심각했는데, 완전히 회복되어 30년을 더 살았다. 파발로로는 부와 명성을 거머쥐었다. 그는 전성기가 저물 무렵이 되자, 고국인 아르헨티나로 돌아가기로 결심했다. 심장 전문병원을 세워서 의사들을 가르치고 치료비가 있든 없든 간에 도움이 필요한 환자들을 치료할 생각이었다. 그는 이 모든 일을 해냈다. 그러나 아르헨티나가 경제위기에 빠지면서 병원의 운영이 힘들어졌다. 도저히 해결할 방법을 찾지 못하자, 그는 2000년에 자살로 생을 마감했다.

우아하게 간격을 두고서 : 최초로 심장 박동기를 삽입하는 수술을 한 스웨덴 3인조가 1978년 수술 20주년 기념행사가 열린 취리히에서 다시 만났다. 왼쪽부터 수술을 집도한 심장외과의 아케 세닝, 장치를 만든 기술자 루네 엘름크비스트, 운 좋게 수혜자가 된 아르네 라르손이다. 오른쪽 사진은 심장 박동기이다. 1958년에 제작된 최초의 박동기보다 훨씬 작은 현재의 박동기이다(실제 크기).

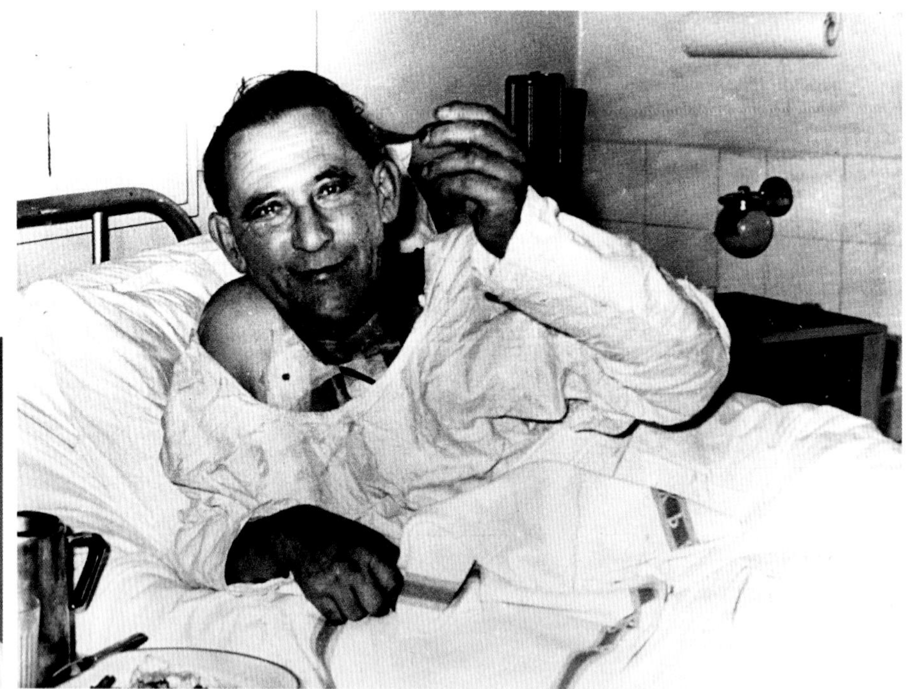

비극과 성과 : 심장 동맥 두름길 수술의 발명가이자 관대한 인물이었던 르네 파발로로는 결국 자신의 병원도 자신의 삶도 지키지 못했다. 오른쪽은 크리스티안 바너드로부터 세계 최초로 심장 이식 수술을 받은 루이스 워시캔스키.

심장을 이식한다는 원대한 꿈을 꾸는 사람들도 있었지만, 거기에는 극복할 수 없어 보이는 장애물들이 있었다. 사람은 일정한 기간 동안 심장이 멈춰 있어야만 사망 선고가 내려질 수 있었고, 그때쯤이면 이미 심장이 이식할 수 없는 상태가 된다는 것이 거의 확실했다. 몸 상태가 얼마나 악화되든 간에 뛰고 있는 심장을 떼어낸다면, 살인죄로 처벌을 받을 위험이 있었다. 그런데 그 법이 적용되지 않는 나라가 한 곳 있었다. 바로 남아프리카였다. 1967년 르네 파발로로가 클리블랜드에서 두름길 수술법을 다듬고 있을 때, 케이프타운의 외과의사 크리스티안 바너드는 자동차 사고로 치명상을 입은 젊은 여성의 심장을 루이스 워시캔스키라는 쉰네 살 남성의 가슴에 이식함으로써 더욱 세상의 주목을 받았다. 비록 워시캔스키는 18일 뒤에 세상을 떠났지만, 그 수술은 의학에 새로운 이정표를 마련했다고 찬사를 받았다. 바너드가 두 번째로 수술한 환자는 훨씬 더 운이 좋았다. 필립 블레이버그라는 그 은퇴한 치과의사는 19개월 동안 생존했다.*

....

* 바너드는 사람에게 사람의 심장을 이식한 최초의 의사였다. 그러나 사람에게 처음으로 심장 이식이 이루어진 것은 1964년 1월이었다. 미시시피 주 잭슨의 제임스 D. 하디라는 의사가 침팬지의 심장을 보이드 러시라는 환자에게 이식했다. 환자는 한 시간도 되지 않아 사망했다.

바너드의 성공을 본 다른 국가들도 뇌사를 생명이 돌아올 수 없는 지점을 건넜다는 기준으로 삼기 시작했고, 곧 전 세계에서 심장 이식수술이 시도되었다. 하지만 결과는 거의 언제나 실망스러웠다. 주된 문제는 거부 반응을 억제할 수 있는 믿을 만한 면역 억제제가 없다는 것이었다. 아자티오프린(azathioprine)이라는 약물이 효과를 보인 사례도 있기는 했지만, 신뢰할 수가 없었다. 그러던 중 1969년에 산도스라는 스위스 제약회사의 H. P. 프레이라는 직원이 노르웨이로 휴가를 갔다가 토양 표본을 채집하여 연구실로 가져왔다. 당시 그 회사는 새로운 항생제를 발견할 수 있지 않을까 해서 직원들에게 여행을 가면 그런 표본을 채집해 오라고 권장했다. 프레이의 표본에는 톨리포클라디움 인플라툼(*Tolypocladium inflatum*)이라는 곰팡이가 들어 있었다. 그 곰팡이는 유용한 항생제 성분은 없었지만, 면역반응 억제에 탁월한 물질을 지니고 있었다. 장기 이식을 가능하게 해줄 바로 그 물질이었다. 산도스는 프레이가 들고 온 흙과 그 뒤에 위스콘신 주에서 구한 그와 유사한 흙으로부터 사이클로스포린(ciclosporin, 미국에서는 cyclosporine, 기타 지역에서는 cyclosporin)이라는 약물을 개발하여 대성공을 거두었다. 이 새로운 약물과 몇 가지 기술 개선에 힘입어서, 1980년대 초에는 심장 이식의 성공률을 80퍼센트까지 끌어올릴 수 있었다. 겨우 15년 사이에 이루어진 엄청난 성취였다. 현재 전 세계에서 한 해에 4,000-5,000건의 심장 이식수술이 이루어지며, 수술 후의 평균 생존 기간은 15년이다. 지금까지 심장 이식을 받고서 가장 오래 산 사람은 오스트레일리아의 피오나 쿠터로서, 1986년 이래로 두 차례 심장 이식을 받았다. 이 글을 쓰는 현재 두 번째로 이식 받은 심장은 34년째 뛰는 중이다.

말이 나온 김에 덧붙이면, 뇌사 판정은 원래 생각했던 것처럼 간단하지 않다는 것이 드러났다. 지금 우리는 뇌의 나머지 부위들이 다 죽어도 몇몇 주변 부위들은 살아 있을 수도 있다는 것을 안다. 이 글을 쓰는 현재도 미국의 한 젊은 여성을 둘러싸고 계속 논쟁이 벌어지고 있다. 그녀는 2013년에 뇌사 판정을 받았는데, 그 뒤로도 죽 생리를 했다. 생리는 뇌의 핵심 부위인 시상하부가 제 기능을 하고 있어야 일어난다. 그녀의 부모는 뇌의 어느 한 부위라도 제 기능을 하고 있다면 뇌사라고 판정할 수 없다고 주장한다.

이 모든 일의 출발점인 크리스티안 바너드는 다소 자신의 성공에 도취되었다고 할 수 있다. 그는 전 세계를 여행하면서 영화배우들(소피아 로렌, 지나 롤로브리지다 등)과 데이트를 즐겼고, 그의 한 가까운 지인의 말을 빌리면, "세계 최고의 바람둥이 중 한 명"이 되었다. 게다가 그는 회춘 효과가 있다면서 다양한 화

유명인사인 외과의사 : 자신의 이름을 세계에 알린 최초의 수술을 한 다음 해인 1968년, 런던 국립심장병원에 도착한 크리스티안 바너드를 둘러싼 사진사들과 기자들.

장품들을 팔아서 떼돈을 버는 일에 몰두하는 바람에 자신의 명성을 더욱 깎아먹었다. 대부분 헛소리임을 뻔히 알면서 한 짓이었다. 그는 일흔여덟 살이던 2001년에 사이프러스에서 휴양을 즐기다가 심근경색으로 사망했다. 그의 명성은 이미 빛이 바랜 지 오래였다.

놀라운 점은 이 모든 발전이 이루어져왔음에도 불구하고, 1900년보다 지금이 심장병으로 사망할 확률이 70퍼센트 더 높다는 것이다. 한 세기 전에 사람들을 먼저 죽음으로 내몰았던 요인들이 많이 사라진 탓이기도 하고, 당시에는 커다란 숟가락으로 아이스크림을 퍼먹으면서 텔레비전 앞에서 대여섯 시간씩 보내는 사람이 없었기 때문이기도 하다. 심장병은 서양에서 월등한 첫 번째 사망 원인이다. 면역학자인 마이클 킨치는 이렇게 썼다. "심장병은 해마다 암, 독감, 폐렴, 사고에 따른 사망자들을 더한 것만큼의 목숨을 앗아간다. 미국인 3명 중 1명은 심장병으로 사망하며, 해마다 150만 명 이상이 심근경색이나 뇌졸중에 걸린다."

몇몇 전문가들은 현재는 치료 소홀 못지않게 과잉 치료도 문제라고 말한다. 협심증 치료에 쓰이는 풍선 혈관성형술(balloon angioplasty)이 바로 그런 사례인 듯하다. 혈관성형술은 좁아진 심장 혈관에 풍선을 넣어 확장시켜서 혈관을 넓히고, 스텐트(stent),* 즉 원통형 뼈대를 넣어서 혈관이 다시 좁아지지 않도록 받친다. 이 수술이 응급 상황에서 생명을 구한다는 것은 분명하지만, 예정 수술(elective procedure : 당장 필요하지는 않지만 하는 수술/역주)로도 매우 인기를 끌어왔다. 2000년 무렵에는 해마다 미국에서 예방적 혈관성형술이 100만 건씩 이루어졌다. 그러나 그런 수술이 생명을 구했다는 증거는 전혀 없었다. 마침내 임상시험을 하자, 냉엄한 현실과 마주해야 했다. 「뉴잉글랜드 의학회지」에 실린 논문에 따르면, 미국에서 비응급 혈관성형술을 받은 사람 1,000명 중에서 2명은 수술대에서 사망했고, 28명은 그 수술로 심근경색을 일으켰고, 60–90명은 "일시적인" 개선 효과를 보았으며, 나머지인 약 800명은 아무런 혜택도 피해도 보지 못했다(물론 수술에 들인 비용과 시간과 불안을 피해라고 보지 않았을 때의 이야기이다. 그것들을 피해라고 본다면 피해자는 상당히 늘어난다)고 한다.

그럼에도 여전히 혈관성형술은 대단히 인기가 있다. 2013년에 전직 미국 대통령 조지 W. 부시는 예순일곱의 나이에, 건강했고 심장에 문제가 있다는 징후가 전혀 없었음에도 혈관성형술을 받았다. 외과의사들은 대개 동료를 대놓고 비판하는 일이 없지만, 클리블랜드 병원의 심장학과장 스티브 니센은 통렬하게 비판했다. "미국 의학이 얼마나 최악인지를 정말로 잘 보여주는 사례죠. 그것이 바로 그토록 많은 돈을 치료에 쓰면서도 얻는 것이 별로 없는 이유 중 하나입니다."

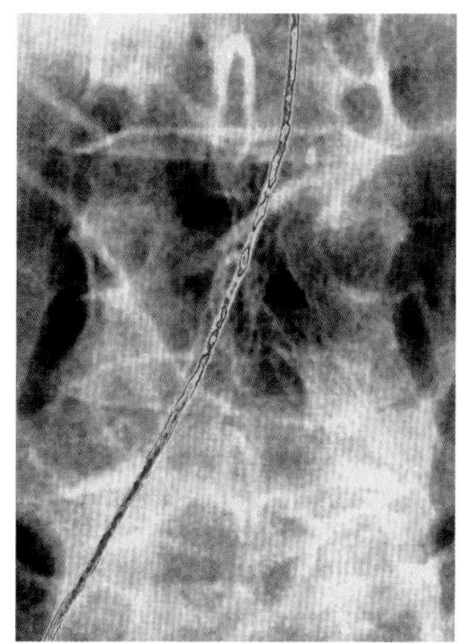

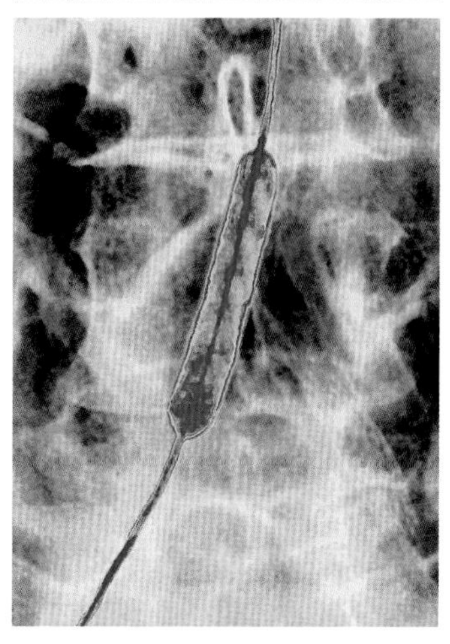

목숨을 구할까, 아니면
시간과 돈의 낭비일까?
카테터를 동맥에 삽입하여
팽창시키는 왠지 좀 으스스한
이름을 지닌 피부경유
혈관경유 혈관성형술.

II

짐작하겠지만, 우리 몸에 피가 얼마나 있는지는 몸집이 어느 정도인지에 따라서 다르다. 신생아는 약 0.3리터인 반면, 완전히 자란 남성은 5리터를 넘을 가능성

* "스텐트"라는 용어의 역사는 꽤 특이하다. 이 용어는 심장 수술과 아무 관련이 없는 19세기 런던의 치과의사 찰스 토머스 스텐트의 이름을 땄다. 스텐트는 치아 틀을 만드는 데에 쓰이는 화합물을 발명한 사람이었다. 구강 외과의사들은 그 화합물이 보어전쟁 당시 다친 병사들의 입을 복원하는 데에도 유용하다는 것을 알아차렸다. 시간이 흐르면서 그 용어는 교정 수술 시에 조직을 제자리에 붙들어놓는 데에 쓰이는 모든 장치를 가리키게 되었다. 그리고 대체할 더 나은 용어가 없자, 심장 수술에서 동맥을 지지하는 기구에도 서서히 쓰이게 되었다. 말이 난 김에 덧붙이면, 몸에 스텐트를 가장 많이 삽입한 사람은 뉴욕에 사는 56세의 남성인 듯하다. 「베일러 대학교 의학 센터 회보(*Proceedings of the Baylor University Medical Center*)」에 따르면, 그는 10년 동안 협심증을 치료하기 위해서 스텐트를 67개나 삽입했다고 한다.

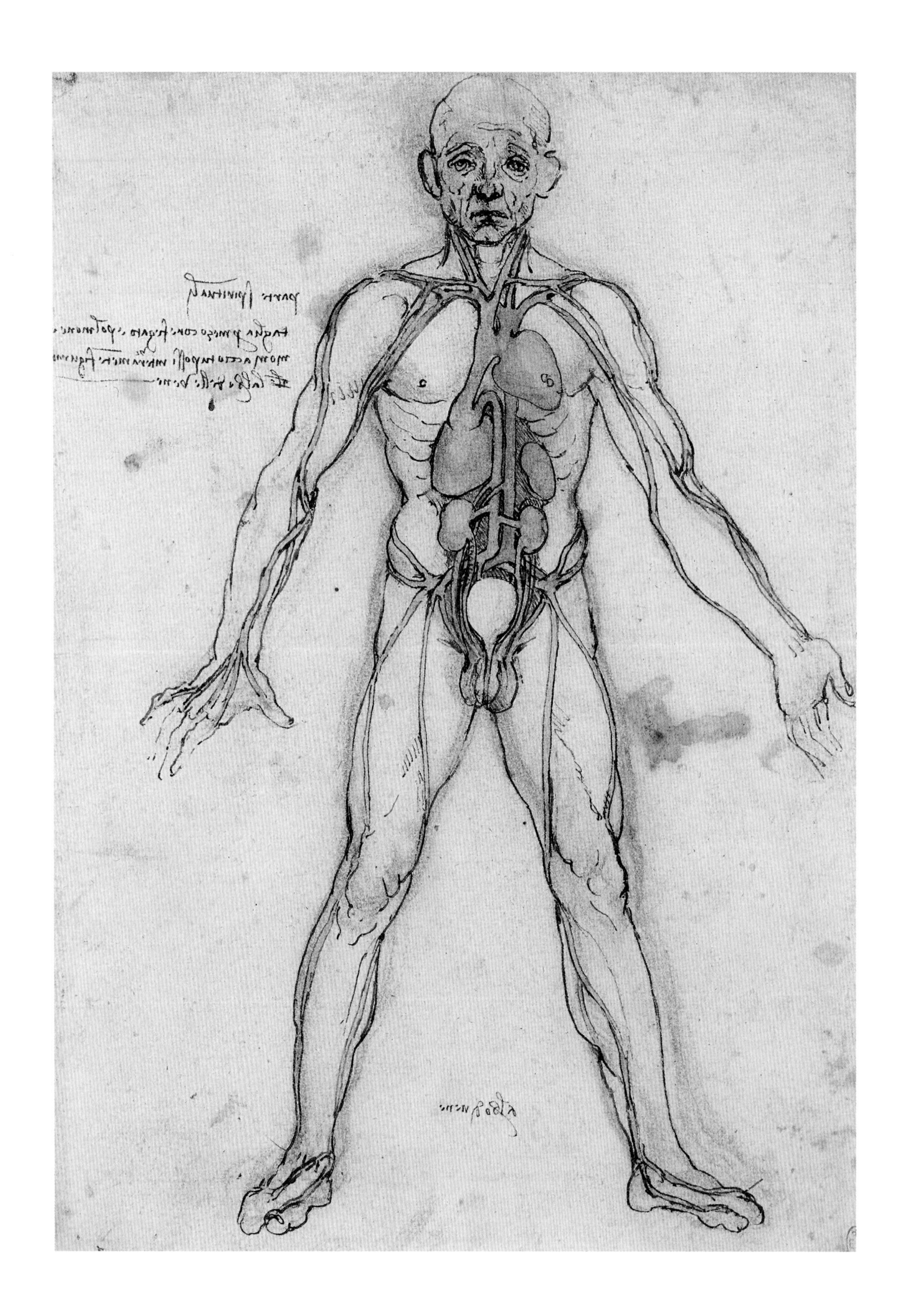

이 높다. 확실한 점은 우리가 피로 가득 차 있다는 것이다. 피부 어디를 찌르든 간에 피가 나올 것이다. 우리의 적당한 몸집 안에는 약 4만 킬로미터의 혈관이 (대부분 모세혈관의 형태로) 들어 있으며, 모든 부위는 끊임없이 새로운 헤모글로빈을 계속 접한다. 헤모글로빈은 몸 전체로 산소를 운반하는 분자이다.

혈액이 세포로 산소를 운반한다는 것은 누구나 안다. 그것은 우리 몸에 관해서 모두가 아는 듯이 보이는 극소수의 사실 중 하나이다. 그러나 피는 훨씬 더 많은 일을 한다. 호르몬을 비롯한 주요 화학물질과 노폐물을 운반하고, 병원체를 추적하여 죽이고, 가장 필요한 부위로 산소를 더 많이 보내고, 감정을 알리고(당황할 때 얼굴이 붉어지고 화날 때 붉으락푸르락해지고), 체온 조절을 돕고, 심지어 남성의 발기라는 복잡한 수리학적 움직임도 일으킨다. 피 한 방울에 4,000종류의 분자가 들어 있을 수도 있다는 추정값도 있다. 의사들이 혈액 검사를 그토록 애용하는 이유가 바로 그 때문이다. 우리의 피에는 정보가 가득하다.

피를 시험관에 담아서 원심분리기에 넣고 돌리면, 네 층으로 분리될 것이다. 적혈구, 백혈구, 혈소판, 혈장이다. 혈장의 비율이 가장 높으며, 피의 부피의 절반을 조금 넘는다. 혈장은 90퍼센트 이상이 물이며, 약간의 염류, 지방, 기타 화학물질이 섞여 있다. 그렇다고 해서 혈장이 중요하지 않다는 말은 아니다. 결코 그렇지 않다. 항체, 응고 인자, 기타 성분들은 분리 농축하여 자가면역 질환이나 혈우병 치료에 쓰며, 이 산업은 규모가 엄청나다. 미국에서 혈장 판매는 모든 수출품의 1.6퍼센트까지도 차지한다. 미국이 항공기를 판매하여 버는 돈보다 많다.

적혈구는 피에서 그 다음으로 많은 성분으로서, 총 부피의 약 44퍼센트를 차지한다. 적혈구는 한 가지 일을 하도록 절묘하게 고안되어 있다. 바로 산소 운반이다. 적혈구는 아주 작지만, 수가 아주 많다. 찻숟가락 하나 분량의 피에는 적혈구가 약 250억 개 들어 있으며, 적혈구 하나에는 산소가 달라붙는 단백질인 헤모글로빈 분자가 25만 개 들어 있다. 적혈구는 가운데가 오목한, 가운데를 양쪽에서 꾹 누른 원반 모양이다. 이 모양은 표면적을 최대로 늘린다. 산소 운반 효율을 최대한 높이기 위해서, 적혈구는 일반 세포에 들어 있는 거의 모든 구성 요소들—DNA, RNA, 미토콘드리아, 골지체, 온갖 효소들—을 전부 버렸다. 성숙한 적혈구는 거의 전부 헤모글로빈으로 이루어져 있다. 적혈구는 본질적으로 운반통이다. 적혈구의 한 가지 명백한 역설은 몸의 다른 모든 세포로 산소를 운반하면서도, 자기 자신은 산소를 쓰지 않는다는 것이다. 적혈구는

맞은편 : 모두 어디로 갈까? 레오나르도 다빈치가 그린 이 15세기 말의 그림은 심장과 주요 혈관을 보여준다. 윌리엄 하비의 선구적인 순환계 연구보다 약 한 세기 앞섰다.

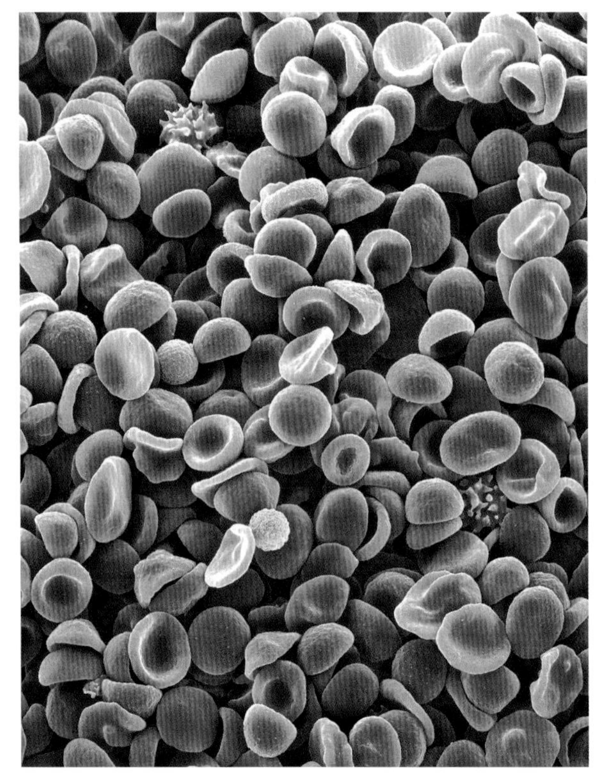
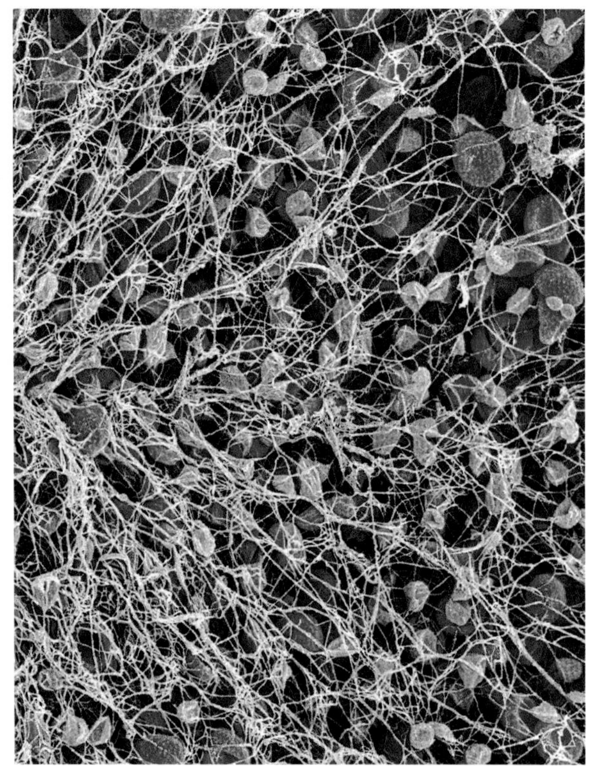

산소 운반자 : 적혈구. 오른쪽은 혈전이다. 혈전이 꼭 필요한 상황도 있고, 치명적인 상황도 있다. 사진에서는 혈전이 혈소판(분홍색)이 피브린 그물(하얀 실 같은)과 얽혀서 적혈구를 가둠으로써, 출혈을 막는 마개를 형성한다.

포도당을 자체 에너지로 쓴다.

헤모글로빈은 한 가지 기이하면서 위험한 기벽이 있다. 산소보다 일산화탄소를 훨씬 더 선호한다는 것이다. 일산화탄소가 있으면 헤모글로빈은 혼잡한 시간대에 지하철에 꽉 들어찬 승객들처럼 일산화탄소로 가득 들어찬다. 산소는 승강장에 놔둔다. 그것이 우리가 일산화탄소로 죽는 이유이다. (미국에서 연간 약 430명이 자신도 모르게 일산화탄소 중독으로 죽는다. 자살하는 사람의 수와 비슷하다.)

적혈구는 수명이 약 4개월이다. 쉴 새 없이 여기저기 돌아다니면서 바쁘게 일한다는 점을 생각하면 제법 길다. 그 기간에 몸을 약 15만 번, 수백 킬로미터를 돌 것이다. 이윽고 너덜너덜해지면 청소 세포(scavenger cell)가 수거하여 지라로 보낸다. 지라는 매일 약 1,000억 개의 적혈구를 폐기한다. 분해된 적혈구는 대변을 갈색으로 만드는 주된 요소이다. (같은 과정의 부산물인 빌리루빈[bilirubin]은 소변을 노랗게 만들며, 멍이 사라질 때 노랗게 변하는 것도 빌리루빈 때문이다.)*

....

* 피는 붉은색인데, 혈관은 왜 파랗게 보일까? 이유는 광학적 작용 때문이다. 빛이 피부에 닿

1841년에 혈소판을 처음으로 관찰한 조지 걸리버(위). 70년 뒤에 혈소판이 혈액의 응고에 중요한 역할을 한다는 사실을 밝혀낸 제임스 호머 라이트(아래).

백혈구는 감염에 맞서 싸우는 데에 중요한 역할을 한다. 사실 매우 중요하기 때문에 제12장에서 면역계를 이야기하면서 따로 다룰 것이다. 여기서는 적혈구보다 수가 훨씬 적다는 점만 말하고 넘어가기로 하자. 적혈구가 백혈구보다 700배 더 많다. 백혈구는 피의 부피 중 1퍼센트도 채 되지 않는다.

혈액의 네 가지 요소 가운데 마지막은 혈소판이다. 혈소판도 혈액 부피의 1퍼센트가 되지 않으며, 오랫동안 해부학자들에게 수수께끼였다. 1841년 영국의 해부학자 조지 걸리버가 처음으로 혈소판을 현미경으로 관찰했지만, 이름이 붙여지고 제대로 이해되기 시작한 것은 1910년 보스턴에 있는 매사추세츠 종합병원의 병리학과장 제임스 호머 라이트가 혈소판이 피의 응고에 중추적인 역할을 한다고 추론하면서였다. 응고는 까다로운 과정이다. 피는 응고할 일이 닥치면 재빨리 엉기기 위해서 늘 경계하고 있지만, 그런 한편으로 쓸데없이 응고가 일어나서는 안 된다. 출혈이 일어나자마자, 수백만 개의 혈소판이 상처 주위에서 엉기기 시작한다. 마찬가지로 엄청나게 많은 수의 단백질들이 결합하며, 그 단백질이 피브린(fibrin)으로 변하면서 엉겨붙는다. 이것들이 혈소판과 엉겨서 상처 딱지가 된다. 오류를 피하기 위해서, 이 과정에는 적어도 12가지나 되는 안전 확보 메커니즘이 관여한다. 응고는 주요 동맥에서는 일어나지 않는다. 흐름이 너무 빨라서 응고물이 쓸려나갈 것이다. 동맥 출혈이 일어나면 지혈대로 압박을 가해서 멈춰야 하는 이유가 바로 그 때문이다. 심각한 출혈이 일어날 때, 몸은 근육과 피부조직 같은 외곽 쪽으로 가는 피를 주요 기관들로 돌림으로써 피를 유지하려고 애쓴다. 이 때문에 피를 심하게 흘리는 환자가 시체처럼 창백해지고 만지면 차가운 것이다. 혈소판은 수명이 약 1주일에 불과하므로, 끊임없이 보충되어야 한다. 지난 10년 사이에 과학자들은 혈소판이 응고 과정을 관리하는 일만 하는 것이 아님을 깨달았다. 혈소판은 면역반응과 조직 재생에도 중요한 역할을 한다.

....

으면, 빨간 파장의 빛은 더 많이 흡수되는 반면, 파란 빛은 더 많이 반사된다. 그래서 혈관이 파란색으로 보인다. 색깔은 대상에서 나오는 어떤 본질적인 속성이 아니라, 대상에서 반사되는 빛의 속성이다.

경이로울 만치 복잡한 순환계 : 이 주사전자현미경 사진은 췌장의 혈관이다. 혈관은 계속 갈라지고 또 갈라지다가 이윽고 가장 작은 모세혈관으로 이어진다. 모세혈관의 투과성 벽을 통해서 피와 주변 조직 사이에 기체와 영양소의 교환이 일어난다.

당대에 영예를 얻지 못한 예언자 : 윌리엄 하비의 초상화와 그가 발견한 인체 순환계의 그림. 그는 이 발견으로 영예를 얻었어야 마땅했지만, 오히려 조롱을 받았다.

더 멀리 보면, 우리는 피가 생명에 어떤 중요한 역할을 한다는 것 외에는 아는 것이 전혀 없었다. 존경을 받지만 틀릴 때도 많았던 그리스 의사 갈레노스(약 129–210) 시대부터 이어져온 주된 이론은 피가 간에서 지속적으로 생산되며, 만들어지자마자 몸에서 소비된다는 것이었다. 영국의 의사 윌리엄 하비(1578–1657)는 피가 끊임없이 소비되는 것이 아니라, 닫힌 계에서 계속 순환한다는 것을 알아차렸다. 그는 『동물의 심장과 혈액의 운동에 관한 해부학적 연구(*Exercitatio Anatomica de Motu Cordis et Sanguinis in Animalibus*)』라는 기념비적인 저서에서, 심장과 순환계가 어떻게 움직이는지를 오늘날 우리가 얼마간 이해할 수 있는 용어로 상세히 개괄했다. 내가 학생이던 시절에는 하비의 발견이 세상을 바꾼 유레카의 순간이라고 배웠다. 그러나 사실 당대에 하비의 이론은 거의 조롱거리가 되었다. 전기작가 존 오브리의 표현에 따르면, 하비의 동료들은 거의 다 그를 "멍청이(crack-brained)"라고 생각했다. 결국 그는 찾아오는 환자들도 거의 없는 상태에서 씁쓸하게 세상을 떠났다.

하비는 호흡을 이해하지 못했다. 그래서 피가 어떤 용도로 쓰이는지, 왜 순환하는지를 설명할 수 없었다. 비판자들은 재빨리 이 두 가지 뻔한 문제점을 더 멀리 보면, 우리는 피가 생명에 어떤 중요한 역할을 한다는 것 외에는 아는 것이 전혀 없었다.

지적하고 나섰다. 게다가 갈레노스주의자들은 몸에 두 가지 동맥계가 있다고 믿었다. 한쪽은 피가 선명한 빨간색을 띠었고 다른 한쪽은 훨씬 더 탁한 색을 띠었다. 오늘날 우리는 허파로부터 오는 피는 산소가 가득하여 새빨간 반면, 허파로 돌아가는 피는 산소가 부족하여 더 칙칙한 색을 띤다는 것을 안다. 하비는 닫힌 계에서 순환하는 혈액이 어떻게 두 가지 색깔을 띨 수 있는지를 설명할 수 없었고, 그것이 바로 그의 이론이 조소를 받은 또 한 가지 이유였다.

호흡의 비밀은 하비가 사망한 지 얼마 뒤에 리처드 로워라는 다른 영국인이 추론했다. 그는 심장으로 돌아오는 피의 색깔이 칙칙한 이유가 "질소성 정기(nitrous spirit)"(산소가 발견되기 전인 당시에는 질소 성분이 호흡에 관여한다고 추측했다/역주), 즉 산소를 버렸기 때문임을 깨달았다. (산소는 그 다음 세기에야 발견되었다.) 로워는 혈액이 계속 순환하는 이유가 바로 그것이라고 추론했다. 산화질소를 계속 받고 내놓고 하기 위해서라고 말이다. 엄청난 통찰력이었고, 그는 그 업적으로 유명해졌어야 마땅했다. 그러나 사실 로워는 현재 혈액의 또다른 측면에서 더 잘 알려져 있다. 1660년대에 그는 수혈을 통해서 생명을 구할 수 있지 않을까 하는 생각을 떠올린 소수의 저명한 과학자에 속했고, 때로 섬뜩하기까지 한 일련의 실험들을 했다. 1667년 11월, 런던 왕립협회의 "저명하고 지적인 인사들" 앞에서 어떤 결과가 나올지 짐작도 하지 못한 상태에서, 로워는 살아 있는 양에게서 뽑은 피 약 300밀리리터를 아서 코가라는 상냥한 자원자의 팔에 주사했다. 그런 다음 로워와 코가는 어떤 일이 일어날지 예의주시하고 있는 유명인사들 앞에서 한참을 초조하게 앉아서 기다렸다. 다행히 아무 일도 일어나지 않았다. 참석자들 중 한 명은 코가가 그 뒤에 "멀쩡하고 유쾌했고, 포도주 한두 잔을 마시고, 담배를 한 대 피웠다"고 적었다.

2주일 뒤에 다시 실험이 이루어졌다. 이번에도 아무런 탈이 없었다. 지금 보면 정말로 놀라운 일이다. 대개 혈액에 이물질이 다량 주입되면 쇼크에 빠지기 마련인데, 코가가 어떻게 그런 비참한 일을 겪지 않은 것인지는 정말로 수수께끼이다. 불행히도 그 수혈 실험 결과에 용기를 얻어서 유럽 전역에서 다른 과학

종간 수혈의 초기 실험 : 리처드 로워는 1667년 왕립협회에서 유명한 시연을 했다.

자들도 수혈 실험에 나섰다. 그중에는 기상천외까지는 아니더라도, 정말로 창의적인 실험도 있었다. 온갖 가축의 피뿐 아니라, 우유, 포도주, 맥주, 심지어 수은까지도 자원자들의 혈관에 집어넣었다. 그 결과 자원자가 대중 앞에서 너무나 고통스러워하다가 죽음을 맞이하는 당혹스러운 상황이 자주 벌어졌다. 곧 수혈 실험은 금지되거나 중단되었고, 거의 한 세기 반 동안 기피 대상이 되었다.

그러면서 기이한 일이 벌어졌다. 계몽의 시대가 도래하면서 과학의 다른 모든 분야들에서 새로운 발견과 깨달음이 마구 쏟아지기 시작했을 때, 의학은 일종의 암흑기에 잠겼다. 18세기에, 게다가 19세기의 상당 기간에도 의사들이 얼마나 잘못되고 역효과를 일으키는 진료 행위를 했는지 도저히 상상할 수도 없을 지경이었다. 데이비드 우튼은 『의학의 진실(*Bad Medicine: Doctors Doing Harm Since Hippocrates*)』에서 이렇게 썼다. "1865년까지 의학은 거의 완전히 무용지물이었고, 해를 끼치지 않으면 다행이었다."

조지 워싱턴의 불행한 죽음을 생각해보라. 1799년 12월, 미국의 초대 대통령 임기를 마친 지 얼마 지나지 않았을 때, 그는 궂은 날씨에 말을 타고서 장시간버지니아 주에 있는 자신의 농장인 마운트버넌을 둘러보았다. 예정보다 늦게 집에 온 그는 젖은 옷을 그대로 입은 채 저녁식사를 했다. 밤이 되자 목이 몹시 아파왔다. 곧 삼키는 것도 힘들어졌고, 숨 쉬는 것조차 힘겨워졌다.

잠시 뒤 의사 3명이 왕진을 왔다. 그들은 서둘러서 진찰을 한 뒤에 그의 팔에서 정맥을 절개한 뒤, 피 500밀리리터를 빼냈다. 맥주잔 하나를 채울 양이었다. 그러나 워싱턴의 상태는 더 나빠졌고, 그래서 나쁜 체액을 빼내기 위해서 가뢰에서 추출한 물집을 일으키는 약을 그의 목에 발랐다. 게다가 구토를 하게 하려고 구토제도 상당량 투여했다. 이 모든 방법을 썼음에도 차도가 보이지 않자, 의사들은 그의 피를 세 번 더 뺐다. 의사들은 이틀에 걸쳐 그의 혈액 중 약 40퍼센트를 빼냈다.

“난 목숨이 질겨.” 워싱턴은 무자비하게 피를 빼내는 선의의 의사들에게 쉰 소리로 말했다. 그가 정확히 무슨 뜻으로 투덜거린 것인지는 아무도 모르지만, 그의 병이 조금만 쉬면 나았을 사소한 목 감염에 불과한 것이었을 수도 있다. 어쨌든 그 병과 치료가 합작하여 그를 죽음으로 내몰았다. 그의 나이 예순일곱이었다.

그가 숨을 거둔 뒤, 또다른 의사가 와서 피부를 부드럽게 문질러서 혈액 흐름을 자극하고 양의 피를 수혈하여 잃은 피를 대신하고 남은 피의 기운을 다시 일으켜서 그를 소생시키자고—사실상 부활시키자고—제안했다. 다행히도 유족은 그가 그대로 영원한 휴식을 취할 수 있게 하자고 결정했다.

이미 심각하게 아픈 사람의 피를 빼고 때리고 하는 짓이 우리에게는 너무나도 무모해 보일지도 모르지만, 그런 치료법들은 아주 오랫동안 쓰여왔다. 사혈법(bleeding)은 질병뿐만 아니라 사람을 차분하게 만드는 데에도 도움을 준다고 여겨졌다. 프로이센의 프리드리히 대왕은 날뛰는 신경을 가라앉히기 위해서 전투를 벌이기 전에 피를 뺐다. 빼낸 피를 담은 그릇은 가보로 삼아서 대대로 물려주기도 했다. 1823년에 창간된 영국의 권위 있는 의학 학술지인 「랜싯(*The Lancet*)」의 이름이 정맥 절개에 쓰이는 도구에서 나왔다는 사실은 당시에 사혈법이 얼마나 중시되었는지를 잘 말해준다.

사혈법이 왜 그토록 오래 존속한 것일까? 답은 19세기에 들어와서도 한참 지날 때까지, 대다수의 의사들이 질병을 각기 다른 방법으로 치료해야 하는 저마다 다른 고통이 아니라, 몸의 전반적인 불균형 때문에 일어나는 것이라고 생각했기 때문이다. 그들은 두통에 쓰는 약과 귀울림에 쓰는 약을 따로따로 처방한 것이 아니라, 설사약, 구토제, 이뇨제를 투여하여 독소를 몸에서 내보내거나

이미 심각하게 아픈 사람의 피를 빼고 때리고 하는 짓이 우리에게는 너무나도 무모해 보일지도 모르지만, 그런 치료법들은 아주 오랫동안 쓰여왔다.

피를 한두 사발 뽑아냄으로써 몸 전체의 균형을 회복시키려고 애썼다. 한 권위자는 정맥 절개가 "피를 식히고 환기시키며", "타오를 위험 없이" 더 자유롭게 순환할 수 있도록 해준다고 썼다.

사혈법의 대가들 중에서 가장 유명한 인물은 "사혈의사들의 왕자(Prince of Bleeders)"라고 불리던 미국의 벤저민 러시였다. 러시는 에든버러와 영국에서 위대한 외과의사이자 해부학자인 윌리엄 헌터에게 해부하는 법을 배웠지만, 만병이 오직 과열된 피 때문에 생긴다는 믿음은 대체로 펜실베이니아로 돌아가서 장기간 의사 생활을 하면서 서서히 가지게 된 듯하다. 여기서 러시가 성실하고 교양 있는 사람이었다는 말을 하지 않을 수 없다. 그는 미국 독립선언문에 서명한 사람이기도 했고, 당시에 아메리카에서 가장 유명한 의사였다. 그러나 그는 사혈법을 대단히 옹호했다. 러시는 환자에게서 한번에 2.2리터까지도 피를 빼곤 했고, 하루에 두세 번씩이나 빼기도 했다. 이런 무모한 짓을 한 이유는 그가 사람의 혈액이 실제보다 약 2배 더 많다고 믿었고, 피를 80퍼센트까지 제거해도 아무런 부작용이 없다고 생각했기 때문이기도 하다. 양쪽 모두 환자들에게 비극을 안겨줄 잘못된 믿음이었지만, 그는 자신이 옳다는 것을 결코 의심하지 않았다. 필라델피아에 황열병이 유행했을 때, 그는 황열병 환자 수백 명의 피를 뺐고, 자신이 아주 많은 목숨을 구했다고 굳게 믿었다. 실제로는 그들 모두를 죽음으로 내몰았는데 말이다. 그는 아내에게 자랑스럽게 편지를 썼다. "피를 가장 많이 뺀 환자들이 가장 빨리 차도를 보인다오."

맞은편 : 사혈법은 18세기 내내 그리고 19세기에 들어서도 상당히 오랫동안 널리 쓰였다. 풍자화가 제임스 길레이의 1804년 그림에 나온 의사와 환자의 표정은 사혈법을 모두가 좋다고 믿은 것은 아니었음을 시사한다.

잘못된 유행의 유물 : 이 백랍 사혈 그릇의 안쪽에는 빼낸 피의 양을 알려주는 눈금이 있다.

그것이 바로 사혈법의 문제점이었다. 살아남은 이들이 당신의 노력 덕분에 목숨을 건진 반면, 죽은 이들은 당신이 오기 전에 이미 가망이 없었다고 스스로 확신할 수 있다면, 사혈은 언제나 사려 깊은 대안처럼 보일 것이다. 중세의 치료법이었던 사혈법은 현대에 이르러서도 여전히 굳건히 자리를 지켰다. 19세기에 가장 영향력 있던 의학 교과서인 『의학의 원리와 실제(*The Principles and Practice of Medicine*)』(1893)를 저술한 윌리엄 오슬러는 우

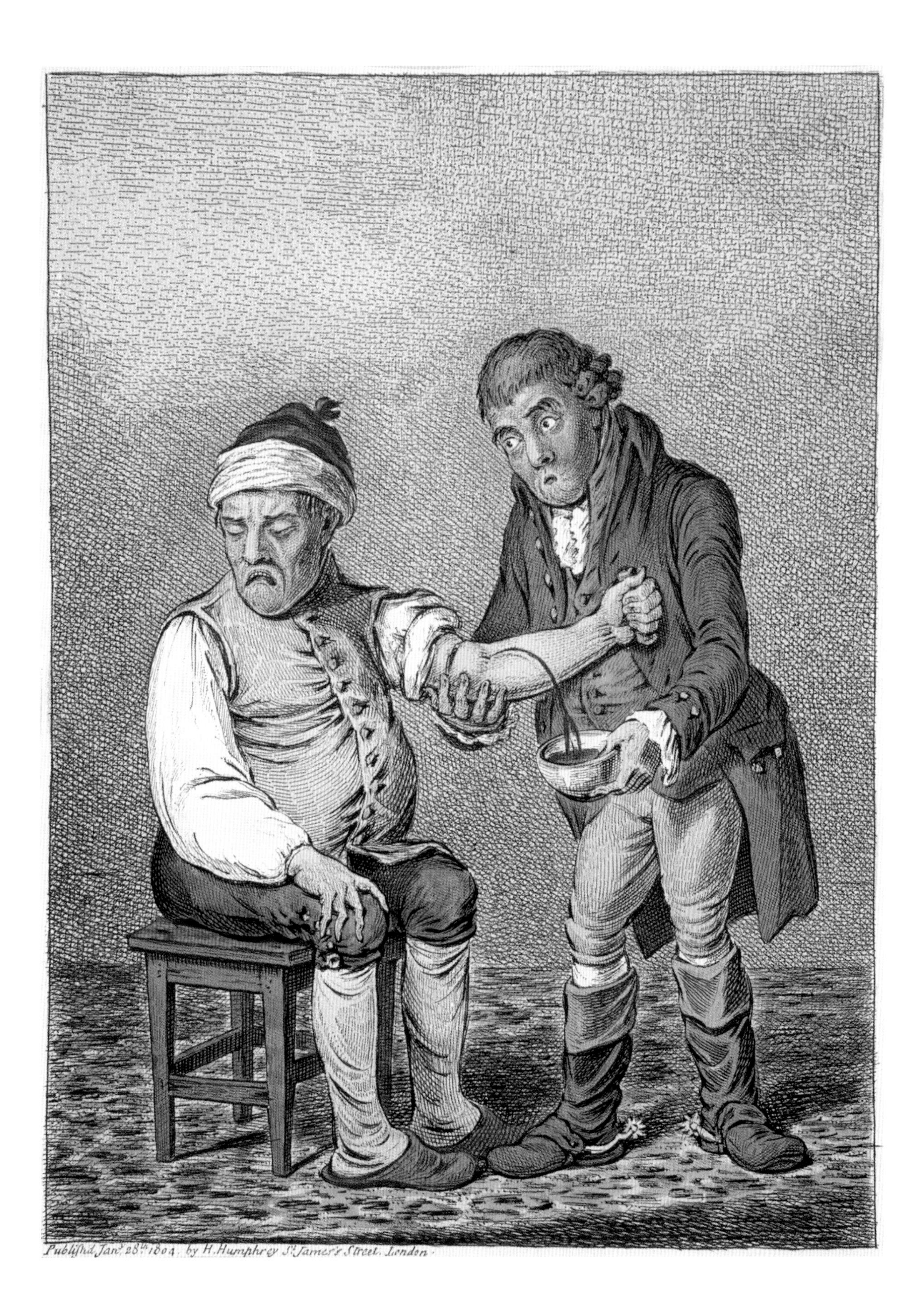
Publish'd Jany 28th 1804 by H. Humphrey St James's Street, London.

러시는 황열병 환자 수백 명의 피를 뺐고,
자신이 아주 많은 목숨을 구했다고 굳게 믿었다.
실제로는 그들 모두를 죽음으로 내몰았는데 말이다.

"사혈의사들의 왕자" 벤저민 러시. 그는 환자에게서 한번에 피를 2.2리터까지 빼기도 했고, 때로는 하루에 두세 번씩 빼기도 했다. 인체의 혈액이 실제보다 2배는 더 많다고 믿었기 때문이다.

리가 현대라고 보는 시대에 이르러서도 꽤 오랫동안 사혈법을 옹호했다.

러시의 이야기로 돌아가자면, 그는 1813년 예순일곱의 나이에 열병에 걸렸다. 나아지는 기미가 없자, 그는 주치의들에게 사혈법을 쓰라고 재촉했다. 그들은 그가 원하는 대로 했고 그는 사망했다.

현대적인 관점에서 피를 이해하기 시작한 것은, 빈의 한 젊은 의학 연구자인 카를 란트슈타이너가 탁월한 발견을 해낸 1900년부터라고 할 수 있을 것이다. 그는 서로 다른 사람들의 피를 섞으면 엉길 때도 있고 엉기지 않을 때도 있다는 점에 주목했다. 혈액 시료들 중에서 어느 것들이 엉기고 엉기지 않는지를 살펴본 끝에, 그는 시료들을 세 집단으로 나눌 수 있었다. 그는 각각에 A형, B형, O형이라는 꼬리표를 붙였다. 마지막 집단을 모두가 문자 O라고 읽고 발음하지만, 사실 원래 란트슈타이너는 전혀 엉기지 않는다는 뜻에서 숫자 0이라고 썼다. 그 뒤에 란트슈타이너의 연구실에 있던 두 연구자가 네 번째 집단을 발견하여, AB형이라고 이름을 붙였다. 그리고 란트슈타이너는 40년 뒤에 Rh 인자를 공동 발견했다. 붉은털원숭이(rhesus)의 피를 이용하여 발견했기 때문에 붙은 이름이었다.* 혈액형이 발견되면서 비로소 수혈이 실패하곤 하는 이유가 해명되었다. 헌혈자와 수혈자의 혈액형이 맞지 않기 때문이었다. 대단히 중요한 발견이었지만, 불행히도 당시에는 주목하는 사람이 거의 없었다. 의학에 기여한 란트슈타이너의 공로가 인정되기까지 무려 30년이 걸렸고, 그는 1930년에야 노벨상을 받았다.

혈액형은 이런 식으로 작용한다. 모든 혈구는 속은 똑같지만, 바깥을 뒤덮고 있는 항원—즉 세포의 표면에서 밖으로 튀어나와 있는 단백질—의 종류는 사람마다 다르며, 혈액형은 바로 그 항원의 종류에 따라서 정해진다. 항원은 약 400종류가 있지만, 수혈에 중요한 영향을 미치는 것은 몇 가지에 불과하다. 우

* Rh 인자는 항원이라는 많은 종류의 표면 단백질 중의 하나이다. Rh 항원을 지닌 사람들(인구 중 약 84퍼센트)은 Rh 양성이라고 한다. 이 항원이 없는 사람들은 Rh 음성이라고 하며, 인구의 나머지 16퍼센트가 여기에 해당한다.

받아들여진 지식은 쉽게 사라지지 않는다. 윌리엄 오슬러는 옥스퍼드 의과대학의 교수가 되기 전인 1905년에 캐나다에서 개업의로 일했다. 그는 현대 의학의 창시자 중 한 명이라고 여겨지지만, 사혈법을 계속 권장했다. 오른쪽 사진은 카를 란트슈타이너이다. 세 가지 주요 혈액형이 있다는 그의 획기적인 발견 덕분에 제대로 수혈을 할 수 있는 길이 열렸다.

리가 A형, B형, AB형, O형은 잘 알지만, 켈형, 지블렛형, E형 등 다른 많은 혈액형의 이름은 들어본 적 없는 이유가 바로 그 때문이다. A형인 사람은 A형이나 AB형인 사람에게는 피를 줄 수 있지만, B형인 사람에게는 못 준다. B형인 사람은 B형이나 AB형에게는 줄 수 있지만, A형에게는 못 준다. AB형인 사람은 오직 AB형에게만 줄 수 있다. O형인 사람은 모든 사람들에게 피를 줄 수 있으므로, 만능 공여자(universal donor)라고 한다. A형 혈구는 표면에 A 항원이 있고, B형은 B 항원, AB형은 A와 B 항원이 다 있다. A형 피를 B형에게 수혈하면, 수혈자의 몸은 그 피를 침입자로 보고 공격한다.

우리는 사실 혈액형이 왜 존재하는지 알지 못한다. 그냥 존재하지 않을 이유가 전혀 없어서 존재하는 것일 수도 있다. 다시 말해서, 누군가의 피를 다른 사람의 몸에 집어넣는 상황을 가정할 이유가 전혀 없었기 때문에, 그런 문제에 대처할 메커니즘이 진화할 이유가 없었을 것이다. 그런 한편으로 피에서 특정한 항원을 선택함으로써, 우리는 특정한 질병에 대한 내성을 증진시킬 수 있다. 물론 때로는 대가를 치러야 하지만 말이다. 예를 들면, O형인 사람은 말라리아에 더 내성을 띠지만, 콜레라에는 더 취약하다. 혈액형이 다양해져서 집단 전체로 퍼질 때에 우리 종 전체는 혜택을 본다. 집단 내의 특정한 개인에게는 반드시 그렇지 않을 수도 있지만.

혈액형은 뜻밖의 두 번째 혜택도 제공했다. 바로 친자관계를 알려준다는 것이다. 1930년에 시카고에서 일어난 사례는 유명하다. 한 병원에서 같은 날에

내 아들인가요, 당신 아들인가요? 조지 뱀버거 부부와 찰스 왓킨스 부부는 1930년에 태어난 아기를 안고 각자의 집으로 갔다. 하지만 부모의 혈액형 검사 결과 아기가 바뀌었음이 드러났고, 아기들은 자기 부모를 찾아갔다.

뱀버거 부부의 아기와 왓킨스 부부의 아기가 태어났다. 그런데 퇴원하여 집으로 간 그들은 아기의 옷에 붙은 인식표에 다른 가족의 이름이 적혀 있는 것을 보고 깜짝 놀랐다. 문제는 아기가 바뀌었는지, 아니면 인식표만 바뀌었는지 여부였다. 양쪽 부부는 몇 주일 동안을 불안한 마음으로 지내면서, 부모라면 자연히 하는 육아를 했다. 그러면서 자신들이 돌보는 아기에게 푹 빠졌다. 이윽고 노스웨스턴 대학교에서 막스 형제(1930년대에 인기를 끈 희극 배우 형제/역주)의 영화에서 곧장 나온 듯한 외모의 전문가가 왔다. 해밀턴 피시백이라는 그 교수는 부모 네 명의 혈액 검사를 했다. 당시 그 기술은 완벽하게 다듬어진 상태였다. 검사 결과 왓킨스 부부는 둘 다 O형임이 드러났다. 따라서 아기의 혈액형도 O형일 수밖에 없었다. 그런데 그들이 키우는 아기는 AB형이었다. 그래서 그동안 키운 정 때문에 가슴 아픈 이별의 순간을 맞이하기는 했으나, 의학 기술 덕분에 아기들은 자신의 부모에게 돌아갈 수 있었다.

수혈은 해마다 많은 생명을 구하지만, 피를 뽑고 보관하는 것은 비용이 많이 들고, 위험하기도 하다. 세인트루이스에 있는 워싱턴 대학교의 앨런 닥터는 이렇게 말한다. “피는 살아 있는 조직입니다. 심장이나 허파 같은 기관들과 마찬가지로 살아 있어요. 피는 몸에서 빼내는 순간부터 훼손되기 시작하는데, 바로 거기에서 문제가 시작되는 거죠.” 옥스퍼드에서 만난 닥터는 흰 턱수염을 짧게 깎은 진중하지만 상냥한 사람이었다. 그는 산화질소학회의 회의에 참석 중이었다. 1996년에 창립된 학회였다. 그 전까지는 산화질소가 모여서 연구할 가치가 있다는 사실을 아무도 알아차리지 못했기 때문이다. 그 물질이 사람의 몸에서 중요한 역할을 한다는 사실을 거의 어느 누구도 몰랐다. 사실 (일)산화질소(웃음 기체인 아산화질소와 혼동하지 말기를)는 주요 신호전달 분자 중 하나이며, 혈압 조절, 감염 차단, 음경 발기, 혈류 조절 등 온갖 과정들에서 중요한 역할을 한다. 닥터가 연구하는 것은 마지막 분야이다. 그의 일생의 목표는 인공 혈액 제조이지만, 진짜 혈액을 더 안전하게 수혈할 수 있도록 하기 위해서도 노력하고 있다. 들으면 놀랄 사람이 대부분일 텐데, 사실 수혈된 피는 사람의 목숨을 앗아갈 수도 있다.

혈액 만들기 : 인공 혈액을 만들기 위해서 애쓰는 주요 연구자인 앨런 닥터.

문제는 피를 얼마나 오랫동안 저장할 수 있을지 아무도 모른다는 것이다. “미국은 법적으로 수혈용 피를 42일까지 보관할 수 있어요. 하지만 사실은 약 2주일 반까지만 수혈하기에 좋을 겁니다. 그 기간을 넘어서면 그 피가 어느 정도까지 효과가 있을지 아무도 장담할 수 없습니다.” 42일은 미국 식품의약청이 몸속을 순환하는 전형적인 적혈구의 수명이라고 보는 기간을 토대로 설정한 것이다. “적혈구가 아직 돌고 있는 한 여전히 기능을 하고 있다고 가정한 것이지만, 지금은 반드시 그렇지는 않다는 것이 알려져 있어요.”

전통적으로는 외상으로 잃은 피만큼 수혈로 보충하는 것이 표준 방법이었다. “피를 1.5리터 잃으면 1.5리터를 수혈하곤 했어요. 그러다가 에이즈와 C형 간염이 유행하면서 기증한 피가 오염되곤 해서, 수혈량을 좀 줄이기 시작했죠. 그런데 놀랍게도 수혈을 더 적게 받은 환자들이 회복이 더 빠르다는 것이 드러났어요.” 때로는 누군가의 피를 수혈하기보다는 환자를 빈혈 상태로 놔두는 편이 더 회복이 빠를 수 있다는 것도 드러났다. 특히 얼마간 보관한 피를 수혈했을 때에는 거의 언제나 그러했다. 미국 혈액은행은 혈액을 달라는 요청이 오면, 보관 기간이 만료되기 전에 소비하기 위해서 대개 가장 오래된 혈액을 먼저 보낸다. 그 말은 거의 모든 이들이 오래된 피를 받는다는 뜻이다. 게다가 방금 채혈한 피를 수혈하더라도 수혈자의 몸에 있는 원래 피의 활동에 사실상 지장이 생긴다는 것이 드러났다. 바로 여기에서 산화질소가 관여한다.

우리는 대개 피가 늘 온몸에 다소 균일하게 퍼져 있다고 생각한다. 팔에 피가 얼마나 들어 있든 간에, 늘 거의 비슷한 양이 들어 있을 것이라고 말이다. 그러나 닥터가 내게 설명한 바에 따르면, 결코 그렇지 않다. “앉아 있을 때에는 다리에 피가 그리 많이 필요하지 않아요. 조직에 산소가 그다지 많이 필요하지 않으니까요. 그러나 벌떡 일어나서 달리기 시작하면, 금방 다리에 훨씬 더 많은 피가 필요해질 겁니다. 우리 적혈구는 대체로 산화질소를 신호전달 분자로 삼아서 매순간 신체 부위들의 혈액 요구량 변화에 맞춰서 어디로 피를 보낼지를 결정해요. 그런데 수혈된 피는 신호전달 체계에 혼란을 일으킵니다. 기능을 방해하는 거죠.”

무엇보다도 피를 보관하는 데에는 몇 가지 실질적인 문제가 있다. 하나는 계속 냉장 상태를 유지해야 한다는 것이다. 그래서 전쟁터나 사고 현장에서는 채혈된 피를 사용하기가 어렵다. 그런 곳들에서 출혈이 가장 많이 일어난다는 점을 감안하면 안타까운 일이다. 미국에서는 해마다 약 2만 명이 병원에 오기 전에 출혈 때문에 사망한다. 전 세계로 보면, 연간 출혈로 인한 사망자가 250만 명이나 된다. 그들 중 상당수는 즉시 안전하게 수혈을 했다면 살아남았을 것이다. 바로 그래서 인공 혈액을 만들고자 하는 것이다.

이론상 인공 혈액을 만들기는 꽤 쉬워 보인다. 실제 혈액이 하는 많은 일들은 모두 제외하고 헤모글로빈 운반 기능만 갖추면 된다고 생각하면 더욱 그렇다. 그러나 닥터는 살며시 웃음을 지으면서 말한다. "실제로는 그렇게 단순하지가 않아요." 그는 그 문제를 설명하기 위해서 적혈구를 폐차장에서 차를 들어올리는 자석에 비유한다. 자석은 허파에서 산소 분자를 꽉 붙인 다음 목적지인 세포까지 운반해야 한다. 그렇게 하려면, 산소를 어디에서 얻고 어디에서 내려놓을지 알아야 하며, 무엇보다도 도중에 떨어뜨리지 말아야 한다. 지금까지의 인공 혈액들은 모두 그런 문제들을 해결하지 못했다. 가장 잘 만들어진 인공 혈액도 이따금 도중에 산소 분자를 떨어뜨리는데, 그럴 때 철분도 혈액으로 방출한다. 그렇게 방출된 철은 독소가 된다. 순환계가 극도로 바쁘게 돌아가기 때문에, 극히 낮은 비율로 철분 방출 사고가 일어나도 금방 유독한 수준까지 농도가 증가할 수 있다. 따라서 순환계는 거의 완벽한 상태를 유지해야 한다. 자연에서는 본래 그렇다.

50여 년 동안, 연구자들은 인공 혈액을 만들기 위해서 애썼지만, 엄청난 연구비를 투자했음에도 여전히 나오지 않고 있다. 사실 돌파구보다는 좌절을 더 많이 겪어왔다. 1990년대에 몇몇 인공 혈액이 임상시험에 들어갔지만, 임상시험에 참가한 환자들의 심근경색과 뇌졸중 발생 비율이 우려할 만치 높아진다는 사실이 명백해졌다. 결과가 참담했기 때문에 2006년 미국 식품의약청은 모든 인공 혈액 임상시험을 잠정 중단시켰다. 그 뒤로 몇몇 제약사들은 인공 혈액을 만들려는 시도를 아예 포기했다. 지금은 단순히 수혈량을 줄이는 것이 최선의 방법이다. 캘리포니아에 있는 스탠퍼드 병원에서는 시험 삼아 의사들에게 절대적으로 필요한 상황이 아니라면 적혈구 수혈량을 줄이도록 권고했다. 5년 사이에 그 병원의 수혈량은 4분의 1이 줄었다. 그 결과 160만 달러의 비용이 절약되었을 뿐만 아니라, 환자의 사망률도 낮아지고, 평균 입원일수도 짧아지고, 후유증도 줄었다.

그러나 현재 세인트루이스의 닥터 연구진은 인공 혈액 문제를 거의 해결했

50여 년 동안, 연구자들은 인공 혈액을 만들기 위해서 애썼지만, 엄청난 연구비를 투자했음에도 여전히 나오지 않고 있다.

다고 생각한다. “지금은 나노 기술을 쓸 수 있어요. 예전에는 없던 기술이죠.” 닥터 연구진은 폴리머 껍질 안에 헤모글로빈을 가두는 방법을 개발해왔다. 폴리머 껍질은 진짜 적혈구와 모양이 비슷하지만, 약 50배 더 작다. 이 제품의 큰 장점 중의 하나는 동결 건조하여 상온에서 2년까지 보관할 수 있다는 것이다. 나와 만났을 때 닥터는 3년 안에 사람을 대상으로 임상시험이 가능해질 것이고, 아마 10년 안에 병원에서 쓰일 것이라고 믿고 있었다.

그런 한편으로, 전 세계의 과학자들이 달려들었음에도 아직까지 해내지 못한 일을 우리 몸은 1초에 100만 번씩 해내고 있다는 사실을 생각하면 조금은 겸허해지기도 한다.

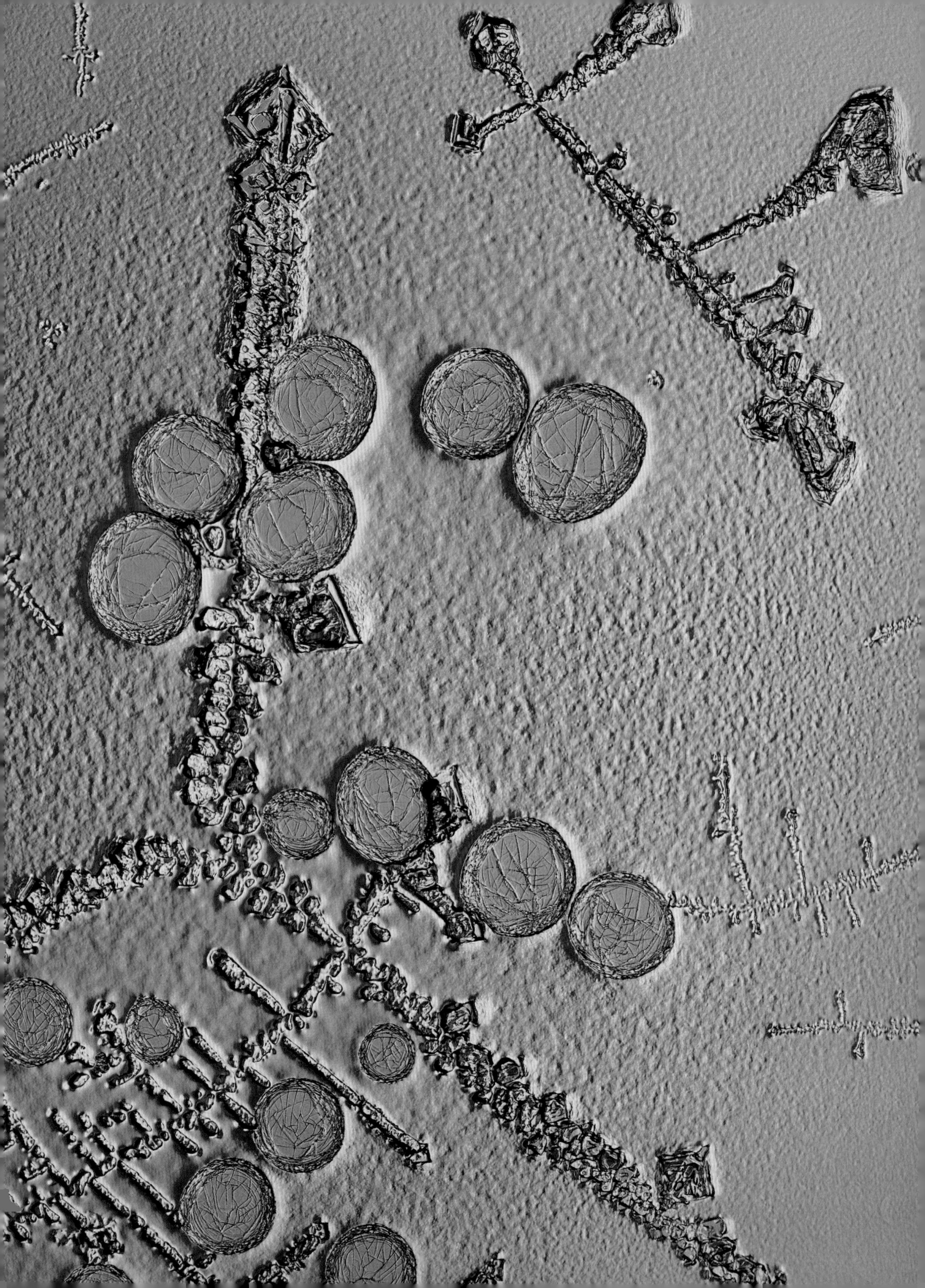

8

몸의 화학

"제발, 있는 돌이 소변에 씻겨나가고,
결석 질환에 다시 걸리지 않았으면 좋겠다.
아무튼 의사에게 진료를 받으련다."

새뮤얼 피프스

I

당뇨병은 끔찍한 병이지만, 예전에는 사람들이 대처할 방법이 거의 없었기 때문에 더욱 심각했다. 당뇨병에 걸린 아이는 대개 진단을 받은 지 1년 이내에 사망했으며, 게다가 그 죽음은 비참했다. 수명을 조금이라도 늘리려면 몸의 혈당 수치를 낮추는 방법밖에 없었는데, 그 결과 환자는 거의 기아 직전까지 내몰렸다. 열두 살의 한 소년은 배가 너무 고픈 나머지 카나리아 새장의 모이통에 있던 사료를 훔쳐 먹다가 들키기도 했다. 결국 소년은 다른 모든 당뇨병 환자들과 마찬가지로 굶주린 채 비참하게 죽고 말았다. 당시 소년의 몸무게는 15킬로그램에 불과했다.

그러다가 1920년 말에 과학 발전의 역사에서 가장 행복하면서 가장 있을 법하지 않은 사건 가운데 하나가 일어났다. 캐나다 온타리오 주의 런던에서 의원을 개업하여 힘겹게 꾸려가던 한 젊은 의사가 의학 학술지에서 췌장을 다룬 기사를 읽다가 치료제에 대한 착상을 떠올렸다. 그의 이름은 프레더릭 밴팅이었는데, 사실 그는 일지에 "디아베투스(diabetus)"라고 잘못 적을 만큼 당뇨병(diabetes)에 관해서 거의 무지했다. 게다가 의학 연구도 한 적이 없었지만, 자신의 착상이 추구할 만하다고 확신했다.

당뇨병을 연구하는 모든 이들이 해결해야 할 문제는 사람의 췌장이 전혀 다른 두 가지 기능을 한다는 사실이었다. 췌장은 주로 소화를 돕는 효소를 만들고 분비하는 일을 하지만, 췌장에는 랑게르한스 섬(Islets of Langerhans)이라는 세포 집단도 들어 있다. 1868년에 베를린의 의대생인 파울 랑게르한스가 발견했는데, 그는 거기에 있는 그 세포들이 무엇인지 전혀 모르겠다고 거리낌 없이 인정했다. 20년 뒤에 프랑스인 에두아르 라게스는 그 세포 집단이 소화와 관련된 어떤 화학물질을 분비하는 일을 한다고 추론했다. 그 물질은 처음에는 "아일레틴(isletin)"이라고 불렸는데, 지금은 인슐린(insulin)이라고 불린다.

인슐린은 몸의 혈당의 아주 미묘한 균형을 유지하는 데에 핵심적인 역할을 하는 작은 단백질이다. 인슐린이 너무 많거나 너무 적게 생산되면 끔찍한 결과가 빚어진다. 우리 몸은 인슐린을 아주 많이 생산한다. 인슐린은 수명이 5–15분에 불과하므로, 끊임없이 보충을 해야 한다.

인슐린이 당뇨병을 막는 역할을 한다는 것은 밴팅의 시대에도 이미 잘 알려져 있었지만, 문제는 소화액에서 인슐린을 분리하는 것이었다. 밴팅은

맞은편 : 인슐린을 분리하는 방법을 발견한 찰스 베스트(왼쪽)와 프레더릭 밴팅. 인슐린 주사로 목숨을 구한 첫 번째 개인 마저리도 있다.

앞쪽 : 인슐린 결정. 췌장에서 생산되며, 몸이 당을 대사하도록 돕는 호르몬이다.

1868년에 췌장에서 자신의 이름이 붙게 될 세포 덩어리를 발견한 의대생 파울 랑게르한스(위). 그는 그 세포 집단이 어떤 기능을 하는지는 알지 못했다. 20년 뒤에 프랑스의 에두아르 라게스가 그 기능, 인슐린을 생산한다는 것을 발견했다.

토론토 대학교의 J. J. R. 매클라우드. 밴팅은 그가 자신과 노벨상을 공동 수상한다는 소식에 경악했다. 그가 밴팅에게 중요한 실험에 필요한 설비를 제공한 것은 맞지만, 실제로 실험은 조수인 찰스 베스트가 전부 했기 때문이다. 오른쪽 사진은 인슐린 추출 방법을 다듬은 J. B. 콜립. 인슐린은 이들의 공동 노력의 산물이었지만, 불행히도 이들의 관계는 좋지 않았다.

아무런 증거도 없었음에도, 췌장의 관을 묶어서 소화액이 창자로 들어가는 것을 막는다면, 췌장이 소화액 생산을 멈출 것이라고 믿었다. 어느 모로 보나 그런 일이 일어날 것이라고 가정할 근거는 전혀 없었지만, 그는 토론토 대학교의 J. J. R. 매클라우드 교수를 설득하여 연구실 공간 일부와 조수 한 명, 실험동물인 개 몇 마리를 얻었다.

조수는 캐나다계 미국인인 찰스 허버트 베스트로서, 아버지가 의원을 하고 있던 메인 주의 소도시에서 자랐다. 베스트는 성실하고 솔선수범하는 성격이었지만, 그 역시 밴팅과 마찬가지로 당뇨병에 관해서 거의 아는 것이 없었고, 실험 방법 쪽은 더욱더 몰랐다. 그래도 그들은 연구를 시작했다. 개의 췌장관을 묶자, 놀랍게도 좋은 결과가 나왔다. 그들은 제대로 한 일이 거의 없다시피 했지만—한 평론가는 그들의 실험이 "잘못 고안되고, 잘못 수행되고, 잘못 해석되었다"고 평했다—몇 주일 지나지 않아서 그들은 순수한 인슐린을 얻기 시작했다.

인슐린을 당뇨병 환자에게 투여하자, 기적이라고 할 효과가 나타났다. 겨우 숨만 쉴 정도로 기력도 없고 뼈만 남은 환자들이 금세 완전히 생기를 되찾았다. 『인슐린의 발견(*The Discovery of Insulin*)』의 저자 마이클 블리스의 말을 빌리면, 이것은 현대 의학이 일으킨, 부활에 가장 가까운 것이었다. 이어서 같은 연구실의 J. B. 콜립이라는 연구자가 인슐린을 추출하는 더 나은 방법을 개발했고, 곧이어 인슐린은 대량으로 생산되면서 전 세계에서 많은 사람들을 구할 수 있게 되었다. 노벨상 수상자 피터 메더워는 이렇게 선언했다. "인슐린의 발

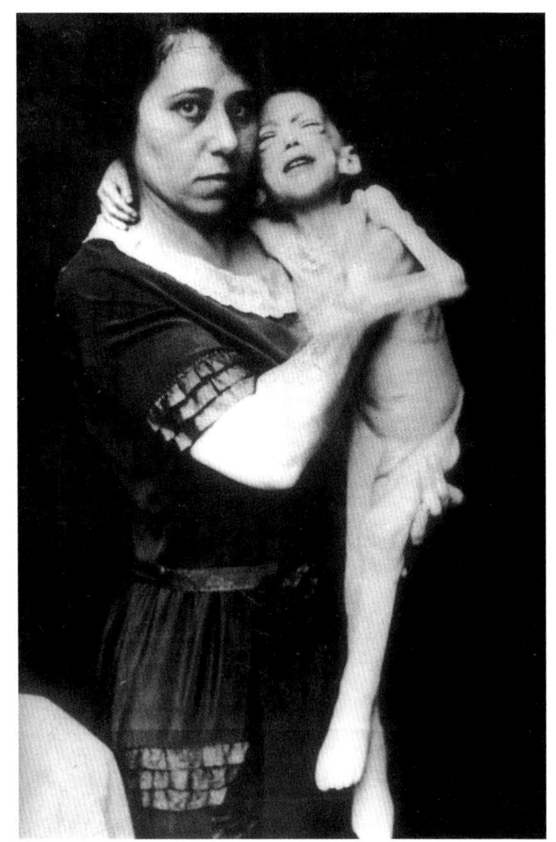
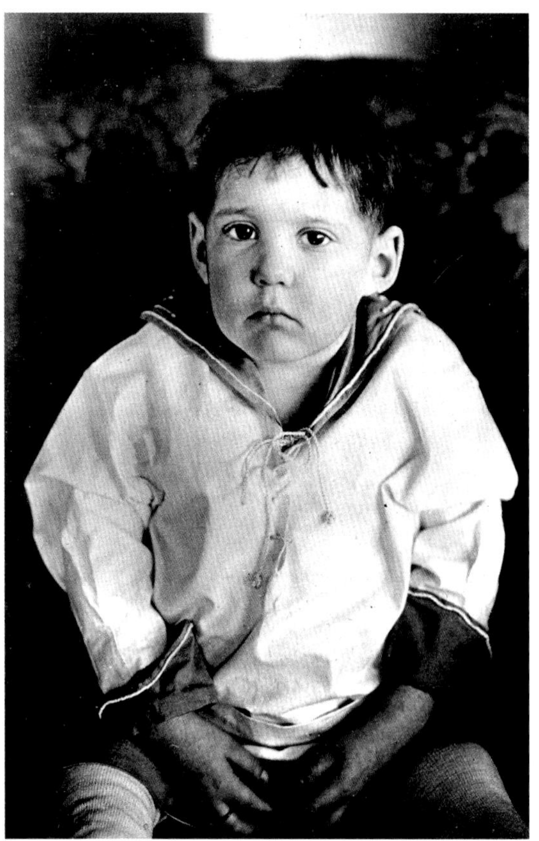

전과 후 : 당뇨병에 걸린 세 살 아이의 1922년 체중은 6.8킬로그램에 불과했다. 아이는 인슐린 치료를 받은 지 겨우 두 달 반 뒤에 체중이 13.6킬로그램으로 두 배로 늘어나면서 건강해졌다.

견은 의학이 이룬 위업 중 첫 번째에 놓일 것이다."

이 발견의 이야기가 관련된 모든 이들이 행복해졌다는 말로 끝났다면 얼마나 좋을까. 1923년 밴팅은 그 연구실의 책임자인 매클라우드와 노벨 생리의학상 공동 수상자로 결정되었다는 소식을 받았다. 밴팅은 경악했다. 매클라우드는 그 실험에 전혀 참여한 적이 없었을 뿐만 아니라, 그들이 돌파구를 찾았을 당시에 그 나라에 있지도 않았다. 그는 해마다 방문하는 고국 스코틀랜드로 장기 여행 중이었다. 밴팅은 매클라우드가 그 영예를 받을 자격이 없다고 생각했고, 상금을 자신의 믿음직한 조수인 베스트와 나누겠다고 선언했다. 한편 콜립은 자신이 개선한 추출법을 다른 연구자들과 공유하지 않을 것이며, 자기 이름으로 특허를 내겠다고 선언함으로써 다른 이들을 격분시켰다. 밴팅이 잠깐 이성을 잃고 콜립을 때리려고 하는 바람에 사람들이 그들을 떼어놓아야 하는 사태도 최소 한 차례 벌어졌다.

베스트 역시 콜립이나 매클라우드와 함께할 수 없었고, 이윽고 밴팅과도 불화를 빚게 되었다. 한마디로 모두가 심하든 덜하든 간에 서로를 혐오하면서 갈

전 세계 성인 당뇨병 환자의 수는 1980년에
1억 명 남짓한 수준이었지만, 2014년에는 4억 명을 넘었다.

라섰다. 어쨌든 적어도 세계는 인슐린을 얻었다.

당뇨병은 두 가지 유형이다. 사실은 합병증과 관리 차원에서는 비슷하지만, 병리학적으로는 전혀 다른 두 질병이다. 제1형 당뇨병은 몸이 인슐린을 아예 만들지 않아서 생긴다. 제2형 당뇨병은 인슐린이 제 효과를 발휘하지 못해서 생긴다. 대개 생산량도 줄어들고 세포가 인슐린에 정상적인 수준보다 반응을 덜 하면서 나타난다. 이를 인슐린 내성이라고 한다. 제1형은 유전되는 경향이 있는 반면, 제2형은 대개 생활습관의 산물이다. 그러나 실제로는 그렇게 단순하지 않다. 제2형이 건강하지 못한 생활과 명백히 관련이 있기는 하지만, 집안에서 대물림되는 경향도 보인다. 따라서 유전적 요인도 관여함을 시사한다. 마찬가지로 제1형이 개인의 HLA(human leukocyte antigen, 사람 백혈구 항원) 유전자의 결함과 관련은 있지만, 그 결함을 가진 사람들 중에서도 일부만 당뇨병에 걸린다. 따라서 우리가 아직 모르는 어떤 다른 요인이 있음을 시사한다. 많은 연구자들은 생애 초기에 노출되는 다양한 병원체와 관련이 있지 않을까 의심한다. 장내 미생물의 불균형이나 태아 때 받은 스트레스나 영양 상태와 관련이 있다고 보는 이들도 있다.

확실한 것은 전 세계에서 환자가 급증하고 있다는 것이다. 전 세계 성인 당뇨병 환자의 수는 1980년에 1억 명 남짓한 수준이었지만, 2014년에는 4억 명을 넘었다. 그중 제2형이 90퍼센트를 차지한다. 제2형은 서양의 좋지 않은 식단과 게으른 생활습관을 채택하는 개발도상국에서 특히 빠르게 늘고 있다. 그러나 제1형 역시 급증하고 있다. 핀란드에서는 1950년 이래로 550퍼센트가 늘었다. 세계의 거의 모든 지역에서 해마다 3–5퍼센트씩 꾸준히 늘고 있지만 이유는 아무도 모른다.

인슐린이 수많은 당뇨병 환자들의 목숨을 구하고 있기는 하지만, 완벽한 해결책은 아니다. 우선 인슐린은 소화관에서 분해되기 때문에 복용할 수가 없고, 주사기로 투여해야 한다. 지겨우면서 투박한 방법이다. 건강한 몸은 매순간 인슐린 농도를 지켜보면서 조절한다. 당뇨병 환자는 정기적으로만, 즉 직접 투여

자가 치료 : 전후에 런던의 학생들이 참가한 에식스의 한 캠프에 마련된 당뇨병 아동 야외 치료 센터.

할 때에만 조절이 이루어진다. 이는 대부분의 시간에는 인슐린 농도가 제대로 유지되지 않는다는 뜻이며, 그 효과는 누적되면서 좋지 않은 영향을 미칠 수 있다.

인슐린은 호르몬이다. 호르몬은 몸의 자전거 배달원이다. 당신이라는 복작거리는 거대도시 속을 이리저리 오가면서 화학적 메시지를 전달한다. 호르몬은 몸의 한 부위에서 생산되어 다른 부위로 가서 작용하는 물질이라고 정의되지만, 그것 외에는 딱히 뭐라고 특징짓기가 어렵다. 크기, 화학적 성질, 나아가는 목적지, 목적지에서 미치는 효과 등이 저마다 다르다. 또 단백질인 것도 있고, 스테로이드인 것도 있으며, 아민(amine)이라는 화학물질 집단에 속한 것도 있다. 호르몬은 화학적 성질이 아니라, 목적에 따른 개념이다. 사실 우리는 호르몬을 제대로 알지 못하며, 그나마 알고 있는 지식도 대부분 놀라울 정도로 최

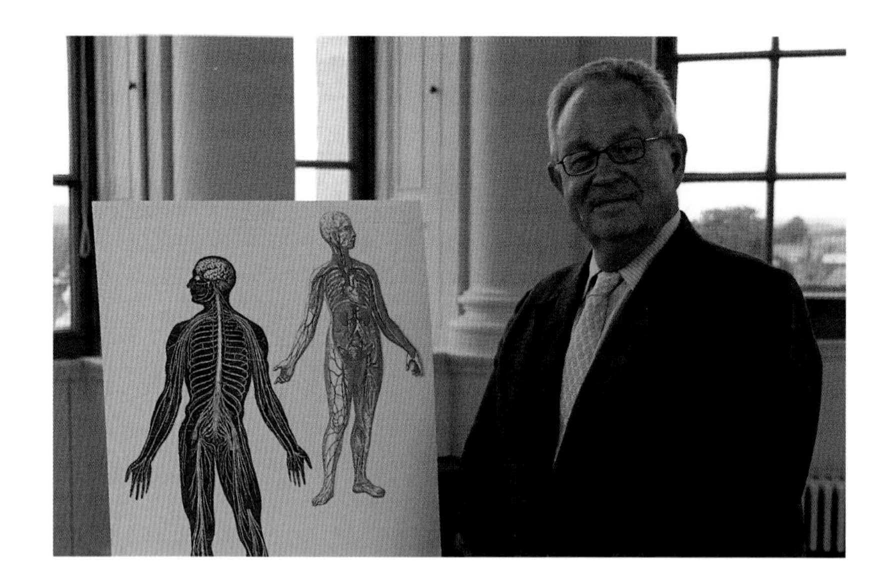

호르몬 홍보 대사 : 내분비학자이자 BBC 프로그램 「환상적인 호르몬 세계(*The Fantastical World of Hormones*)」의 진행자인 존 워스.

근에 얻은 것들이다.

옥스퍼드 대학교 내분비학과 존 워스 교수는 호르몬에 푹 빠져 있다. 그는 "나는 호르몬을 사랑해요"라는 말을 즐겨 한다. 우리는 긴 하루가 끝날 무렵에 옥스퍼드의 한 카페에서 만났는데, 그는 헝클어진 논문들을 한아름 들고 왔다. 하지만 미국에서 열린 2018년 내분비학회 연례 총회에 참석했다가 아침에 비행기로 돌아온 사람치고는 놀라울 만치 생생해 보였다.

그는 경쾌한 어조로 말한다. "정신 나간 짓이지요. 전 세계의 8,000명이나 1만 명쯤 되는 내분비학자들이 모여요. 논문 발표는 아침 5시 반부터 시작해서 밤 9시까지 이어져요. 참석할 자리가 아주 많죠. 그 결과 이렇게 되고요." 그가 논문을 흔들어댄다. "읽을 거리가 아주 많아요. 유용한 내용이 많지만, 좀 미쳐 돌아가는 것 같기도 해요."

워스는 호르몬이 무엇이며 우리를 위해서 어떤 일을 하는지 더 깊이 이해해야 한다고 항상 열정적으로 설득하고 다닌다. "우리 몸에서 주요 계통 중 가장 마지막으로 발견된 거예요. 게다가 지금도 시간이 흐를수록 새로운 것들이 계속 발견되고 있어요. 물론 내 입장이 편향되어 있다는 것은 나도 알지만, 정말로 내 가슴을 뛰게 하는 분야예요."

1958년까지 알려진 호르몬은 약 20종류에 불과했다. 호르몬이 몇 종류가 있는지는 지금도 아무도 모른다. "나는 적어도 80종류는 분명히 있다고 생각하지만 100종류가 될 수도 있고요. 지금도 계속 발견되고 있거든요."

뇌하수체는 눈 바로 뒤쪽 뇌 깊숙한 곳에 들어 있으며, 흰강낭콩만 하지만, 말 그대로 엄청난 영향을 미칠 수 있다.

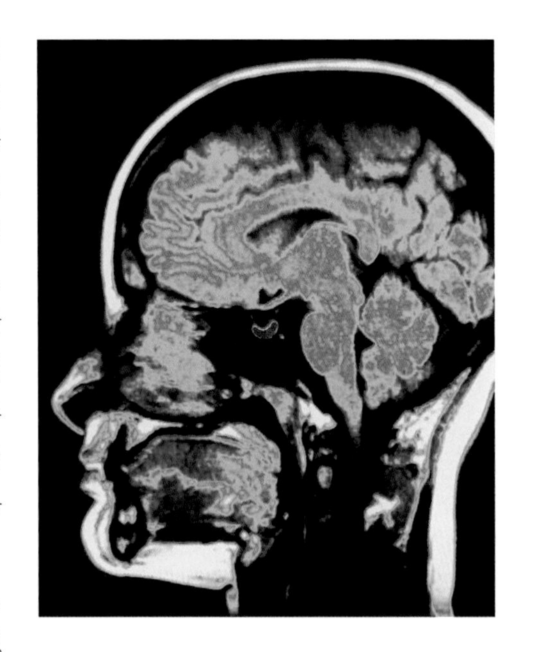

뇌 안쪽 한가운데에 자리한 작은 뇌하수체를 뚜렷이 보여주는 MRI 영상. 뇌하수체는 성장을 촉진하는 호르몬을 비롯하여 몸의 많은 호르몬 활동을 조절한다.

아주 최근까지도 호르몬은 내분비샘(endocrine gland)에서만 생산된다고 믿었다. 그래서 이 의학 분야의 이름이 내분비학(endocrinology)이다. 내분비샘은 생산물을 혈액으로 직접 분비하는 샘을 말한다. 반면에 외분비샘(exocrine gland)은 피부의 땀샘이나 입의 침샘처럼 생산물을 표면으로 분비하는 샘이다. 갑상샘, 부갑상샘, 뇌하수체, 솔방울샘, 시상하부, 가슴샘, 정소(남성), 난소(여성), 췌장 등 주요 내분비샘은 온몸에 흩어져 있지만, 긴밀하게 협력한다. 내분비샘은 대부분 작으며 전부 합쳐도 무게가 수십 그램에 불과하지만, 작은 크기에 어울리지 않게 우리의 행복과 건강에 매우 중요한 역할을 한다.

뇌하수체는 눈 바로 뒤쪽 뇌 깊숙한 곳에 들어 있으며, 흰강낭콩만 하지만, 말 그대로 엄청난 영향을 미칠 수 있다. 기록상 키가 가장 컸던 사람은 미국 일리노이 주 앨턴에서 살던 로버트 워들로였는데, 그는 뇌하수체에서 성장 호르몬이 계속 과대 생산되는 바람에 성장이 멈추지 않았다. 수줍음이 많으면서 유쾌한 성격이었던 그는 여덟 살에 이미 (키가 정상이었던) 아버지보다 더 컸고, 열두 살에는 210센티미터에 달했으며, 1936년 고등학교를 졸업할 때는 240센티미터를 넘었다. 모두 머리뼈 한가운데에 있는 이 콩알이 화학물질을 조금 많이 생산하기 때문이었다. 그의 성장은 결코 멈추지 않았고, 270센티미터에 조금 못 미쳤을 때에 전국적인 유명인사가 되어 있었다. 그는 살이 찌지 않았음에도 불구하고, 몸무게가 약 230킬로그램이나 되었다. 신발은 길이가 570밀리미터였다. 20대 초에는 걷기조차 힘들 지경이 되었다. 그래서 몸을 지탱하기 위해서 다리에 보조기를 달았는데, 그만 마찰로 피부가 벗겨졌고 이어서 심각한 감염이 일어났다. 그 결과 패혈증이 심해지면서 1940년 7월 15일에 자다가 숨을 거두었다. 그는 당시 겨우 스물두 살이었다. 사망할 때의 키는 272센티미터였다. 그는 주변 사람들로부터 많은 사

랑을 받았고, 지금까지도 그의 고향에서는 그를 기념하고 있다.

그런 커다란 몸이 아주 작은 샘의 기능 이상에서 비롯된다는 것은 역설적이다. 뇌하수체는 종종 으뜸샘(master gland)이라고 불린다. 아주 많은 것들을 통제하기 때문이다. 뇌하수체는 성장 호르몬, 코르티솔, 에스트로겐, 테스토스테론, 옥시토신, 아드레날린 등 많은 호르몬을 생산하거나 그 생산을 조절한다. 운동을 격렬하게 하면, 뇌하수체는 엔도르핀을 혈액으로 분출한다. 엔도르핀은 먹거나 섹스를 할 때에 분비되는 바로 그 화학물질이다. 엔도르핀은 아편제와 아주 비슷하다. 오래 달릴 때면 느끼는 쾌감인 러너스 하이(runner's high)도 이 물질 때문에 나타난다. 우리 삶에서 뇌하수체의 영향이 미치지 않는 곳은 거의 찾아보기 어려울 정도이지만, 우리가 그 기능을 대강이라도 이해하기 시작한 것은 20세기에 들어서도 한참 지나서였다.

맞은편 : 세계에서 가장 키가 큰 사람인 로버트 워들로가 일리노이 주 앨턴에서 보통 키인 가족들과 함께 있는 모습. 1918년생인 그는 안타깝게도 겨우 스물두 살에 사망했다. 유달리 크게 자라게 한 호르몬의 과다 생산 때문이 아니라, 너무 커진 체구를 지탱하기 위해서 다리에 착용한 보조기로 인한 감염 때문이었다.

현대 내분비학은 조금은 평탄하지 않은 과정을 거쳐서 탄생했다. 샤를 에두아르 브라운세카르(1817–1894)라는 명석한 인물의 열정적이지만 방향이 잘못된 노력 탓이 크다. 브라운세카르는 말 그대로 다국적인 인물이었다. 그는 인도양의 모리셔스 섬에서 태어났는데, 당시 그 섬이 영국 식민지였기 때문에 모리셔스 국적과 영국 국적을 함께 가지게 되었다. 게다가 어머니는 프랑스인이고 아버지는 미국인이었으므로, 태어나자마자 4개의 국적을 얻었다고 할 수 있다. 그는 아버지는 한번도 보지 못했다. 배의 선장이던 아버지는 아들이 태어나기도 전에 바다에서 실종된 상태였다. 브라운세카르는 프랑스에서 자랐고 그곳에서 의학을 공부한 뒤, 유럽과 미국 사이를 오가면서 보냈으며 어느 한곳에 오래 머물지 않았다. 25년 동안 그는 대서양을 60번이나 건넜다. 보통 사람들은 평생에 한 번 건널까 말까 하던 시절이었다. 그는 영국, 프랑스, 스위스, 미국에서 여러 자리에 있었고, 높은 자리도 많았다. 그러면서 9권의 저서와 500편이 넘는 논문을 썼고, 세 학술지의 편집을 맡았고, 하버드, 제네바 대학교, 파리 의과대학 등에서 학생들을 가르쳤다. 그는 간질, 신경학, 사후 경직, 샘의 분비 분야의 손꼽히는 전문가였다. 그러나 그가 다소 우습기도 한 불후의 명성을 얻게 된 것은 1889년 파리에서 무려 일흔두 살의 나이에 한 실험을 통해서였다.

한곳에 정착하지 않고 세계를 돌아다닌 샤를 에두아르 브라운세카르. 그는 스스로에게 테스토스테론을 주사하는 실험도 했지만, 그의 평판에는 별 영향이 없었다.

브라운세카르는 기르는 동물(개나 돼지가 가장 자주 언급되

포유동물의 정소에는 테스토스테론이 거의 들어 있지 않다. 만들어지자마자 혈액으로 내보내지고, 사실 만들어지는 양도 극히 적기 때문이다.

지만, 어느 동물을 주로 이용했는지를 놓고 문헌마다 견해가 다른 듯하다)의 정소를 곱게 간 다음, 그 추출물을 자신의 몸에 주사했다. 그러자 자신이 마흔인 듯 기운이 팔팔 넘치는 것이 느껴졌다고 썼다. 사실 그가 무엇인가가 좋아진 것을 느꼈다면, 그것은 전적으로 심리적인 효과였을 것이다. 포유동물의 정소에는 테스토스테론이 거의 들어 있지 않다. 만들어지자마자 혈액으로 내보내지고, 사실 만들어지는 양도 극히 적기 때문이다. 설령 브라운세카르가 주입한 추출물에 테스토스테론이 들어 있었다고 해도, 미량에 불과했을 것이다. 게다가 테스토스테론이 회춘 효과를 일으켰다는 그의 생각도 완전히 틀린 것이었다. 그러나 그 물질이 강력하다고 생각했다는 점에서는 옳았다. 너무 강력하기 때문에, 합성 테스토스테론은 오늘날에는 규제 약물이다.

테스토스테론에 집착한 탓에 브라운세카르의 과학적 명성은 심하게 훼손되었지만, 아무튼 얼마 지나지 않아 세상을 떠났으므로 큰 상관은 없었을 것이다. 그런데 역설적이게도 그의 시도에 자극을 받아서 다른 사람들이 우리의 삶을 통제하는 화학적 과정들에 대해서 더 상세히 체계적으로 살펴보기 시작했다. 브라운세카르가 사망한 지 10년 뒤인 1905년, 영국의 생리학자 E. H. 스탈링이 "호르몬(hormone)"이라는 용어를 창안했다. (케임브리지 대학교의 고전학자에게 자문을 받아서, "작동시키다"라는 뜻의 그리스어에서 따왔다.) 그러나 그 학문 분야 자체는 사실상 그로부터 10년이 더 지난 뒤에야 출현했다. 내분비학 전문 학술지는 1917년에야 창간되었고, 물질을 분비하는 관이 따로 없는 샘들을 포괄하는 용어인 내분비계는 더 나중에 만들어졌다. 1927년에 영국의 과학자 J. B. S. 홀데인이 창안했다.

내분비학의 진정한 아버지는 브라운세카르보다 한 세대를 앞서 살았던 인물이라는 주장도 있는데, 바로 토머스 애디슨(1793-1860)이다. 그는 1830년대 런던에 있는 가이 병원의 이른바 "3대 명의" 중 한 명이었다. 다른 두 명은 (현재는 콩팥염이라고 불리는) 브라이트병의 발견자인 리처드 브라이트와 림프계의 장애를 연구했고 호지킨병과 비호지킨 림프종이라는 병명에 이름을 남긴 토머스 호지킨이었다. 세 명 중에서 가장 명석하고 가장 많은 업적을 이룬 사람은

가이 병원의 "3대 명의"
(왼쪽부터) : 토머스 애디슨,
리처드 브라이트, 토머스
호지킨. 몇몇 질병들에
이 세 명의 이름이 붙어
있다.

애디슨일 것이다. 그는 막창자꼬리염을 처음으로 정확히 기술했으며, 모든 유형의 빈혈증에 최고의 권위자였다. 그의 이름은 적어도 5가지 중증 질환에 붙어 있다. 그중 가장 유명했던(지금도 그렇다) 것은 애디슨병이다. 이 병은 그가 1855년에 보고한 부신샘의 퇴행 장애로서, 최초로 알려진 호르몬 장애였다. 명성이 높았음에도 애디슨은 우울증에 시달렸고, 애디슨병을 발견한 지 5년 뒤인 1860년에 은퇴하여 브라이턴에서 은거하다가 자살했다.

애디슨병은 드물지만 여전히 심각한 질환이다. 1만 명에 약 1명꼴로 걸린다. 이 병을 앓은 이들 중에서 역사적으로 가장 유명한 인물은 아마 존 F. 케네디일 것이다. 그는 1947년에 이 병을 진단받았다. 비록 그와 그의 집안은 늘 아니라고 적극적으로 부인을 했지만 말이다. 사실 케네디는 애디슨병을 앓았을 뿐만 아니라, 앓고서도 생존했다는 점에서 매우 운이 좋은 사람이었다. 치료제인 스테로이드의 일종인 글루코코르티코이드(glucocorticoid)가 등장하기 전인 그 시대에는 그 병을 진단받은 환자들 중에서 80퍼센트가 1년 이내에 사망했다.

우리가 만났을 때, 존 워스는 애디슨병에 몹시 관심을 두고 있었다. "아주 안타까운 병이 될 수 있어요. 주된 증상이 식욕 감퇴와 체중 감소라서 오진하기가 쉽거든요. 최근에 아주 미래가 유망했던 스물세 살의 정말로 사랑스러운 젊은 여성의 사례를 접했어요. 애디슨병으로 사망했는데, 의사가 식욕 부진이라고 생각해서 정신과의사한테 보냈기 때문이죠. 애디슨병은 사실 코르티솔 농도의 불균형 때문에 생겨요. 코르티솔은 혈압을 조절하는 스트레스 호르몬입니다. 그 사건이 비극인 이유는 코르티솔 농도만 바로잡으면 30분 안에 환자

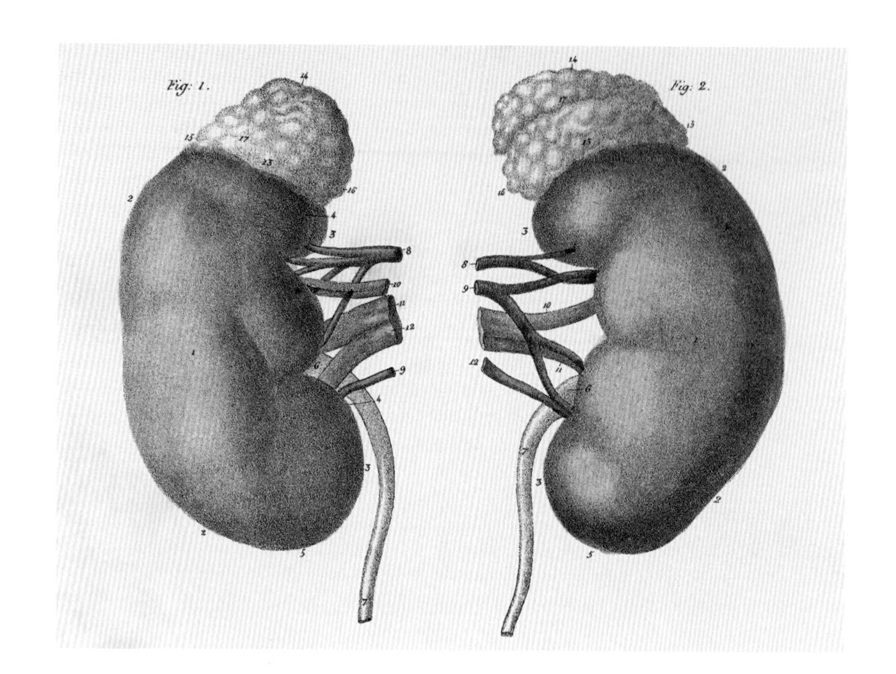

콩팥과 그 위에 얹혀 있는 부신. 토머스 애디슨이 자신의 이름이 붙게 될 이 호르몬샘의 질환을 발견하기 30년 전인 1825년의 프랑스 해부학 도해서에 실린 그림이다.

의 건강이 정상으로 돌아올 수 있기 때문이에요. 그 여성은 죽을 이유가 없었어요. 그래서 현재 나는 흔한 호르몬 장애를 식별하는 데 도움이 되도록 일반의들에게 강연을 하는 일에도 꽤 많은 시간을 할애하고 있어요. 오진하는 경우가 너무나 많거든요."

1994년에 내분비학계에 경천동지할 일이 벌어졌다. 뉴욕에 있는 록펠러 대학교의 유전학자 제프리 프리드먼이 어느 누구도 그 존재를 상상조차 하지 못한 호르몬을 발견한 것이다. 그는 그 호르몬에 렙틴(leptin, "가늘다"라는 그리스어에서 유래)이라는 이름을 붙였다. 렙틴은 내분비샘이 아니라 지방세포에서 생산되었다. 바로 이 점이 가장 흥미로운 발견이었다. 호르몬이 전용 분비샘이 아닌 다른 곳에서 생산될 수 있다고는 어느 누구도 생각하지 못했다. 사실 이제는 호르몬이 위, 허파, 콩팥, 췌장, 뇌, 뼈 등 모든 곳에서 생산된다는 것이 알려져 있다.

렙틴은 생산되는 곳이 놀랍기도 할 뿐만 아니라, 하는 일 때문에도 더욱더 엄청난 관심을 받았다. 바로 식욕 조절에 도움을 준다는 것이었다. 따라서 렙틴을 조절할 수 있다면, 사람들의 체중 조절에 도움을 줄 수도 있을 것이다. 쥐를 연구하는 과학자들은 렙틴 농도를 조절함으로써 원하는 대로 생쥐를 살찌우거나 마르게 할 수 있다는 것을 발견했다. 따라서 놀라운 약을 개발할 수 있을 듯했다.

과학자들은 렙틴 농도를 조절함으로써 원하는 대로 생쥐를 살찌우거나 마르게 할 수 있다는 것을 발견했다. 따라서 놀라운 약을 개발할 수 있을 듯했다.

록펠러 대학교의 연구실에서 렙틴이 담긴 병을 들고 있는 제프리 프리드먼. 그는 1994년에 이 호르몬을 발견했다. 렙틴은 몸의 특정한 샘이 아니라 지방세포에서 생산된다.

곧 기대에 부풀어서 사람을 대상으로 임상시험이 이루어졌다. 체중 문제를 안고 있는 자원자들은 1년 동안 매일 렙틴 주사를 맞았다. 그러나 1년이 지나도 그들의 체중은 처음과 별반 달라지지 않았다. 렙틴의 효과는 기대했던 것처럼 확연하지 않다는 사실이 드러났다. 그 발견이 이루어지고 거의 사반세기가 흐른 지금도 우리는 렙틴이 정확히 어떻게 작용하는지를 이해하지 못한 상태이며, 렙틴을 체중 조절을 돕는 약으로 쓸 수 있을 가능성은 요원하다.

이 문제에서 한 가지 중요한 점은 그동안 우리 몸이 음식의 과다가 아니라 부족이라는 도전과제에 대처하면서 진화했다는 것이다. 따라서 렙틴은 우리에게 그만 먹으라고 말하려고 존재하는 것이 아니다. 우리 몸에 있는 그 어떤 화학물질도 그런 일을 하지 않는다. 우리가 계속 먹으려는 경향을 보이는 것도 주로 그 때문이다. 우리는 풍요가 일시적인 것이라고 가정하고서 기회가 있을 때마다 탐욕스럽게 먹는 습성을 지니고 있다. 렙틴이 전혀 없을 때에는 그냥 먹고 또 먹는다. 몸이 굶주리고 있다고 생각하기 때문이다. 그러나 음식에다가 렙틴을 추가해도, 정상적인 환경에서는 식욕에 눈에 띄는 차이가 전혀 나타나지 않는다. 본질적으로 렙틴이 존재하는 이유는 임신이나 사춘기처럼 상대적으로 에너지가 더 요구되는 도전과제를 시작할 수 있을 만큼 몸이 에너지를 충분히 비축하고 있는지 여부를 뇌에 알리기 위해서이다. 몸의 호르몬이 당신이 굶주리고 있다고 생각한다면, 그런 과정들은 시작되지 못할 것이다. 그것이 바로 식욕부진을 겪는 아이들에게 종종 사춘기가 훨씬 더 늦게 시작되는 이유이다. 워스는 이렇게 말한다. "오늘날 사춘기가 과거보다 몇 년 더 일찍 시작되는 이유도 그 때문일 것이 거의 확실합니다. 헨리 8세 때(16세기/역주)에는 사춘기가 열여섯이나 열일곱에 시작되었어요. 지금은 열한 살에 시작되는 아이들이 훨씬 더 많아요. 영양 상태가 좋아져서 그런 것이 거의 확실합니다."

게다가 하나가 아니라 많은 호르몬들이 늘 체내 과정들에 영향을 미치고 있다는 점도 상황을 훨씬 복잡하게 만든다. 렙틴이 발견된 지 4년 뒤, 식욕 조절

옥시토신은 애착과 애정의 감정을 일으키는 데에 관여한다고 잘 알려져 있다. 그래서 "포옹 호르몬"이라고 불리기도 한다.

에 관여하는 또다른 호르몬이 발견되었다. 그렐린(ghrelin)—"성장 호르몬 관련(growth-hormone related)"이라는 말의 첫 글자들을 따서 붙인 이름—이라는 이 호르몬은 주로 위에서 생산되지만, 다른 몇몇 기관에서도 분비된다. 배가 고파지면 그렐린 농도가 올라가지만, 그렐린이 허기를 일으키는지, 단지 허기에 수반되는 것인지는 불분명하다. 식욕은 갑상샘, 유전적 및 문화적 요인, 기분과 접근성(식탁에 땅콩 바구니가 있으면 거부하기가 어렵다), 의지력, 하루 중 시간대, 계절 등 많은 요인들에도 영향을 받는다. 이 모든 요인들을 하나의 알약으로 어떻게 농축시킬 수 있을지는 아무도 모른다.

게다가 대다수의 호르몬은 여러 가지 기능을 하기 때문에, 화학적으로 이해하기가 더 어렵고 조작하고자 할 때에 위험 부담도 더 커진다. 예를 들면, 그렐린은 허기에만 관여하는 것이 아니라, 인슐린 농도와 성장 호르몬의 분비량 조절도 돕는다. 한 가지 기능을 조작하려다가는 다른 기능들을 혼란에 빠뜨릴 수 있다.

하나의 호르몬이 놀라울 정도로 다양한 과정들을 조절하는 일을 할 수도 있다. 한 예로 옥시토신은 애착과 애정의 감정을 일으키는 데에 관여한다고 잘 알려져 있다. 그래서 "포옹 호르몬"이라고 불리기도 한다. 그러나 옥시토신은 얼굴 인식, 출산 때 자궁의 수축, 주변 사람들의 기분 해석, 수유하는 엄마의 모유 생산 유도에도 중요한 역할을 한다. 옥시토신에 왜 이런 갖가지 전문 기능들이 부여되어 있는지는 잘 모른다. 옥시토신이 유대와 애정에서 하는 역할은 가장 흥미로운 특성에 속하지만, 우리가 가장 이해하지 못하고 있는 것이기도 하다. 옥시토신을 쥐 암컷에게 투여하면 그 쥐는 남의 새끼를 돌보기 위해서 집을 짓는 등 부산을 떤다. 그러나 임상시험에서 사람에게 옥시토신을 투여했을 때에는 효과가 전혀 또는 거의 없었다. 오히려 더 공격적이고 덜 협조적인 행동을 보이는 사례도 일부 나타났다. 한마디로 호르몬은 복잡한 분자이다. 또 옥시토신 같은 몇몇 물질은 호르몬인 동시에 신경계에서 신호를 전달하는 일을 하는 신경전달물질이기도 하다. 즉 호르몬은 많은 일을 하며, 그중 어느 것 하나 간단하지가 않다.

맞은편 : "자연의 방식이 최선의 방식이다." 1950년대 영국 보건교육 중앙위원회가 모유 수유를 장려하기 위해서 제작한 포스터.

THE NATURAL WAY

IS THE BEST WAY FOR MOTHER AND CHILD

D.C.21 Stafford & Co., Ltd., Netherfield, Nottingham.

Copies of this Poster may be obtained from The Central Council for Health Education, Tavistock House, Tavistock Square, London, W.C.1.

오랫동안 내분비학자들은 테스토스테론이 남성에게만 있고
에스트로겐은 여성에게만 있다고 생각했지만,
사실 남녀 모두 양쪽 호르몬을 생산하고 이용한다.

* * *

아마 호르몬의 한없는 복잡성을 가장 잘 이해한 사람은 독일의 생화학자 아돌프 부테난트(1903–1995)일 것이다. 브레머하펜 태생인 그는 마르부르크 대학교와 괴팅겐 대학교에서 물리학, 생물학, 화학을 공부했다. 한편 취미 활동도 열심히 했다. 그는 보호장비도 착용하지 않은 채 펜싱에 열정을 쏟고는 했다. 당시 독일 젊은이들 사이에서 유행했는데, 멋있어 보였지만 그다지 분별 있는 풍습은 아니었다. 그러다가 왼쪽 뺨에 톱니 같은 흉터가 생겼다. 그는 그 흉터를 살짝 자랑스러워한 듯하다. 그가 평생 동안 열정을 보인 분야는 생물학—사람뿐 아니라 동물—이었고, 특히 호르몬이었다. 그는 엄청난 끈기를 발휘하여 호르몬을 증류하고 합성하는 일에 몰두했다. 1931년에 그는 괴팅겐의 경찰관들로부터 엄청난 양의 소변을 구했다. 1만5,000리터라는 문헌도 있고 2만5,000리터라고 적은 문헌도 있지만, 아무튼 우리 대다수가 다루고 싶어 하지 않을 만큼 엄청난 양이라는 점은 분명하다. 그는 그 소변을 증류한 끝에 안드로스테론 호르몬 15밀리그램을 얻었다. 비슷하게 끈기 있는 노력을 통해서 그는 다른 몇몇 호르몬도 증류했다. 프로게스테론을 분리할 때에는 돼지 5만 마리의 난소를 구했다. 최초로 페로몬—성(性) 유인물질—을 분리할 때에는 누에 50만 마리의 생식샘을 떼어냈다.

고생고생하면서 호르몬을 정제하는 데에 성공한 업적으로 노벨 화학상을 받은 독일의 생화학자 아돌프 부테난트. 그는 나치 법령 때문에 10년 뒤에야 상을 받았다.

이런 비범한 집중력을 발휘하여 이룬 발견들로부터 의료용 합성 스테로이드에서 피임약에 이르기까지, 온갖 유용한 의약품들이 만들어질 수 있었다. 그는 겨우 서른여섯 살이던 1939년에 노벨 화학상 수상자로 선정되었으나 상을 받으러 갈 수가 없었다. 노벨 평화상이 유대인에게 수여된 뒤로 아돌프 히틀러가 독일인의 수상을 금지했기 때문이다. (부테난트는 1949년에야 상을 받을 수 있었지만, 상금은 받지 못했다. 알프레드 노벨의 유언에 따라서, 상금의 수령 기간은 수상자로 결정된 날로부터 1년이었기 때문이다.)

스페인에서 해마다 열리는 팜플로나 황소 달리기 대회에 참가한 사람들의 이 사진이야말로 "테스토스테론으로 충만한"이라는 흔히 쓰는 표현이 딱 들어맞는 사례일 것이다.

오랫동안 내분비학자들은 테스토스테론이 남성에게만 있고 에스트로겐은 여성에게만 있다고 생각했지만, 사실 남녀 모두 양쪽 호르몬을 생산하고 이용한다. 남성의 테스토스테론은 주로 정소에서 생산되며, 부신샘에서도 조금 만들어진다. 이 호르몬이 남성의 몸에서 하는 일은 세 가지이다. 생식 능력을 부여하고, 굵은 목소리와 면도할 필요성 같은 남성다운 속성들을 제공하며, 성욕뿐만 아니라 위험 추구 성향과 공격성을 일으키는 등 행동에도 지대한 영향을 미친다. 여성의 테스토스테론은 난소와 부신샘에서 약 절반씩 생산되며, 남성에 비해서 양은 훨씬 적다. 성욕을 부추기기는 하지만, 다행히도 다른 일반적인 성향들은 방해하지 않는다.

테스토스테론이 남성에게 전혀 유익하지 않은 것처럼 보이는 영역이 하나 있는데, 바로 수명이다. 물론 수명을 결정하는 요인들은 많이 있지만, 거세된 남성들이 여성들만큼 오래 산다는 것은 사실이다. 테스토스테론이 정확히 어떤 식으로 남성의 수명을 줄일 수 있는지는 아직 모른다. 남성의 테스토스테론 농도는 40대부터 연간 약 1퍼센트씩 낮아지며, 그래서 많은 이들은 성욕과 활력을 높이고 싶은 마음에 보충제를 먹는다. 그러나 테스토스테론 보충제가 성적 능력이나 전반적인 남성성을 증진시킨다는 증거는 기껏해야 빈약한 수준이다. 그보다는 심근경색과 뇌졸중 위험을 증가시킬 수 있다는 증거가 훨씬 더 많다.

II

물론 모든 샘이 다 작은 것은 아니다. (혹시나 잊었을까 해서 덧붙이면, 샘은 몸에서 화학물질을 분비하는 모든 기관을 가리킨다.) 간도 샘이며, 다른 샘들과 비교하면 아주 거대하다. 어른의 간은 무게가 (뇌 무게와 거의 비슷한) 약 1.5킬로그램이며, 가로막(횡격막) 바로 밑의 복부 한가운데를 거의 다 차지하고 있다. 아기는 몸집에 비해서 간이 유달리 크며, 아기의 배가 귀엽게 볼록 나온 이유가 바로 그 때문이다.

또한 간은 몸에서 가장 다양한 일로 바쁜 기관이며, 간의 기능들은 생명 유지에 대단히 중요하다. 간의 기능들이 손상되면, 우리는 몇 시간 내에 사망할 것이다. 하는 일들 중 몇 가지만 꼽자면, 우선 간은 호르몬, 단백질, 담즙이라는 소화액을 만든다. 또 독소를 거르고, 오래된 적혈구를 분해하고, 비타민을 저장하고 흡수하며, 지방과 단백질을 탄수화물로 전환하고, 포도당을 관리한다. 포도당 관리는 생명 유지에 대단히 중요하며, 단 몇 분이라도 농도가 떨어지면 기관들이 손상되고 뇌에도 손상이 일어날 수 있다. (구체적으로 설명하면, 간은 포도당을 더 조밀한 화학물질인 글리코겐으로 바꾼다. 냉동실에 더 많이 넣을 수 있도록 압축 포장을 하는 것과 약간 비슷하다. 에너지가 필요해지면, 간은 글리코겐을 다시 포도당으로 전환하여 혈액으로 내보낸다.) 간은 총 약 500가지에 달하는 대사 과정에 참여한다. 본질적으로 간은 몸의 실험실이다. 지금 이 순간에 우리 몸에 있는 피의 약 4분의 1은 간에 들어가 있다.

아마 간의 가장 놀라운 특징은 재생 능력일 것이다. 간은 3분의 2를 잘라내도 몇 주일 사이에 원래 크기로 다시 자랄 수 있다. "예쁘지는 않아요." 네덜란드의 유전학자 한스 클레버스가 한 말이다. "원래의 간에 비해 좀 우둘투둘하고 거칠게 자라나요. 하지만 제 기능을 충분히 합니다. 복원 과정은 수수께끼예요. 간이 딱 맞는 크기까지 자랐다는 걸 어떻게 알고서 성장을 멈추는지 우리는 모릅니다. 어쨌든 간에 그런 능력이 있다니 정말 다행이죠."

그러나 간의 복원력이 무한한 것은 아니다. 간에 생길 수 있는 질환은 100가지가 넘으며, 그중에는 심각한 것들도 많다. 대다수의 사람들은 간 질환이 지나친 음주 때문에 생긴다고 생각하겠지만, 사실 만성 간 질환 중에서 약 3분의 1만이 알코올과 관련이 있다. 비알코올성 지방간 질환(non-alcoholic fatty liver disease, NAFLD)은 들어본 적도 없는 사람이 대부분이겠지만, 간경화보다 더 흔하며 훨씬 더 당혹스러운 질병이다. 예를 들면, 이 병은 과체중이나 비만과

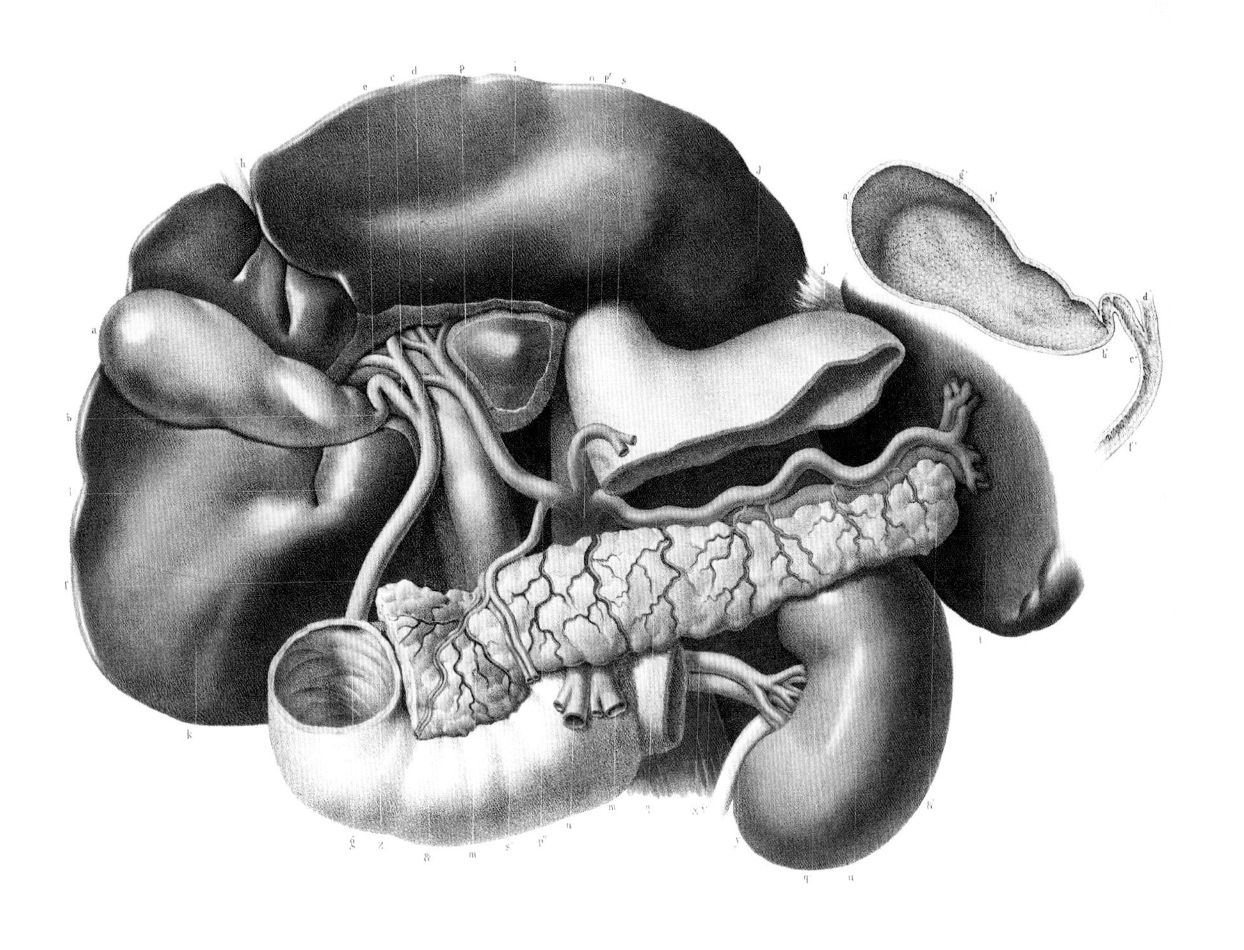

함께 모여 있는 필수 장기와 없어도 되는 장기. 19세기에 그려진 이 그림은 인체에서 가장 큰 샘이면서 여러모로 대단히 중요한 일을 하는 간과 그 주변에 몰려 있는 장기들을 보여준다. 쓸개(노란색), 지라(자주색), 여러 기능을 하는 췌장(앞쪽에 가로로 놓인)이 보인다.

강한 관련이 있지만, 환자 중에서 건강하고 날씬한 이들도 상당한 비율을 차지한다. 누구도 그 이유를 설명하지 못한다. 인구 중 약 3분의 1은 NAFLD 초기 단계에 해당한다고 간주되지만, 다행히도 대부분은 결코 증상이 더 진행되지 않는다. 그러나 소수의 불운한 사람들은 NAFLD가 악화되면서 결국 간 기능 상실이나 다른 심각한 질병으로 이어진다. 왜 어떤 이들은 증상이 악화되고, 어떤 이들은 그렇지 않은지도 수수께끼이다. 아마 우리에게 가장 무력감을 일으키는 부분은 환자들이 대개 간의 대부분이 손상될 때까지 증상을 전혀 느끼지 못한다는 것일 듯하다. 더욱 우려되는 점은 NAFLD가 어린이들에게서도 나타나기 시작했다는 것이다. 최근까지 전혀 없었던 현상이다. 미국에서 아동의 10.7퍼센트, 전 세계에서 청소년의 7.6퍼센트가 지방간으로 추정된다.

많은 사람들이 제대로 알아차리지 못하고 있는 또 한 가지 위험은 C형 간염이다. 미국 질병통제예방센터(CDC)는 1945–1965년에 태어난 미국인 30명 중

2,000년 동안 서양인들은 체액으로
사람들의 건강, 외모, 취미, 성향 등 모든 것을 설명했다.

에서 약 1명—즉 200만 명—이 C형 간염에 걸려 있지만 그 사실을 모른다고 추정한다. 그 기간에 태어난 사람들이 감염 위험이 더 높은 주된 이유는 당시에는 오염된 피가 그대로 수혈되었고 마약을 하는 이들이 주삿바늘을 돌려썼기 때문이다. C형 간염 바이러스는 몸속에 40년 넘게 살면서 아무런 증상도 일으키지 않은 채 은밀하게 간을 파괴할 수 있다. CDC는 그들을 다 찾아내어 치료를 할 수 있다면, 미국에서만 12만 명의 생명을 구할 수 있을 것이라고 추정한다.

간은 오랫동안 용기의 근원이라고 여겨졌다. 영어권에서는 겁쟁이를 "간이 창백하다(lily-livered)"라고 표현한다(우리도 간이 쪼그라들었다거나 부었다는 표현을 쓴다/역주). 또 간은 네 가지 "체액(humor)" 중 두 가지의 원천이라고 생각되었다. 흑담즙과 황담즙으로서, 각각 우울과 조급함을, 따라서 슬픔과 분노를 담당한다고 보았다. (다른 두 체액은 혈액과 점액이다.) 체액은 몸속을 순환하면서 모든 것의 균형을 유지하는 액체들이라고 여겨졌다. 2,000년 동안 서양인들은 체액으로 사람들의 건강, 외모, 취미, 성향 등 모든 것을 설명했다. 이 맥락에서 쓰인 유머(humor)라는 영어 단어는 재미와는 무관하며, "습기"를 뜻하는 라틴어에서 유래한 단어이다. 영어에서 누군가의 비위를 맞추다(humoring)나 기분이 언짢다(ill-humored)라는 뜻으로 그 단어를 쓸 때에는 적어도 어원학적인 측면에서는 웃는 능력을 말하는 것이 아니다.

간 옆에는 췌장과 지라 두 기관이 빼곡하게 끼워져 있다. 나란히 놓여 있고 크기도 비슷해서 종종 두 기관을 짝지어서 언급하지만, 사실 둘은 전혀 다른 기관이다. 췌장은 샘이지만, 지라는 아니다. 췌장은 생명 유지에 필수적이지만, 지라는 없어도 된다. 췌장은 젤리 같으며, 길이가 약 15센티미터이고 대충 바나나와 비슷하게 생겼고, 윗배의 위 뒤쪽에 끼워져 있다. 인슐린을 생산할 뿐만 아니라, 혈당 조절에 관여하는 호르몬인 글루카곤(glucagon), 콜레스테롤과 지방의 소화를 돕는 소화 효소인 트립신, 리파아제, 아밀라아제도 분비한다. 췌장은 매일 1리터가 넘는 췌장액을 생산한다. 크기에 비하면 엄청난 양이

16세기에 독일에서 그려진 이 그림에 묘사된 것처럼, 과학 이전의 서양 의학은 수백 년간 네 가지 "체액" 이라는 개념에 토대를 두고 있었다. 점액, 혈액, 흑담즙, 황담즙이다. 각 체액이 차분, 다혈질, 우울, 분노의 성격을 빚어내며, 건강과 질병을 좌우한다고 믿었다.

다. 먹기 위해서 요리한 동물의 췌장을 영어로는 단빵(sweetbread, 이 단어는 1565년 처음으로 영어에 등장했다)이라고 하는데, 왜 이런 단어를 썼는지는 지금까지 아무도 밝혀내지 못했다. 달지도 않고 빵 같지도 않은데 말이다. 췌장(pancreas)이라는 영어 단어는 그로부터 10년 뒤에야 등장하므로, 사실상 단빵이 더 오래된 용어이다.

지라는 대강 주먹만 하며 무게는 220그램이고, 가슴 왼쪽으로 꽤 높게 자리하고 있다. 순환하는 혈구의 상태를 지켜보고 감염에 맞서 싸울 백혈구를 파견하는 중요한 일을 한다. 또 면역계를 돕고 갑자기 필요로 할 때에 근육에 더 많

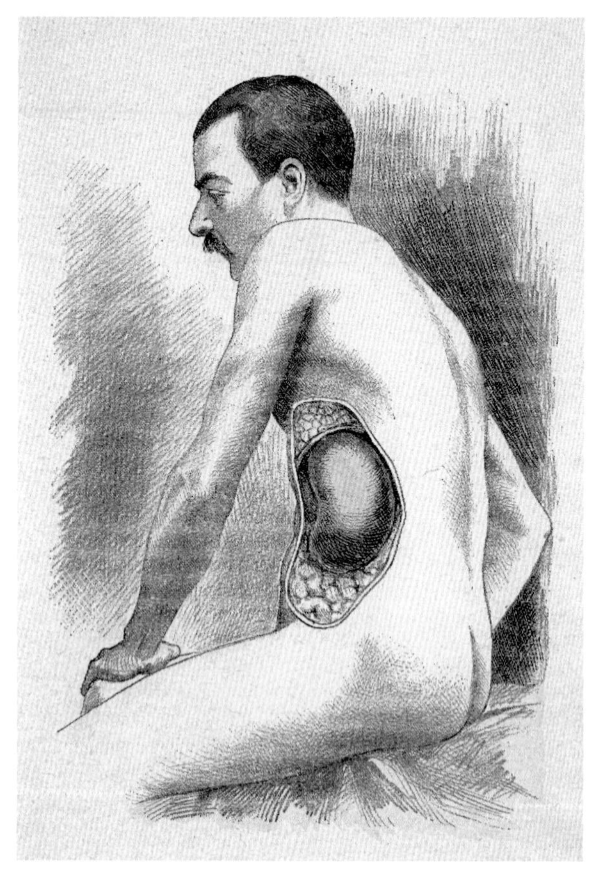

지라는 혈액의 순환 및 감염과 관련된 몇 가지 기능을 수행한다. 19세기 말의 이 그림(왼쪽)은 크게 부풀어오른 지라를 보여준다. 말라리아에 걸린 환자의 전형적인 지라의 모습이다.

이유는 불분명하지만, 옛날부터 사람들은 지라가 화를 잘 내는 성격과 관련이 있다고 생각했다. 리전트 왕자를 그린 이 1814년 그림에는 "온종일 뚱하고 지라적"이라고 적혀 있다.

은 혈액을 보낼 수 있도록 피의 저장소 역할도 한다. 영어에는 화를 잘 내는 사람을 "지라형(splenetic)"이라고 하고, 화풀이를 한다(vent one's spleen)라는 관용어에도 지라가 쓰인다. 영어권 의대생들은 1, 3, 5, 7, 9, 11이라는 홀수 순열을 이용해서 지라의 주된 속성들을 외운다. 지라의 크기가 1 × 3 × 5인치이고, 무게는 약 7온스, 9–11번 갈비뼈 사이에 있다. 물론 마지막 두 숫자를 뺀 나머지는 사실 평균값일 뿐이다.

간 밑에는 간과 밀접한 관계인 쓸개(gall bladder, 또는 gallbladder나 gall-bladder. 철자법을 놓고 견해가 갈린다)가 있다. 쓸개는 신기한 기관이다. 쓸개가 있는 동물도 많지만, 없는 동물도 많기 때문이다. 게다가 기린은 쓸개가 있을 때도 있고 없을 때도 있다. 사람의 쓸개는 간에서 생산되는 담즙(bile)을 저장했다가 창자로 보낸다. (gall은 bile의 옛 용어이다.) 쓸개 안에서 다양한 이유로 화학적 문제가 생길 수 있고, 그러면 쓸개돌(담석)이 생긴다. 쓸개돌은 흔하게 생기며, 예전에는 "살찌고(fat), 하얗고(fair), 다산이고(fertile), 40세(forty)"인 여성들에게서 가장 흔히 나타난다고 생각했다. 의사들은 그렇게 암기를 했다고 하는데, 매우 부정확한 내용이다. 성인 중에는 쓸개돌이 있는 사람이 4분의 1까지 달할 수도 있지만, 대개는 있는지조차 모른다. 이따금 쓸개돌이 쓸개의 출구를 막아서 배가 아플 때에야 알아차릴 뿐이다.

쓸개돌 수술은 지금은 으레 하지만, 예전에는 그 수술 자체가 목숨을 내놓는 일이었다. 19세기 말까지, 의사들은 감히 윗배를 가를 생각을 하지 못했다. 거기에 모든 주요 기관들과 동맥이 모여 있었기 때문이다. 위대했지만 기이한 인물이었던 미국의 외과의사인 윌리엄 핼스테드(그의 비범한 이야기는 제21장에서 더 상세히 다룰 것이다)는 쓸개 수술을 처음으로 시도한 사람 중 한 명이었다. 1882년 아직은 경험이 적은 의사였던 핼스테드는 뉴욕 북부에 있는 집의 부엌 식탁에서 어머니의 쓸개를 떼어내는 수술을 했다. 이 수술이 너무나도 놀라웠던 것은 당시에는 쓸개를 떼어내고도 살 수 있을지 아무도 확신하지 못했기 때문이다. 아들이 클로로포름을 묻힌 손수건을 얼굴에 대고 누를 때, 핼스테드의 어머니가 그 점을 잘 인식하고 있었는지는 알려져 있지 않다. 어쨌든 그녀는 건강을 되찾았다. (한 가지 안타까운 역설은 그 수술의 선구자였던 핼스테드 자신은 40년 뒤에, 그런 수술이 흔해진 시대에 쓸개 수술을 받고 사망했다는 것이다.)

핼스테드가 어머니를 수술하기 몇 년 전에 독일의 외과의사 구스타프 지몬도 비슷한 수술을 했다. 그는 결과가 어떻게 될지 전혀 모르는 상태에서 한 여성 환자의 병든 쪽 콩팥을 떼어냈는데, 놀랍게도 환자가 죽지 않자 기뻐했다. 사람이 콩팥을 하나만 가지고도 살 수 있다는 사실을 처음으로 깨달은 사례였다. 우리의 콩팥이 왜 두 개인지는 지금까지도 수수께끼이다. 물론 여유분을 지닌다는 것은 좋은 일이다. 그러나 심장이나 간이나 뇌는 두 개가 아닌데 콩팥은 왜 두 개인지, 기쁘기는 하지만 영문을 모를 일이다.

젊은 시절의 윌리엄 핼스테드. 조금 괴팍한 성격이었지만, 그는 수술실 위생 조치를 엄격하게 지킬 것을 고집했고, 선구적인 수술 기법을 도입한 공로를 인정받아야 마땅하다.

콩팥은 우리의 몸을 위해서 늘 부지런히 일하는 충실한 일꾼이다. 콩팥은 매일 약 180리터—욕조를 가득 채우고도 넘칠 정도의 양—의 물과 최대 1.5킬로그램의 염분을 처리한다. 하는 일에 비해서 콩팥은 놀라울 만치 작다. 하나의 무게가 140그램에 불과하다. 사람들은 콩팥이 허리의 잘록한 부위의 등쪽에 있다고 생각하지만, 사실은 그보다 더 높이, 흉곽의 아래쪽에 있다. 오른쪽 콩팥이 좀더 아래에 있는데, 비대칭적으로 놓인 간에 밀려서 내려와 있기 때문이다. 콩팥의 주된 기능은 노폐물을 걸러내

한쪽 콩팥을 떼어내도 괜찮다는 사실을 발견한 19세기 독일의 의사 구스타프 지몬. 실험적인 수술을 통해서 사람이 원래 가진 콩팥 두 개 중에서 하나만 있어도 정상적으로 살아갈 수 있다는 것을 입증했다.

사람 콩팥 단면의 광학현미경 사진. 혈관들이 둥근 덩어리처럼 모여 있는 토리(사구체)가 보인다. 여기에서 피에 든 노폐물은 걸러져서 소변으로 배출된다.

는 것이지만, 혈액의 화학을 조절하고, 혈압 유지를 돕고, 비타민 D를 대사하고, 대단히 중요한 염분과 물의 균형을 유지하는 일도 한다. 염분을 너무 많이 섭취하면 콩팥은 피에서 남는 염분을 걸러내어 방광으로 보낸다. 그러면 언제든 소변을 통해서 배출할 수 있다. 염분을 너무 적게 섭취하면 콩팥은 소변이 몸에서 빠져나가기 전에 염분을 회수한다. 문제는 너무 장시간에 걸쳐서 지나치게 혹사시키면, 콩팥이 지쳐서 제 기능을 하지 못하게 된다는 것이다. 콩팥의 기능이 떨어지면, 혈액의 나트륨 농도가 치솟아서 혈압이 위험할 만치 높아진다.

나이를 먹을수록 신체 기관들은 대개 기능이 떨어지는데, 콩팥이 더 심하다. 40세에서 70세 사이에, 콩팥의 여과 능력은 약 50퍼센트 감소한다. 콩팥돌도 더 흔해지며, 목숨을 위협하는 콩팥 질병들도 흔해진다. 미국에서는 1990년 이래로 만성 콩팥 질환에 따른 사망률이 70퍼센트 넘게 증가했으며, 일부 개발도상국에서는 증가율이 더 높다. 콩팥 기능 상실의 가장 주된 원인은 당뇨병이며, 비만과 고혈압도 중요한 기여 요인이다.

콩팥이 혈액을 통해서 몸으로 회수하지 않는 것들은 배설을 위해서 방광으로 보내진다. 콩팥은 요관을 통해서 방광과 연결되어 있다. 지금까지 다룬 다

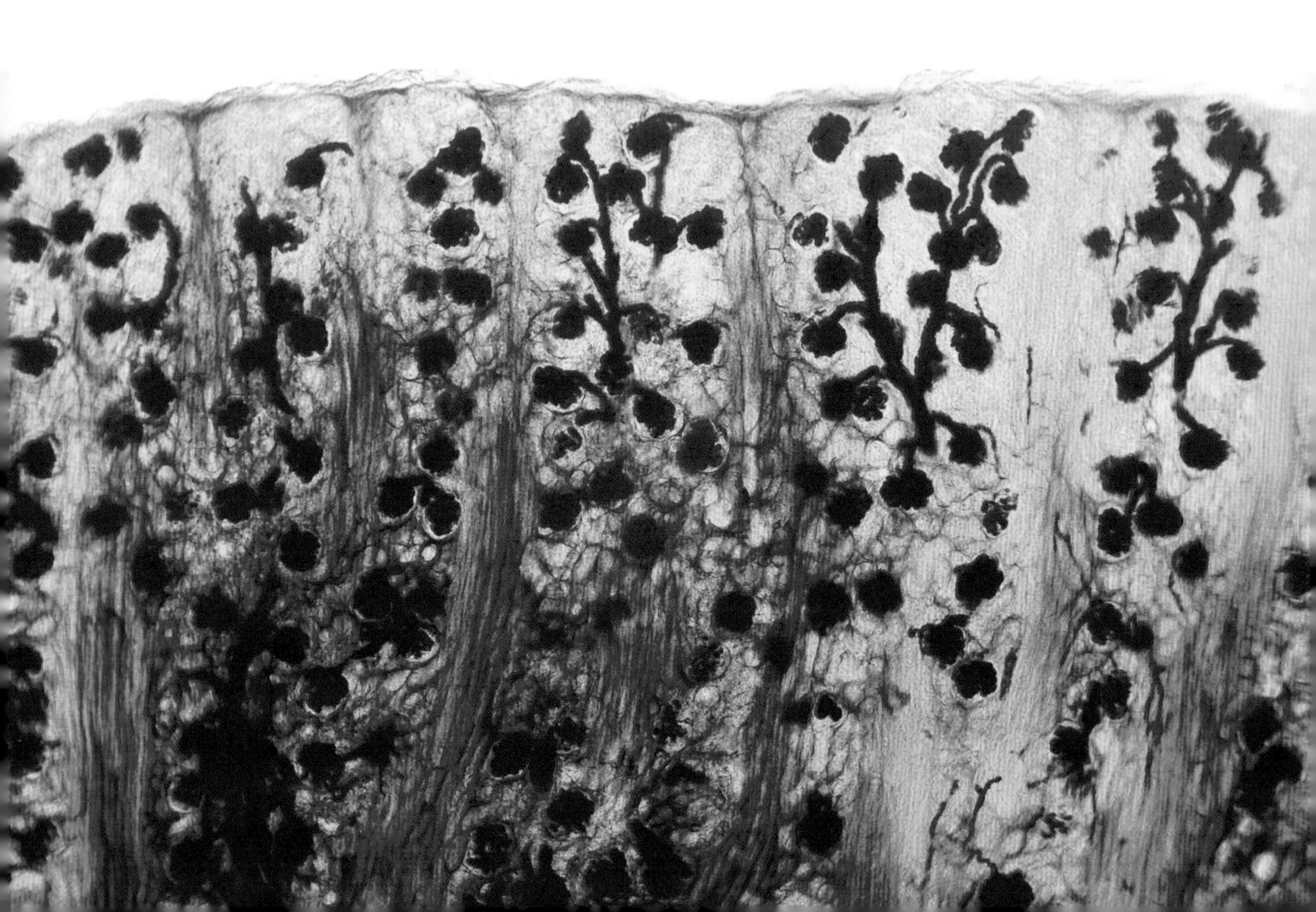

른 기관들과 달리, 방광은 호르몬을 만들지 않으며(적어도 아직까지는 발견되지 않았다) 몸의 화학에도 기여하지 않는다. 그러나 적어도 존중할 만한 특성이 하나 있다. "방광(bladder)"의 영어 단어는 몸에 관한 가장 오래된 단어들 중 하나이며, 앵글로색슨족 시대까지 올라간다. "콩팥(kidney)"과 "소변(urine)"의 영어 단어보다 적어도 600여 년 더 먼저 나타났다. 고대영어에서 중간에 "d" 소리를 지닌 단어들은 대부분 현대영어에서 더 부드러운 소리인 "th"로 바뀌었다. 그래서 "feder"는 "feather", "fader"는 "father"가 되었지만, 방광은 어떤 이유인지 몰라도 일반적인 용법이라는 인력에 맞서면서 1,000년 넘게 원래의 발음을 간직해왔다. 그런 자랑을 할 수 있을 만한 신체 용어는 거의 없다.

방광은 안을 채우면 부풀도록 되어 있다는 점에서 풍선과 다소 비슷하다. (평균적인 몸집의 사람은 방광의 용량이 약 0.6리터이며, 여성은 그보다 좀더 적다.) 나이를 먹을수록 방광은 탄력을 잃어가며, 예전만큼 늘어나지 않는다. 셔윈 눌랜드는 『사람은 어떻게 죽음을 맞이하는가(*How We Die*)』에서 노인이 화장실을 들락거리는 데에 많은 시간을 쓰는 이유가 어느 정도는 그 때문이라고 말한다. 아주 최근까지도 우리는 소변과 방광이 대개 멸균 상태라고 생각했다. 이따금 세균이 침입하여 요도관 감염을 일으킬 수도 있지만, 그 안에 군체가 자리를 잡는 일은 없다고 여겼다. 그 때문에 우리 몸에 있는 모든 미생물의 목록을 작성하겠다는 목표를 가지고 2008년에 인체 미생물군 계획이 출범했을 때, 방광은 조사 범위에서 빠져 있었다. 지금은 아주 많지는 않다고 해도, 비뇨기 세계에도 미생물이 적어도 얼마간 있다는 것을 안다.

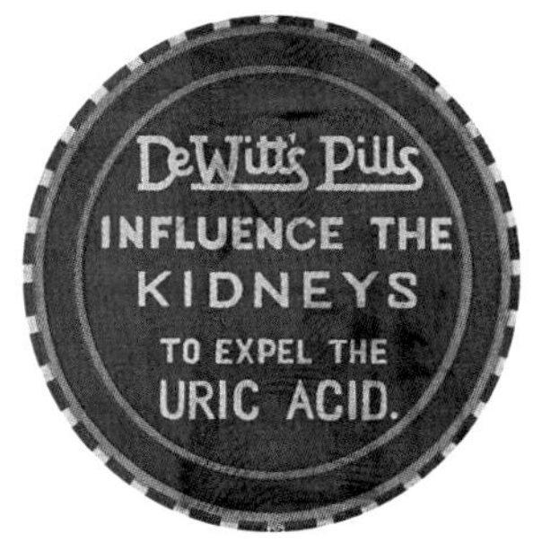

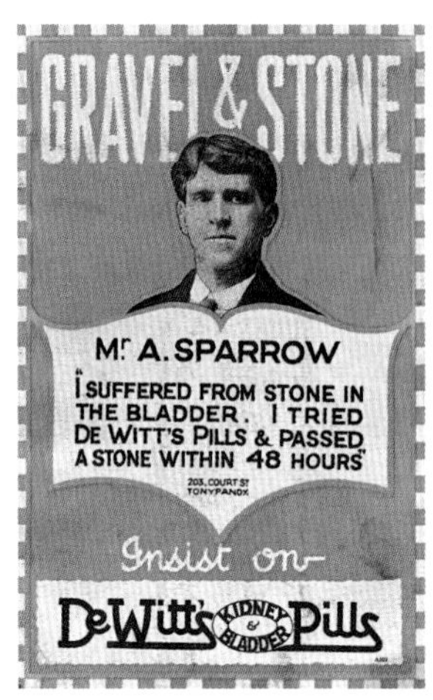

문제를 일으키는 크기로 자라기 전에 방광에 있는 돌을 배출시킨다고 광고하는 수많은 제품들 중 하나의 광고.

방광의 한 가지 좋지 않은 특징은 쓸개나 콩팥과 마찬가지로 돌이 생기는 경향이 있다는 것이다. 돌은 칼슘과 염(鹽)이 뭉쳐서 생기는 딱딱한 덩어리이다. 지금은 거의 상상하기가 어렵지만, 이런 돌은 오랜 세월 많은 사람들에게 지독한 고통을 안겨주었다. 거의 손을 쓸 수가 없었기 때문에, 돌은 때로 엄청난 크기로 자랐고, 결국 어쩔 수 없이 매우 위험한 수술을 받아들일 수밖에 없는 지경에 이르렀다. 수술은 이루 말할 수 없는 통증, 위험, 너무나 굴욕적인 자세를 취해야 하는 모욕감이 중첩되는 끔찍한 과정이었다. 가능한 한 가만히 있도록 하기 위해서 환자에게 아편제와 맨드레이크(mandrake : 마취제 성분이 든 가짓과 식물로서 뽑힐 때 뿌리가 비명을 지른다는 속설이 퍼져 있다/역주) 추출물을 투여한 뒤, 환자를 수술대에 눕히고 다리를 머리 양옆까지 들어올렸다. 그런 뒤 무릎은 가슴에, 팔은 수술대에 꽉 묶었다. 그리고 외과의사가 돌을 제거하는 동안, 대개 힘센 남자 네 명이 환자를 꽉 붙잡고 있었다. 이 수술을 하는

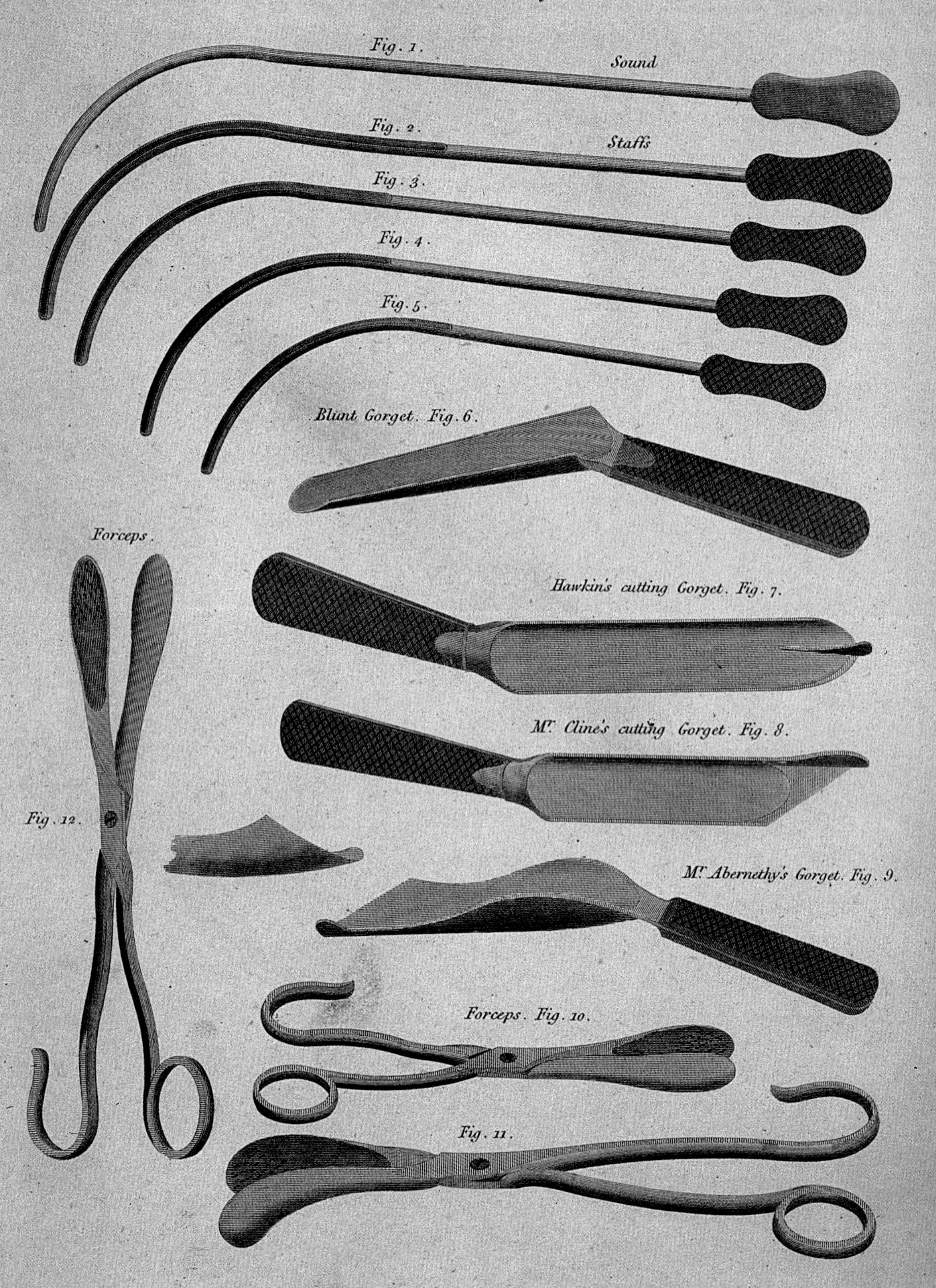
SURGERY.
Instruments for Lithotomy.
Fig. 1.
Sound
Fig. 2.
Staffs
Fig. 3.
Fig. 4.
Fig. 5.
Blunt Gorget. Fig. 6.
Forceps.
Hawkin's cutting Gorget. Fig. 7.
Mr. Cline's cutting Gorget. Fig. 8.
Fig. 12.
Mr. Abernethy's Gorget. Fig. 9.
Forceps. Fig. 10.
Fig. 11.
J. Farey del.
Published as the Act directs, 1812, by Longman, Hurst, Rees, Orme & Brown, Paternoster Row.
Lowry sculp.

1
2
3
4
5
6
8
9
10
11
13
14
15
16
17
18
20
21
22
25
26
27

18세기 초에 제작된 이 이탈리아의 석판화를 보면, 방광 돌제거술이 얼마나 고통스러웠을지 충분히 짐작하고도 남는다.

앞쪽 : 문제와 해결책. 왼쪽은 19세기 초에 방광돌을 빼내기 위해서 외과의들이 썼던 도구들 중 일부이다. 오른쪽은 그런 수술을 통해서 빼낸 콩팥돌과 방광돌을 보여주는 한 세기 뒤의 그림. 그 사이에 적어도 마취 기술이 얼마간 발전했다.

외과의사들이 다른 어떤 솜씨보다 속도에 따라서 명성이 좌우된 것도 놀랄 일이 아니었다.

아마 역사상 가장 유명한 돌제거술(lithotomy)은 일기작가인 새뮤얼 피프스가 그의 나이 스물다섯이던 1658년에 받은 수술일 것이다. 피프스가 일기를 쓰기 시작한 것은 그로부터 2년 뒤였으므로 생생한 현장 기록은 아니지만, 그는 그 일을 자주 생생하게 언급했고(마침내 일기를 쓰기 시작한 첫날에도 그 이야기를 적었다), 다시는 겪고 싶지 않다면서 늘 호들갑을 떨었다.

이유를 알기란 어렵지 않다. 피프스의 돌은 테니스공만 했다(17세기의 테니스공이 지금보다 조금 작기는 했지만, 당사자에게는 그런 구분이 탁상공론으로 보일 것이다). 누운 피프스를 네 명이 꽉 붙들고 있는 동안, 외과의사 토머스 홀리어는 이티네라리움(itinerarium)이라는 기구를 음경을 통해서 방광까지 삽입하여 돌을 고정시켰다. 그런 다음 수술칼을 집어서 재빨리 능숙하게—그러나 몹시 고통스럽게—샅(음낭과 항문 사이)을 8센티미터쯤 절개했다. 그는 절개 부위의 피부를 젖혀서 구멍을 벌린 후에 드러난 채 꿈틀거리고 있는 방광을 부드럽게 절개했다. 이어서 오리부리 모양의 집게를 안으로 넣어서 돌을 잡아 꺼냈다. 수술에 걸린 시간은 50초에 불과했지만, 피프스는 몇 주일 동안 침대에 누워 있어야 했고, 평생 트라우마에 시달렸다.*

홀리어는 수술비로 24실링을 청구했는데, 그만큼 주어도 아깝지 않았을 비용이었다. 홀리어는 빠른 속도로도 유명했을 뿐만 아니라, 그에게 수술을 받은 환자들이 대개 생존했다는 사실로도 명성이 높았다. 어느 해에는 돌제거술을 40번 집도했는데, 한 명도 죽지 않았다. 당시로서는 경이로운 업적이었다. 우리가 흔히 생각하듯이, 예전의 의사들이 언제나 위험하고 무능한 것만은 아니었다. 그들은 소독법을 전혀 몰랐을지 모르지만, 최고의 의사들은 실력과 지성이 결코 부족하지 않았다.

그 뒤로 몇 년 동안 피프스는 수술한 날이 돌아오면 자신의 생존을 기념하는 만찬을 열었다. 그는 상자에 그 돌을 보관했고, 기회가 있을 때마다 보여주면서 사람들의 놀라는 모습을 즐기곤 했다. 그랬다고 누가 뭐라고 할 수 있겠는가?

방광에 있던 커다란 돌을 빼낸 지 8년이 지난 뒤에도 여전히 조금은 불편해 보이는 새뮤얼 피프스(위). 탄복할 정도로 빠르고 효율적으로 그 돌을 제거하는 수술을 한 토머스 홀리어(아래).

* 피프스의 돌이 콩팥돌이었다고 잘못 적은 문헌을 흔히 접할 수 있다. 유감스럽지만 나도 『거의 모든 사생활의 역사(*At Home: A Short History of Private Life*)』에서 같은 오류를 저질렀다. 피프스는 콩팥에도 돌이 있었지만—평생 지니고 살았다—홀리어(문헌에 따라서는 Hollier라고도 적혀 있다)가 그렇게 큰 돌을 콩팥에서 꺼내려고 했다면 그는 분명 죽었을 것이다. 이 내용은 클레어 토멀린이 쓴 탁월한 전기인 『새뮤얼 피프스 : 탁월한 자아(*Samuel Pepys: The Unequalled Self*)』에 잘 묘사되어 있다.

9

해부실: 뼈대

"내 영혼은 하늘로 가도, 내 뼈는 영국에 있으리니!"

윌리엄 셰익스피어
『존 왕의 삶과 죽음(*The Life and Death of King John*)』

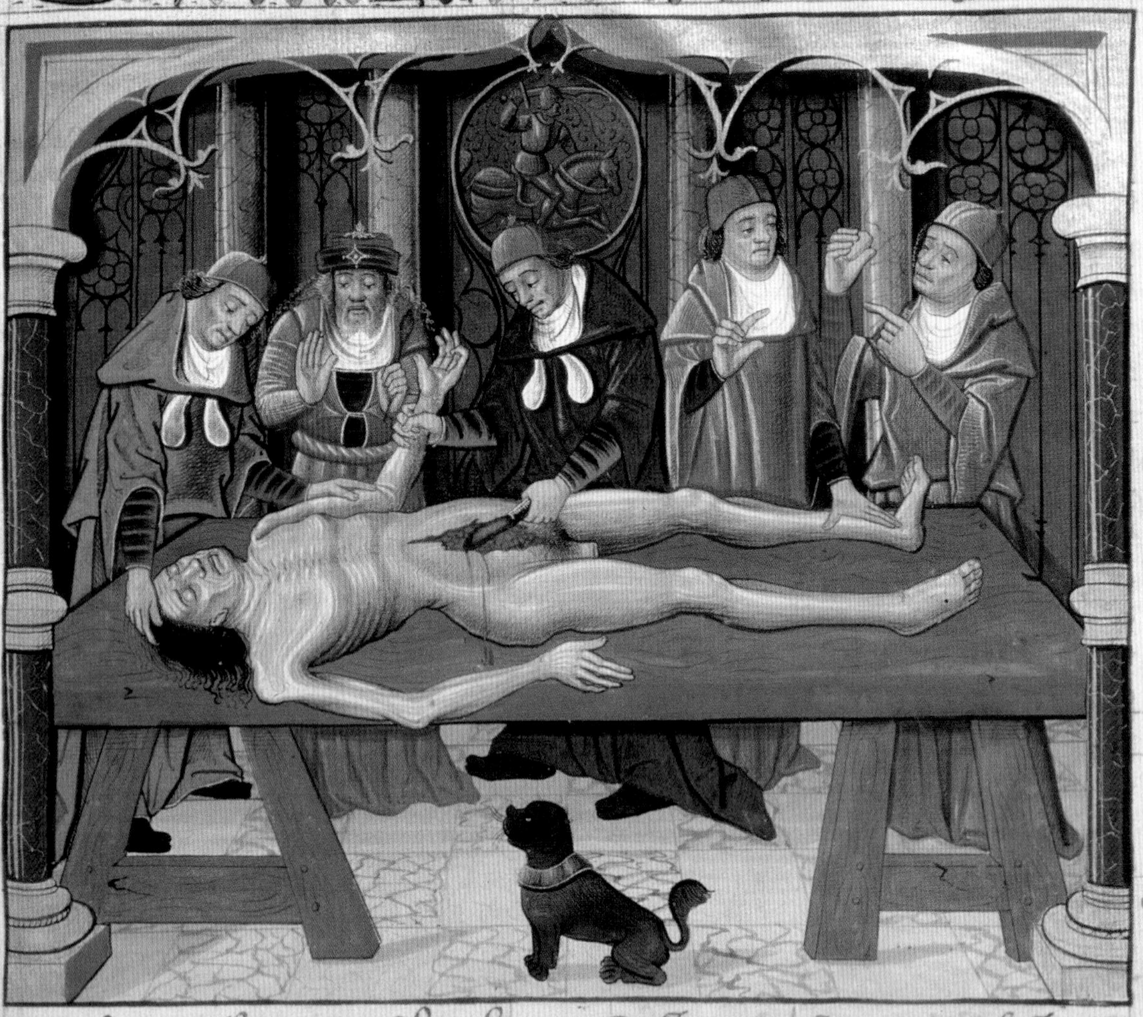

et qualite pour retenir aussi bien les
petites choses comme les grandes. Et ce
dont aussi fault q lame ayt troys ver
tuz principalles cest assavoir la vertu
naturelle et la vertu espirituelle et la v
tu de lame cest droit q elle ayt troys
manieres de membres pour faire les
oeuvres de ces troys puissances. Et pour
tant les membres qui servent a la vertu
de lame si sont appellez les membres ani
mez si come sont le cervel les nerfz les
yeulx et les autres instrumens des
sens naturelz. Les membres qui servent
a la vertu espirituelle sont appellez les
membres espirituelz. Et ceulx qui servent
a la vertu naturelle sont appellez les
membres naturelz qui nourrissent et
soustiennent si comme sont lestomac
et le foye. Les autres sont qui servent
a nature en generation pour la mul
tiplier et garder quelle ne faille en son
espece ou autrement elle fauldroit tan
tost pour la continuelle corruption qui
se fait en ses suppos. Les membres qui
servent a la vertu naturelle si sont de
grand prouffit car aucuns sont prepa
ratoires aucuns sont purgatoires
aucuns sont deffendens et aucuns sont
porteurs. Les premiers sont prepara
toires si come sont les instrumens
des membres naturelz qui servent au
cervel au cueur et au poulmon a lesto
mac et au foye. Les autres sont por
teurs si come sont les nerfz qui servent

I

해부실에 들어가면 받게 되는 가장 강력한 인상은 인체가 경이로울 정도로 정밀한 공학적 작품이 아니라는 것이다. 그냥 고기 같다. 해부실 주위의 선반들에 죽 늘어서 있는 교육용 플라스틱 모형들과는 전혀 다르다. 그 모형들은 아이의 장난감처럼 색깔이 있고 윤기가 흐른다. 실제로 해부실에 있는 인체는 전혀 장난감 같지가 않다. 칙칙한 살과 근육과 색깔이 빠져나간 생기 없는 기관만 있을 뿐이다. 보고 있으면, 우리가 주로 접하는 날고기가, 요리하여 먹기 전의 동물의 고기뿐이라는 조금은 굴욕적인 사실을 깨닫게 된다. 사람 팔의 살은 일단 피부를 벗겨내면 닭이나 칠면조의 고기와 놀라울 만치 비슷하다. 그 끝에 달린 손과 손가락과 손톱을 보고 나서야 비로소 사람의 살임을 깨닫게 된다. 바로 그 순간에 토하고 싶은 느낌이 들 수도 있다.

"만져봐요." 벤 올리비어가 나에게 권한다. 우리는 노팅엄 대학교 의과대학의 해부실에 있다. 그는 남성 시신의 위쪽 가슴에서 떼어낸 관을 가리킨다. 관은 한가운데가 죽 갈라져 있다. 보여주기 위해서 절개한 것이 분명하다. 벤은 장갑 낀 내 손가락을 안으로 넣어서 만져보도록 한다. 빳빳하다. 요리하지 않은 파스타, 특히 카넬로니 껍데기 같다. 그런데 도저히 무엇인지 모르겠다.

"대동맥입니다." 벤은 뿌듯해하는 기색을 보이면서 말한다.

솔직히 놀랄 노자다. "그러면 저게 심장인가요?" 나는 그 옆에 있는 형태 없는 덩어리를 가리킨다.

벤은 고개를 끄덕인다. "그리고 이게 간, 췌장, 콩팥, 지라예요." 그는 배에 든 다른 기관들을 차례로 가리킨다. 때로 한쪽으로 밀어서 그 뒤나 아래에 있는 기관을 보여주기도 한다. 플라스틱 모형처럼 고정되어 있거나 딱딱하지 않고, 쉽사리 움직인다. 왠지 물 풍선이 언뜻 떠오른다. 다른 것들도 많이 보인다. 실처럼 뻗어 있는 핏줄과 신경과 힘줄, 구불구불 이어지면서 아주 넓은 면적을 차지한 창자도 보인다. 마치 이 가여운 이름 모를 사람이 서둘러서 자기 몸에 마구 우겨넣은 듯한 모습이다. 이런 헝클어진 몸속이 어떻게 일어나고 생각하고 웃고 살아가는 데에 필요한 온갖 일들을 수행할 수 있었을지, 떠올리기가 불가능하다.

"죽음은 착각할 수가 없어요. 살아 있는 사람은 생생해요. 겉보다 속이 더 그래요. 수술할 때 배를 갈라서 열면, 꿈틀거리면서 반들거리는 기관들이 보입니다. 살아 있다는 것을 한눈에 알 수 있어요. 죽으면 그 모든 특징들이 사

외상 외과의사이자 인체의 활동에 몹시 관심이 많은 벤 올리비에.

맞은편 : 15세기 말에 인체 해부는 몹시 위험한 일이었다. 감염의 위험도 있었을 뿐만 아니라, 종교 당국이 금지했기 때문이다.

앞쪽 : 1860년 런던 세인트조지 병원의 수술실에 모인 학생들과 강사들. 시신의 발 뒤쪽에 헨리 그레이가 앉아 있다. 자신의 이름을 붙인 해부학 책은 당시 이미 정통 교과서로 받아들여져 있었다.

라져요."

벤은 내 오랜 친구로서, 저명한 학자이자 외과의사이다. 그는 노팅엄 대학교의 외상외과 임상 조교수이자, 퀸스의학 센터의 외상외과 전문의이다. 그는 인체의 모든 것에 흥미를 가지고 있다. 그가 자신의 흥미를 끄는 모든 것, 말 그대로 모든 것을 내게 보여주고자 하는 바람에 우리는 상당히 서두르는 중이다.

"손과 손목이 어떻게 그 모든 일을 하는지 생각해봐요." 그가 시신의 아래팔에서 팔꿈치 가까이에 드러난 힘줄을 하나 잡아당기자, 놀랍게도 새끼손가락이 움직인다. 벤은 나의 놀란 모습을 보고 빙긋 웃으면서 설명을 이어간다. 손이라는 작은 공간에 너무 많은 것들이 들어가 있는 바람에, 손이 하는 일들 중 상당수는 실로 꼭두각시를 움직이듯이 원격으로 할 수밖에 없다는 것이다. "주먹을 꽉 쥐면, 아래팔이 긴장되는 것이 느껴지죠. 그 일을 대부분 팔의 근육이 하기 때문입니다."

그는 파란 장갑을 낀 손으로 마치 검사를 하듯이 시신의 손목을 부드럽게 돌린다. "손목은 정말로 대단한 부위죠. 근육, 신경, 혈관 등 모든 것이 손목을 통해 지나가야 해요. 그러면서도 완벽하게 움직일 수 있어야 하고요. 병뚜껑을 돌려서 열고, 인사를 하고, 자물쇠의 열쇠를 돌리고, 전구를 갈아끼우는 등 손목이 하는 온갖 일들을 생각해봐요. 경이로운 공학 작품이라니까요."

"정말로 대단한 부위": 19세기 중반의 이 석판화는 손목과 아래팔 안에 든 복잡하게 연결된 구조들을 보여준다.

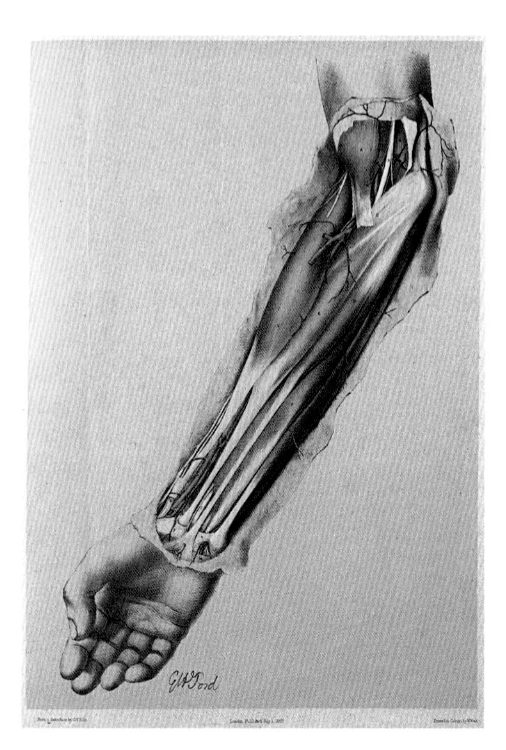

벤의 전공은 정형외과이다. 그래서 그는 뼈와 힘줄과 연골, 즉 몸의 살아 있는 건축 구조를 사랑한다. 남들이 고급차나 좋은 포도주를 애호하듯이 말이다. "이거 보여요?" 그는 엄지손가락의 밑동에 튀어나온 작고 매끄럽고 새하얀 것을 가리킨다. 내 눈에는 뼈가 살짝 드러난 것처럼 보인다. "아니, 연골이에요. 연골도 아주 놀랍죠. 유리보다 훨씬 더 매끄러워요. 마찰계수가 얼음의 5분의 1에 불과해요. 연골 표면에서 아이스하키를 하면 얼음판에서보다 16배 더 빨리 스케이트를 탈 수 있을 겁니다. 연골이 바로 그래요. 게다가 얼음과 달리 연골은 부서지지 않아요. 압력을 받았을 때 얼음처럼 금이 가지도 않지요. 게다가 연골은 스스로 자라요. 살아 있어요. 공학이나 과학은 아직 그 정도 수준까지는 해낼 수 없어요. 지구에 있는 최고의 기술들

우리 자신을 연구하기 : 1911년 필라델피아에 있는 펜실베이니아 여성 의과대학에서 여학생들이 해부를 하고 있는 모습.

은 대부분 바로 여기 우리 몸 안에 있어요. 그리고 우리 모두가 거의 지극히 당연시하는 것들이고요."

다음으로 넘어가기 전에, 벤은 손목을 잠시 자세히 검사한다. "그런데 손목을 베서 자살을 하려는 시도는 안 하는 게 좋아요. 손목에 있는 것들은 모두 근막이라는 보호 띠로 감싸여 있어요. 그래서 동맥을 자르기가 정말이지 쉽지 않아요. 손목을 벤 사람들은 대부분 자살에 실패해요. 정말 다행스러운 일이죠." 그는 잠시 생각하더니 덧붙인다. "또 높은 곳에서 뛰어내려서 자살한다는 것도 사실 정말 쉽지 않아요. 다리는 일종의 충격 흡수 장치가 되거든요. 몸이 정말로 뭉개질 수 있지만, 살아남을 가능성이 매우 높아요. 자살하기란 진짜로 어려워요. 우리 몸은 죽지 않도록 설계되어 있어요." 시신이 있는 커다란 방에서 이런 말을 듣고 있으니 조금은 역설적인 듯하지만, 나는 그가 무슨 말을 하는지 알아들었다.

"지구에 있는 최고의 기술들은 대부분
바로 여기 우리 몸 안에 있어요.
그리고 우리 모두가 거의 지극히 당연시하는 것들이고요."

* * *

노팅엄 대학교의 해부실은 평소에는 대개 의대생들로 가득하지만, 벤이 내게 해부 과정을 보여주고 있는 지금은 여름방학 기간이다. 우리 외에 이 대학교의 해부학 강사인 쇼반 러프너와 해부학 강의 분과 책임자이자 해부학 조교수인 마거릿 "마지" 프래튼이 이따금 합류한다.

해부실은 커다랗고 조명이 밝고 깨끗하고 약간 싸늘하다. 주변에는 10여 대의 해부학 전용 컴퓨터들이 놓여 있다. 공기에서는 방부제 냄새가 풍긴다. 쇼반이 설명한다. "최근에 약품 배합을 바꿨어요. 보존은 더 잘 되지만, 냄새가 좀더 나요. 방부제는 주로 포름알데히드와 알코올이죠."

시신은 대부분 학생들이 특정 부위를 중점적으로 살펴볼 수 있도록, 다리나 어깨, 목 등 부위별로 절단된다. 이곳을 거쳐가는 시신은 연간 약 50구이다. 기증자를 찾기가 어렵지 않냐고 마지에게 묻자, 아니라고 대답한다. "정반대예요. 우리가 수용할 수 없을 만큼 많은 시신들이 기증되고 있어요. 거부해야 하는 시신도 있어요. 이를테면, 크로이츠펠트야콥병 환자의 시신은 감염 위험이 있어서 안 되고요, 지나칠 정도로 비만인 시신도 그래요." (너무 뚱뚱하면 해부하기가 어렵다.)

마지는 노팅엄 대학교에서는 절단한 시신 중 3분의 1만 보관한다는 비공식적 지침이 있다고 덧붙인다. 여러 해 동안 보관하기도 한다. "나머지 부위는 장례를 치를 수 있도록 유족에게 돌려줍니다." 절단되지 않은 시신은 대개 3년 이내에 화장을 한다. 화장할 때에는 직원들과 의대생들이 참석하고는 한다. 마지는 꼭 참석하려고 한다.

세심하게 시신을 4등분한 뒤에 학생들에게 넘겨서 더 자르면서 살펴보라고 한다는 이야기를 하면서 이런 말을 하는 것이 조금은 이상하게 들리겠지만, 노팅엄에서는 존중하는 태도로 시신을 대하도록 많은 노력을 기울인다. 모든 기관이 다 그렇게 엄밀한 것은 아니다. 내가 노팅엄을 방문한 지 얼마 지나지 않아, 미국에서 추문이 하나 터졌다. 코네티컷 대학교의 한 조교수와 몇몇 대학원생들이 뉴헤이븐의 해부실에서 잘린 머리 두 개와 함께 셀카를 찍은 것이다.

영국에서는 해부실에서 사진을 찍지 못하도록 법으로 금지했다. 노팅엄에서는 해부실에 아예 카메라를 가지고 들어갈 수 없다.

"이들은 희망과 꿈, 가족 등 우리를 인간으로 만드는 모든 것들을 가졌고, 남들을 돕기 위해 자신의 몸을 기증한 진짜 사람들이었어요. 우리는 그 점을 결코 잊지 않도록 정말로 노력하고 있어요." 마지가 나에게 말했다.

의학계가 우리 몸속의 공간을 채우는 것이 무엇이고 어떤 일을 하는지에 적극적으로 관심을 보이기까지는 놀라울 만큼 오랜 시간이 흘러야 했다. 르네상스 시대에 이르기까지 서양에서 인체 해부는 대체로 금지되어 있었고, 그 시대에도 해부 장면을 지켜볼 수 있는 사람은 그다지 많지 않았다. 극소수의 굳건한 정신의 소유자들만이 지식을 얻고자 해부를 시도했지만, 그런 일을 한 사람들 중에서 가장 유명한 레오나르도 다빈치조차도 썩어가는 시신은 정말로 혐오스럽다고 일지에 썼다.

게다가 해부 표본은 대개 구하기가 어려웠다. 위대한 해부학자 안드레아스 베살리우스는 젊은 시절에 사람의 시신을 연구하고 싶어서 자신이 살던 플랑드르 지방의 브뤼셀 바로 동쪽에 있는 뢰번(프랑스어로는 루뱅) 외곽의 교수대에서 처형된 살인자의 시신을 훔쳤다. 영국의 윌리엄 하비는 너무나 절실한 나머지 자신의 아버지와 누이의 시신을 해부했다. 이탈리아 해부학자 가브리엘레

19세기에 들어와서도 해부할 시신을 구하기는 쉽지 않았다. 1773년의 이 만화는 스코틀랜드의 해부학자 윌리엄 헌터가 연구를 위해서 여성의 시신을 몰래 훔치려고 하다가 야경꾼에게 들켜서 놀라 달아나는 모습을 담고 있다.

16–17세기의 선구적인 해부학자 안드레아스 베살리우스.

1831년에 런던에는 의대생이 900명이었지만,
처형된 시신은 겨우 11구였다.

팔로피오—나팔관(Fallopian tube)의 영어 명칭에 그의 이름이 붙어 있다—도 그에 못지않은 기행을 보였다. 당국은 그에게 범죄자 한 명을 산 채로 인도하면서 그의 목적에 가장 적합한 방식으로 죽이라는 지시를 내렸다. 팔로피오와 범죄자는 함께 고민하다가 아편제를 과량 투여하는 비교적 인간적인 방식을 채택한 듯하다.

영국에서는 교수형에 처한 범죄자의 시신을 지역 의과대학에 해부용으로 제공했지만, 수요를 충족시키기에는 시신이 늘 모자랐다. 그래서 불법으로 무덤에서 시신을 훔쳐서 파는 사업이 활기를 띠었다. 많은 사람들은 자신의 무덤이 파헤쳐져서 시신이 난도질을 당하지나 않을까 하는 걱정에 시달렸다. 유명한 아일랜드의 거인인 찰스 번(1761–1783)의 사례는 잘 알려져 있다. 번은 키가 231센티미터로서 유럽에서 가장 컸다. 해부학자이자 수집가인 존 헌터가 그의 뼈대를 몹시 탐냈다. 시신이 해부당할까봐 우려한 번은 자신이 죽으면 관을 멀리 바다로 싣고 가서 깊은 물에 가라앉히도록 조치했다. 그러나 헌터는 번이 계약을 맺었던 배의 선장을 매수하는 데에 성공했다. 그리하여 번의 시신은 런던 얼스코트에 있는 헌터의 집으로 향했다. 헌터는 아직 온기가 다 가시지 않은 상태에서 시신을 해부할 수 있었다. 그 뒤로 수십 년 동안 번의 호리호리한 뼈는 런던에 있는 왕립외과대학의 헌터 박물관에 전시되어왔다. 그러다가 2018년에 박물관이 보수 공사를 위해서 3년간 문을 닫기로 하자, 번의 시신을 바다에 수장시켜서 그가 원래 요구한 대로 하자는 논의가 진행되고 있다.

의과대학이 계속 늘어나면서, 시신 공급 문제는 꾸준히 악화되었다. 1831년에 런던에는 의대생이 900명이었지만, 처형된 시신은 겨우 11구였다. 다음해에 의회는 해부법(Anatomy Act)을 제정했다. 무덤 도굴을 더 엄중히 처벌하는 한편으로, 구빈원에서 무일푼으로 죽은 이들의 시신을 해부 기관이 가져갈 수 있도록 하는 법이었다. 그 법은 많은 극빈자들을 몹시 불행하게 만들었지만, 의대는 시신을

맞은편 : 죄의 값은……해부? 윌리엄 호가스의 판화 연작 「잔혹의 네 단계(*Four Stages of Cruelty*)」 중 마지막에 해당하는 이 판화는 해부대에 눕혀진 교수형 당한 살인자의 시신을 보여준다. 범죄를 저지르지 말라고 경고하는 의도도 담겨 있었던 듯하지만, 당시 해부학자들이 이용할 수 있었던 시신이 부족했다는 사실도 보여준다.

18세기 스코틀랜드 외과의이자 해부학자인 존 헌터. 뒤쪽에 미심쩍은 수단으로 구한 아일랜드의 거인 찰스 번의 뼈대 중 일부가 보인다.

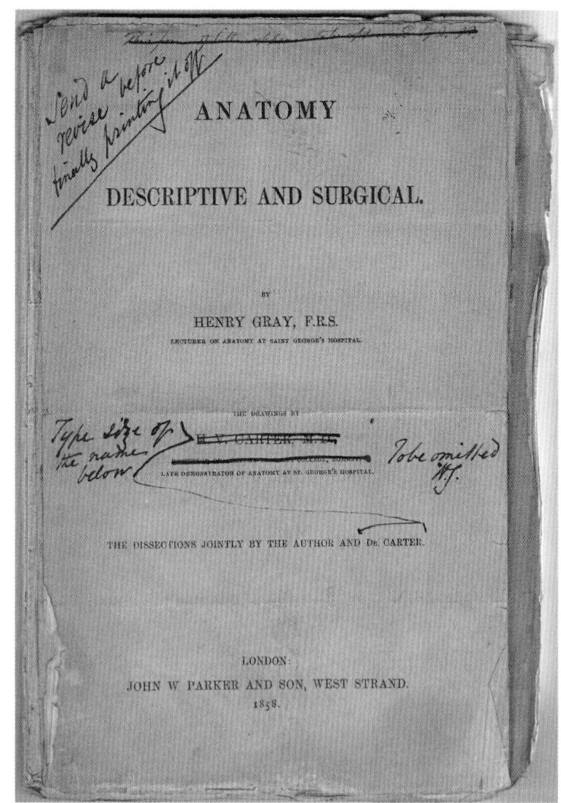
ANATOMY

DESCRIPTIVE AND SURGICAL.

BY

HENRY GRAY, F.R.S.

LECTURER ON ANATOMY AT SAINT GEORGE'S HOSPITAL.

THE DRAWINGS BY

H. V. CARTER, M.D.

LATE DEMONSTRATOR OF ANATOMY AT ST. GEORGE'S HOSPITAL.

THE DISSECTIONS JOINTLY BY THE AUTHOR AND DR. CARTER.

LONDON:

JOHN W PARKER AND SON, WEST STRAND.

1858.

뛰어난 재능을 가졌으나 동료에게 유달리 쩨쩨했던……해부학자 헨리 그레이. 왼쪽은 힘들게 내부 삽화를 그린 헨리 반다이크 카터의 이름을 책의 표지에서 작게 표기하라고 지시를 했음을 뚜렷이 보여주는 증거이다.

상당수 확보할 수 있게 되었다.

해부가 증가하면서 의학 및 해부학 교과서의 수준도 높아졌다. 당대에—아니 사실상 그 뒤로 죽—가장 큰 영향력을 발휘한 교과서는 1858년 런던에서 처음으로 출간된『해부학 : 해설과 수술(*Anatomy, Descriptive and Surgical*)』이라는 책이었다. 이 책은 그 뒤로 저자인 헨리 그레이의 이름을 따서『그레이 해부학』이라고 불렸다.

헨리 그레이는 런던 하이드파크 코너에 있는 세인트조지 병원(건물은 지금도 있지만 고급 호텔로 바뀌었다)의 한창 잘나가는 젊은 해부학 실습 강사였는데, 해부학의 최신 결정판 책을 쓰기로 결심했다. 아직 20대였던 1855년에 집필을 시작했다. 그는 세인트조지 병원의 의대생인 헨리 반다이크 카터에게 15개월에 걸쳐서 150파운드를 주기로 하고 삽화를 의뢰했다. 카터는 지독히도 수줍음이 많은 성격이었지만, 재능이 아주 뛰어났다. 그는 인쇄를 했을 때에 방향이 바르게 잡히도록, 모든 그림의 좌우를 뒤집어서 그려야 했다. 거의 상상도 할 수 없을 정도의 어려운 작업이었을 것이 분명하다. 카터는 총 363장의 삽화뿐 아니라, 해부를 비롯하여 모든 준비작업도 거의 도맡았다. 해부학 책이 이미 많이 나와 있었지만, 한 전기작가의 말에 따르면, 『그레이 해부학』은 "그 모든 책들을 무색하게 만들었다." "내용이 아주 상세하기도 했고, 수술 해부학에 중점을 둔 이유도 있었지만, 아마 가장 중요한 이유는 삽화가 탁월했기 때문일 것이다."

공저자로서의 그레이는 몹시 쩨쩨했다. 그가 실제로 카터에게 약속한 금액을 모두 지불했는지, 아니 얼마라도 지불했는지는 불분명하다. 저작료를 나누지 않았다는 것은 확실하다. 그는 인쇄업자에게 책제목이 적힌 지면에서 카터의 이름의 활자 크기를 줄이고 의사 자격에 관한 언급을 빼라고 요구했다. 그럼으로써 카터를 날품팔이 삽화가처럼 보이게 했다. 책등에는 그레이의 이름만 찍혔다. 본래 『그레이와 카터의 해부학』이라고 불려야 할 책이 『그레이 해부학』이라고 불리게 된 이유가 바로 그것이다.

책은 나오자마자 성공을 거두었지만, 그레이는 그 성공을 오래 만끽하지 못했다. 책이 나온 지 겨우 3년 뒤인 1861년에 그는 천연두에 걸려서 사망했다. 그의 나이는 겨우 서른넷이었다. 카터의 삶은 그보다 좀더 나았다. 책이 나온 해에 그는 인도로 가서 그랜트 의과대학의 해부학 및 생리학과 교수가 되었다. 인도에서 30년을 보낸 뒤, 퇴직하여 요크셔 북부 해안에 있는 스카보로에 정착했다. 그는 1897년 예순여섯 살 생일을 맞이하기 2주일 전에 결핵으로 사망했다.

II

우리는 몸의 구조에 많은 것을 요구한다. 뼈대는 튼튼하면서 유연해야 한다. 우리는 굳게 버티고 설 수 있어야 하지만, 한편으로 구부리고 비틀기도 해야 한다. 벤 올리비어는 "우리는 나긋나긋하면서 단단해요"라고 말한다. 서 있을 때면 무릎은 꺾이지 않도록 자세를 유지해야 하지만, 앉거나 구부리거나 움직일 때면 즉시 풀어지면서 140도까지 구부러져야 한다. 그리고 우리는 이런 일을 매일 수십 년간 우아하면서 물 흐르듯이 해야 한다. 지금까지 나온 로봇들이 대부분 살아 있는 것 같지 않은 부자연스러운 움직임을 보였다는 점을 생각해보라. 걸음이 너무나 무겁게 느껴지고, 계단이나 울퉁불퉁한 곳을 걸을 때는 금방이라도 넘어질 듯하고, 놀이터에서 세 살짜리 아이를 따라잡으려고 할 때면 너무나 쩔쩔맨다. 그와 비교하면 우리가 대단한 능력을 갖춘 존재임을 깨달을 수 있을 것이다.

우리 몸에 206개의 뼈가 있다는 말을 흔히 하지만, 실제 뼈의 개수는 사람마

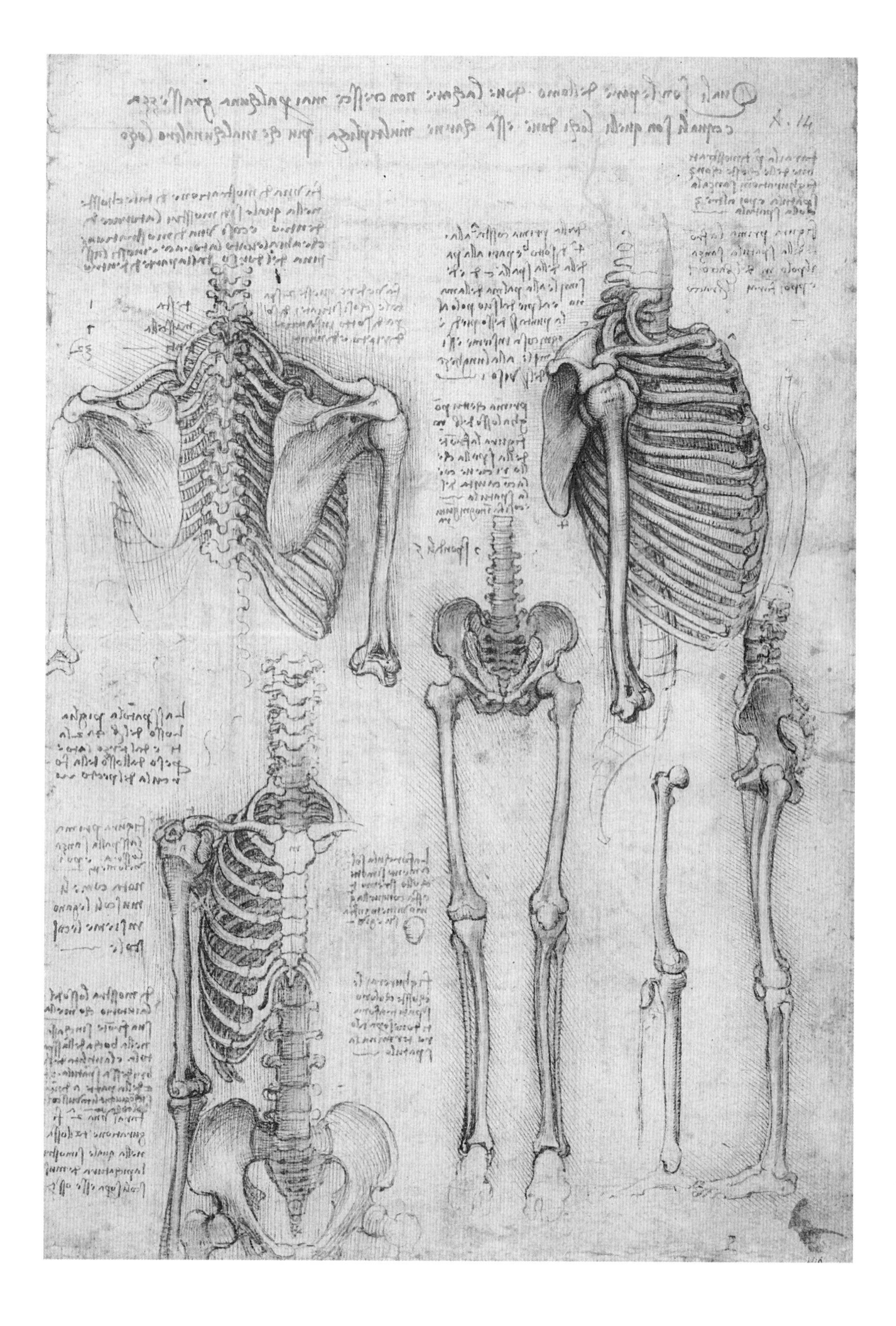

뼈가 많이 들어 있다고 해서 반드시
그 부위에 정말로 뼈가 많이 필요하다는 의미는 아니다.
그저 진화적 유산일 수도 있기 때문이다.

다 조금씩 다를 수 있다. 약 8명 중 1명은 갈비뼈가 한 쌍 더 있어서 13쌍이며, 다운 증후군이 있는 사람은 반대로 한 쌍이 적을 때가 종종 있다. 그러니 206개는 근사적인 값이며, 힘줄 곳곳에, 특히 손과 발의 힘줄에 들어 있는 (대개) 작은 종자뼈(sesamoid bone)는 거기에 아예 포함되어 있지도 않다. (영어에서 종자뼈는 말 그대로 참깨처럼 작은 뼈라는 뜻인데, 대체로 잘 들어맞는 표현이지만 그렇지 않은 사례도 있다. 무릎뼈도 사실은 종자뼈인데, 참깨보다 훨씬 더 크다.)

우리 몸의 뼈는 결코 균일하게 분포해 있지 않다. 발에만 52개가 들어 있다. 척추의 뼈보다 2배는 많다. 손과 발에 있는 뼈를 더하면 전체 뼈의 절반 이상을 차지한다. 뼈가 많이 들어 있다고 해서 반드시 그 부위에 정말로 뼈가 많이 필요하다는 의미는 아니다. 그저 진화적 유산일 수도 있기 때문이다.

우리의 뼈는 무너지지 않게 막는 것 이상의 많은 일을 한다. 몸을 지지할 뿐만 아니라, 내부를 보호하고, 혈구를 생산하고, 화학물질을 저장하고, 소리를 전달하고(가운뎃귀에서), 심지어 호르몬인 오스테오칼신(osteocalcin)을 이용해서 기억과 활력을 증진시킬 수도 있다. 이 호르몬은 최근에 발견되었다. 2000년대 초까지, 뼈가 호르몬을 생산한다는 사실을 아무도 몰랐다. 그러다가 컬럼비아 대학교 의학 센터의 유전학자 제러드 카센티가 뼈에서 생산되는 오스테오칼신이 호르몬일 뿐만 아니라, 혈당 조절을 돕는 것에서 남성의 생식력 증진, 기분 조절, 기억 유지에 이르기까지 아주 많은 중요한 조절활동에 관여하는 듯하다는 것을 발견했다. 무엇보다도 이 물질은 규칙적인 운동이 어떻게 알츠하이머병 예방에 도움을 주는가라는 오래된 수수께끼를 설명하는 데에 도움을 줄 수도 있다. 운동은 뼈를 튼튼하게 하고, 튼튼한 뼈는 오스테오칼신을 더 많이 생산하기 때문이다.

대개 뼈는 무기물 약 70퍼센트와 유기물 약 30퍼센트로 이루어져 있다. 뼈의 가장 기본적인 성분은 콜라겐이다. 콜라겐은 몸에서 가장 풍부한 단백질이다. 우리 몸의 단백질 중 약 40퍼센트를 차지한다. 게다가 적응성이 매우 높

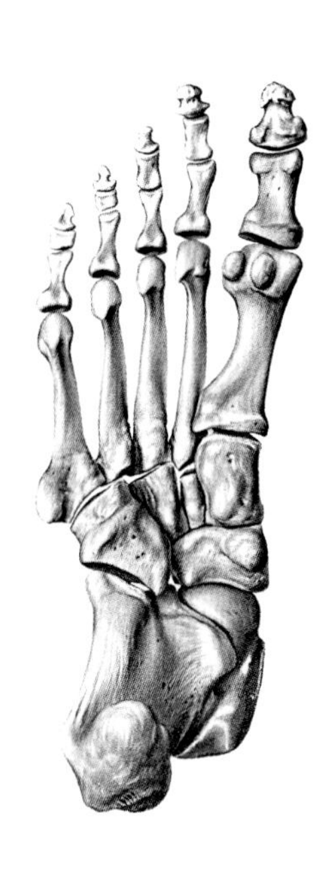

밑에서 본 발을 그린 이 20세기 초의 그림에서는 26개의 뼈가 보인다.

맞은편 : 누구보다도 상세하게 : 1510년경에 레오나르도 다빈치가 그린 이 몸통과 다리 그림은 그 시대에 걸맞지 않은 높은 이해 수준을 보여준다.

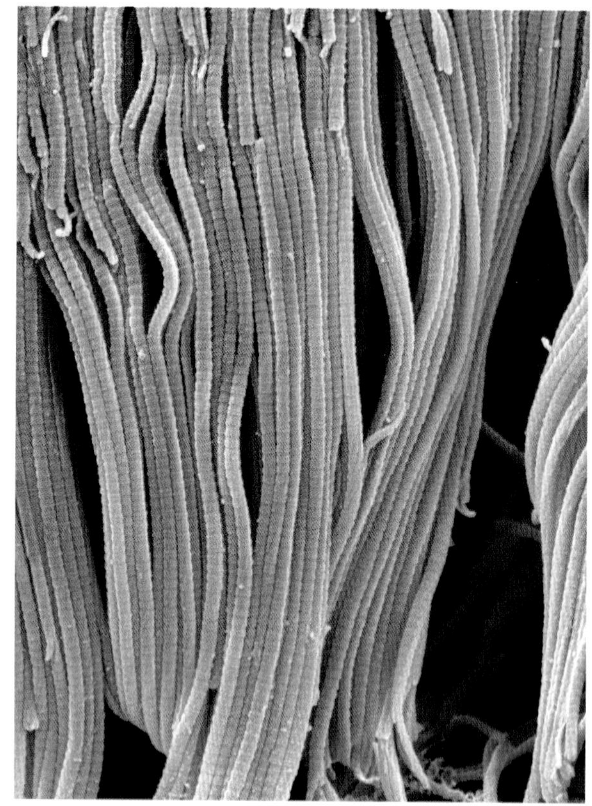

콜라겐은 융통성이 아주 큰 단백질이다. 왼쪽은 치밀뼈의 광학현미경 사진이다. 혈관과 림프관이 지나가는 통로를 콜라겐을 함유한 조직이 층층이 둘러싼 모습이다. 오른쪽은 각 신경섬유를 감싸고 있는 섬세한 연결조직에 들어 있는 콜라겐이다.

은 물질이다. 콜라겐은 눈의 흰자위뿐만 아니라 투명한 각막도 만든다. 근육에서는 밧줄처럼 작용하는 섬유를 만든다. 쭉 늘어났다가 누르면 수축되는 튼튼한 섬유이다. 이런 특성은 근육에는 아주 좋지만, 치아에는 그다지 좋지 않을 것이다. 그래서 영구적인 견고함이 필요할 때면 콜라겐은 수산화인회석(hydroxyapatite)이라는 광물과 결합한다. 이 결합물은 압축되면 아주 단단해지기 때문에 몸이 뼈와 이 같은 단단한 구조를 만들 수 있다.

우리는 뼈를 불활성 뼈대라고 생각하는 경향이 있지만, 뼈도 살아 있는 조직이다. 근육과 마찬가지로 운동을 하고 쓰면 쓸수록 더 커진다. "직업 테니스 선수가 라켓을 휘두르는 팔은 다른 팔보다 뼈가 30퍼센트까지 굵어지기도 해요." 마지 프래튼은 그렇게 말하면서 라파엘 나달을 예로 들었다. 뼈를 현미경으로 보면, 다른 모든 살아 있는 조직들과 마찬가지로 활동하는 세포들이 복잡하게 배열되어 있음을 알게 된다. 구성방식 덕분에, 뼈는 놀라울 만치 튼튼하면서 가볍다.

벤은 이렇게 말한다. "뼈는 강화 콘크리트보다 더 강하지만, 아주 가볍기 때문에 우리는 달릴 수도 있지요." 온몸의 뼈를 전부 더해도 무게가 약 9킬로그램에 불과하지만, 그 뼈로 우리는 1톤의 압박을 견딜 수 있다. 벤은 이렇게 덧붙인다. "뼈는 몸에서 유일하게 흉터가 생기지 않는 조직입니다. 다리가 부러졌을 때, 완치가 되고 나면 부러진 곳이 어디였는지 알아볼 수 없어요. 굳이 그렇게 할 실질적인 혜택은 전혀 없습니다. 그냥 뼈는 완벽해지고 싶은가 봐요." 더욱 놀라운 점은 뼈가 다시 자라서 틈새를 채운다는 것이다. "다리에서 뼈를 30센티미터까지 잘라낸 뒤 틀로 고정시키고 일종의 늘리는 기구를 대면 뼈는 다시 자라서 이어붙을 수 있어요. 몸에서 그럴 수 있는 기관은 뼈밖에 없어요." 한마디로 뼈는 놀라울 정도로 역동적이다.

물론 뼈대는 우리가 서고 움직이는 데에 필요한 핵심 기본 구조의 일부에 불과하다. 우리에게는 많은 근육과 적절하게 배치된 힘줄, 인대, 연골도 필요하다. 여기서 이런 것들 중 일부가 정확히 무슨 일을 하는지, 아니 그것들 사이에 무슨 차이가 있는지를 잘 모르는 독자가 대부분이라고 생각해도 무리는 아닐 듯하다. 그래서 잠시 설명하고 넘어가자.

힘줄과 인대는 연결조직이다. 힘줄은 근육을 뼈에 연결하고 인대는 뼈와 뼈를 연결한다. 힘줄은 잘 늘어나며, 인대는 그보다 덜 늘어난다. 힘줄은 본질적으로 근육이 연장된 것이다. 힘줄을 보고 싶다면, 쉽게 볼 수 있는 방법이 있다. 손바닥을 위로 향하게 한다. 주먹을 쥔다. 그러면 손목 아래쪽으로 살짝 두둑해지는 부위가 나타난다. 그것이 힘줄이다.

힘줄은 튼튼하며, 대개 아주 엄청난 힘이 가해지지 않는 한 찢기지 않는다. 그러나 힘줄에는 피가 거의 공급되지 않으므로, 다치면 낫는 데에 오래 걸린다. 그래도 그 점에서는 적어도 연골보다 낫다. 연골에는 피가 아예 공급되지 않으므로, 치유 능력이 거의 없다.

그러나 몸이 아무리 말랐다고 해도, 우리 몸의 윤곽을 만드는 것은 근육이다. 몸에는 총 600개가 넘는 근육이 있다. 우리는 통증이 느껴질 때에만 근육에 관심을 가지는 경향이 있지만, 근육은 입술을 오므리고, 눈을 깜박이고, 음식물을 소화관을 따라 보내는 등 우리에게 제대로 인정받지 못하는 1,000가지 방식으로 우리에게 끊임없이 봉사하고 있다. 우리가 그냥 일어서기만 해도 100개의 근육이 쓰인다. 지금 읽고 있는 단어 위로 눈을 옮기기만 해도 12개의 근육이 필요하다. 손의 가장 단순한 움직임, 이를테면 엄지를 씰룩거리는 일에도 10개의 근육이 관여할 수 있다. 근육 중에는 우리가 근육이라고 생각조차 하지 않는 것들도 있다. 혀와 심장이 대표적이다. 해부학자

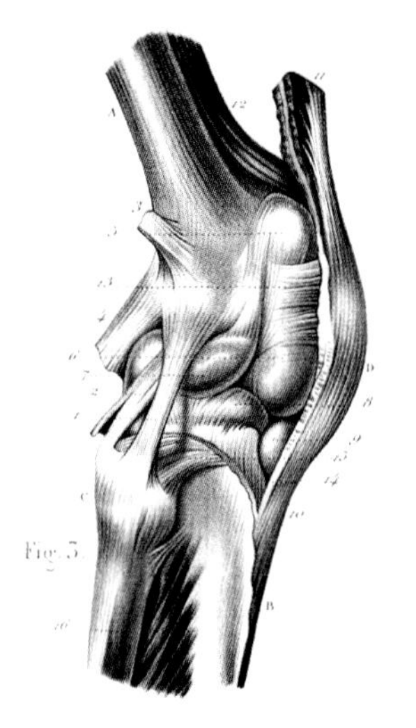

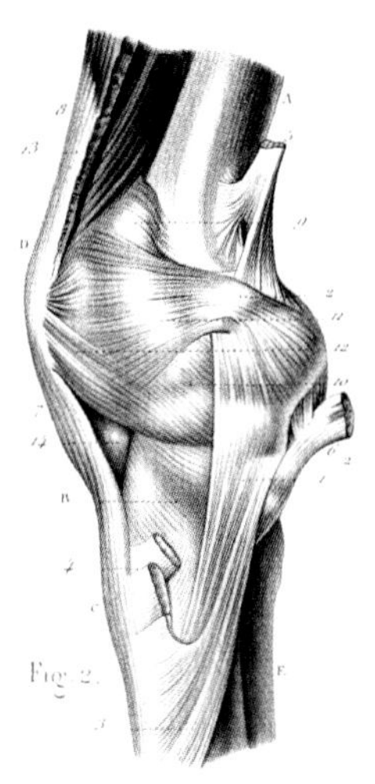

사람의 무릎은 필요에 따라 단단해지거나 유연해져야 하며, 이 두 가지를 모두 하려면 뼈, 힘줄, 인대, 근육이 놀라울 만치 복잡하게 배치되어 있어야 한다. 그림은 19세기 중반의 프랑스 해부학 교과서에 실린 것이다.

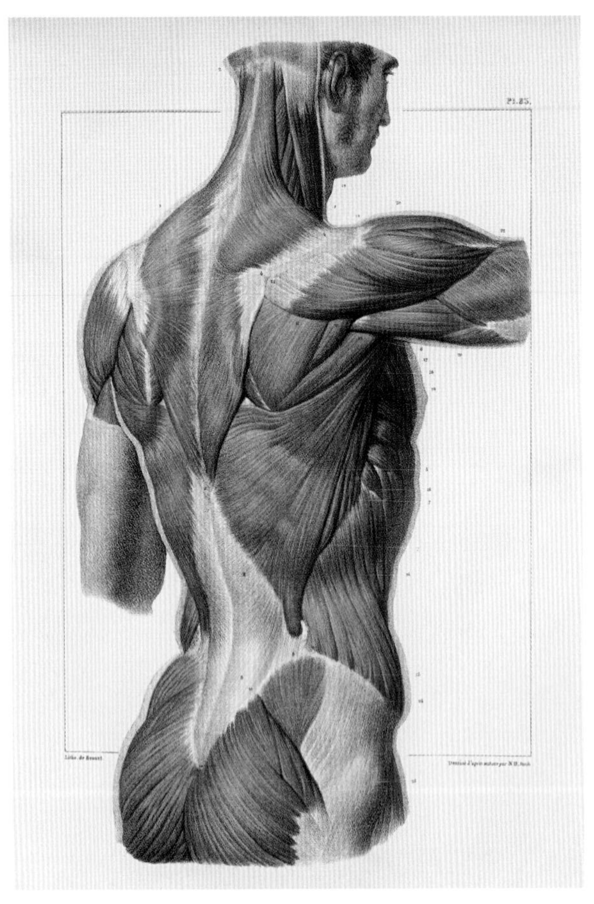

쓰지 않으면 사라진다 : 근육은 관리하기가 까다로운 섬유이다. 왼쪽은 플랑드르의 화가 페테르 파울 루벤스가 해부학을 공부할 때 근육의 움직임을 묘사한 것이다. 오른쪽은 19세기의 피상적인—"겉핥기"가 아니라 "표면"이라는 의미의—등 근육 그림이다.

들은 근육을 하는 일에 따라서 분류한다. 굽힘근은 관절을 구부리고, 폄근은 관절을 편다. 올림근은 들어올리고 내림근은 내린다. 벌림근은 신체 부위를 벌리고, 모음근은 가까이 모으며, 조임근은 조인다.

당신이 꽤 마른 사람이라면 몸의 약 40퍼센트가 근육이고, 비슷한 몸매의 여성이라면 그보다 조금 더 적다. 쉬고 있을 때 근육을 그냥 유지하는 데에만도 몸의 에너지 소비량 중 40퍼센트가 쓰이며, 움직일 때에는 훨씬 더 많이 쓰인다. 근육은 유지비가 너무 많이 들기 때문에, 쓰지 않는다면 금세 가늘어진다. 미국 항공우주국은 우주 비행사들이 5–11일 정도의 짧은 임무를 마치고 왔을 때에도 근육 질량이 20퍼센트까지 줄어든다는 연구 결과를 내놓았다. (뼈의 밀도도 줄어든다.)

근육, 뼈, 힘줄 등 이 모든 것들은 우아하면서 능숙하게 협력한다. 그 점을 가장 잘 보여주는 사례는 손이다. 한 손에는 뼈 29개, 근육 17개(그리고 손을 움직이는 아래팔에도 18개), 큰 동맥 2가닥, 주요 신경 3가닥(그중 하나인 자신경은 팔꿈치 안쪽을 건드렸을 때에 찌릿한 느낌을 일으킨다)과 다른 신경 45가닥, 인대 123개가 있으며, 이들 모두가 정확하면서 섬세하게 조화를 이루면서 움직여야 한다. 19세기 스코틀랜드의 위대한 외과의사이자 해부학자인 찰스 벨은 손이 몸에서 가장 완벽한 창조물이라고 생각했다. 눈보다도 더 완벽하다고 보았다. 그는 자신의 저서에 『손 : 설계의 증거로서의 메커니즘과 핵심 기능(*The Hand: Its Mechanism and Vital Endowments as Evincing Design*)』이라는 제목을 붙였다. 손이 신의 창조를 보여주는 증거라는 의미였다.

손이 경이롭다는 데에는 의문의 여지가 없지만, 손의 모든 부위들이 다 그런 것은 아니다. 엄지를 말고서 주먹을 쥔 뒤에 손가락을 하나씩 펴보라. 처음 두 손가락은 잘 펴지지만, 약지는 잘 펴지지 않으려는 듯하다. 손에 달린 위치로 볼 때, 사실 약지는 섬세한 움직임에 별 기여를 할 수 없으며, 따라서 개별적으로 움직이는 근육이 덜 갖추어져 있다. 더욱 놀랍게도, 모든 사람의 손이 똑같은 구성 부분으로 이루어져 있는 것도 아니다. 우리 중 약 14퍼센트는 손바닥의 긴장을 유지하는 데에 도움을 주는 긴손바닥근이 없다. 손아귀를 강하게 쥐어야 하는 최고 수준의 운동선수 중에는 이 근육이 없는 사람이 거의 없는 반면, 그렇지 않은 사람들에게는 없어도 별 상관이 없다. 사실 이 근육과 그 양쪽 끝에 있는 힘줄은 없어도 되기 때문에, 외과의사는 힘줄 이식을 할 때 이 부위를 떼어내서 쓰곤 한다.

탁월하게 조화를 이루는 악기들의 교향악 : 인정을 받지 못하는 인물인 헨리 반다이크 카터가 그린 사람 손의 근골격계.

마치 인간만의 속성인 양, 우리가 마주 보는 (다른 손가락들과 맞댈 수 있어서 잘 움켜쥘 수 있게 한다는 의미로서) 엄지를 가지고 있다는 말을 흔히 한다. 사실 영장류는 대부분 마주 보는 엄지를 가진다. 다만 우리 엄지가 좀더 유연하고 잘 움직일 뿐이다. 우리 엄지에는 침팬지를 포함하여 다른 동물들에게는 없는 작지만 멋진 이름의 근육이 세 가지 들어 있다. 짧은 엄지 폄근, 긴 엄지 굽힘근, 헨레의 첫째 손바닥뼈 사이근(first volar interosseous of Henle)이다.* 이 근육들은 협업하여 우리가 확실하고도 섬세하게 도구를 쥐고 다룰 수 있게 해준다. 이런 이름들을 전혀 들어본 적이 없을지도 모르지만, 이 세 작은 근육

* 인체에는 헨레라는 이름이 곳곳에 있다. 눈의 헨레 움(crypts of Henle), 자궁의 헨레 팽대(Henle's ampulla), 배의 헨레 인대(Henle's ligament), 콩팥의 헨레 세관(Henle's tubule) 등이 그렇다. 모두 아주 부지런히 연구했지만, 이상하게도 명성을 얻지 못한 독일의 해부학자 야코프 헨레(1809–1885)의 이름을 딴 기관들이다.

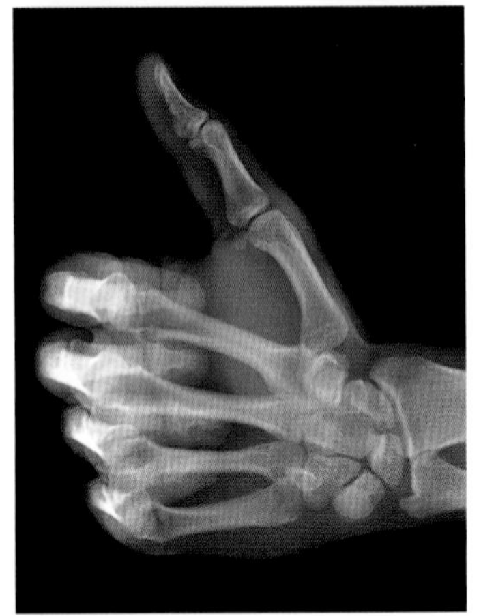

19세기 독일의 해부학자이자 병리학자 야코프 헨레. 인체의 거의 잘 알려지지 않은 여러 기관들에 그의 이름이 붙어 있다.

치켜든 엄지 : 엄지 덕분에 우리는 온갖 것들을 쥘 수 있다.

은 인류 문명의 핵심에 놓여 있다. 이 근육들이 없어지면, 인류가 이룬 가장 위대한 성취들은 막대기로 개미집을 쑤셔서 개미를 꺼내먹는 수준으로 돌아갈지도 모른다.

벤은 내게 이렇게 말했다. "엄지는 다른 손가락들보다 더 통통한 것만이 아닙니다. 사실 다르게 붙어 있어요. 알아차리는 사람은 거의 없지만, 엄지는 옆쪽을 향해 있어요. 즉 엄지손톱은 다른 손가락들과 다른 쪽을 향하고 있지요. 컴퓨터 자판을 두드릴 때 다른 손가락들은 끝으로 치지만, 엄지는 옆으로 쳐요. 마주 보는 엄지란 실제로는 그런 의미예요. 우리가 움켜쥐는 일을 아주 잘 한다는 뜻입니다. 또 엄지는 회전도 잘 해요. 다른 손가락들에 비해 아주 넓게 호를 그리면서 움직여요."

이렇게 손가락이 대단히 중요한데도, 우리가 손가락을 꼽을 때 쓰는 명칭은 놀라울 만치 엉성하다. 손가락이 몇 개냐고 물으면, 대부분은 10개라고 말할 것이다. 그런 뒤에 어느 것이 첫 번째 손가락이냐고 물으면 거의 다 집게손가락을 펼 것이다. 그럼으로써 옆에 있는 엄지는 무시하고, 별개의 지위에 놓는다. 그런 뒤에 다음 손가락의 이름을 말하라고 하면, 그들은 가운뎃손가락이라고 말할 것이다. 그러나 가운데라는 말은 손가락이 4개가 아니라 5개일 때에만 할 수 있다. 그런 터라 영어 사전들조차도 대부분 우리 손가락이 8개인지 10개인지 판단을 내리지 못하는 모양새이다. 대부분의 영어 사전들은 손가락을 "손에 달린 5개의 말단 중 하나, 또는 엄지 이외의 4개의 말단 중 하나"라고 정의한다. 이 불확실성 때문에, 의사들조차도 어느 손가락이 첫 번째인지를 놓고 의견이 갈리는 바람에 손가락 번호를 매기지 않는다. 영어권 의사들은 손의 부위 대부분에 라틴어화한 전문용어를 붙이지만, 기이하게도 손가락은 그냥 일상용어(thumb, index, long, ring, little)로 부른다.

손과 손목의 상대적인 힘에 관한 우리 지식의 상당수는 1930년대에 프랑스 의사인 피에르 바르베가 행한 일련의 있을 법하지 않은 실험을 통해서 얻은 것이다. 바르베는 파리에 있는 생조제프 병원의 외과의사로서, 사람을 십자가에 못 박는 것이 육체적으로 가능한가라는 문제에 집착했다. 사람이 십자가에 얼마나 잘 박혀 있을지 알아내기 위해서, 그는 다양한 종류의 못을 손과 손목의 여러 부위에 박아서 실제 사람의 시신을 나무 십자가에 매달았다. 그는 손바닥에 못을 박는 방법—전통적으로 그림에 묘사된 방법—은 몸의 무게를 지탱할 수 없

발은 세 부분으로 이루어져 있다. 충격 흡수 장치, 받침대,
미는 기관이다. 우리가 걸음을 내디딜 때마다
그 세 가지 부위의 기능을 순서대로 실행한다.

다는 사실을 알아냈다. 손은 말 그대로 찢겨져 나갔다. 그러나 손목에 못을 박자 시신이 한없이 그대로 있었다. 이로써 손목이 손보다 훨씬 더 튼튼하다는 것이 증명되었다. 그리고 그런 실험들을 통해서 인류의 지식은 조금씩 나아간다.

우리 몸에 뼈가 유난히 많은 또다른 말단인 발은 우리를 특별하게 만드는 특징을 이야기할 때 주목과 찬사를 훨씬 덜 받지만, 사실 발도 대단히 경이로운 부위이다. 발은 세 부분으로 이루어져 있다. 충격 흡수 장치, 받침대, 미는 기관이다. 우리가 걸음을 내디딜 때마다—우리는 평생 2억 걸음쯤 걸을 것이다—그 세 가지 부위의 기능을 순서대로 실행한다. 로마의 아치 모양과 비슷하게 굽은 모양의 발은 아주 튼튼하지만 유연하기도 해서 걸음을 내디딜 때마다 다시 스프링처럼 튀어오른다. 아치와 탄력의 조합에 힘입은 반동 메커니즘 덕분에 우리는 다른 유인원들이 더 무겁게 움직이는 데에 비해서 더 율동적이고 경쾌하고 효율적으로 걸을 수 있다. 평균적으로 사람은 초당 130센티미터의 속도로,

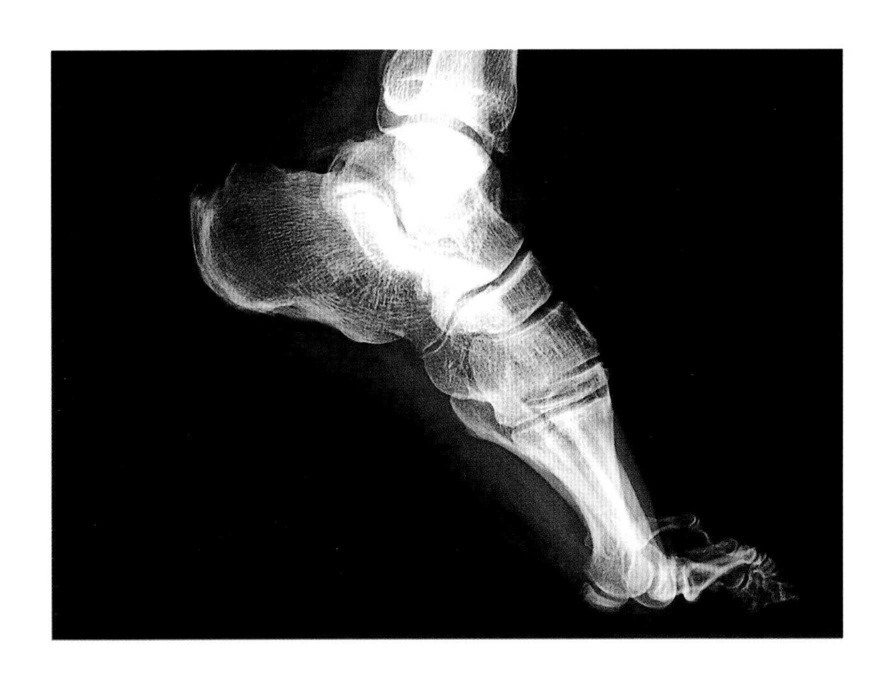

충격을 흡수하고, 받치고, 밀기를 반복하기 : 사람의 발을 찍은 X선 사진은 이 다양한 역할을 하는 모습을 잘 보여준다.

우리가 두 발로 곧추섬으로써 우리의 체중을 떠받치는 양상에
전면적인 재편이 일어나게 되었고,
그 결과 본래 겪지 않아도 될 많은 통증까지 떠안게 되었다.

분당 120보씩 걷지만, 나이, 키, 급한 일 등 다양한 요인들에 따라서 크게 달라진다.

우리의 발은 본래 움켜쥐는 일을 하도록 설계되었다. 발에 뼈가 많은 이유도 그 때문이다. 발은 많은 무게를 지탱하도록 설계되지 않았다. 그것이 온종일 서 있거나 걸으면 발이 아픈 한 가지 이유이기도 하다. 제러미 테일러가『몸의 진화(*Body by Darwin*)』에서 지적했듯이, 타조는 발과 발목의 뼈를 융합함으로써 이 문제를 해결했지만, 타조에게는 서서 걷는 쪽으로 적응할 시간이 2억 5,000만 년이나 있었다. 우리가 진화한 시간보다 약 40배 더 길다.

모든 몸은 강도와 이동성 사이에서 타협을 이룬다. 동물의 몸집이 더 클수록, 뼈 무게도 더 늘어날 것이 분명하다. 따라서 코끼리는 뼈가 몸무게의 13퍼센트를 차지하는 반면, 작은 땃쥐의 뼈대는 4퍼센트만 차지한다. 인간은 그 중간인 8.5퍼센트이다. 우리의 뼈대가 더 튼튼했다면, 우리는 재빠를 수 없었을 것이다. 우리는 날쌔게 움직이고 달릴 수 있지만, 대신에 많은 사람들은 말년에, 아니 사실상 그리 말년은 아닌 때에 허리와 무릎이 아파온다. 곧추선 자세 때문에 척추가 심한 압력을 받다 보니, 피터 메더워의 말을 빌리면 "이르면 18세"에도 병리학적 변화가 생길 수 있다.

물론 문제는 우리가 네 다리에 체중을 싣도록 만들어진 뼈대를 지닌 오래된 조상 계통으로부터 진화했다는 데에 있다. 우리의 해부 구조에 일어난 이 대규모 변화의 혜택과 결과는 다음 장에서 더 상세히 살펴보기로 하고, 여기서는 우리가 두 발로 곧추섬으로써 우리의 체중을 떠받치는 양상에 전면적인 재편이 일어나게 되었고, 그 결과 본래 겪지 않아도 될 많은 통증까지 떠안게 되었다는 점만 말해두기로 하자. 현대 인류에게서 이 불편함이 가장 뚜렷이 드러나는 부위는 등이다. 곧추섬으로써 척추를 지탱하고 완충하는 역할을 하는 연골로 된 척추원반에 지나치게 압력이 가해짐으로써, 원반이 삐져나오거나 자리가 어긋나는 척추원반 탈출증이 때로 일어난다. 성인 중 1-3퍼센트는 척추원반 탈출증을 지닌다. 요통은 나이를 먹음에 따라 가장 흔히 생기는 만성 불편함 중의 하나이다. 성인의 약 60퍼센트는 요통 때문에 연간 적어도 일주일은 일을

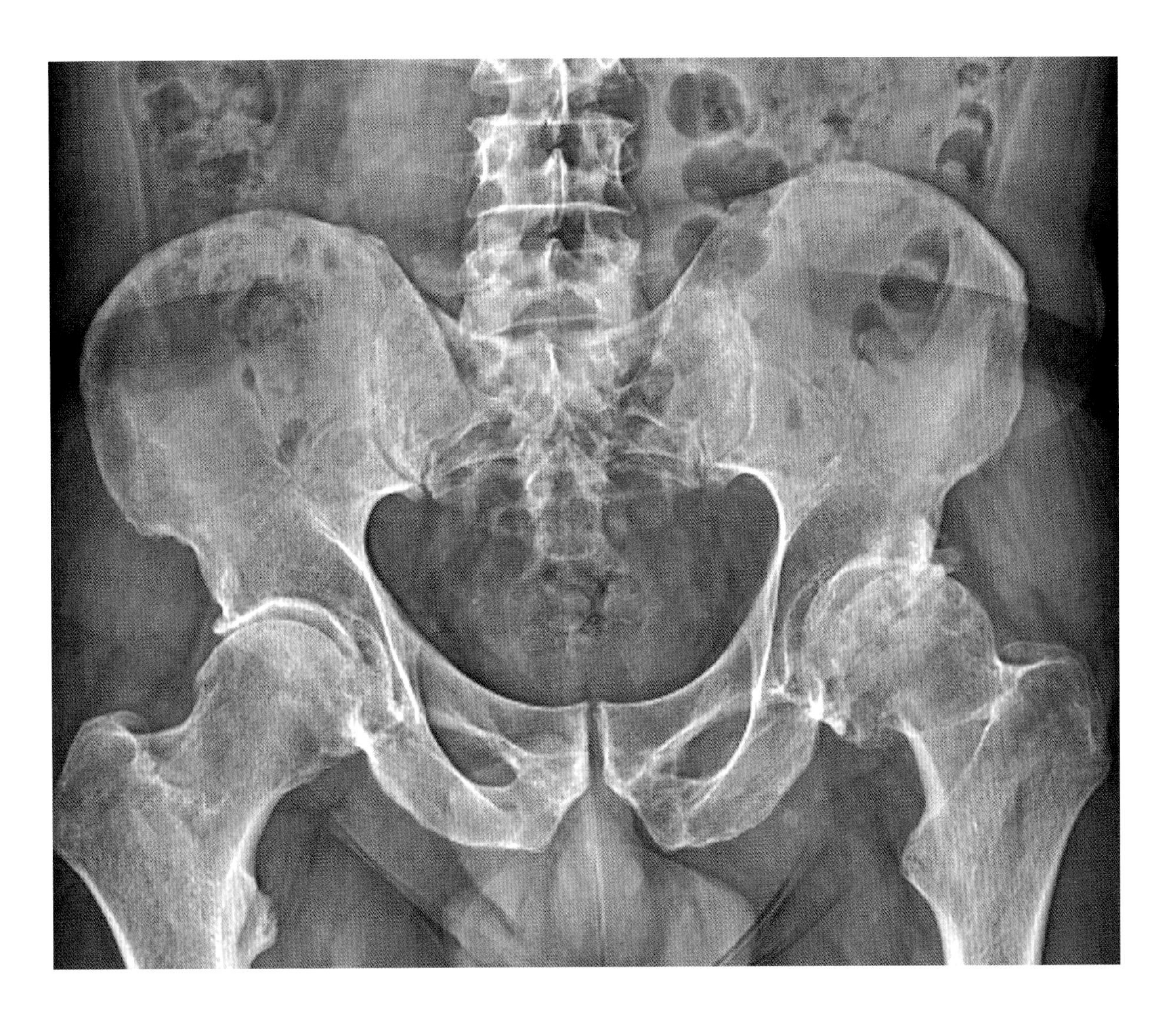

발처럼 엉덩이도 몸을 지탱하는 한편으로 움직일 수 있게 해야 한다. 그 결과 마모에 취약하다. 관절염 환자의 이 X선 사진은 양쪽 고관절의 보호 연골이 닳았음을 보여준다.

쉰다고 추정된다.

우리는 하체의 관절도 매우 취약하다. 미국에서는 해마다 80만 건이 넘는 관절 수술이 이루어진다. 주로 엉덩이와 무릎의 관절을 수술하는데, 그중 대부분은 관절 가장자리에 있는 닳거나 찢어진 연골을 인공물로 대체하는 수술이다. 연골은 하는 일뿐 아니라 수명 측면에서도 매우 놀랍다. 특히 연골이 자체 치료도 보충도 할 수 없다는 점을 생각하면 더욱 놀랍다. 평생에 닳아서 버리는 신발이 얼마나 많은지를 생각하면, 우리 연골이 얼마나 내구성이 강한지를 실감하게 된다.

연골은 혈액으로부터 영양분을 받지 않으므로, 우리가 연골을 유지하기 위해서 할 수 있는 최선의 방법은 관절을 쓰기 전에 준비운동을 많이 하고, 연골

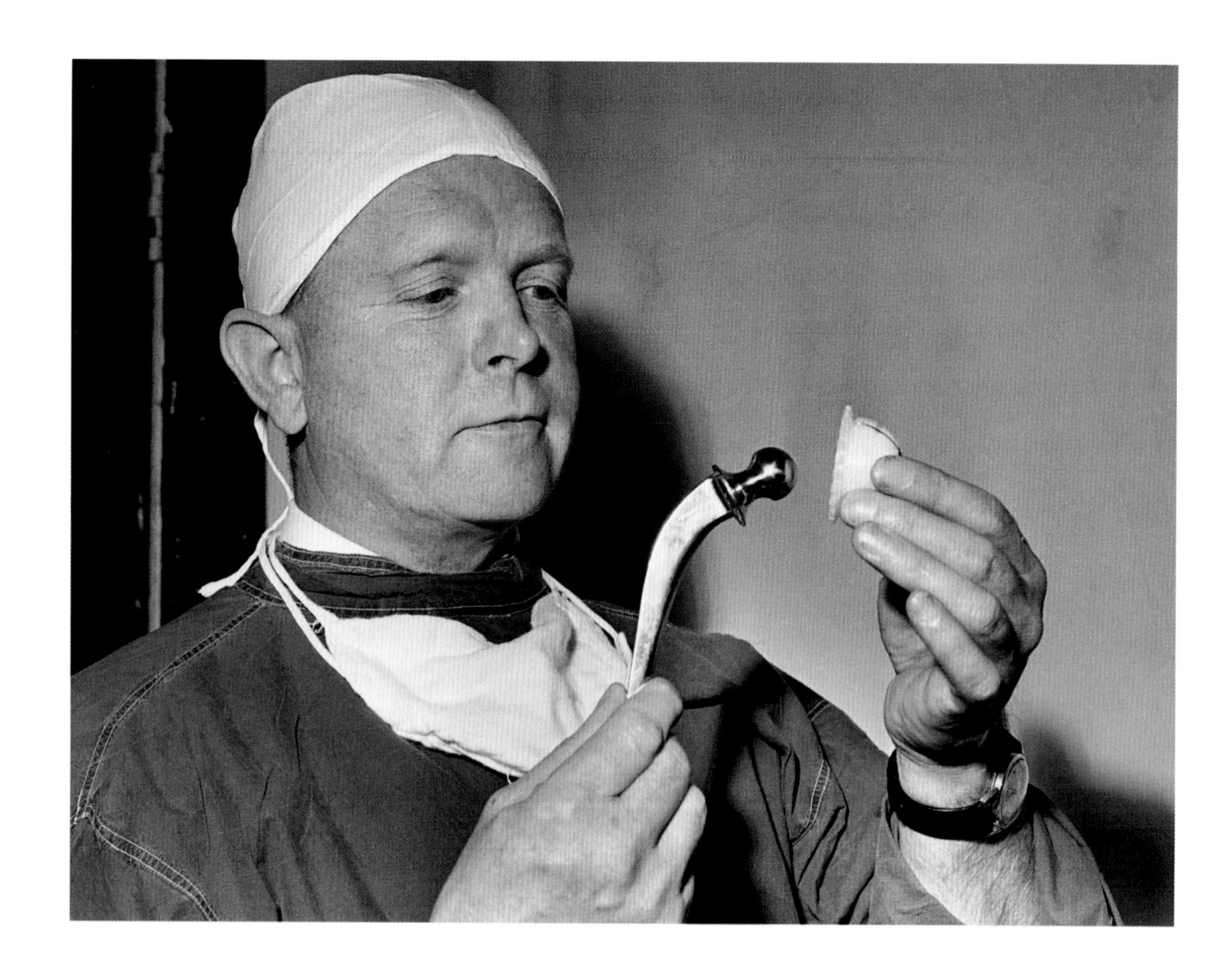

많은 환자들의 구원자 : 정형외과의사인 존 찬리가 방법과 재료를 끊임없이 연구한 끝에 만들어낸 인공 고관절을 들고 있다.

이 윤활액에 잘 잠겨 있도록 하는 것밖에 없다. 최악의 행동은 체중을 심하게 늘리는 것이다. 볼링공 두 개를 허리에 묶고서 온종일 걸으면, 밤에 허리와 무릎이 어떤 느낌일지 생각해보라. 사실 체중이 12킬로그램이나 불어났다면, 당신은 이미 매일 그렇게 하고 있는 셈이다. 세월이 흐를수록 우리가 견디지 못하고 결국 많은 교정 수술을 받게 되는 것도 놀랄 일이 아니다.

몸의 기본 구조 중에서 가장 많은 사람들에게 문제를 일으키는 부위는 엉덩이이다. 엉덩이는 서로 맞지 않는 두 가지 일을 해야 하기 때문에 닳는다. 하체에 이동성을 제공해야 하는 동시에 몸의 체중을 떠받쳐야 한다. 그래서 넙다리뼈(대퇴골)의 머리와 그 끝이 끼워지는 고관절 절구(節臼) 양쪽에 있는 연골에 마찰 압력이 심하게 가해진다. 그 결과 둘은 매끄럽게 맞물리며 회전하는 대신에, 막자사발에 막자를 대고 갈 듯이 고통스럽게 갈리기 시작한다. 1950년대 중반까지도 의학계는 이 증상을 완화시킬 수 있는 방법을 거의 내놓지 못했다.

영국의 외과의사이자 해부학자인 애스틀리 쿠퍼는 이렇게 꼬집는다.
"우리는 골반을 통해 세상으로 들어가고
엉덩이를 통해 떠난다."

고관절 수술은 합병증이 너무 심해서 관절을 "고정시키는" 것이 통상적인 수술법이었다. 그 수술을 받으면 통증이 줄어들기는 하지만 영원히 뻗정다리 신세로 지내야 했다.

수술로 완화시키는 다른 방법들은 모두 단기적인 해결책에 불과했다. 온갖 합성물질을 써보았지만, 모두 금방 닳는 바람에 다시 뼈가 갈리는 고통에 시달려야 했다. 연골 대체제로 사용한 플라스틱이 너무나 삐걱거리는 소리를 내는 바람에 아예 외출을 기피하는 일까지 벌어지기도 했다. 그러던 중 맨체스터에서 존 찬리라는 고집스러운 정형외과의사가 등장했다. 그는 이 모든 문제를 해결할 방법을 고안하고 재료를 찾는 일에 영웅적으로 매달렸다. 그는 넙다리뼈 머리를 스테인리스 강철로 대체하고 절구를 플라스틱으로 덮으면 닳는 문제를 크게 줄일 수 있다는 것을 알아냈다. 아마 정형외과 외부에서는 찬리의 이름을 들어본 사람이 거의 없겠지만(그 분야에서는 존경을 받는다), 그는 가장 많은 고관절 환자들의 고통을 덜어준 사람이다.

우리의 뼈는 중년 후반기부터 해마다 1퍼센트씩 무게가 줄어든다. 늙어갈수록 뼈가 부러지는 사례가 그만큼 늘어나는 불행한 일이 벌어지는 것은 그 때문이다. 노인들은 고관절이 부러지면 특히 더 고역스럽다. 고관절이 부러진 75세가 넘는 이들 중 약 40퍼센트는 더 이상 홀로 생활할 수 없게 된다. 많은 사람들에게는 그것이 삶을 무너뜨리는 마지막 타격이 된다. 10퍼센트는 30일 이내에 사망하고, 거의 30퍼센트는 1년 이내에 세상을 떠난다. 영국의 외과의사이자 해부학자인 애스틀리 쿠퍼는 이렇게 꼬집는다. "우리는 골반을 통해 세상으로 들어가고 엉덩이를 통해 떠난다."

다행히도 쿠퍼의 말은 과장되었다. 남성의 4분의 3과 여성의 절반은 노년에도 뼈가 부러지지 않고, 인구의 4분의 3은 무릎에 심각한 문제가 생기는 일 없이 평생을 살아간다. 그리 나쁘지 않은 소식이다. 아무튼 뒤에서 살펴보겠지만, 우리가 편안하게 곧추서게 될 때까지 우리의 조상들이 수백만 년에 걸쳐서 온갖 위험과 고초를 무릅썼다는 점을 생각하면, 사실 딱히 불평할 마음은 들지 않는다.

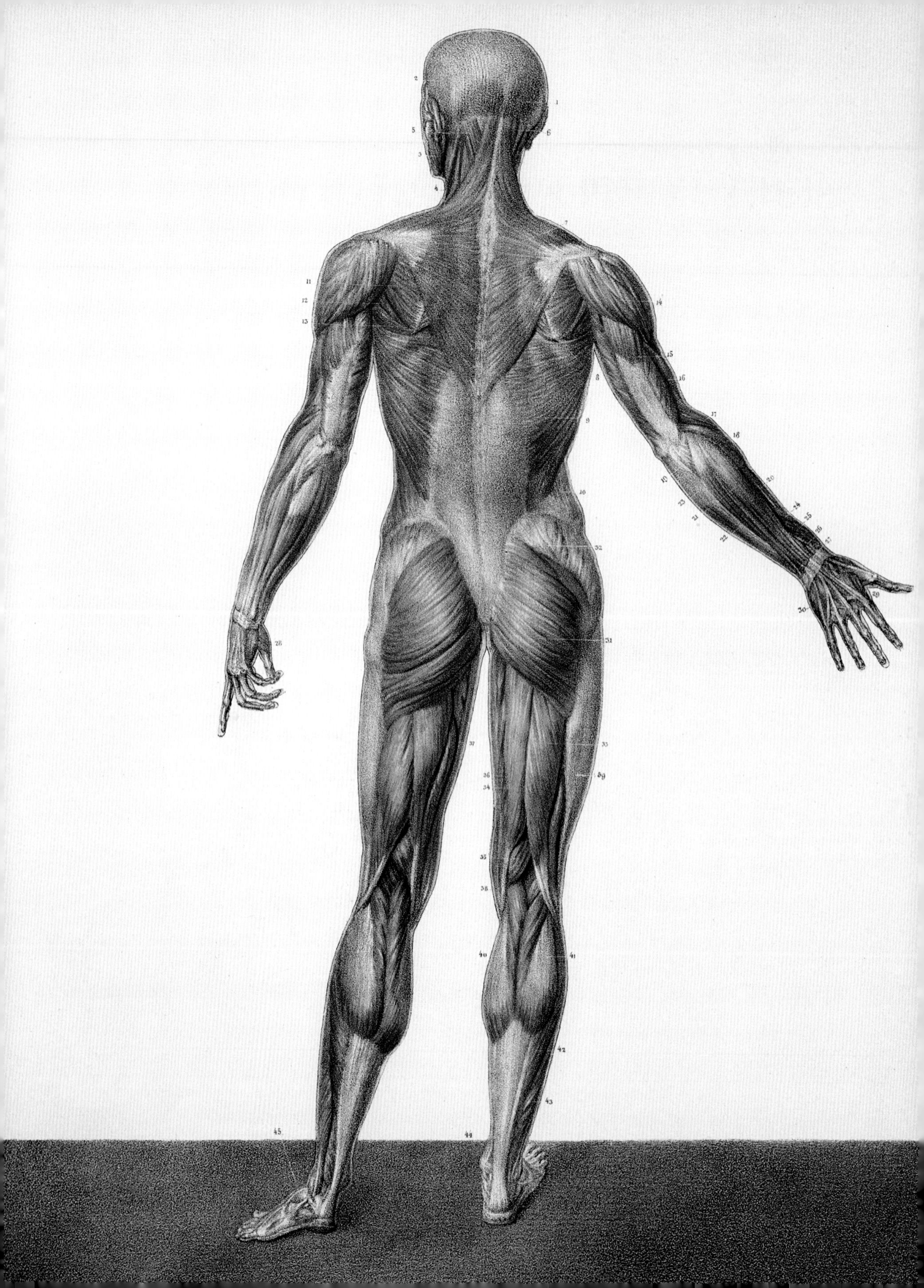

10

움직이다: 직립보행과 운동

"날씨가 어떻든 개의치 말고 하루에 적어도 두 시간은 운동을 해야 한다. 몸이 허약하면, 마음도 강해질 수 없다."

토머스 제퍼슨

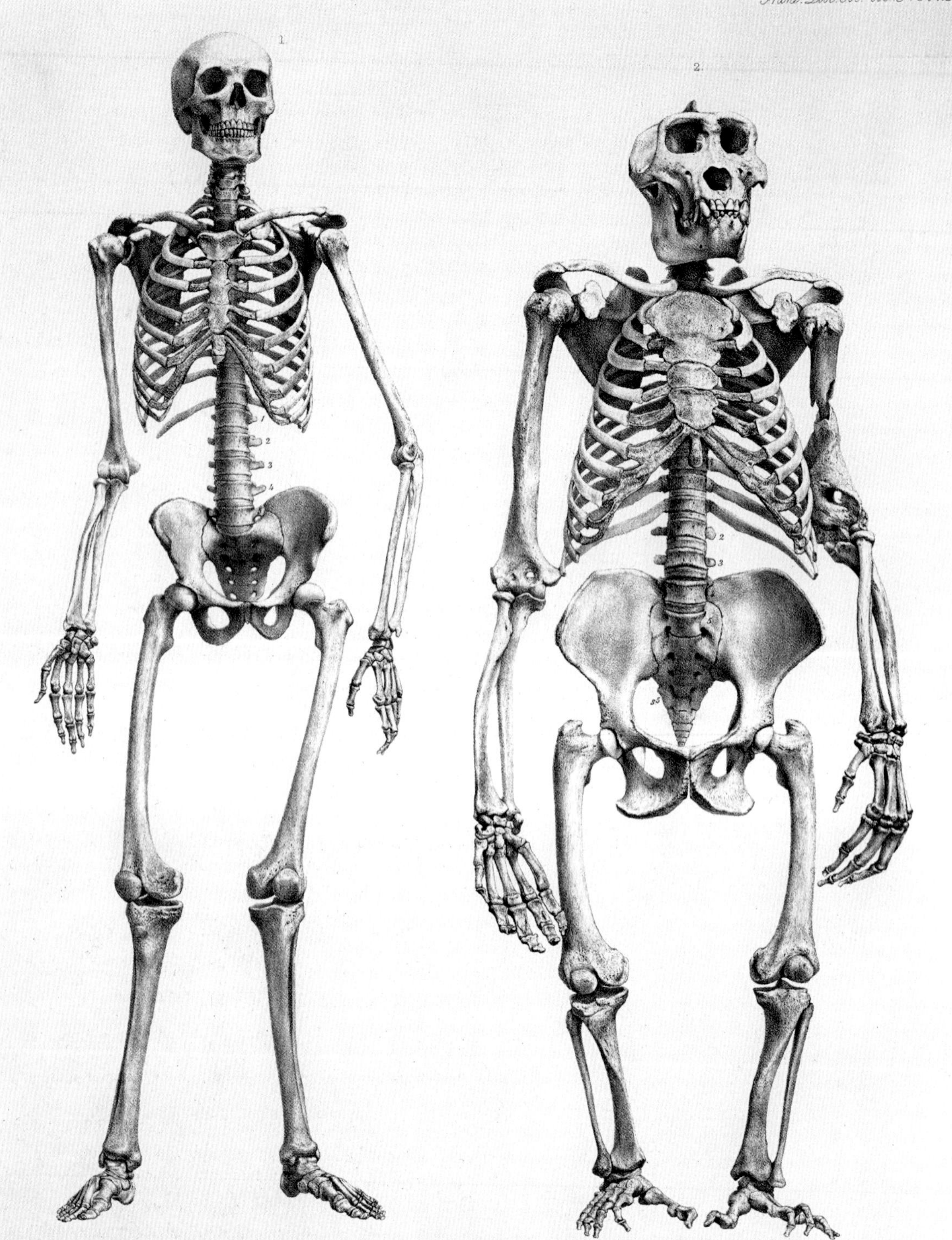

1. Homo. 2. Troglodytes Gorilla.

우리가 왜 서서 걷는지는 아무도 모른다. 영장류 약 250종 가운데, 단 한 종만이 일어서서 오로지 두 발로 돌아다닌다. 그래서 일부 전문가들은 뛰어난 기능을 지닌 뇌에 못지않게 직립보행이 우리 인간을 정의하는 중요한 특징이라고 본다.

우리의 먼 조상들이 왜 나무에서 내려왔고 곧추선 자세를 취했는지를 놓고 많은 이론들이 제기되어왔다. 아기나 이런저런 물건들을 손으로 들기 위해서, 탁 트인 초원에서 멀리 더 잘 보려고, 돌 같은 것을 더 잘 던지기 위해서 등등. 아무튼 한 가지 확실한 것은 두 다리로 걷는 데에는 대가가 따랐다는 것이다. 땅에서 돌아다니면서 우리 조상들은 몹시 취약한 상태에 놓였다. 과장 없이 말하면, 우리 조상들은 가공할 동물이 아니었다. 약 320만 년 전 지금의 에티오피아 지역에서 살았으며 초기 직립보행의 사례로 꼽히곤 하는 루시(Lucy)로 잘 알려진 젊고 가냘픈 원시 인류는 키가 겨우 110센티미터였고, 몸무게는 27킬로그램에 불과했다. 사자나 치타를 위협할 만한 존재가 결코 아니었다.

루시와 그 동족은 위험을 무릅쓰고 탁 트인 곳으로 나오는 것밖에 선택의 여지가 거의 없었을 것이다. 기후변화로 그들이 본래 살던 숲 서식지가 줄어들자, 그들은 살아남기 위해서 점점 더 멀리까지 식량을 찾아 돌아다녀야 했을 가능성이 매우 높다. 그러다가 위험이 닥치면 재빨리 나무 위로 기어올랐을 것이다. 루시도 완전히 지상 생활에 정착한 것은 아니었던 듯하다. 2016년 텍사스 대학교의 인류학자들은 루시가 나무에서 떨어져서 죽었다고 결론을 내렸다(그들은 무미건조하게 "수직 감속 사건"이라고 적었다). 그 말은 루시가 나무 위에서 꽤 많은 시간을 보냈고, 땅만큼 나무에서도 편안하게 지낼 수 있었음을 시사한다. 아니 적어도 마지막 3–4초 전까지는 그랬을 것이다.

걷기는 우리가 일반적으로 생각하는 것보다 훨씬 더 숙련된 기술을 필요로 한다. 두 발만으로 균형을 잡음으로써, 우리는 중력에 끝없이 맞선다. 걸음마를 막 뗀 아기가 귀엽게 보여주듯이, 걷기는 본질적으로 몸을 앞으로 기울이면서 다리가 몸을 따라잡도록 하는 것이다. 걸음을 걸을 때, 한 쪽 발을 땅에서 떼고 있는 시간이 최대 90퍼센트에 달하며, 따라서 우리는 무의식적으로 끊임없이 균형을 조정한다. 게다가 우리는 무게 중심이 높이—허리 바로 위쪽—있어서 본래 휘청거리게 되어 있다.

나무 위에 살던 유인원에서 서서 걷는 현대 인류로 넘어오는 과정에서 우리의 해부 구조에는 몇 가지 매우 심오한 변화가 일어나야 했다. 앞에서도 말했듯이, 다른 유인원들은 머리뼈 뒤쪽이 목에 붙어 있는 반면 우리는 좀더 한가

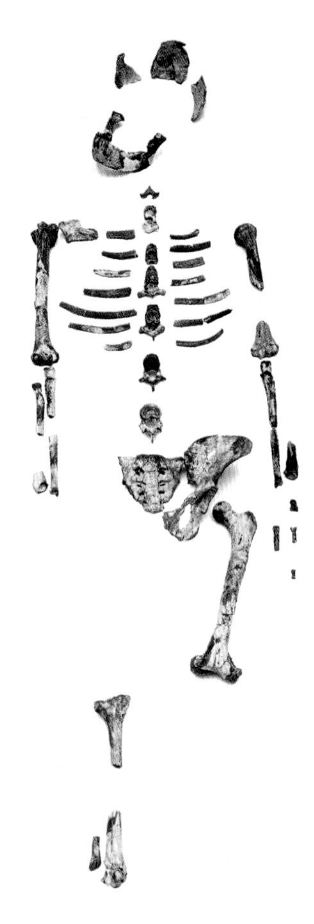

루시의 뼈대. 일부만 남았어도 넓적다리뼈가 굽어 있음을 확연히 알 수 있다.

맞은편 : 걷기가 빚어낸 구조 변화 : 사람과 고릴라의 뼈대를 그린 19세기의 그림.

앞쪽 : 장 바티스트 마르크 부르그리가 1831년에 낸 『인체 해부 및 수술 도해집(*Traité complet d'anatomie de l'homme*)』에 실린 이 석판화는 직립보행을 가능하게 한 해부학적 특징을 보여준다.

영국의 사진사 에드워드 마이브리지가 찍은 이 연속 사진은 단순해 보이는 걷기가 사실은 매우 복잡한 활동임을 보여준다.

운데가 붙어 있으며, 우리의 목은 더 길고 곧아졌다. 또 우리는 등이 구부러질 수 있도록 더 나긋나긋해졌고, 무릎이 커졌고, 허벅지의 뼈가 독특하게 굽어 있다. 허리에서부터 다리가 쭉 곧게 뻗어 있다고 생각할지도 모르겠지만—유인원은 그렇다—사실 우리의 넙다리뼈는 골반에서 무릎으로 내려오는 동안 안쪽으로 휘어진다. 덕분에 걸을 때 무릎끼리 더 가까이 붙어서 움직이며, 걸음걸이도 더 매끄럽고 우아해진다. 다른 유인원들은 아무리 훈련시켜도 사람처럼 걸을 수 없다. 뼈의 구조가 본래 비척거리며 걷도록 되어 있다. 게다가 가장 비효율적인 방식으로 걷는다. 침팬지는 땅에서 걸을 때 우리보다 4배나 많은 에너지를 쓴다.

앞으로 걷는 힘을 일으키기 위해서 우리 엉덩이에는 큰볼기근이라는 유달리 커다란 근육이 있고, 발목에는 다른 유인원들에게는 없는 아킬레스건이 있다. 또 우리는 (탄력을 주기 위해서) 발에 아치가 있고, (무게를 분산시키기 위해서) 척추가 휘어져 있으며, 신경과 혈관이 지나가는 길도 다르다. 모두 두 발로 걷기 위해서 필요한, 아니 적어도 권장할 만한 진화적 변화들이다. 힘을 쓸 때 몸이 과열되지 않도록, 우리는 상대적으로 털이 없어졌고 땀샘이 많이 발달했다.

무엇보다도 우리는 머리가 다른 영장류들과 전혀 다른 쪽으로 진화했다. 우리는 얼굴이 납작하고 주둥이가 튀어나와 있지 않다. 또한 커다란 뇌를 넣기 위해서 이마가 앞쪽으로 나와 있다. 요리를 해서 먹다 보니 치아는 더 작아졌고 턱도 더 약해졌다. 입안은 앞뒤가 더 짧아졌고, 그래서 더 짧고 더 둥근 혀를 가지게 되었으며, 후두는 목의 아래쪽에 놓이게 되었다. 머리의 해부 구조에 생긴 이런 변화가 가져온 행복한 우연 덕분에, 우리는 또렷하게 말을 할 수 있는 독특한 발성 기관을 갖추게 되었다. 아마 걷기와 말하기는 함께 진화했을 것이다. 작은 동물이 커다란 동물을 사냥할 때, 서로 의사소통을 할 수 있다면 분명히 유리할 것이다.

우리의 머리 뒤쪽에는 다른 유인원들에게 없는 적당한 크기의 인대가 하나

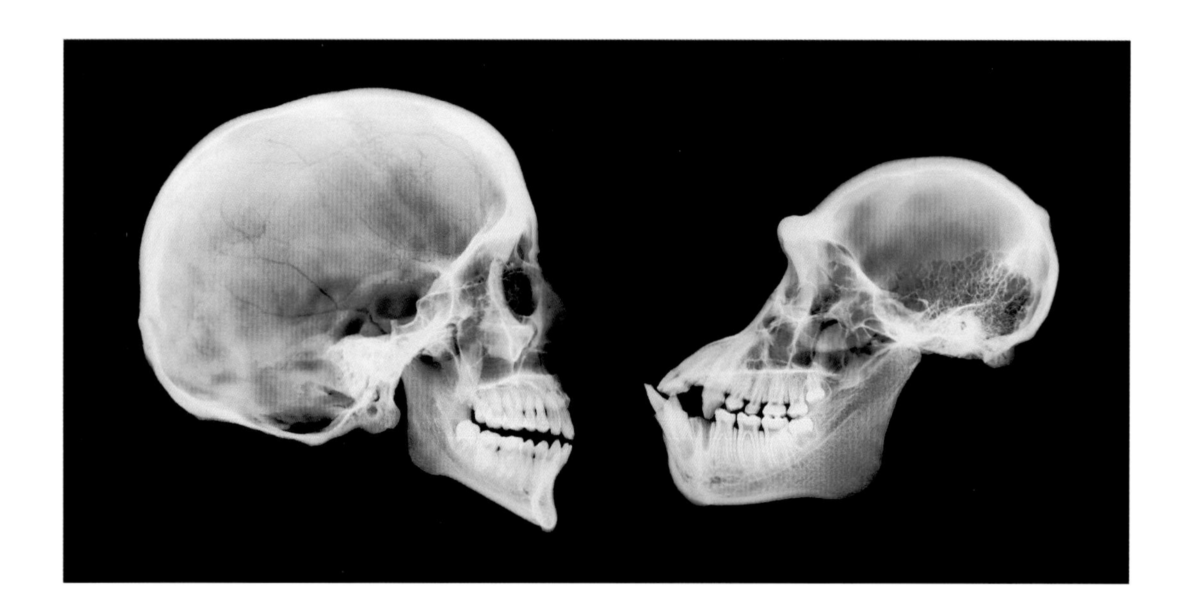

걷고 말하는 머리뼈 : 직립보행과 생활습관의 변화로 사람은 가까운 친척인 침팬지와 머리 모양이 크게 달라질 수 있었다.

있다. 이 인대를 보면 종으로서 우리가 번성하는 데에 무엇이 큰 역할을 했는지를 곧바로 짐작할 수 있다. 바로 목덜미 인대(nuchal ligament)인데, 이 인대가 하는 일은 딱 하나이다. 달릴 때 머리가 흔들리지 않도록 잡아주는 일이다. 그리고 달리기—진지하게 꾸준히 오래 달리기—는 우리가 대단히 잘 하는 일들 중 하나이다.

개나 고양이를 뒤쫓거나 심지어 달아나는 햄스터를 잡으려고 해본 사람이라면 누구나 알겠지만, 우리는 가장 빠른 동물이 아니다. 가장 빠른 사람은 시속 약 32킬로미터까지 속도를 낼 수 있지만, 아주 짧은 구간만 가능하다. 그러나 뜨거운 날에 영양이나 누를 뒤쫓아서 계속 총총걸음으로 나아간다면, 우리는 그들을 따라잡을 수 있다. 우리는 땀을 흘려서 몸을 계속 식히지만, 네 발로 걷는 포유동물은 호흡을 통해서, 즉 헐떡거려서 체열을 빼낸다. 열을 식히기 위해서 멈출 수 없다면, 그들은 과열 상태가 되어 무기력해진다. 대다수의 대형 동물은 15킬로미터도 달리지 못하고 지쳐버릴 것이다. 또 우리 조상들은 무리를 지어서 사냥에 나섰고, 넓게 퍼져서 사냥감을 쫓아서 좁은 공간으로 몰고 갈 수 있었다. 그리하여 더 효율적으로 사냥을 할 수 있었다.

이런 해부학적 변화들이 너무나 기념비적인 것이어서, 사람속(*Homo*)이라는 새로운 속이 출현했다. (속은 종보다 위이고 과보다 아래에 놓인 생물 분류 범주이다.) 하버드의 대니얼 리버먼은 이 변화가 두 단계로 이루어졌다고 강조한다. 먼저 우리는 걷는 자와 기어오르는 자가 되었고, 아직 달리는 자는 아니었다. 그 뒤에 서서히 걷는 자와 달리는 자가 되었고, 이제 더 이상 기어오르는 자가 아니었다. 달리기는 단순히 걷기보다 더 빠른 운동 형태가 아니라, 역학적으로 전혀 다른 형태이다. “걷기는 죽마(竹馬)를 타는 것과 비슷한 걸음걸이이고, 달리기와는 전혀 다른 적응 형질들이 관여해요.” 루시는 걷는 자이자 기어오르는 자였고, 달리기에 적합한 체형이 아니었다. 달리기에 적합한 체형은 훨씬 뒤에, 기후변화로 아프리카의 상당 지역이 성긴 숲과 사바나로 변함으로써 우리 조상들이 어쩔 수 없이 새로운 식단에 적응하면서 식성이 육식성(아니 사실상 잡식성)으로 바뀐 뒤에야 나타났다.

생활양식과 해부 구조의 이 모든 변화들은 대단히 느리게 진행되었다. 화석 증거들을 보면, 초기의 선행 인류는 약 600만 년 전부터 걸었던 듯하지만, 장거리 달리기와 그에 따른 끈질긴 추적 사냥 능력을 획득하기까지는 400만 년이 더 흘러야 했다. 그로부터 다시 150만 년이 지난 뒤에야 비로소 뾰족한 창을 만들 수 있을 만큼 대뇌가 커졌다. 적대적이면서 굶주린 세계에서 생존에 필요한 능력을 온전히 갖추기까지 정말로 오랜 세월이 걸린 셈이었다. 이런 능력들에 부족한 부분이 있었음에도, 우리 조상들은 190만 년 전부터 커다란 동물들을 성공적으로 사냥했다.

그렇게 할 수 있었던 것은 사람속의 기본 능력에 또 한 가지, 즉 던지기가 추가되었기 때문이다. 던지기를 할 수 있으려면 몸이 세 가지 중요한 방식으로 달라져야 했다. 돌릴 수 있는 높은 허리(비트는 힘을 일으킬 수 있도록), 자유롭

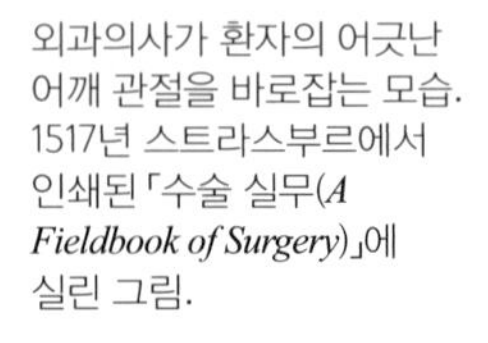
외과의사가 환자의 어긋난 어깨 관절을 바로잡는 모습. 1517년 스트라스부르에서 인쇄된 「수술 실무(*A Fieldbook of Surgery*)」에 실린 그림.

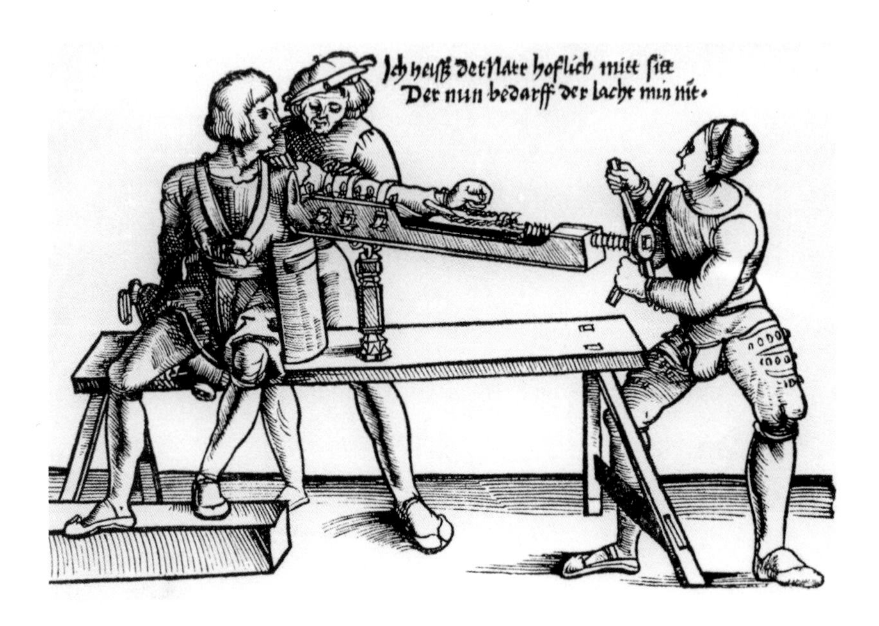

우리는 온몸으로 던진다. 잘 던지려면 한쪽 발을 내딛고 허리와 몸통을 기운차게 돌리면서 어깨 뒤로 쭉 뻗었던 팔을 앞으로 힘차게 휘둘러야 한다.

게 움직이는 느슨한 어깨, 채찍을 휘두르는 식으로 확 내던질 수 있는 위팔이었다. 사람의 어깨 관절은 엉덩이 관절처럼 절구에 공이가 끼워져 있는 형태가 아니라, 더 헐거우면서 열린 형태이다. 그래서 더 유연하면서 자유롭게 회전할 수 있다. 세게 던지는 데에 필요한 바로 그 특징이다. 그러나 그 특징은 우리의 어깨가 쉽게 빠질 수 있다는 의미이기도 하다.

우리는 온몸을 이용해서 던진다. 똑바로 선 자세로 물건을 세게 던지려고 해보면, 거의 불가능함을 알 수 있다. 잘 던지려면 한 발을 앞으로 내밀고, 허리와 몸통을 빠르게 돌리면서 팔을 어깨 뒤쪽에서부터 앞으로 돌리며 세차게 뻗어야 한다. 야구 투수가 반복하여 보여주듯이, 잘 하면 사람은 시속 145킬로미터가 넘는 속도로 매우 정확하게 던질 수 있다. 비교적 안전한 거리를 두고, 돌을 던져서 지친 사냥감을 괴롭히고 상처를 입히는 능력은 초기 사냥꾼들에게 대단히 유용한 기술이었을 것이 분명하다.

직립보행에도 대가가 따른다. 만성 요통이나 무릎 질환을 앓는 사람들이 말해주듯이, 오늘날 살고 있는 모든 이들이 치르는 대가이다. 무엇보다도 새로운 걸음걸이에 맞추어 골반이 좁아지는 바람에, 여성은 출산할 때 엄청난 고통과 위험을 안게 되었다. 최근까지 지구에서 인간만큼 출산할 때 사망 위험이 높은 동

이상적인 연구자 : 제러미 모리스(아래 왼쪽)는 1940년대 말에 버스 운전사와 차장 3만5,000명을 2년 동안 추적 조사한 끝에 운전사가 아무리 건강하다고 해도 차장보다 심근경색에 걸릴 확률이 2배 높다는 것을 알아냈다.

물은 없었다. 그리고 아마 지금도 여전히 사망률이 가장 높은 동물일 것이다.

그냥 일어나서 움직이는 것이 건강에 대단히 중요하다는 사실을 우리는 오랫동안 거의 깨닫지 못하고 있었다. 그 사실을 처음 알아차린 사람은 1940년대 말 영국 의학연구위원회의 제러미 모리스라는 의사였다. 당시에는 심근경색과 심장 동맥 질환의 발병률 증가가 나이나 만성 스트레스 때문이라고 보는 사람이 대부분이었지만, 그는 신체 활동량과도 관련이 있다고 확신했다. 전쟁이 끝난 지 얼마 되지 않은 터라 연구비가 빠듯했기 때문에, 모리스는 비용을 적게 들이면서도 유효한 대규모 연구를 수행할 방법을 짜내야 했다. 어느 날 그는 일하러 가다가 문득 런던의 모든 이층 버스가 자신의 연구 목적에 딱 맞는 실험실임을 알아차렸다. 운전사는 온종일 앉아서 일하고, 버스 차장은 온종일 서서 일했다. 차장은 버스 안을 돌아다닐 뿐만 아니라 위층도 오르내려야 운동이 특별한 혜택들을 제공한다는 것이 드러났다.
규칙적으로 걸으면 심근경색과 뇌졸중 위험이
31퍼센트 줄어든다.

했는데, 교대하기 전까지 평균 600개의 계단을 올랐다. 더할 나위 없이 완벽한 비교 집단이었다. 모리스는 2년 동안 총 3만5,000명의 운전사와 차장을 추적 조사했다. 다른 모든 변수들을 감안하고 나니, 운전사—얼마나 건강하든 간에—가 차장보다 심근경색에 걸릴 위험이 2배 높다는 것이 드러났다. 운동과 건강 사이에 직접적이고 측정할 수 있는 관계가 있음이 처음으로 밝혀진 연구였다.

그후로 여러 연구들을 통해서 운동이 특별한 혜택들을 제공한다는 것이 드러났다. 규칙적으로 걸으면 심근경색과 뇌졸중 위험이 31퍼센트 줄어든다. 2012년에 65만5,000명을 조사했더니, 40세를 넘은 사람들이 하루에 단 11분만 운동을 해도 기대여명이 1.8년 늘어난다고 나왔다. 하루에 1시간 남짓 운동을 하면 4.2년이 늘었다.

운동은 뼈를 튼튼하게 해줄 뿐만 아니라, 면역계도 강화하고, 호르몬 분비량을 늘리고, 당뇨병과 다양한 암(유방암과 대장암 등)에 걸릴 위험을 줄이고, 기분을 좋게 하고, 노쇠도 막아준다. 많이 들어본 이야기이겠지만, 운동을 했을 때 몸에서 혜택을 보지 못하는 기관이나 계통은 아마 전혀 없을 것이다. 적절한 양의 운동이 제공하는 모든 혜택을 줄 수 있는 알약을 누군가가 발명한다면, 그 즉시 역사상 가장 큰 성공을 거둔 약물이 될 것이다.

그런데 운동은 과연 얼마나 해야 할까? 대답하기가 쉽지 않다. 하루에 1만 걸음—약 8킬로미터—을 걸어야 한다는 다소 널리 퍼진 믿음은 나쁜 것은 아니지만, 과학적 근거는 전혀 없다. 얼마를 걷든 간에 유익할 가능성이 있다는 것은 분명하지만, 건강과 수명에 혜택을 줄 어떤 마법의 걸음 수가 있다는 개념은 신화에 불과하다. 1만 걸음이라는 개념이 1960년대에 일본에서 이루어진 한 연구에서 비롯되었다는 주장도 종종 나오는데, 그 주장 역시 신화에 불과한 듯하다. 그와 비슷하게 미국 질병통제예방센터(CDC)는 일주일에 150분을 적당한 강도로 운동하는 것이 좋다고 권고하고 있지만, 그것이 건강에 가장 좋은 운동량이라는 개념에 토대를 둔 것이 아니다. 최적 운동량이 얼마인지는 아무도 모르기 때문이다. CDC의 자문가들은 그 정도라면 사람들이 현실적인 목

뚱뚱한 사람들에게 더 많이 움직이라고 권하는 1980년대에 나온 미국의 공익 광고.

표라고 받아들일 것이라고 생각했기 때문에 제시한 것이다.

운동에 관해서 확실히 말할 수 있는 것은 우리 대다수가 운동을 충분히 하고 있지 않다는 것이다. 적당한 수준으로라도 규칙적인 운동을 하는 사람은 20퍼센트에 불과하다. 아예 운동이라는 것을 하지 않는 사람들도 많다. 오늘날 미국인은 평균 하루에 겨우 500미터를 걷는다. 집과 직장에서 돌아다니는 것까지 다 포함해서 그 정도이다. 아무리 게을러빠진 사회라도, 그보다는 더 움직일 듯하다. 「이코노미스트(*Economist*)」에는 미국의 몇몇 기업들이 핏빗(Fitbit) 같은 신체 활동을 추적하는 장치를 달고서 연간 100만 걸음 이상을 걷는 직원들에게 보상을 지급하기로 했다는 기사가 실렸다. 꽤 야심적인 걸음 수처럼 들리지만, 실제로는 하루에 고작 2,740걸음, 거리로 따지면 2킬로미터가 안 되는 수준이다. 그런데 많은 사람들은 그 정도도 벅차다고 여기는 듯하다. 기사에는 "일부 직원들은 걸음 수를 올리기 위해서 개에게 핏빗을 매단다고 한다"고 적혀 있었다. 대조적으로 현대 수렵채집인들은 하루의 식량을 얻기 위해서 느리거나 빠르게 약 31킬로미터를 걸으며, 우리 조상들도 거의 같았을 것이라고 가정해도 무리가 없을 듯하다.

즉 우리의 조상들은 먹을 것을 얻기 위해서 열심히 일했고, 그 결과 다소 모순되는 두 가지 일을 하는 쪽으로 몸이 맞추어졌다. 많은 시간을 활동하지만, 꼭 필요한 만큼만 하고 그 이상으로는 결코 활동하지 않는 것이다. 대니얼 리버먼은 이렇게 설명한다. "인체를 이해하고 싶으면, 우리가 수렵채집인이 되도록 진화했다는 점을 이해해야 합니다. 그 말은 식량을 얻으려고 많은 에너지를 쓸 준비를 하고 있으면서도, 필요하지 않을 때에는 에너지를 낭비하지 말라는 뜻이지요." 따라서 운동은 분명히 중요하지만, 휴식도 마찬가지로 대단히 중요하다. "무엇보다도 운동하는 동안에는 음식을 소화할 수 없어요. 근육에서 요구하는 만큼 산소를 더 제공하기 위해 소화계로 가는 혈액을 차단하거든요. 그러니까 대사 활동이 이루어질 수 있도록, 또 운동을 열심히 한 뒤에는 적당한 수준으로라도 규칙적인 운동을 하는 사람은 20퍼센트에 불과하다. 아예 운동이라는 것을 하지 않는 사람들도 많다.

회복될 수 있도록 때때로 좀 쉬어야 합니다."

우리 조상들은 풍족한 시기뿐만 아니라 열악한 시기에도 살아남아야 했으므로, 지방을 연료 비축용으로 저장하는 경향을 갖추게 되었다. 일종의 생존 반사였는데, 그 성향이 지금은 오히려 우리의 목숨을 앗아가는 사례가 너무나 흔하다. 수많은 사람들이 고대 환경에 맞추어진 몸과 오늘날 차고 넘치는 음식들 사이에서 균형을 유지하려고 애쓰면서 살아가고 있다. 그리고 그 전투에서 지는 이들이 너무도 많다.

선진국 중에서 미국이 바로 그런 상황에 처해 있다. 세계보건기구에 따르면, 미국인 남성은 80퍼센트 이상, 여성은 77퍼센트가 과체중이며, 그중 35퍼센트는 비만이라고 한다. 1988년만 해도 비만 인구는 겨우 23퍼센트였다. 거의 같은 기간에 미국에서 아동의 비만율은 2배, 청소년은 4배로 늘었다. 전 세계에서 미국과 같은 양상이 벌어진다면 세계 인구 중 비만인 사람이 10억 명은 늘어날 것이다.

과체중은 체질량지수(body mass index, BMI)가 25−30일 때, 비만은 그 이상일 때를 가리킨다. BMI는 몸무게(킬로그램)를 키(미터)의 제곱으로 나눈 값이다. CDC는 홈페이지에서 키와 몸무게만 입력하면 즉시 BMI 값을 알 수 있는 계산기까지 제공하고 있다. 그러나 BMI가 체지방 비율의 척도로서는 엉성하다는 점도 말해두어야겠다. 당신이 유달리 근육질인지 아니면 그냥 통통한지를 구별하지 않기 때문이다. 보디빌더와 늘 텔레비전 앞을 떠나지 않는 사람은 BMI 값이 똑같을 수 있지만, 건강 상태는 전혀 다르다. 그러나 설령 BMI가 척도로서 완벽하지 않다고 할지라도, 자신이 살이 많이 쪘는지를 확인하는 용도로는 좋다.

아마 우리의 체중이 증가해왔다는 사실을 가장 잘 보여주는 통계는 현재 미국 여성의 평균 몸무게가 1960년 미국 남성의 평균 몸무게와 흡사하다는 것이 아닐까? 그 반세기 동안, 미국 여성의 평균 몸무게는 63.5킬로그램에서 75.3킬로그램으로 늘었다. 또 남성은 73.5킬로그램에서 89킬로그램으로 늘었다. 미국 경제가 과체중인 사람을 위해서 추가로 지불하는 보건의료비는 연간 1,500

체중을 줄이는 일이 쉽지 않다는 것은 명백하다.
한 계산에 따르면, 56킬로미터를 걷거나 7시간을 달려야
겨우 500그램을 뺄 수 있다고 한다.

억 달러에 달한다. 게다가 하버드 대학교의 최신 연구에 따르면, 현재의 미국 아동 중 절반 이상은 35세 무렵이면 비만이 될 것으로 예상된다고 한다. 오늘날의 젊은 세대는 인류 역사상 최초로 부모 세대보다 수명이 짧을 것으로 예측된다. 체중과 관련된 건강 문제 때문이다.

이 문제는 미국에만 국한된 것이 아니다. 전 세계에서 사람들은 점점 살찌고 있다. OECD에 속한 부유한 국가들의 비만율은 평균 19.5퍼센트이지만, 물론 나라마다 크게 다르다. 영국은 미국 다음으로 통통한 나라에 속하는데, 성인의 약 3분의 2가 과체중이며, 그중 27퍼센트는 비만이다. 1990년에는 비만율이 14퍼센트였다. 칠레는 인구 중 과체중의 비율이 74.2퍼센트로 가장 높으며, 멕시코가 72.5퍼센트로 바싹 뒤쫓고 있다. 비교적 마른 편인 프랑스에서도 성인의 49퍼센트가 과체중이고, 15.3퍼센트는 비만에 속한다. 25년 전에는 비만율이 6퍼센트도 되지 않았다. 전 세계의 비만율은 13퍼센트이다.

체중을 줄이는 일이 쉽지 않다는 것은 명백하다. 한 계산에 따르면, 56킬로미터를 걷거나 7시간을 달려야 겨우 500그램을 뺄 수 있다고 한다. 운동의 한 가지 커다란 문제는 아주 꼼꼼하게 추적하지 못한다는 것이다. 미국에서 이루어진 한 연구에 따르면, 사람들은 운동하면서 자신이 태운 열량을 4배까지 과장한다고 한다. 또 운동을 마친 뒤에 자신이 방금 전에 태운 것보다 평균적으로 약 2배나 많은 열량을 섭취한다. 대니얼 리버먼이 『우리 몸 연대기』에 썼듯이, 공장에서 일하는 사람은 사무직 노동자보다 연간 17만5,000칼로리의 열량을 더 쓴다. 마라톤을 60번 넘게 뛰는 것과 같다. 상당히 인상적인 수치이지만, 합리적인 의구심을 제기하지 않을 수 없다. 6일마다 마라톤을 뛰는 것처럼 보이는 공장 노동자가 얼마나 될까? 한마디로 말하면, 그리 많지 않다. 이유는 우

리 대다수처럼, 그들도 대부분 일하지 않는 시간에는 자신이 태운 열량을 전부 보충할 만큼, 더 나아가 일부는 보충하고도 남을 만큼 먹는다는 데에 있다. 우리는 많은 음식을 먹음으로써, 열심히 한 운동의 성과를 금방 되돌릴 수 있으며, 실제로 대부분은 그렇게 한다.

적어도, 정말로 조금이라도 일어나서 돌아다녀야 한다. 한 연구에 따르면, (하루에 6시간 이상 앉아 있는 사람이라고 정의되는) 텔레비전 앞 소파에서 뒹굴거리는 남성이라면 사망률이 거의 20퍼센트, 여성이라면 거의 2배 증가한다고 한다. (너무 오래 앉아 있는 것이 여성에게 왜 그렇게 훨씬 더 위험한지는 불명확하다.) 오래 앉아 있는 사람은 당뇨병에 걸릴 위험이 2배, 치명적인 심근경색이 일어날 가능성이 2배, 심혈관 질환에 걸릴 확률이 2.5배 더 높다. 놀랍게도, 그리고 우려스럽게도, 나머지 시간에 운동을 얼마나 하느냐는 중요하지 않은 듯하다. 즉 저녁 시간 내내 유혹적인 푹신한 곳에 엉덩이를 뉘어놓고 보낸다면, 낮에 활발하게 활동하면서 얻은 혜택이 전부 사라질 수도 있다. 제임스 햄블린 기자는 「애틀랜틱(*Atlantic*)」에 이렇게 썼다. "앉아 있는 시간은 되돌릴 수 없다." 사실 앉아서 일하는 직업과 앉아 있는 생활습관을 지닌 사람들—즉 우리 대다수—은 하루에 14–15시간씩 앉아서 지내며, 따라서 하루의 거의 일부만을 제외하고 거의 완전히 꼼짝하지 않는 건강하지 못한 생활을 하는 셈이다.

메이요 병원과 애리조나 주립대학교의 비만 전문가인 제임스 러빈은 우리가 정상적인 일상생활에서 소비하는 에너지를 가리키기 위해서 비운동성 활동 열생성(Non-Exercise Activity Thermogenesis, NEAT)이라는 용어를 창안했다. 우리는 사실 그냥 있는 것만으로도 꽤 많은 열량을 태운다. 심장, 뇌, 콩팥은 각각 하루에 약 400칼로리, 간은 약 200칼로리를 태운다. 음식을 먹고 소화하는 과정도 몸의 하루 에너지 요구량 중 약 10분의 1을 차지한다. 그러나 우리는 그저 엉덩이를 떼는 것만으로도 훨씬 더 많은 열량을 태울 수 있다. 단지 서 있기만 해도 시간당 107칼로리가 더 소비된다. 걸으면 180칼로리가 소비된다. 한 연구에서는 실험 자원자들에게 저녁에 평소에 하듯이 텔레비전을 시청하다가, 광고가 나올 때마다 일어서서 방을 돌아다니라고 했다. 그것만으로도 시간당 65칼로리, 저녁 내내 따지면 약 240칼로리가 더 소비되었다.

러빈은 마른 사람이 살찐 사람보다 하루에 2.5시간을 더 걷는 경향이 있다는 것을 발견했다. 의식적으로 운동을 하는 것이 아니라 그냥 움직이는 것이었으며, 그런 무의식적인 행동이 살이 찌는 것을 막고 있었다. 또다른 연구에서는 노르웨이인과 일본인이 미국인만큼 움직이지 않지만 비만율은 절반에 불과하

PLAY *the* GAME

ANY GAME

YOU CAN'T KEEP FIT BY WATCHING

ISSUED BY THE
HEALTH DEPARTMENT, AND THE PHYSICAL WELFARE BRANCH DEPARTMENT OF INTERNAL AFFAIRS

다는 것을 밝혀냈다. 따라서 운동만으로는 마른 몸매가 유지되는 이유를 일부밖에 설명할 수 없다.

아무튼 체중이 조금 불어나는 것은 그리 나쁘지 않을 수도 있다. 몇 년 전 「미국 의학협회지」에 약간 과체중인 사람들이 마르거나 비만인 사람들보다 몇몇 중병에 걸렸을 때 생존율이 더 높을 수 있다는 연구 결과가 실리면서 소동이 일었다. 특히 중년이나 노년인 사람들이 더 그렇다고 했다. 그 개념은 비만 역설이라고 불리게 되었고, 많은 과학자들 사이에 열띤 논쟁이 벌어지고 있다. 하버드 연구자인 월터 윌릿은 그 논문이 "쓰레기이며 굳이 읽어서 시간을 낭비하는 사람이 없으면 좋겠다"고 했다.

운동이 건강에 도움을 준다는 점은 명백하지만, 어떻게 도움을 주는지는 말하기 어렵다. 덴마크에서 달리기를 하는 사람 1만8,000명을 조사한 연구자들은 규칙적으로 달리는 사람이 달리기를 하지 않는 사람보다 기대수명이 5-6년 더 길다는 결론을 내린 바 있다. 그런데 과연 그 혜택이 진정으로 달리기 덕분일까? 아니면 달리기를 하는 사람들이 아무튼 더 건강하고 절제하는 삶을 사는 경향이 있어서, 땀을 흘리며 뛰든 말든 간에 더 게으른 사람들보다 결과가 더 낫게 나온 것일까?

확실한 것은 길어야 몇십 년 뒤면 우리 모두는 영원히 눈을 감고 더 이상 움직이지 못하게 된다는 것이다. 그러니 아직 할 수 있을 때, 건강과 즐거움을 위해서 운동을 이용한다는 것이 그다지 나쁜 생각은 아니지 않을까?

맞은편 : 운동은 재미있다.
가서 참여하기만 한다면.

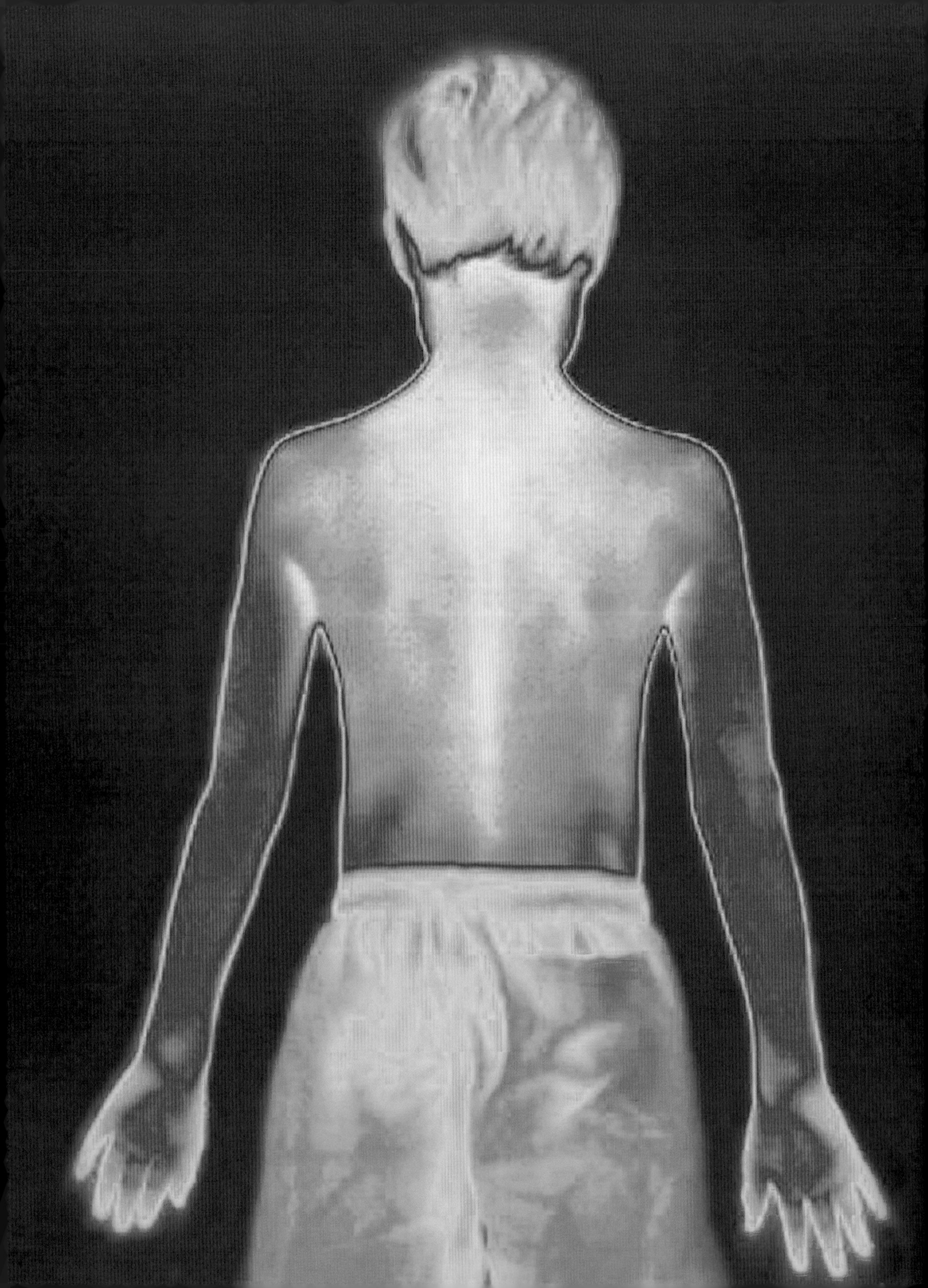

11

균형 잡기

“삶은 끝없는 화학 반응이다.”

스티브 존스

COPYRIGHT 1925 BY THE THEATRE MAGAZINE CO. TRADE MARK REG. U. S. PAT. OFF.

체표면적 법칙(Surface Law)에 대해서는 생각해본 적도 없는 사람이 많겠지만, 이것은 우리 몸의 많은 것들을 설명해준다. 이 법칙은 어떤 물체의 부피가 증가할수록 상대적으로 표면적은 줄어든다는 것이다. 풍선을 생각해보라. 불지 않은 풍선은 안에 공기가 거의 없고 대부분 고무로 이루어져 있다. 그러나 공기를 불어넣으면, 풍선은 대부분 공기로 이루어지고, 바깥의 경계를 이루는 고무의 양은 상대적으로 적어진다. 점점 더 크게 불수록, 안쪽에 있는 공기가 풍선 전체의 대부분을 차지하게 된다.

열은 표면을 통해서 빠져나가므로, 부피에 비해 표면적이 더 넓을수록 체온을 유지하려면 더 애를 써야 한다. 이는 작은 동물이 큰 동물보다 열을 더 빨리 빨리 생산해야 한다는 뜻이다. 따라서 생활방식이 전혀 다를 수밖에 없다. 심장이 뛰는 횟수를 보면 코끼리는 1분에 겨우 30번, 사람은 60번, 소는 50-80번이지만, 생쥐는 무려 600번—1초에 10번—을 뛴다. 생쥐는 그냥 살아남기 위해서 날마다 자기 몸무게의 약 절반만큼 먹이를 먹어야 한다. 반면에 우리 인간은 몸무게의 약 2퍼센트만 먹으면 필요한 열량을 충분히 공급할 수 있다. 신기하게도, 아니 정말로 기이하게도 동물의 심장이 일생 동안 뛰는 횟수는 대개 비슷하다. 심장이 뛰는 속도가 크게 다름에도, 거의 모든 포유동물은 평균수명을 사는 동안 심장이 약 8억 번 뛴다. 사람은 예외이다. 우리 심장은 25세 때까지 8억 번을 뛰며, 그후로도 50년 동안 계속해서 16억 번을 더 뛴다. 우리가 본래 월등해서 이런 예외적인 활력을 지닌 것이라는 생각이 들 수도 있겠지만, 사실 우리가 포유동물의 표준 양상에서 벗어난 것은 겨우 10-12세대 전부터였다. 기대수명이 늘어난 덕분이다. 인류 역사의 대부분에 걸쳐서, 평균적으로 우리의 심장도 평생 8억 번을 뛰었다.

우리가 변온동물이 되는 쪽을 택했다면, 필요한 에너지의 양을 상당히 줄일 수 있었을 것이다. 전형적인 포유류는 전형적인 파충류보다 하루에 무려 약 30배나 많은 에너지를 쓴다. 즉 악어가 한 달을 버틸 만큼의 먹이를 우리는 매일 먹어야 한다는 뜻이다. 그만큼 먹는 덕분에 우리는 아침에 몸이 데워질 때까지 바위에서 햇볕을 쬐어야 할 필요 없이 벌떡 일어나고, 추운 날씨나 밤에도 돌아다니고, 파충류보다 전반적으로 더 활기차고 더 빠르게 반응하는 능력을 갖추게 되었다.

우리는 유달리 좁은 내성 범위에서 살아간다. 하루 동안 우리의 체온은 조금씩 달라지지만(아침에 가장 낮고, 오후 늦게 또는 저녁에 가장 높다), 섭씨 36-38도라는 좁은 범위에 머물러 있다. 위로든 아래로든 아주 조금이라도 벗

맞은편 : 코끼리의 심장이 빠르게 쿵쿵 뛸 것처럼 보이지만, 사실은 생쥐의 심장이 20배 더 빨리 뛴다. 그래야 살 수 있다.

앞쪽 : 털과 옷을 이용한 단열 : 소년의 몸 표면 온도를 나타내는 이 열화상은 흰색(고온)부터 빨간색과 노란색을 거쳐서 파란색(저온)에 이르기까지 온도를 다양한 색깔로 표시한다. 체열의 대부분이 정수리를 통해서 빠져나간다는 말은 사실이 아니다.

어나면 많은 문제가 생긴다. 정상 범위에서 2도만 떨어지거나 4도만 올라가도 뇌는 곧바로 돌이킬 수 없는 손상이나 죽음으로 이어질 위기에 빠질 수 있다. 재앙을 피하기 위해서, 뇌는 믿을 만한 자체 통제 중추를 갖추고 있다. 바로 시상하부이다. 시상하부는 몸에 땀을 흘려서 열을 식히라거나, 피부로 갈 혈액을 더 취약한 주요 장기로 돌리고 몸을 떨게 해서 체온을 올리라고 말한다.

이것이 그런 중요한 문제에 대처하는 매우 정교한 방식이 아닌 듯이 보일지도 모르지만, 우리 몸은 그 일을 놀라울 만치 잘 해낸다. 영국의 연구자 스티브 존스가 인용한 유명한 실험이 있다. 실험 참가자가 트레드밀 위에서 뛰는 동안 실내 온도를 인간이 견딜 수 있는 양쪽 극단에 해당하는 영하 45도에서 영상 55도까지 서서히 올렸다. 힘들게 운동을 하고 있고 실내 온도가 크게 변했음에도, 그의 심부(深部) 체온은 측정하는 내내 1도도 달라지지 않았다.

이 실험은 그보다 200여 년 전에 의사인 찰스 블랙던이 런던의 왕립협회에서 한 실험들을 떠올리게 한다. 블랙던은 가열실—본질적으로는 걸어 들어가는 오븐—을 만든 뒤, 자신과 자원한 지인들과 함께 얼마나 오래 버틸 수 있는지를 측정했다. 블랙던 자신은 92.2도에서 10분을 견뎠다. 그의 친구로서 제임스 쿡 선장을 따라서 세계 일주를 하고 막 돌아왔고, 곧 왕립협회 회장으로 뽑힐 식물학자 조지프 뱅크스는 98.9도까지 견뎠지만, 겨우 3분을 버텼다. 블랙던은 이렇게 썼다. "온도계의 온도가 잘못되지 않았음을 보여주기 위해, 우리는 달걀 몇 알과 스테이크를 표준 온도계 옆의 주석 판에 올려놓았다.……약 20분 뒤 달걀을 까보니 딱딱하게 구워져 있었다. 47분 뒤 스테이크는 구워지다 못해서 거의 바짝 말라 있었다." 블랙던은 실험 직전과 직후에 참가자들의 소변 온도도 측정했는데, 실내 온도에 상관없이 동일했다. 그래서 그는 땀이 체온을 식히는 데에 핵심적인 역할을 한다고 추론했다. 그것이 그의 가장 중요한 통찰이었다. 사실상 그 깨달음이야말로 그가 과학 지식에 유일하게 영구적으로 기여한 사항이었다.

찰스 블랙던. 그는 자신과 지인들을 대상으로 불편한 실험을 함으로써 땀이 체온을 식히는 데에 도움을 준다는 중요한 깨달음을 얻었다.

모두가 알다시피, 때로 우리의 체온은 정상 범위를 넘어서 오르기도 하는데 그런 상태를 열이 난다고 한다. 신기하게도 열이 왜 나는지 정확히 아는 사람은 아무도 없다. 침입한 병원체를 죽일 목적의 타고난 방어 메커니즘인지, 아니면 그냥 몸이 감염에 열심히 맞서 싸우느라 나타나는 증상 우리의 체온은 섭씨 36-38도라는 좁은 범위에 머물러 있다.
위로든 아래로든 아주 조금이라도 벗어나면
많은 문제가 생긴다.

인지 알지 못한다. 이 문제는 중요한데, 열이 방어 메커니즘이라면 열을 억제하거나 없애려는 모든 노력이 방어를 무력화하려는 시도가 되기 때문이다. 그렇다면 계속 열이 나도록 (물론 말할 필요도 없지만, 어느 정도 내에서) 두는 것이 가장 현명한 대처가 될 수 있다. 체온이 1도쯤 오르면 바이러스의 증식 속도가 약 200배 느려진다고 알려져 있다. 체온을 조금 올리는 것만으로도 방어 능력이 놀라울 만치 높아지는 셈이다. 문제는 열이 날 때 어떤 일이 일어나는지 우리가 제대로 이해하지 못하고 있다는 것이다. 아이오와 대학교의 마크 S. 블럼버그는 이렇게 말했다. "열이 그렇게 고대로부터 내려온 감염 반응이라면, 그 메커니즘을 통해서 숙주가 어떤 혜택을 보는지를 쉽게 알아낼 수 있으리라고 생각하기 마련이다. 그러나 실제로는 알기 어렵다는 것이 드러났다."

체온을 1-2도 올리는 것이 침입한 미생물을 물리치는 데에 그토록 도움이 된다면, 계속 올린 상태로 유지되지 않는 이유가 무엇일까? 비용이 너무 많이 들기 때문이다. 체온을 계속 2도 높은 상태로 유지한다면, 필요한 에너지량은 약 20퍼센트 솟구칠 것이다. 다른 대부분의 것들이 그렇듯이 우리의 현재 체온도 효용과 비용 사이의 합리적인 타협이며, 사실 정상 체온도 미생물을 억제하는 효과가 매우 뛰어나다. 우리가 죽자마자 미생물들이 금방 달려들어서 게걸스럽게 먹어치운다는 점을 생각해보라. 열기를 식히려고 창틀에 올려놓은 파이처럼, 죽은 우리 몸도 어서 와서 맛있게 먹으라는 온도로 떨어지기 때문이다.

말이 나온 김에 덧붙이면, 우리 체열의 대부분이 정수리를 통해서 빠져나간다는 생각도 신화에 불과하다. 우리 정수리는 몸 표면적의 2퍼센트에 불과하며, 게다가 대부분의 사람들에게서는 머리카락으로 덮여서 단열이 꽤 잘 되고 있기 때문에, 정수리는 결코 좋은 방열기가 되지 못한다. 그런 한편으로 추운 날씨에 외출을 할 때는 몸에서 노출되는 부위가 머리뿐이므로, 머리를 통해서 유달리 많은 체열이 빠져나갈 것이고, 따라서 모자를 쓰고 나가라는 어머니의 말씀을 듣도록 하자.

LIGNUM FEBRIUM.

* * *

체내의 균형을 유지하는 것을 항상성(homeostasis)이라고 한다. 그 용어를 만들었고 종종 그 분야의 아버지라고 일컬어지는 사람은 하버드의 생리학자 월터 브래드퍼드 캐넌(1871–1945)이다. 사진에서는 땅딸막한 체구에 엄격하고 딱딱한 표정을 짓고 있지만, 사실 그는 따스하고 친절한 사람이었다. 그는 의심의 여지없이 천재였으며, 과학이라는 명목하에 남들에게 분별없거나 불편한 일을 하도록 설득하는 그의 능력도 그런 명성에 얼마간 기여한 듯하다. 배가 고플 때 위가 왜 꾸르륵거리는지를 이해하고 싶다는 호기심이 동하자, 그는 아서 L. 워시번이라는 학생을 설득하여 실험을 했다. 워시번은 구역질 반사를 억누르는 연습을 한 뒤에 고무관을 삼켜서 위까지 집어넣었다. 고무관 끝에는 풍선이 달려 있었다. 위가 비었을 때 풍선을 팽창시켜서 위가 얼마나 수축했는지를 측정할 수 있었다. 워시번은 고무관을 낀 채로 강의를 듣고 실험실에서 일하고 이런저런 잡일을 하는 등 정상적인 일과를 처리했다. 그러는 동안 풍선은 불편하게 팽창하거나 수축했다. 사람들은 배에서 기이한 소리가 나고 입에서는 관이 튀어나와 있던 그를 빤히 쳐다보았다.

또한 캐넌은 학생들을 설득하여 음식을 먹는 동안 X선으로 촬영을 함으로써, 음식이 입에서 식도를 거쳐 소화계로 지나가는 과정을 지켜볼 수 있었다. 그럼으로써 소화관에서 음식을 밀어내는 근육 작용인 연동운동(peristalsis)을 최초로 관찰했다. 이런 새로운 실험들을 통해서 얻은 지식을 토대로 그는 『통증, 허기, 두려움, 분노 상태에서의 신체 변화(*Bodily Changes in Pain, Hunger, Fear, and Rage*)』라는 교과서를 썼다. 이 책은 여러 해 동안 가장 권위 있는 생리학 교과서였다.

캐넌의 지식 욕구에는 끝이 없었던 듯하다. 그는 호흡, 심장 박동, 음식 소화 등 자율적으로 이루어지는 신체 활동들을 조절하는 자율신경계와 혈장의 세계적인 권위자이기도 했다. 또 편도체와 시상하부에 관한 획기적인 연구도 수행했고, 아드레날린이 생존 반응에 어떤 역할을 하는지도 추론했으며("투쟁 도피"라는 용어도 그가 창안했다), 쇼크에 효과가 있는 치료법도 처음으로 개발했고, 심지어 짬을 내어 부두교의 의식에 관한 탁월하면서 권위 있는 논문도 썼다. 그는 쉴 때에는 야외 스포츠에 열심이었다. 현재 몬태나 주 글레이셔 국립공원에는 캐넌 산이 있다. 그 산을 최초로 오른 사람들이 1901년 신혼여행 중이던

맞은편 : 우리는 아직 열이 왜 나는지 정확히 알지 못한다. 하지만 1712년에 나온 이 의학 논문에 실린 그림이 보여주듯이 열은 종류가 아주 많다.

월터 브래드퍼드 캐넌. 이 상냥한 천재는 다양한 실험들을 통해서 인체가 어떻게 스스로를 조절하는지뿐 아니라 그 밖에도 아주 많은 것들을 알아냈다. 그가 삼키기를 조사할 때에 사용한 X선 장치(아래).

오른쪽은 1940년 연구실에서 일하고 있는 월터 브래드퍼드 캐넌. 30년 뒤에 스웨덴의 생리학자 올프 폰 오일러는 캐넌이 말한 "투쟁 도피" 반응을 더 깊이 연구하여 노벨상을 받았다.

캐넌 부부였기 때문에 붙은 이름이다. 제1차 세계대전이 터지자, 그는 마흔다섯의 나이에 자녀가 5명이나 있었음에도 하버드 의무대에 자원했다. 그는 유럽에서 야전 의사로 2년간 복무했다. 1932년 그는 사실상 자신이 연구하여 얻은 모든 지식을 집대성한 대중서인 『몸의 지혜(*The Wisdom of the Body*)』를 펴냈다. 몸의 탁월한 자기 조절 능력을 개괄한 책이었다. 스웨덴의 생리학자 올프 폰 오일러는 캐넌의 연구를 토대로 사람의 투쟁-도피 충동을 연구하여 1970년에 노벨 생리의학상을 받았다. 캐넌의 연구가 중요하다는 사실이 제대로 인정을 받을 즈음에 그는 이미 세상을 떠난 지 오래였다. 그래도 지금은 널리 존경을 받고 있다.

캐넌이 깨닫지 못한—아니, 당시까지 그 누구도 깨닫지 못한—것 하나는 몸이 스스로를 유지하기 위해서 세포 수준에서 요구하는 에너지가 엄청나다는 점이었다. 그 점을 알아차리기까지는 아주 오랜 시간이 걸렸는데, 답은 어느 권위 있는 연구소에서 나온 것이 아니라 영국 서부에 있는 자신의 기분 좋은 시골집에서 대부분의 시간을 홀로 연구하던 괴짜 영국인에게서 나왔다.

오늘날 우리는 세포의 안과 밖의 이온 농도가 달라서 서로 다른 전하를 띠고 있다는 것을 안다. 그 사이에 있는 세포막에는 이온 통로라는 일종의 미세한 출입구가 있다. 이 출입구가 열리면 통로로 이온이 흘러들면서 약간의 전기가 생성된다. 여기서 "약간"은 전적으로 규모의 문제이다. 세포 수준에서 한 번 씰룩거리는 전기는 100밀리볼트에 불과하지만, 1미터에 걸쳐서 보면 3,000만 볼트에 해당한다. 번개가 한 번 치는 것과 비슷하다. 달리 말하면, 세포 내에 생기는 전기의 양은 집안에서 쓰는 전기의 양보다 1,000배나 많다. 아주 작은 규모에서 볼 때, 우리는 대단히 활동적이다.

세포 내에 생기는 전기의 양은
집안에서 쓰는 전기의 양보다 1,000배나 많다.
아주 작은 규모에서 볼 때, 우리는 대단히 활동적이다.

모두 규모의 문제이다. 설명을 위해서 내 배에 총을 쏜다고 상상하자. 정말로 아플 것이고, 많이 다칠 것이다. 이제 같은 총을 키가 80킬로미터인 거인에게 쏜다고 하자. 아마 피부조차도 뚫지 못할 것이다. 총과 총알은 똑같지만, 그저 다른 규모에 적용했을 뿐이다. 세포에서 생기는 전기도 이와 조금 비슷하다.

우리 세포에서 에너지를 담당하는 것은 아데노신삼인산(adenosine triphosphate, ATP)이라는 화학물질이다. 들어본 적 없는 독자도 있겠지만, ATP는 우리 몸에서 가장 중요한 물질일지도 모른다. 모든 ATP 분자는 에너지를 저장했다가 우리 세포에 필요한 모든 활동에 공급하기 위해서 그 에너지를 방출하는 미세한 축전지라고 할 수 있다. 사실 동물뿐만 아니라 식물의 세포도 마찬가지이다. 여기에 관여하는 화학은 아주 복잡하다. ATP가 무슨 일을 하는지를 아주 조금 설명해주는 화학 교과서의 한 문장을 인용해보자. "다중 음이온을 지니면서 킬레이트 형성이 가능한 다중 인산기를 지닌 ATP는 금속 양이온과 높은 친화력으로 결합한다." 여기서 우리는 세포가 계속 웅웅거리며 돌아가려면 강력한 ATP가 필요하다는 점만 이야기하고 넘어가기로 하자. 매일 우리는 자신의 몸무게만큼 ATP를 생산한다. ATP 분자 약 200조 개를 생산하는 셈이다. ATP의 관점에서 보면, 우리는 사실 ATP를 생산하는 기계에 다름 아니다. 우리의 다른 모든 것들은 그 부산물에 불과하다. ATP는 만들어지자마자 거의 즉시 소비되므로, 어느 한 시점에 몸에 있는 ATP는 60그램에 불과하다.

이 점을 밝혀내기까지 오랜 세월이 걸렸지만, 처음에는 거의 아무도 믿지 않았다. 이 답을 발견한 인물은 피터 미첼이라는 자기 돈으로 연구를 하던 괴짜 과학자였다. 그는 1960년대 초에 윔피 주택 건설회사의 회장인 삼촌에게서 물려받은 재산으로 콘월에 있는 저택에 연구소를 차렸다. 당시의 진지한 과학자들에게 전혀 어울리지 않게도, 그는 귀걸이를 하고 머리카락을 어깨까지 길렀다. 또 그는 건망증으로도 유명했다. 딸의 결혼식에서 그는 한 손님에게 다가가서는 낯이 많이 익은데 누구인지 기억이 잘 나지 않는다고 실토했다.

"난 당신의 첫 번째 아내야." 그녀가 대꾸했다.

미첼의 개념은 과학계로부터 거의 완전히 외면을 받았는데, 그리 놀랄 일도 아니

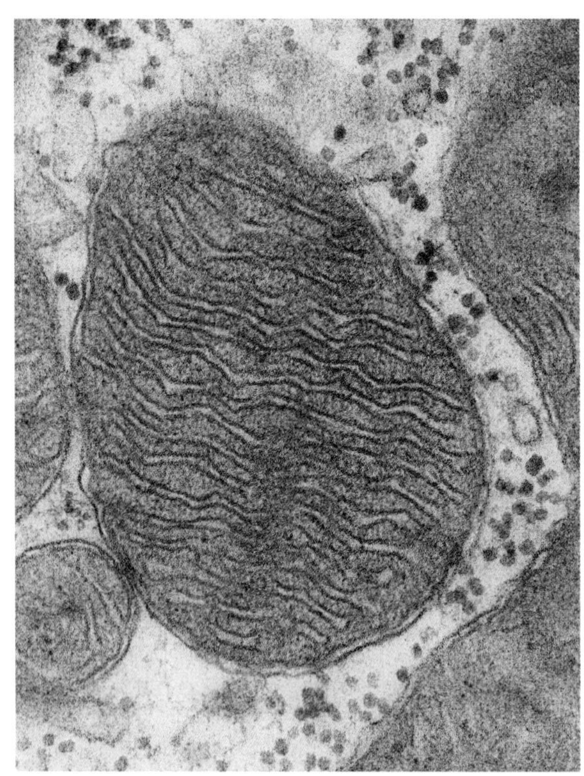

에너지 생성기 : 심장의 근육세포에 든 미토콘드리아. 이 작은 구조는 몸에 있는 화학물질을 세포 내 과정들을 추진하는 ATP로 전환하는 일을 한다. 피터 미첼이 밝혀낸 이 가설은 10여 년 동안 무시되다가 결국 인정을 받았고, 그는 1978년에 노벨상을 받았다.

었다. 한 전기작가는 이렇게 썼다. "미첼이 자신의 가설을 제시했을 당시에는 이를 뒷받침할 증거가 눈곱만큼도 없었다." 그러나 결국에는 그가 옳다는 것이 밝혀졌고, 그는 1978년에 노벨 화학상을 받았다. 집에 차린 실험실에서 연구를 한 사람이 그런 영예를 얻다니, 정말로 특이한 사례였다. 영국의 저명한 생화학자 닉 레인은 미첼이 왓슨과 크릭만큼 유명해져야 마땅하다고 주장한다.

체표면적 법칙은 우리가 얼마나 커질 수 있는지도 결정한다. 영국의 과학자이자 작가인 J. B. S. 홀데인은 거의 한 세기 전에 "적절한 크기에 관하여"라는 유명한 글에서 사람이 『걸리버 여행기(*Gulliver's Travels*)』에 나오는 브롭딩낵 왕국의 거인들처럼 키가 30미터로 커진다면, 몸무게는 280톤에 달할 것이라고 간파했다. 그럴 때, 몸무게는 보통 사람보다 4,600배 무거워지겠지만 뼈는 겨우 300배만 굵어질 것이므로, 그런 무게를 거의 지탱하지 못할 것이다. 한마디로 우리는 지금이 우리가 자랄 수 있는 유일한 크기이기 때문에 이 크기로 있는 것이다.

몸집은 우리가 중력의 영향을 받는 방식과 깊은 관련이 있다. 작은 곤충이

우리는 지금이 우리가 자랄 수 있는 유일한 크기이기 때문에 이 크기로 있는 것이다.

식탁에서 바닥으로 떨어진 뒤에 멀쩡하게 그냥 달아나는 모습을 본 적이 있을 것이다. 크기가 작아서(엄밀히 말하면 표면적/부피가 커서) 중력의 영향을 거의 받지 않기 때문이다. 그보다 덜 알려진 점은 규모가 다르기는 해도 작은 사람에게도 같은 원리가 적용된다는 것이다. 키가 어른의 절반인 아이는 넘어져서 머리를 부딪쳐도 어른에 비해 충격을 32분의 1만 받을 것이며, 그것이 바로 다행히도 아이가 잘 다치지 않는 듯 보이는 이유 중 하나이다.

어른은 그보다 운이 나쁜 편이다. 8-9미터를 훨씬 넘는 높이에서 떨어져서 살아남을 수 있는 어른은 거의 없다. 몇몇 예외가 있기는 하다. 그중 가장 기억에 남는 사례는 아마 제2차 세계대전 당시 영국 공군에서 복무했던 니컬러스 올크메이드일 것이다.

공군 상사였던 올크메이드는 1944년 늦겨울에 랭커스터 폭격기의 후방 사수를 맡아 독일 상공을 폭격하는 임무에 나섰다. 그런데 그가 탄 비행기가 적군의 대공 포화에 맞아서 곧 화염과 연기에 휩싸였다. 당시 그는 말 그대로 꽉 끼는 자리에 앉아 있었다. 랭커스터 폭격기의 후방 사수는 앉는 공간이 너무 비좁아서 낙하산을 착용할 수 없었다. 올크메이드는 간신히 포탑에서 기어나와서 낙하산을 찾았지만, 낙하산은 이미 불타고 있었다. 그는 불길에 휩싸여 끔찍하게 죽느니, 차라리 뛰어내리기로 결심했다. 그래서 그는 해치를 잡아당겨서 열었고, 그 순간 밤하늘로 튀어나갔다. 그는 지상에서 5킬로미터 상공에 있었고, 시속 약 200킬로미터의 속도로 떨어지고 있었다. 훗날 그는 이렇게 회고했다. "너무나 고요했다. 들리는 소리라고는 멀리서 울리는 항공기의 엔진 소리뿐이었고, 추락한다는 느낌은 전혀 받지 못했다. 허공에 붕 떠 있는 느낌이었다." 그는 기이할 만치 차분하고 평온한 느낌을 받았다. 물론 죽으면 슬프겠지만, 그는 공군 병사들이 때때로 겪는 것인 만큼, 죽음을 철학적으로 받아들였다. 그 경험이 너무나 초현실적이고 꿈같았기 때문에, 그는 자신이 당시 의식을 잃었는지 여부조차 확신할 수 없게 되었다. 아무튼 높이 자란 소나무 가지들에 부딪히면서 바닥으로 떨어져서 눈이 쌓인 곳에 앉은 자세로 쿵 하고 충돌할 무렵에는 확실히 현실로 돌아왔을 것이다. 양쪽 신발이 다 사라졌고, 한쪽 무릎이 욱신거리고 몇 군데 벗겨지기는 했지만, 그 외에는 다친 곳이 전혀 내가 누구든 하늘에서 떨어져도 살아남을 가능성이 있다고 주장하는 것은 결코 아니다. 그러나 그런 일은 우리의 짐작보다 더 자주 일어났다.

없었다.

올크메이드의 생존 모험은 거기에서 끝이 아니었다. 전쟁이 끝난 뒤, 그는 영국 중부 러프버러에 있는 화학공장에 취직했다. 어느 날 염소 기체를 다루고 있는데, 마스크가 헐거워지는 바람에 그는 곧바로 치명적인 고농도의 염소 기체에 노출되었다. 그는 의식을 잃고 쓰러졌고, 15분 뒤에 동료들의 손에 안전한 곳으로 끌려나왔다. 그는 기적처럼 살아남았다. 그 일이 있은 지 얼마 뒤, 이번에는 이송관을 정비하고 있을 때였다. 갑자기 관이 터지면서 황산이 뿜어져서 그의 머리부터 발끝까지 뒤덮었다. 그는 온몸에 화상을 입었다. 그런데 이번에도 그는 살아남았다. 회복된 뒤 다시 돌아와 일을 시작하고 얼마 후, 높은 곳에서 길이 2.7미터의 금속 봉이 몸 위로 떨어졌다. 그는 거의 죽을 뻔했지만, 이번에도 회복되었다. 그 사건까지 겪고 난 그는 더 이상 자신의 운명을 시험하지 않기로 결심했다. 그는 가구 외판원이라는 더욱 안전한 일자리를 구했고, 여생을 아무런 사고 없이 보냈다. 그는 1987년에 예순다섯의 나이로 잠을 자다가 평온하게 숨을 거두었다.

내가 누구든 하늘에서 떨어져도 살아남을 가능성이 있다고 주장하는 것은 결코 아니다. 그러나 그런 일은 우리의 짐작보다 더 자주 일어났다. 1972년 베스나 불로비치라는 승무원은 자신이 탄 유고슬라비아 항공기 DC-9이 체코슬로바키아 상공에서 공중 폭발하면서 고도 10,160미터에서 추락했지만 살아남았다. 그리고 2007년 맨해튼에서 유리창 청소원으로 일하는 에콰도르 출신의 알시데스 모레노는 서 있던 비계가 무너지는 바람에 143미터 높이에서 떨어졌다. 함께 일하던 그의 형제는 즉사했지만, 그는 기적처럼 살아남았다. 한마디로 인체는 경이로운 생존력을 발휘할 수 있다.

사실 인간의 인내력으로 극복하지 못할 도전 과제는 없어 보인다. 캐나다 앨버타 주 애드먼턴의 에리카 노드비의 사례를 보라. 아장아장 걷는 아기였던 노드비는 한겨울의 어느 날 밤에 깨어났다. 기저귀를 차고 얇은 윗옷만 입은 아기는 우연히도 조금 열려 있던 뒷문을 통해서 집 밖으로 나갔다. 몇 시간 뒤에

사람의 회복 능력에 대한 사례 연구. 공군 상사인 니컬러스 올크메이드는 5킬로미터 상공에서 낙하산 없이 소나무숲으로 떨어졌음에도 살아남았고, 그 뒤에 염소 가스에 중독되고, 황산에 화상을 입고, 몸 위로 길이 2.7미터의 금속 봉이 떨어졌음에도 살아남았다. 베스나 불로비치는 1972년 10,160미터 상공에서 추락했지만 살아남았다.

발견되었을 때, 아기의 심장은 적어도 2시간 전에 멎은 상태였다. 그러나 동네 병원에서 세심하게 체온을 올리자, 아기는 기적처럼 되살아났다. 아기는 완전히 회복되었고, 당연하게도 "기적의 아기"라고 불리게 되었다. 놀랍게도 겨우 2주일 뒤에 위스콘신 주의 한 농가에서 두 살 된 남자아이에게 거의 똑같은 일이 벌어졌는데, 마찬가지로 소생에 성공했고 완전히 정상으로 돌아왔다. 한마디로, 죽음은 몸이 가장 하기 싫어하는 일이라고 말할 수 있다.

아이는 극도의 열기보다 극도의 추위를 더 잘 버틴다. 땀샘이 아직 덜 발달해서, 땀을 어른만큼 잘 흘리지 못하기 때문이다. 그것이 더운 날씨에 차에 갇힌 많은 아이들이 금방 사망하는 주된 이유이기도 하다. 외부 기온이 30도일 때 닫힌 차 안의 온도는 금세 54도까지 올라갈 수 있으며, 그런 온도에서 아이는 오래 버틸 수가 없다. 1998년부터 2018년 8월 사이에 미국에서만 뜨거운 차에 갇혀서 죽은 아이가 약 800명에 달했다. 그중 절반은 생후 24개월 미만이었다. 놀랍게도—사실, 충격적이라고 말하련다—미국에서 아이를 차에 홀로 두는 것보다 동물을 차에 홀로 두는 것을 금지하는 법을 제정한 주가 더 많다. 21개 주 대 29개 주이다.

우리의 취약함 때문에, 지구의 많은 지역은 우리의 내성 범위를 벗어나 있다. 지구는 대체로 온화하고 쾌적한 곳처럼 느껴질지 모르지만, 너무 뜨겁거나 춥거나 건조하거나 높아서 우리가 살기 어려운 곳들도 아주 많다. 옷, 보금자리,

옷, 보금자리, 무한한 창의력을 활용하면서도, 인류는 지구 육지 면적의 약 12퍼센트, 바다까지 포함한 총 표면적의 겨우 4퍼센트에서만 살아갈 수 있다.

무한한 창의력을 활용하면서도, 인류는 지구 육지 면적의 약 12퍼센트, 바다까지 포함한 총 표면적의 겨우 4퍼센트에서만 살아갈 수 있다.

대기의 희박함은 우리가 얼마나 높은 곳에서 살 수 있을지 한계를 설정한다. 세계에서 가장 고도가 높은 영구 정착지는 칠레 북부 안데스 산맥의 아우칸킬차 산에 있다. 이곳에는 광부들이 해발 5,340미터 높이에서 살고 있다. 이 고도가 인간이 견딜 수 있는 절대 한계인 듯하다. 광부들은 해발 5,800미터인 일터에서 잠을 자기보다는, 매일 사는 곳에서부터 일터까지 460미터를 더 터벅터벅 걸어 올라가는 쪽을 택하고 있다. 이와 비교하면, 에베레스트 산은 높이가 약 8,850미터이다.

아주 높은 고도에서는 모든 움직임이 힘들고 쉽게 지친다. 해발 4,000미터 이상에서는 약 40퍼센트의 사람들이 고산병을 겪으며, 이는 건강과 무관하기 때문에 누가 걸릴지는 예측이 불가능하다. 더 높은 고도에서는 모두가 고산병에 시달린다. 프랜시스 애슈크로프트는 『생존의 한계(*Life at the Extremes*)』에서 1952년 에베레스트 산의 사우스 콜을 오른 텐징 노르가이와 레이먼드 램버트가 겨우 200미터를 가는 데에 무려 5시간 반이 걸렸다고 말한다.

해발 0미터에서는 적혈구가 혈액 부피의 약 40퍼센트를 차지하지만, 더 높은 고도에 적응함에 따라서 50퍼센트까지 늘어날 수 있다. 그러나 그에 따른 대가를 치러야 한다. 적혈구가 늘어날수록 혈액은 더 진해지고 흐름이 더 느려지며, 심장이 뛸 때 압력을 더 받게 된다. 높은 고도에서 평생을 살아온 사람들도 그럴 수 있다. 볼리비아의 라파스(해발 3,500미터)처럼 고지대에서 사는 사람들은 몽헤병(Monge's disease, 만성 고산병)에 시달리고는 한다. 입술이 파래지고 손가락이 부어오르는 병인데, 더 진해진 혈액이 제대로 흐르지 못해서 생긴다. 더 낮은 고도로 내려가면 증상은 사라진다. 그래서 가족이나 친구들과 멀리 떨어져서 계속 골짜기에서 살아야 하는 사람들도 있다.

경제적인 이유로 항공사들은 대개 기내 압력을 고도 1,500–2,400미터에 해당하는 수준으로 유지한다. 기내에서 술을 마시면 취기가 더 빨리 오르고, 착

1952년 스위스의 에베레스트 산 등반대. 왼쪽이 등반대를 이끈 텐징 노르가이와 레이먼드 램버트이다.

륙할 때에 기압이 변하면서 귀가 먹먹해지는 이유도 그 때문이다. 해발 10,500미터에서 순항 중인 항공기에서 기내 압력이 갑작스럽게 떨어지면 승객과 승무원은 8-10초 사이에 혼란과 무력한 상태에 빠질 수 있다. 애슈크로프트는 한 조종사가 산소 마스크를 쓰기 전에 안경을 쓰느라 잠시 지체했다가 기절한 사례가 있다고 말한다. 다행히도 부조종사가 재빨리 조종간을 잡았다.

1999년 10월 미국의 골프선수 페인 스튜어트가 겪은 일은 산소 부족, 즉 저산소증 사례들 가운데 더욱 잘 알려져 있다. 그는 동료 3명과 함께 조종사 2명이 모는 전세기인 리어제트기를 타고서 올랜도에서 댈러스로 가고 있었는데, 갑자기 기내 압력이 떨어지면서 모두가 정신을 잃었다. 비행기와 마지막 교신이 이루어진 것은 오전 9시 27분이었는데, 조종사는 고도 12,000미터까지 올라갔다고 했다. 6분 뒤, 관제소는 다시 교신을 시도했지만, 아무런 응답이 없었다. 비행기는 서쪽으로 방향을 돌려서 댈러스를 향해 가는 대신에, 자동 항법장치가 가리키는 대로 계속 북서쪽으로 미국 중부를 가로질렀다. 이윽고 연

볼리비아의 라파스 같은 고지대에서 사는 사람들은 몽헤병이라는 질병에 시달리고는 한다. 입술이 파래지고 손가락이 부어오르는데, 혈액이 계속 진해진 상태로 있어서 제대로 흐르지 못하기 때문이다. 더 낮은 고도로 내려가면 증상은 사라진다.

료가 떨어지자 사우스다코타 주의 한 들판에 추락했다. 탑승자 6명 모두 사망했다.

인간의 생존 능력에 관해서 우리가 아는 사항들 가운데 많은 부분이 제2차 세계대전 당시 군 교도소와 수용소에 있는 사람들, 민간인들을 대상으로 이루어진 실험들로부터 나왔다. 나치 독일은 건강한 재소자들을 대상으로 팔다리를 절단하거나 이식하고, 뼈를 이어붙이는 등의 실험을 자행했다. 그 이유로 전쟁터에서 다친 군인들을 치료할 방법을 찾겠다는 구실을 붙였다. 또 독일군 조종사가 바다에 빠졌을 때 얼마나 생존할 수 있는지 알아보겠다고 러시아 전쟁 포로들을 얼음물에 빠뜨렸다. 또 비슷한 목적을 위해서 꽁꽁 어는 날씨에 사람들을 벌거벗긴 채 바깥에 최대 14시간까지도 세워놓았다. 그저 소름끼치는 호기심 차원에서 이루어진 듯한 실험들도 있었다. 눈 색깔이 영구히 바뀔 수 있는지 알아보겠다고 눈에 염색약을 주입한 실험도 있었다. 온갖 독극물과 신경 가스에 노출시키기도 했고, 말라리아, 황열병, 장티푸스, 천연두 같은 질병의 병원체를 주사하기도 했다. 조지 J. 애너스와 마이클 A. 그로딘은『나치 의 인간의 생존 능력에 관해서 우리가 아는 사항들 가운데 많은 부분이 제2차 세계대전 당시 군 교도소와 수용소에 있는 사람들, 민간인들을 대상으로 이루어진 실험들로부터 나왔다.

사들과 뉘른베르크 강령(*The Nazi Doctors and the Nuremberg Code*)』에 이렇게 썼다. "전후에 사죄한 내용과 정반대로, 의사들은 결코 강요에 의해서 그런 실험들을 수행한 것이 아니었다." 그들은 자발적으로 나섰다.*

독일의 실험도 끔찍했지만, 설령 잔혹성 면에서는 별 다를 바 없었다고 해도 규모 면에서는 일본을 따라갈 수 없었다. 이시이 시로라는 의사의 지휘 아래 일본은 필요한 모든 수단을 동원해서 인간의 생리적 한계를 파악한다는 목표로, 만주 하얼빈의 6제곱킬로미터에 걸친 면적에 150동이 넘는 건물로 이루어진 대규모 복합시설을 지었다. 이 시설은 731부대라고 알려지게 되었다.

중국인 포로들을 말뚝에 묶어놓고 가까이에서 유산탄을 터트리는 실험은 으레 이루어졌다. 폭탄이 터지고 나면 과학자들은 돌아다니면서 상처의 특징과 정도를 꼼꼼히 적고 죽기까지 얼마나 오래 걸리는지도 기록했다. 같은 목적으로 화염방사기로 불태우거나 굶기거나 얼리거나 중독시키는 실험도 이루어졌다. 이유는 모르겠지만, 의식이 있는 상태에서 해부를 하기도 했다. 희생자들은 대부분 포로로 잡힌 중국 군인들이었지만, 731부대는 아시아인뿐 아니라 서양인들에게도 독극물과 신경 가스가 동일한 효과가 있는지 알아보기 위해서 연합군 포로들에게도 실험을 했다. 실험에 임신한 여성이나 아이가 필요할 때에는 하얼빈 거리에서 아무나 납치해왔다. 731부대에서 얼마나 많은 이들이 죽었는지 아무도 모르지만, 적어도 25만 명은 될 것이라고 추정한 연구 결과가 있다.

이런 온갖 실험들을 통해서 일본과 독일은 전쟁이 끝났을 때, 나머지 세계보다 미생물, 영양, 동상, 무기에 따른 부상, 무엇보다도 신경 가스, 독극물, 감염병의 영향에 대해서 훨씬 더 많이 알게 되었다. 전후에 많은 독일인들은 붙잡혀

* 나치 독일의 비인간성은 경악할 수준이었다. 1941년 림부르크 인근 하다마르의 한 정신병원에서는 직원들이 모여서 맥주를 들이키면서 인지장애인을 1만 명째 죽인 것을 기념하는 행사를 열었다.

滿洲第七三一部隊高等官團

서 전쟁 범죄로 재판을 받았지만, 일본인들 중에는 처벌을 받은 사람이 거의 없었다. 대부분 승전국인 미국에 자신들이 알아낸 정보를 제공하는 대가로 사면을 받았다. 731부대를 창설하고 운영한 의사인 이시이 시로는 많은 정보를 제공한 대가로 민간인으로 돌아갈 수 있었다.

일본과 미국 당국은 731부대의 존재를 엄격하게 비밀로 유지했고, 한 우연한 발견이 없었더라면 아마 영구히 묻혔을 것이다. 1984년 도쿄에 있는 게이오 대학교의 한 학생이 중고 책방에서 기밀문서가 든 상자를 우연히 발견한 덕분에 세상에 알려지게 되었다. 그러나 이시이 시로를 단죄하기에는 이미 너무 늦었다. 그는 1959년 잠을 자다가 평온하게 사망했다. 당시 그의 나이 예순일곱으로, 전후에 거의 15년간 아무 탈 없이 삶을 누린 뒤였다.

이시이 시로. 731부대를 세운 일본의 의사로, 생물학전을 대비한 그의 끔찍한 실험에 아주 많은 무고한 사람들이 희생되었다.

맞은편 : 일본제국의 생물학전 및 화학전 연구 개발을 맡은 비밀 부대인 731부대. 제2차 세계대전 당시 일본군이 저지른 가장 악명 높은 전쟁 범죄 중 일부를 저질렀다.

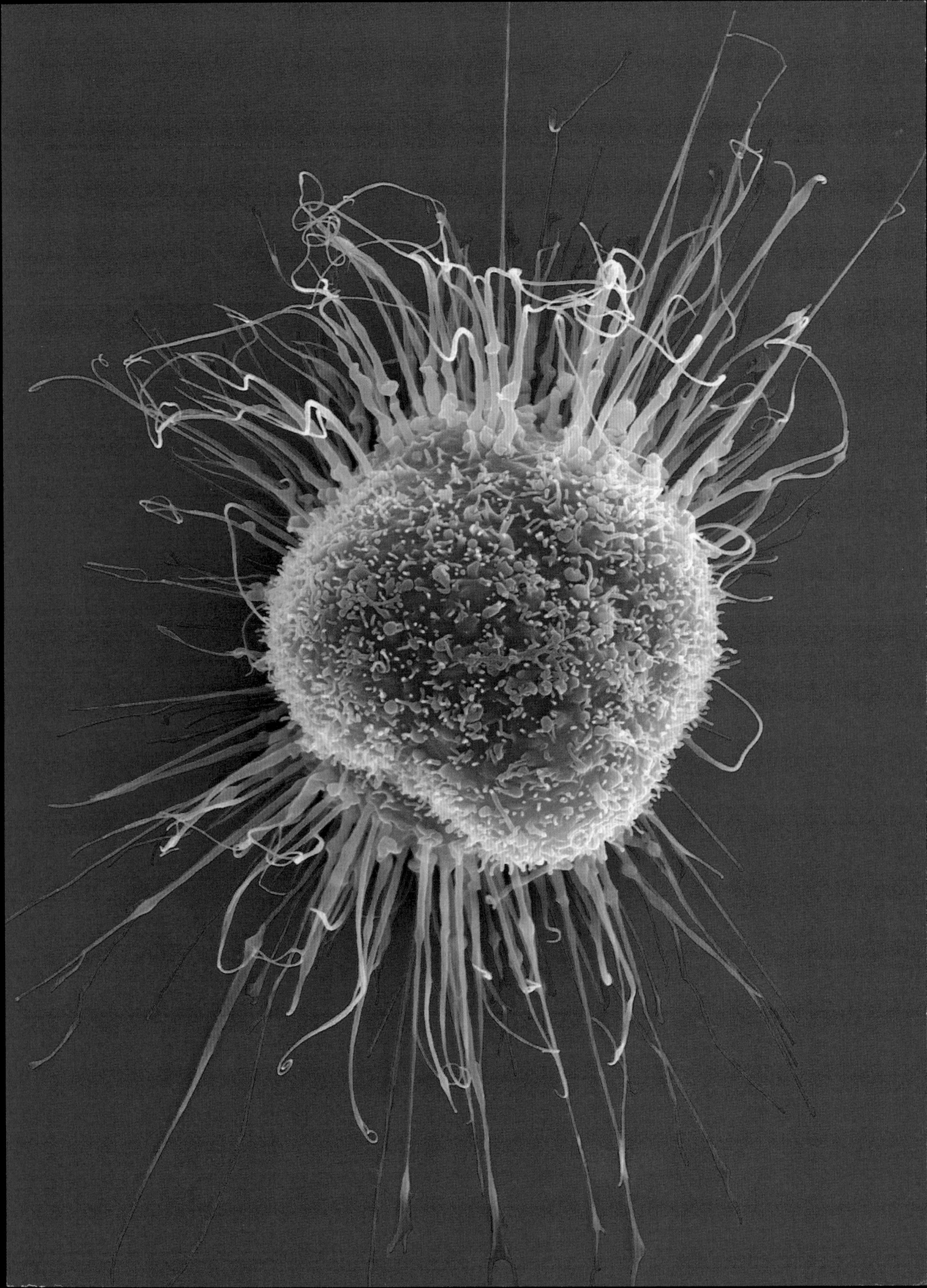

12
면역계

"면역계는 몸에서 가장 흥미로운 기관이다."

마이클 킨치

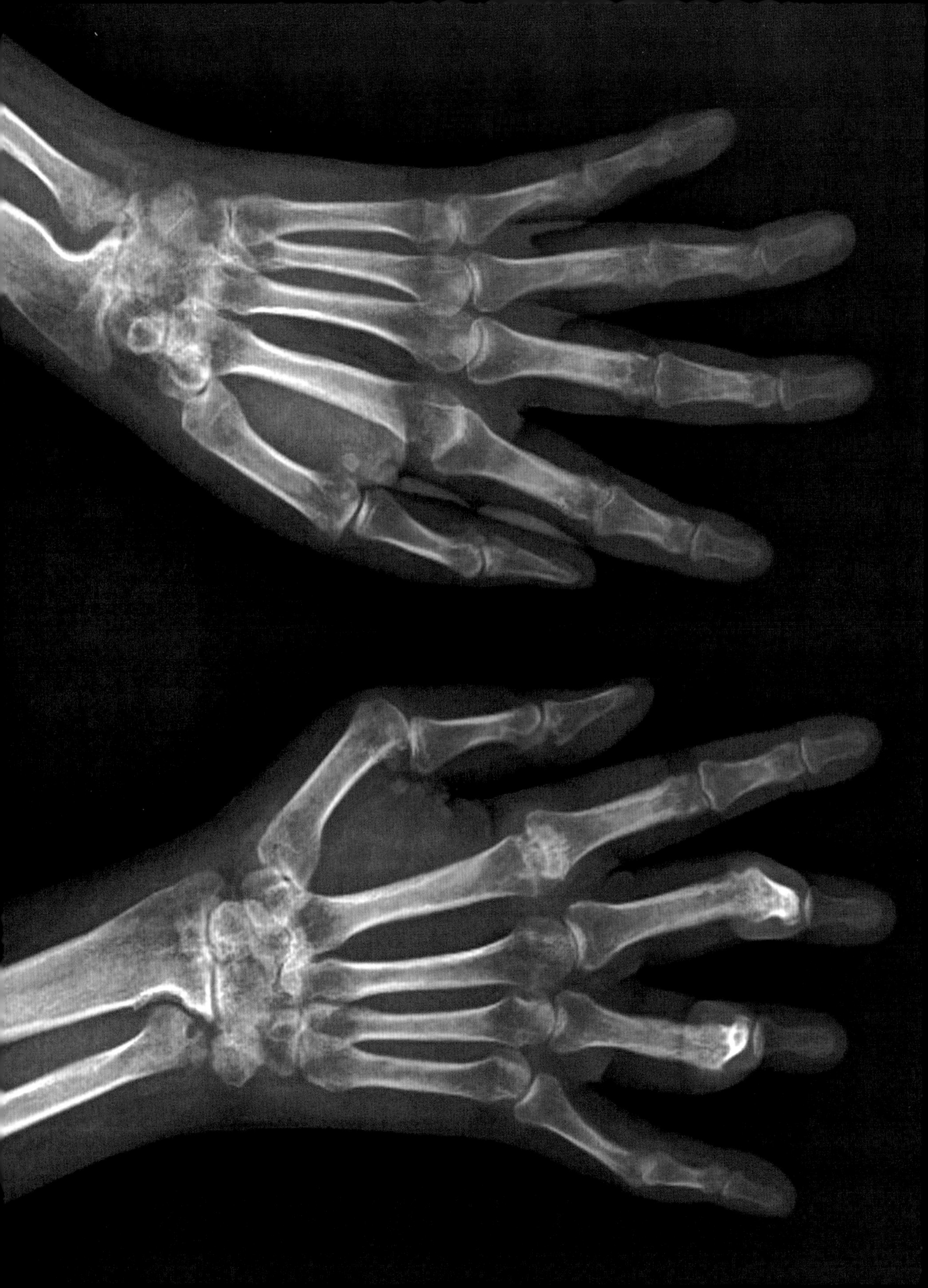

I

면역계는 크고 번잡하고 온몸 구석구석에 퍼져 있다. 귀지, 피부, 눈물 등 우리가 대개 면역이라는 맥락에서 생각하지 않는 것들도 많이 포함하고 있다. 이런 외부 방어체계를 뚫고서 침입하는 것들—비교적 아주 적다—은 곧 "딱 들어맞는" 면역세포 무리와 맞닥뜨릴 것이다. 그 세포들은 림프절, 골수, 지라, 가슴샘 등 몸의 구석구석에서 쏟아져 나온다. 면역계에는 아주 많은 화학이 관여한다. 면역계를 이해하고자 한다면, 항체, 림프구, 사이토카인, 케모카인, 히스타민, 중성구, B세포, T세포, NK세포, 큰포식세포, 포식세포, 과립구, 호염기구, 인터페론, 프로스타글란딘, 조혈모세포 등 아주 많은 것들, 엄청나게 많은 것들을 알아야 한다. 하는 일이 겹치는 것들도 있고, 맡은 일이 여러 가지인 것들도 있다. 예를 들면, 인터류킨-1은 병원체를 공격할 뿐 아니라, 수면에도 관여한다. 몸이 좋지 않을 때 졸음이 쏟아지는 이유가 어느 정도는 이 때문일 수 있다. 우리 몸에서 일하는 면역세포가 약 300종류라는 추정값이 나와 있지만, 맨체스터 대학교의 면역학과 교수인 대니얼 데이비스는 본질적으로 셀 수가 없을 정도로 많다고 본다. "한 예로, 가지세포는 피부에 있는 것과 림프절에 있는 것이 전혀 다를 겁니다. 따라서 어떤 유형이라고 정의하는 것 자체가 쉽지 않아요."

더구나 면역계는 사람마다 독특해서, 일반화하기가 더 어렵고, 이해하기도 더 어려우며, 문제가 생겼을 때 치료하기도 더 어렵다. 또 면역계는 병균을 상대하는 일만 하는 것이 아니다. 독소, 약물, 암, 이물질, 심지어 자신의 마음 상태에도 반응한다. 예를 들면, 스트레스를 받거나 몹시 지치면, 감염이 될 가능성이 훨씬 더 높아진다.

침입자로부터 우리를 보호하는 일을 쉴 새 없이 하다 보니, 면역계는 때로 실수를 저지르고, 무해한 세포를 공격하기도 한다. 면역세포가 매일 하는 일이 얼마나 많은지를 생각하면, 오류율은 사실 아주 낮은 셈이다. 그렇지만 매우 역설적이게도 다발경화증, 루푸스, 관절 류머티즘, 크론병 등 많은 불편한 형태의 자가면역 질환들이 보여주듯이, 자신의 면역계가 자신을 공격하는 바람에 고통을 겪는 사람들이 아주 많다. 인구의 약 5퍼센트는 어떤 형태로든 자가면역 질환을 앓고 있다. 매우 높은 편이며, 게다가 효과적인 치료법의 개발 속도보다 훨씬 더 빠른 속도로 환자가 늘고 있

맞은편 : 때로 면역계는 전혀 해를 끼치지 않는 세포를 잘못 공격하고는 한다. 그 결과로 생기는 자가면역 질환은 무척 고통스러울 수 있다. 그중 하나인 류머티스 관절염은 이 X선 사진이 보여주듯이 관절을 변형시킬 수 있다.

앞쪽 : 사람의 가지세포. 우리 몸에서 활동하는 다양한 면역세포 중의 하나이다.

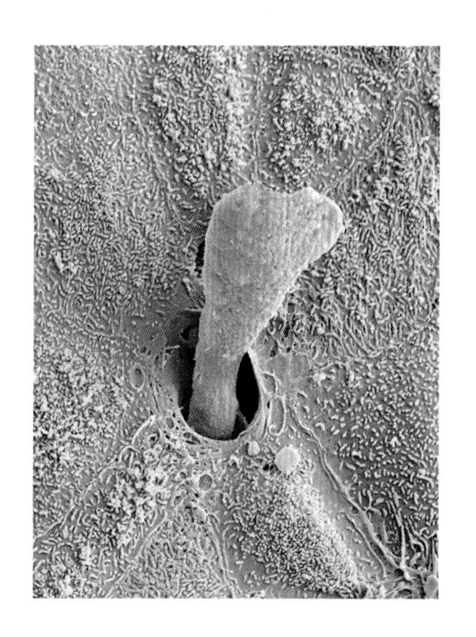

귀지는 달갑지 않은 침입자를 막는 몸의 일차 방어선이다. 바깥귀길의 샘에서 분비된다.

다. "면역계가 자기 자신을 공격하는 것을 보면, 제정신이 아니라고 결론을 내릴 수도 있어요. 그러나 면역계가 해야 하는 온갖 일들을 하나하나 따져보면, 오히려 그런 문제들이 쉴 새 없이 일어나지 않는다는 사실이 놀랍게 여겨질 겁니다. 우리 면역계는 지금까지 한번도 접해본 적이 없는 것들에 늘 끊임없이 폭격을 당하고 있어요. 늘 새로운 형태로 돌연변이를 하면서 나타나는 새로운 독감 바이러스처럼 지금 막 출현하는 것들도 있지요. 따라서 우리 면역계는 거의 무한히 많은 것들을 파악하고 맞서 싸울 수 있어야 합니다."

2018년 영국의 헤이 페스티벌에서 열정적으로 강연을 하고 있는 면역학자 대니얼 데이비스.

데이비스는 몸집이 크지만 온화한 40대의 남성으로, 삶의 안정을 찾은 사람 특유의 행복한 분위기와 환한 웃음을 드러낸다. 그는 맨체스터 대학교와 스트래스클라이드 대학교에서 물리학을 공부했지만, 1990년대 중반에 하버드로 갔을 때 자신이 진정으로 흥미를 느끼는 분야가 생물학이라고 판단했다. 우연한 일을 계기로 그는 하버드의 면역학 연구실에 들어갔고, 면역계의 우아하기 그지없는 복잡성에 매료되어서 그 비밀을 풀고자 도전했다.

분자 수준에서 보면 복잡하기 그지없지만, 면역계의 모든 부위는 한 가지 일에 기여한다. 바로 몸에 있어서는 안 되는 것을 찾아내고 필요하다면 죽이는 일이다. 그러나 그 과정은 결코 단순하지가 않다. 우리 몸속에는 무해하거나 더 나아가 이로운 것들도 있는데, 그런 것들까지 찾아서 죽인다는 것은 어리석은 짓이면서 에너지와 자원의 낭비가 될 것이다. 따라서 면역계는 공항에서 컨베이어벨트에 실린 짐들을 지켜보고 있다가, 수상쩍어 보이는 것들만을 찍어서 검사하는 보안 요원과 조금 비슷하게 행동해야 한다.

면역계의 중추를 이루는 것은 5종류의 백혈구, 즉 림프구, 단핵구, 호염기구, 중성구, 호산구이다. 모두 중요하지만, 면역학자들이 가장 관심을 기울이고 있는 것은 림프구이다. 데이비드 베인브리지는 림프구를 "몸 전체에서 가장 영리한 작은 세포"라고 부른다. 거의 모든 달갑지 않은 침입자를 찾아내어 신속하게 공격 반응을 촉발하는 능력이 있기 때문이다.

림프구는 크게 B세포와 T세포, 두 종류로 나뉜다. B세포의 B는 조금 기이하게도 "파브리치우스 낭(bursa of Fabricius)"에서 유래했다. 조류의 맹장 같은 기관으로 B세포가 처음 발견된 곳이다.* 사람을 비롯한 포유류는 파브리치

---

* 파브리치우스 낭은 이탈리아 해부학자 히에로니무스 파브리치우스(1537–1619)의 이름을 땄다. 그는 그 주머니가 난자의 생산과 관련이 있다고 생각했다. 파브리치우스의 생각은

면역계의 모든 부위는 한 가지 일에 기여한다.
바로 몸에 있어서는 안 되는 것을 찾아내고
필요하다면 죽이는 일이다.

우스 낭이 없다. 우리는 골수(bone marrow)에서 B세포를 만들지만, 골수의 영어 단어도 B로 시작하는 것은 그저 우연의 일치일 뿐이다. T세포의 출처는 더 확실하다. T세포도 골수에서 생산되기는 하지만, 가슴샘에서 분비된다. 가슴샘은 가슴의 심장 바로 위쪽, 두 허파 사이에 놓인 작은 기관이다. 가슴샘이 어떤 일을 하는지는 아주 오랫동안 수수께끼로 남아 있었다. 그저 죽은 면역세포로 가득 차 있는 듯했기 때문이다. 대니얼 데이비스가 『나만의 유전자(*The Compatibility Gene*)』라는 탁월한 저서에서 썼듯이, "세포들이 죽으러 가는 곳" 처럼 보였다. 그러다가 1961년 런던에서 일하던 프랑스계 오스트레일리아인인 젊은 과학자 자크 밀러가 그 수수께끼를 풀었다. 밀러는 가슴샘이 T세포의 육아실임을 알아냈다. T세포는 면역계에서 일종의 엘리트 부대이며, 가슴샘에 들어 있는 죽은 세포들은 외래 침입자를 식별하고 공격하는 능력이 떨어지거나, 너무 열심이어서 자신의 건강한 세포까지 공격하기 때문에 품질 검사를 통과하지 못한 것들이었다. 한마디로 함량 미달인 세포들이었다. 대단히 중요한 발견이었다. 의학 학술지 「랜싯」은 밀러가 "마지막 남은 인체 기관의 기능을 파악한 인물"이라고 평했다. 많은 사람들은 그가 왜 노벨상을 받지 못했는지 의아해한다.

....

잘못되었지만, 진짜 역할이 밝혀진 것은 1955년이 되어서였다. 그 수수께끼는 행복한 우연 덕분에 풀렸다. 당시 오하이오 주립대학교의 대학원생이었던 브루스 글릭은 그 수수께끼를 풀 수 있지 않을까 하는 생각에, 닭의 몸에서 그 주머니를 떼어낸 뒤에 어떤 효과가 나타나는지 살펴보았다. 그러나 떼어냈어도 닭에게 눈에 띄는 영향이 전혀 나타나지 않았다. 결국 그는 포기했다. 닭들은 항체를 연구 중이던 토니 챙이라는 다른 학생에게 넘겨졌다. 챙은 그 주머니가 없는 닭들이 항체를 전혀 만들지 않는다는 것을 발견했다. 곧 두 젊은 연구자는 피브리치우스 낭이 항체를 생산하는 일을 한다는 것을 알아냈다. 면역학 분야에서 이루어진 정말로 엄청난 발견이었다. 그들은 논문을 「사이언스」에 보냈지만, "시시하다"는 이유로 반송되었다. 결국 그들은 「가금학(*Poultry Science*)」에 논문을 실었다. 영국 면역학회에 따르면, 그 논문은 면역학 분야에서 지금까지 가장 많이 인용된 논문이 되었다고 한다. 말이 난 김에 덧붙이면, 주머니(bursa)의 영어 단어는 가방이나 지갑을 뜻하는 라틴어에서 유래했으며, 다양한 구조에 쓰인다. 사람의 관절 부위에서 완충 작용을 하는 작은 주머니인 윤활낭도 같은 영어 단어를 쓰며, 거기에 생긴 염증을 윤활낭염 또는 주머니염(bursitis)이라고 한다.

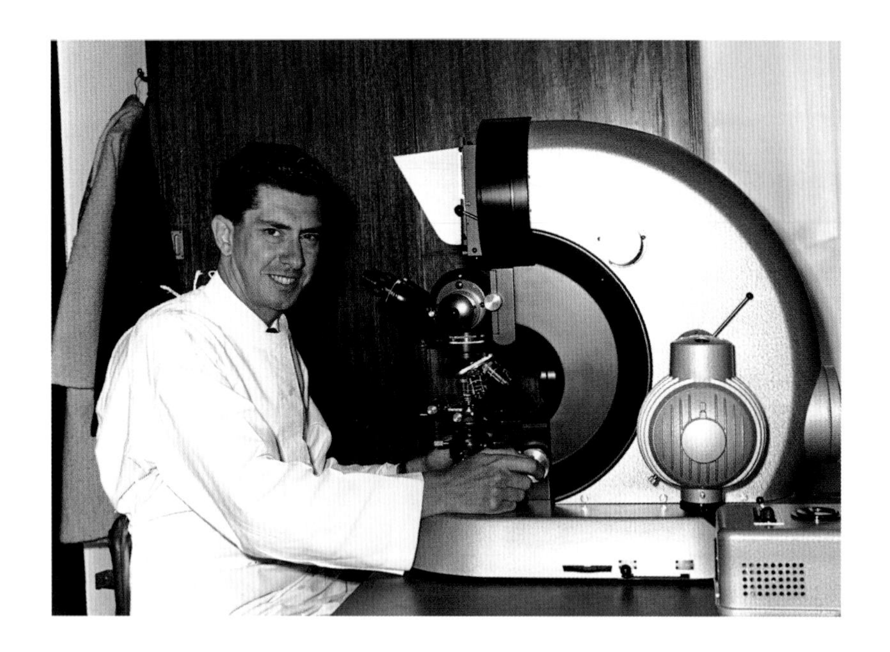

가슴샘의 수수께끼를 풀고 그것이 제 역할을 하지 못하는 면역세포를 솎아내는 일을 한다는 사실을 밝혀낸 자크 밀러.

T세포는 도움 T세포와 살해 T세포, 두 부류로 더 나뉜다. 살해 T세포는 이름처럼 병원체에 잠식된 세포를 죽이는 일을 한다. 도움 T세포는 B세포의 항체 생산을 돕는 등 다른 면역세포들의 활동을 돕는다. 또 이들 중 일부는 기억 T세포가 되는데, 기억 T세포는 이전에 침입한 병원체를 상세히 기억한다. 그래서 그 병원체가 다시 침입하면 예전보다 더 빠르게 대응할 수 있다. 이를 적응면역(adaptive immunity)이라고 한다.

기억 T세포는 늘 경계심을 늦추지 않는다. 나는 볼거리에 걸리지 않는다. 나의 몸속 어딘가에 있는 기억 T세포가 60여 년 동안 재공격을 막아주고 있기 때문이다. 그 세포는 침입자를 식별하면, B세포에 항체라는 단백질을 만들라고 지시하고, 항체가 침입한 병균을 공격한다. 항체는 이전에 침입했던 병원체가 다시 침입하면 재빨리 알아보고 물리치기 때문에 매우 영리하다. 우리가 많은 질병을 평생 단 한번만 앓는 이유가 바로 그 때문이다. 또 우리가 백신 접종을 하는 이유이기도 하다. 백신 접종은 굳이 병을 앓지 않고서도 특정한 병원체에 맞서는 유용한 항체를 생산하도록 유도하는 방식이다.

맞은편 : 살해 T세포의 작용. 표적 세포(왼쪽 위)에 접근해서 "죽음의 입맞춤"이 이루어진 뒤까지. 끝나고 나면 침입한 세포는 잔해 더미(오른쪽 아래)가 되어 있다.

미생물은 면역계를 속이는 다양한 방법들을 개발해왔다. 혼동을 일으키는 화학 신호를 보내기도 하고, 이롭거나 호의적인 세균으로 위장하기도 한다. 대장균과 살모넬라균 같은 감염성을 띤 미생물은 면역계를 속여서 엉뚱한 미생

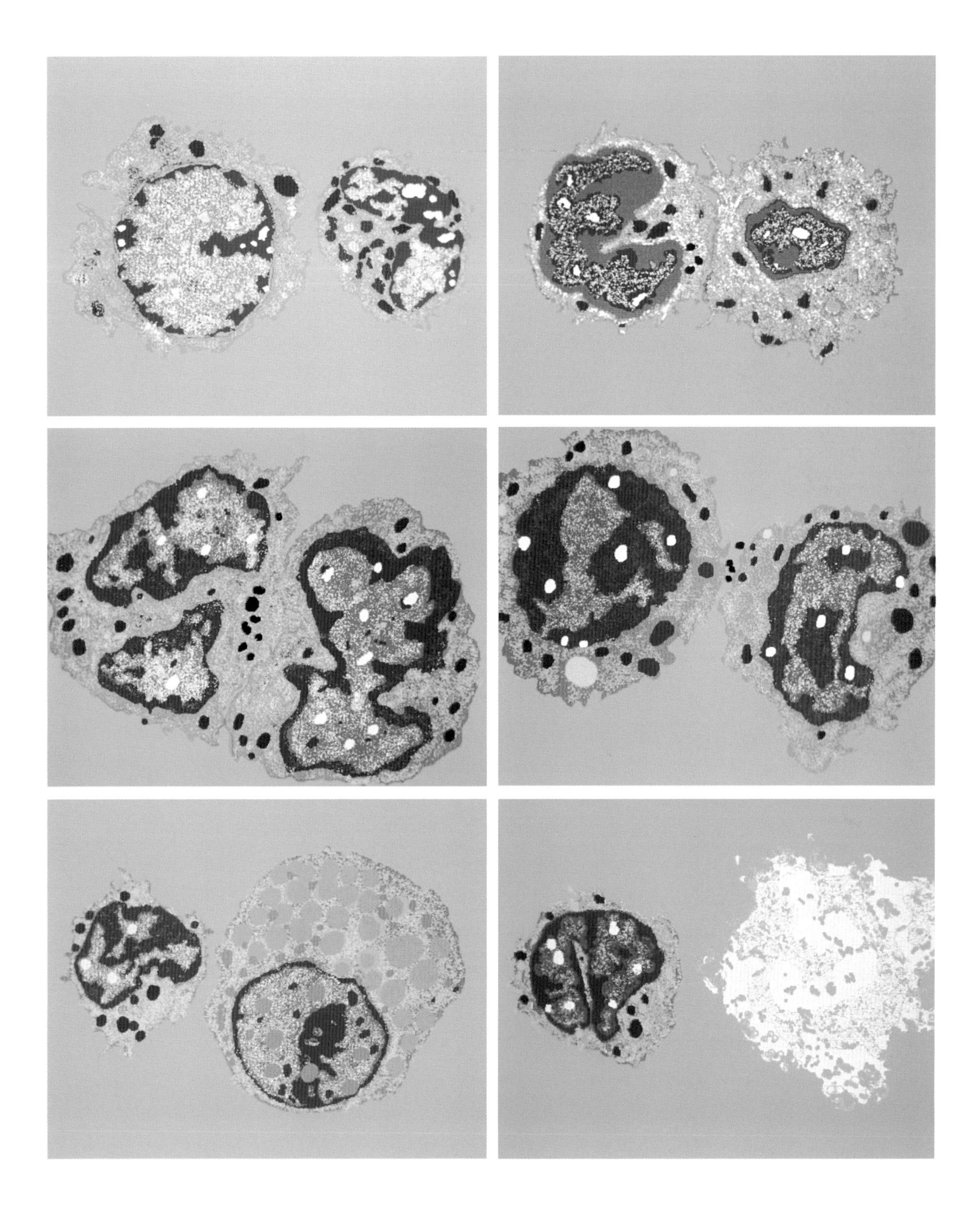

백혈구는 순환계를 떠나서 주변 조직으로 들어갈 수 있다.
밀림을 수색하러 나서는 수색대원과 비슷하다.
침입자와 마주치면, 백혈구는 사이토카인이라는
공격용 화학물질을 분비한다.

물을 공격하게 만들 수도 있다. 인체에 침입하는 병원체는 많이 있으며, 그들 중 상당수는 우리 몸에 침입할 새로운 영리한 방법들을 계속 창안하고 있다. 그러니 우리가 이따금 병에 걸린다는 것이 아니라, 병에 훨씬 더 자주 걸리지 않는다는 사실이 놀라운 것이다. 게다가 면역계는 침입한 병원체를 물리쳐야 할 뿐 아니라, 우리 자신의 세포가 발암성을 띠거나 하는 식으로 잘못된 행동을 한다면 죽여야 한다.

염증은 본질적으로 몸이 손상으로부터 스스로를 보호하기 위해서 싸우면서 생기는 열이다. 상처 주변의 혈관은 팽창하면서 상처 부위로 피가 더 많이 흐를 수 있도록 한다. 그럼으로써 침입자들과 맞서 싸울 백혈구를 운반한다. 그 결과 그 부위가 부풀게 되고, 주변 신경에 압박을 가함으로써 압통이 생긴다. 적혈구와 달리, 백혈구는 순환계를 떠나서 주변 조직으로 들어갈 수 있다. 밀림을 수색하러 나서는 수색대원과 비슷하다. 침입자와 마주치면, 백혈구는 사이토카인이라는 공격용 화학물질을 분비한다. 몸이 감염에 맞서 싸울 때 열이 나고 아픈 느낌이 드는 것은 바로 이 물질 때문이다. 즉 아프고 쑤시는 것은 감염 때문이 아니라, 몸이 자신을 방어하는 과정에서 생기는 증상이다. 상처에서 스며나오는 고름도 우리를 지키기 위해서 목숨을 내놓은 백혈구의 사체이다.

염증은 까다로운 과정이다. 염증이 너무 심하면 주변 조직을 손상시켜서 불필요한 통증을 일으킬 수 있는 반면, 너무 적게 일어나면 감염을 막지 못한다. 잘못된 염증은 당뇨병과 알츠하이머병에서 심근경색과 뇌졸중에 이르기까지 온갖 질병과 관련이 있다. 세인트루이스에 있는 워싱턴 대학교의 마이클 킨치는 내게 이렇게 설명했다. "때로 면역계가 모든 방어 수단을 총동원하고 모든 미사일을 쏟아붓는 식으로 마구 날뛸 때가 있어요. 그런 상태를 사이토카인 폭풍(cytokine storm)이라고 해요. 그럴 때 우리는 죽을 수도 있어요. 많은 범유행병이 퍼질 때 사이토카인 폭풍은 반복적으로 나타나요. 또 벌에 쏘였을 때 나타나는 극도의 알레르기 반응도 사이토카인 폭풍입니다."

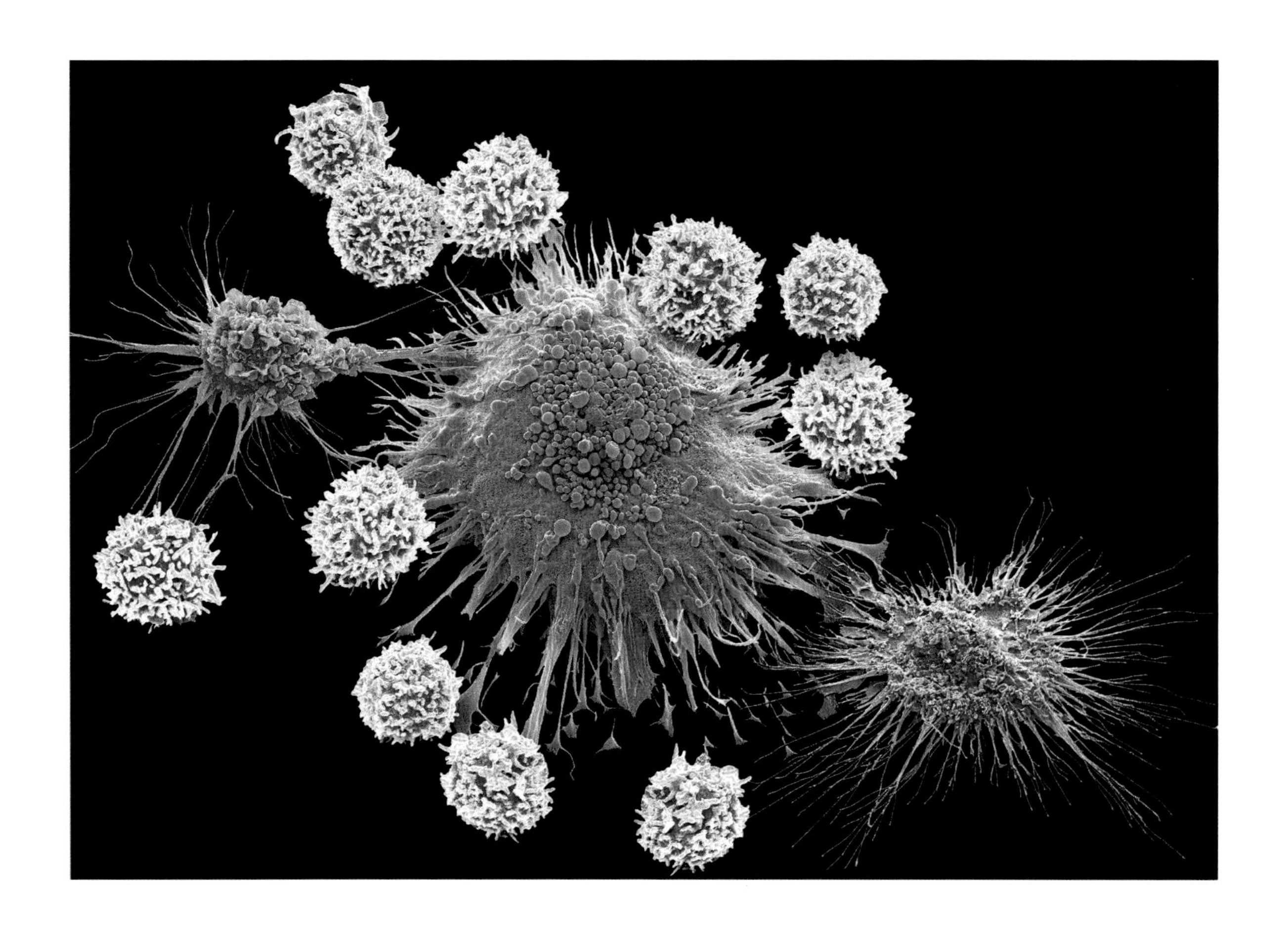

사이토카인 폭풍을 일으킬 때의 면역세포들. 큰포식세포 1개에 가지세포 2개와 백혈구 여러 개가 몰려 있다. 이 세포들의 집단은 염증이 마구 일어나도록 촉발함으로써 몸을 죽일 수도 있는 면역 과잉 반응을 일으킨다. 사이토카인이 분비되면 혈관에 있는 염증세포들을 더 많이 염증 자리로 끌어들이고, 몰려든 세포들은 사이토카인을 더욱더 분비함으로써 사이토카인 폭풍을 증폭시킨다.

세포 수준에서 면역계에 일어나는 일들 중 상당수는 아직 제대로 이해되지 못하고 있다. 아예 모르는 것도 많다. 맨체스터 대학교를 방문했을 때, 데이비스는 자신의 연구실을 보여주었는데, 한 무리의 박사후 연구원들이 컴퓨터 화면 앞에 모여서 고해상도 현미경 사진을 살펴보고 있었다. 조너선 워보이스라는 연구원이 자신들이 막 발견한 것이라면서 나에게도 보여주었는데, 세포 표면에 마치 둥근 창문이 나 있는 것처럼 단백질로 이루어진 원형 고리 같은 것이 흩어져 있었다. 이 연구실 바깥의 어느 누구도 본 적이 없는 고리였다.

데이비스는 이렇게 말했다. "분명히 이유가 있어서 생겼겠지만, 우리는 아직 그 이유가 뭔지 전혀 모릅니다. 중요해 보이긴 한데, 사소한 것일 수도 있어요. 한마디로 뭔지 모르는 거죠. 뭔지를 밝혀내려면 4–5년은 걸릴 수도 있어요. 바로 그래서 과학이 흥분을 자아내면서도 어려운 거죠."

면역계에 수호성인이 있다면, 피터 메더워가 바로 그 사람일 것이 확실하다. 그는 20세기의 가장 위대한 영국 과학자 중 한 명이자, 아마 가장 이국적인 인물

면역계의 수호성인이자 대변인 : 피터 메더워는 피부 이식 수술의 거부 반응을 통해서 면역 반응의 과정을 밝혀냄으로써 성공적인 이식 수술로 나아가는 문을 열었다.

일 것이다. 그는 1915년 브라질에서 레바논인 아버지와 영국인 어머니 사이에서 태어났다. 아버지가 사업차 그곳에 가 있을 때였다. 가족은 메더워가 어릴 때 영국으로 이주했다. 메더워는 키 크고, 잘생기고, 운동도 잘했다. 동시대 인물인 맥스 페루츠는 메더워가 "활기 넘치고, 사교적이고, 쾌활하고, 말재주가 뛰어나고, 호감을 사고, 활동적이고, 야심이 가득한" 인물이라고 평했다. 스티븐 제이 굴드는 그를 "내가 아는 가장 영리한 사람"이라고 했다. 메더워는 본래 전공이 동물학이었지만, 그에게 불후의 명성을 안겨준 것은 제2차 세계대전 때 인체를 연구하면서 이룬 업적이었다.

1940년 여름, 그가 옥스퍼드에 있는 집 뜰에서 아내와 어린 딸과 함께 화창한 오후를 즐기고 있을 때였다. 머리 위에서 비행기 엔진이 툴툴거리는 소리가 들려서 올려다보니, 영국 공군 폭격기 한 대가 추락하고 있었다. 비행기는 그들의 집에서 겨우 200미터 떨어진 곳에 추락했다. 탑승자 한 명이 살아남았는데, 심하게 화상을 입은 상태였다. 하루쯤 지났을 때 메더워는 군의관들로부터 와서 젊은 군인의 상태를 봐달라는 요청을 받고 조금 의아해했다. 메더워는 동물학자였지만, 항생제 연구도 하고 있었기 때문에 도울 일이 있다면 돕겠다고 했다. 그로부터 놀라울 정도로 생산적인 협력관계가 시작되었고, 그 덕분에 훗날 그는 노벨상을 받게 되었다.

군의관들은 특히 피부 이식 문제로 고민하고 있었다. 한 사람의 피부를 떼어내서 다른 사람의 몸에 이식할 때마다, 처음에는 붙는가 싶다가 곧 괴사되었다. 메더워는 즉시 그 문제에 달려들었지만, 그토록 명백히 유익한 것을 몸이 거부하는 이유를 도저히 이해할 수가 없었다. 그는 이렇게 썼다. "목숨이 위급한 상황에서 무척 좋은 의도로 이식을 하는데도, 이식된 피부는 마치 파괴하는 것이 곧 치료라는 양, 질병 취급을 받는다."

대니얼 데이비스는 이렇게 말했다. "사람들은 수술에 문제가 있는 거라고 생각했어요. 외과의사가 수술을 완벽하게 할 수 있다면 다 잘될 거라고 말이죠." 그런데 메더워 연구진은 피부 이식을 다시 하면, 처음에 했을 때보다 거부 반응이 반드시 더 빨리 일어난다는 것을 깨달았다. 그 뒤에 메더워는 면역계가 생애 초기에 자신의 정상적이고 건강한 세포를 공격하지 않는 법을 배운다는 것을 알게 되었다. 데이비스의 설명을 들어보자. "그는 생쥐가 아주 어릴 때 다른 생쥐의 피부에 노출시키면, 자란 뒤에 그 다른 생쥐의 피부를 이식했을 때 잘 받아들인다는 걸 발견했어요. 다시 말해, 아주 어릴 때 몸이 무엇이 자기 자신이고 무엇을 공격하지 말아야 할지를 배운다는 사실을 발견한 거죠. 즉 어떤 생쥐를 어릴 때 다른 생쥐의 피부에 반응하지 않도록 훈련시키면, 나중에 그 생쥐의 피부를 이식할 수 있다는 겁니다." 바로 이 깨달음이 나중에 그에게 노벨상을 안겨주었다. 데이비드 베인브리지는 이렇게 말했다. "비록 지금은 당연시하지만, 이식과 면역계의 이런 갑작스러운 결합이야말로 의학에 하나의 중요한 전환점이 되었다. 그럼으로써 우리는 면역이 실제로 무슨 일을 하는지를 알게 되었다."

II

1954년 크리스마스 이틀 전, 매사추세츠 주 말버러에 사는 스물세 살의 리처드 헤릭은 콩팥 기능 상실로 죽음을 눈앞에 두고 있다가, 세계 최초로 행해진 콩팥 이식수술을 받고서 살아났다. 정말로 운 좋게도 헤릭의 일란성 쌍둥이인 로널드가 조직이 완벽하게 일치하는 기증자로 나선 덕분이었다.

설령 그렇다고 해도, 이전까지 그런 시도를 한 사람은 아무도 없었으며, 수술한 의사들도 결과를 장담하지 못했다. 두 형제가 모두 죽을 가능성도 있다고 보았다. 수술 책임자인 조지프 머리는 훗날 이렇게 설명했다. "우리 중 어느 누구도 건강한 사람에게 오직 누군가를 위해서 이 정도 수준의 위험을 무릅쓸지 물어본 적이 없었다." 다행히도 결과는 그 누구도 감히 기대하지 못했을 수준으로 좋았다. 사실상 모두 행복하게 잘 살았다는 동화와 비슷한 결말로 이어졌다. 리처드 헤릭은 무사히 수술을 받고 건강도 회복했을 뿐만 아니라, 자신을 돌보던 간호사와 혼인하여 자녀도 둘 낳았다. 그는 8년을 더 살다가 원래 앓았던 병인 토리콩팥염이 재발하여 사망했다. 형제인 로널드는 콩팥 하나만으로 약 56년을 더 살았다. 헤드릭의 외과의사인 조지프 머리는 1990년에 노벨 생리의학상을 받았다. 이후에 진행된 면역 억제 연구를 인정받아서였다.

그러나 거부 반응이 일어난다는 것은 다른 대부분의 이식 시도가 실패했다는 의미였다. 그 수술이 성공한 뒤로 10년 동안 211명이 콩팥 이식수술을 받았는데, 수술에서 살아남았다고 해도 대부분 1주일 이내에 사망했다. 최대로 1년까지 산 사람은 6명에 불과했고, 그들의 대부분은 쌍둥이로부터 이식을 받았다. 그후에 이식수술이 일상적으로 이루어질 수 있었던 것은 한 노르웨이인이 휴가에서 우연히 채집한 토양 표본에서 얻은 사이클로스포린이라는 기적의 약물 덕분이었다(제7장 참조).

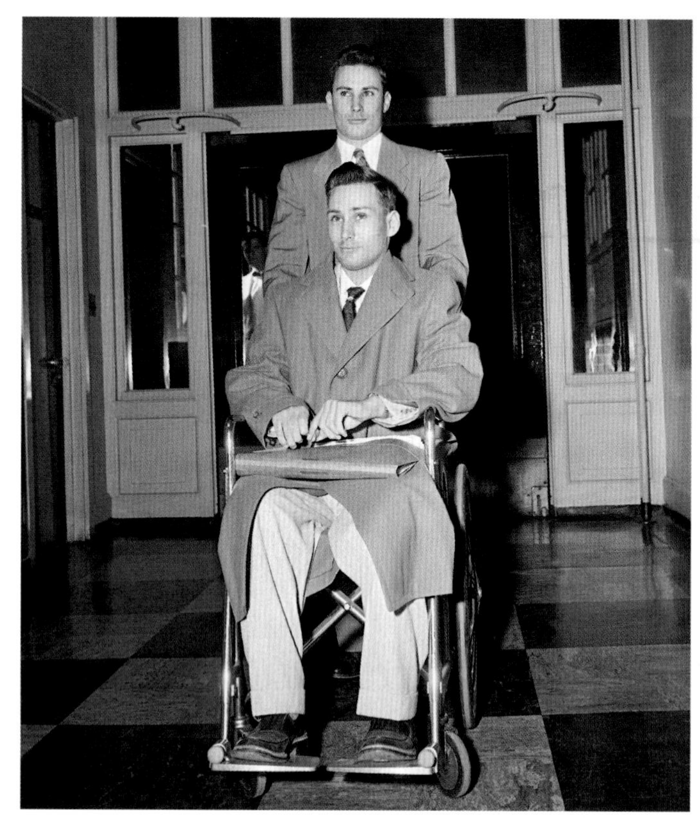

"콩팥 쌍둥이" : 로널드 헤릭이 쌍둥이인 리처드를 데리고 병원을 나서고 있다. 그는 형제에게 콩팥을 기증했으며, 이들은 최초의 콩팥 이식수술 성공 사례가 되었다. 오른쪽은 그 뒤로 수십 년간 수요에 비해 모자라는 장기 공급량을 늘리기 위해서 나온 수많은 포스터들 중 한 장이다.

지난 수십 년 동안에 이식수술 분야에서는 경이로운 발전이 이루어져왔다. 예를 들면, 현재 미국에서는 한 해에 3만 명이 장기 이식수술을 받으며, 그들의 1년 뒤 생존율은 95퍼센트, 5년 뒤 생존율은 80퍼센트에 달한다. 문제는 장기 이식 수요가 공급을 훨씬 초과한다는 것이다. 2018년 말 기준으로, 미국에서 이식 대기자는 11만4,000명이었다. 10분마다 대기자가 1명씩 늘어나며, 이식을 받지 못한 채 대기하다가 사망하는 사람도 하루에 20명이나 된다. 콩팥 환자가 투석을 받으면 수명이 평균 8년 더 늘어나지만, 이식을 받으면 23년까지 늘어난다.

이식하는 콩팥 중 약 3분의 1은 살아 있는 기증자(대개 가까운 친척)로부터 받지만, 나머지는 뇌사자로부터 받는다. 그런 기증을 받기란 정말로 하늘의 별 따기이다. 장기 이식이 필요한 사람은, 맞는 크기의 건강한 장기를 남길 수 있는 상황에서 누군가가 죽기를 바라야 한다. 게다가 그 희생자는 너무 멀리 떨어진 곳에서 사망해서도 안 되며, 두 수술진이 양쪽에서 대기하고 있어야 한다. 한쪽 수술진은 기증자의 장기를 떼어내고, 다른 수술진은 그 장기를 이식하기 위해서 대기해야 한다. 현재 미국에서 콩팥 이식을 받기까지의 대기 시간은 평

영국 장기기증자 등록처의 10주년을 축하하기 위해서 국민건강보험공단의 직원, 학생, 장기 기증자의 가족 600명이 트라팔가 광장에 모여서 숫자 10이 든 커다란 빨간 하트 모양을 만들었다.

균 3.6년이다. 2004년에는 2.9년이었는데 늘어났다. 그러나 많은 환자들은 그렇게 오래 기다리지 못한다. 미국에서 연간 평균 7,000명이 이식을 받지 못한 채 사망한다. 영국에서는 연간 약 1,300명이다. (양국은 통계 기준이 약간 다르기 때문에, 이 숫자들을 직접 비교할 수는 없다.)

동물의 장기를 이식하는 것이 한 가지 해결책이 될 수도 있다. 돼지의 장기가 알맞은 크기로 자랐을 때 떼어내서 쓰면 안 될까? 그렇게 된다면 이식수술은 급박하게 이루어지는 대신에, 정해진 일정에 따라 진행될 수 있을 것이다. 원리상으로는 놀라운 해결책이지만, 현실적으로 두 가지 큰 문제가 있다. 하나는 다른 동물 종의 장기가 격렬한 면역반응을 촉발한다는 것이다. 우리 면역계가 아는 것이 하나 있다면, 돼지의 간이 우리 몸속에 있어서는 안 된다는 것이다. 또 하나는 돼지에게는 돼지 내생(內生) 레트로바이러스라는 것이 가득하다는 점이다. 돼지의 장기를 이식하면 이런 바이러스들에 감염될 수 있다. 이 두 가지 문제가 가까운 장래에 해결될 것이라고 기대하는 사람들도 있다. 그러면 돼지의 장기를 수많은 사람들에게 이식할 수 있을 것이다.

그에 못지않게 해결이 쉽지 않은 또 한 가지 문제는 면역 억제제가 몇 가지

사람이 앓는 자가면역 질환은 약 50가지에 달하는데,
환자 수가 점점 늘어나고 있다.

이유로 완벽하지 않다는 사실이다. 무엇보다도 면역 억제제는 이식 부위만이 아니라 면역계 전반에 영향을 미치므로, 환자는 면역계가 으레 대처해야 하는 감염과 암에 계속 취약한 상태에 놓이게 된다. 면역 억제제 역시 독성을 띨 수도 있다.

다행히도, 대부분의 사람들은 장기 이식을 받을 필요가 없겠지만, 면역계는 그밖에도 여러 가지 문제들을 일으킬 수 있다. 사람이 앓는 자가면역 질환은 약 50가지에 달하는데, 환자 수가 점점 늘어나고 있다. 한 예로, 염증성 장 질환인 크론병의 환자 수는 점점 증가해왔다. 1932년 뉴욕의 의사인 버릴 크론이 「미국 의학협회지」에 논문을 발표하기 전까지, 그 병은 듣도 보도 못한 것이었다.* 당시에는 5만 명에 1명꼴로 크론병에 걸렸다. 그러다가 1만 명에 1명, 이어서 5,000명에 1명꼴로 늘어났다. 지금은 250명에 1명꼴이며, 계속 늘어나고 있다. 이런 일이 왜 일어나는지는 아무도 모른다. 대니얼 리버먼은 항생제 남용과 그에 따른 장내 미생물 고갈로 우리가 온갖 자가면역 질환에 더 취약해지는 것일 수도 있다고 말하지만, "원인은 여전히 모호하다"고 인정한다.

마찬가지로 당혹스러운 점은 자가면역 질환이 지극히 성차별적이라는 것이다. 여성은 남성보다 다발경화증에 걸릴 확률이 2배, 루푸스에 걸릴 확률은 10배, 하시모토 갑상샘염이라는 갑상샘 질환에 걸릴 확률은 50배 더 높다. 종합하면, 모든 자가면역 질환의 80퍼센트는 여성에게 나타난다. 호르몬이 원인일 가능성이 있지만, 남성 호르몬은 무관한데 여성 호르몬이 정확히 어떻게 면역계에 문제를 일으키는 것인지 도무지 알 수가 없다.

알레르기(allergy)는 면역 질환 중에서 가장 큰 규모이자 다양한 방식으로 우리를 혼란에 빠뜨리는 난치성 범주에 속한다. 알레르기란 그저 대개 무해한 침입자에게 몸이 지나치게 반응하는 것을 말한다. 알레르기도 놀라울 만치 최근에 나온 개념이다. 그 단어는 「미국 의학협회지」에 실린 논문을 통해서 약 한

* 크론 자신은 그 용어를 쓰지 않았으며, 대신에 국소돌창자염, 국소창자염, 흉터작은창자큰창자염이라고 했다. 나중에 글래스고의 외과의사인 토머스 케네디 댈지엘이 약 20년 앞서서 같은 질병을 학계에 보고했음이 밝혀졌다. 그는 그 병을 만성 사이질창자염이라고 했다.

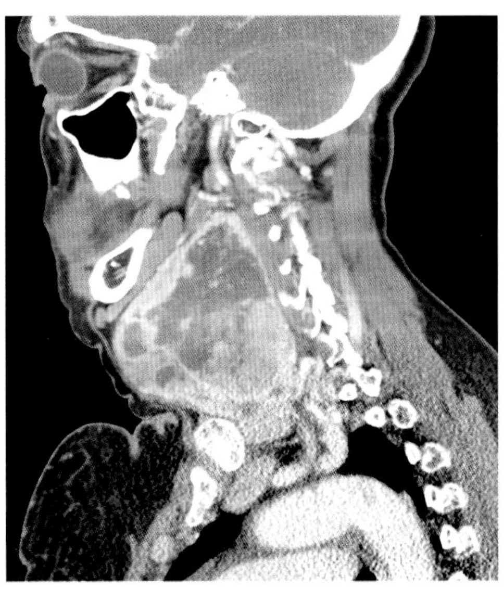

버릴 크론. 예전에 다양한 이름으로 불리곤 했던 염증성 장 질환에 그의 이름이 붙었다.

오른쪽은 갑상샘종이라는 갑상샘 확장증의 CT 사진이다. 하시모토 갑상샘염이라는 자가면역 질환으로 생길 수 있다.

세기 전에 영어에 처음 등장했다. (철자는 "allergie"였다.) 그 뒤로 알레르기는 현대 생활의 골칫거리가 되었다. 사람들의 약 50퍼센트는 적어도 한 가지에 알레르기가 있다고 주장하며, 많은 이들은 여러 가지에 알레르기가 있다고 말한다(의학에서 아토피라고 말하는 증상이다).

알레르기 질환자의 비율은 지역에 따라서 약 10퍼센트에서 40퍼센트까지 다양한데, 경제가 성장할수록 그만큼 높아진다. 즉 부유한 나라일수록 알레르기 환자의 비율이 높다. 부유해지는 것이 몸에 왜 그렇게 나쁜지는 아무도 모른다. 도시화된 부유한 국가의 시민들이 오염물질에 더 많이 노출되어서 그럴 수도 있다. 아무튼 디젤 연료에서 나오는 질소산화물이 알레르기 환자의 수와 상관관계가 있다는 증거가 있다. 아니면 부유한 국가들에서 항생제 사용량 증가가 직접적으로나 간접적으로 면역반응에 영향을 미치는 것일 수도 있다. 운동 부족과 비만도 기여 요인일 수 있다. 우리가 아는 한 알레르기는 명확하게 유전적인 것이라고 할 수는 없지만, 유전자에 따라서 특정한 알레르기에 더 취약할 수는 있다. 부모 양쪽이 특정한 알레르기가 있다면, 자녀도 그 알레르기가 있을 확률은 40퍼센트이다. 그러니 꽤 높기는 하지만, 확실한 것은 아니다.

대부분의 알레르기는 그저 불편할 뿐이지만, 생명을 위협할 수 있는 것들도 있다. 미국에서는 연간 약 700명이 아나필락시스(anaphylaxis)로 목숨을 잃는다. 기도를 막곤 하는 극도의 알레르기 반응을 가리키는 정식 용어이다. 아나필락시스는 항생제 때문에 가장 많이 생기며, 그 다음은 차례대로 식품, 곤충의 침, 라텍스 때문에 생긴다. 특정한 물질에 유달리 민감한 사람들도 있다. 찰

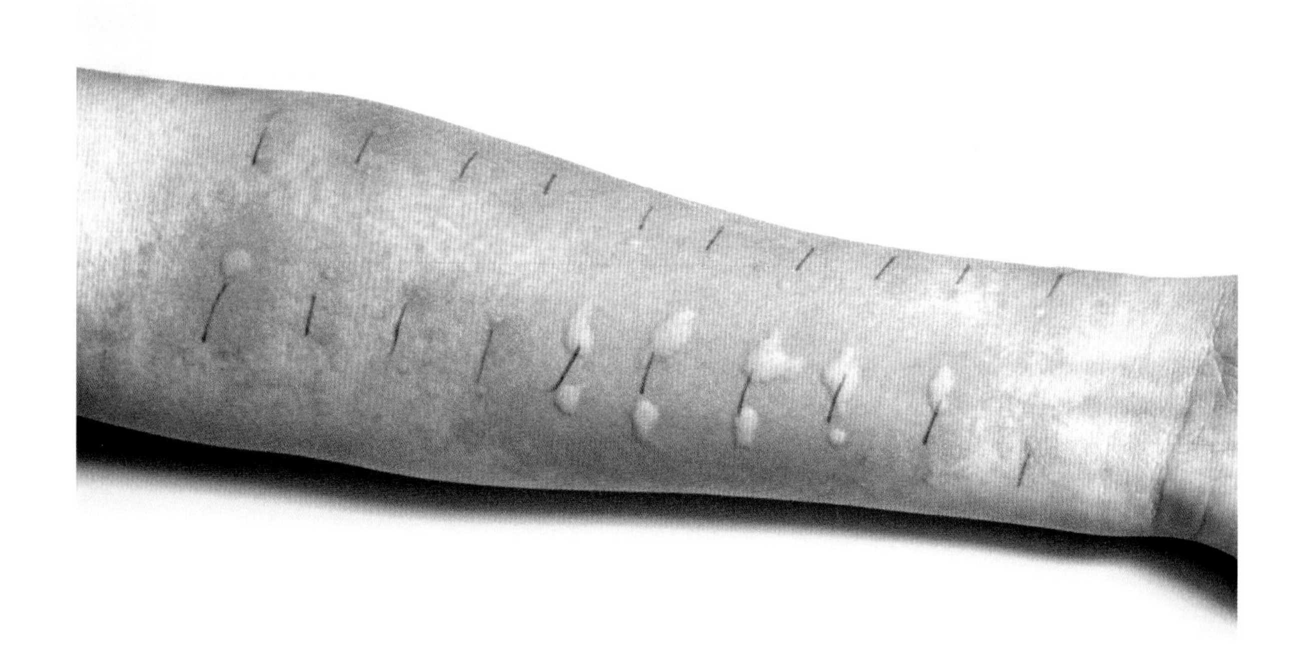

피해를 막기 위해서 무장하기?
다양한 항원을 주사하여 반응을 알아보는 알레르기 검사를 받고 있는 팔의 모습.

스 A. 패스터낵은 『우리 안의 분자(*The Molecules Within Us*)』에서 비행기에서 두 줄 떨어진 곳에 앉은 승객이 먹은 땅콩 때문에 이틀 동안 입원해야 했던 아이의 사례를 들려준다. 1999년에는 땅콩 알레르기가 있는 아동의 비율이 겨우 0.5퍼센트였지만, 20년이 지난 지금은 4배나 증가했다.

땅콩 알레르기를 피하거나 최소화하는 가장 좋은 방법이 아주 어릴 때 땅콩을 접하지 않는 것이라는 믿음이 수십 년 동안 유지되어왔다. 그러나 2017년 미국 국립 알레르기 감염병 연구소는 정반대로 어릴 때 소량을 노출시키는 것이 땅콩 알레르기를 줄이는 방법이라고 권고했다. 한편 다른 전문가들은 그 말은 사실상 부모가 자녀를 대상으로 실험을 하도록 놔두자는 것인데, 바람직하지 않은 조언이라고 말한다. 그들은 자격 있는 사람이 더 면밀히 지켜보는 환경에서만 습관화 과정이 이루어져야 한다고 주장한다.

알레르기 질환자 수가 급증하는 이유로 가장 흔히 제시되는 것은 이른바 "위생 가설(hygiene hypothesis)"로 잘 알려진 것이다. 1989년 「영국 의학회지」에 런던 위생열대 의학대학원의 역학자 데이비드 스트래천이 실은 짧은 논문에 제시된 가설이다(그는 위생 가설이라는 용어를 쓰지 않았다. 그 용어는 나중에 나왔다). 아주 개략적으로 말하자면, 그 개념은 선진국 아이가 더 이전 시대의 아이보다 훨씬 더 깨끗한 환경에서 자라며, 그래서 지저분한 것들과 기생생물

부모 양쪽이 특정한 알레르기가 있다면,
자녀도 그 알레르기가 있을 확률은 40퍼센트이다.

들을 더 가까이 접하고 살았던 예전 아이들보다 감염 내성이 덜 발달한다는 것이다.

그러나 위생 가설에는 몇 가지 문제가 있다. 하나는 알레르기 환자가 급증한 것이 주로 1980년대부터, 즉 우리가 위생에 신경을 쓰기 시작한 지 오랜 시간이 흐른 뒤부터이므로, 위생만으로는 그 증가율을 설명할 수 없다는 것이다. 위생 가설의 확장판은 "옛 친구 가설(old friends hypothesis)"이라는 것인데, 지금은 원래 이론을 대부분 대체한 상태이다. 이 가설은 우리의 취약성이 유년기의 노출만이 아니라, 신석기시대까지 거슬러 올라가는 누적된 생활양식 변화의 산물이라고 가정한다.

어느 쪽이든 간에, 이런 가설들은 기본적으로 우리가 알레르기가 왜 존재하는지를 모른다는 것을 보여준다. 아무튼 땅콩을 먹음으로써 죽는 것에 어떤 명백한 진화적 혜택이 있는 것은 아니므로, 이 극단적인 민감성이 일부 사람들에게 왜 유지되어왔는지는 그만큼 수수께끼이다.

면역계의 복잡성을 풀어내는 일은 단지 지적 호기심을 채우는 차원에 불과한 것이 아니다. 몸 자체의 면역 방어체계를 활용하여 질병과 싸우는 방법—면역요법(immunotherapy)이라고 하는 것—을 찾아낸다면, 모든 의학 분야에 혁신이 일어날 것이다. 그런 노력 가운데 두 가지가 최근 들어서 많은 주목을 받아왔다. 하나는 면역 관문요법(immune checkpoint therapy)이다. 이 요법은 면역계가 기본적으로 문제를 해결한—이를테면, 감염균을 죽인—뒤에 물러난다는 개념에 토대를 둔다. 면역계는 이런 측면에서 소방대와 살짝 비슷하다. 일단 불을 끄고 나면 재에 물을 계속 뿌리는 것은 무의미하므로, 소방대는 자체 신호에 따라서 장비를 꾸려서 소방서로 돌아가서 다음 화재를 기다린다. 암은 면역계의 이런 특성을 이용하는 법을 터득한다. 멈춤 신호를 자체적으로 내보냄으로써, 면역계를 속여서 영구히 물러나 있도록 만든다. 관문요법은 단순히 그 멈춤 신호를 뒤엎는 것이다. 이 요법은 몇몇 암에 기적과도 같은 효과를 발휘한다. 거의 죽기 직전까지 흑색종이 진행되었다가 완전히 회복된 사례들이 있다. 그러나 아직 이유를 잘 모르겠지만, 효과가 없을 때도 많다. 또 심각한 부작용이 나타날 수도 있다.

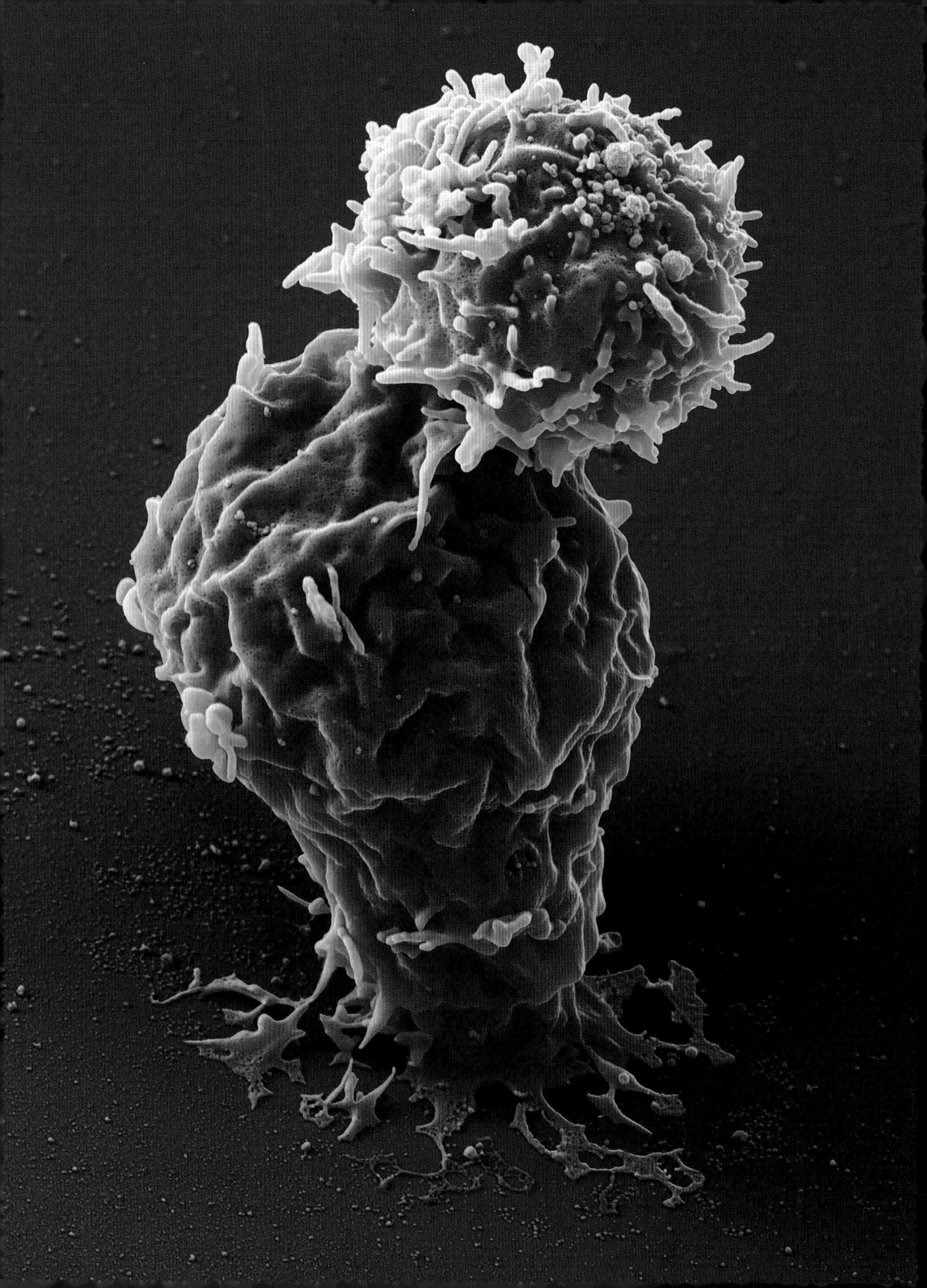

또 한 가지 요법은 CAR T세포 요법(CAR T-cell therapy)이라는 것이다. CAR은 키메라 항원 수용체(chimeric antigen receptor)의 약자로서, 들리는 것처럼 복잡하고 전문적이지만, 기본적으로는 암 환자의 T세포를 꺼내어 유전적으로 변형시킨 뒤에 몸에 다시 집어넣어서 암세포를 공격하여 죽이게 하는 방법이다. 이 요법은 몇몇 백혈병에는 아주 효과적이지만, 암에 걸린 백혈구뿐 아니라 건강한 백혈구까지 죽이므로 환자가 감염에 매우 취약해진다.

그러나 이런 요법의 진짜 문제는 비용이다. CAR T세포 요법은 치료비가 50만 달러를 넘을 수 있다. 대니얼 데이비스는 이렇게 묻는다. "우리가 하려는 일이 극소수의 부자들만 치료하고, 다른 사람들에게는 당신들은 이용할 수 없다고 말하는 것이란 말인가요?" 물론 그 질문은 이 책에서 다루는 내용과는 전혀 다른 범주에 속한다.

맞은편 : 면역세포 재훈련 : CAR T세포(주황색)가 백혈병 암세포(빨간색)를 공격하고 있다.

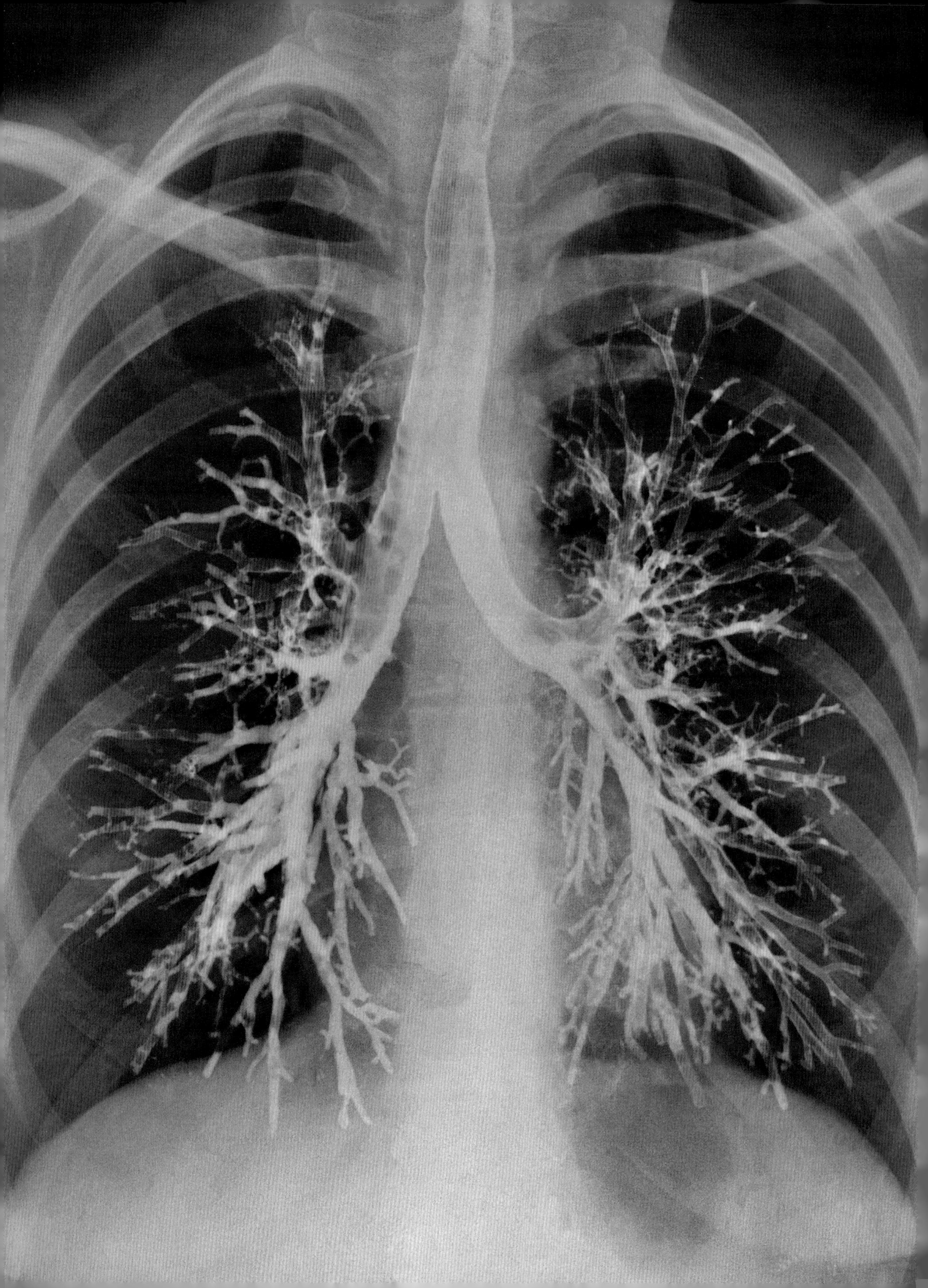

13

심호흡: 허파와 호흡

"눈앞이 흐릿해지기 시작할 때마다 바다로 가서 허파가 바다내음으로 가득 차기 시작하는 것을 느끼곤 하지."

허먼 멜빌

『모비 딕(*Moby Dick*)』

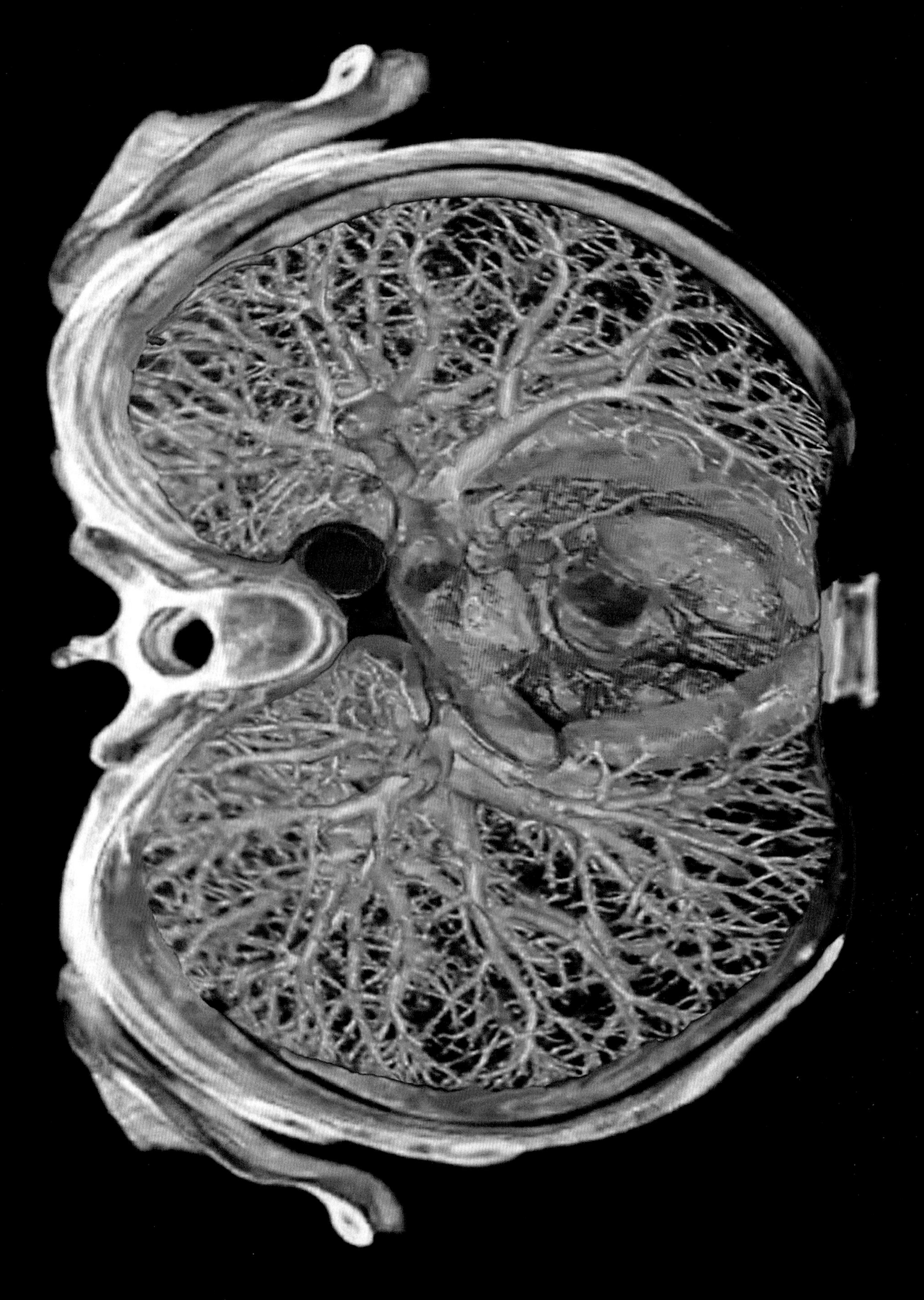

I

깨어 있든 잠들어 있든, 조용히 리드미컬하게, 대개 의식하지 않은 채, 매일 우리는 약 2만 번 호흡을 하면서 약 1만2,500리터의 공기를 꾸준히 처리한다. 물론 몸집이 어느 정도이고 얼마나 활동을 하느냐에 따라서 달라진다. 1년이면 약 730만 번, 평생에 걸쳐 5억5,000만 번 호흡을 한다.

우리 삶의 모든 것이 그렇듯이, 호흡도 횟수를 보면 엄청나다. 사실 환상적인 수준이다. 매번 숨을 내쉴 때마다, 약 250해(2.5 × 1022) 개의 산소 분자가 배출된다. 하루로 따지면, 당신은 지금까지 살았던 모든 사람들이 내쉰 분자들 중에서 최소한 하나는 들이마셨을 가능성이 높다. 그리고 앞으로 태양이 다 타버릴 때까지 살 모든 사람은 당신이 내쉰 분자들을 때때로 들이마실 것이다. 원자 수준에서 보면, 우리는 어떤 의미에서는 영원하다.

대부분의 사람은 콧구멍(naris, 해부학자들이 콧구멍을 가리킬 때 쓰는 영어 전문용어인데, 굳이 그렇게 쓰는 뚜렷한 이유는 없다는 말을 덧붙여야겠다)을 통해서 이런 분자들을 빨아들인다. 들어온 공기는 머리에 있는 가장 수수께끼의 공간인 굴(sinus cavity)을 지나간다. 머리 공간 전체에 대한 비율로 따질 때, 머리에 있는 굴들은 아주 많은 공간을 차지하는데, 그 이유를 확실히 아는 사람은 아무도 없다.

노팅엄 대학교와 퀸스 의학 센터의 벤 올리비어는 이렇게 말한다. "굴은 기묘해요. 말 그대로 머릿속에 나 있는 동굴 같은 공간들이지요. 그렇게 많은 공간을 굴로 만들지 않았다면, 우리 머리에 회백질이 들어갈 공간이 훨씬 늘어났을 겁니다." 이 공간은 완전히 비어 있는 것이 아니라, 뼈들이 복잡한 그물처럼 뻗어 있는 형태이다. 이 그물은 어떤 식으로든 간에 호흡 효율을 높인다고 여겨진다. 진정한 기능이 있든 없든 간에, 굴은 우리에게 많은 불행을 안겨주기도 한다. 해마다 미국인 중 3,500만 명이 굴염을 앓으며, 모든 항생제 처방전 중 약 20퍼센트가 굴 질환에 쓰인다(굴 질환 중에서 바이러스로 인한 것이 압도적으로 많아서 항생제가 무용지물임에도 그렇다).

말이 나온 김에 덧붙이면, 추운 날에 콧물이 줄줄 흐르는 이유는 추운 날씨에 욕실 유리창에 물이 줄줄 흐르는 이유와 똑같다. 허파에서 나오는 따뜻한 공기가 콧구멍으로 들어오는 차가운 공기와 만나서 응축되면서 흘러나오는 것이다.

또한 허파는 경이로운 청소 능력을 가진다. 한 추정값에 따르면, 도시 거주

맞은편 : 허파를 통해 보이는 광경. 밑에서 올려다본 가슴의 CT 사진에는 심장(빨간색)을 둘러싼 허파(파란색)의 갈라진 숨길들이 보인다. 오른쪽에는 복장뼈, 왼쪽에는 척추, 그리고 둘러싸고 있는 가슴우리(흉곽)도 보인다.

앞쪽 : 허파에 들어 있는 약 2,400킬로미터에 달하는 숨길(분홍색) 중 일부를 보여주는 가슴 X선 사진.

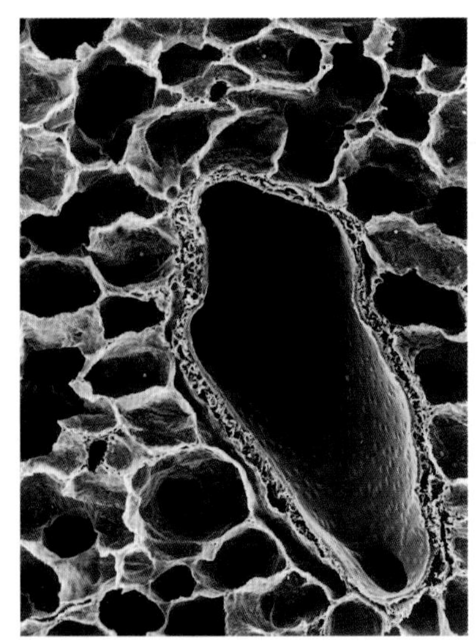

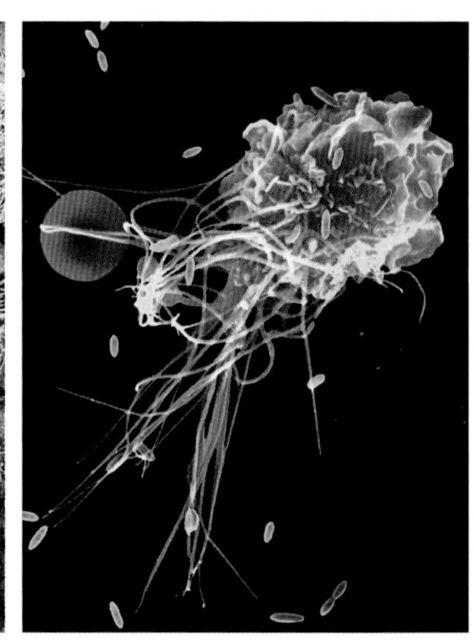

산소가 들어가고 노폐물이 배출된다. **왼쪽** : 산소가 혈액으로 흡수되는 작은 공기주머니인 허파꽈리들 사이에 있는 세기관지(녹색). **가운데** : 달갑지 않은 입자를 가두는 둥근 점액 생산 세포와 그것을 출구로 밀어보내는 털처럼 생긴 섬모가 나 있는 숨길의 벽. **오른쪽** : 이런 방어 수단들을 통과한 것들을 닥치는 대로 먹어치우는 일에 몰두하는 작은 구조물 중의 하나인 허파꽈리 큰포식세포.

자는 매일 먼지, 산업 오염물질, 꽃가루, 곰팡이 홀씨 등 공기에 떠다니는 온갖 이물질 입자를 하루에 약 200억 개 흡입한다고 한다. 우리는 이런 온갖 것들로 심하게 앓을 수 있음에도, 대다수는 멀쩡하게 지낸다. 대개 몸이 이런 침입자들을 처리하는 일을 능숙하게 잘 하기 때문이다. 침입하는 입자가 크거나 유달리 자극을 일으킨다면, 기침이나 재채기를 통해서 곧바로 내보낼 것이 거의 확실하다(그 과정에서 남에게 피해를 줄 때도 있다). 너무 작아서 그런 격렬한 반응을 일으키지 않는 입자라면 콧속 통로의 안쪽 벽에 발라져 있는 점액이나 허파의 기관지에서 붙들릴 가능성이 높다. 기관지라는 미세한 공기 통로에는 털 같은 섬모들이 무수히 나 있다. 이 섬모들은 마치 노를 젓듯이 위로 움직이면서(1초에 16번씩 격렬하게 움직인다), 침입자를 목으로 다시 밀어올려서 위(胃)로 이어진 통로로 넘긴다. 그러면 침입자는 내려가서 위산에 녹아 사라진다. 침입자가 어떻게 해서든 밀려올라가지 않고 지나간다면, 허파꽈리 큰포식세포라는 게걸스럽게 먹어치우는 기계와 맞닥뜨릴 것이다. 그 세포들은 입자를 먹어치운다. 이런 여러 방어체계가 있음에도, 기어코 뚫고 들어가서 우리를 아프게 하는 병원체들도 있다. 물론 생명이 본래 그런 것이다.

재채기가 사람들이 짐작하는 것보다 훨씬 더 흠뻑 적시는 과정이라는 사실은 최근에야 발견되었다. 매사추세츠 공과대학의 리디아 부루이바 연구진은 「네이처(*Nature*)」에 재채기를 가장 상세히 관찰한 연구 결과를 발표했다. 재채기를 할 때 물방울이 8미터까지 날아가고, 공중에 떠다니다가 주변의 표면에 가라앉기까지 10분까지도 걸린다는 내용이었다. 연구진은 초고속 촬영을 통재채기가 으레 짐작하듯이 물방울들이 공처럼 모인 형태로 날아가는 것이 아니라, 넓은 판에 더 가까운 형태로 날아간다는 것을 밝혀냈다. 액체 막이 쫙 펼쳐졌다가 주변의 표면에 닿아서 깨지는 형태였다.

해서 재채기가 으레 짐작하듯이 물방울들이 공처럼 모인 형태로 날아가는 것이 아니라, 넓은 판에 더 가까운 형태로 날아간다는 것을 밝혀냈다. 액체 막이 쫙 펼쳐졌다가 주변의 표면에 닿아서 깨지는 형태였다. 재채기를 하는 사람 곁에 너무 가까이 있고 싶지 않은 사람은 그 이유를 굳이 댈 필요가 있을 때, 이를 추가 증거로 제공할 수 있을 것이다. 기온과 날씨가 재채기의 물방울이 뭉치는 양상에 영향을 미칠 수 있다는 흥미로운 이론이 하나 있다. 그 이론은 추운 날씨에 독감과 감기 환자가 더 많아지는 이유를 얼마간 설명해줄 수는 있겠지만, 감염원이 포함된 물방울이 우리 몸에 호흡(또는 입맞춤)을 통해서 들어올 때보다 접촉을 통해서 유입될 때, 감염성이 더 높은 이유는 설명하지 못한다. 한마디 덧붙이면, 재채기의 영어 학술용어는 스터너테이션(sternutation)인데, 몇몇 전문가들은 반쯤 농담 삼아 재채기를 상염색체 우성 강제 일광 눈 자극 분출(autosomal dominant compelling helio-ophthalmic outburst), 줄여서 에이취(ACHOO) 증후군이라고 말한다.

허파는 무게가 약 1.1킬로그램에 불과하지만, 일반적으로 생각하는 것보다 훨씬 더 많은 공간을 차지한다. 목 바로 밑에서부터 가슴뼈 끝까지 뻗어 있다. 대개 허파가 풀무처럼 독자적으로 부풀었다가 쪼그라들었다 한다고 생각하지만, 사실 허파는 몸에서 가장 인정을 덜 받는 근육 중 하나인 가로막의 도움을 많이 받는다. 가로막은 포유류에게만 있으며, 아주 좋은 발명품이다. 가로막은 허파를 아래로 잡아당김으로써 더 힘차게 움직이도록 돕는다. 가로막 덕분에 호흡 효율이 높아져서 우리는 근육과 뇌에 산소를 더 많이 보낼 수 있다. 그만큼 우리가 더 힘이 세지고 영리해지는 데에 기여했다고 할 수 있다. 가슴막 안(pleural cavity, 흉막강)이라는 허파 주위의 공간과 몸 바깥 세계의 약간의 기압 차이도 호흡 효율을 높인다. 가슴 안의 기압은 대기압보다 약간 낮아서 허파가 부푼 상태를 유지하도록 돕는다. 관통상을 입거나 해서 가슴 안으로 공기가 들어가면, 이 기압 차이가 사라지면서 허파는 원래 크기의 약 3분의

coughs and sneezes spread diseases
GILES
TRAP THE GERMS IN
YOUR HANDKERCHIEF
ISSUED BY THE MINISTRY OF HEALTH
PRINTED FOR H.M. STATIONERY OFFICE BY FOSH & CROSS LTD., LONDON. 51-151.

1로 쪼그라든다.

호흡은 몸의 자율적인 기능들 중에서 어느 정도까지이기는 해도, 우리가 의도적으로 제어할 수 있는 극소수에 속한다. 우리는 원하는 만큼 오래 눈을 감고 있을 수 있지만, 숨은 원하는 만큼 참을 수가 없다. 곧 자율신경계가 통제권을 빼앗아서 다시 호흡을 하게 만든다. 흥미로운 점은 숨을 아주 오래 참았을 때에 느끼는 불편함이 산소 고갈 때문이 아니라, 이산화탄소 축적 때문에 일어난다는 것이다. 숨을 오래 참았다가 다시 호흡을 할 때 가장 먼저 하는 일이 들숨이 아니라 날숨인 이유가 바로 그 때문이다. 갇힌 공기를 내보내는 것보다 신선한 공기를 들이마시는 것이 가장 시급한 일이 아닐까 생각하겠지만, 그렇지 않다. 몸은 이산화탄소를 몹시 싫어하기 때문에, 새 공기를 마시기 전에 먼저 배출해야 한다.

사람은 숨을 참는 일을 잘 하지 못한다. 사실 비효율적인 수준이다. 우리의 허파는 약 6리터의 공기를 담을 수 있지만, 대개 평소에 한 번 호흡할 때 드나드는 공기는 약 0.5리터에 불과하다. 그러니 개선의 여지가 아주 많다. 가장 오래 숨을 참은 기록을 가진 사람은 스페인의 알레이스 세구라 벤드렐로서 무려 24분 3초를 참았다. 2016년 2월 바르셀로나의 수영장에서 세운 기록이다. 그러나 그는 측정을 시작하기 전에 얼마 동안 순수한 산소를 호흡했고, 물속에서는 산소 요구량을 최소로 줄이기 위해서 꼼짝하지 않고 엎드려 있었다. 대부분의 수생 포유동물에 비하면, 너무나 미약한 수준이다. 몇몇 물범은 물속에서 2시간까지도 머물 수 있다. 대부분의 사람은 잘해야 1분 남짓밖에 버티지 못한다. 해녀의 잠수 시간도 대개 2분을 넘기지 않는다(하루에 100번 넘게도 잠수를 하지만).

우리는 생명을 유지하기 위해서 많은 공기가 필요하다. 평균적인 몸집의 어른은 피부의 면적이 2제곱미터쯤 되지만, 허파 조직의 면적은 약 95제곱미터에 달하며, 그 안의 공기 통로는 총 길이가 2,400킬로미터에 달할 것이다. 그런 엄청난 호흡 기구를 자그마한 가슴에 꾸려넣은 방식은 수십억 개의 세포에 어떻게 많은 산소를 효율적으로 전달할 것인가라는 매우 어려운 문제의 탁월한 해결책이다. 이렇게 복잡하게 꾸려넣지 못했다면, 우리는 바닷말인 켈프와 비슷한 모습을 취해야 했을지도 모른다. 켈프는 수십 미터까지 자라지만, 산소 교환을 하려면 모든 세포가 표면 가까이에 놓여 있어야 하기 때문에 납작하다.

호흡이 대단히 복잡한 과정이라는 점을 생각할 때, 허파가 많은 문제를 일으킬 수 있다고 해도 놀랄 일은 아니다. 아마도 놀라운 점은 우리가 문제의 원인

맞은편 : 만화가 자일스가 미친 듯이 희생자를 찾아나서는 병균 무리라고 묘사한 이래로, 과학은 재채기 침방울이 어떻게 퍼지는지를 더 자세히 밝혀왔다. 그렇기는 해도 제2차 세계대전 당시의 이 보건부 포스터는 손수건을 쓰라는 강력한 메시지를 전달한다.

을 거의 이해하지 못하는 사례도 많다는 것이 아닐까? 그중에서도 천식이 가장 대표적이다.

II

천식의 대표적인 인물을 꼽으라면, 아마 위대한 프랑스 소설가인 마르셀 프루스트(1871–1922)보다 나은 사람은 없을 것이다. 물론 프루스트는 다른 여러 질환들의 대표적인 인물로도 얼마든지 뽑힐 수 있다. 그는 놀라울 정도로 다양한 질환들을 앓고 있었기 때문이다. 불면증, 소화불량, 요통, 두통, 피로, 졸음, 지독한 권태감에도 시달렸다. 그렇기는 해도, 그를 가장 괴롭힌 것은 천식이었다. 그는 아홉 살에 처음으로 천식 발작을 겪었고, 그 뒤로 평생 동안 천식에 시달렸다. 천식과 함께 심한 병균 공포증도 찾아왔다. 그는 우편물이 오면 조수를 시켜서 상자에 넣고 포름알데히드 증기에 노출시킨 뒤 2시간 동안 밀봉한 채 놔두었다가 개봉했다. 세계 어디를 가든 간에, 그는 매일 수면 상태, 허파 기능, 마음 상태, 장 운동 상태를 꼼꼼하게 적어서 어머니에게 보냈다. 이쯤 되면 짐작할 수 있겠지만, 그는 건강에 약간 집착하는 사람이었다.

그의 걱정 중에는 아마도 가벼운 건강염려증에서 비롯된 것들도 있었겠지만, 천식은 진짜로 걱정할 만했다. 치료법을 찾으려고 절실하게 애쓰다 보니 그는 (쓸데없이) 관장을 무수히 했고, 모르핀, 아편, 카페인, 아밀, 트리오날, 발레리안, 아트로핀 등을 주사하기도 했다. 담배도 처방을 받아서 피우기도 했고, 크레오소트와 클로로포름을 흡입하기도 했다. 코를 지지는 고통스러운 치료를 100번 넘게 받기도 했고, 우유만 먹기도 했으며, 통풍이 되지 않도록 집을 완전히 밀봉하기도 했다. 그는 생애의 대부분을 온천 마을과 산악 휴양지처럼 신선한 공기를 마실 수 있는 곳에서 지냈다. 그러다가 1922년 가을에 폐렴에 걸려서 허파가 망가지면서 사망했다. 당시 그의 나이 겨우 쉰하나였다.

프랑스의 소설가 마르셀 프루스트의 열여섯 살 때의 사진. 그는 이보다 7년 전에 첫 천식 발작을 겪었고, 35년 뒤에 폐렴으로 사망할 때까지 온갖 치료법을 시도했지만 모두 소용이 없었다.

프루스트의 시대에는 천식이 희귀한 질병이었고 잘 이해되지 않은 상태였다. 오늘날 천식은 흔한 질병이 되었지만, 여전히 이해되지 않은 상태이다. 20세기 후반기에 들어서 대부분의 선진국에서 천식 환자가 급증했다. 그런데 이유는 아무도 모른다. 현재 전 세계에서 3억 명이 천식을 앓는 것으로 추

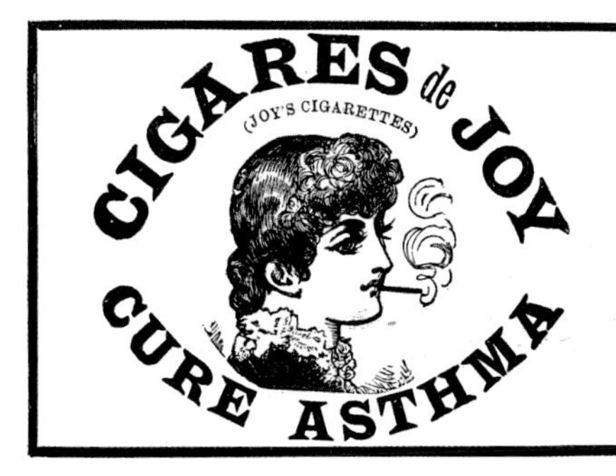

실질적으로 위험한 것에서부터 단순히 효과가 없는 것까지 : 오른쪽은 흡연이 치료 효과가 있다고 주장하는 1881년의 광고, 왼쪽은 25년 뒤의 "허파 토닉" 광고. 둘 다 효과는 없었다.

정되며, 통계에 충실한 국가들의 자료를 보면 천식 환자가 성인은 약 5퍼센트, 아동은 약 15퍼센트에 달한다. 그러나 이 비율은 지역마다, 나라마다, 심지어 도시마다 크게 다를 수 있다. 중국의 광저우는 오염이 극심한 반면, 열차로 겨우 1시간 거리인 홍콩은 공장이 거의 없어서 비교적 오염이 적고 바닷가라서 신선한 공기를 늘 접할 수 있다. 그런데 홍콩의 천식 환자 비율은 15퍼센트인 반면, 심하게 오염된 광저우의 천식 환자 비율은 3퍼센트에 불과하다. 우리의 예상과는 정반대이다. 이런 결과가 나온 이유는 아무도 설명하지 못한다.

전 세계를 보면, 천식은 사춘기 이전에는 여아보다 남아에게 더 흔하지만, 사춘기 이후에는 남성보다 여성에게 더 흔하다. 또 백인보다 흑인에게 더 흔하며(일반적으로는 그렇지만, 지역에 따라서 다르다), 시골 사람보다 도시 사람에게 더 흔하다. 아동을 보면, 비만과 저체중 양쪽 모두와 밀접한 관련이 있다. 비만인 아이들에게서 더 흔하게 나타나지만, 저체중인 아이들이 더 심각한 증세를 보인다. 세계에서 천식 환자의 비율이 가장 높은 나라는 영국으로, 작년에 천식 증상을 보인 아동이 무려 30퍼센트에 달했다. 중국, 그리스, 조지아, 루마니아, 러시아는 약 3퍼센트로 가장 낮은 국가에 속한다. 언어를 보면, 영어권 국가들은 모두 비율이 높고, 라틴아메리카 국가들도 그렇다. 치료제는 전혀 없다. 그래도 아동 중 75퍼센트는 성년기에 들어설 무렵이면 저절로 낫는다. 그런 일이 어떻게 또는 왜 일어나는지, 불행한 소수에게는 왜 그런 일이 일어나지 않는지, 아무도 알지 못한다. 사실 천식에 관한 한, 조금이라도 안다고 말할 수 있는 사람은 아무도 없다.

천식(asthma, "헐떡거리다"라는 뜻의 그리스어에서 유래)은 훨씬 더 흔해졌을 뿐만 아니라, 더 위험한 양상을 띠어왔으며, 때로 갑작스럽게 목숨을 위협

질병 때문에 뒤늦게 학업을 시작했지만, 이윽고 복잡하면서 여전히 수수께끼인 분야, 천식 역학의 전문가가 된 닐 피어스.

하기도 한다. 영국에서는 아동 사망의 네 번째 주된 원인이다. 미국에서는 1980년부터 2000년 사이에 천식 발병률이 2배로 뛰었는데, 입원율은 3배로 올랐다. 이는 천식이 더 흔해지는 동시에 증상이 더 악화되고 있다는 의미이다. 스칸디나비아, 오스트레일리아, 뉴질랜드, 아시아의 일부 부유한 국가들 등 많은 선진국들에서도 비슷한 양상이 나타났다. 그런데 이상하게도 그렇지 않은 나라들도 있다. 예를 들면, 일본은 천식 발병률이 크게 증가하지 않았다.

런던 위생열대 의학대학원의 역학 및 생물통계학과 닐 피어스 교수는 이렇게 말한다. "아마 사람들은 천식이 집먼지진드기나 고양이, 화학물질, 담배 연기, 공기 오염으로 생긴다고 생각할 겁니다. 내가 30년간 천식을 연구하면서 얻은 주된 결론은 사람들이 생각하는 그 어떤 것도 거의 다 실제로는 천식을 일으키지 않는다는 겁니다. 이미 천식이 있다면, 그것들이 천식 발작을 자극할 수는 있겠지만, 천식의 원인은 아닙니다. 우리는 천식의 주된 원인이 무엇인지 거의 감조차 잡지 못하고 있어요. 그러니 예방 조치도 전혀 할 수 없습니다."

뉴질랜드 출신인 피어스는 천식의 전파 양상 방면으로는 세계 최고의 권위자 중 한 명이다. 그는 우연하게도, 그리고 늦게서야 이 분야에 들어왔다. "나는 20대에 브루셀라병에 걸렸어요. 그래서 학업 방향이 바뀌었죠." 브루셀라병은 세균 감염 증상으로, 걸리면 독감에 걸린 것 같은 상태로 계속 지내게 된다. "나는 웰링턴 출신인데, 그곳 도시들에서는 브루셀라병이 흔치 않았어요. 그래서 의사들이 제대로 진단하기까지 3년이나 걸렸죠. 웃기게도 일단 그 병이라는 진단을 받자, 항생제를 겨우 2주일 동안 투여받고서 깨끗이 나았어요." 그때쯤 그는 수학 학위를 받기는 했지만, 의대에 갈 기회를 이미 놓친 상태였다. 그래서 공부를 더 할 생각을 버리고 2년 동안 버스 운전사와 공장 일꾼으로 일했다.

그후에 더 재미있는 일이 없을까 찾던 중에 우연히 기회가 닿아서, 웰링턴 의과대학에서 생물통계학자로 일하게 되었다. 나중에 웰링턴에 있는 매시 대학교의 공중보건 연구 센터의 소장이 되었다. 당시에 젊은 천식 환자들이 이유도 모르게 갑작스럽게 사망하는 일이 잇달아 터지자, 그는 천식의 역학을 연구하기 시작했다. 피어스가 속한 조사단은 페노테롤(fenoterol, 악명 높은 아편제인 펜타닐과 무관한 약물이다)이라는 흡입 약물이 사망의 원인임을 알아냈다. 그 일

많은 환자들은 추운 공기, 스트레스, 운동 등 알레르기 물질이나 공중에 떠다니는 것과는 전혀 무관한 요인들에 의해서 천식이 촉발될 수 있다.

을 계기로 그는 천식을 꾸준히 연구해왔다. 지금은 그의 여러 관심사 중의 하나일 뿐이지만 말이다. 2010년에 그는 영국으로 와서 블룸스버리에 있는 권위 있는 런던 위생열대 의학대학원의 교수가 되었다.

우리가 만났을 때에 그는 이렇게 말했다. "오랫동안 천식이 신경질환이라는 것이 정통 견해였어요. 즉 신경계가 허파로 잘못된 신호를 보내서 생긴다는 견해였죠. 그러다가 1950년대와 1960년대에 알레르기 반응이라는 개념이 등장했고, 꽤 인기를 끌었죠. 지금도 교과서들에는 생애 초기에 알레르기 물질에 노출되어서 천식에 걸린다고 나와 있습니다. 기본적으로 그 이론은 모든 점에서 틀렸어요. 지금은 천식이 그보다 훨씬 더 복잡한 양상을 띤다는 점이 명확해졌어요. 지금은 알레르기와 관련이 있는 천식은 절반에 불과하고, 나머지 절반은 전혀 다른 무엇, 그러니까 알레르기와 무관한 과정들을 통해 생긴다는 걸 알게 되었습니다. 그 과정들이 뭔지 모른다는 게 문제이긴 하지만요."

많은 환자들은 추운 공기, 스트레스, 운동 등 알레르기 물질이나 공중에 떠다니는 것과는 전혀 무관한 요인들에 의해서 천식이 촉발될 수 있다. "더 일반적으로 보면, 알레르기성 천식과 비알레르기성 천식 둘 다 허파의 염증을 수반한다는 것이 정통 견해입니다. 그러나 일부 천식 환자는 얼음물에 발을 담그기만 하면 즉시 기침을 하기 시작해요. 그런 반응이 염증 때문에 일어날 리는 없어요. 너무 빠르거든요. 신경학적인 것이 분명하지요. 그러니까 우리는 한 바퀴 돌아서 원래의 정설로 다시 돌아왔어요. 적어도 일부 환자들에게서는요."

천식은 대개 어떤 시기에만 나타난다는 점에서 다른 허파 질환들과 전혀 다르다. "천식 환자의 허파 기능을 검사하면, 대부분의 시기에는 지극히 정상인 사람이 대부분입니다. 발작이 일어날 때에만 허파 기능에 문제가 있다는 것이 드러나고 검출할 수 있어요. 질병치고는 정말 특이한 겁니다. 다른 허파 질환은 증상이 전혀 없을 때에도, 침이나 가래를 검사하면 거의 언제나 문제가 있

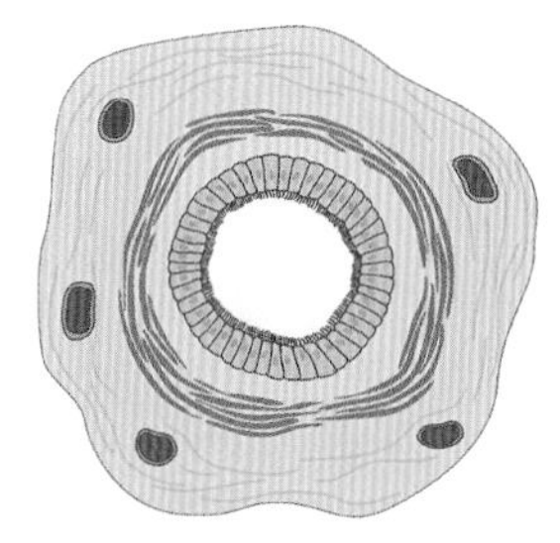

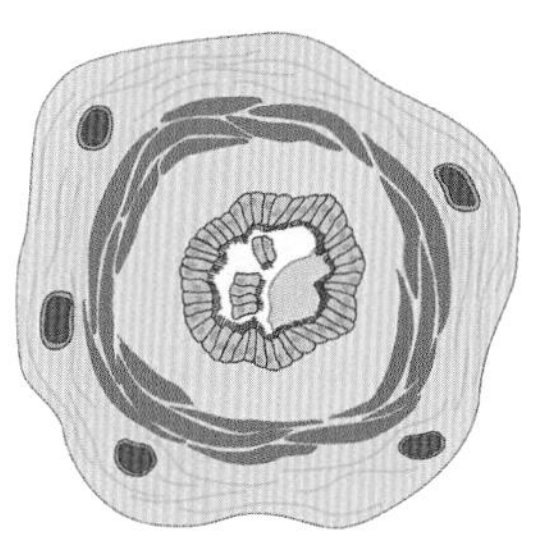

이 컴퓨터 이미지는 건강한 숨길과 점액(파란색), 세포 조각으로 막힌 천식 환자의 좁아진 숨길을 보여준다.

닐 피어스가 몇 년 전에 발견했듯이, 어릴 때부터 집에 고양이가 있었던 사람들은 평생 천식에 걸리지 않는 듯하다.

다는 게 드러납니다. 그런데 천식에서는 병 자체가 그냥 사라지곤 해요."

천식 발작이 일어나면 기도가 좁아지면서 숨을 마시거나 내뱉기가 어려워진다. 특히 내뱉는 것이 더 힘들어진다. 조금 가벼운 유형의 천식을 앓는 사람들은 스테로이드를 투여하면 거의 언제나 천식 발작이 억제되지만, 더 심각한 유형에는 스테로이드가 거의 효과가 없다.

피어스는 말한다. "천식에 관해 우리가 말할 수 있는 건 오직 천식이 주로 서구의 질병이라는 겁니다. 서구의 생활습관에 있는 뭔가가 면역계를 더 취약하게 하는 방식으로 작용하는 거죠. 그런데 왜 그런지는 전혀 몰라요." "위생 가설"이 제시되어 있기는 했다. 어릴 때 감염원에 노출되면 나중에 천식이나 알레르기원에 더 내성을 띠게 된다는 개념이다. "좋은 이론이긴 한데요, 완벽하게 들어맞지는 않아요. 브라질 같은 나라는 감염률도 높으면서 천식 발병률도 높거든요."

천식은 열세 살에 가장 많이 발병하지만, 성년기에 처음 걸리는 사람들도 많다. "의사들은 생후 첫 몇 년간이 천식에 매우 중요하다고 말하겠지만, 정확히 딱 맞는 말은 아닙니다. 중요한 것은 노출이 되고 처음 몇 년이에요. 직장을 옮기거나 이주를 하면, 어른이라도 천식에 걸릴 수 있어요."

몇 년 전에 피어스는 한 가지 신기한 발견을 했다. 생애 초기에 집안에 고양이가 있었던 사람들은 평생 천식에 걸리지 않는 것 같다는 사실이었다. "내가 즐겨 하는 농담이 있어요. 30년 동안 천식을 연구했어도 천식을 막은 사례는 단 한 건도 없지만, 수많은 고양이들의 목숨은 구했다고요."

서구의 생활습관이 정확히 어떤 방식으로 천식을 촉발하는지는 말하기가 쉽지 않다. 농가에서 자라면 덜 걸리고 도시로 이사하면 위험이 더 높아지지만, 마찬가지로 그 이유는 전혀 알지 못한다. 한 가지 흥미로운 이론은 버지니아 대학교의 토머스 플래츠밀스가 제시한 것인데, 천식 환자의 증가를 아이들이 야외에서 보내는 시간의 감소와 관련짓는다. 플래츠밀스가 주목했듯이, 예전에 아이들은 방과 후에 야외에서 놀고는 했다. 지금은 실내로 들어와서 죽치고 있는 사례가 훨씬 더 많다. 그는 「네이처」에 이렇게 썼다. "지금 아이들은 예전에 결코 하지 않았던 방식으로 집안에 틀어박혀서 꼼짝하지 않고 앉아 있다." 텔레비전을 보면서 앉아 있는 아이들은 밖에서 놀이를 할 때처럼 허파를 운동시키지 않을 뿐 아니라, 화면에 시선을 빼앗긴 채 앉아 있지 않은 아이들과는 호흡하는 방식도 다르다. 또 책을 읽는 아이들은 텔레비전을 시청하는 아이들보다 더 깊이 호흡하고 한숨도 자주 쉰다. 이 이론에 따르면 텔레비전 시청자들은 호흡 활동의 이 미묘한 차이 때문에 천식에 더 잘 걸릴 수 있다고 한다.

한편 바이러스가 천식을 일으키는 것일 수도 있다고 주장하는 연구자들도 있다. 브리티시컬럼비아 대학교의 연구진은 2015년에 유아에게 장내 미생물 중 4종류인 라크노스피라(*Lachnospira*), 베일로넬라(*Veillonella*), 파이칼리박테륨(*Faecalibacterium*), 로티아(*Rothia*)가 없으면 생후 몇 년 사이에 천식이 발병할 가능성이 높다고 발표했다. 그러나 지금까지 나온 이 모든 주장들은 그저 가설에 불과하다. 피어스는 이렇게 말한다. "한마디로 우리는 아직 모른다는 거죠."

III

허파의 질병들 중에서 언급할 가치가 있는 너무나 흔한 것이 하나 더 있다. 우리에게 미치는 영향이 크기 때문만이 아니라, 원인을 인정하기까지 유달리 오래 걸렸기 때문이기도 하다. 바로 흡연과 폐암이다.

둘 사이의 관계를 무시하기란 거의 불가능해 보일 것이다. 규칙적으로 (하루에 약 한 갑) 담배를 피우는 사람은 비흡연자보다 암에 걸릴 가능성이 50배 더

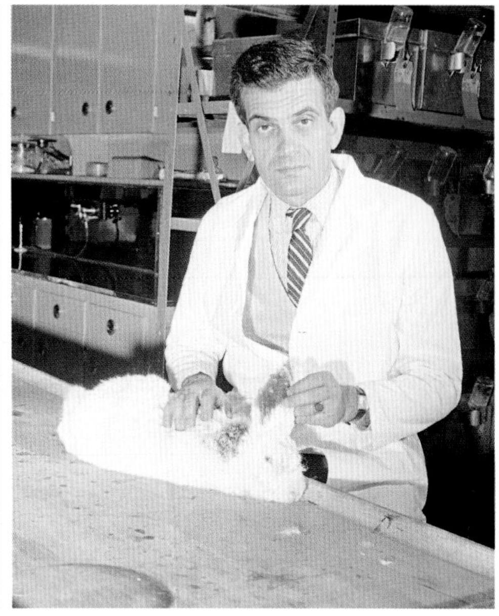

생각을 바꾸는 과학의 힘. 왼쪽의 에바츠 앰브로즈 그레이엄은 처음에는 흡연과 폐암 사이에 아무런 관계도 없다고 보고 지극히 회의적인 관점에서 흡연 연구를 시작했다. 오른쪽은 그의 학생인 에른스트 빈더. 빈더의 실험 결과가 너무나 설득력이 있었기 때문에 그레이엄은 그 결과에 수긍했을 뿐만 아니라 공동으로 결과를 발표하기까지 했다.

높다. 세계의 흡연 인구가 급증하던 1920년부터 1950년까지의 30년 동안, 폐암 환자의 수도 급증했다. 미국에서만 3배 증가했다. 세계의 다른 지역들에서도 비슷한 양상이 나타났다. 그러나 흡연이 폐암을 일으킨다는 개념이 널리 받아들여지기까지는 오랜 세월이 걸렸다.

둘의 관계를 부정하다니, 지금 보면 제정신이 아닌 것 같지만, 당시 사람들은 그렇게 생각하지 않았다. 문제는 당시에 흡연자의 비율이 엄청나게 높았지만—1940년대 말에는 미국 성인 남성의 80퍼센트가 피워댔다—폐암에 걸리는 사람은 그중 일부에 불과하다는 점이었다. 그리고 비흡연자들 중에서도 폐암에 걸리는 사람들이 있었다. 따라서 흡연과 폐암 사이에 직접적인 관계가 있다는 것이 아주 명확해 보였다고는 할 수 없었다. 무엇인가를 하는 사람이 아주 많은데 그중 일부만 죽는다면, 그 죽음을 한 가지 원인 탓으로 돌리기가 어렵다. 폐암의 증가가 공기 오염 때문이라고 본 전문가들도 있었다. 도로 포장용 아스팔트의 사용 증가가 원인이라고 생각한 이들도 있었다.

세인트루이스에 있는 워싱턴 대학교의 흉부외과의사이자 교수인 에바츠 앰브로즈 그레이엄(1883-1957)은 앞장서서 회의론을 피력한 인물이었다. 그는 흡연자가 늘어나는 기간에 나일론 스타킹도 인기를 끌었으므로, 그 스타킹이 폐암의 원인일 수도 있다는 (농담 삼아 한 것이지만) 유명한 주장을 펼쳤다. 그래도 자신의 학생인 독일 태생의 에른스트 빈더가 1940년대 말에 그 문제를 연구하고 싶다고 하자, 그레이엄은 허락했다. 주된 이유는 그 연구로 흡연과 암

영국의 리처드 돌(왼쪽)과 A. 브래드퍼드 힐은 미국의 그레이엄과 빈더의 결과에 부합되는 연구 결과를 내놓았다. 안타깝게도 처음에 세계는 별 반응을 보이지 않았다.

사이에 상관관계가 있다는 이론이 영구히 틀렸음이 입증될 것이라고 예상했기 때문이다. 그런데 사실 빈더는 둘 사이에 관계가 있음을 결정적으로 보여주었다. 증거가 너무나 확실했기 때문에 그레이엄도 마음을 바꿀 수밖에 없었다. 1950년 둘은 「미국 의학협회지」에 공동으로 논문을 발표했다. 그 직후에 「영국 의학회지」에도 거의 동일한 결론을 내린 논문이 실렸다. 런던 위생열대 의학대학원의 리처드 돌과 A. 브래드퍼드 힐이 쓴 논문이었다.*

비록 세계에서 가장 명성 있는 두 의학 학술지가 흡연과 암 사이에 뚜렷한 관계가 있다는 것을 보여주었지만, 그 연구 결과들은 세상에 거의 아무런 영향도 미치지 못했다. 사람들은 그저 담배를 너무 좋아해서 끊을 수가 없었다. 런던의 리처드 돌과 세인트루이스의 에바츠 그레이엄은 둘 다 평생 담배를 피운 골초였지만, 담배를 끊었다. 그러나 그레이엄은 너무 늦게 끊었다. 그는 논문을 발표한 지 7년 뒤에 폐암으로 사망했다. 아무튼 이후로도 세계 곳곳에서 흡연자는 계속 늘어났다. 1950년대에 미국의 흡연량은 20퍼센트가 증가했다.

담배회사들의 부추김을 받아서 많은 평론가들은 그 연구 결과들을 조롱했다. 그레이엄과 빈더는 생쥐에게 흡연을 하도록 훈련시킬 수가 없었으므로, 불타는 담배에서 타르를 추출하는 기계를 개발했다. 그들은 그렇게 추출한 타르

---

* 브래드퍼드 힐은 이전에도 이미 의학에 중요한 기여를 했다. 그보다 2년 전에 무작위 통제 실험(randomized control trial)을 창안하여, 스트렙토마이신의 효과를 검사했다.

비록 세계에서 가장 명성 있는 두 의학 학술지가
흡연과 암 사이에 뚜렷한 관계가 있다는 것을 보여주었지만,
그 연구 결과들은 세상에 거의 아무런 영향도
미치지 못했다.

를 실험용 생쥐의 피부에 발랐고, 그 부위에서 종양이 생긴다는 것을 보여주었다. 「포브스(*Forbes*)」의 한 기고가는 신랄하게(그리고 조금 멍청하게라는 말도 덧붙여야겠다) 물었다. "담배에서 타르를 추출해서 자기 등에 바를 사람이 얼마나 될까?" 정부도 그 문제에 별 관심을 보이지 않았다. 영국의 보건장관 이언 매클라우드는 흡연과 폐암이 명백한 관계가 있다는 공식 기자회견을 하는 자리에서, 남들이 다 보는 가운데 담배를 피움으로써 자신이 발표하는 내용의 신뢰성을 떨어뜨렸다.

담배 제조사들의 지원을 받는 과학 단체인 담배산업 연구위원회는 비록 실험용 생쥐에게서 담배가 암을 일으켰다고 해도, 사람에게서도 그렇다는 것은 결코 밝혀진 적이 없다고 주장했다. 위원회의 과학 간사는 1957년에 이렇게 썼다. "담배 연기나 알려져 있는 그 성분 중에서 어느 것이 사람에게 암을 일으킨다고 밝혀낸 사람은 아무도 없다." 살아 있는 사람에게 암을 일으키는 실험을 하는 것이 윤리적으로 결코 허용될 수 없다는 사실을 편리하게 간과한 발언이었다.

우려를 좀더 회피하고자(그리고 자사 제품을 여성들에게 더 많이 팔고자), 담배 제조사들은 1950년대 초에 담배 필터를 도입했다. 제조사들은 필터의 효과를 톡톡히 보았다. 필터 덕분에 담배가 훨씬 더 안전해졌다고 주장할 수 있었기 때문이다. 대다수 제조사는 필터를 끼운 담배에 더 높은 가격을 매겼다. 그러나 사실 필터를 끼우기 위해서 빼낸 담배의 양이 필터보다 더 비쌌다. 게다가 대부분의 필터는 타르나 니코틴을 전혀 걸러내지 못했고, 약해진 맛을 보완하기 위해서 제조사들은 더욱 강한 담배를 쓰기 시작했다. 그 결과 1950년대 말에 일반 흡연자는 필터가 발명되기 전보다 오히려 타르와 니코틴을 더 많이 빨아들였다. 그 무렵에 미국의 성인은 평균 연간 4,000개비를 피웠다. 흥미로운 점은 1950년대에 이루어진 가치 있는 암 연구 가운데 상당수를 담배산업의 지원을 받은 과학자들이 했다는 것이다. 담배업계는 담배가 아닌 다른 발암 요

맞은편 : 1962년에 나온 공익 광고의 메시지는 더할 나위 없이 명확했지만, 널리 받아들여지기까지는 오랜 시간이 걸렸다.

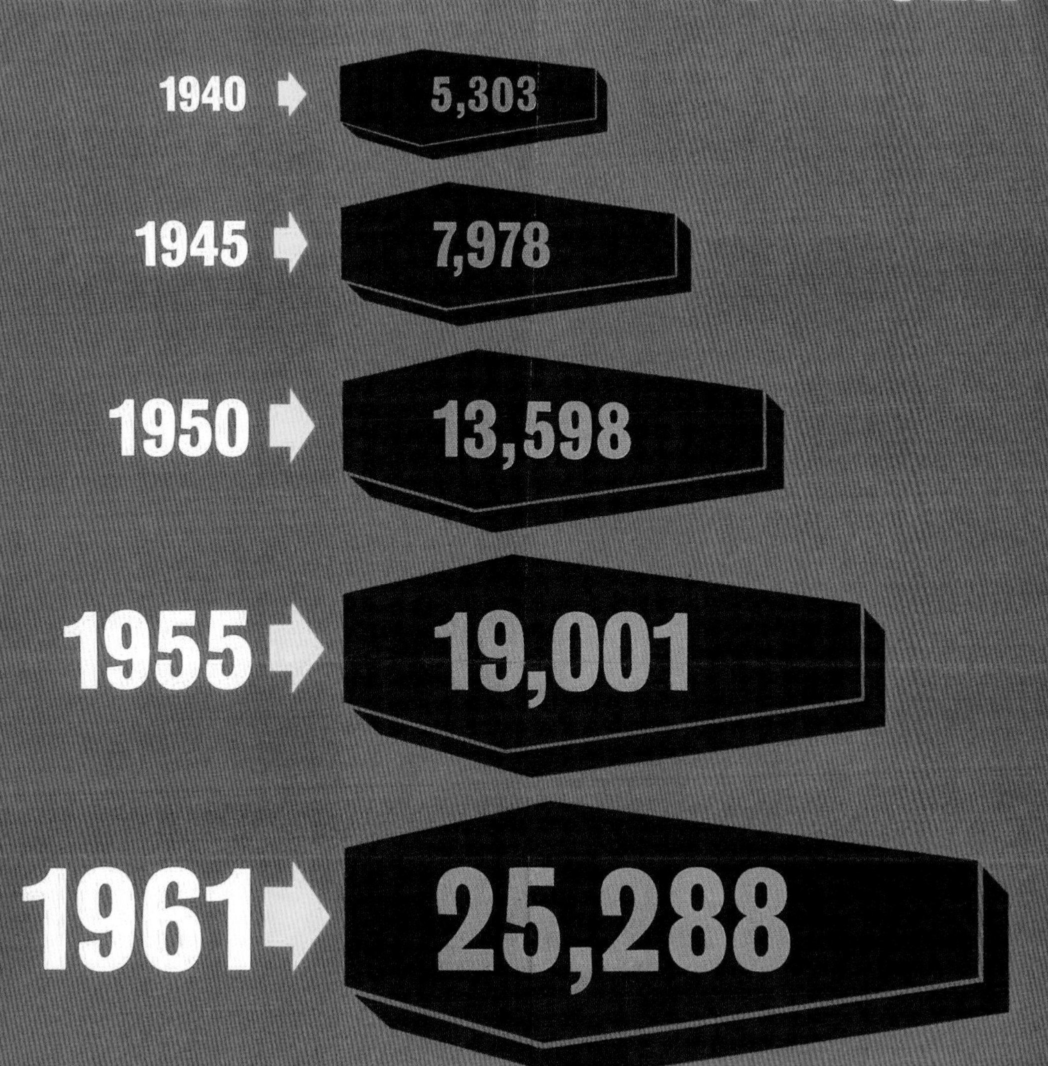
DEATHS FROM LUNG CANCER
1940
5,303
1945
7,978
1950
13,598
1955
19,001
1961
25,288
The more CIGARETTES you smoke the greater the risk
YOU HAVE BEEN WARNED
SM4 Issued by the Ministry of Health and the Department of Health for Scotland.

인들을 시급히 찾아내야 했기 때문이다. 담배와 직접적으로 관련이 없는 한, 나무랄 데 없는 연구도 많았다.

1964년 미국 의무감(surgeon general)은 흡연과 폐암이 명백하게 관련이 있다고 발표했지만, 그 발표는 세태에 별 영향을 미치지 못했다. 그 발표가 있은 뒤에 16세 이상 미국인의 평균 흡연량은 그 전해의 4,340개비에서 4,200개비로 조금 줄었다가, 곧 다시 약 4,500개비로 늘었고 여러 해 동안 유지되었다. 놀랍게도 미국 의학협회가 의무감이 발표한 내용을 인정한 것은 15년이 흐른 뒤였다. 이 기간 내내 미국 암협회의 이사회에는 담배업계의 거물이 한자리를 차지하고 있었다. 1973년 말에도 「네이처」는 임신한 여성이 담배를 피우는 것이 좋다는 사설을 냈다. 스트레스를 가라앉힌다는 이유에서였다.

그 뒤로 상황은 달라졌다. 현재 미국의 흡연자 비율은 18퍼센트에 불과하며, 따라서 우리가 흡연 문제를 꽤 많이 해결했다고 생각하기 쉽다. 그러나 그렇게 단순하지가 않다. 빈곤층의 약 3분의 1은 여전히 흡연을 하며, 그 습관이 사망 원인의 약 5분의 1을 차지한다. 흡연 문제를 해결하려면 아직도 갈 길이 멀다.

마지막으로 (적어도 대부분의 사람들에게, 대부분의 시간에는) 훨씬 덜 우려되지만, 수수께끼라는 차원에서는 결코 덜하지 않은 흔한 호흡 문제를 하나 살펴보기로 하자. 바로 딸꾹질이다.

딸꾹질은 가로막이 갑작스럽게 경련하면서 수축하는 현상이다. 그럴 때 후두가 놀라서 갑자기 닫히면서 딸꾹 하는 소리가 난다. 딸꾹질이 왜 일어나는지는 아무도 모른다. 딸꾹질 세계 기록은 아이오와 주 북서부에 살던 찰스 오스본이라는 농민이 가지고 있는 듯하다. 그는 67년 동안 계속 딸꾹질을 했다. 딸꾹질은 1922년 오스본이 도살하기 위해서 무게가 130킬로그램인 돼지를 들어 올리려고 할 때 시작되었다. 무엇인가가 딸꾹질 반응을 촉발했다. 처음에는 1분에 약 40번이나 딸꾹질이 나왔다. 시간이 흐르면서 1분에 20번까지 줄어들었다. 그는 거의 70년 동안 약 4억3,000만 번 딸꾹질을 한 것으로 추정된다. 그런데 잠잘 때에는 결코 딸꾹질을 하지 않았다. 그러다가 1990년 여름, 갑자기 수수께끼처럼 딸꾹질이 멎었고, 그는 다음해에 세상을 떠났다.*

....

* 오스본은 아이오와 주 앤손 출신이었다. 그 소도시는 인구가 600명에 불과했지만, 세상에서 키가 가장 큰 사람의 고향이기도 했다. 그는 버나드 코인이었는데, 1921년 스물세 살에 사망할 때 키가 240센티미터를 넘었다. 그가 사망한 지 얼마 뒤에, 오스본의 딸꾹질 마라톤이 시작되었다.

딸꾹질이 시작되었다가 몇 분 뒤에 저절로 멎지 않는다고 해서, 의학이 도움을 줄 수 있을 것이라는 기대는 하지 않는 편이 좋다. 의사가 제시할 수 있는 최상의 해결책들은 우리가 어릴 때부터 익히 알고 있는 것들이기 때문이다. 깜짝 놀라게 하거나(뒤로 몰래 다가가서 "와!" 하고 소리치는 식으로), 뒷목을 문지르거나, 레몬을 꽉 깨물거나, 얼음물을 벌컥 들이마시거나, 혀를 쭉 내미는 등 적어도 10여 가지 방법이 있다. 의학은 이런 전래되는 치료법 중에서 어느 것이 실제로 효과가 있는지 여부를 규명한 적이 없다. 더 중요한 점은 만성 딸꾹질로 고생하는 사람이 얼마나 되는지 파악조차 되어 있지 않은 듯하다는 것이다. 그러나 그 문제가 사소한 것만은 아닐 수도 있다. 한 외과의사는 내게 가슴수술을 한 뒤에 딸꾹질을 하는 사례가 꽤 많다고 말했다. 그는 이렇게 덧붙였다. "인정하고 싶지 않을 만큼 자주 일어납니다."

14

음식, 맛있는 음식

"당신이 무엇을 먹는지 말해주면, 당신이 어떤 사람인지를 말해주겠다."

앙텔름 브리야사바랭

『미식 예찬(*Physiologie du goût*)』

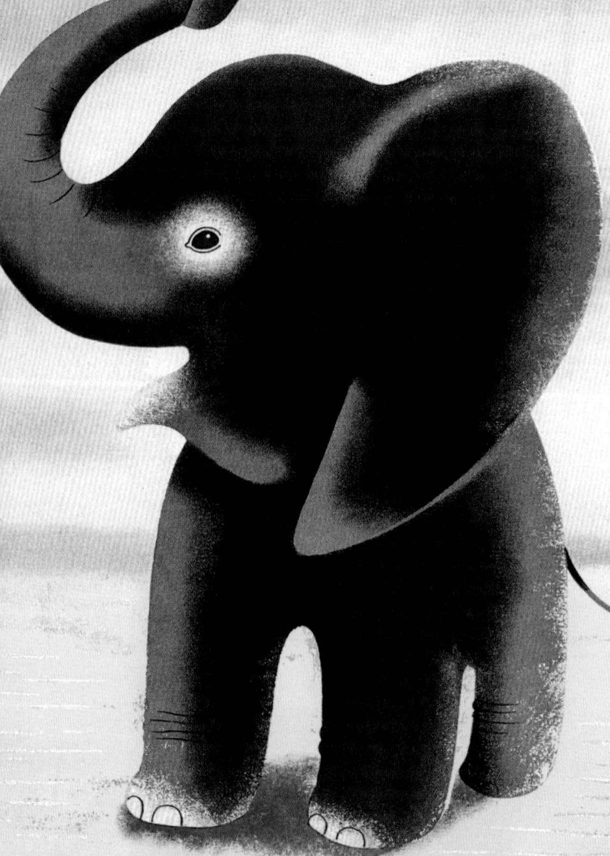
MINISTRY OF FOOD
DON'T FORGET
GREEN VEGETABLES
KEEP YOU FIT
T. Eckersley
E. Lombers
PRINTED FOR H.M. STATIONERY OFFICE BY FOSH & CROSS LTD., LONDON

맥주와 케이크와 피자와 치즈버거 같은 것들을 마구 먹으면 솔직히 이래서 삶이 살 만한 것이구나 하는 생각이 들겠지만, 열량을 너무 많이 섭취한 탓에 체중이 꾸역꾸역 늘어나리라는 것은 누구나 잘 안다. 그런데 이 음식들에 들어 있는 많은 성분들 중에서 우리를 그토록 통통하고 탱탱하게 만드는 것이 정확히 무엇일까?

열량은 식품의 에너지를 나타내는 기이하면서도 복잡한 척도이다. 정식 명칭은 킬로칼로리이며, 물 1킬로그램의 온도를 1도 올리는 데에 필요한 에너지의 양이라고 정의되지만, 어떤 음식을 먹을지 결정할 때에 그런 정의를 생각할 사람은 아무도 없을 것이라고 보아도 무리가 없을 듯하다. 자신에게 필요한 열량이 얼마인지는 꽤 개인적인 판단에 달려 있다고 할 수 있다. 1964년까지 미국의 공식적인 권장 열량 섭취량은 적당한 수준으로 활동하는 남성은 하루에 3,200칼로리, 여성은 2,300칼로리였다. 지금은 적당한 수준으로 활동하는 남성은 약 2,600칼로리, 여성은 약 2,000칼로리로 줄었다. 상당히 줄인 것이다. 1년으로 따지면, 남성은 거의 약 25만 칼로리를 덜 섭취하게 된다.

그런데 실제로 먹는 양은 정반대 방향을 향해왔다고 말해도 놀랄 사람은 거의 없을 것이다. 현재 미국인은 열량 섭취량이 1970년보다 약 25퍼센트 더 늘어났다(그리고 솔직히 말하면, 이 추세가 정확히 1970년에 시작된 것도 아니다).

열량 측정의 아버지, 사실상 현대 식품학의 아버지는 미국의 윌버 올린 애트워터이다. 살짝 뚱뚱한 체구에 팔자 콧수염을 기른 독실하고 다정한 인물인 그는 미식가이기도 했다. 그는 1844년 뉴욕 북부에서 감리교 순회 설교사의 아들로 태어나서, 코네티컷 주에 있는 웨슬리언 대학교에서 농화학을 공부했다. 그는 독일 유학 시절에 열량이라는 새로운 개념을 접했고, 미국으로 돌아와서 복음주의자 같은 열정을 가지고 영양학이라는 신생 분야에 과학적 엄밀함을 부여하는 일에 매진했다.* 모교의 화학과 교수가 되자, 그는 식품학의 모든 측면을 살펴보는 일련의 실험을 시작했다. 이런 실험들 중에는 조금 비정통적인 것들도 있었고, 위험한 것도 있었다. 한번은 프토마인(ptomaine : 동물 사체가 썩

맞은편 : 채소를 먹으라는 조언은 새로운 것이 아니다. 이 포스터는 1951년에 식품부가 만든 것이다.

앞쪽 : 우리는 자신이 먹는 것이다. 주세페 아르침볼도가 여름을 의인화한 이 그림(1563)이 제시하는 그대로는 아니겠지만.

---

* 식품의 칼로리라는 용어를 누가 창안했는지를 놓고서는 놀라울 만치 의견이 갈린다. 일부 식품역사학자들은 프랑스의 니콜라스 클레망이 일찍이 1819년에 그 개념을 내놓았다고 본다. 반면에 독일의 율리우스 마이어가 1848년에 처음 제시했다고 보는 이들도 있고, 1852년 P. A. 파브르와 J. T. 실베르망이라는 두 프랑스인이 내놓았다고 보는 이들도 있다. 확실한 것은 애트워터가 처음 접했을 때인 1860년대에 유럽 영양학자들 사이에서 그 용어가 유행하고 있었다는 것이다.

현대 영양학의 창시자인 윌버 올린 애트워터. 오른쪽 위는 애트워터의 열량계. 사실상 실험 대상자를 작은 방에서 며칠 동안 지내게 하면서 들어간 것과 나온 것을 모두 재는 방식이었다. 오른쪽 아래는 그가 그 안에서 식사를 하는 모습이다.

을 때 나오는 유독한 물질들을 가리키며, 식중독의 원인이기도 하다/역주)이 몸에 어떤 효과를 일으키는지 알아보겠다고 그 물질을 생선에 주입해서 먹었다. 그는 거의 죽을 뻔했다.

애트워터에게 가장 명성을 안겨준 연구는 그가 고안한 이른바 호흡 열량계(respiratory calorimeter)를 이용한 실험이었다. 이 열량계는 사실상 커다란 찬장보다 조금 크게 만든 밀봉 가능한 방이었다. 실험 대상자가 안에 들어가서 최대 5일까지 지내는 동안, 애트워터와 연구원들은 대사 활동의 여러 측면들—들어가는 음식과 산소의 양, 이산화탄소, 소변, 암모니아, 대변의 배출량 등등—을 꼼꼼하게 측정한 뒤, 섭취하는 열량을 계산했다. 모든 측정값들을 하나하나 읽고서 계산을 하는 데에 16명이 동원될 만큼, 아주 꼼꼼하게 실험이 이루어졌다. 실험 대상자들은 대부분 학생이었다. 연구실 청소부인 스웨이드 오스터버그도 이따금 열량계 안에 들어갔다. 이들이 실제로 자원하여 들어갔는지는 알려지지 않았다. 이윽고 웨슬리언 대학교 총장이 애트워터의 열량계에 의구심을 품게 되었다. 열량이라는 단어 자체가 새로운 개념이었을 뿐만 아애트워터의 발견들 중에서 마음—그 자신뿐 아니라 세계의 많은 이들의 마음도—을 가장 불편하게 만든 것은 알코올이 열량이 아주 풍부하며, 따라서 효율적인 연료라는 것이었다.

니라, 실험을 한답시고 엄청나게 많은 비용을 쓴다는 점 때문에도 그랬다. 그는 애트워터에게 봉급을 절반으로 줄이든지, 조수를 개인 돈으로 고용하든지 선택하라고 했다. 애트워터는 후자를 택했고, 결코 굴하지 않고 실험을 계속하여 사실상 알려진 모든 식품—약 4,000종류—의 열량과 영양가를 파악하기에 이르렀다. 1896년 그는 연구 결과를 집대성한 『미국 식품의 화학적 조성(*The Chemical Composition of American Food Materials*)』이라는 걸작을 내놓았다. 그 책은 한 세대 동안 식품학과 영양학의 가장 권위 있는 서적으로 남아 있었다. 그는 얼마 동안 미국에서 가장 유명한 과학자들 중 한 명으로 꼽히기도 했다.

애트워터의 결론 중에서 나중에 틀렸다고 밝혀진 것도 많지만, 사실 그의 잘못 때문은 아니었다. 당시에는 비타민과 광물질(미네랄)이라는 개념도, 심지어 균형 잡힌 식단이 필요하다는 개념도 전혀 없었다. 애트워터를 비롯한 동시대 연구자들은 오직 연료 역할을 얼마나 잘 하느냐에 따라서 식품의 우열을 가렸을 뿐이다. 그래서 그는 과일과 채소가 상대적으로 열량을 거의 제공하지 않으므로, 일반 사람들의 식단에 굳이 집어넣을 필요가 없다고 생각했다. 대신에 그는 고기를 많이 먹어야 한다고 주장했다. 매일 약 1킬로그램씩, 1년이면 330킬로그램을 먹으라고 권했다. 오늘날 미국인은 연간 평균 약 122킬로그램의 육류를 먹는다. 애트워터가 권한 양의 약 3분의 1이며, 대다수의 전문가들은 그 정도도 너무 많다고 말한다. (비교하자면, 영국인은 육류를 연간 평균 84킬로그램 섭취한다. 애트워터가 권한 양의 30퍼센트에도 못 미치는 수준이지만, 그래도 많다.)

애트워터의 발견들 중에서 마음—그 자신뿐 아니라 세계의 많은 이들의 마음도—을 가장 불편하게 만든 것은 알코올이 열량이 아주 풍부하며, 따라서 효율적인 연료라는 것이었다. 그는 성직자의 아들이자 술을 입에도 대지 않는 사람이었기 때문에 이 연구 결과를 발표하기가 두려웠지만, 성실한 과학자로서 그는 아무리 껄끄러워도 진리를 알리는 것이 자신의 첫 번째 의무라고 느꼈다. 그러자 그가 속한 독실한 감리교 대학교 당국과 이미 그를 경멸하고 있던 총장은 그의 개인적 견해일 뿐이라고 재빨리 입장을 발표했다. 논란이 해결되려면 시간이 필요했지만, 그 사이에 운명이 개입했다. 1904년 애트워터는 심한 뇌졸중을 일으켰다. 그는 회복되지 못한 채 3년간 투병하다가 예순세 살에 세상을 떠났다. 그러나 그의 평생에 걸친 노력에 힘입어서 열량 개념은 영양학의 핵심에 놓이게 되었다. 게다가 앞으로도 영원히 그럴 것이 분명하다.

열량은 음식 섭취량의 척도이기는 하지만, 많은 단점이 있다. 무엇보다도 어떤 식품이 실제로 몸에 좋은지 나쁜지를 전혀 알려주지 않는다. "빈(empty)" 열량이라는 개념은 20세기 초까지 전혀 알려져 있지 않았다. 게다가 기존의 열량 측정은 음식이 소화되면서 어떻게 흡수되는지를 조금도 고려하지 않는다. 예를 들면, 많은 견과류는 다른 음식들보다 소화가 덜 된다. 즉 먹는 양에 비해서 섭취되는 열량이 더 적다는 뜻이다. 170칼로리의 아몬드를 먹는다고 해도, 실제로 흡수되는 것은 130칼로리에 불과하다. 나머지 40칼로리는 그냥 빠져나간다.

측정방식이 어떻든 간에, 우리는 음식에 든 에너지를 추출하는 일을 아주 잘한다. 우리가 유달리 활발한 대사 능력을 가졌기 때문이 아니라, 오랜 세월에 걸쳐 터득한 비법 때문이다. 바로 요리이다. 사람이 언제부터 요리를 하기 시작했는지 대강이라도 아는 사람은 아무도 없다. 우리 조상들이 30만 년 전에 불을 이용했다는 증거는 상당하지만, 생애의 꽤 많은 시간을 그 문제를 연구하는 데에 할애한 하버드의 리처드 랭엄은 우리 조상들이 그보다 150만 년 전부터 이미 불의 사용법을 터득했다고 믿는다. 우리가 현생 인류가 되기 한참 전이다.

요리와 협력 : 하버드 대학교의 대니얼 리버먼은 공동체 생활이 현생 인류의 커다란 뇌를 만드는 데에 중요한 역할을 했다고 강조한다.

요리는 온갖 혜택을 제공한다. 독소를 없애고, 맛을 좋게 하고, 질긴 성분을 씹을 수 있도록 만들고, 먹을 수 있는 식량의 범위를 크게 넓히고, 무엇보다도 먹는 음식에서 흡수할 수 있는 열량을 크게 늘린다. 지금은 음식을 요리한 덕분에 우리의 뇌가 커질 수 있었고 그 뇌를 써서 여가 활동을 할 수 있게 되었다는 개념이 널리 받아들여져 있다.

그러나 요리를 하려면 먼저 효율적으로 재료를 모으고 준비를 할 수 있어야 하며, 하버드의 대니얼 리버먼은 우리가 현생 인류로 진화하는 데에 핵심적인 역할을 한 것이 바로 그 부분이라고 본다. "연료가 될 에너지를 얻지 못한다면 커다란 뇌를 지닐 수가 없어요. 그리고 뇌에 연료를 공급하려면, 사냥과 채집에 숙달되어야 합니다. 그 일은 사람들이 생각하는 것보

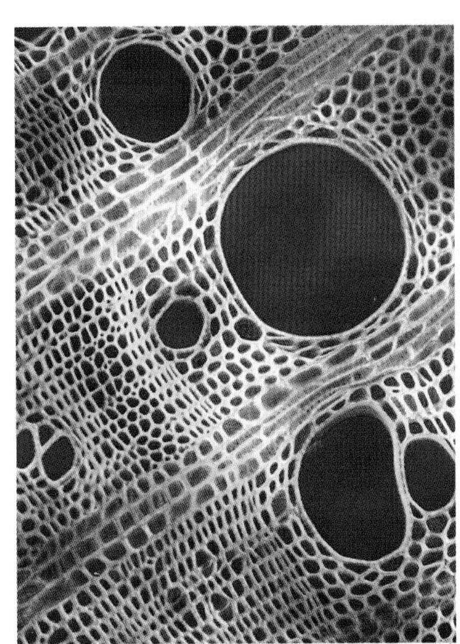
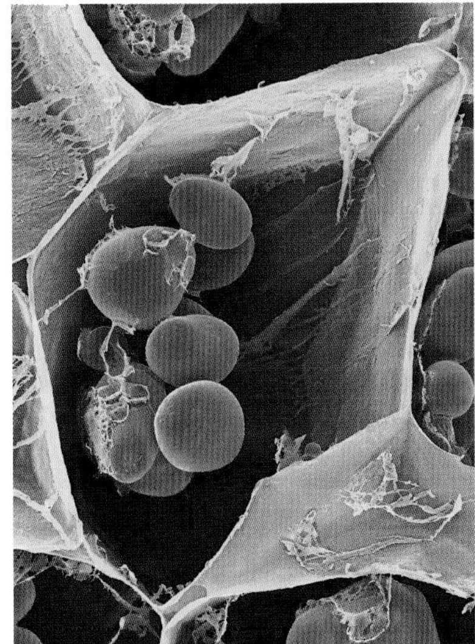

다 훨씬 더 어려워요. 열매를 따거나 덩이뿌리를 캐는 차원의 문제가 아니라, 음식을 가공하는, 즉 먹고 소화시키기 쉽게 만들고 더 안전하게 먹을 수 있게 만드는 차원의 문제거든요. 그리고 그 일에는 도구 제작과 의사소통과 협력이 수반되지요. 그것이 바로 우리를 원시 인류에서 현생 인류로 이끈 원동력입니다."

우리는 사실 야생에서는 굶주리기 십상이다. 우리는 대다수 식물의 대부분의 부위에서 영양분을 흡수할 수가 없다. 특히 우리는 식물의 주성분인 셀룰로스를 분해할 수 없다. 우리가 먹을 수 있는 것은 채소라고 하는 극소수의 식물들뿐이다. 채소를 빼면 우리는 식물의 얼마 되지 않는 최종산물인 씨앗과 열매만 먹을 뿐이며, 그런 것들 중에서도 우리에게 독성을 띠는 것들이 많다. 그러나 우리는 요리를 함으로써 훨씬 더 많은 식물들을 먹을 수 있다. 예를 들면, 요리한 감자는 날감자보다 약 20배 더 소화가 잘 된다.

또 요리 덕분에 우리는 많은 여유 시간을 누린다. 다른 영장류는 하루에 7시간까지도 그냥 씹는 일을 하면서 보낸다. 반면에 우리는 끊임없이 먹지 않고서도 생존할 수 있다. 물론 우리의 비극은 어쨌든 간에 다소 끊임없이 먹어댄다는 데에 있지만 말이다.

우리 식단의 기본 성분들, 즉 물, 탄수화물, 지방, 단백질 같은 다량의 영양소는 거의 200년 전에 윌리엄 프라우트라는 영국 화학자가 파악했다. 그러나 당시에도 건강한 식단을 완성하기 위해서는 아직은 찾지 못한 어떤 성분들이 더 필요하다는 점이 분명했다. 그 성분들이 정확히 무엇인지는 아무도 몰랐지만, 그런 성분들이 없다면 사람들은 각기병과 구루병 같은 결핍증에 걸릴 가능

영양학적으로 말해서, 식물에는 우리에게 쓸모없는 것들이 많이 들어 있다. 한 예로, 우리는 오른쪽 사진에서 노란 격자무늬로 보이는 셀룰로스로는 아무것도 할 수 없다. 가운데 사진은 감자의 녹말로, 요리하기 전까지는 소화하기가 어렵다. 우리가 먹는 식품의 주요 핵심 성분들이 무엇인지는 윌리엄 프라우트가 19세기 초에야 알아냈다.

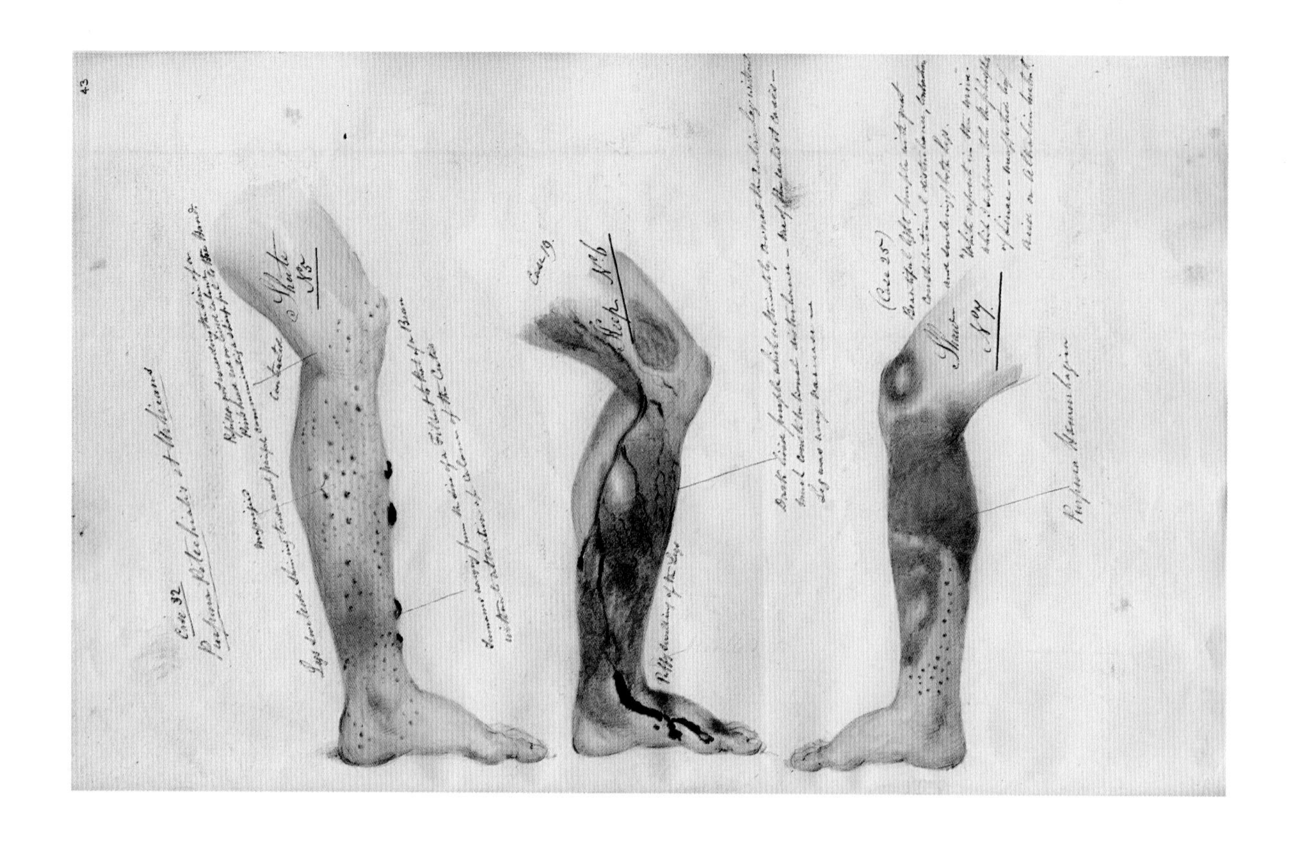

괴혈병 증상은 1840년대에 죄수를 이송하던 선박에서 처음 나타났다. 비타민이 알려지기 훨씬 전이었지만, 장기 항해를 할 때처럼 오랫동안 어떤 성분이 부족한 식사를 하면, 특정한 질병에 걸리는 것이 분명했다.

성이 높다는 것이 명백했다.

물론 지금은 그것들이 비타민과 미네랄임을 안다. 비타민은 유기물, 즉 식물이나 동물처럼 살아 있거나 살아 있었던 생물이 만든 물질이고, 미네랄은 토양이나 물에서 나오는 무기물이다. 총 약 40종에 달하는 이 미량의 물질들은 우리 스스로 만들 수 없기 때문에 음식에서 얻어야 한다.

비타민(vitamin)은 뜻밖에도 최근에 나온 개념이다. 윌버 애트워터가 사망한 지 40여 년 뒤, 폴란드에서 망명하여 런던에 살던 화학자 캐시미어 풍크가 비타민이라는 개념을 제시했다. 그는 원래 "생명의(vital)"라는 단어와 유기화합물의 일종인 "아민(amine)"을 합쳐서 "바이타민(vitamine)"이라고 썼다. 그런데 나중에 비타민 중 일부만이 아민임이 드러나면서, 명칭도 살짝 바뀌었다. 그밖에도 "뉴트라민(nutramine)", "식품 호르몬", "식품 부가요소" 등 다양한 이름들이 제시되었지만, 인기를 얻는 데에는 실패했다. 풍크는 비타민을 발견한 것이 아니라, 단지 그런 존재를 추정했을 뿐이다. 그 추정은 옳았다. 그러나 당시에는 이 기이한 성분들을 찾아낼 수 없었기 때문에, 많은 전문가들은 비타민의 존재를 인정하지 않았다. 영국 의학협회 회장인 제임스 바는 "상상의 산물"이라고 치부했다.

비타민의 발견과 명명은 거의 1920년대에 들어서야 시작되었다. 그 과정은 조금 온건하게 말하면, 빈칸 채우기와 비슷했다. 처음에는 비타민 A, B, C, D 하는 식으로 다소 엄격하게 알파벳 순으로 이름을 지었다. 그러나 얼마 지나지 않아서 그 체계가 무너지기 시작했다. 비타민 B가 하나가 아니라 몇 종류임이 발견되었고, 그것들은 B1, B2, B3를 거쳐서 B12까지 이름이 붙여졌다. 그 뒤에 비타민 B군이 그렇게 다양하다고 볼 수 없다는 판단이 내려지면서, 이윽고 몇 개의 범주가 삭제되고 나머지는 재분류되었다. 그 결과 지금은 순서에 이가 빠진 것처럼 B1, B2, B3, B5, B6, B12, 6종류만 남아 있다. 다른 비타민들도 마찬가지로 이름이 붙여졌다가 사라지고는 했기 때문에, 과학 문헌에는 유령 비타민—M, P, PP, S, U 같은—이라고 부를 수 있는 것들이 많이 보인다. 1935년 코펜하겐의 헨리크 담이라는 연구자는 혈액 응고에 핵심적인 역할을 하는 비타민을 발견하여, "응고하다(koagulere)"라는 덴마크어의 첫 글자를 따서 비타민 K라는 이름을 붙였다. 다음해에 몇몇 연구자들은 비타민 P를 발견했다. "투과성(permeability)"을 뜻했다. 이 과정은 아직도 끝나지 않은 듯하다. 예를 들면, 바이오틴(biotin)은 한때 비타민 H로 불리다가, 그 뒤에 비타민 B7이 되었다. 지금은 대개 그냥 바이오틴이라고 한다.

비록 풍크가 "바이타민"이라는 용어를 창안함으로써 발견자의 영예를 누리고는 하지만, 사실 비타민의 화학적 특성을 파악하는 실제 연구는 대부분 다른 연구자들이 했다. 특히 프레더릭 홉킨스가 가장 큰 기여를 했는데, 그는 그 업적으로 노벨상을 받았다. 풍크가 그 영예는 가져가지 않았다.

비타민이 영양학에 받아들여지는 과정은 순탄하지 않았다. 캐시미어 풍크(왼쪽)는 비타민의 존재를 올바로 추론했지만, 당시의 의학계는 이를 받아들이지 않았다. 나중에 프레더릭 홉킨스(오른쪽)는 비타민의 화학적 조성을 밝히는 데에 크게 기여했다.

거의 모든 비타민과 미네랄은 너무 적게 섭취하는 것 못지않게 너무 많이 섭취하는 것도 위험하다.

지금도 비타민은 명확히 정의된 것이 아니다. 그 용어는 우리 몸이 원활하게 기능하기 위해서 필요하지만 우리 스스로는 만들 수 없는 잡다한 13가지 화학물질을 가리킨다. 우리는 비타민들이 서로 밀접한 관계에 있다고 생각하는 경향이 있지만, 비타민들은 우리에게 유용하다는 것말고는 대체로 공통점이 거의 없다. 때로는 "체외에서 만들어진 호르몬"이라고도 불리는데, 꽤 좋은 정의이지만 일부 사실이 아닌 부분이 있다는 점이 문제이다. 비타민 중에서도 가장 중요한 축에 드는 비타민 D는 우리 몸에서도 만들어지며(그러면 진짜 호르몬인 셈이다), 음식을 통해서도 섭취한다(그러면 정의상 비타민인 셈이다).

비타민과 그 사촌 격인 미네랄에 관한 지식은 대부분 놀라울 정도로 최근에 밝혀진 것들이다. 예를 들면, 콜린(choline)은 미량 영양소로서, 아마 들어본 적 없는 사람도 있을 것이다. 신경전달물질을 만들고 뇌가 원활히 돌아가도록 하는 데에 핵심적인 역할을 하지만, 1998년에야 발견되었다. 간, 싹양배추, 리마콩 등 대개 우리가 잘 먹지 않는 식품들에 풍부하게 들어 있다. 그러니 인구 중 약 90퍼센트가 적어도 어느 정도의 콜린 부족 상태에 있다고 간주되는 것도 어느 정도는 납득이 간다.

미량 영양소 중에는 몸에 얼마나 필요한지, 아니 섭취했을 때 몸에서 무슨 일을 하는지조차 모르는 것들도 아직 많다. 예를 들면, 브롬은 온몸에서 발견되지만, 브롬이 몸에 필요해서 있는 것인지, 아니면 그냥 우연히 몸에 들어온 것인지 우리는 확실히 알지 못한다. 비소는 일부 동물들에게는 필수 미량 원소이지만, 인간도 거기에 포함되는지는 알지 못한다. 크롬은 몸에 분명히 필요하지만, 아주 소량만 있으면 되며, 그 이상을 넘어서면 금방 독성을 일으킨다. 체내 크롬 농도는 나이를 먹을수록 꾸준히 낮아지는데, 왜 낮아지는지 그리고 그것이 무엇을 시사하는지 아무도 모른다.

거의 모든 비타민과 미네랄은 너무 적게 섭취하는 것 못지않게 너무 많이 섭취하는 것도 위험하다. 비타민 A는 시력, 피부 건강, 감염 억제에 필요하므로 반드시 섭취해야 한다. 다행히도 달걀과 유제품 등 여러 흔한 식품들에 많이 들어 있어서 얼마든지 충분히 섭취할 수 있다. 그러나 문제가 있다. 비타민 A의 하루 권장 섭취량은 여성은 700마이크로그램, 남성은 900마이크로그램이며,

상한선은 남녀 모두 약 3,000마이크로그램이다. 그보다 더 많이 섭취하는 일이 잦아지면 위험해질 수 있다. 자신이 균형에 얼마나 가까이 갔는지 대강 짐작이라도 할 수 있는 사람이 과연 얼마나 될까? 철도 마찬가지로 적혈구의 건강에 필수적이다. 철은 너무 적으면 빈혈증을 초래하지만, 너무 많으면 독성을 일으킨다. 일부 전문가들은 철을 너무 많이 섭취하는 사람들이 아주 많다고 본다. 신기하게도, 몸에 철이 너무 많거나 너무 적으면 똑같은 증상이 나타난다. 바로 졸음증이다. 뉴햄프셔에 있는 다트머스히치콕 의학 센터의 레오 자카스키는 2014년 「뉴 사이언티스트」에 이렇게 말했다. "보충제를 통해서 철분을 너무 많이 섭취하면 조직에 철이 쌓여서 말 그대로 조직을 녹슬게 할 수 있다. 온갖 임상 장애를 일으킨다는 점에서 흡연보다 훨씬 더 강력한 위험 요소이다."

철분 보충제는 오래 전부터 빈혈 치료제로 팔렸지만—이 광고는 1896년의 것이다—몸에 철분이 너무 많으면 너무 적은 것에 못지않게 해를 끼칠 수 있다는 사실은 덜 알려져 있다.

2013년 미국의 권위 있는 학술지 「내과학회보(*Annals of Internal Medicine*)」에 사설이 실렸다. 존스홉킨스 대학교의 연구진이 발표한 연구 결과를 토대한 것이었는데, 소득 수준이 높은 나라에 사는 이들은 거의 다 영양 상태가 좋아서 비타민이나 다른 건강 보충제를 섭취할 필요가 없으며, 그런 것에 돈을 낭비하지 말라는 내용이었다. 그러자 곧 신랄한 비판도 나왔다. 하버드 의과대학의 마이어 슈탐퍼 교수는 "저명한 학술지에 그런 형편없는 논문이 실리다니" 유감스럽다고 말했다. 미국 질병통제예방센터는 식단에 영양가가 풍족하기는커녕, 미국 성인 중 약 90퍼센트는 비타민 D와 E를 하루 권장량보다 덜 섭취하며, 비타민 A를 덜 섭취하는 사람도 약 절반에 달한다고 본다. 또 칼륨을 덜 섭취하는 사람은 무려 97퍼센트에 달한다고 말한다. 칼륨이 심장을 원활하게 뛰게 하고 혈압을 적정한 범위 내로 유지하는 데에 기여한다는 점을 생각할 때, 정말로 우려스럽다. 그러나 그렇게 말을 해도, 정확히 얼마나 필요한지를 놓고 의견이 갈릴 때가 종종 있다. 비타민 E의 하루 권장 섭취량은 미국은 15밀리그램인데, 영국은 3–4밀리그램으로, 꽤 차이가 크다.

어느 정도 확신을 가지고 말할 수 있는 것은 많은 사람들이 건강 보조식품을 합리적이라고 할 수 없는 수준으로 믿고 있다는 사실이다. 미국 시장에 나와 있는 건강 보조식품은 8만7,000종류에 달하며, 미국인들이 거기에 지출하는 금액은 연간 무려 400억 달러에 달한다.

비타민 C를 가장 예찬한 인물 : 화학자 라이너스 폴링은 비타민 C를 대량으로 섭취했으며, 비타민 C가 감기와 암을 예방하는 데에 효과가 있다고 주장했다. 그 주장을 뒷받침할 증거는 전혀 없었지만.

비타민을 둘러싼 논란 중에서 가장 규모가 컸던 것은 미국의 화학자 라이너스 폴링(1901–1994)이 일으켰다. 그는 노벨상을 한 번도 아니고 두 번이나 탄 저명한 인물이었다(1954년에는 화학상, 8년 뒤에는 평화상). 폴링은 비타민 C를 대량 섭취하면 감기, 독감, 심지어 몇몇 암까지 예방하는 효과가 있다고 믿었다. 그는 매일 비타민 C를 4만 밀리그램까지도 먹었고(하루 권장 섭취량은 60밀리그램이다), 그렇게 많이 섭취한 덕분에 전립샘암이 20년 동안 악화되지 않았다고 주장했다. 그러나 그는 자신의 주장을 뒷받침할 증거를 전혀 내놓지 못했으며, 이후의 연구들은 그 주장이 틀렸음을 보여주었다. 폴링 덕분에, 지금도 많은 사람들은 비타민 C를 많이 섭취하면 감기 예방에 도움이 될 것이라고 믿는데, 사실은 그렇지 않다.

우리가 식품을 통해서 섭취하는 많은 것들(염분, 물, 미네랄 등) 중에서, 소화계를 지나는 동안 변형시킬 필요가 있는 것은 세 가지, 즉 단백질, 탄수화물, 지방이다. 차례로 살펴보기로 하자.

식물에서 얻는 단백질 : 1939년 멕시코 아이들이 콩과 토르티야로 점심을 먹고 있다. 토르티야는 옥수숫가루로 만드는 전통 음식이다. 오른쪽은 1906년경 나바호족이 골짜기에서 재배하던 옥수수를 찍은 것이다.

단백질

단백질은 복잡한 분자이다. 우리 체중의 약 5분의 1은 단백질이 차지한다. 가장 단순한 차원에서 보면, 단백질은 아미노산 사슬이다. 지금까지 파악된 단백질은 약 100만 가지에 달하며, 얼마나 더 많이 발견될지는 아무도 모른다. 자연에는 단백질 합성에 쓸 수 있는 아미노산이 수백 가지나 되지만, 모든 단백질은 겨우 20가지의 아미노산으로부터 만들어진다. 진화가 왜 이렇게 소수의 아미노산만 쓰도록 했는지는 생물학의 가장 큰 수수께끼 중 하나이다. 단백질은 대단히 중요함에도 불구하고, 놀라울 정도로 제대로 정의되어 있지 않다. 모든 단백질이 아미노산으로 이루어져 있지만, 아미노산 사슬의 길이가 얼마나 되어야 단백질이라고 불릴 자격이 되는지, 합의된 기준 같은 것은 전혀 없다. 몇 개까지인지는 말할 수 없지만, 소수의 아미노산들이 연결된 것을 펩타이드라고 부른다는 것은 분명하다. 10-12개쯤 되면 폴리펩타이드라고 한다. 폴리펩타이드가 그보다 더 길어질 때 어느 길이부터 단백질이라고 할지는 딱 꼬집어 말할 수 없다.

한 가지 신기한 사실은 우리가 마치 레고 장난감을 가지고 놀 때처럼, 먹은 단백질을 모두 분해한 뒤에 몸속에서 재조립하여 새 단백질을 만든다는 것이다. 아미노산 20가지 중 8가지는 우리 몸이 만들 수 없으므로, 음식으로 섭취해야 한다.*

* 그 8가지는 이소류신, 류신, 리신, 메티오닌, 페닐알라닌, 트립토판, 트레오닌, 발린이다. 대

흰밥을 150그램 먹거나 콘플레이크를 한 그릇 먹으면,
설탕을 찻숟가락으로 9번 떠먹은 것만큼 혈당이 증가하는
효과가 나타날 것이다.

우리가 먹는 음식에 그 아미노산들이 빠져 있다면, 우리는 중요한 단백질들을 만들 수 없게 된다. 육류를 먹는 사람들에게는 단백질 결핍증이 거의 생기지 않지만, 채식주의자들에게는 생길 수 있다. 우리에게 필요한 아미노산이 모든 식물들에 다 들어 있는 것은 아니기 때문이다. 흥미롭게도 전 세계의 전통적인 식단들은 대개 필요한 아미노산들을 전부 섭취할 수 있도록 식물의 산물들을 조합하여 짜여 있다. 그래서 아시아인들은 쌀과 콩을 많이 먹고, 아메리카 원주민들은 전통적으로 옥수수와 강낭콩이나 덩굴강낭콩을 함께 먹어왔다. 이런 식습관은 그저 맛의 문제가 아니라, 필요한 영양소를 골고루 섭취하려는 본능의 산물처럼 보인다.

탄수화물

탄수화물은 탄소, 수소, 산소의 화합물로서, 그 원자들이 결합하여 만든 포도당, 갈락토스, 과당, 맥아당, 자당, 데옥시리보스(DNA에 들어 있는 당) 등 다양한 당을 뜻한다. 이런 화합물 중에서 화학적으로 복잡한 것들은 다당류라고 하며, 단순한 것들은 단당류라고 한다. 단당류 두 개가 합쳐진 것은 이당류라고 한다. 모두 당이기는 하지만, 모두가 단맛이 나는 것은 아니다. 파스타와 감자에 들어 있는 녹말 같은 것은 분자가 너무 커서 혀의 단맛 수용기를 자극하지 못한다. 우리 식단의 탄수화물은 거의 다 식물에서 나오지만, 눈에 띄는 예외가 하나 있다. 바로 우유에 함유된 젖당이다.

우리는 탄수화물을 많이 먹지만, 금방 소비하기 때문에 어느 한 시점에 몸이 있는 탄수화물의 총량은 적다. 대개 0.5킬로그램 이하이다. 가장 염두에 두어야 할 것들 가운데 하나는 탄수화물이 소화될 때 당이 단순히 더 늘어나는 것이 아니라, 왈칵 늘어난다는 사실이다. 그래서 흰밥을 150그램 먹거나 콘플레이크를 한 그릇 먹으면, 설탕을 찻숟가락으로 9번 떠먹은 것만큼 혈당이 증가하는 효과가 나타날 것이다.

....

장균은 셀레노시스테인이라는 21번째 아미노산도 이용할 수 있다는 점에서 생물계에서 독특한 위치에 놓인다.

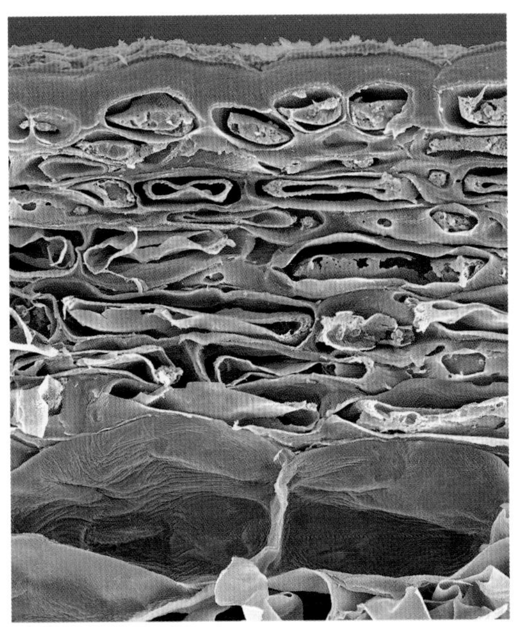

왼쪽은 사과의 껍질에서부터 속살까지를 보여주는 전자현미경 사진. 콜레스테롤이 전혀 없고, 우리 몸의 콜레스테롤을 줄이는 유익한 섬유질로 가득하다. 오른쪽은 동맥경화증의 전형적인 특징인 "나쁜" 콜레스테롤이 쌓인 혈관. 지름이 위험할 만치 좁아져 있다.

지방

세 번째 성분인 지방도 탄소, 수소, 산소로 이루어져 있지만, 결합 비율이 다르다. 그 결과 지방은 저장하기가 더 쉽다. 지방은 몸에서 분해될 때, 콜레스테롤 및 단백질과 결합하여 지방단백질이라는 새로운 분자를 형성한다. 지방단백질은 혈액을 통해서 몸속을 돌아다니며, 크게 고밀도와 저밀도의 두 종류로 나뉜다. 저밀도 지방단백질은 흔히 "나쁜 콜레스테롤"이라고 부르는 것이다. 혈관벽에 달라붙어서 판(plaque)을 형성하는 경향이 있기 때문이다. 근본적으로 콜레스테롤은 우리가 으레 생각하는 것과 달리 나쁜 물질이 아니다. 사실 건강에 매우 중요하다. 몸에 있는 콜레스테롤은 대부분 세포 안에서 유용한 일을 한다. 단지 일부, 약 7퍼센트만이 혈액에 떠다니는데, 그중에서 3분의 1은 "좋은" 콜레스테롤이고, 3분의 2는 "나쁜" 콜레스테롤이다.

따라서 콜레스테롤 관리는 그것을 제거하는 것이 아니라, 건강한 수준으로 유지하는 것이다. 한 가지 방법은 섬유질을 많이 먹는 것이다. 섬유질은 과일, 채소 등의 식물성 식품에 들어 있으며, 몸이 완전히 분해할 수 없다. 열량도 전혀 없고 비타민도 전혀 들어 있지 않지만, 콜레스테롤 농도를 낮추고, 당이 혈액으로 들어오는 속도, 따라서 간에서 지방으로 전환되는 속도를 늦추는 등 많은 혜택을 준다.

탄수화물과 지방은 몸의 주된 연료 창고이지만, 그 연료를 서로 다른 방식으로 저장하고 사용한다. 몸은 연료가 필요할 때, 먼저 이용할 수 있는 탄수화물

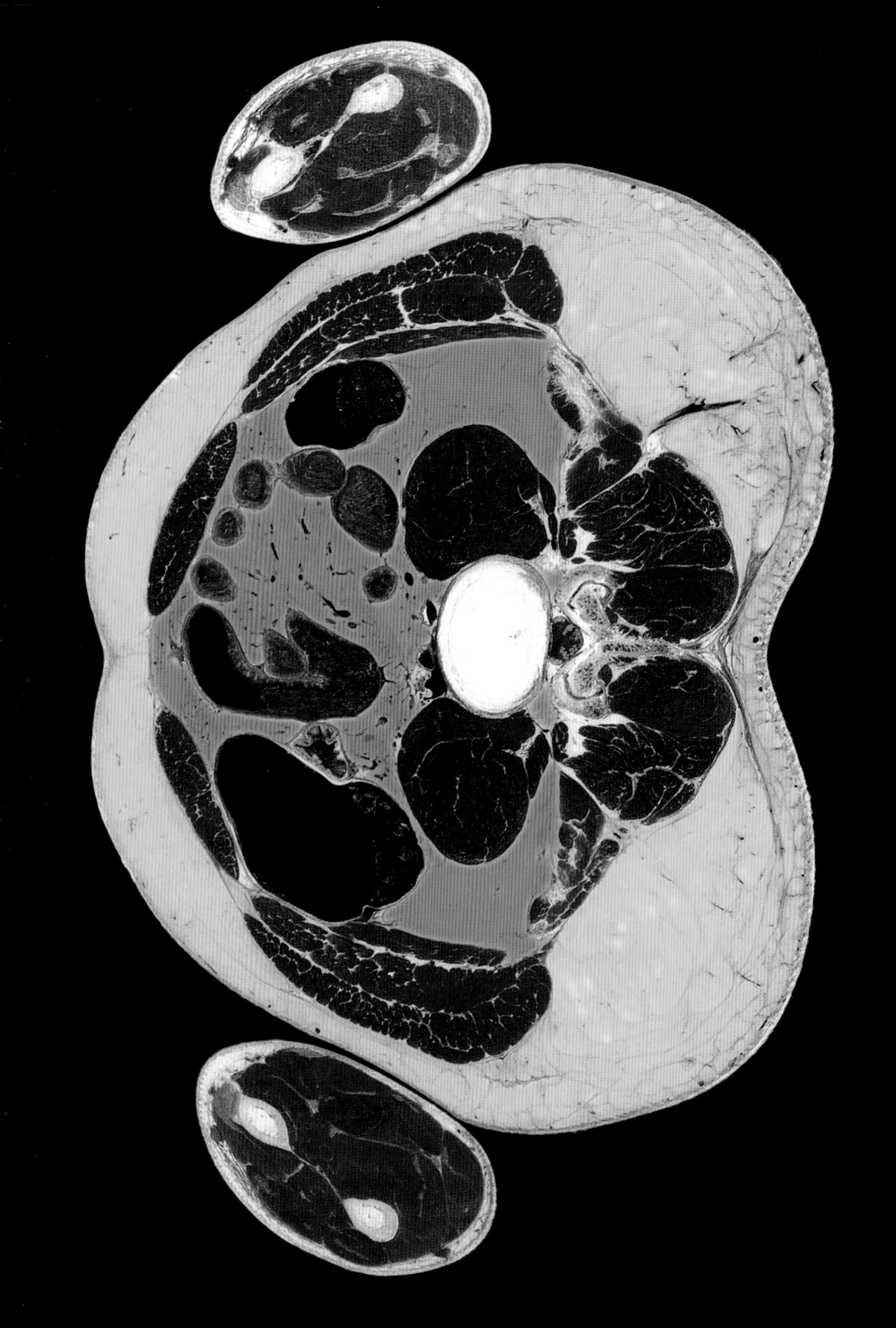

을 태우고 남는 지방은 저장하는 경향이 있다. 여기서 명심할 가장 중요한 점—그리고 셔츠를 벗을 때마다 분명히 자각하게 될 점—은 인체가 지방을 간직하고 싶어한다는 것이다. 몸은 에너지가 필요하면 일부 지방을 태우기는 하지만, 나머지 대부분은 온몸에 퍼져 있는 지방세포라는 수백억 개의 미세한 창고로 보낸다. 달리 말하면, 본래 몸은 연료를 흡수하여, 필요한 만큼 쓰고, 나머지는 나중을 대비하여 저장하도록 되어 있다. 우리가 먹지 않고서 몇 시간씩 활동할 수 있는 것도 그 때문이다. 우리 몸의 목 아래쪽은 복잡한 생각을 그다지 하지 않으며, 그저 우리가 제공하는 여분의 지방을 기뻐하면서 간직할 뿐이다. 심지어 과식을 하면 아주 기분 좋은 행복감으로 보상까지 한다.

지방은 어디에 쌓이느냐에 따라서, 피하지방(피부 밑)과 복부지방(배 주변)으로 나뉜다. 복잡한 화학적 이유로, 복부지방은 피하지방보다 몸에 훨씬 나쁘다. 지방에는 몇 가지 종류가 있다. "포화지방"은 기름지고 건강에 해로운 듯 들리지만, 사실은 한 입 베어물었을 때 턱을 따라 얼마나 줄줄 흘러내리는지를 가리키는 것이 아니라, 탄소와 수소의 결합 양상을 일컫는 학술용어이다. 대체로 동물성 지방은 포화지방이고 식물성 지방은 불포화지방이지만, 예외 사례가 많다. 그리고 식품을 그냥 눈으로 보고서는 포화지방이 많은지 불포화지방이 많은지 알 수 없다. 아보카도 한 개에 작은 감자 칩 한 봉지보다 5배나 많은 포화지방이 들어 있다고 누가 짐작이나 하겠는가? 카페라테 한 잔에 그 어떤 페이스트리보다도 더 많은 지방이 들어 있다는 사실은? 코코넛 기름에 거의 포화지방밖에 없다는 사실은?

트랜스 지방을 발명한 빌헬름 노르만(위). 그는 그것이 건강에 해를 끼친다는 사실을 몰랐다. 아래쪽은 트랜스 지방이 심장과 간에 해롭다는 것을 발견한 프레드 A. 커머로. 그는 장수한 덕분에 자신의 발견이 받아들여지는 것을 볼 수 있었다.

더욱 나쁜 지방은 식물성 기름을 이용하여 합성한 트랜스 지방이다. 빌헬름 노르만이라는 독일 화학자가 1902년에 발명했는데, 오랫동안 버터나 동물성 지방보다 더 건강한 대용품으로 간주되었다. 그러나 지금은 정반대임이 밝혀졌다. 트랜스 지방은 경화유(굳힌 기름)라고도 하며, 다른 모든 종류의 지방보다 심장에 훨씬 더 해롭다. 나쁜 콜레스테롤 농도를 높이고, 좋은 콜레스테롤 농도를 낮추며, 간을 손상시킨다. 대니얼 리버먼은 조금 신랄하게 표현한 바 있다. "트랜스 지방은 본질적으로 서서히 작용하는 독이다."

맞은편 : 우리는 몸에 좋은 수준을 넘어서까지 지방을 저장하는 일을 아주 잘한다. 사람의 복부 단면을 보여주는 이 사진에는 피하지방(노란색)과 복부지방(분홍색)이 많이 보인다.

일찍이 1950년대 중반에 일리노이 대학교의 생화학자 프레드 A. 커머로는 트랜스 지방의 섭취량과 심장 동맥의 막힘 사이에 상관관계가 있다는 명확한 증거를 제시했다. 그러나 그의 발견은 대체로 외면당했다. 거기에는 식품가공

하루에 물을 8잔씩 마셔야 한다는 주장이 널리 퍼져 있는데,
그 주장은 음식에 관한 잘못된 지식 중에서도
가장 끈덕지게 사라지지 않고 있는 것이기도 하다.

업계의 로비도 큰 역할을 했다. 2004년이 되어서야 미국 심장협회는 마침내 커머로가 옳았다고 인정했다. 그러고 나서도 미국 식품의약청은 위험성을 알린 커머로의 첫 논문이 나온 지 거의 60년이 지난 2015년이 되어서야 트랜스 지방이 먹기에 안전하지 않다고 공식 선언했다. 위험성이 알려져 있었음에도, 미국에서는 2018년 7월까지 트랜스 지방을 식품에 첨가하는 것이 합법이었다.

마지막으로 다량 영양소 중에서 가장 중요한 것에 관해서 한두 마디 하고 넘어가기로 하자. 바로 물이다. 우리는 하루에 약 2.5리터의 물을 섭취하지만, 약 절반은 음식에 든 형태로 먹기 때문에 대개는 알아차리지 못한다. 하루에 물을 8잔씩 마셔야 한다는 주장이 널리 퍼져 있는데, 그 주장은 음식에 관한 잘못된 지식 중에서도 가장 끈덕지게 사라지지 않고 있는 것이기도 하다. 그 개념은 미국 식품영양위원회가 발표한 1945년 논문까지 거슬러 올라간다. 논문에는 그것이 평균적인 사람이 하루에 섭취하는 양이라고 적혀 있었다. 펜실베이니아 대학교의 스탠리 골드파브는 2017년 BBC 라디오 4 프로그램인 「모어 오어 레스(More or Less)」에서 이렇게 말했다. "어떻게 된 거냐 하면, 사람들이 이것을 필요 섭취량이라는 개념과 혼동한 거예요. 게다가 또 한 가지 혼동이 일어났는데, 사람들이 하루에 8번 8잔을 마셔야 한다는 말을 들었을 때, 식사와 음식을 통해 어떤 액체를 섭취하든 간에 거기에 덧붙여서 더 섭취해야 한다고 생각한 거죠. 그리고 그래야 한다는 증거 따위는 전혀 없었고요."

물 섭취에 관한 또 하나의 끈질긴 잘못된 믿음은 카페인이 함유된 음료가 이뇨제이며 마신 양보다 더 많은 양을 소변으로 배출시킨다는 것이다. 그런 음료가 수분을 보충하는 가장 건강한 방안은 아닐지 모르지만, 개인의 수분 균형에 기여한다는 점은 분명하다. 신기하게도 갈증은 물이 얼마나 필요한지를 말해 주는 신뢰할 만한 지표가 아니다. 매우 목이 마르게 한 뒤에 원하는 만큼 물을 마시도록 하면, 사람들은 대개 땀으로 잃어버린 양의 5분의 1만 마신 뒤에 갈증이 해소되었다고 말한다.

사실 물을 너무 많이 마시면 위험할 수 있다. 대개 몸은 수분의 균형을 아주

잘 관리하지만, 때로 물을 너무 많이 마시면 콩팥이 물을 충분히 빨리 제거할 수 없게 되고, 그러면 혈액의 나트륨 농도가 위험할 만치 희석된다. 이를 저나트륨혈증(hyponatremia)이라고 한다. 2007년 캘리포니아의 제니퍼 스트레인지라는 젊은 여성은 지역 라디오 방송국이 사리 분별없이 주최한 물 마시기 대회에 나가서 3시간에 걸쳐서 물 6리터를 마신 뒤에 사망했다. 또 2014년에는 조지아 주의 한 고등학교 축구선수가 연습을 마치고서 물 7.5리터와 게토레이 7.5리터를 들이킨 뒤, 곧 배가 아프다고 하면서 쓰러져서 혼수상태에 빠졌다가 사망했다.

앤설 키스. 그의 기아와 과식에 대한 연구는 식단과 건강 사이의 관계를 밝히는 데에 많은 기여를 했지만, 당시에 그의 발견들은 널리 받아들여지지 않았으며 지금까지 논란거리인 것도 있다.

우리는 평생 동안 약 60톤의 물을 섭취한다. 칼 짐머는『마이크로코즘(*Microcosm*)』에서 소형차 60대를 먹는 것에 맞먹는다고 비유했다. 1915년에 미국인은 평균적으로 주간 소득의 절반을 식료품 구입에 지출했는데, 지금은 겨우 6퍼센트를 쓴다. 우리는 역설적인 세계에서 살고 있다. 오랜 세월 인류는 경제적인 이유 때문에 건강하지 못한 식사를 했다. 지금은 스스로 건강하지 못한 식단을 택한다. 역사적으로 볼 때, 우리는 굶주림보다 비만에 시달리는 사람이 훨씬 더 많은 기이한 상황에 처해 있다. 공정하게 말하자면, 체중은 쉽게 불어난다. 초콜릿 칩 쿠키를 일주일에 1개씩 먹고서 그 열량을 소모할 만한 운동을 추가로 하지 않는다면, 1년이면 체중이 약 1킬로그램 불어날 것이다.

우리가 먹는 많은 것들이 우리의 건강을 심각하게 해칠 수 있다는 점을 깨닫기까지는 놀라울 정도로 오랜 시간이 걸렸다. 우리를 계몽시키는 데에 가장 큰 기여를 한 사람은 미네소타 대학교의 영양학자 앤설 키스이다.

키스는 1904년 캘리포니아의 어느 정도 알려진 집안에서 태어났다(삼촌은 영화배우 론 채니였는데, 키스는 그와 놀라울 만치 닮았다). 그는 명석했지만, 동기가 부족한 아이였다. 아이들의 지능을 연구하던 스탠퍼드의 루이스 터먼 교수(스탠퍼드-비네 IQ 검사법의 "스탠퍼드"는 터먼 덕분이다)는 어린 키스에게 천재성이 있다고 말했지만, 키스는 자신의 잠재력을 실현시키는 쪽을 택하지 않았다. 대신에 그는 열다섯에 학교를 자퇴하고 상선의 선원부터 애리조나에서 박쥐 배설물인 구아노를 푸는 인부에 이르기까지 온갖 별난 직업을 전전했다. 그는 뒤늦게야 다시 학업에 뛰어들었는데, 잃어버린 시간을 보충이라도 하겠다는 듯이 버클리에 있는 캘리포니아 대학교에서 단기간에 생물학과 경제

점심 배급 : 미국 병사들이 영국해협을 건너 프랑스로 갈 때 K레이션을 먹는 모습. 앤설 키스의 이름을 딴 전투식량이다.

학 학위를 딴 뒤, 캘리포니아 라호야에 있는 스크립스 연구소에서 해양학 박사학위를 따고, 이어서 케임브리지 대학교에서 생리학 박사학위도 받았다. 그는 하버드에 잠시 정착하여 고산(高山) 생리학의 세계적인 권위자가 되었다가, 미네소타 대학교의 요청으로 그곳으로 자리를 옮겨서 생리위생 연구소의 초대 소장이 되었다. 그곳에서 그는 고전이 될 『인간 기아의 생물학(*The Biology of Human Starvation*)』을 썼다. 그가 식단과 생존 문제의 전문가였기 때문에, 미국이 제2차 세계대전에 참전했을 때 전쟁부는 그에게 낙하산부대를 위한 전투식량 개발을 의뢰했다. 그 결과 불후의 명성을 누리고 있는 전투식량인 K레이션(K ration)이 탄생했다. K는 키스를 뜻했다.

1944년 전쟁으로 파괴되고 피폐해진 터라 유럽의 많은 지역이 기아 위기에 처해 있을 때, 키스는 미네소타 기아 실험이라고 알려지게 될 실험을 시작했다.

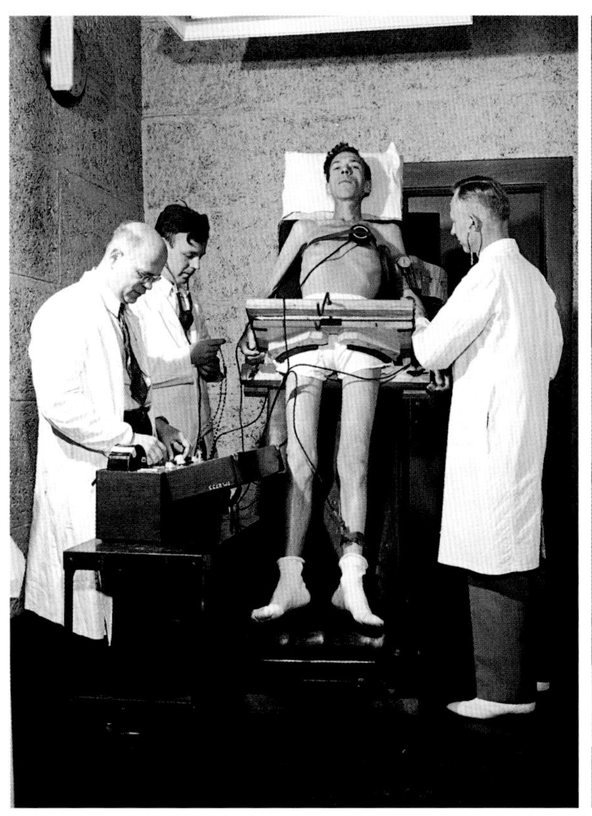

박탈 연구로부터 식단 조언까지. 오른쪽은 키스의 미네소타 기아 실험에 참여한 자원자. 왼쪽은 "지중해 식단"이라고 알려지게 될 것을 권장한 저서를 들고 있는 앤설과 마거릿 키스 부부.

그는 건강한 남성 자원자 36명을 모집했다. 모두 양심적 병역거부자였다. 그들은 6개월 동안 하루에 2끼(일요일에는 1끼)만 부실한 식사를 했다. 하루 열량 섭취량은 총 약 1,500칼로리에 불과했다. 6개월 사이에 그들의 체중은 평균 69킬로그램에서 52킬로그램으로 줄었다. 실험의 목적은 사람이 만성 굶주림에 얼마나 잘 대처할 수 있고 그 뒤에 얼마나 잘 회복될지 알아보는 것이었다. 본질적으로 이 실험은, 처음에 누구나 짐작할 수 있는 사항들이 옳았음을 확인시켜주었다. 즉 만성 허기에 시달리는 이들은 더 짜증을 잘 내고 더 무기력해지고 우울해지고, 질병에 더 취약해졌다. 긍정적인 측면에서 보면, 다시 정상적인 식사를 하게 되자 그들의 체중과 활력이 금방 회복되었다는 것이다. 이 연구를 토대로 키스는 두 권으로 된 『인간 기아의 생물학』을 펴냈다. 이 책은 높은 평가를 받았지만, 시기를 잘 맞추지 못했다. 이 책이 나온 1950년에는 유럽의 식량 사정이 다시 좋아졌고 기아는 이미 중요한 현안이 아니었다.

그 직후에 키스는 자신에게 불후의 명성을 안겨줄 새로운 연구에 착수했다. 이탈리아, 그리스, 네덜란드, 유고슬라비아, 핀란드, 일본, 미국의 7개 나라 시민 1만2,000명의 식습관과 건강 상태를 비교하는 7개국 연구였다. 키스는 음식한 추정값에 따르면, 우리가 섭취하는 설탕의 약 절반은 음식에 숨겨져 있다고 한다. 게다가 우리는 어디에 숨겨져 있는지 잘 알아차리지도 못한다.

에 함유된 지방과 심장병 사이에 직접적인 상관관계가 있음을 알아냈다. 1959년에 그는 아내 마거릿과 공동으로 『잘 먹고 건강하게(*Eat Well and Stay Well*)』라는 대중 교양서를 썼다. 오늘날 지중해 식단이라고 불리는 것을 권장하는 내용이었다. 그 책은 낙농업계와 육류업계의 분노를 샀지만, 덕분에 키스는 유명해지고 부자가 되었다. 이 책은 식품학 역사에 한 획을 그었다. 그 전까지 영양학은 거의 전적으로 결핍증과 맞서 싸우는 일에만 치중했다. 그런데 이제 사람들은 영양 과다도 영양 결핍 못지않게 위험할 수 있음을 깨닫기 시작했다.

최근 들어서 키스의 연구에 날카로운 비판을 가하는 이들도 나타났다. 주로 제기되는 비판 중의 하나는 키스가 자신의 관점에 적합한 나라들에만 초점을 맞추고, 적합하지 않는 나라들은 무시했다는 것이다. 예를 들면, 프랑스인은 지구에서 치즈를 가장 많이 먹고 포도주를 가장 많이 마시지만, 심장 질환자 비율이 가장 낮은 나라에 속한다. 이를 "프랑스 역설"이라고 하는데, 비판자들은 키스가 자신의 관점에 들어맞지 않아서 프랑스를 일부러 제외시켰다고 주장한다. 대니얼 리버먼은 이렇게 말한다. "키스는 자료가 마음에 안 들면 그냥 빼버렸어요. 오늘날의 기준으로 보면 그는 과학적 부정행위를 저질렀다고 비난을 받고 해고를 당했어야 해요."

그러나 키스를 옹호하는 사람들은 프랑스인의 특이한 식단이 프랑스 바깥에까지 널리 알려지기 시작한 것은 1981년부터이므로, 키스가 알았을 리가 없다고 주장한다. 각자 어떤 결론을 내리든 간에, 키스가 식단이 심장 건강에 중요한 역할을 한다는 사실을 주지시켰다는 점은 분명하다. 그리고 그런 식단이 그에게 전혀 해를 입히지 않았다는 점도 언급해야겠다. 키스는 지중해 식단이라는 말을 사람들이 듣기 훨씬 전부터 그런 식단을 유지했고, 100세까지 장수했다. (그는 2004년에 세상을 떠났다.)

키스의 발견은 세계의 권장 식단에 지속적으로 영향을 미쳐왔다. 대다수 국가들은 하루 식단에서 지방의 비율이 30퍼센트를 넘지 않도록 하고, 포화지방의 비율은 10퍼센트 이내로 하라고 공식적으로 권장한다. 미국 심장협회는 더 낮추어서 7퍼센트 이내로 하도록 권장한다.

그러나 현재 우리가 그 조언을 잘 지킨다고는 그다지 장담할 수 없다. 2010년에 대규모 연구 결과를 담은 논문 2편이 (「미국 임상영양학회지[*American Journal of Clinical Nutrition*]」와 「내과학연보[*Annals of Internal Medicine*]」에) 발표되었다. 18개국의 약 100만 명을 조사했는데 포화지방 섭취량을 줄이면 심장병 위험이 줄어든다는 명확한 증거가 전혀 없다는 내용이었다. 더 최근인 2017년 영국의 의학지 「랜싯」에도 비슷한 연구 결과가 실렸는데, 지방과 "심혈관 질환, 심근경색, 심혈관 질환에 따른 사망률 사이에 유의미한 관계가 없으며" 따라서 식단 권장 지침들을 재고할 필요가 있다는 내용이었다. 이 두 결론 모두 학계에서 열띤 논쟁을 불러일으켰다.

모든 식단 연구가 지닌 문제점은 사람들이 기름, 지방, 좋은 콜레스테롤과 나쁜 콜레스테롤, 당, 소금, 온갖 좋고 나쁜 화학물질들이 섞여 있는 음식을 먹으므로, 영향도 섞이는 바람에 어떤 특정한 결과가 어느 한 성분 때문이라고 말하기가 불가능하다는 것이다. 게다가 운동, 음주 습관, 몸에 지방이 쌓인 부위, 유전 등 다른 온갖 요인들까지 건강에 영향을 미친다. 널리 인용되는 또다른 연구가 있는데, 40세 남성이 햄버거를 매일 먹으면 기대수명이 1년 줄어들 것이라는 결론이 담겨 있다. 문제는 햄버거를 매일 먹는 사람은 흡연, 음주, 운동 부족 등 수명 단축의 가능성이 높은 다른 온갖 유해한 습관들도 동반하는 경향이 있다는 것이다. 햄버거를 많이 먹으면 몸에 좋지 않지만, 그 영향이 명확한 것은 아니다.

요즘은 당이 식단의 건강을 위협하는 요소로 가장 많이 언급된다. 당은 많은 심각한 질환들과 관련이 있는 것으로 밝혀져왔으며, 그중 대표적인 것은 당뇨병이다. 그리고 우리 대다수가 당을 필요한 양보다 더 많이 섭취하고 있다는 데에는 의문의 여지가 없다. 미국인은 하루에 평균 찻숟가락 22개 분량의 첨가당을 섭취한다. 게다가 젊은 미국 남성은 거의 40개 분량을 섭취한다. 세계보건기구가 권고한 최대 섭취량은 찻숟가락 5개 분량이다.

그러나 그 한계를 넘어서기란 어렵지 않다. 표준 크기의 탄산음료 캔 하나에는 성인의 하루 최대 권장량보다 약 50퍼센트 더 많은 설탕이 들어 있다. 미국의 젊은이들 중 5분의 1은 청량음료를 통해서 하루에 500칼로리 이상을 섭취한다. 설탕의 열량이 실제로는 그다지 높지 않다는 점을 알고 나면, 그 점이 더욱 놀랍게 느껴진다. 찻숟가락 하나의 설탕은 16칼로리에 불과하다. 그러니 그 정도의 열량을 섭취하려면 설탕을 아주 많이 먹어야 한다. 문제는 우리가 다소 끊임없이 많이 섭취하고 있다는 것이다.

지금의 사과는 품종 개량으로 인해서 당분이 필요 수준보다 더 많다. 16세기 말의 과일 시장을 떠올리게 하는 이 그림에 보이는 사과는 아마 오늘날의 당근보다 덜 달았을 것이다.

우선 거의 모든 가공식품에는 설탕이 첨가되어 있다. 한 추정값에 따르면, 우리가 섭취하는 설탕의 약 절반은 음식에 숨겨져 있다고 한다. 게다가 우리는 어디에 숨겨져 있는지 잘 알아차리지도 못한다. 빵, 샐러드 드레싱, 스파게티 소스, 케첩뿐 아니라, 우리가 그다지 달콤하다고 느끼지 않는 온갖 가공식품들에도 들어 있다. 우리가 먹는 가공식품 중에서 약 80퍼센트에는 설탕이 첨가되어 있다. 하인즈 케첩은 거의 4분의 1이 설탕이다. 같은 부피의 코카콜라보다 더 많은 설탕이 들어 있다.

게다가 우리가 먹는 좋은 식품들에도 당이 많이 들어 있다는 점 때문에 문제는 더 복잡해진다. 우리의 간은 우리가 섭취한 당이 사과에서 나온 것인지 막대 초콜릿에서 나온 것인지 알지 못한다. 펩시콜라 500밀리리터 병에는 찻숟가락 약 13개 분량의 설탕이 들어 있고 영양가는 거의 없다. 사과 3개를 먹어도 섭취하는 당의 양은 비슷하겠지만, 비타민, 미네랄, 섬유질도 섭취하므로 그런 단점을 보상하고도 남는다. 게다가 포만감도 더 얻을 수 있다. 아무튼 지금은 사과조차도 사실 필요 이상으로 많이 달다. 대니얼 리버먼은 지금의 과일들이 예전보다 훨씬 더 당분이 많아지도록 선택적으로 이루어진 교배의 산물이라고 했다. 셰익스피어가 먹었던 과일들은 대부분 단맛이 아마 오늘날의 당근 정도에 불과했을 것이다.

우리의 과일과 채소 중에서 상당수는 영양학적으로 보면 아주 최근에 재배되던 것들보다도 더 좋지 않다. 2011년 텍사스 대학교의 생화학자 도널드 데이비스는 1950년과 현재의 여러 식품들의 영양가를 비교했는데, 거의 모든 식품 소금을 둘러싼 오래되었으면서도 해결되지 않고 있는 논쟁이야말로, 우리의 지식이 어떤 상태인지를 가장 상징적으로 보여준다고 할 수 있다. 소금은 우리 몸에 필수적이다. 그 점에는 의문의 여지가 없다. 우리는 소금 없이는 살 수 없다.

에서 영양가가 크게 낮아졌음을 알아차렸다. 예를 들면, 현재의 과일은 1950년대 초의 과일보다 철분 함량은 거의 50퍼센트, 칼슘 함량은 약 12퍼센트, 비타민 A의 함량은 약 15퍼센트가 더 적다. 현대 농업은 질을 희생시키면서 수확률을 높이고 생장을 촉진하는 쪽에 초점을 맞추고 있다.

미국은 기본적으로 국민들이 세계에서 가장 많이 먹는데도 영양학적으로는 가장 결핍된 축에 속한다는 기이하면서도 역설적인 상황에 처해 있다. 미국의 사례는 과거와 비교하기가 조금 어려운데, 이유는 1970년에 의회가 예비 조사 결과가 당혹스럽게 나오자, 유일하게 연방 차원에서 이루어지던 포괄적인 영양 실태 조사계획을 취소시켰기 때문이다. "조사한 표본집단에서 영양 부족 상태이거나 영양학적 문제가 생길 위험이 높은 사람들의 비율이 상당히 높다." 그 예비 조사 보고서가 나온 직후에, 조사계획은 철퇴를 맞았다.

그래도 상황이 어떤지를 파악하기란 어렵지 않다. 「미국 통계연감(*Statistical Abstract of the United States*)」에 따르면, 2000–2010년에 걸쳐서 미국인의 연간 평균 채소 섭취량은 14킬로그램이 줄었다. 이런 감소 추세도 우려되지만, 미국에서 월등한 차이로 가장 인기 있는 채소라는 것이 감자튀김이라는 점을 알고 나면 할 말을 잃을 것이다. (미국인의 채소 섭취량 중 4분의 1을 차지한다.) 그러니 요즘에는 "채소"를 14킬로그램 덜 먹는다는 것이 오히려 식단이 나아졌다는 표시가 될 수도 있다.

미국 심장협회의 자문위원회가 조사한 자료는 오늘날 영양학적 권고가 얼마나 혼란 상태에 빠져 있는지를 잘 보여주는 놀라운 사례이다. 조사 결과, 미국의 영양학자 중 37퍼센트가 코코넛 기름을 "건강한 식품"이라고 생각한다는 사실이 드러났다. 본질적으로 액체 형태의 포화지방이나 다름없는 것을 말이다. 코코넛 기름은 맛있을지 몰라도, 빵가루를 입혀서 튀긴 버터 덩어리를 입에 넣는 것이나 다를 바가 없다. 대니얼 리버먼은 이렇게 말한다. "우리의 영양 교육이 얼마나 엉망진창인지를 잘 보여주는 사례예요. 사람들이 반드시 사실만을 접하고 있는 건 아닙니다. 의사는 영양학을 전혀 배우지 않고서도 의대를

땅과 바다의 소금 : 식단의 많은 성분들이 그렇듯이, 소금도 우리가 살아가는 데에 꼭 필요하지만 너무 과하게 섭취하면 위험하다. 소금은 얕은 곳에서 바닷물을 증발시켜서 얻는다. 아프리카 나미비아에서 그렇게 만들어진 천일염을 모으는 장면.

마칠 수 있어요. 정신 나간 짓이죠."

소금을 둘러싼 오래되었으면서도 해결되지 않고 있는 논쟁이야말로, 우리의 지식이 어떤 상태인지를 가장 상징적으로 보여준다고 할 수 있다. 소금은 우리 몸에 필수적이다. 그 점에는 의문의 여지가 없다. 우리는 소금 없이는 살 수 없다. 우리 혀에 짠맛만 담당하는 맛봉오리가 있는 이유도 바로 그 때문이다. 소금 부족은 거의 물 부족만큼이나 우리의 생명을 위협한다. 우리 몸이 소금을 만들지 못하므로, 우리는 음식을 통해서 소금을 섭취해야 한다. 문제는 얼마나 섭취해야 적당량인가 하는 것이다. 너무 적게 섭취하면 무기력해지고 쇠약해지며, 이윽고 죽음을 맞이한다. 너무 많이 섭취하면 혈압이 치솟고, 심장 정지와 뇌졸중 위험이 높아진다.

소금에서 문제를 일으키는 성분은 미네랄인 나트륨이다. 나트륨은 소금 부피의 40퍼센트(나머지 60퍼센트는 염소)만을 차지하지만, 우리의 장기적인 건강을 위협하는 일을 거의 도맡고 있다. 세계보건기구는 나트륨의 하루 섭취량이 2,000밀리그램을 넘어서는 안 된다고 권고하지만, 대다수는 그보다 훨씬 더 많이 섭취한다. 영국인은 하루에 평균 약 3,200밀리그램, 미국인은 약 3,400밀리그램, 오스트레일리아인은 무려 3,600밀리그램을 섭취한다. 권장량 한계를 넘는 것은 그리 어렵지 않다. 짠맛이라고는 거의 느껴지지 않는 수프와 샌드위치로 가볍게 점심을 때운다고 해도, 하루 섭취량을 쉽게 넘어설 수 있다. 그런데 현재 일부 전문가들은 그렇게 엄격하게 한계를 정하는 것이 사실은 불필요하며 오히려 해로울 수도 있다고 주장한다.

연구 결과들을 살펴보면 놀라울 정도로 서로 모순된다. 영국의 한 연구는 너무 장기간에 걸쳐서 소금을 과다 섭취하는 바람에 목숨을 잃는 영국인이 연간 3만 명에 이를 수도 있다고 추정했다. 그러나 거의 같은 시기에 발표된 다른 연구는 고혈압 환자를 제외하면 소금이 전혀 해를 끼치지 않는다고 결론을 내렸고, 또다른 연구에서는 소금을 많이 먹는 사람들이 사실상 수명이 더 길다는 결과가 나왔다. 캐나다의 맥마스터 대학교에서는 48개국 13만3,000명의 자료를 메타 분석했는데, 소금 과다 섭취와 심장 질환 사이의 관계가 오로지 이미 고혈압이 있는 사람들에게서만 나타나며, 소금을 적게 섭취할 때에는 고혈압이 있든 없든 모든 사람들이 심장 질환에 걸릴 위험이 높아진다는 결론에 도달했다. 다시 말해서, 맥마스터 연구에 따르면, 소금을 너무 적게 먹는 것도 적어도 소금을 너무 많이 섭취하는 것 못지않게 위험하다.

스탠퍼드 대학교의 크리스토퍼 가드너. 합리적인 관점에서 식단에 접근해야 한다고 말하는 대표적인 학자.

의견이 일치하지 않는 한 가지 주된 이유는 양측이, 통계학자들이 확증 편향(confirmation bias)이라고 부르는 것에 몰두하기 때문이다. 한마디로 서로의 말에는 귀를 막고 있다는 뜻이다. 2016년 「국제 역학회지(*International Journal of Epidemiology*)」에 실린 논문을 보면, 그 논쟁의 당사자들이 자신의 견해를 뒷받침하는 논문들만 인용하고, 그렇지 않은 논문들은 무시하거나 내친다는 것이 드러난다. 그 논문의 저자들은 이렇게 썼다. "발표된 문헌들을 보면, 논쟁이 벌어지고 있다는 인상을 거의 받을 수 없으며, 오히려 거의 서로 별개이면서 분리되어 있는 두 학문 계통이 있다는 인상을 받게 된다."

해답을 찾고자, 나는 캘리포니아 팰로앨토에 있는 스탠퍼드 대학교의 의학 교수로서 영양학 연구를 하고 있는 크리스토퍼 가드너를 만났다. 그는 웃음이 많고 상대를 편하게 해주는 다정한 사람이다. 나이가 거의 예순에 가깝지만, 적어도 15년은 더 젊어 보인다. (팰로앨토에 사는 사람들은 대부분 다 그렇게 보인다.) 우리는 근처 쇼핑센터의 식당에서 만났다. 거의 당연하겠지만, 그는 자전거를 타고 왔다.

가드너는 채식주의자이다. 건강 때문인지, 윤리적 이유 때문인지 묻자, 그는 빙긋 웃으면서 대답했다. "음, 사실 원래는 한 여자에게 좋은 인상을 주고 싶어

운동을 규칙적으로 하고 샐러드를 많이 먹는다고 해서,
그만큼 수명이 더 늘어난다는 의미는 아니다.
수명이 늘어날 확률을 더 높이는 것이다.

서였어요. 1980년대였어요. 그런데 채식이 좋다는 판단을 내린 거죠." 사실 그는 깊이 좋아하게 된 나머지 채식주의 전문 식당을 차리기로 마음먹었다. 그러다가 채식의 과학을 더 잘 이해할 필요가 있겠다 싶어서 영양학 박사학위를 땄고, 결국 학계에 들어서게 되었다. 그는 무엇을 먹고 무엇을 먹지 말아야 할지를 합리적으로 시원하게 설명한다. "원칙적으로는 사실 아주 간단해요. 설탕이 첨가된 식품과 정제된 곡물을 덜 먹고, 채소를 더 많이 먹어야 해요. 본질적으로 주로 좋은 것들을 먹고 나쁜 것들을 최대한 피하려고 노력하는 거죠. 누구나 다 아는 겁니다."

그러나 실제로는 일이 그렇게 수월하지가 않다. 우리 모두는 거의 무의식적인 차원에서, 나쁜 것 쪽으로 향하는 습관이 배어 있다. 가드너 연구진은 대학 식당에서 아주 단순한 실험을 통해서 그 사실을 보여주었다. 그들은 매일 요리한 당근을 내놓으면서 요리 이름을 다르게 붙였다. 당근들은 똑같은 것이었고 이름도 신뢰할 만한 것이었다. 그저 강조하는 특성이 매일 조금씩 달랐을 뿐이다. 어느 날은 그냥 당근이라고만 붙였고, 다음날에는 저나트륨 당근, 그 다음 날에는 고섬유질 당근, 또다른 날에는 윤기 좔좔(twisted glazed) 당근이라고 적었다. "학생들은 설탕 입힌 도넛을 떠올리게 하는 윤기 좔좔 당근을 25퍼센트 더 많이 담았어요." 가드너는 다시 빙긋 웃으면서 말한다. "여기 학생들은 똑똑합니다. 체중과 건강 같은 문제들에 다 관심이 있지요. 그럼에도 어쨌든 나쁜 쪽으로 선택을 한 거예요. 그건 일종의 반사작용입니다. 아스파라거스와 브로콜리로도 실험했는데 똑같은 결과가 나왔어요. 우리는 무의식의 명령을 거부하기가 쉽지 않아요."

가드너는 식품 제조사들이 그 약점을 이용하는 일에 매우 뛰어나다고 말한다. "많은 식품들은 소금이나 지방, 당의 함량이 낮다고 광고를 합니다. 그러나 제조사들은 거의 언제나 그 셋 중 하나만 줄이고, 줄인 부분을 보완하려고 나머지 두 가지는 더 늘려요. 또는 브라우니에 오메가 3를 조금 첨가하고서, 포장지에 건강식품이라고 떡 하니 크게 찍어놓지요. 그래도 브라우니라는 점에는 변함이 없어요! 우리 사회의 문제는 우리가 시답지 않은 식품을 너무 많이 먹는다는 겁니다. 푸드 뱅크조차도 주로 가공식품을 제공해요. 사람들의 식습관을 바꿔야 해요."

가드너는 비록 느리기는 하지만, 그런 변화가 일어나고 있다고 본다. "근본적인 변화가 일어나는 중이라고 진심으로 믿고 있어요. 그렇지만 습관은 하루아침에 바뀌는 것이 아니죠."

위험을 무시무시하게 들리도록 만들기는 쉽다. 가공육을 매일 먹으면 잘록곧창자암(결장직장암)에 걸릴 위험이 18퍼센트 증가한다는 말을 흔히 접할 수 있다. 그 말은 분명 사실이다. 그러나 「복스(*Vox*)」의 줄리아 벨루즈는 이렇게 지적했다. "한 사람이 평생 동안 잘록곧창자암에 걸릴 위험은 약 5퍼센트이며, 매일 가공육을 섭취했을 때 그 사람의 발암 위험 절대값은 1퍼센트 증가하여 6퍼센트가 되는 것이다(즉 생애 위험 확률 5퍼센트의 18퍼센트)." 따라서 달리 말하면, 100명이 평생 매일 핫도그나 베이컨 샌드위치를 먹는다면, 그들 가운데 (어떻게 하든 간에 그 암에 걸릴 5명 외에) 1명은 잘록곧창자암에 걸릴 것이다. 그것이 우리가 감수하고 싶은 위험은 아닐지 몰라도, 어쨌든 사망 선고는 아니다.

확률과 운명은 구별하는 것이 중요하다. 당신이 비만이거나 흡연자이거나 소파에서 뒹굴거리는 사람이라고 해서 당신이 제 명을 다하지 못할 운명이라는 의미는 아니며, 금욕주의자처럼 살아간다고 해서 위험을 피할 것이라는 뜻도 아니다. 당뇨병, 만성 고혈압, 심혈관 질환에 걸린 사람들 중 약 40퍼센트는 발병하기 전까지 아주 건강했으며, 심각한 과체중인 사람들 가운데 약 20퍼센트는 늘 똑같은 생활을 했는데 그저 나이를 먹으니 체중이 불어난 것이다. 운동을 규칙적으로 하고 샐러드를 많이 먹는다고 해서, 그만큼 수명이 더 늘어난다는 의미는 아니다. 수명이 늘어날 확률을 더 높이는 것이다. 운동과 생활습관, 소금, 알코올, 당, 콜레스테롤, 트랜스 지방, 포화지방, 불포화지방의 섭취량 등 심장 건강에 관여하는 변수들이 너무나 많기 때문에, 어느 한 가지 요인 탓이라고 단정한다면 실수를 하는 것임이 거의 확실하다. 한 의사는 심근경색의 원인이 "유전자 50퍼센트, 치즈버거 50퍼센트"라고 표현했다. 물론 과장한 것이기는 하지만, 근본적으로 보면 타당하다.

가장 신중한 방법은 균형 잡힌 식단을 짜서 적정량 먹는 것인 듯하다. 한마디로, 중용을 지키는 것이 최선이다.

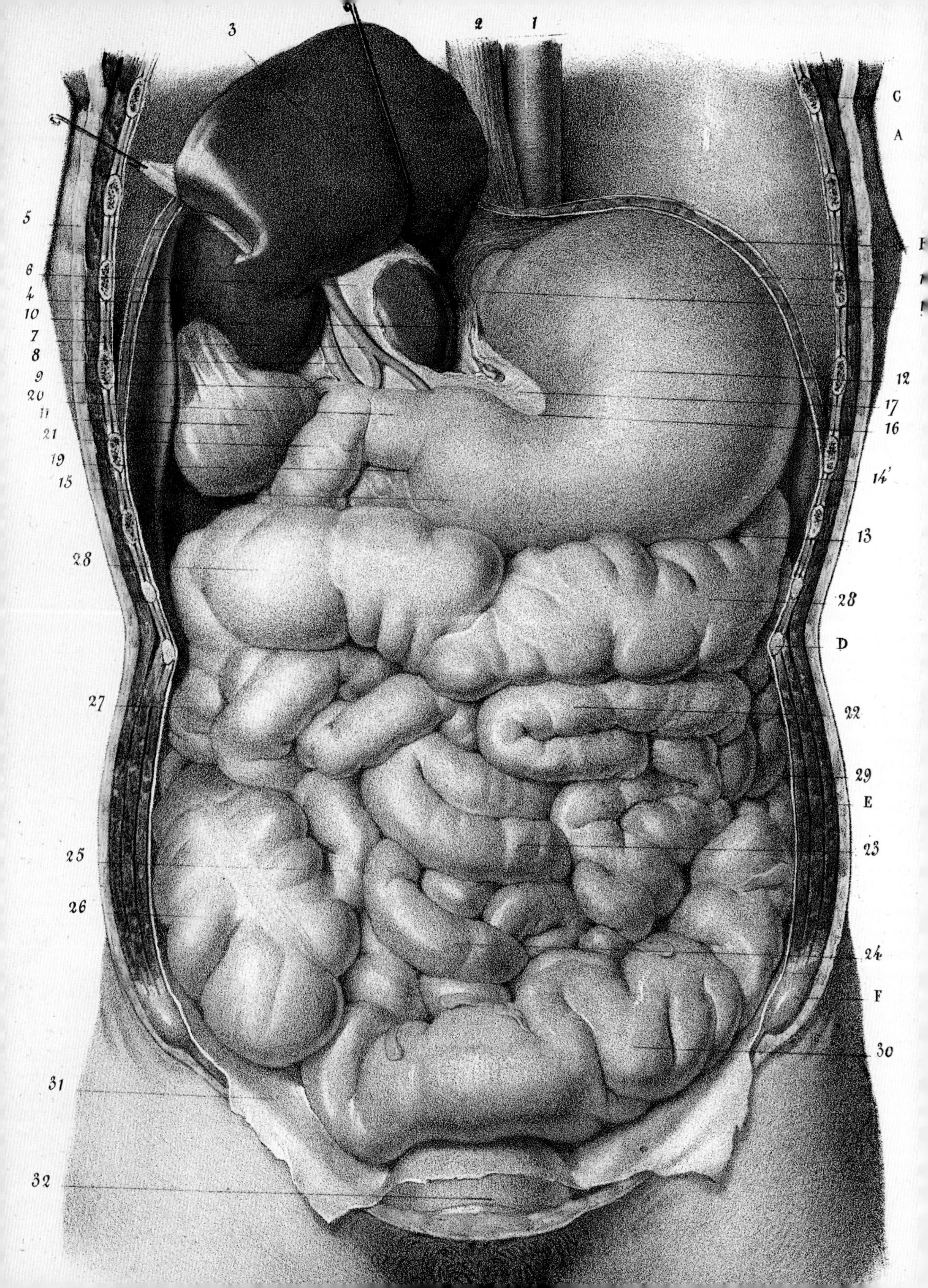
3
2
1
C
A
5
6
4
10
7
8
9
20
11
21
19
15
12
17
16
14'
13
28
28
D
27
22
29
E
25
23
26
24
F
30
31
32

15

소화기관

"행복은 은행 계좌, 맛있는 요리, 튼튼한 위장에 달려 있다."

장 자크 루소

包胞也若胃中水穀腐熟則自幽門而傳入於小腸
故言太倉之下口為幽門其位幽隱因名曰幽門

몸속을 보면 우리는 엄청나다. 평균적인 몸집의 남성은 소화관의 길이가 12미터쯤 되며, 여성은 그보다 조금 더 짧다. 소화관의 총 표면적은 약 2,000제곱미터에 달한다.

음식물의 장 통과 시간(bowel transit time)은 사람마다 천차만별이며, 사실 한 사람에게서도 하루에 얼마나 활동을 하고, 무엇을 얼마나 먹었는지에 따라서 크게 달라진다. 남녀별로도 놀라울 정도로 큰 차이가 난다. 남성은 음식물이 입에서 항문까지 가는 데에 평균 55시간이 걸린다. 여성은 대개 72시간에 가깝다. 음식물이 여성의 몸속에서는 거의 하루나 더 오래 머문다. 이것이 어떤 결과를 가져오는지—가져온다고 할 때—우리는 전혀 모른다.

그러나 대강 말하자면, 우리가 식사를 할 때 음식물은 위에서 약 4–6시간 머물고, 이어서 작은창자(소장)에서 6–8시간 머문다. 작은창자에서 영양분(즉 살을 찌우는 것들)은 다 흡수되어 몸의 구석구석으로 보내져서 쓰이거나 안타깝게도 저장된다. 그리고 큰창자(대장)에서 최대 3일까지 머문다. 그곳에서 수많은 세균들이 달리 분해할 수 없는 것들—주로 섬유질—에 달려들어서 처리한다. 그것이 바로 섬유질을 더 많이 먹으라는 말을 줄곧 듣는 이유이다. 섬유질은 우리 장내 미생물의 활력을 유지시키는 동시에, 우리가 아직 잘 모르는 이유로 심장병, 당뇨병, 창자암 등 사실상 모든 유형의 사망 위험을 줄여주기 때문이다.

위가 어디쯤에 있는지 물어보면, 거의 모두가 배를 가리키겠지만, 사실 위는 그보다 훨씬 높이 달려 있으며, 몸 중앙에서 왼쪽으로 확연히 치우쳐 있다. 길이는 약 25센티미터이며, 권투 장갑과 비슷한 모양이다. 음식물이 나가는 손목 쪽 끝은 날문(pylorus)이라고 하고, 주먹 부분은 위바닥(fundus)이라고 한다. 대중의 의식 속에서 위는 매우 중요한 기관으로 여겨지고는 하지만, 사실 위는 우리의 생각보다는 생명 유지에 덜 중요하다. 위는 위산으로 내용물을 푹 적시면서 근육 수축을 통해서 짓눌러댐으로써 화학적으로 또 물리적으로 소화에 얼마간 기여를 한다. 그러나 소화에서 핵심적인 역할을 한다기보다는 소화를 돕는 역할이다. 위를 제거했음에도 불구하고 별 심각한 문제없이 살아가는 사람들이 많이 있다. 진정한 소화와 흡수—몸의 섭취—는 더 뒤에서 이루어진다.

위의 용량은 약 1.4리터이다. 다른 동물들에 비하면 그리 크지 않다. 커다란 개의 위는 우리 위보다 음식물을 2배까지 담을 수 있다. 위에서 주물러진 음식물은 완두콩 수프처럼 변하는데, 그 상태를 미즙(chyme)이라고 한다. 말이 나

맞은편 : 해부 구조의 묘사는 최근에 나온 것도, 서양의 혁신도 아니다. 소화계를 묘사한 이 목판화에는 기원후 2세기의 유명한 중국 의사 화타가 했다는 말도 적혀 있다.

앞쪽 : 길이 약 12미터의 관이 몸 안에 구불구불 들어 있다. 1866년 프랑스의 해부학 도해서에 실린 소화계 그림.

식품 매개 질병은 미국의 은밀한 유행병이라고 할 수 있다.
미국에서는 해마다 식중독으로
소도시 인구에 맞먹는 3,000명이 사망하고,
약 13만 명이 입원을 한다.

온 김에 덧붙이면, 우리의 배에서 나는 꾸르륵 소리는 위가 아니라 주로 큰창자에서 난다. 전문용어로는 창자 가스 소리(borborygmi)라고 한다.

위가 하는 일들 중 하나는 많은 미생물을 위산에 푹 담가서 죽이는 것이다. 노팅엄 대학교의 일반외과의사이자 강사인 케이티 롤린스는 내게 이렇게 말했다. "위가 없다면, 우리가 먹는 것들 중에서 우리를 아프게 하는 것이 더 많아지겠죠."

미생물이 그 속을 뚫고 나온다는 것은 기적 같은 일이지만, 일부는 통과한다. 우리 모두 종종 그 대가를 치르므로 잘 알 것이다. 우리 자신이 오염된 것을 뱃속에 많이 투하하기 때문에 그런 일이 벌어지기도 한다. 미국 식품의약청이 2016년에 내놓은 조사 결과를 보면, 닭가슴살의 84퍼센트, 다진 쇠고기의 거의 70퍼센트, 돼지 갈비의 절반에서 장내 대장균이 발견되었다고 한다. 대장균 자신을 제외한 어느 누구에게도 좋은 소식이 아니다.

식품 매개 질병은 미국의 은밀한 유행병이라고 할 수 있다. 미국에서는 해마다 식중독으로 소도시 인구에 맞먹는 3,000명이 사망하고, 약 13만 명이 입원을 한다. 게다가 죽음에 이르는 방법 중에서도 매우 끔찍한 것일 수 있다. 1992년 12월, 로런 베스 루돌프는 캘리포니아 칼스배드에 있는 잭 인 더 박스라는 식당에서 치즈버거를 먹었다. 5일 뒤에 로런은 배가 쥐어짜는 듯이 아프고 피가 섞인 설사를 하는 바람에 병원으로 실려갔다. 증세는 빠르게 악화되었다. 병원에서 로런은 세 차례 심장 정지가 일어났고, 이윽고 숨을 거두었다. 로런은 겨우 여섯 살이었다.

그 뒤로 몇 주일 동안 4개 주에 있는 잭 인 더 박스 73개 지점에서 식사를 한 고객 700명이 병에 걸렸다. 그들 중 3명은 사망했다. 장기가 영구적으로 손상된 사람들도 있었다. 원인은 덜 구워진 고기에 든 대장균이었다. 「식품 안전 뉴스(*Food Safety News*)」에 따르면, 잭 인 더 박스 본사는 고기가 덜 구워졌다는 사실을 알고 있었지만, "지침대로 70도로 구우면 고기가 너무 질겨진다고 판단했다"고 한다.*

살모넬라균도 마찬가지로 해롭다. 살모넬라균은 "자연에서 가장 흔한 병원균"이라고 불린다. 미국에서는 살모넬라균에 감염되었다고 보고되는 사례가 1년에 약 4만 건에 달하지만, 실제 감염자 수는 훨씬 더 많을 것으로 추정된다. 공식 보고된 사례 1건당 보고되지 않은 사례가 28건에 달할 것이라고 추정한 자료도 있다. 그러면 연간 112만 건이 발생하는 셈이다. 미국 농무부의 한 조사에 따르면, 시판되는 닭고기 중 약 4분의 1이 살모넬라균에 오염되어 있다고 한다. 살모넬라 중독에는 치료제가 없다.

살모넬라균(Salmonella)은 연어(salmon)의 산란과 아무 관계도 없다. 미국 농무부의 과학자 대니얼 엘머 샐먼의 이름에서 나왔다. 그러나 사실 그 균의 실제 발견자는 그의 조수인 시어벌드 스미스였다. 스미스는 의학사의 잊힌 영웅 중 한 명이다. 그는 1859년 독일인 이민자의 아들로 태어났고(원래 성은 슈미트였다), 뉴욕 북부에서 자랐다. 집에서는 독일어를 썼기 때문에, 그는 당시의 대다수 미국인들보다 로베르트 코흐의 실험을 더 빨리 이해하고 따라갈 수 있었다. 그는 코흐의 세균 배양법을 스스로 터득했고, 그 방법으로 1885년에 살모넬라균을 분리할 수 있었다. 미국의 다른 사람들이 그 방법을 쓰기 시작한 것은 한참 뒤의 일이었다. 대니얼 샐먼은 미국 농무부 동물산업국의 국장으로서 주로 행정 업무를 담당했지만, 당시에는 농무부에서 발표하는 논문들에 부서 국장의 이름을 첫 번째 저자로 올리는 것이 관행이었다. 그래서 그 미생물에 국장의 이름이 붙여졌다. 스미스는 감염성 원생동물인 바베시아(*Babesia*)의 발견자라는 영예도 빼앗겼다. 바베시아는 루마니아의 세균학자 빅토르 바베시의 이름이 잘못 붙여진 것이다(사실 바베시가 먼저 발견한 것은 맞지만, 그는 이 병원체가 세균이라고 생각했다/역주). 오랫

미국의 가장 중요한—그러면서도 가장 인정받지 못하는—세균학자 중 한 명인 시어벌드 스미스(위)와 스미스의 상사였던 대니얼 엘머 샐먼(아래). 국장이라는 지위 덕분에 스미스의 가장 중요한 발견 중의 하나인 살모넬라균에 샐먼의 이름이 붙었다.

---

* 대장균은 대다수 균주는 우리에게 전혀 해를 끼치지 않으며 일부는 유익하기도 한 별난 생물이다. 엉뚱한 곳에 있지 않는 한 그렇다. 한 예로, 우리의 큰창자에 있는 대장균은 우리가 쓸 비타민 K를 생산한다. 그리고 대체로 몸속에서 환영을 받는다. 반면에 본문에서 말하는 것은 우리에게 해를 끼치거나 있어서는 안 될 곳에 있는 대장균 균주들이다.

그의 왼쪽 가슴 바로 밑에 구멍이 났고,
그리하여 그는 사실상 원하지 않았을 명성을 얻게 되었다.
그는 의학사에서 가장 유명한 위를 가진 사람이 되었다.

동안 연구를 하면서 스미스는 황열병, 디프테리아, 아프리카 수면병, 음료수의 분변 오염 분야에서 중요한 발견을 하고, 로베르트 코흐가 두 가지 중요한 실수를 저질렀다는 사실을 입증함으로써 사람과 가축의 결핵이 서로 다른 미생물에 의해서 발병한다는 것을 밝혀내는 등 탁월한 업적을 남겼다. 또한 코흐는 결핵이 동물에게서 사람에게로 전염될 리 없다고 믿었는데, 스미스는 그 믿음도 틀렸음을 보여주었다. 우유의 저온살균법이 표준방법이 된 것은 이 발견 덕분이었다. 한마디로 스미스는 세균학의 황금시대라고 불리던 시대에 미국에서 가장 중요한 세균학자였다. 그러나 지금은 거의 완전히 잊힌 인물이 되었다.

말이 나온 김에 덧붙이면, 구역질을 유발하는 미생물들은 대부분 몸속에서 얼마 동안 증식한 뒤에야 몸에 증상을 일으킨다. 황색포도알균처럼 1시간도 지나지 않아서 증상을 일으킬 수 있는 미생물도 극소수 있지만, 대부분은 적어도 24시간은 지나야 한다. 듀크 대학교의 데버라 피셔는 「뉴욕 타임스」에 이렇게 말했다. "사람들은 마지막으로 먹은 것을 탓하는 경향이 있지만, 마지막이 아니라 그 전에 먹은 것이 원인일 가능성이 높다." 사실 많은 감염은 드러나기까지 꽤 오랜 시간이 걸린다. 미국에서 해마다 약 300명의 목숨을 앗아가는 리스테리아증은 증상이 나타나기까지 70일이 걸릴 수도 있다. 그래서 감염원을 추적하기가 너무나 힘들어진다. 2011년에는 리스테리아증으로 33명이 사망한 뒤에야, 원인이 콜로라도에서 재배한 캔털루프 멜론임이 밝혀졌다.

식품 매개 질병의 가장 큰 원천이 고기나 달걀이나 마요네즈라고 흔히 생각하지만, 사실은 초록 잎채소이다. 식품에서 비롯되는 모든 질병의 약 5분의 1을 차지한다.

아주 오랫동안, 우리가 위에 관해서 알고 있었던 거의 모든 지식은 1822년에 일어난 한 불운한 사고 덕분에 얻은 것이었다. 그해 여름 미시간 주 북부의 휴런 호수에 있는 맥키노 섬의 한 상점에서 고객이 소총을 살펴보고 있었는데, 갑자기 총알이 발사되었다. 불행히도 총알은 바로 1미터 옆에 서 있던 알렉시스

기회를 잡다 : 미국 육군 군의관인 윌리엄 보몬트는 총기 사고로 위장에 구멍이 난 알렉시스 세인트 마틴을 대상으로 위장 안에서 벌어지는 일을 연구했다.

세인트 마틴이라는 젊은 캐나다인 모피 사냥꾼에게로 향했다. 그의 왼쪽 가슴 바로 밑에 구멍이 났고, 그리하여 그는 사실상 원하지 않았을 명성을 얻게 되었다. 그는 의학사에서 가장 유명한 위를 가진 사람이 되었다. 세인트 마틴은 기적처럼 살아났지만, 상처는 결코 완전히 아물지 않았다. 그를 치료한 사람은 미국 군의관인 윌리엄 보몬트였는데, 그는 지름 2.5센티미터의 그 구멍이 사냥꾼의 몸속과 위 안을 들여다볼 수 있는 놀라운 창문임을 깨달았다. 보몬트는 세인트 마틴과 자신이 원하는 대로 그를 상대로 실험을 할 수 있도록 허락한다는 협약을 맺고(정식 계약서를 작성했다), 그를 집으로 데려와서 돌보았다. 보몬트에게는 유례없는 기회였다. 1822년에는 음식물이 일단 목으로 넘어간 뒤에는 무슨 일이 일어나는지 아무도 알지 못했다. 세인트 마틴은 그 의문을 직접 조사할 수 있는 위를 가진 단 한 사람이었다.

보몬트의 실험은 주로 비단실에 길게 다양한 음식물을 매달아서 세인트 마틴의 위 속으로 집어넣은 뒤, 얼마간 두었다가 꺼내서 어떻게 되었는지 살펴보는 것이었다. 그는 과학을 위해서 때때로 삭은 음식물을 맛보면서 시큼한 정

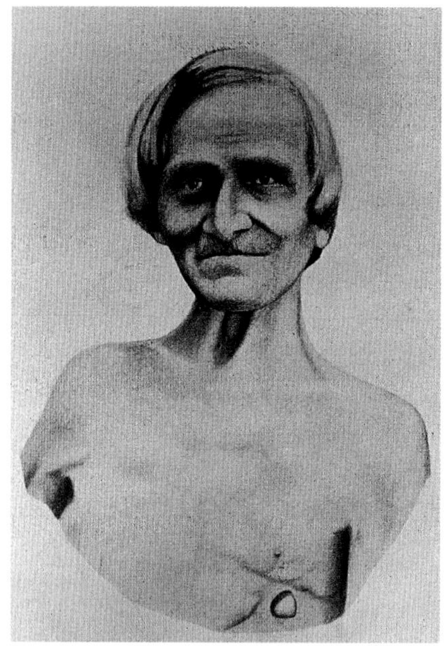

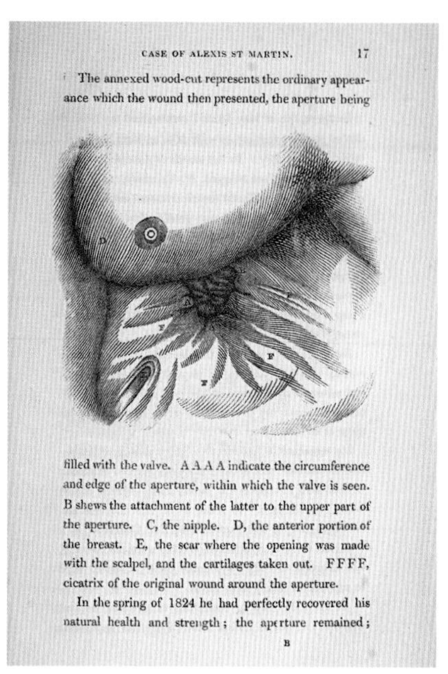

CASE OF ALEXIS ST MARTIN. 17

The annexed wood-cut represents the ordinary appearance which the wound then presented, the aperture being filled with the valve. A A A A indicate the circumference and edge of the aperture, within which the valve is seen. B shews the attachment of the latter to the upper part of the aperture. C, the nipple. D, the anterior portion of the breast. E, the scar where the opening was made with the scalpel, and the cartilages taken out. F F F F, cicatrix of the original wound around the aperture.

In the spring of 1824 he had perfectly recovered his natural health and strength; the aperture remained;

B

의사, 환자, 연구 결과 : 왼쪽은 윌리엄 보몬트. 가운데는 알렉시스 세인트 마틴, 놀라울 만치 장수한 말년에 찍은 사진. 오른쪽은 유일하면서 협조적이지 않은 마틴을 대상으로 한 실험을 기술한 보몬트의 중요한 책.

도와 산도를 판단했고, 그럼으로써 위의 주된 소화액이 염산이라고 추론했다. 이런 발견들에 소화계 연구자들은 대단히 흥분했고 보몬트는 유명인사가 되었다.

세인트 마틴은 그다지 협조적인 실험 대상자가 아니었다. 때로는 종적을 감추기도 했는데, 보몬트가 추적하여 다시 찾아내기까지 4년이 걸린 적도 있었다. 이렇게 때때로 실험이 중단되기는 했지만, 보몬트는 마침내『위액의 실험과 관찰 및 소화의 생리학(*Experiments and Observations on the Gastric Juice and the Physiology of Digestion*)』이라는 기념비적인 저서를 펴냈다. 약 한 세기 동안, 소화 과정에 관한 거의 모든 의학 지식은 세인트 마틴의 위에서 나온 것이었다.

얄궂게도 세인트 마틴은 보몬트보다 27년을 더 살았다. 몇 년 동안 떠돌이 생활을 이어가던 그는 고향인 캐나다 퀘벡의 세인트토머스로 돌아와서, 혼인을 하고 자녀를 6명 낳았다. 그는 1880년에 여든여섯 살의 나이로 사망했다. 자신을 유명인사로 만든 그 사고를 겪은 지 거의 60년이 지난 뒤였다.*

* 세인트 마틴은 버몬트 주의 캐번디시에서도 얼마간 살았다. 그곳은 또다른 불운한 사고로 피니어스 게이지가 쇠막대에 머리를 관통당하는 사고가 일어난 지역이었고, Y 염색체의 발견자인 네티 스티븐스의 탄생지이기도 했다. 그러나 이 세 사람은 캐번디시에 있던 시기가 서로 달랐다.

상피세포라는 세포들이 한 겹으로 소화관 안쪽 벽을 감싸서 보호하고 있기 때문이다. 이 세포들과 이 세포들이 분비하는 끈끈한 점액만이 우리 몸이 소화액에 녹아내리는 것을 막고 있다.

소화관의 중심은 작은창자이다. 작은창자는 길이 약 7.5미터의 구불구불한 관이며, 소화는 대부분 이곳에서 이루어진다. 작은창자는 전통적으로 세 부분으로 구분한다. 십이지장(duodenum, 고대 로마에서 보통 사람의 손가락 폭을 이용해서 12번 잰 길이라는 뜻이다), 빈창자(jejunum, "음식물이 없다"는 뜻으로 시신을 해부하면 속이 비어 있을 때가 많았기 때문이다), 돌창자(ileum, "샅굴부위"라는 뜻으로 샅에 가까이 있기 때문에 붙여졌다)이다. 그러나 사실 개념적인 차원에서 이루어진 구분일 뿐이다. 작은창자를 꺼내어 죽 펼치면, 어느 부위가 어디에서 끝나고 다음 부위가 어디에서 시작되는지 구분할 수 없을 것이다.

작은창자에는 융모(絨毛)라는 미세한 털 같은 돌기들이 가득 나 있다. 융모는 작은창자의 표면적을 엄청나게 넓힌다. 음식은 연동운동이라는 수축 과정을 통해서 장을 따라 나아간다. 장에서 일어나는 일종의 멕시코 만류로, 1분에 약 2.5센티미터의 속도로 나아간다. 여기서 소화액이 아주 강력할 텐데, 왜 장의 벽은 멀쩡한가라는 의문이 자연히 떠오를 것이다. 이유는 상피세포라는 세포들이 한 겹으로 소화관 안쪽 벽을 감싸서 보호하고 있기 때문이다. 이 세포들과 이 세포들이 분비하는 끈끈한 점액만이 우리 몸이 소화액에 녹아내리는 것을 막고 있다.

작은창자의 융모(보라색)를 확대한 사진. 소화된 영양소는 융모 세포를 통해서 몸으로 흡수된다.

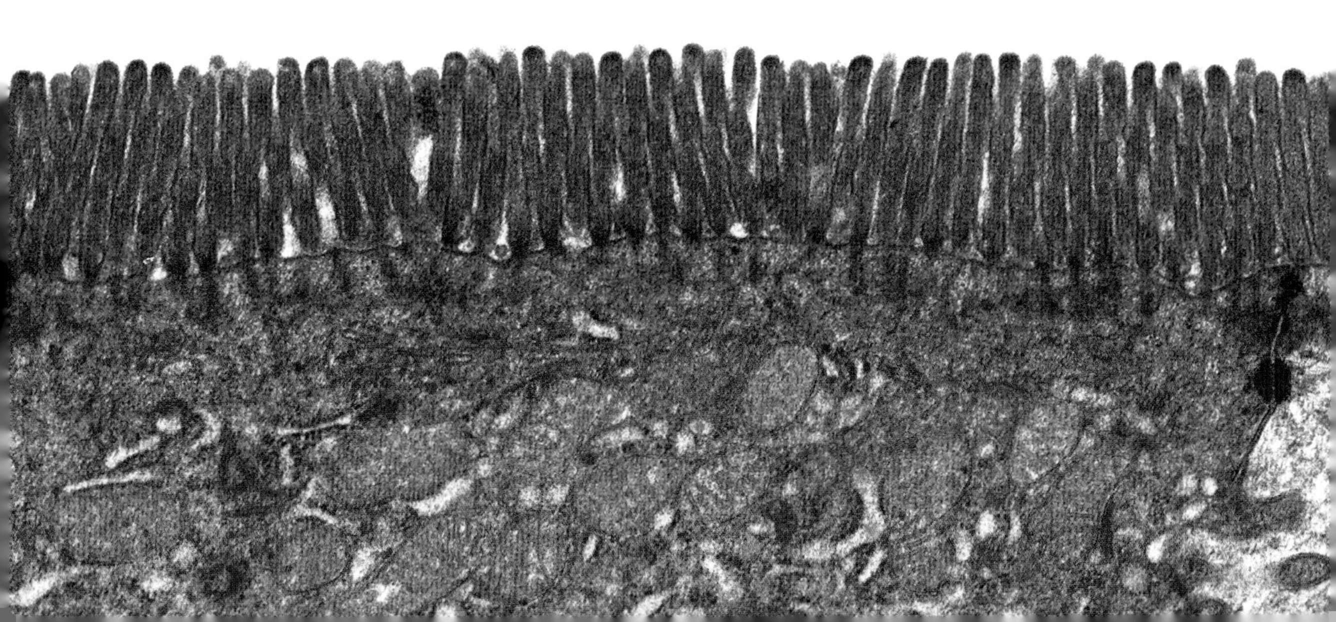

바로 막창자꼬리이다. 이것이 왜 달려 있는지
확실히 알지는 못하지만, 이 꼬리가 터지거나 감염됨으로써
해마다 전 세계에서 약 8만 명이 사망한다.

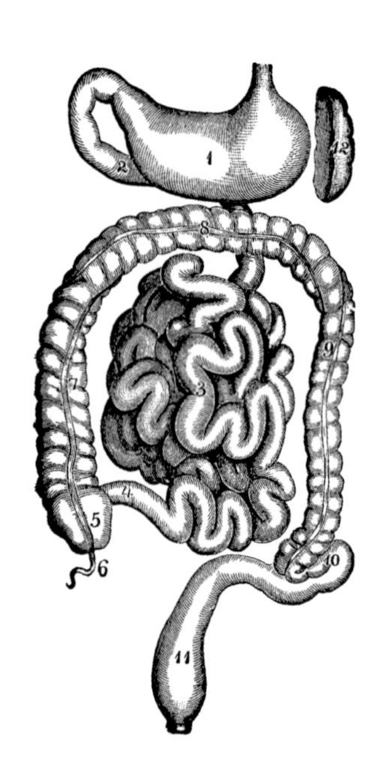

이 소화계 그림의 6번 막창자꼬리는 영어 이름 그대로 벌레처럼 생긴 모양을 아주 잘 표현했다.

이 방어막이 깨져서 소화액이 몸의 다른 부위로 침입하면, 정말로 좋지 않은 일이 생길 수 있다. 다행히도 그런 일은 거의 일어나지 않는다. 이 최전선에 서 있는 세포들은 엄청난 난타를 당하고 있기 때문에, 사나흘마다 새로 교체된다. 우리 몸에서 회전률이 가장 높은 부위이다.

작은창자의 바깥에는 마치 정원을 둘러싼 벽처럼 길이 1.8미터의 더 굵은 관이 둘러져 있다. 바로 큰창자(영어 이름은 large intestine, bowel, colon)이다. 작은창자와 큰창자가 만나는 지점(오른쪽 허리띠 바로 위)에는 막창자(맹장, caecum)라는 주머니가 있다. 초식동물에게는 중요한 기관이지만, 우리에게서는 별 다른 역할을 하지 않는다. 그리고 막창자 끝에는 손가락 모양의 돌기가 튀어나와 있는데, 바로 막창자꼬리(충수, appendix)이다. 이것이 왜 달려 있는지 확실히 알지는 못하지만, 이 꼬리가 터지거나 감염됨으로써 해마다 전 세계에서 약 8만 명이 사망한다.

막창자꼬리의 정식 영어 명칭(vermiform appendix)은 벌레처럼 생긴 꼬리라는 뜻이다. 오랫동안 막창자꼬리에 관해서 우리가 아는 것은 단지 떼어내도 별 탈이 없다는 것이었다. 그것은 막창자꼬리가 아무런 기능도 없음을 강하게 시사했다. 지금은 장내 세균의 저장소 역할을 한다는 것이 가장 설득력이 있어 보이는 추측이다.

선진국에서는 16명에 1명꼴로 생애의 어느 시점에 막창자꼬리염에 걸리며, 꼬리염은 응급수술을 받는 가장 흔한 원인이다. 미국 외과학술원에 따르면, 미국에서 꼬리염으로 입원하는 사람이 연간 약 25만 명에 달하며, 그중 300명이 사망한다고 한다. 수술을 받지 않으면, 죽는 사람이 더 늘어날 것이다. 꼬리염은 한때 꽤 흔한 사망 원인 중의 하나였다. 오늘날 부유한 세계에서 급성 꼬리염 발병률은 1970년대의 약 절반으로 떨어졌는데, 그 이유는 잘 모른다. 여전히 개발도상국보다 선진국에서 더 흔하게 발병하지만, 개발도상국에서도 발병률이 빠르게 치솟고 있다. 식습관 변화가 이런 급증의 원인으로 추정되고 있기는 하지만, 누구도 확신하지는 못한다.

수술할 자격이 없었던 약사 조수 휠러 브라이슨 립스가 딘 렉터의 수술에 성공한 시드래곤 호. 오른쪽은 긴급 절제수술을 할 당시에 썼던 것과 비슷한 식기를 들고 있는 립스 부부의 모습이다.

내가 알고 있는 한, 가장 놀라운 막창자꼬리 절제수술은 제2차 세계대전 당시 미국 잠수함인 시드래곤 호에서 이루어졌다. 일본이 장악한 남중국해를 지나고 있을 때, 캔자스 출신의 딘 렉터라는 승무원이 배를 움켜쥐고 쓰러졌다. 증세로 볼 때 급성 꼬리염이 분명했다. 정식 자격을 갖춘 의료 요원이 전혀 없었기 때문에, 함장은 약사 조수인 휠러 브라이슨 립스(나와는 아무런 관계가 없는 사람이다)에게 수술을 하라고 지시했다. 립스는 자신이 의학 교육을 전혀 받은 적이 없고, 막창자꼬리가 어떻게 생겼는지도, 어디에 붙어 있는지도 모르고, 수술 장비도 전혀 없다고 항변했다. 선장은 그가 잠수함에서 선임 의료 요원이므로 어떤 수를 쓰든 간에 알아서 하라고 명령했다.

립스는 불안해하는 환자를 안심시키는 유형은 아니었던 듯하다. 그는 격려한답시고 렉터에게 이렇게 말했다. "이봐요, 딘. 나는 이런 일을 해본 적이 없어요. 아무튼 당신이 나을 가능성은 그리 많지 않아요. 그러니까 남길 말이 있으면 해요."

립스는 렉터를 마취시키는 데에 성공했다. 그 자체도 놀라운 일이었다. 마취제를 얼마나 투여해야 하는지도 전혀 배운 적이 없었기 때문이다. 그런 뒤 거즈를 덧댄 차 거름망을 수술 마스크 삼아 쓰고서, 응급 구조 요령을 지침으로 삼고 주방 칼로 복부를 절개했다. 그리고 그럭저럭 염증이 생긴 꼬리를 찾아서 떼어낸 뒤에 성공적으로 꿰맸다. 렉터는 기적처럼 살아남았고, 완전히 건강을 회복했다. 불행히도 그는 되찾은 건강을 오래 누리지 못했다. 그 수술을 받은 지

큰창자는 많은 오해를 불러일으켰다. 저명한 외과의 윌리엄 아버스넛 레인을 비롯한 많은 사람들이 큰창자의 일부를 잘라내면 유익하다고 믿었다. 사실은 그렇지 않았다.

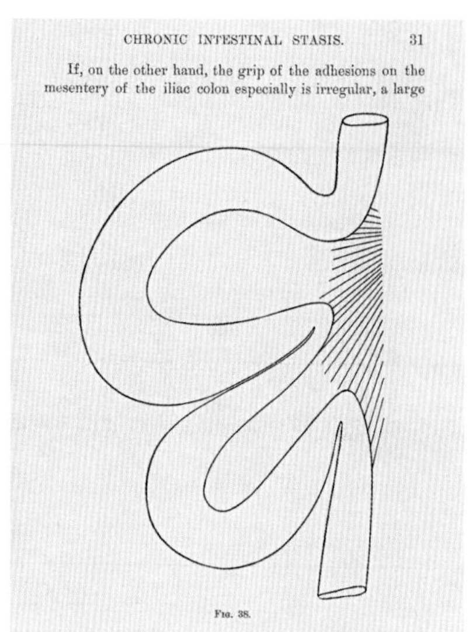

CHRONIC INTESTINAL STASIS. 31

If, on the other hand, the grip of the adhesions on the mesentery of the iliac colon especially is irregular, a large

Fig. 38.

3년 뒤 거의 같은 위치에서 다른 잠수함을 타고 작전을 수행하던 중에 목숨을 잃었다. 립스는 1962년까지 해군에 복무한 뒤, 여든네 살까지 살았다. 하지만 두 번 다시 수술을 하지 않았다. 물론 그 편이 다행이었겠지만 말이다.

작은창자는 돌막창자 조임근(ileocacal sphincter)이라는 연결 부위를 통해서 큰창자로 음식물을 넘긴다. 큰창자는 사실 일종의 발효통, 대변과 방귀와 온갖 미생물의 집이자, 모든 일이 느긋하게 진행되는 곳이다. 20세기 초에 영국의 저명한 외과의사 윌리엄 아버스넛 레인은 큰창자에서 꾸물거리는 쓰레기가 해로운 독소를 몸에 쌓이게 함으로써 이른바 자가중독(autointoxication) 증상을 일으킨다고 확신했다. 그렇게 되면 큰창자에 자신이 "레인 띠(Lane's kink)"라고 부르는 이상 증상이 생긴다고 보았다. 그는 레인 띠를 제거한다면서 큰창자를 길게 잘라내는 수술을 시작했다. 그는 서서히 길이를 더 늘려서 아예 잘록창자 전체를 잘라내기에 이르렀다. 완전히 불필요한 수술이었다. 그럼에도 그의 명성은 높아졌고, 전 세계에서 큰창자를 떼어내겠다고 사람들이 몰려들었다. 그의 사후에, 이른바 레인 띠는 상상의 산물임이 드러났다.

미국에서는 뉴저지에 있는 트렌턴 주립병원의 원장 헨리 코튼이 큰창자에 관심을 가지게 됨으로써 불상사가 벌어졌다. 코튼은 정신질환이 뇌의 이상 때문이 아니라 선천적으로 큰창자가 기형이어서 생기는 것이라고 확신하게 되었다. 그래서 수술 솜씨가 형편없었음에도 불구하고, 기형을 바로잡겠다고 수술을 감행하기 시작했다. 그가 수술한 환자들 가운데 30퍼센트는 사망했고, 치료된

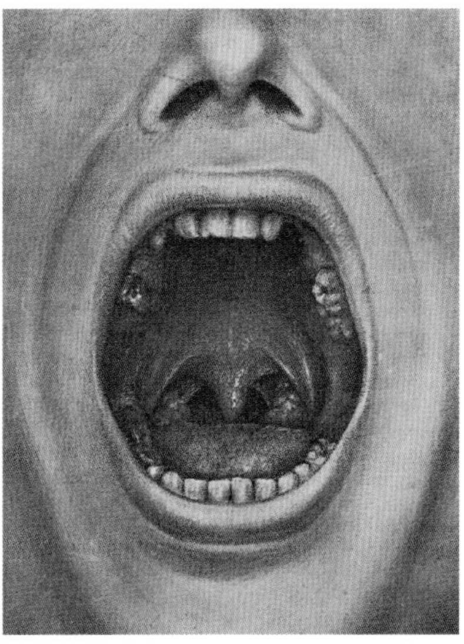

한편 미국의 헨리 코튼은 마찬가지로 거의 아무런 근거도 없이 큰창자가 정신질환을 일으킨다고 믿었고, 몹시 위험한 수술을 했을 뿐만 아니라, 전혀 불필요한 발치까지 했다. 오른쪽은 그의 1921년 저서 『정신질환이 있는 범죄자와 정신이상자(*The Defective Delinquent and Insane*)』에 실린 사진이다.

사람은 전혀 없었다. 아니 치료가 필요한 증상을 보였던 사람이 아예 없었다. 코튼은 치아를 빼는 일에도 광적으로 집착해서, 1921년 한 해에만 거의 6,500개의 치아(환자당 평균 10개씩)를 빼냈다. 마취제도 없이 말이다.

사실 큰창자는 많은 중요한 일을 한다. 다량의 물을 재흡수하여, 몸으로 회수한다. 또 작은창자가 회수하지 못한 것들을 먹어치우는 엄청난 수의 미생물들을 품고 있다. 미생물들은 이 분해 과정에서 B1, B2, B6, B12, K 같은 많은 유용한 비타민들을 포획하며, 큰창자는 그것들도 빨아들인다. 남은 것은 대변으로 배출된다.

서양의 성인은 하루에 약 200그램의 대변을 생산한다. 1년이면 약 80킬로그램, 평생을 따지면 약 6톤이 넘는다. 대변은 주로 죽은 세균, 소화되지 않은 섬유질, 떨어져나온 창자세포, 죽은 적혈구의 잔해로 이루어진다. 대변 1그램에는 세균 약 400억 마리, 고세균 약 1억 마리가 들어 있다. 대변 표본을 분석하면, 아메바, 박테리오파지, 피하낭류, 자낭균류, 담자균류 등 아주 많은 미생물들도 발견된다. 이들 중 어느 것이 영구 거주자이고 어느 것이 그냥 지나가는 여행자인지는 잘 모른다. 이틀 간격으로 채집한 대변 표본들을 비교하면 전혀 다른 결과가 나올 수 있다. 한 대변의 양쪽 끝에서 채집한 표본들을 분석해도 두 사람에게서 따로 채집한 것처럼 보일 수 있다.

창자암은 거의 다 큰창자에서만 생기며, 작은창자에는 암이 거의 생기지 않는다. 그 이유를 확실히 아는 사람은 아무도 없지만, 많은 연구자들은 큰창자에 세균이 많기 때문이 아닐까 추측한다. 네덜란드 위트레흐트 대학교의 한스 클레버스는 식단과 관련이 있다고 생각한다. "생쥐는 암이 작은창자에 생기고 큰창자에는 생기지 않아요. 그런데 생쥐에게 서구식 식단을 제공하면 정반대가 됩니다. 일본인이 서양으로 와서 서구식 식단을 채택할 때에도 같은 일이 일어납니다. 위암에 덜 걸리는 반면, 대장암에 더 많이 걸리죠."

현대에 들어와서 대변을 처음으로 과학적으로 상세히 연구한 사람은 뮌헨의 젊은 소아과의사 테오도어 에셰리히(1857-1911)였다. 그는 19세기 말에 아기들의 대변을 현미경으로 조사하기 시작했다. 그는 총 19종류의 미생물을 찾아냈다. 그는 원래 아기가 모유를 먹고 공기만 들이마시므로, 대변에 있는 미생물이 몇 종류에 불과할 것이라고 예상했었다. 대변의 미생물 중에서 가장 수가 많은 것에는 그를 기리는 의미에서 에스케리키아 콜리(*Escherichia coli*)라는 이름이 붙어 있다. 바로 대장균이다. 에셰리히 자신은 그 세균을 박테리아 콜리 코무네(*Bacteria coli commune*)라고 불렀다.

대장균은 지구에서 가장 많이 연구된 미생물이다. 칼 짐머의 표현을 빌리면, 말 그대로 수십만 편의 논문을 낳았다. 그의 흥미진진한 책 『마이크로코즘』은 바로 이 유별난 막대 모양의 세균에 초점을 맞추고 있다. 지구의 모든 포유동물을 더한 것보다 대장균 두 균주를 더한 것의 유전적 다양성이 더 높다. 테오도어 에셰리히는 이런 사실들을 결코 알지 못했다. 대장균에 그의 이름이 붙여진 것은 그가 세상을 떠난 지 7년 뒤인 1918년이었고, 그 이름이 공식적으로 채택된 것은 1958년이 되어서였다.

마지막으로 방귀(flatus, 또는 더 널리 쓰이는 단어로는 fart) 이야기를 잠깐 해보자. 방귀는 주로 이산화탄소(최대 50퍼센트), 수소(최대 40퍼센트), 질소(최대 20퍼센트)로 이루어지지만, 이 성분들의 정확한 비율은 사람마다 그리고 한 사람에게서도 사실상 매일 달라질 것이다. 인구 중 약 3분의 1의 방귀에는 악명 높은 온실 가스인 메탄이 섞여 있고, 나머지 3분의 2에는 들어 있지 않다. (아니 적어도 검사를 했을 때에는 없었다고 해야겠다. 방귀 검사는 그다지 엄밀한 학술 분야가 아니다.) 방귀의 냄새는 주로 황화수소에서 난다. 뿜어지는 방귀에서 황화수소가 차지하는 비율은 1-3ppm(100만 분의 1 단위)에 불과하지만 말이다. 하수구 냄새가 그렇듯이, 농축된 상태의 황화수소는 매우 치명적일 수 있다. 그런데 우리가 왜 그토록 미량의 황화수소에 민감하게 반응하는지는 과학이 아직 해결하지 못한 문제이다. 신기하게도 우리는 황화수소 농도가 치명적인 수준으로 높아지면 냄새를 맡지 못한다. 메리 로치는 소화기관의 모든

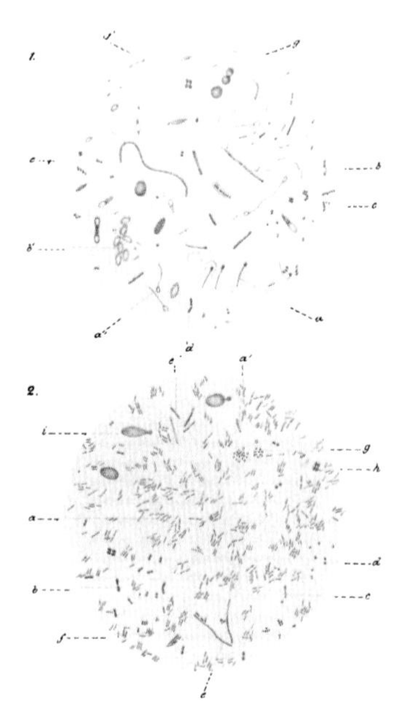

테오도어 에셰리히. 그는 세계에서 가장 집중적으로 연구된 세균에 자신의 이름이 붙어서 불멸의 명성을 얻으리라고는 짐작도 하지 못했을 것이다.
생후 27시간 된 아기의 태변에 든 세균(위)과 건강한 모유를 먹은 2개월 된 아기의 대변에 든 세균(아래)을 묘사한 그의 그림.

다 어디로 갈까……
왼쪽은 런던 하수도에 쌓이는 침니의 제거를 담당하는 "하수도 청소원"이 보호장비를 착용한 모습을 담은 1950년 사진. 오른쪽은 샌프란시스코『와스프』지의 표지 그림. 의료계를 조금 삐딱한 시각에서 보고 있다. 의사들이 뿜어나오는 "하수도 가스"와 "질병"의 주위를 돌면서 춤을 추고 있다.

것을 담은 탁월한 저서『꿀꺽, 한 입의 과학(*Gulp*)』에서 "후각 신경이 마비되기" 때문이라고 했다.

방귀에 든 기체들은 매우 폭발력이 강한 형태로 배합될 수도 있다. 1978년 프랑스 낭시에서 일어난 비극적인 사례가 이 점을 잘 보여준다. 69세 남성의 큰창자에 있던 용종을 지져서 없애기 위해서 외과의사가 수술 도구를 전기로 가열하는 순간, 폭발이 일어나면서 환자는 말 그대로 찢겨나갔다.「위장병학(*Gastroenterology*)」에는 "기록상 항문 수술 시에 큰창자 가스가 폭발한 사례가 많으며", 이 사건은 그중 하나일 뿐이라고 적혀 있다. 지금은 대개 복강경을 이용해서 수술을 하는데, 먼저 큰창자에 이산화탄소를 가득 불어넣는다. 그러면 불편함과 흉터도 줄어들 뿐만 아니라, 폭발 위험도 없앨 수 있다.

16

잠

"오, 잠이여, 오, 조용한 잠이여, 자연의 포근한 간호사여."

윌리엄 셰익스피어

『헨리 4세(*Henry IV*)』, 2부

* for more information read—

THAT TIRED FEELING

Rx REGULAR REST and SLEEP
GOOD FOOD • RECREATION

Federal Security Agency
WH30—U. S. PUBLIC HEALTH SERVICE
U. S. GOVERNMENT PRINTING OFFICE : 1944—16—35322-1

I

잠은 우리가 하는 행동들 중에서 가장 수수께끼라고 할 수 있다. 우리는 잠이 반드시 필요하다는 것은 알지만, 정확히 왜 필요한지는 모른다. 우리는 잠이 무엇을 위한 것인지, 건강과 행복을 최대로 늘려줄 수면 시간은 얼마인지, 어떤 이들은 쉽게 잠드는 반면, 왜 다른 이들은 잠을 제대로 이루지 못해서 고생하는지 등을 제대로 알지 못하고 있다. 우리는 인생의 3분의 1을 잠으로 보낸다. 이 글을 쓰는 현재 나는 예순여섯 살이다. 지금까지의 수면 시간을 더하면, 사실상 21세기에 들어선 뒤로 죽 잠을 잔 것과 같다.

몸에서 수면의 혜택을 보지 못하거나, 수면 부족으로 피해를 입지 않는 부위는 단 한 곳도 없다. 오랫동안 잠을 자지 못하면, 우리는 죽을 것이다. 그러나 수면 부족이 정확히 왜 죽음으로 이어지는지는 수수께끼이다. 1989년 시카고 대학교의 연구진은 쥐 10마리를 죽을 때까지 잠을 재우지 않는 실험을 했다. 잔인하기 때문에 두 번 다시 이루어질 가능성은 없는 실험이다. 지쳐서 죽음을 맞이하기까지 11-32일이 걸렸다. 쥐들을 부검하니 사망을 설명해줄 수 있는 이상 증상이 전혀 발견되지 않았다. 몸이 그냥 삶을 포기한 것이었다.

수면은 아주 많은 생물학적 과정들—기억 고정, 호르몬 균형 회복, 뇌에 쌓인 신경독소 배출, 면역계 재설정 등—과 긴밀한 관련을 맺고 있다. 고혈압 초기 증상을 보이는 사람들은 이전보다 하루에 1시간씩만 잠을 더 자도 혈압이 상당히 나아진다는 것이 드러났다. 한마디로 잠은 밤에 몸을 다시 조율하는 과정처럼 보인다. 샌프란시스코에 있는 캘리포니아 대학교의 로런 프랭크는 2013년 「네이처」에 이렇게 말했다. "잠이 기억을 뇌의 나머지 부위들로 옮기는 데에 중요하다는 말을 누구나 한다. 그러나 문제는 기본적으로 그 개념을 뒷받침할 직접적인 증거가 전혀 없다는 것이다." 그런데 왜 기억을 옮기기 위해서 의식을 완전히 잃어야 하는가라는 질문에도 아직 답이 나와 있지 않다. 게다가 우리는 잠잘 때 바깥 세계와 그냥 단절되는 것만이 아니라, 대부분의 시간에 사실상 마비된 채로 있다.

잠이 그냥 휴식을 취하는 차원은 아니라는 점은 분명하다. 한 가지 신기한 사실은 겨울잠을 자는 동물도 따로 수면 시간이 있다는 것이다. 이 말에 놀랄 사람이 대부분이겠지만, 겨울잠과 잠은 결코 같은 것이 아니다. 적어도 신경학적 및 대사적 관점에서 볼 때는 그렇다. 겨울잠은 뇌진탕으로 의식을 잃었거나 마취된 상태에 더 가깝다. 즉 의식이 없기는 하지만, 진짜로 잠이 든 것은 아니

맞은편 : 1944년에 나온 공중보건국 포스터가 보여주듯이, 업무 피로가 위험하다는 것은 일찍부터 알려져 있었다.

앞쪽 : 잘 모르는 사람들이 많지만, 모든 이에게 꼭 필요한 것 : 잠. 잠이 오고 있음을 보여주는 에벌린 드 모건의 「밤과 잠」.

겨울잠과 잠은 같지 않다 : 겨울잠쥐처럼 겨울잠을 자는 동물은 잠을 자는 것이 아니라 무의식 상태에 있는 것이며, 이 무의식 상태에서 몇 시간씩 잠을 자야 한다.

다. 그래서 겨울잠을 자는 동물은 의식이 없는 상태에서도 매일 몇 시간씩 으레 하듯이 잠을 자야 한다. 더욱 놀라운 사실은 겨울잠을 자는 동물 중에서 가장 유명한 곰이 사실은 겨울잠을 자지 않는다는 것이다. 진짜 겨울잠은 의식이 아예 없어지고 체온이 크게 떨어지는 상태를 말한다. 때로는 0도 가깝게 떨어지기도 한다. 이 정의에 따르면, 곰은 겨울잠을 자는 것이 아니다. 체온이 거의 정상에 가깝게 유지되고 쉽게 깨기 때문이다. 곰의 겨울잠이란 사실 행동이 둔해진 상태에 더 가깝다.

잠이 우리에게 무엇을 주든 간에, 회복을 위해서 가만히 있는 시간인 것만은 아니다. 우리를 도적이나 포식자의 공격에 매우 취약한 상태에 놓이게 할 만큼 잠을 몹시 갈구하게 만드는 무엇인가가 분명히 있지만, 우리가 아는 한 잠이 제공하는 것들은 우리가 깨어 있으면서 휴식을 취할 때에도 얻을 수 있는 것들이다. 또한 우리는 잠을 자는 시간의 상당 기간에 꿈이라는 초현실적이면서 때로 우리를 불안하게 만드는 환각을 겪는 이유도 알지 못한다. 좀비에게 쫓기거나 버스 정류장에서 이유 없이 벌거벗은 채 서 있는 꿈이 어둠 속에 누워 있는 동안 우리의 몸을 회복시키는 좋은 방법이라고 보기는 어려울 듯하다.

그렇기는 해도 잠이 어떤 심오한 원초적인 욕구에 대한 응답임이 분명하다는 추측이 널리 받아들여져 있다. 저명한 수면 연구자 앨런 레히트샤펜은 오래 전에 이렇게 간파했다. "수면이 생명에 절대적으로 필요한 기능을 수행하는 것이 아니라면, 지금까지의 진화 과정이 저지른 가장 큰 실수라고 할 수 있다." 그렇지만 우리가 아는 한 잠이 하는 일은 (다른 연구자의 말을 빌리면) 오직 "우리를 깨어 있도록 준비시키는" 것이다.

모든 동물은 잠을 자는 듯하다. 선충과 초파리 같은 아주 단순한 동물들조차도 꼼짝하지 않는 시간이 있다. 필요한 수면 시간은 동물에 따라 크게 다르다. 코끼리와 말은 하루에 두세 시간만 잔다. 그들이 왜 그렇게 조금 자는지는 알지 못한다. 다른 대부분의 포유동물은 훨씬 더 많이 잔다. 포유동물 중 수면 챔피언이라고 여겨지는 동물은 세발가락나무늘보로서, 하루에 20시간까지도 잔다고 한다. 그러나 그 수면 시간은 포획된 개체들을 연구한 결과이다. 즉 주변에 포식자가 없고 달리 할 일도 없는 개체들이었다. 야생 나무늘보는 하루에 10시간 남짓 잔다. 즉 우리보다 엄청나게 더 많이 자는 것은 아니다. 특이하게도 몇몇 조류와 해양 포유류는 한 번에 뇌의 절반씩만 잘 수 있어서 반쪽이 쿨

말 그대로, 반수면 : 돌고래는 뇌의 한쪽 반구는 깨어 있고 다른 반구는 잠을 잘 수 있다. 호흡이 자동적이 아니라, 의식적으로 이루어져야 하는 포유동물에게는 꼭 필요한 기능이다.

앞뇌의 일부 부위들은 완전히 의식을 유지한 채 움직일 때보다도 렘 수면 시기에 더 활발하게 움직인다.

눈으로 알 수 있어 : 유진 애서린스키. 어린 아들에게서 처음으로 렘 수면을 발견했다.

쿨 자는 동안 다른 반쪽은 깨어 있다.

수면에 대한 현대적인 이해는 1951년 12월의 어느 날 밤에 시작되었다고 할 수 있다. 시카고 대학교의 유진 애서린스키라는 젊은 수면 연구자가 새로 구입한 뇌파 측정기를 시험했을 때였다. 그 첫날 밤에 애서린스키의 실험에 자원한 사람은 그의 여덟 살짜리 아들인 아먼드였다.

아먼드가 정상적인 평온한 밤잠에 빠져든 지 90분 뒤, 애서린스키는 모니터의 그래프 종이에 뇌파를 기록하는 바늘이 마구 날뛰면서 사람이 잠에서 깨어 활동할 때와 비슷한 파형을 그리기 시작하는 것을 보고 깜짝 놀랐다. 옆방으로 가서 보니, 아먼드는 깊이 잠든 상태였다. 그런데 감긴 눈꺼풀 안에서 눈동자가 빠르게 움직이는 것이 보였다. 애서린스키는 빠른 눈 운동(rapid-eye-movement, 렘) 수면을 발견한 것이었다. 렘 수면은 우리의 수면 주기에서 가장 흥미로우면서도 수수께끼 같은 잠이다. 애서린스키는 이 발견을 곧바로 학계에 보고하지는 않았다. 그는 거의 2년이 지난 뒤에야 「사이언스」에 이 발견을 다룬 짧은 논문을 실었다.*

현재 우리는 정상적인 밤잠이 (어떤 범주 분류법을 선호하는가에 따라서) 4단계 또는 5단계로 이루어진 주기가 되풀이되는 과정임을 안다. 먼저 의식을 떠나보내는 단계가 있다. 대다수는 이 단계가 완성되기까지 5–15분이 걸린다. 이어서 얕게 잠이 들지만, 선잠을 잘 때처럼 금방 깨어날 수 있는 단계가 약 20분 동안 지속된다. 이 두 단계에서는 잠이 아주 얕게 들어서, 잠을 자고 있지만

....

* 애서린스키는 늘 쉴 새 없이 무엇인가를 하는 흥미로운 인물이었다. 1949년 스물일곱의 나이로 시카고 대학교에 오기 전에, 그는 대학 두 곳을 다니면서 사회학, 의예과, 스페인어, 치의학 과정을 전전했지만 도중에 그만두었다. 1943년 그는 한쪽 눈의 시력을 상실했음에도 군대에 징집되어서 폭탄 처리 전문가로 복무했다.

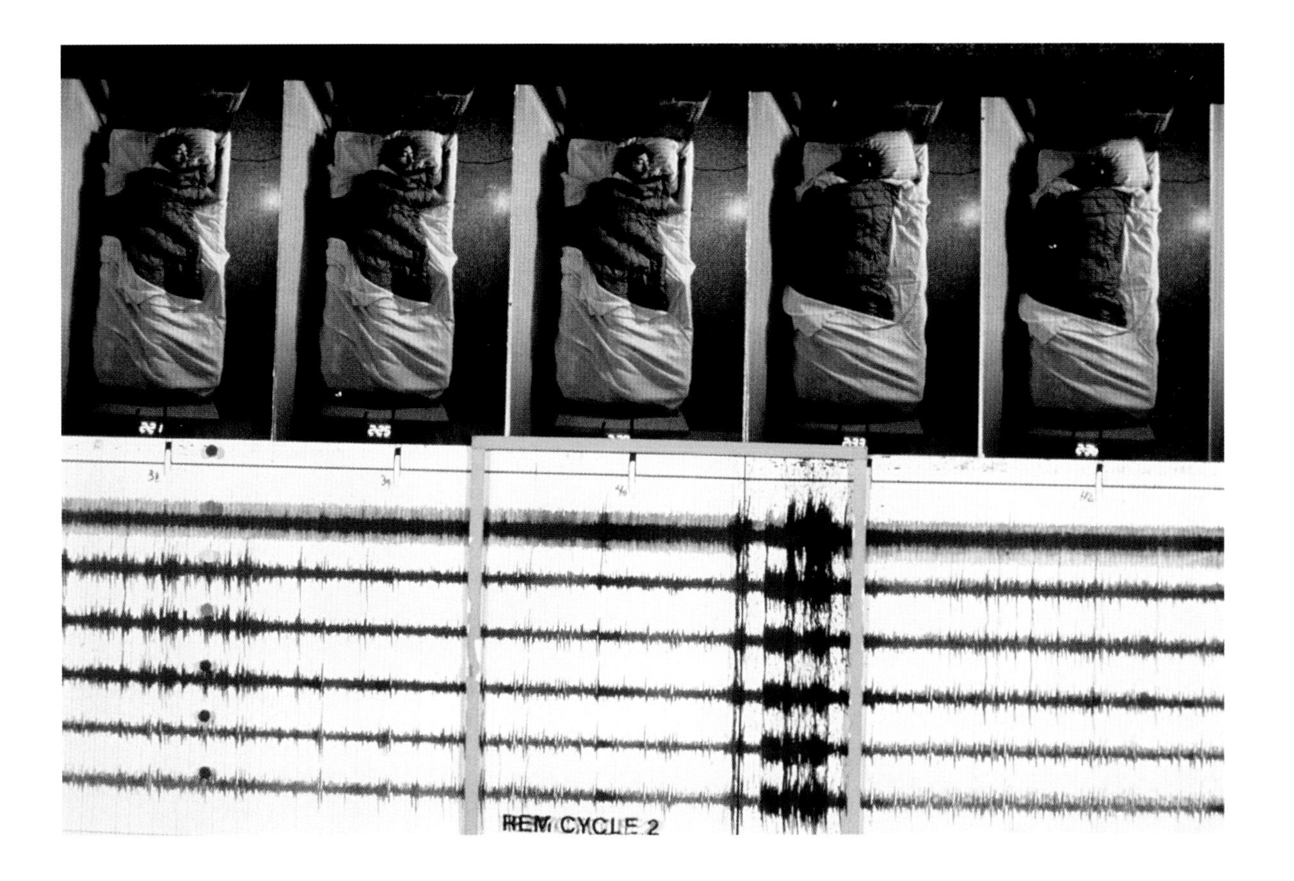

수면 연구 중. 렘 수면에 빠진 사람을 찍은 동영상의 장면들. 네 번째 사진처럼 자세가 바뀔 때 종이에 기록되는 감지기 데이터에도 교란이 나타난다. 이 교란은 뇌의 활동과 얼굴 근육의 움직임과 긴장을 보여준다.

자신이 깨어 있다고 생각할 수도 있다. 그 뒤에 더 깊은 잠이 찾아오며, 약 1시간 동안 이어진다. 이 단계에서는 자는 사람을 깨우기가 훨씬 어렵다. (일부 전문가는 이 단계를 두 단계로 구분하는데, 그러면 수면 주기가 4단계가 아니라 5단계로 이루어진다.) 마지막으로 빠른 눈 운동(렘) 단계가 온다. 우리가 주로 꿈을 꾸는 단계이다.

렘 수면 때에는 몸은 대부분 마비되어 있지만, 눈은 눈꺼풀 아래에서 빠르게 움직인다. 마치 어떤 빠르게 진행되는 멜로드라마를 보는 듯하다. 그리고 뇌는 깨어 있을 때처럼 활발하게 돌아간다. 사실 앞뇌의 일부 부위들은 완전히 의식을 유지한 채 움직일 때보다도 렘 수면 시기에 더 활발하게 움직인다.

렘 수면 동안 눈이 왜 움직이는지는 불확실하다. 당연하겠지만, 우리가 꿈을 "시청하는" 것이라는 이론이 나와 있다. 렘 수면 단계에서 모든 부위가 마비되는 것은 아니다. 분명한 이유로 심장과 허파는 계속 움직이고, 눈도 분명히 자유롭게 움직인다. 그러나 몸의 운동을 제어하는 근육들은 모두 억제되어 있다. 악몽을 꿀 때에 공격을 피해 달아나려고 하거나 무엇인가를 후려치려고 하다가 다치는 일이 없도록 근육을 마비시키는 것이라는 설명이 가장 흔히 제시되는 것이다. 렘 수면 행동장애라는 증상을 겪는 극소수의 사람들도 있다. 그들은 렘 수면 단계에서도 팔다리가 마비되지 않는다. 이들은 정말로 자다가 팔다리를 휘둘러서 자기 자신이나 옆에서 자는 사람을 다치게 한다. 때로는 깨어나는 순간 즉시 마비가 풀리지 않을 때도 있다. 깨어났는데 움직일 수 없다니, 몹시 섬뜩한 느낌을 받을 수도 있지만, 다행히도 잠깐 지나면 대개 풀린다.

렘 수면은 하룻밤 수면 시간 중 2시간까지도 차지한다. 총 수면 시간의 약 4분의 1에 해당한다. 밤이 깊어질수록 수면 주기에서 렘 수면이 차지하는 시간은 점점 길어진다. 그래서 꿈은 대개 깨어나기 전 막바지에 가장 많이 꾸게 된다.

수면 주기는 하룻밤에 네댓 번 되풀이된다. 하나의 주기는 약 90분 동안 지속되지만, 달라질 수도 있다. 렘 수면은 성장에 중요한 듯하다. 신생아는 수면 시간(어쨌든 하루의 대부분을 잠으로 보낸다)의 적어도 50퍼센트가 렘 수면이다. 태아 때에는 80퍼센트에 달하기도 한다. 예전에는 렘 수면 단계에서만 꿈을 꾼다고 생각했지만, 2017년 위스콘신 대학교의 연구를 통해서 사람들의 71퍼센트는 비렘 수면 때에도 꿈을 꾼다는 것이 드러났다(렘 수면 동안에는 95퍼센트가 꾼다). 대부분의 남성은 렘 수면 때에 발기한다. 여성도 생식기로 가는 혈액의 흐름이 증가한다. 이유는 아무도 모르지만, 성적 충동과 관련이 있는 것 같지는 않다. 대개 남성은 하룻밤에 2시간쯤 발기된 상태로 있을 것이다.

대개 우리는 자신이 짐작하고 있는 것보다도 밤에 더 많이 움직인다. 사람은 하룻밤에 평균 30–40번 몸을 뒤척이거나 눈에 띌 만큼 자세를 바꾼다. 또 우리는 생각보다 훨씬 더 자주 깬다. 알아차리지 못하지만 잠깐씩 깨는 시간을 전부 더하면 하룻밤에 최대 30분이 될 수도 있다. A. 앨버레즈는 1995년에 저서 『밤(*Night*)』의 자료 조사를 위해서 수면 전문병원을 찾았다. 그는 밤새도록 자신이 깨지 않고 푹 잤다고 생각했는데, 아침에 수면 기록을 보니 23번이나 깼다는 것이 드러났다. 또 꿈꾼 기간이 5번이었지만, 그는 어떤 꿈도 기억하지 못했다.

정상적인 밤잠 외에도, 우리는 보통 깨어 있는 시간에도 잠깐씩 비몽사몽(hypnagogia)인 상태에 빠진다. 깨어 있지도 의식을 잃지도 않은 중간 상태이며, 때로 그런 상태에 빠졌는지도 알아차리지 못한다. 우려되는 점은 과학자들이 장거리 운항을 하는 항공기 조종사 12명을 조사했더니, 거의 다 비행하는 동안 자신도 모르게 잠이 들거나 거의 잠이 들곤 한다는 것이 드러났다.

잠자는 사람과 바깥 세계의 관계는 종종 신기한 양상을 보인다. 잠을 자다가 갑자기 추락하는 느낌이 들어서 움찔한 경험이 누구에게나 있을 것이다. 이를 수면 반사(hypnic jerk), 근육간대성 반사(myoclonic jerk)라고 한다. 이런 현상이 왜 일어나는지 아무도 모른다. 우리가 나무 위에서 생활하면서 추락하지 않도록 주의를 해야 했던 시절의 유산이라고 보는 이론도 있다. 그렇다면 일종의 소방 훈련인 셈이다. 조금 설득력이 없어 보이기도 하지만, 곰곰이 생각해보면 신기하게 느껴지는 사실이 하나 있는데, 얼마나 깊이 잠들었든 간에, 얼마나 뒤척이든 간에 우리가 침대에서 떨어지는 일이 거의 없다는 것이다. 호텔 같은 곳의 낯선 침대에서 잘 때에도 마찬가지이다. 우리가 세상모른 채 죽은 듯이 곯아떨어져 있어도, 우리 안에는 침대 가장자리가 어디에 있는지 계속 추적하면서 그 너머로 굴러가지 않도록 감시하는 보초가 있다(만취하거나 열병에 시달리거나 하는 상황을 제외하고). 가장 깊이 잠들어 있어도 우리의 어느 부위는 바깥 세계에 계속 주의를 기울이고 있는 듯하다. 폴 마틴의 『달콤한 잠의 유혹(*Counting Sheep*)』에는 옥스퍼드 대학교의 연구가 실려 있다. 연구진들은 실험 참가자들의 머리에 전극을 붙여서 자고 있는 동안의 뇌파를 기록했는데, 자고 있는 참가자들은 연구자가 자신의 이름을 크게 부를 때면 뇌파가 씰룩거렸다. 모르는 다른 사람의 이름을 부를 때에는 반응하지 않았다. 또 사람들은 알람시계 없이도 미리 정한 시각에 알아서 꽤 잘 일어난다는 사실이 실험을 통해서 드러났으며, 이는 자고 있는 뇌의 어떤 부위가 바깥 세계의 변화를 추적하고 있음이 분명하다는 뜻이다.

꿈은 야간 대뇌 청소의 단순한 부산물일 수도 있다. 뇌가 쓸모없는 것들을 버리고 기억을 굳히는 일을 하는 동안, 신경 회로가 무작위로 발화하면서 짧게 단편적인 이미지들을 떠오르게 하는 것일지도 모른다. 볼 것이 뭐가 있나 하면서 텔레비전 채널들을 이리저리 돌리는 것과 비슷하게 말이다. 이런 일관성 없는 기억, 불안, 환상, 억압된 감정 같은 것들의 흐름에 직면했을 때, 뇌는 그 모든 것들을 나름의 일관성 있는 이야기로 엮으려고 시도할 수도 있고, 아니면 쉬고 있다면 그냥 아무런 시도도 하지 않은 채 두서없이 흘러가도록 방치할 수도 있다. 그것이 바로 꿈의 내용이 아주 강렬함에도 대개 기억하지 못하는 이유일지도 모른다. 실제로 의미가 있지도, 중요하지도 않은 것들이기 때문이다.

II

10년간의 꼼꼼한 연구 끝에 1999년, 런던 임피리얼 칼리지의 러셀 포스터는 거의 모두가 믿으려고 하지 않을 가능성이 높은 연구 결과를 발표했다. 포스터는 우리의 눈에 익히 알려진 막대세포와 원뿔세포 외에 세 번째 유형의 광수용기 세포가 있음을 알아냈다. 광수용 망막 신경절세포(photosensitive retinal ganglion cell)라는 이 수용기는 시각과 아무 관계가 없고, 그저 밝기만 검출하는 일을 한다. 즉 언제가 낮이고 밤인지를 알아내는 일을 한다. 이 세포들은 이런 정보를 뇌의 두 작은 신경 다발로 보낸다. 핀 머리만 한 이 신경 다발은 시상하부에 들어 있으며, 시교차상핵(suprachiasmatic nuclei)이라고 불린다. 양쪽 반구에 하나씩 있는 이 두 신경 다발은 우리의 하루 주기 리듬을 제어한다. 즉 이들은 몸의 알람시계이다. 언제 일어나서 커튼을 걷을지, 언제 하루가 저물었는지를 알려준다.

매우 타당성 있고 설득력 있는 내용처럼 들리지만, 포스터가 자신이 발견한 내용을 발표하자, 안과학계에서 엄청난 반발이 쏟아졌다. 눈의 세포 종류 같은 너무나도 기본적인 사항을 그토록 오랫동안 학계가 놓치고 있었다는 사실을 믿을 수가 없었기 때문이다. 포스터의 발표를 듣고 있던 한 사람은 "헛소리야!"라고 소리치고는 벌떡 일어나 나가버리기도 했다.

포스터는 이렇게 말한다. "150년 동안 연구해온 인간의 눈이라는 것에 지금까지 전혀 몰랐던 기능을 하는 세포가 더 들어 있었다는 사실을 도저히 받아들이기가 어려웠던 겁니다." 그 뒤로 포스터가 옳았음이 입증되었다. 그는 농담을 건넨다. "지금은 훨씬 더 호의적이죠." 지금 포스터는 옥스퍼드 대학교 뉴필드 안과학 연구소의 소장이자 하루 주기 리듬 신경과학과 교수이다.

빛을 "보기" : 뇌에 낮인지 밤인지를 알려주는 광수용기가 있음을 발견한 러셀 포스터. 실제로 빛을 볼 수 있는지 여부와는 무관하게 작동한다.

하이 거리 바로 옆에 있는 브래스노스 칼리지의 교수실에서 만났을 때, 포스터는 나에게 이렇게 말했다. "이 세 번째 수용기의 정말로 놀라운 점은 기능이 시각과 완전히 별개라는 겁니다. 유전적 장애로 막대세포와 원뿔세포가 아예 없어서 앞을 전혀 못 보는 한 부인을 대상으로 이런 실험을 한 적이 있어요. 방의 전등이 켜졌다고 생각하는지 꺼졌다고 생각하는지 알려달라고 했죠. 그 부인은 아무

과학자들은 우리가 뇌뿐만 아니라, 온몸에 생체 시계를 가지고 있다는 것을 밝혀냈다. 이 시계들은 췌장, 간, 심장, 콩팥, 지방 조직, 근육 등 거의 모든 곳에 있다.

것도 못 보는 사람한테 무슨 헛소리냐고 하더군요. 우리는 어쨌든 한 번 해보시라고 했어요. 그러자 부인은 매번 제대로 맞췄어요. 앞을 전혀 못 보는데도, 빛을 '볼' 방법이 전혀 없는데도, 부인의 뇌는 무의식적인 차원에서 완벽하게 빛을 검출한 겁니다. 부인도 깜짝 놀랐지요. 우리도 마찬가지고요."

포스터의 발견이 있은 뒤로, 과학자들은 우리가 뇌뿐만 아니라, 온몸에 생체 시계를 가지고 있다는 것을 밝혀냈다. 이 시계들은 췌장, 간, 심장, 콩팥, 지방 조직, 근육 등 거의 모든 곳에 있으며, 각자 나름의 시간에 따라서 째깍거리면서 언제 호르몬을 분비하라고 하거나 기관들에게 언제 가장 바쁘게 움직이고 언제 쉬라고 말한다.* 예를 들면, 우리의 반사운동은 오후 중반에 가장 빠르고, 혈압은 저녁에 가장 높아진다. 남성은 하루 중 늦은 시간보다 이른 아침에 테스토스테론을 더 많이 분비하는 경향이 있다. 이런 체계들 중에서 어느 하나가 너무 시간이 어긋나면, 문제가 생길 수 있다. 몸의 하루 주기 리듬에 일어나는 교란은 당뇨병, 심장병, 우울증, 심한 체중 증가에 기여한다고 (그리고 몇몇 사례에서는 직접적인 원인이라고) 여겨진다.

시교차상핵은 바로 옆에 있는 오랫동안 수수께끼였던 완두콩만 한 구조인 솔방울샘과 긴밀하게 협력한다. 솔방울샘은 머리의 거의 한가운데에 있다. 중앙에 있고 하나뿐이기 때문에—뇌의 다른 구조들은 대개 쌍으로 있는 반면 솔방울샘은 하나이다—철학자 르네 데카르트는 거기에 영혼이 들어 있다고 결론을 내렸다. 그러나 솔방울샘의 실제 기능은 멜라토닌을 생산하는 것이다. 멜라토닌은 뇌가 하루의 길이를 추적하도록 돕는 호르몬으로서, 1950년대에야 발견되었다. 따라서 솔방울샘은 주요 내분비샘 중에서 마지막으로 밝혀진 것이다. 멜라토닌이 수면과 정확히 어떻게 연관되어 있는지는 아직 덜 밝혀져 있다. 멜라토닌 농도는 저녁이 되면 높아지다가 한밤중에 최고에 달하므로, 졸

* 우리의 치아에도 성장이 지속되는 약 20세까지는 나이테처럼 매일 미세하게 성장하는 양상이 기록된다. 과학자들은 고대인의 치아에 난 나이테를 세서 먼 과거에 아이가 성장하는 데에 얼마나 오래 걸렸는지를 알아낸다.

햇빛, 시계 등 시간의 경과를 알려줄 모든 단서들로부터
단절된 상태에서, 그는 언제 24시간이 지났는지 추측해야 했다.
그는 자신이 37일을 보냈을 것이라고 계산했는데,
실제로는 58일이 지났다는 것을 알고 깜짝 놀랐다.

음과 연관짓는 것이 논리적인 듯하다. 그러나 사실 밤에 가장 활동적인 야행성 동물들도 밤에 멜라토닌 농도가 증가한다. 따라서 멜라토닌은 졸음을 촉진하는 것이 아니다. 아무튼 솔방울샘은 낮/밤의 리듬만이 아니라, 계절 변화도 추적한다. 계절에 따라서 겨울잠을 자거나 번식을 하는 동물들에게는 그 일이 매우 중요하다. 계절 변화는 대개 우리가 알아차리지 못하는 방식으로, 우리에게도 중요한 영향을 미친다. 예를 들면, 우리의 머리카락은 여름에 더 빨리 자란다. 데이비드 베인브리지는 명쾌하게 표현했다. "솔방울샘은 우리의 영혼이 아니라, 우리의 달력이다." 그런데 매우 신기한 사실이 하나 더 있는데, 코끼리와 듀공을 비롯한 우리의 일부 동료 포유동물들은 솔방울샘이 없음에도 아무 문제가 없어 보인다는 것이다.

사람에게서 멜라토닌이 계절별 변화에 관여하는지는 불분명하다. 멜라토닌은 다소 보편적인 분자이다. 세균, 해파리, 식물 등 하루 주기 리듬을 가진 거의 모든 생물에 들어 있다. 사람의 멜라토닌 생산량은 나이를 먹으면서 크게 줄어든다. 70세에는 20세 때의 4분의 1밖에 만들지 않는다. 왜 그래야 하는지, 그리고 그런 변화가 우리에게 어떤 영향을 미치는지는 아직 잘 모른다.

확실한 것은 정상적인 하루의 리듬이 교란되면, 하루 주기 체계가 심각한 혼란에 빠질 수 있다는 사실이다. 1962년에 프랑스의 과학자 미셸 시프르는 유명한 실험을 했다. 그는 약 8주일간 알프스 산맥의 동굴 깊숙한 곳에 들어가 지냈다. 햇빛, 시계 등 시간의 경과를 알려줄 모든 단서들로부터 단절된 상태에서, 그는 언제 24시간이 지났는지 추측해야 했다. 그는 자신이 37일을 보냈을 것이라고 계산했는데, 실제로는 58일이 지났다는 것을 알고 깜짝 놀랐다. 그는 짧은 시간의 경과조차도 제대로 파악하지 못하게 되었다. 2분이 지나면 말해 달라고 했더니, 그는 5분이 넘도록 기다리고 있었다.

최근에 포스터 연구진은 인간이 예전에 생각했던 것보다 계절 리듬을 더 많이 가지고 있음을 알게 되었다. "우리는 자해, 자살, 아동 학대라는 예기치 않은

하루 주기 시계 끄기. 동굴 탐험가이자 과학자인 미셸 시프르는 알프스 산맥의 한 동굴에서 58일을 지낸 뒤에 나왔다. 오른쪽은 파리에 도착하는 장면. 그는 낮에 자연의 햇빛을 보지 못하면 우리의 시간 경과를 계산하는 능력에 지장이 생긴다는 것을 보여주었다.

많은 영역에서 계절 리듬이 나타난다는 것을 발견해왔어요. 이런 것들의 발생 빈도가 계절에 따라 높낮이를 보이는 것이 그저 우연의 일치가 아니라는 것을 알게 된 것은 남반구와 북반구에서 6개월 차이를 두고 동일한 패턴이 나타나기 때문입니다." 북반구에서 사람들이 봄에 많이 하는 일이 무엇이든 간에—자살률 증가 등—6개월 뒤 봄을 맞은 남반구에서도 같은 양상이 나타난다.

하루 주기 리듬은 우리가 투여하는 약물의 효과에도 큰 차이를 일으킬 수 있다. 맨체스터 대학교의 면역학자 대니얼 데이비스는 현재 가장 많이 쓰이는 100대 약물 중 56개는 몸에서 시간에 민감한 영역을 표적으로 삼는다고 했다. 그는 저서 『아름다운 치유(*The Beautiful Cure*)』에 이렇게 썼다. "이 잘나가는 약물들 중 대략 절반은 투여했을 때 짧은 시간 동안만 몸에서 활성을 띤다." 따라서 엉뚱한 시간에 투여를 하면 약효가 덜 나타나거나, 아예 없을 수도 있다.

우리는 하루 주기 리듬이 모든 생물에 중요하다는 것을 정말로 이제야 겨우 이해하기 시작했다. 우리가 아는 한, 세균까지 포함하여 모든 생물은 생체 시계를 지닌다. 러셀 포스터는 이렇게 말한다. "그것이야말로 생명의 특징일 수도 있어요."

우리가 왜 졸리고 잠을 자고 싶어지는지를 시교차상핵만으로 전부 설명하지는 못한다. 우리는 수면 항상성이라고 하는 것이 제어하는 자연적인 수면 압력—깊으면서도 거역할 수 없는 자고자 하는 충동—도 받는다. 수면 압력은 더 오래 깨어 있을수록 더 강렬해진다. 이 압력은 주로 하루의 시간이 흐를수록 뇌에 화학물질들이 쌓이면서 생긴다. 그중에서도 우리 세포에 동력을 제공하는 에너지를 간직한 분자인 ATP(아데노신삼인산)의 부산물인 아데노신(adenosine)이라는 화합물의 축적이 큰 역할을 한다. 아데노신이 더 쌓일수록 우리는 더 졸리다. 카페인은 그 효과를 조금 상쇄시킨다. 커피 한 잔에 머리가 조금은 맑아지는 이유가 그 때문이다. 대개 두 체계는 동조하면서 돌아가지만, 장거리 항공 여행을 통해서 여러 시간대를 지나면서 비행시차를 겪을 때처럼, 서로 어긋날 때도 있다.

잠을 정확히 얼마나 자야 하는지는 사람마다 다른 듯하지만, 거의 모든 사람은 하룻밤에 7–9시간을 자야 한다. 물론 나이, 건강, 잠자리에 드는 시각에 따라서 상당히 달라진다. 우리는 나이를 먹을수록 잠을 덜 잔다. 신생아는 하루에 19시간, 걸음마를 떼는 아기는 14시간, 어린아이는 11–12시간, 십대와 젊은이는 10시간씩 잘 수도 있다. 물론 대부분의 어른들처럼, 너무 늦게까지 깨어 있거나 아주 일찍 일어나야 한다면, 필요한 잠을 다 못 잘 수도 있다. 십대 청소년은 특히 이런 문제에 취약하다. 그들의 하루 주기 리듬은 어른의 것과 많으면 2시간까지도 어긋나 있다. 그래서 그들은 상대적으로 올빼미형이 된다. 십대 청소년은 아침에 깨우기가 힘든데, 그것은 그들의 게으름 탓이 아니라, 생물학 탓이다. 게다가 미국에서는 「뉴욕 타임스」 사설이 "위험한 전통 : 비정상적으로 일찍 시작하는 고등학교"라고 부른 것 때문에 상황이 더욱 복잡하다. 사설에 따르면, 미국 고등학교의 86퍼센트는 아침 8시 반 이전에 수업을 시작하고, 그중 10퍼센트는 무려 7시 반 이전에 시작한다. 등교 시간을 더 늦추면, 출석률과 시험 성적이 오르고, 교통사고율도 줄고, 우울증과 자해의 비율도 줄어든다는 것이 드러났다.

거의 모든 전문가들은 인류가 연령에 관계없이 예전보다 잠을 덜 잔다는 데에 동의한다. 「베일러 대학교 의학 센터 회보(*Baylor University Medical Center Proceedings*)」에 따르면, 사람들의 평일 하룻밤 평균 수면 시간은 50년 전에는 8시간 반이었는데, 지금은 7시간 이내로 줄어들었다고 한다. 또다른 연구에서는 초등학생들에게서도 비슷한 추세를 발견했다. 이런 수면 시간 감소에 따른 결석과 수행 능력 저하로 미국이 추가로 부담하는 경제적 비용은 600억 달러가 넘는 것으로 추산된다.

잠을 안 자면 건강에 좋지 않다. 14세기의 문헌에 실린 이 "불면증 환자" 그림은 오늘날 아주 많은 이들에게 친숙한 불행한 각성 상태를 생생하게 보여준다.

여러 연구에 따르면, 세계 성인의 10-20퍼센트는 불면증을 겪고 있다고 한다. 불면증은 당뇨병, 암, 고혈압, 뇌졸중, 심장병, (놀랄 일도 아니겠지만) 우울증과 관련이 있음이 밝혀졌다. 「네이처」에 실린 덴마크의 한 연구에서는 야간 근무조로 오래 일한 여성들의 유방암 발병률이 주간 근무조인 여성들보다 50퍼센트 더 높게 나왔다.

포스터는 내게 이렇게 말했다. "또 지금은 수면이 부족한 사람들이 정상적으로 자는 사람들보다 베타 아밀로이드[알츠하이머병과 관련된 단백질] 농도가 더 높음을 보여주는 자료가 많이 쌓여 있습니다. 수면 교란이 알츠하이머병의 원인이라고는 말하지 못하겠지만, 아마도 기여 요인이자 증세를 더 빨리 악화시키는 요인이 아닐까 싶어요."

많은 사람들은 배우자의 코골이 때문에 불면증에 시달린다. 코골이는 아주 흔한 문제이다. 인구의 약 절반은 적어도 때때로 코를 곤다. 코골이는 우리가 무의식 상태에 들어가서 긴장이 풀리면 인두(咽頭)의 부드러운 조직들이 호흡

영국의 풍자화가 토머스 롤런드슨의 이 1811년 판화는 남성의 코골이가 여성의 코골이보다 음이 더 낮음을 시사한다.

할 때 떨리면서 소리가 나는 것이다. 조직이 이완될수록 소리는 더 커진다. 술 취한 사람이 코를 유달리 더 세게 고는 이유도 그 때문이다. 코골이를 줄이는 가장 좋은 방법은 살을 빼고, 옆으로 누워서 자고, 금주를 하는 것이다. 수면 무호흡증(sleep apnoea, "숨차다"라는 뜻의 그리스어에서 유래)은 코골이를 하는 도중에 기도가 막혀서, 자는 동안 호흡이 거의 또는 완전히 멈추는 것을 말한다. 일반적으로 짐작하는 것보다 훨씬 더 흔하다. 코를 고는 사람들 중 약 50퍼센트는 어느 정도 수면 무호흡증을 보인다.

기장 극단적이면서 끔찍한 형태의 불면증은 치명적 가족성 불면증(fatal familial insomnia)이라는 아주 희귀한 질환으로, 1986년에 의학계에 처음 보고되었다. 유전병의 일종인데(그래서 가족성이다), 지금까지 전 세계에서 약 36 가족만이 앓고 있다고 알려져 있다. 이 병에 걸리면 그냥 잠을 잘 수 없게 되고, 이윽고 서서히 쇠약해지고 여러 기관이 망가져서 사망한다. 즉 반드시 치명적인 결과로 이어진다. 이 파괴적인 결과를 가져오는 것은 프리온(prion, 단백질성 감염 입자의 준말)이라는 변형된 단백질이다. 프리온은 사악한 단백질이다. 크로이츠펠트-야콥병과 광우병(소해면상뇌증), 다행히도 아주 드물고 들어본 사람이 거의 없을 (그러나 예외 없이 몸의 움직임과 인지능력을 손상시키는) 게르스트만-슈트로이슬러-샤인커병 같은 몇몇 다른 끔찍한 신경 질환들의 배후에 있는 지독한 작은 입자이다. 프리온이 알츠하이머병과 파킨슨병과도 관계가 있다고 보는 전문가들도 있다. 치명적 가족성 불면증에서는 프리온이 시상(thalamus)을 공격한다. 시상은 뇌 깊숙이 들어 있는 호두만 한 기관으로서, 혈압, 심장 박동, 호르몬 분비 등 자율 반응을 조절한다. 프리온이 정확히 어떻게 수면을 방해하는지는 알려져 있지 않지만, 불행을 가져온다는 것은 분명하다.*

수면을 교란하는 또 한 가지 장애는 발작수면(narcolepsy)이다. 발작수면이라면 뜬금없이 찾아오는 극도의 졸음을 흔히 떠올리지만, 이 증상을 지닌 많은 사람들은 깨어 있는 상태를 유지하는 일 못지않게 수면 상태를 유지하는 일도 어려워한다. 발작수면은 뇌에 하이포크레틴(hypocretin)이라는 화학물질이 부

* 프리온은 샌프란시스코에 있는 캘리포니아 대학교의 스탠리 프루지너가 발견했다. 1972년 아직 신경과 전문의 과정을 밟고 있었던 그는, 갑작스럽게 치매가 찾아온 60세 여성을 진찰했다. 그녀는 증세가 너무 악화되어서 문에 열쇠를 꽂는 법 같은 가장 단순하면서 익숙한 일들조차도 할 수 없었다. 프루지너는 기형인 감염성 단백질이 원인이라고 확신하게 되었고, 그 단백질에 프리온이라는 이름을 붙였다. 오랫동안 그의 이론은 조롱의 대상이었지만, 결국 그가 옳다는 것이 입증되었다. 그는 1997년에 노벨상을 받았다. 프리온 때문에 뉴런이 죽으면 뇌에는 스펀지처럼 구멍이 송송 뚫린다. 그래서 해면상(spongiform)이라고 한다.

족해서 생긴다. 이 물질은 생산량이 극히 적어서 1998년에 겨우 발견되었다. 하이포크레틴은 우리를 계속 깨어 있게 하는 신경전달물질이다. 이 물질이 생산되지 않은 사람들은 대화를 하거나 먹는 도중에 갑자기 잠이 들거나, 의식보다는 환각에 더 가까운 몽롱한 상태에 빠져들 수 있다. 혹은 거꾸로 매우 피곤한데도 잠을 전혀 이루지 못하게 될 수도 있다. 매우 비참해질 수 있으며, 치료법은 전혀 없는 병이다. 다행히도 아주 드물며, 서양에서 2,500명에 1명꼴로만 나타나며, 전 세계로 보면 약 400만 명이 앓고 있다.

그보다 더 흔한 수면 장애들은 뭉뚱그려서 사건수면(parasomnia)이라고 하는데, 몽유병, 혼돈 각성(깨어 있는 듯하지만 몹시 몽롱한 상태), 악몽과 밤 공포증(야경증) 같은 것들이다. 악몽과 밤 공포증은 후자가 더 강렬하고 더 소스라치게 놀라면서 깨어나는 경향이 있다는 것을 빼면 구별하기가 쉽지 않다. 또 이상하게도 밤 공포증을 겪는 이들은 나음날 일어났을 때, 밤에 공포에 질려 깨어났던 일을 전혀 기억하지 못할 때가 많다. 사건수면은 대개 어른보다 아이에게 훨씬 더 흔하며, 늦어도 사춘기 무렵에는 사라지는 경향이 있다.

잠을 자지 않고 가장 오랫동안 버틴 사람은 랜디 가드너이다. 1963년 12월, 당시 열일곱의 고등학생이었던 그는 학교 과학 과제를 위해서 264.4시간(11일 24분)을 잠을 자지 않고 버텼다.* 처음 며칠은 비교적 쉬웠지만, 시간이 길어질수록 그는 점점 짜증을 내고 혼란에 빠졌고, 이윽고 일종의 몽롱한 환각 상태에 빠져 지냈다. 그 과제를 끝내자 그는 14시간 동안 내리 잤다. "깨어났을 때 녹초가 되었지만, 아주 심하다고 할 정도는 아니었던 것 같아요." 그는 2017년 미국 공영 라디오 방송에서 그렇게 회고했다. 그의 수면 패턴은 정상으로 돌아왔고, 눈에 띄는 후유증도 전혀 없었다. 그러나 세월이 흐른 뒤에 그는 지독한 불면증에 시달린 적이 있었는데, 그는 그것이 젊었을 때 부린 객기의 "업보"라고 보았다.

마지막으로 피곤함의 표시로 널리 받아들여진 수수께끼 같은 행동을 잠시 살펴보기로 하자. 바로 하품이다. 우리가 하품을 왜 하는지는 아무도 모른다. 태아도 엄마 뱃속에서 하품을 한다. (딸꾹질도 한다.) 혼수상태인 사람도 하품을 한다. 하품은 우리의 삶에서 아주 흔하게 접하는 것이지만, 하품이 정확히 무슨 일을 하는지는 아무도 모른다. 몸에 지나치게 많이 쌓인 이산화탄소를 배

....

* 이 기록에 도전한 사람은 놀라울 정도로 거의 없다. 2004년 영국 텔레비전 4 채널의 「섀터드(Shattered)」라는 프로그램에서 출연자 10명이 가장 오래 깨어 있기 경쟁을 벌였다. 우승자인 클레어 서턴은 178시간을 버텼는데, 이 기록은 랜디 가드너보다 3일 이상 적었다.

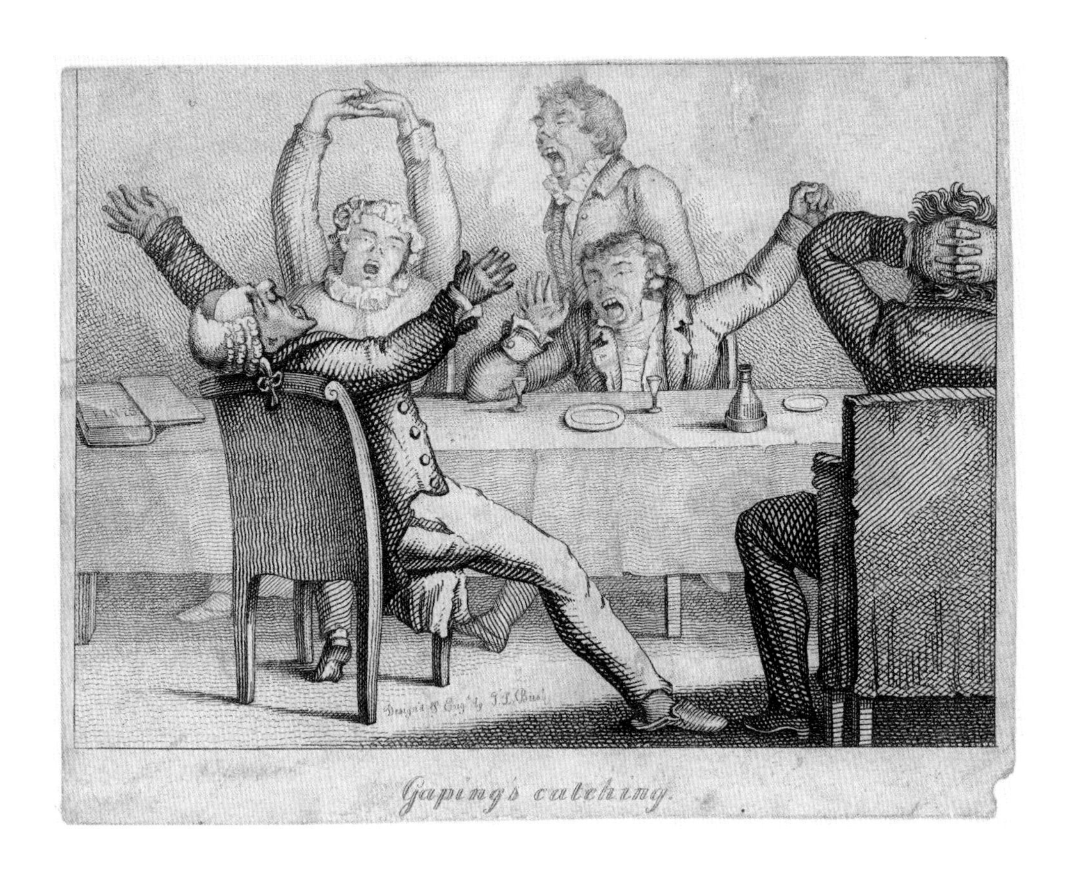

너무나도 수수께끼 같은 전염성을 띤 하품. 입을 쩍 벌리고 하품하는 모습을 담은 1826년의 판화.

출하는 일과 어떤 식으로든 관련이 있다는 주장이 나와 있다. 그러나 어떤 식으로 그렇게 한다는 것인지를 설명한 사람은 아무도 없다. 더 차가운 공기를 머리로 집어넣어서 졸음을 조금이라도 쫓는 역할을 한다는 주장도 있다. 그러나 나는 하품을 하고 나면 머리가 맑아지고 기운이 샘솟는다고 말하는 사람을 한 명도 본 적이 없다. 게다가 지금까지 그 어떤 연구도 하품과 활력 사이에 관계가 있음을 보여준 적이 없다. 심지어 하품이 피로와 관련이 있다는 주장도 믿을 만한 것이 못 된다. 사실 하품을 가장 많이 하는 시간은 밤에 잠을 푹 자고 일어났을 때의 처음 2분 동안이다. 가장 푹 쉬었을 때 말이다.

아마 하품의 가장 설명하기 어려운 특징은 하품이 극도로 전염성을 띤다는 것이 아닐까? 우리는 남들이 하품하는 것을 보면 자신도 모르게 하품을 할 뿐 아니라, 누가 하품하는 소리를 듣거나 하품을 생각만 해도 하품을 하고는 한다. 그러니 지금 여러분도 하품을 하고 싶어질 것이 거의 확실하다. 그리고 솔직히 말하면, 하품을 한다고 누가 뭐라고 하겠는가.

17

거시기 쪽으로

**"대통령이 한 농장을 방문했을 때였다.
쿨리지 영부인은 안내인에게 수탉이 하루에 교미를 몇 번이나 하는지 물었다.
'수십 번은 하죠.' 그러자 영부인은 말했다.
'대통령께 전해드리세요.' 대통령은 닭장 앞을 지나다가
수탉 이야기를 듣고는 반문했다. '매번 똑같은 암탉과 합니까?'
'아닙니다. 매번 다른 암탉과 하죠.'
대통령은 천천히 고개를 끄덕인 뒤 말했다.
'영부인께 전해드리세요.'"**

「런던 리뷰 오브 북스(*London Review of Books*)」, 1990년 1월 25일

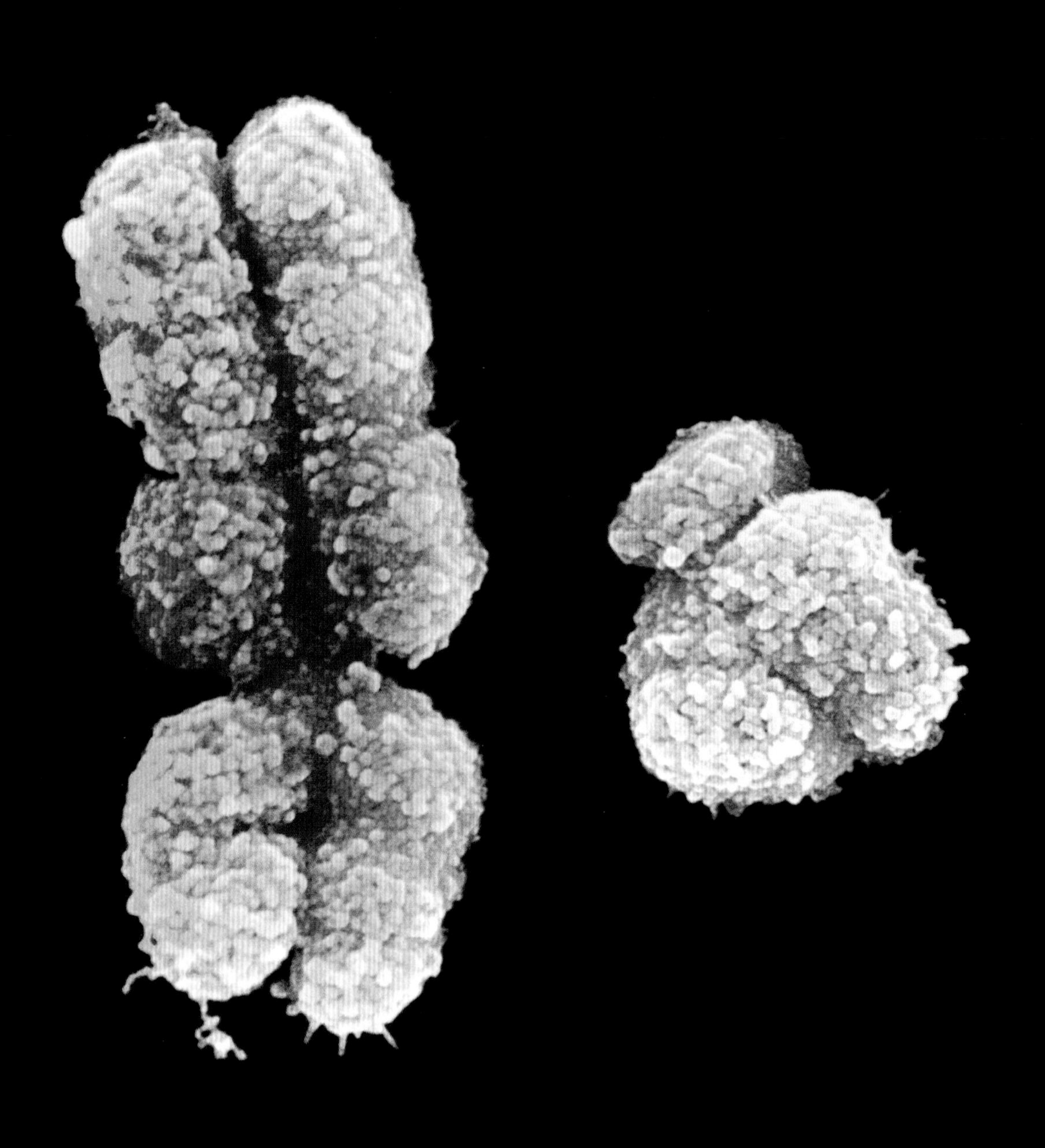

염색체를 발견한 하인리히 빌헬름 고트프리트 폰 발데이어하르츠(위)와 Y 염색체의 중요성을 처음으로 알아차린 네티 스티븐스(아래).

맞은편 : 남성 요리법 : 복제되고 있는 X(왼쪽)와 Y(오른쪽) 염색체.

앞쪽 : 무화과 잎보다 가지 : 1528년에 루카스 크라나흐가 그린 아담의 그림에서는 전통적인 꼼꼼한 세부 처리가 드러난다.

I

조금은 놀랍겠지만, 왜 누구는 남성으로 태어나고 누구는 여성으로 태어나는가는 우리가 가장 늦게야 알게 된 지식에 속한다. 하인리히 빌헬름 고트프리트 폰 발데이어하르츠(1836–1921)라는 무척 길고도 화려한 이름의 독일인이 1880년대에 염색체를 발견한 것은 맞지만, 염색체의 중요성이 제대로 이해되고 인정된 것은 한참 후의 일이었다.* (그는 현미경으로 보았을 때 그 물질이 화학물질 염료에 염색이 아주 잘 되었기 때문에 염색체라고 불렀다.) 물론 지금 우리는 여성이 X 염색체를 2개 지니는 반면, 남성은 X와 Y 염색체를 1개씩 지닌다는 것과 그로부터 성별의 차이가 빚어진다는 것을 알지만, 그 지식을 얻기까지는 오랜 세월이 흘러야 했다. 19세기 말까지도 과학자들은 흔히 성별이 화학적으로가 아니라, 식단이나 기온, 심지어는 임신 초기에 여성의 기분 같은 외부 요인에 의해서 결정된다고 생각했다.

이 문제를 푸는 걸음을 내디딘 사람은 독일 중부 괴팅겐 대학교의 헤르만 헨킹이라는 젊은 동물학자였다. 그는 1891년 별노린재류의 정소를 연구하다가 기이한 점을 알아차렸다. 조사한 모든 정소에서 한 염색체만이 늘 다른 염색체들과 달랐다. 헨킹은 그 염색체를 "X"라고 명했다. 오늘날 거의 모든 사람들이 짐작하듯이 모양 때문이 아니라, 수수께끼 같다는 의미로 붙인 것이었다. 그의 발견은 다른 생물학자들의 관심을 끌었다. 그런데 정작 헨킹 자신은 별 흥미를 느끼지 못한 듯하다. 그 직후에 그는 독일 어업협회에 일자리를 얻었고, 여생을 북해의 어류 현황을 조사하는 일을 하며 보냈다. 우리가 아는 한, 그는 두 번 다시 곤충의 정소를 들여다보지 않았다.

헨킹의 우연한 발견이 있은 지 14년 뒤, 대서양 반대편에서 진정한 돌파구가 열렸다. 펜실베이니아에 있는 브린모어 대학의 네티 스티븐스는 거저리의 생식기관을 연구하다가 또다른 홀로 행동하는 염색체를 발견했다. 그리고 그녀는 놀라운 통찰력으로, 그 염색체가 성별의 결정에 기여하는 것 같다고 판단했다. 그녀는 헨킹이 시작한 알파벳 순서에 따라서 그 염색체에 Y라는 이름을 붙였다.

---

* 생애 대부분의 기간에 그의 이름은 그냥 빌헬름 발데이어였다. 더 고고한 이름은 삶이 거의 끝나갈 무렵인 1916년, 독일 정부의 작위를 받으면서 얻었다.

연구실에서 일하는 네티 스티븐스. 오른쪽은 그녀의 책『정자 형성 연구(*Studies in Spermatogenesis*)』의 한 페이지. 여기에서 "l"과 "s"라고 적힌 두 염색체는 성염색체 X와 Y로 불리게 되었다.

네티 스티븐스는 더 명성을 얻었어야 마땅하다. 1861년 버몬트 주 캐번디시(덧붙이자면, 13년 전 피니어스 게이지가 그곳에서 철도 건설 작업을 하다가 쇠막대에 머리를 관통당했다)에서 태어난 스티븐스는 평범한 집안에서 자랐고, 아주 오랜 시간이 흐른 뒤에야 고등교육을 받고 싶다는 꿈을 이룰 수 있었다. 몇 년 동안 교사와 사서로 일한 뒤, 1896년 서른다섯에 스탠퍼드 대학교에 입학했다. 그리고 비극적으로 짧은 생을 마감하기 얼마 전인 마흔둘에 박사학위를 받았다. 브린모어 대학의 연구원이 된 뒤에 그녀는 열정을 쏟아냈고, Y 염색체 발견을 비롯하여 38편의 논문을 냈다.

그 발견의 중요성이 널리 알려졌더라면, 스티븐스는 노벨상을 받았을 것이 거의 확실하다. 대신에 오랫동안 그 영예는 대개 에드먼드 비처 윌슨에게 돌아갔다. 윌슨은 거의 같은 시기에(정확히 누가 먼저였는지는 오랫동안 논쟁거리였다) 독자적으로 동일한 발견을 했지만, 그 염색체의 의미를 제대로 파악하지 못했다. 스티븐스가 오래 살았더라면 분명히 더욱 많은 연구 업적을 남겼겠지만, 그녀는 유방암에 걸려서 박사학위를 받은 지 11년 뒤인 1912년에 겨우 쉰셋의 나이로 세상을 떠났다.

그림에서는 X와 Y 염색체가 언제나 거의 X와 Y자 모양으로 그려지지만, 사

X와 Y 염색체가 언제나 거의 X와 Y자 모양으로 그려지지만, 사실 대부분의 시기에는 글자와 전혀 닮지 않았다.

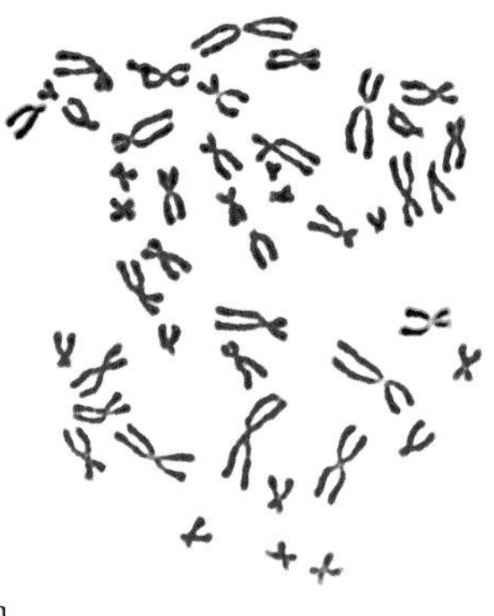

남성 염색체의 광학현미경 사진. 성을 결정하는 염색체들을 포함하여 23쌍이 있다. 남성은 X와 Y가 하나씩 있다. 사진에서 녹색으로 표시된 것들이다. 왼쪽은 Y, 오른쪽은 X이다.

실 대부분의 시기에는 글자와 전혀 닮지 않았다. 세포분열 중에, X 염색체는 실제로 잠깐 X자와 비슷해지기는 하지만, 그 점은 모든 상염색체들도 마찬가지이다. Y 염색체는 Y자와 언뜻 닮아 보이기는 한다. 그 염색체들이 이름이 붙여진 글자들과 언뜻 또는 이따금 닮아 보이는 것은 엄청난 우연의 일치일 뿐이다.

역사적으로 염색체는 연구하기가 결코 쉽지 않았다. 염색체는 대부분의 시간에는 세포핵 안에서 분간할 수 없는 덩어리로 존재한다. 염색체의 수를 셀 수 있는 방법은 오직 세포분열을 하는 순간의 살아 있는 표본을 얻는 것뿐이었고, 그런 표본을 얻기란 대단히 어려웠다. 한 보고서에 따르면, 세포학자들은 "처형된 범죄자가 죽자마자 염색체가 엉기기 전에 정소를 채취하여 고정시키기 위해서 말 그대로 교수대 밑에서 기다렸다." 그럴 때에도 염색체들은 겹쳐지고 뭉뚱그려져서 몇 개인지 세기가 어려울 때가 많았다. 그러던 중 1921년 텍사스 대학교의 세포학자 티오필러스 페인터가 확실한 좋은 표본을 얻었다고 발표하면서, 염색체가 24쌍이라고 자신 있게 선언했다. 그 염색체 수는 35년 동안 아무런 의심 없이 널리 받아들여졌다. 1956년에야 더 상세한 조사가 이루어졌고, 실제로는 23쌍임이 드러났다. 이 사실은 오랫동안 염색체 사진들이 나와 있었음에도(적어도 한 인기 있는 교과서에도 실려 있었다) 아무도 몇 개인지 세어볼 생각을 하지 않았음을 명확히 말해준다.

티오필러스 페인터는 1921년에 사람의 염색체가 몇 개인지 세는 데에 성공했다. 거의 맞게 세었다.

정확히 무엇이 우리를 남성과 여성으로 나누는 것일까? 그 점을 알아낸 것은 더 최근의 일이다. 1990년에야 런던에 있는 국립의학연구소와 임피리얼 암연구재단의 두 연구진이 Y 염색체에 성을 결정하는 영역이 있음을 알아냈다. 그들은 그 영역에 있는 유전자에 SRY라는 이름을 붙였다. "Y에 있는 성 결정 영역(Sex-Determining Region on the Y)"이라는 뜻이다. 무수한 세대에 걸쳐서 남아와 여아를 낳아온 뒤에야 비로소 성별이 어떻게 형성되

흥미로운 점은 성이 사실 꼭 필요하지는 않다는 것이다.
성을 포기한 생물들은 아주 많다.

는지를 알아낸 것이다.

Y 염색체는 작으면서 특이하다. 유전자가 70개뿐이다. 다른 염색체들에는 2,000개까지도 들어 있다. Y 염색체는 1억6,000만 년 동안 줄곧 크기가 줄어드는 중이다. 현재의 줄어드는 속도로 볼 때, 약 460만 년 뒤에는 완전히 사라질 수도 있다고 추정된다.* 그렇다고 해서 남성이 460만 년 뒤에 사라진다는 의미는 아니다. 성을 결정하는 유전자들은 아마 다른 염색체들로 옮겨갈 것이다. 게다가 460만 년 사이에 생식 과정을 조작하는 우리의 능력도 훨씬 더 다듬어질 것이므로, 잠 못 이루고 걱정할 필요까지는 없을 듯하다.

흥미로운 점은 성이 사실 꼭 필요하지는 않다는 것이다. 성을 포기한 생물들은 아주 많다. 열대에서 빨판이 달린 목욕놀이 장난감처럼 벽에 찰싹 달라붙어 있곤 하는 작은 녹색 파충류인 도마뱀붙이는 수컷이 아예 없다. 여러분이 남성이라면 살짝 거북한 느낌을 받을 수도 있겠지만, 우리가 번식에 기여하는 부분을 빼버리는 일은 그다지 어렵지 않다. 도마뱀붙이는 알을 낳는데, 알은 어미의 클론이며, 자라서 새로운 개체가 된다. 어미의 관점에서 보면, 이 방식은 아주 좋다. 자신의 유전자를 100퍼센트 물려준다는 의미이기 때문이다. 유성생식은 부모 양쪽이 자신의 유전자들 중 절반을 자식에게 물려준다. 따라서 세대가 지날수록 어느 한 조상의 유전자 기여 비율은 점점 줄어든다. 우리의 손주는 우리 유전자의 4분의 1, 증손주는 8분의 1, 고손주는 16분의 1만을 지니며, 세대가 흐를수록 비율은 그렇게 점점 줄어든다. 자신의 유전자를 영구히 남기고 싶은 사람에게 섹스란 그 야심을 달성하기에 그리 좋은 방법이 아니다. 싯다르타 무케르지가 『유전자의 내밀한 역사(*The Gene: An Intimate History*)』에서 간파했듯이, 사실 인간은 재생산을 하는 것이 아니다. 도마뱀붙이는 재생산을 하고, 우리는 재조합을 한다.

섹스는 개인이 후대에 기여하는 비율을 줄이지만, 종 전체에는 큰 도움이 된다. 유전자들을 뒤섞고 새로 짝을 지음으로써 우리는 다양성을 확보하고, 다

* 덧붙이자면, 그 소멸이 12만5,000년 안에 일어난다고 보는 유전학자도 있고, 1,000만 년이 걸릴 수도 있다고 보는 유전학자도 있다.

양성은 우리에게 안전성과 복원력을 제공한다. 질병이 집단 전체로 퍼지는 것을 더 어렵게 한다. 또한 다양성을 가진다는 것은 우리가 진화할 수 있다는 의미이기도 하다. 우리는 종 전체의 행복에 지장을 주는 유전자들은 버리고 유익한 유전자들만 간직할 수 있다. 복제를 통해서는 자신의 동일한 사본을 계속 얻게 된다. 반면에 아인슈타인과 렘브란트는 섹스를 통해서 나온다. 물론 얼간이들도 많이 나오지만 말이다.

암컷만으로 이루어진 종 : 이런 도마뱀붙이는 유전자 재조합이 아니라 클로닝을 통해서 번식한다.

아마 우리의 삶에서 섹스만큼, 공개적인 논의가 억제되고 확실하게 밝혀진 것이 적은 영역은 없을 것이다. 외음부(pudendum)라는 영어 단어는 우리가 생식기 문제에 얼마나 조심스러운 태도를 보이는지를 잘 보여준다. 외부 생식기, 특히 여성의 생식기를 가리키는 이 영어 단어는 "부끄러워하다"라는 라틴어에서 유래했다. 우리가 심심풀이로 흔히 떠벌이는 섹스에 관한 잡다한 통계 자료 중에서 믿을 만한 것은 거의 없다. 혼인해서 살면서 불륜을 저지른 사람이 얼마나 될까? 어느 연구 결과를 참조하느냐에 따라, 20퍼센트에서 70퍼센트까지 오락가락한다.

외음부(pudendum)라는 영어 단어는 우리가 생식기 문제에 얼마나 조심스러운 태도를 보이는지를 잘 보여준다. 외부 생식기, 특히 여성의 생식기를 가리키는 이 영어 단어는 "부끄러워하다"라는 라틴어에서 유래했다.

놀랄 일도 아니겠지만, 이런 설문조사가 내포한 한 가지 문제는 응답자들은 자신이 뭐라고 적었는지 아무도 모를 것이라고 생각하면서 얼마든지 상상하여 적어내는 경향이 있다는 것이다. 한 연구에서 대상자들에게 거짓말 탐지기를 연결했다고 착각하도록 만들자, 여성들이 성관계를 맺고 있다고 말한 상대방의 수가 30퍼센트 늘어났다. 1995년에 미국의 시카고 대학교와 전국여론조사센터는 공동으로 성의 사회구조라는 설문조사 연구를 수행했는데, 놀랍게도 주로 자녀나 현재의 성적 상대 등 누군가가 지켜보는 상황에서 인터뷰를 했다. 그런 상황에서 완전히 솔직한 응답이 나올 가능성은 거의 없다. 그러니 한 명 이상의 사람과 성관계를 가졌느냐는 질문에 그렇다고 답한 사람의 비율이 그 전해에는 17퍼센트였는데, 다른 사람이 지켜보는 가운데 답한 해에는 5퍼센트로 낮아졌다.

그 설문조사는 그밖에도 여러 문제점들을 안고 있어서 비판을 받았다. 예산 문제 때문에 원래 계획한 2만 명이 아니라 3,432명을 인터뷰하는 데에 그쳤고, 응답자를 18세 이상으로 정했기 때문에 십대 청소년의 임신이나 피임 문제에 관해서는 이렇다 할 정보도 제공하지 못했을 뿐만 아니라, 공공정책에 쓸 만한 중요한 결론도 전혀 제시하지 못했다. 게다가 조사의 초점을 오로지 가정에만 맞추었기 때문에, 대학생, 재소자, 군인 등 단체 시설에서 생활하는 사람들은 아예 배제되었다. 이런 갖가지 문제점들 때문에 그 보고서의 내용은 설령 전혀 쓸모없지는 않다고 해도, 신뢰성이 떨어졌다.

섹스에 관한 설문조사—여기서는 완곡하게 표현할 방법이 없다—의 또 한 가지 문제점은 사람들이 때로 그냥 어리석게 군다는 것이다. 케임브리지 대학교의 데이비드 스피걸홀터가 쓴 『숫자로 본 성 : 성적 행동의 통계학(*Sex by Numbers: The Statistics of Sexual Behaviour*)』이라는 탁월한 저서에 좋은 사례가 하나 실려 있다. 어떠할 때 진정한 성관계를 맺었다고 볼 수 있는지 묻자, 남성 응답자의 약 2퍼센트는 생식기의 삽입으로도 불충분하다고 했다. 스피걸

자신의 이름이 붙은 보고서를 들고 있는 앨프리드 킨제이. 오른쪽은 여성의 성에 관해서 발견한 내용들을 설명하고 있는 킨제이의 말에 귀를 기울이고 있는—인정하는 듯하다—여성들.

홀터는 그들이 정확히 무엇이 충족되어야 "갈 데까지 다 갔다고 느낄지" 의아해한다.

이런 문제들이 있기 때문에, 성 연구 분야에서는 오랫동안 의심스러운 통계들이 난무했다. 인디애나 대학교의 앨프리드 킨제이는 1948년에 내놓은 저서 『남성의 성 행동(*Sexual Behavior in the Human Male*)』에서 남성의 약 40퍼센트가 동성애를 통해서 오르가슴을 느꼈고, 농가에서 자란 젊은 남성의 약 5분의 1은 수간(獸姦)을 해본 경험이 있다고 썼다. 지금은 이 두 비율 모두 수긍하기 어려운 통계라고 본다. 더욱 의심스러운 연구 결과는 1976년에 나온 『여성의 성에 관한 하이트 보고서(*Hite Report on Female Sexuality*)』와 곧이어 나온 『남성의 성에 관한 하이트 보고서(*Hite Report on Male Sexuality*)』이다. 저자인 셰어 하이트는 설문조사를 해서, 낮은 응답률을 토대로 비무작위적으로 취사선택하여 통계를 냈다. 그는 여성의 84퍼센트가 현재의 배우자에게 불만을 품고 있으며, 혼인한 지 5년이 넘은 여성 중 70퍼센트는 불륜 관계를 맺고 있다고 자신 있게 선언했다. 이런 통계들은 당시에 엄청난 비판을 받았지만, 그 책은 엄청나게 잘 팔렸다. 더 최근에 더 과학적으로 조사한 미국 국가 건강과 사회생활 조사에서는 혼인한 여성 중 15퍼센트와 혼인한 남성 중 25퍼센트가 불륜을 저지른 적이 있다고 답했다.

무엇보다도 섹스가 화제에 오를 때 흔히 들먹거리는 통계와 자료는 대부분 아무런 근거가 없는 것들이다. 이를테면, 우리는 "남성은 7초마다 섹스 생각을 한다", "한평생 키스에 쓰는 시간은 평균 20,160분이다"(즉 336시간)라는 말을

으레 듣는다. 그런데 실제로 연구한 바에 따르면, 대학생 연령의 남성들은 하루에 약 19번 섹스 생각을 한다고 한다. 깨어 있는 시간만 따지면 약 1시간마다 하는 셈인데, 먹을 것을 생각하는 횟수와 거의 다를 바 없다. 여자 대학생들은 섹스보다 음식 생각을 더 자주 하지만, 두 가지 모두 아주 자주 하는 편은 아니다. 호흡하고 눈을 깜박이는 것 외에 7초마다 무엇인가를 하는 사람은 아무도 없다. 마찬가지로 사람이 평생 키스에 얼마나 많은 시간을 쓰는지, 으레 듣는 20,160분이라는 기이할 만치 구체적인 값이 어디에서 나온 것인지 아는 사람은 아무도 없다.

조금은 덜 부정적인 이야기도 한마디 하고 넘어가자면, 우리는 섹스의 평균 시간이 (적어도 영국에서는) 9분이라고 얼마간 확신을 가지고 말할 수 있다. 전희와 탈의 시간까지 포함하면, 25분에 가깝다고 할 수 있다. 데이비드 스피걸홀터에 따르면, 한 번 성관계를 맺을 때의 평균 에너지 소비량은 남성이 약 100칼로리, 여성이 약 70칼로리라고 한다. 한 메타 분석에서는 노인은 성관계를 가진 뒤에 최대 3시간까지 심근경색에 걸릴 위험이 높은 상태가 이어진다는 결과가 나왔다. 그러나 그것은 집 앞에 쌓인 눈을 치운 뒤에도 마찬가지이며, 섹스가 눈 치우기보다 즐겁다는 것은 분명하다.

II

우리는 사람과 침팬지의 유전적 차이보다 남녀의 유전적 차이가 더 크다는 말도 종종 듣는다. 음, 그럴 수도 있다. 그저 유전적 차이라는 것을 어떻게 측정하느냐에 따라 달라질 수 있다. 그래도 어쨌든 간에, 그 말이 현실적으로는 아무런 의미도 없다는 것은 분명하다. 침팬지와 인간은 유전자의 98.8퍼센트가 같을 수도 있지만(어떻게 측정하느냐에 따라서), 그렇다고 우리가 겨우 1.2퍼센트만 다른 존재라는 뜻은 아니다. 침팬지는 대화를 하거나 요리를 하거나 네 살배기 아이를 속일 수 없다. 그 차이는 어떤 유전자를 가지고 있느냐가 아니라, 유전자가 어떻게 발현되느냐의 문제이다. 즉 유전자가 어떻게 이용되느냐에 달려 있다.

남녀가 여러 가지 중요한 측면에서 다르다는 데에는 의문의 여지가 없다. 여성(여기서는 건강하고 비만이 아닌 여성을 가리킨다)은 비만이 아닌 건강한 남성보다 몸에 지방이 약 50퍼센트 더 많다. 덕분에 여성은 더 부드럽고 맵시 있게 보일 뿐만 아니라, 힘겨운 시기에는 이 지방으로 수유를 계속할 수도 있다. 여성은 뼈가 더 일찍 약해지는데, 폐경기를 지나면 더욱 그렇다. 따라서 노년에

맞은편 : 셰어 하이트. 그녀의 『여성의 성에 관한 하이트 보고서』는 논란거리였음에도 불구하고 엄청난 베스트셀러가 되었다.

뼈가 더 잘 부러진다. 여성은 알츠하이머병에 2배 더 많이 걸리며(어느 정도는 여성의 수명이 더 길기 때문이다), 자가면역 질환에 걸리는 비율도 더 높다. 여성은 알코올 대사 양상도 다르며, 그래서 남성보다 술에 더 쉽게 취하고, 간경화 같은 알코올 관련 질환에 더 잘 걸린다.

심지어 여성은 가방을 드는 방식에서도 남성과 다른 경향을 보인다. 여성은 엉덩이가 더 넓어서 가방을 들었을 때 아래팔을 좀더 바깥으로 벌린 채 움직일 필요가 있다고 여겨진다. 그래야 팔을 앞뒤로 흔들 때 가방이 다리에 부딪히는 일이 적어진다. 여성이 대개 손바닥을 앞으로 향하고서 가방을 드는 이유가 그 때문이다(그러면 팔이 좀더 밖으로 벌어질 수 있다). 반면에 남성은 손바닥을 뒤쪽으로 향한 채 든다. 훨씬 더욱 중요한 사실은 남녀가 심근경색에 걸리는 방식이 전혀 다르다는 것이다. 심근경색이 일어났을 때 여성은 남성보다 복통과 욕지기를 느낄 확률이 더 높다. 그래서 오진으로 이어질 가능성도 더 높다.

남성에게서 더 흔하게 나타나는 것들도 있다. 남성은 파킨슨병에 더 많이 걸리고, 우울증이라는 진단을 받는 사람은 더 적지만 자살률은 더 높다. 또 여성보다 감염에 더 취약하다(인간만이 아니라 거의 모든 종의 공통된 특징이다). 그런 차이는 아직 드러나지 않은 호르몬이나 염색체의 차이 때문일 수도 있고, 아니면 그저 남성이 전반적으로 더 위험하면서 감염되기 쉬운 행동을 하기 때문일 수도 있다. 또 남성은 감염과 부상으로 죽을 확률이 더 높다. 여기서도 호르몬 때문인지, 아니면 그저 너무 자만하면서 어리석은 행동을 하다가 응급조치가 필요한 상황에 처하기 때문인지는 (아니면 양쪽 모두인지) 대답하기 어렵다.

이 모든 차이는 최근까지 약물 임상시험이 매우 빈번하게 여성을 배제한 채 이루어졌다는 점을 생각하면, 중요한 의미가 있다. 여성이 배제된 주된 이유는 생리 주기 때문에 결과가 왜곡될 수 있다고 우려했기 때문이다. 런던 유니버시티 칼리지의 주디스 멍크는 2017년 BBC 라디오 채널 4의 「과학 속으로(Inside Science)」라는 프로그램에서 이렇게 말했다. "여성이 남성보다 그냥 20퍼센트 더 작을 뿐, 거의 똑같다고 가정한 겁니다." 지금은 서로 다른 측면이 많다는 것을 안다. 2007년 학술지 「페인(*Pain*)」에 10년 동안 발표된 연구들을 검토한 논문이 실렸는데, 남성만을 대상으로 한 연구가 거의 80퍼센트에 달한다는 사실이 드러났다. 2009년 학술지 「캔서(*Cancer*)」에 실린 수백 건의 암 임상시험을 검토한 논문도 비슷한 성별 편향을 발견했다. 이런 편향은 심각한 문제이다. 남녀가 약물에 전혀 다른 식으로 반응할 수도 있기 때문이다. 임상시험

남녀가 약물에 전혀 다른 식으로 반응할 수도 있기 때문이다.
임상시험은 그 차이를 간과하고는 한다.

은 그 차이를 간과하고는 한다. 페닐프로판올아민(phenylpropanolamine)이라는 약물은 오랫동안 감기와 기침의 처방약으로 흔히 쓰였는데, 남성에게서는 아니지만 여성에게서는 출혈성 뇌졸중 위험을 상당히 증가시킨다는 것이 밝혀졌다. 또 히스마날(Hismanal)이라는 항히스타민제와 폰디민(Pondimin)이라는 식욕 억제제도 여성에게 심각한 위험을 일으킬 수 있다는 사실이 드러난 뒤에야 사용이 금지되었다. 하지만 그 사실이 밝혀지기 전까지 전자는 11년 동안, 후자는 무려 24년 동안이나 판매되었다. 미국에서 인기 있는 수면제인 암비엔(Ambien)은 약을 먹은 여성의 많은 수가 다음날 운전에 어려움을 겪는다는 것이 발견되면서, 2013년에 여성의 권고 투여량이 절반으로 줄었다. 남성은 그런 문제를 겪지 않았다.

해부학적으로 볼 때 여성은 한 가지 아주 중요한 방식으로 다르다. 여성은 우리 세포의 발전소인 미토콘드리아의 신성한 수호자이다. 정자는 잉태가 이루어질 때, 수정란에 미토콘드리아를 전혀 전달하지 않는다. 따라서 미토콘드리아는 오직 모계로만 대물림된다. 그런 방식은 세대가 흐르면서 많은 계통이 대가 끊길 것임을 뜻한다. 여성은 모든 자녀에게 자신의 미토콘드리아를 물려주지만, 딸만이 그 미토콘드리아를 다음 세대로 전달할 수 있다. 따라서 아들만 낳거나 자녀가 없는 여성—물론 아주 흔하다—의 미토콘드리아 계통은 그 세대에서 끊긴다. 그녀의 모든 후손은 미토콘드리아를 지니기는 하지만, 유전적 계통이 다른 어머니에게서 온 미토콘드리아이다. 따라서 세대가 지날 때마다 이런 국부적인 소멸이 이루어지면서 미토콘드리아 유전자 풀은 점점 줄어든다. 오랜 시간이 흐르면서 인간의 미토콘드리아 유전자 풀은 극도로 줄어들었다. 그 결과 우리 모두는 한 명의 미토콘드리아 조상의 후손이다. 약 20만 년 전에 아프리카에서 살았던 여성이다. 들어보았을지 모르겠지만, 우리는 이 여성을 미토콘드리아 이브(Mitochondrial Eve)라고 부른다. 그녀는 어떤 의미에서는 우리 모두의 어머니이다.

기록된 인류 역사의 대부분에 걸쳐서 인류는 충격적일 만큼 여성에 관해서 거의 몰랐으며, 그나마 아는 지식을 종합할 줄도 몰랐다. 메리 로치가 유쾌하면

BALDWIN'S
HERBAL FEMALE
PILLS
REMOVES
OBSTRUCTIONS ARISING
FROM COLD & OTHER CAUSES,
Recommended
FOR ALL DISORDERS
AND IRREGULARITIES OF THE
FEMALE CONSTITUTION
DURING "CHANGE OF LIFE."
PRICE 6d. & 1/- PER BOX.

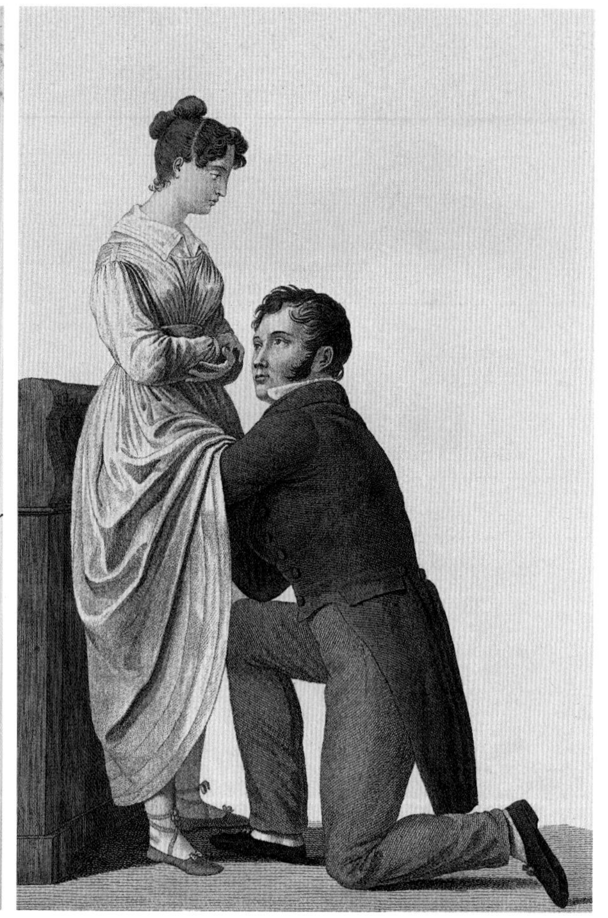

생리, 폐경, 의학 검사 : 여성의 몸은 아주 오랫동안 의학의 범위 너머에 있었다.

서 삐딱한 자신의 책 『봉크(*Bonk*)』에 썼듯이, 임신과 여성의 전반적인 건강에 대단히 중요함에도 불구하고, "질 분비액은 알려진 것이 거의 없는 유일한 체액이었다."

여성만의 특징들—무엇보다도 생리—은 의학계에 거의 완전히 수수께끼로 남아 있었다. 여성의 삶에서 또 한 번의 이정표가 되는 사건인 폐경도 1858년까지 정식으로 연구된 적이 없었다. 그해에 「버지니아 의학회지(*Virginia Medical Journal*)」에 실리면서 영어에 그 단어가 처음 등장했다. 여성의 배를 진찰하는 일도 거의 없었으니, 질 검사란 아예 없다시피 했으며, 목 아래의 진찰은 대개 이불을 덮은 상태에서 의사가 계속 천장에 시선을 둔 채로 더듬더듬 촉진을 하는 방식으로 이루어졌다. 많은 의사들은 진료실에 인체 모형을 가져다놓았고, 여성 환자는 몸을 보여주거나 특정 부위를 언급할 필요도 없이 인체 모형의 특정 부위를 가리켜서 아픈 곳을 알렸다. 1816년 파리의 르네 라에네크는 청진기

누군가가 남성의 성기에 지금까지 덜 활용된
성감 지점이 있다고 주장한다면, 얼마나 많은 연구비가
쏟아질지 상상해보라.

를 발명했는데, 청진기의 가장 유용한 용도는 소리 전달률을 높였다는 것이 아니라(당시 청진기의 성능은 그냥 가슴에 귀를 가져다대는 것과 별 다를 바 없었다), 여성의 몸에 직접 손을 대지 않으면서 심장 같은 장기의 활동을 검사할 수 있게 해주었다는 것이다.

지금도 여성의 해부 구조에는 우리가 잘 모르는 부분이 아주 많다. G점(G spot)을 예로 들어보자. 이 용어는 나치 독일에서 미국으로 망명한 독일의 부인과의사이자 과학자인 에른스트 그레펜베르크의 이름에서 따왔다. 그는 미국에서 자궁 내 피임 고리를 개발했는데, 그 고리는 처음에 그레펜베르크 고리라고 불렸다. 1944년 그는 「서부 외과 학회지(*Western Journal of Surgery*)」에 질 벽에 성감(性感)을 일으키는 지점이 있음을 알아냈다고 발표했다. 「서부 외과 학회지」는 본래 그다지 주목을 받는 학술지가 아니었는데도, 이 글은 널리 읽혔다. 그 덕분에 새로 찾아낸 성감 부위는 그레펜베르크 지점, 줄여서 G점이라고 알려지게 되었다. 그러나 여성에게 정말로 G점이 있는지는 지금까지도 여전히 논란이며, 이 논란은 때로 열띤 양상을 띠기도 했다. 누군가가 남성의 성기에 지금까지 덜 활용된 성감 지점이 있다고 주장한다면, 얼마나 많은 연구비가 쏟아질지 상상해보라. 2001년 「미국 산부인과 학회지(*American Journal of Obstetrics and Gynecology*)」는 G점이 "현대 부인과의학의 신화"라고 선언했지만, 적어도 미국에서는 대다수의 여성이 그런 지점이 있다고 믿는다는 연구 결과들이 나와 있다.

자기 이름의 첫 글자를 붙인 G점을 발견한 독일의 부인과의사 에른스트 그레펜베르크. G점은 위치, 심지어 존재 자체도 여전히 논쟁거리이다.

남성은 여성의 해부 구조에 놀라울 정도로 무지하다. 특히 다른 측면에서는 그것을 몹시 알고 싶어서 안달한다는 점을 생각하면, 정말로 흥미로운 현상이다. 여성 암 예방의 달이라는 캠페인의 일환으로 남성 1,000명을 대상으로 설문조사를 했더니, 음문, 음핵, 음순 등 여성의 내밀한 부위들을 명확히 알지도 못하고, 어디에 있는지조차 제대로 모르는 사람이 대부분임이 드러났다. 그림에서 어디가 질인지조차 모르는 사람도 절반이었다. 그러니 여기서 짧게 설명하는 것도 좋을 듯싶다.

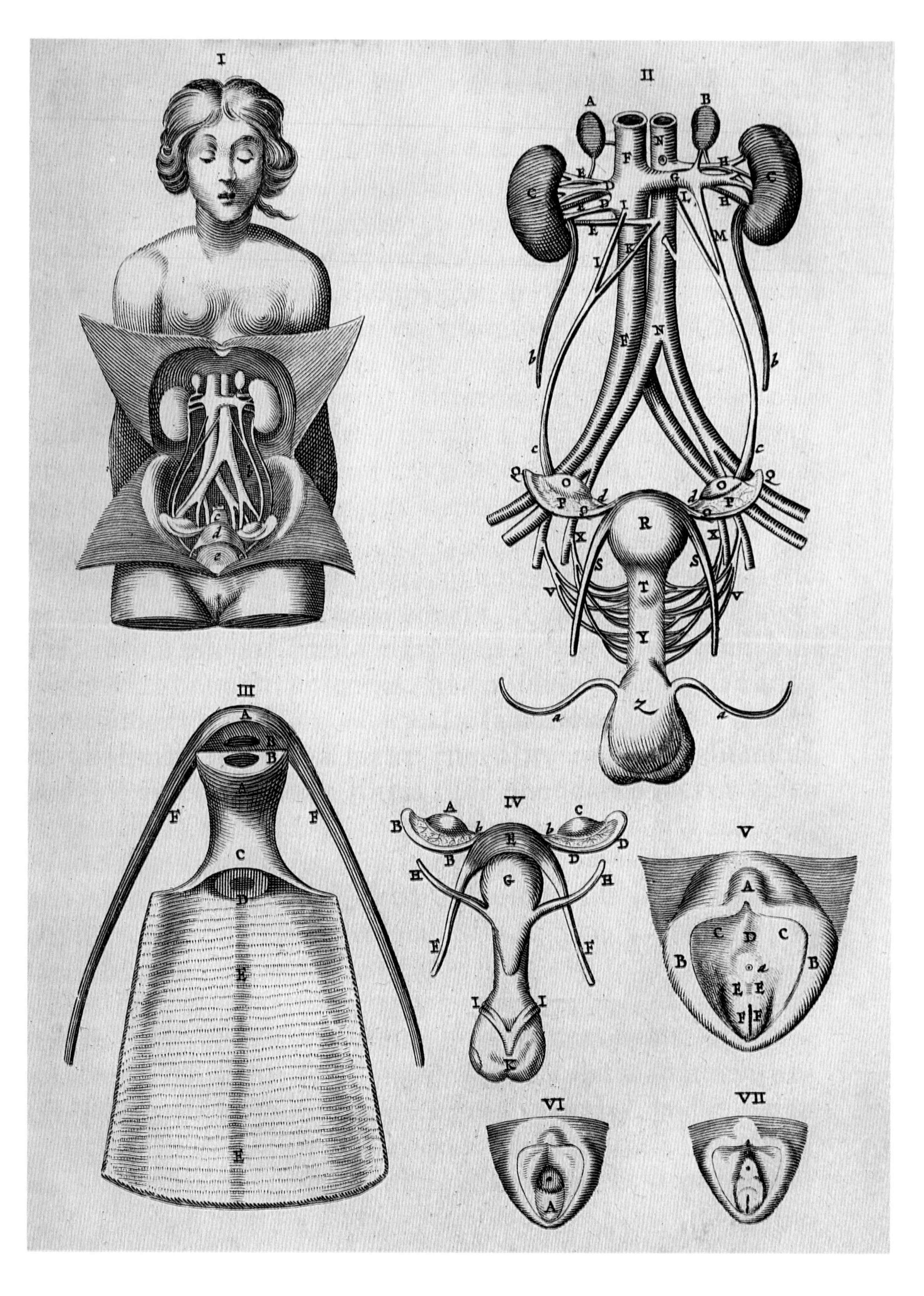
I
II
A B N F E D G H C L K M I b c Q O P d R X S T V Y Z a
III
A B F C D E
IV
A C B b E D H G F I K
V
A C D B a E F
VI
A
VII

음문(vulva)은 질 입구, 음순, 클리토리스 등을 갖춘 여성 생식기 전체를 가리킨다. 음문 위쪽의 살집 있는 둔덕은 치구라고 한다. 음문의 윗부분은 음핵(clitoris, "언덕"을 뜻하는 그리스어에서 유래했을 가능성이 높지만, 다른 이론들도 있다)으로서, 약 8,000개의 신경 말단이 빽빽하게 모여 있다. 여성의 몸에서 단위 면적당 신경 말단이 가장 많이 들어 있으며, 우리가 아는 한 오직 쾌감을 일으키기 위해서 있는 듯하다. 여성 자신을 포함하여 대부분의 사람들은 겉으로 보이는 음핵귀두가 음핵의 끝부분에 불과하다는 것을 모른다. 음핵의 나머지 부분은 안쪽으로 죽 뻗어서 질의 좌우 양쪽으로 약 13센티미터까지 이어진다. 1900년대 초까지, "클리토리스"는 대개 "클리-투-러스"라고 발음했던 듯하다.

가브리엘레 팔로피오. 그의 이름은 여성의 난관 또는 자궁관을 가리키는 다른 명칭 속에 남아 있다.

질(vagina, "칼집"을 뜻하는 라틴어에서 유래)은 음문을 자궁목 및 자궁과 연결하는 통로이다. 자궁목(자궁경부)은 질과 자궁 사이에 있는 도넛 모양의 밸브이다. 자궁목(cervix)의 영어 단어는 말 그대로 "자궁의 목"이라는 뜻의 라틴어에서 유래했다. 언제 (정자 같은) 무엇인가를 들여보내고, 언제 (생리 때 피와 출산 때 아기 같은) 무엇인가를 내보낼지를 결정하는 문지기 역할을 한다. 남성의 성기는 크기에 따라서 성교 때 자궁목에 닿기도 하는데, 쾌감을 느끼는 여성도 있고 불편하거나 아파하는 여성도 있다.

자궁은 태아가 자라는 곳이다. 자궁은 평소에는 무게가 50그램이지만, 임신 말기에는 1킬로그램까지 불어날 수 있다. 자궁의 옆쪽에는 난소가 있다. 난소는 난자를 저장하는 곳이지만, 에스트로겐과 테스토스테론 같은 호르몬도 분비한다. (여성도 남성에 비해 훨씬 적은 양이기는 하지만, 테스토스테론을 생산한다.) 난소는 나팔관(fallopian tube, 정식 학술 명칭은 자궁관 또는 난관[oviduct])을 통해서 자궁과 이어져 있다. 1561년 이 기관을 처음 기재한 이탈리아의 해부학자 가브리엘레 팔로피오의 이름을 땄다. 난자는 대개 나팔관에서 수정이 된 뒤에 자궁으로 밀려나온다.

이제 여러분도 여성에게만 있는 생식기의 주요 기관들을 알게 된 셈이다.

남성의 생식기 구조는 그보다 꽤 단순하다. 본질적으로 음경, 고환, 음낭이라는 겉으로 드러난 세 부분으로 이루어진다. 이 세 부위를 모르는 사람은 거의 없을 것이며, 적어도 개념상으로는 다 알고 있다. 그래도 혹시 모르니까 설명해 두자. 고환은 정자와 몇몇 호르몬을 생산하는 공장이다. 음낭은 고환을 담고 있는 주머니이고, 음경은 정자(정액의 활성 성분)를 운반하는 장치이자, 소변

맞은편 : 요한 베슬링의 1647년 저서『해부 구조(*Syntagma anatomicum*)』에 실린 여성의 해부 구조.

전립샘은 남성의 성년기 내내 정액을 생산하고,
노년에는 근심을 불러일으키는 곳이라고 말할 수 있다.

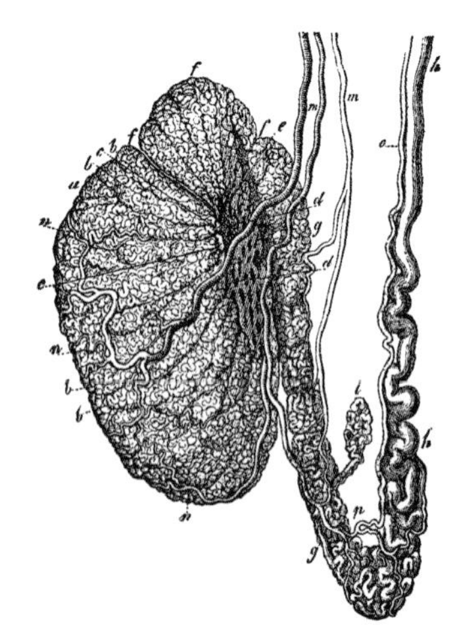

고환에 붙은 부고환과 정관의 꼬불꼬불한 관. 19세기에 출간된 교과서 『콰인의 해부학 요소들(*Quain's Elements of Anatomy*)』에 실린 그림(위). 2세기 더 앞서서 자신의 이름이 붙을 샘을 발견한 윌리엄 쿠퍼(아래).

의 배출구이다. 이 드러나 있는 구조들의 뒤에는 이것들을 뒷받침하는 역할을 하는 보조 생식기관들이 있다. 덜 알려져 있지만, 마찬가지로 중요한 기관들이다. 내 생각에는 아마 부고환이라는 말을 들어본 적이 없는 남성이 대부분일 것이다. 부고환의 길이가 12미터라는 점을 생각하면 조금 놀랄 수도 있다. 버스 길이만 하다. 그 긴 것이 음낭 안에 쏙 들어가 있다. 부고환은 촘촘하게 말려 있는 미세한 관이며, 그 안에서 정자가 성숙한다. 부고환(epididymis)의 영어 단어는 "고환"을 뜻하는 그리스어에서 유래했는데, 약간 놀랍게도 1610년에 벤 존슨이 희곡 『연금술사(*The Alchemist*)』에서 처음 썼다. 그가 무슨 뜻으로 그 말을 썼는지 알고 싶어한 관객이 전혀 없었던 것으로 볼 때, 그냥 과시용으로 쓴 듯하다.

마찬가지로 덜 알려져 있지만, 중요하다는 점에서는 결코 뒤지지 않는 보조 생식기관들이 더 있다. 망울요도샘은 윤활액을 생산하며, 17세기에 그 샘을 발견한 사람의 이름을 따서 쿠퍼샘이라고도 한다. 정낭은 정액의 대부분이 생산되는 곳이다. 전립샘은 누구나 적어도 이름은 들어보았겠지만, 나는 50세 이하의 평범한 남성들 중에서 그 기관이 정말로 무슨 일을 하는지 아는 사람은 한 명도 보지 못했다. 전립샘은 남성의 성년기 내내 정액을 생산하고, 노년에는 근심을 불러일으키는 곳이라고 말할 수 있다. 이 점은 다른 장에서 더 상세히 다루기로 하자.

남성 생식기의 영원한 수수께끼 중의 하나는 왜 고환이 바깥에, 즉 다치기 쉽게 튀어나와 있느냐는 것이다. 대개는 더 시원한 공기를 접함으로써 고환의 기능이 더 향상되기 때문이라고 설명하지만, 이 설명은 코끼리, 개미핥기, 고래, 나무늘보, 바다사자 등 수많은 포유동물들의 고환은 몸속에 완전히 들어가 있다는 사실을 간과한다. 온도 조절이 정말로 고환의 능률을 높이는 요인일 수도 있지만, 인체는 고환을 그렇게 유달리 다치기 쉬운 위치에 꺼내놓지 않고서도 얼마든지 그 문제에 대처할 수 있다. 어쨌거나 난소는 안전하게 숨겨져 있지 않은가.

음경의 크기도 무엇이 정상인지를 놓고서 많은 불확실성이 있다. 1950년대에 킨제이 성 연구소는 음경의 평균 길이가 13−18센티미터라고 했다. 그런데 1997년에 남성 1,000여 명을 표본조사하니, 11.4−14.6센티미터임이 드러났다. 꽤 뚜렷하게 줄어들었다. 예전보다 음경의 크기가 줄어들었을 수도 있고, 아니면 변이 폭이 훨씬 넓은 것일 수도 있다. 어느 쪽인지 우리는 알지 못한다.

정자는 더 세심한 임상 연구 대상이 되는 (이 단어를 써도 된다면) 즐거움을 누려온 듯하다. 생식 능력에 대한 우려 때문임이 거의 확실하다. 전문가들은 오르가슴에서 분비되는 정액이 평균 3−3.5밀리리터(찻숟가락 하나 정도)이며, 분출 거리는 평균 18−20센티미터라는 데에는 거의 견해가 일치한다. 데즈먼드 모리스는 과학적으로 조사했을 때 0.9미터까지 날아간 기록이 있다고 말하기는 했다. (그는 어떤 상황이었는지를 자세히 적지 않았다.)

아마 로버트 클라크 그레이엄(1906−1997)이 한 실험이야말로 정자에 관한 가장 흥미로운 실험일 것이다. 잘게 부서지지 않는 안경용 렌즈를 생산함으로써 큰 부를 쌓은 캘리포니아의 사업가인 그레이엄은 1980년에 정자 선택 보관소를 설립했다. 노벨상 수상자들을 비롯하여 비범한 지성의 소유자들의 정자만 보관하는 정자은행이었다. (그레이엄은 그 정자은행에 정자를 보관할 인물을 선정할 때 겸손한 태도로 자신의 이름도 집어넣었다.) 현대 과학이 제공할 수 있는 최고의 정자를 제공함으로써 여성들이 천재성을 지닌 아기를 잉태하도록 돕겠다는 것이었다. 그 은행의 노력에 힘입어서 약 200명이 태어났는데, 뚜렷하게 천재성을 드러낸 아이는 한 명도 없었다. 유능한 안경 기술자가 된 아이조차 없었다. 그 정자은행은 설립자가 사망한 지 2년 뒤인 1999년에 문을 닫았는데, 크게 아쉬워한 사람은 아무도 없었던 듯하다.

시험관 천재? 로버트 클라크 그레이엄은 뛰어난 지성인들의 정자를 받아서 천재적인 아기를 잉태시킨다는 야심적인 시도를 했지만, 헛수고였음이 드러났다.

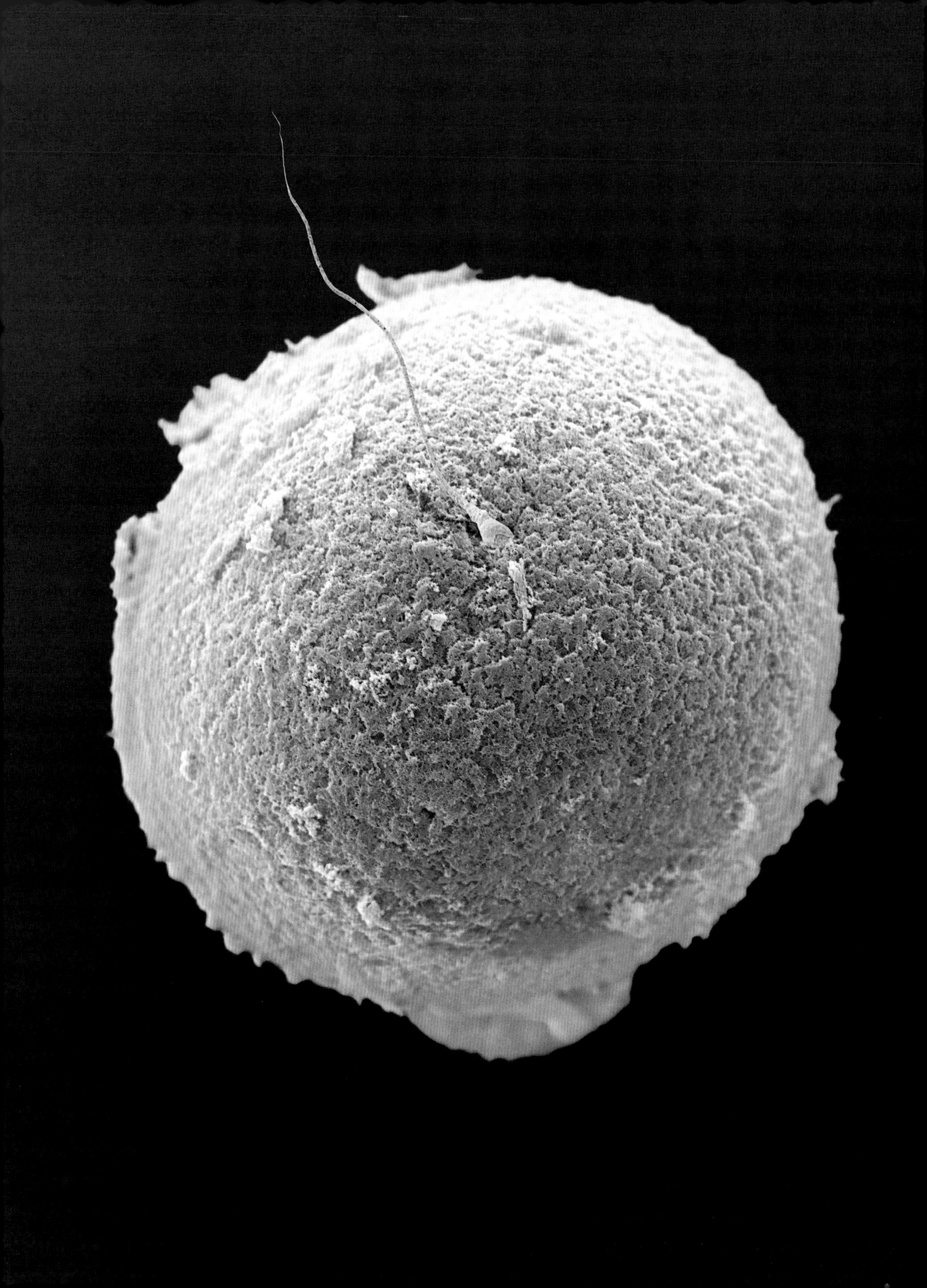

18
시작: 잉태와 출생

"내 인생의 출발점에서부터 이야기를 시작하자면, 나는 태어났다."

찰스 디킨스

『데이비드 코퍼필드(*David Copperfield*)』

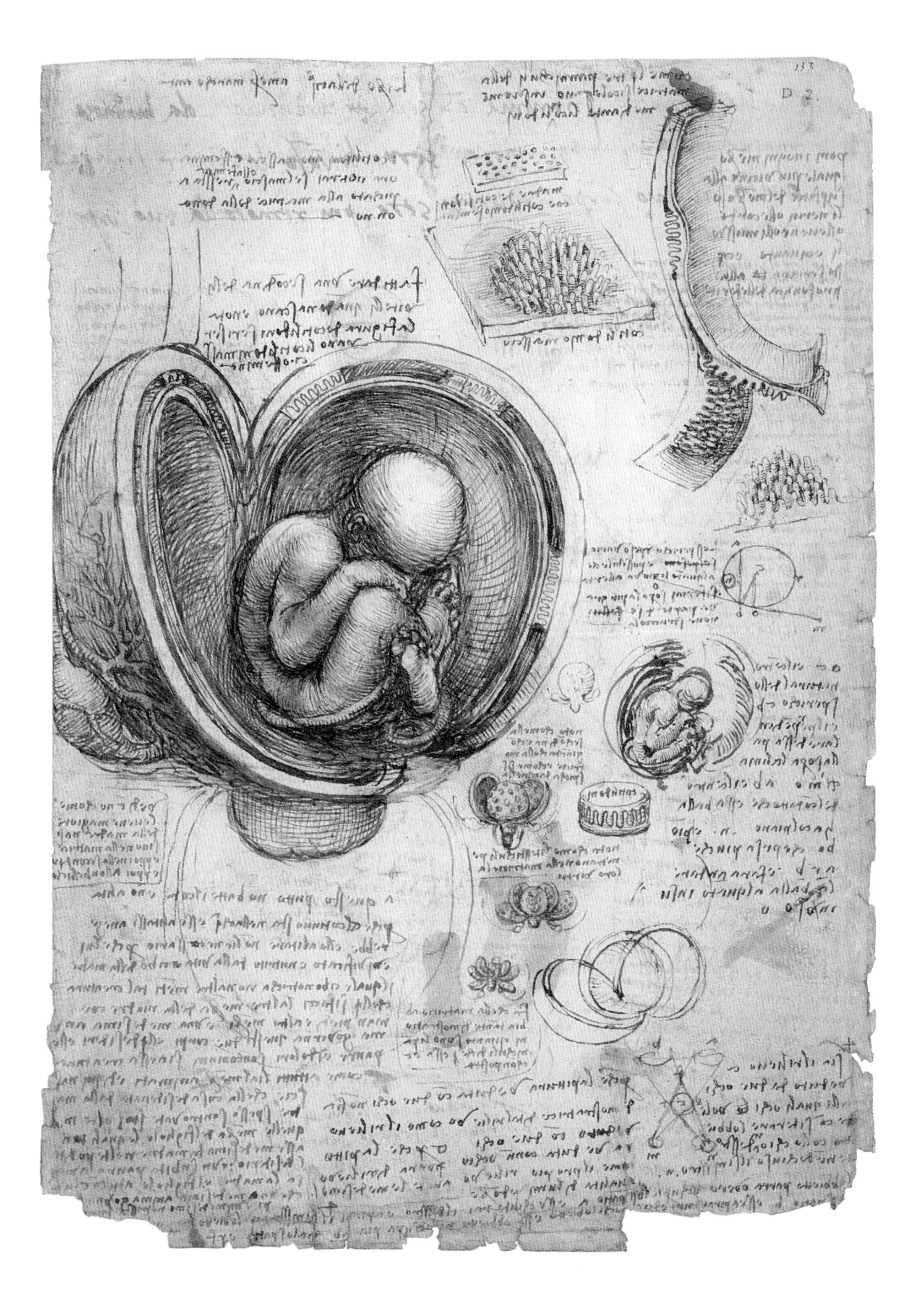

정자를 어떻게 생각해야 좋을지, 판단하기란 쉽지 않다.* 한편으로 보면, 정자는 영웅적이다. 인간 생명의 우주 비행사, 즉 우리 몸을 떠나서 다른 세계를 탐사하도록 고안된 유일한 세포이다.

그런 한편으로, 정자는 실수를 연발하는 멍청이이다. 자궁으로 분출되었을 때, 정자들은 이상하게도 진화가 맡긴 과제를 할 준비가 제대로 되어 있지 않은 듯하다. 헤엄도 제대로 못 치고, 방향감각도 거의 빵점처럼 보인다. 정자는 이 지면에 실린 단어 하나의 길이만 한 공간을 자력으로 헤엄쳐가는 데에 10분이 걸릴 수도 있다. 남성의 오르가슴이 그토록 격렬한 양상을 띠는 이유가 바로 그 때문이다. 남성에게는 순수한 쾌감의 분출처럼 보이는 것이 사실은 일종의 로켓 발사이다. 일단 발사된 뒤, 정자가 아무렇게나 마구 돌아다니다가 우연히도 한 마리가 난자에 닿는 것인지, 아니면 어떤 화학적 신호를 받아서 기다리는 난자를 향해 가는 것인지는 알려져 있지 않다.

어느 쪽이든 간에, 압도적으로 많은 정자들이 실패한다. 아무 때나 이루어진 한 차례의 성행위로 수정에 성공할 확률은 기껏해야 약 3퍼센트라고 추정되어 왔다. 그리고 서양 세계 전체에서 상황은 더욱 악화되고 있는 듯하다. 현재 부부 7쌍 중 1쌍은 임신을 위해서 병원을 찾고 있다.

최근 수십 년 사이에 정자 수가 심각하게 줄었다는 연구 결과들이 얼마간 나와 있다. 「인간 생식 업데이트(*Human Reproduction Update*)」에 실린 약 40년에 걸친 185건의 연구를 메타 분석한 결과를 보면, 1973–2011년에 서양 국가들에서 정자 수가 50퍼센트 넘게 줄어들었다고 한다.

식단, 생활습관, 환경 요인, 사정 빈도, 심지어 (매우) 꽉 끼는 속옷에 이르기까지 다양한 것들이 원인이라고 제시되었지만, 확실히 아는 사람은 아무도 없다. 칼럼니스트인 니컬러스 크리스토프는 「뉴욕 타임스」에 쓴 "당신의 정자는 안녕하십니까?"라는 글에서 그렇다고, 아마 그럴 것이라고 답하면서, "플라스틱, 화장품, 침구, 살충제, 그밖의 무수한 제품들에 있는 내분비계 교란물질들"이 원인이라고 결론지었다. 그는 미국 젊은 남성의 정자 중 평균 90퍼센트가 결함이 있다고 주장했다. 덴마크, 리투아니아, 핀란드, 독일 등의 연구에서도 정자 수가 급감하고 있다는 결과가 나왔다.

맞은편 : 진정으로 모든 것에 관심을 가졌던 레오나르도 다빈치는 자궁에 있는 태아도 연구했다. 입체적인 그림과 회화에는 돋보이게 그리자는 말도 적혀 있다.

앞쪽 : 새로운 생명의 시작 : 정자(파란색)가 난자(노란색)를 뚫고 들어가는 순간. 수정이 일어난 뒤에, 두 세포의 DNA가 융합된다.

* "씨를 뿌리다"라는 그리스어에서 유래한 "정자(sperm)"라는 영어 단어는 초서의 『캔터베리 이야기(*Canterbury Tales*)』에 실리면서 영어에 처음 등장했다. 당시에, 그리고 적어도 셰익스피어의 시대에 들어서기 전까지는 대개 "스팜(sparm)"이라고 표기했다. 더욱 공식적인 용어인 스퍼마토조아(Spermatozoa)는 1836년에야 영국의 한 해부 안내서에 처음 등장했다.

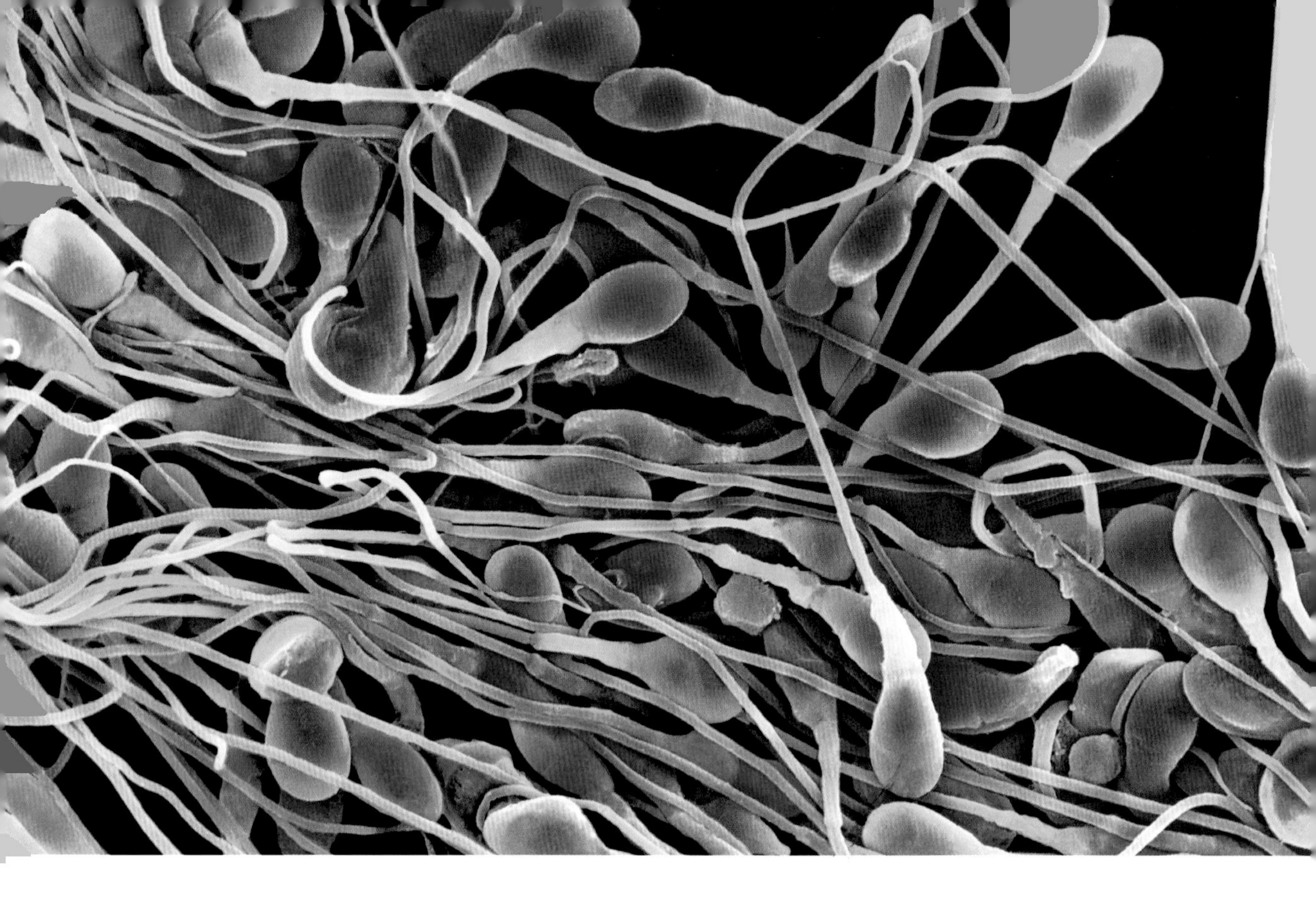

사람의 정자는 활력이 넘치지만 신기하게도 방향 감각이 부족한데, 그럼에도 불구하고 난자를 찾아서 헤엄친다.

예일 대학교의 인류학, 생태학, 진화생물학과 교수인 리처드 브리비스커스는 발표된 정자 수에 관한 자료들 가운데 상당수가 의심스러우며, 설령 올바로 산출했다고 해도 전반적으로 생식 능력이 감퇴해왔다고 주장할 근거는 전혀 없다고 믿는다. 식단과 생활습관, 검사 당시의 체온, 사정 빈도 모두 정자 수에 영향을 끼칠 가능성이 있으며, 한 사람의 정자 수도 긴 기간에 걸쳐 조사하면 크게 달라질 수 있다는 것이다. 브리비스커스는『남성 : 진화사와 생활사(*Men: Evolutionary and Life History*)』에 이렇게 썼다. "설령 정자 수가 정말로 얼마간 줄어들어왔다고 해도, 남성의 생식 능력이 줄어들었다고 믿을 이유는 전혀 없다."

건강한 남성들의 정자 생산량은 엄청나게 다양하므로, 딱히 뭐라고 말하기 어렵다는 것은 사실이다. 인생의 정점에 있는 평균 남성의 정자 수는 1밀리리터에 100만 마리에서 1억2,000만 마리까지 다양하며, 평균을 따지면 약 2,500만 마리이다. 사정할 때의 정액량은 평균 약 3밀리리터이다. 그것은 적어도 전형적인 성행위에서 중간 규모의 정자 집단 거주지를 충분히 형성할 수 있다는 뜻이다. 꼬물거리는 정자의 생산량이 왜 그토록 차이가 나는지, 그리고 잉태에 단

20주일째에 태아는 몸무게가 약 100그램에 불과하지만, 몸속에 이미 600만 개의 난자가 들어 있다.

한 마리의 정자만 있으면 되건만, 가장 적게 만들어진다고 해도 왜 그토록 엄청나게 많은 양인지는 아직 과학이 답하지 못한 질문들이다.

마찬가지로 여성도 엄청나게 남아도는 번식 능력을 가지고 있다. 신기하게도 모든 여성은 평생 쓸 난자를 몸속에 지닌 채 태어난다. 그 난자들은 여성이 아직 엄마의 자궁에 있을 때 만들어져서, 자신의 이름이 불릴 때까지 난소 안에서 긴 세월을 마냥 기다린다. 여성이 모든 난자를 가지고 태어난다는 개념을 처음 제시한 사람은 다방면으로 몹시 바빴던 독일의 위대한 해부학자 하인리히 폰 발데이어하르츠이지만, 아마 그도 자라는 태아의 몸속에서 난자들이 얼마나 빨리 그리고 많이 만들어지는지를 알았다면 몹시 놀랐을 것이다. 20주일째에 태아는 몸무게가 약 100그램에 불과하지만, 몸속에 이미 600만 개의 난자가 들어 있다. 난자의 수는 태어날 무렵에는 100만 개까지 줄어들며, 비록 속도는 더 느려지지만 평생에 걸쳐서 서서히 계속 줄어든다. 가임 연령에 들어설 때면, 부르면 튀어나올 준비를 하고 있는 난자의 수가 18만 개쯤 남아 있을 것이다. 난자의 수가 왜 그렇게 급감하는지, 그러면서도 여전히 가임기에 필요한 수보다 엄청나게 많이 있는지도 생명의 수많은 수수께끼 중 두 가지이다.

기본적으로 여성이 나이를 먹을수록 난자의 수도 줄어들고 질도 떨어진다. 그 점은 출산 시기를 점점 더 늦추는 여성들에게 문제가 될 수 있다. 그런데 현재 모든 선진국에서 바로 출산 연령이 높아지는 추세가 지속되고 있다. 이탈리아, 아일랜드, 일본, 룩셈부르크, 싱가포르, 스위스 6개국에서 여성의 평균 초산 연령은 현재 30세를 넘었고, 다른 6개국인 덴마크, 독일, 그리스, 홍콩, 네덜란드, 스웨덴에서는 넘기 직전이다. (미국만은 예외이다. 미국의 평균 초산 연령은 26.4세로서, 부유한 국가들 중에서 가장 젊다.) 그러나 국가 평균값을 넘어서 더 깊이 들어가면 사회적 또는 경제적 집단별로 편차가 크다는 것이 드러난다. 영국은 여성의 평균 초산 연령이 28.5세이지만, 대학 졸업생만 따지면 35세이다. 피임약의 아버지인 칼 제라시는 「뉴욕 리뷰 오브 북스(*New York Review of Books*)」에서 35세 무렵이면 여성의 몸에 있는 난자의 95퍼센트가 소진되고,

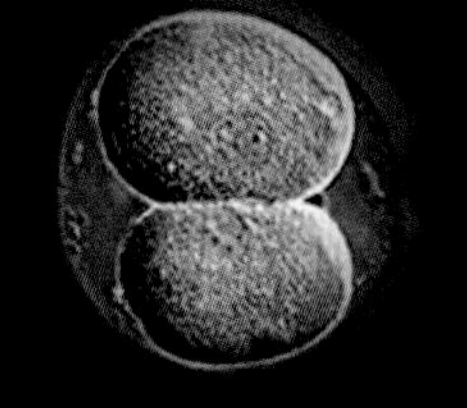
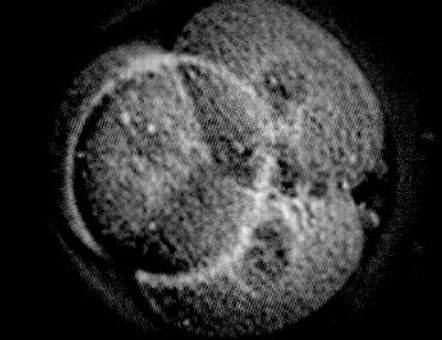
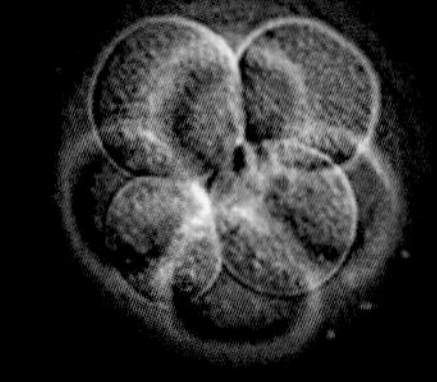

2개로 나뉜 접합자에서부터 60-120개 사이의 배반포에 이르기까지 세포 분열이 계속되는 모습.

남은 난자들은 결함이나 놀라움—쌍둥이 같은—을 일으킬 가능성이 더 높다고 썼다. 30세가 넘으면, 여성은 쌍둥이를 임신할 가능성이 훨씬 높아진다. 출산에 관해서 한 가지 확실하게 말할 수 있는 것은 남녀의 나이가 다 많아질수록, 임신하기가 더 어려워시고, 임신을 했을 때에도 더 여러 가지 문제에 직면할 수 있다는 것이다.

한 가지 흥미로운 역설은 여성이 임신하는 연령은 점점 늦어지는 반면, 번식할 준비를 마치는 시기는 점점 빨라지고 있다는 것이다. 평균 초경 연령은 19세기 말에 15세였는데, 지금은 적어도 서양에서는 12.5세로 낮아졌다. 이런 변화가 영양 상태가 좋아져서 일어난 것은 거의 확실하다. 그러나 더 최근 들어서 이 추세가 더욱 가속되고 있는 이유는 설명할 수 없다. 1980년 이래로 미국에서 사춘기가 시작되는 연령은 18개월이 낮아졌다. 7세에 사춘기에 들어서는 여아의 비율은 현재 약 15퍼센트에 달한다. 이 점을 우려할 만한 이유가 있다. 「베일러 대학교 의학 센터 회보」에 따르면, 에스트로겐에 더 오래 노출될수록 나중에 유방암과 자궁암에 걸릴 위험이 그만큼 높아진다고 시사하는 증거들이 있기 때문이다.

이제 행복한 이야기를 들려준다는 차원에서, 어느 한 정자가 힘겨운 노력 끝에 운 좋게 기다리고 있는 난자에 다다랐다고 하자. 난자는 자신이 짝지을 정자보다 100배 더 크다. 다행히도 정자는 굳이 힘을 들여서 안으로 뚫고 들어갈 필요가 없다. 난자가 마치 오랫동안 보지 못한 신기하게 작은 친구를 환영하는 양 받아들이기 때문이다. 정자는 투명층이라는 바깥 장벽을 뚫고 들어가서, 일이 순탄하게 잘 풀리면 난자와 융합하게 된다. 그 즉시 난자 주위로 일종의 전기장이 형성됨으로써 다른 정자가 뚫고 들어오지 못하게 차단한다. 이어서 정자와 난자의 DNA가 결합되면서 접합자(zogote)라는 새로운 존재가 된다. 새로

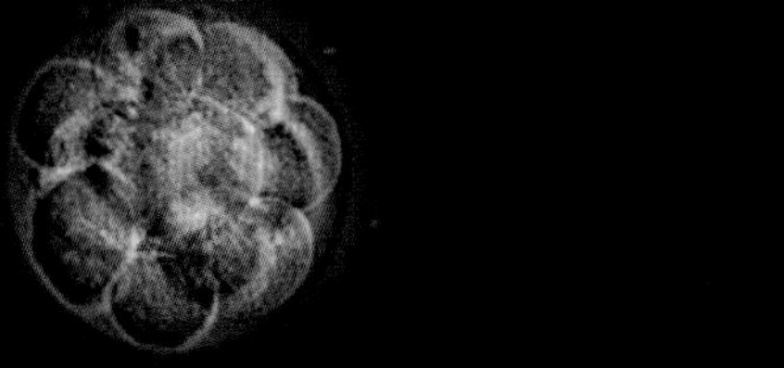
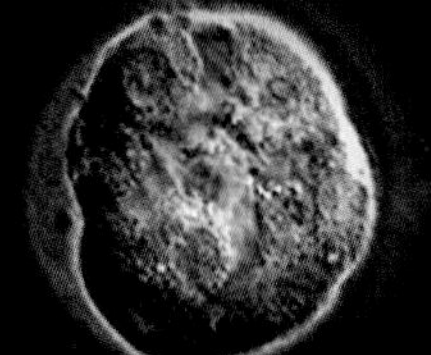
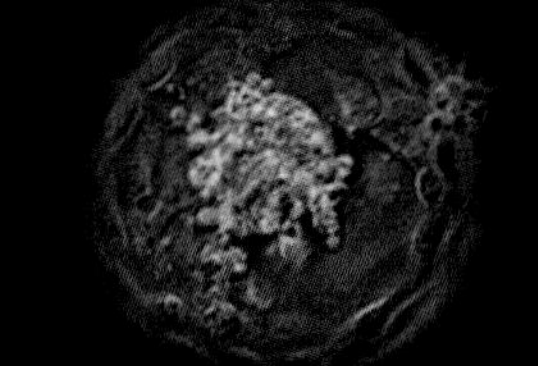

운 생명이 시작된 것이다.

아직은 결코 성공을 장담할 수 없다. 모든 임신 중에서 아마 절반은 알아차리지도 못한 채 끝날 것이다. 그런 유산이 없다면, 결함이 있는 아기의 출산율은 아마 지금의 2퍼센트가 아니라 12퍼센트로 늘어날 것이다. 수정란의 약 1퍼센트는 자궁이 아니라 나팔관이나 다른 어딘가에 착상되며, 그것을 자궁외 임신(ectopic pregnancy, "잘못된 장소"라는 뜻의 그리스어에서 유래)이라고 한다. 자궁외 임신은 예전에는 사망 선고나 다름없었으며, 지금도 위험할 수 있다.

모든 일이 순탄하게 진행되면, 일주일 이내에 접합자는 분열하여 10여 개의 만능 줄기세포들을 만든다. 이 줄기세포는 몸을 만드는 세포로서, 생명의 기적 중 하나이다. 몸을 이루는 수십억 개 세포들의 특성과 편성을 결정함으로써, 잠재력을 지닌 작은 공 모양의 (배반포라고 하는) 세포 덩어리가 온갖 기능을 갖춘 탄복할 만한 (아기라고 하는) 작은 인간으로 변신하는 과정을 주관한다. 이 변신이 시작되는 순간, 즉 세포들이 분화를 시작하는 때를 낭배형성기라고 하며 우리의 삶에서 가장 중요한 순간이라고 묘사되고는 한다.

그러나 이 체계는 완벽하지 않으며, 때로는 수정란이 둘로 쪼개져서 일란성(identical, monozygotic) 쌍둥이가 된다. 일란성 쌍둥이는 클론이다. 즉 유전자가 똑같으며, 대개 모습도 쏙 빼닮았다. 반면에 이란성(fraternal, dizygotic) 쌍둥이는 두 개의 난자가 동시에 배란되어서 각각 다른 정자와 수정될 때에 생긴다.* 두 태아는 자궁에서 나란히 자라고 함께 태어나지만, 형제자매에 더 가깝다고 할 수 있다. 자연 임신에서 이란성 쌍둥이가 생길 확률은 약 100분의 1, 일란성 쌍둥이가 생길 확률은 250분의 1이다. 세쌍둥이가 태어날 확률은

....

* 둘을 가리키는 영어 의학 용어는 더 있다. 이란성(binovular)과 일란성(uniovular)이다.

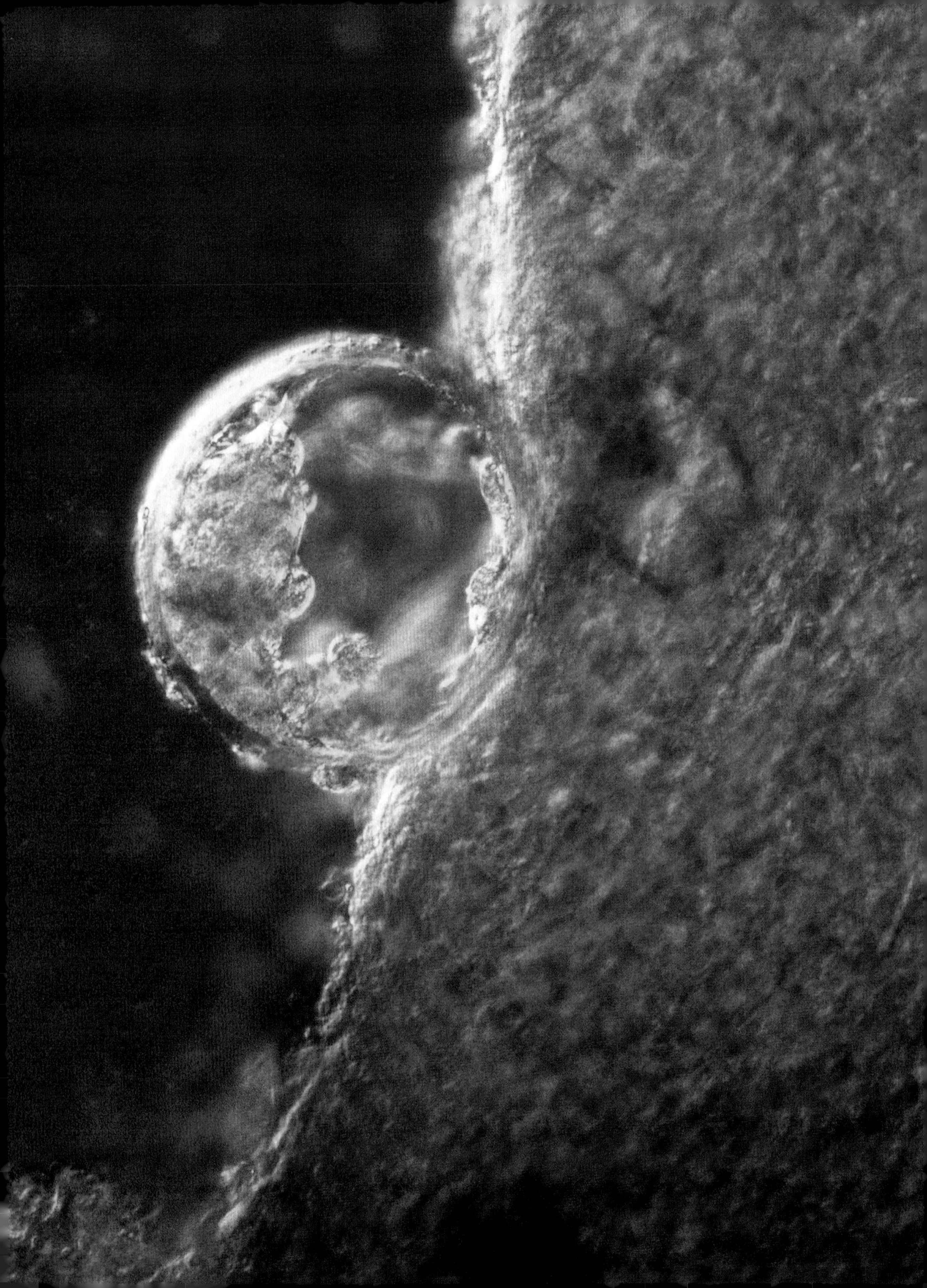

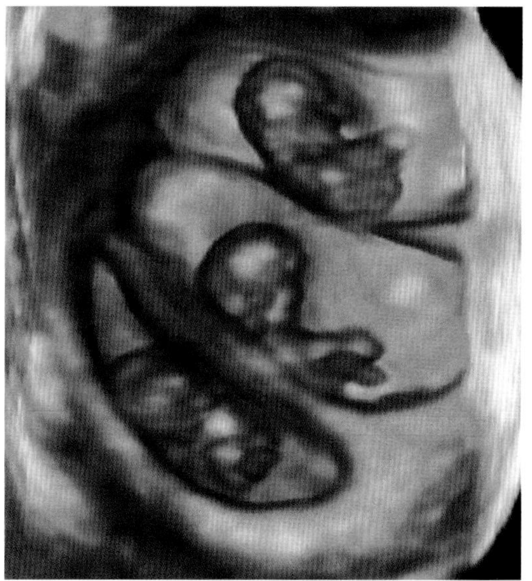

6,000분의 1, 네쌍둥이는 50만 분의 1이다. 그런데 난임 치료를 받으면 쌍둥이를 낳을 확률이 크게 증가한다. 지금은 1980년보다 두 명 이상의 쌍둥이를 낳는 비율이 약 2배 높아졌다. 이미 쌍둥이를 낳은 경험이 있는 여성은 다음 임신 때에도 쌍둥이를 가질 확률이 10배 더 높다.

이제 상황이 빠르게 전개된다. 3주일 뒤 배아의 심장이 뛰기 시작한다. 102일 뒤에는 깜박거릴 수 있는 눈을 갖춘다. 280일째가 되면 아기가 태어난다. 8주일쯤부터는 자라는 아기를 배아(embryo, "부풀은"이라는 뜻의 그리스어와 라틴어에서 유래)라고 부르지 않고, 태아(fetus, "열매를 맺는"이라는 뜻의 라틴어에서 유래)라고 부른다. 잉태된 뒤로 세포분열 주기가 겨우 40번만 되풀이되면, 모습을 완전히 갖춘 아기가 된다.

임신 초기에 엄마는 입덧(morning sickness)을 하게 된다. 입덧의 영어 용어는 아침에 아프다는 뜻이지만, 임신부라면 다 알겠지만 입덧이 아침에만 일어나는 것은 아니다. 임신부 중 약 80퍼센트는 욕지기를 느끼며, 임신 첫 3개월에 특히 그렇다. 운 나쁘게도 임신 기간 내내 그런 증상을 겪는 여성도 극소수 있다. 입덧은 아주 심각한 사례도 있어서 임신 입덧(hyperemesis gravidarum)이라는 의학 용어까지 붙어 있다. 너무 심해지면 입원해야 할 수도 있다. 입덧을 하는 이유로 가장 흔히 제시되는 이론은 임신 초기에 음식을 가려먹도록 하기 위해서라는 것인데, 사실 그 이론은 입덧이 대개 몇 주일이 지나면 사라지는 이유를 설명하지 못한다. 그 뒤로도 계속 음식을 가려먹는 편이 좋을 텐데 말이다. 또한 그 이론은 안전하면서 자극적이지 않은 음식을 먹어도 입덧이 계속되

쌍둥이 연구. 미국 우주비행사 마크(왼쪽)와 스콧 켈리 형제는 한 명은 국제우주정거장에 있고, 다른 한 명은 지구에 있는 동안 유전자 발현 양상에 어떤 차이가 나타나는지를 살펴보는 1년에 걸친 연구 계획에 참여했다.

세쌍둥이. 서로 다른 양막에 들어 있으므로, 난자 3개가 동시에 수정이 이루어져서 생긴 이란성 쌍둥이들이다.

맞은편 : 잉태된 지 3일째에 배반포가 엄마의 자궁벽에 달라붙어 있는 광학현미경 사진.

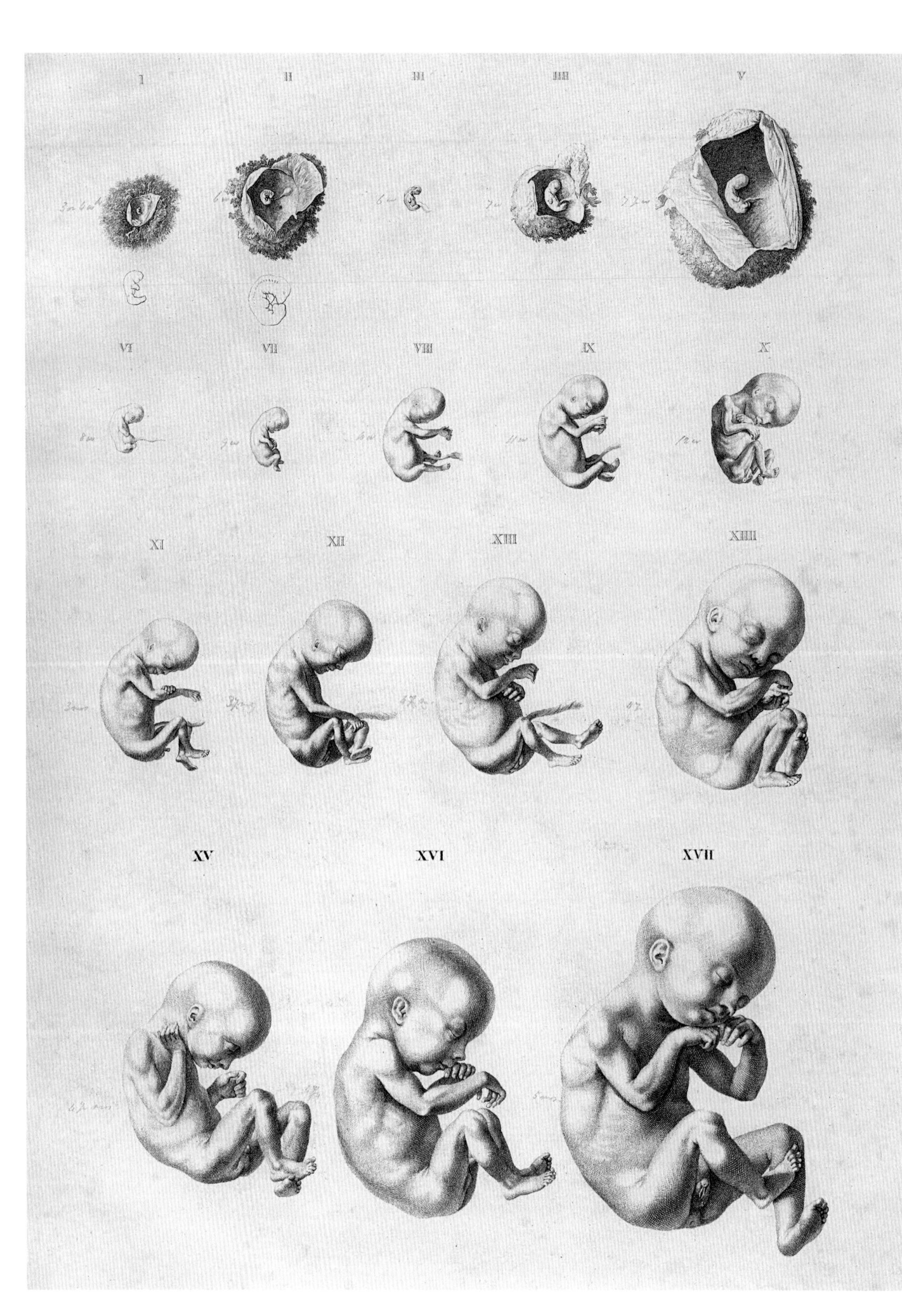
I
II
III
IIII
V
VI
VII
VIII
IX
X
XI
XII
XIII
XIIII
XV
XVI
XVII

입덧을 하는 여성이 경솔하게도 입덧을 한다고 내뱉으면,
피를 빼거나 구토제를 먹거나 아편제를 먹게 될 가능성이 높았다.

는 이유도 설명하지 못한다. 입덧 치료제는 전혀 나와 있지 않은데, 어느 정도는 1960년대에 일어난 비극적인 탈리도마이드(thalidomide) 사건의 후유증 때문이기도 하다. 탈리도마이드는 원래 입덧을 없애는 용도로 나온 약물이었다(이 약물을 투여한 여성들 중에서 결함이 있는 아기를 낳은 사람들이 많았다/역주). 그 이후로 제약회사들은 임신부용 약물을 개발하려는 시도 자체를 아예 꺼렸다.

임신과 출산은 결코 쉬운 일이었던 적이 없었다. 지금도 출산은 오래 걸리고 고통스러운 과정이지만, 예전에는 훨씬 더했다. 현대에 들어서기 전까지, 임신과 출산에 관한 의학 지식과 진료는 끔찍한 수준일 때가 많았다. 여성이 임신을 했는지 여부를 판단하는 것조차도 오랫동안 의사들에게는 너무나 어려운 일이었다. 1873년에도 이렇게 쓴 전문가가 있을 정도였다. "우리는 끔찍하게 자란 종양을 치료하겠다는 생각으로 9개월 된 임신부의 배에 발포제를 바르던, 30년의 경력을 자랑하는 의사를 안다." 한 의사가 심드렁하게 말했듯이, 유일하게 믿을 수 있는 임신 검사법은 아기가 태어나는지 9개월 동안 지켜보는 것이었다. 영국의 의학도들은 1886년까지 산과학(産科學)을 전혀 배우지 않고도 의사가 될 수 있었다.

입덧을 하는 여성이 경솔하게도 입덧을 한다고 내뱉으면, 피를 빼거나 구토제를 먹거나 아편제를 먹게 될 가능성이 높았다. 입덧 증상이 아예 없는데도 예방 조치를 한다면서 사혈을 당해야 했던 여성들도 있었다. 또 입덧을 하는 여성들은 코르셋을 헐겁게 입고 "부부간의 즐거움"을 포기하라는 권고도 받았다.

생식과 관련된 것들은 거의 다 일단 의심해야 한다고 인식되었다. 무엇보다도 쾌락이 그러했다. 미국의 의사이자 사회개혁가인 메리 우드앨런은 1899년에 펴낸 대중서 『젊은 여성이 알아야 할 것(*What a Young Woman Ought to Know*)』에서 "성욕이 티끌만큼도 없는" 상태에서만, 부부 사이에 성관계를 가지라고 여성들에게 권했다. 같은 시기에 외과의사들은 난소를 수술로 제거하는 난소절제술(oophorectomy)이라는 새로운 수술법을 개발했다. 그 뒤로 약 10년

맞은편 : 배아에서 태아로 : 독일의 해부학자 자무엘 폰 죄머링의 『인간 배아 그림들(*Icones embryonum humanorum*)』(1799)에 실린 잉태 이후부터 17주일까지 모습의 변화.

THE

MOTHERS

Legacie,

To her vnborne

CHILDE.

By ELIZABETH

IOCELINE.

Reprinted from the Edition of 1625.

WITH A

BIOGRAPHICAL AND HISTORICAL INTRODUCTION.

WILLIAM BLACKWOOD & SONS,

EDINBURGH AND LONDON.

1852.

20세기 이전까지 임신한 여성의 초상화는 거의 그려진 적이 없다. 윌리엄 시거가 그린 이 「무명의 귀부인」(1595-1600년경)은 드문 예외 사례이다.

임신과 출산에는 늘 위험이 따랐다. 그래서 1622년 엘리자베스 이오셀린은 임신 중에 자신의 아기에게 경건하고 품행 바른 삶을 살아가라고 조언하는 편지를 썼다. 그녀는 10월 12일에 딸을 낳았고, 9일 뒤에 사망했다. 그녀의 편지는 1625년에 출간되었다.

동안, 생리통, 요통, 구토증, 두통, 심지어 만성 기침 등의 이유로 부유한 여성들은 그 수술을 택했다. 1906년의 자료에 따르면, 난소절제술을 받은 미국 여성이 15만 명에 달한 것으로 추정된다. 아무런 쓸모도 없는 수술이었다는 점에는 의문의 여지가 없다.

아무리 잘 보살핌을 받는다고 해도, 생명을 잉태하고 출산하기까지의 기나긴 과정은 위험하고 고역스러웠다. 산통은 "고통 속에 아기를 낳을 것이다"라는 『성서』의 명령 때문에 출산 과정에 어느 정도는 반드시 수반되어야 하는 것이라고 여겨졌다. 산모나 아기, 또는 양쪽 모두 사망하는 일도 드물지 않았다. "출산은 내세의 다른 말이다"라는 표현도 흔히 쓰였다.

산욕열은 250년 동안 출산하는 이들에게 가장 큰 공포였다. 다른 많은 질병들처럼, 산욕열도 뜬금없이 나타나서 자신의 섬뜩함을 알리는 듯했다. 산욕열은 1652년 독일 라이프치히에서 처음 기록되었고, 그 뒤로 유럽 전역을 휩쓸었다. 산욕열은 갑자기 시작되었고, 때로는 출산을 마치고 산모가 아주 흡족한 기분으로 쉬고 있을 때 출현하기도 했다. 그러면 고열과 착란 증세에 시달렸고, 사망하는 사례도 아주 많았다. 산욕열이 대발생했을 때에는 감염자의 90퍼센트가 사망하기도 했다. 그래서 출산하는 여성들은 자신을 병원으로 데려가지 말라고 간청하고는 했다.

1847년 빈의 의학 강사인 이그나즈 제멜바이스는 의사들이 음부를 진찰하기 전에 손을 씻으면 산욕열이 거의 사라진다는 것을 알아차렸다. 그는 모든 것이 위생 문제였음을 깨닫고는 절망하여 이렇게 썼다. "맙소사, 내가 때 이르게 무덤으로 보낸 여성의 수가 얼마나 많은가." 불행히도 그의 말에 귀를 기울인 사람은 아무도 없었다. 가장 잘나가던 시절에도 그는 정신이 약간 불안정했기 때문에, 결국 직장도 잃고 혼자 떠들어대면서 빈의 거리를 헤매는 신세로 전락했다. 이윽고 정신병원에 수용되었고, 그곳에서 경비원들에게 몰매를 맞은 뒤에 사망했다. 그가 비참하게 죽은 지 오랜 세월이 흐른 뒤에야 거리와 병원에 그를 기리는 이름이 붙여졌다.

위생이 중요하다는 인식은 그 뒤로 힘겨운 전투를 치르면서 서서히 퍼져나갔다. 영국에서는 외과의사 조지프 리스터(1827-1912)가 콜타르에서 추출한 석탄산(石炭酸)을 수술에 사용하면서 유명해졌다. 또 그는 환자 주변의 공기까지도 살균해야 한다고 믿었다. 그래서 수술대 주변에 온통 석탄산 연무를 뿜어내는 장치를 개발했다. 꽤 굉장한 광경이었을 것이 분명하다. 안경을 낀 사람에게는 더욱 그러했을 것이다. 석탄산은 사실 지독한 살균제였다. 환자와 의사의 피부를 통해서 흡수될 수 있었고, 콩팥 손상을 일으킬 수 있었다. 아무튼 리스터의 방법은 수술실 바깥으로는 그다지 퍼지지 않았다.

이그나즈 제멜바이스(위). 그는 위생의 필요성을 깨닫고 이를 강조했지만, 거의 무시당했고 그 결과 많은 이들이 목숨을 잃었다. 나중에 비록 최선의 방식은 아니었다고는 해도, 조지프 리스터(아래)는 그 원리를 채택했다.

그 결과 더 일찍 사라졌어야 마땅할 산욕열은 훨씬 더 오랫동안 남아서 계속 문제를 일으켰다. 1930년대까지도 유럽과 아메리카의 병원에서 사망한 산모 10명 중 4명은 산욕열 때문에 목숨을 잃었다. 1932년에도 출산하는 임신부는 238명에 1명꼴로 출산 도중에 (또는 출산 후에) 목숨을 잃었다. (비교하자면 지금 영국은 1만2,200명에 1명, 미국은 6,000명에 1명꼴이다.) 이런 이유 탓도 있고 해서, 여성들은 현대에 들어와서도 꽤 오랫동안 병원에 가기를 꺼려했다. 1930년대에 병원에서 출산을 한 미국 여성은 절반도 되지 않았다. 영국에서는 5분의 1에 가까운 수준이었다. 지금은 두 나라에서 99퍼센트의 여성이 병원에서 출산을 한다. 그런데 사실 산욕열이 마침내 정복된 것은 위생 개선 덕분이 아니라 페니실린 덕분이었다.

그러나 오늘날에도 산모의 사망률은 선진국마다 큰 차이를 보인다. 출산 시

우리는 임신기에 일어나는 유산을 비롯한
임신 중단 사례들이 대부분 태아가 아니라 태반에 문제가
있어서 생긴다는 것을 안다.

에 사망하는 여성의 수는 10만 명당 이탈리아는 3.9명, 스웨덴은 4.6명, 오스트레일리아는 5.1명, 아일랜드는 5.7명, 캐나다는 6.6명이다. 영국은 8.2명으로 이 목록에서 23번째에 놓인다. 헝가리, 폴란드, 알바니아 다음이다. 그러나 덴마크는 9.4명, 프랑스는 10.0명으로 더 열악하다. 선진국 중에서는 미국이 가장 꼴찌에 놓인다. 산모 10만 명 중 16.7명이 사망하여, 39위를 차지한다.

좋은 소식은 세계 여성의 대부분이 훨씬 더 안전한 환경에서 출산을 할 수 있다는 것이다. 21세기의 첫 10년 동안, 세계에서 분만 사망률이 올라간 곳은 8개국에 불과했다. 나쁜 소식은 미국이 그 8개국에 속한다는 것이다. 「뉴욕 타임스」는 이렇게 썼다. "엄청나게 많은 돈을 쏟아붓고 있음에도, 미국은 선진국 중에서 유아와 산모의 사망률이 가장 높은 나라 중 하나이다." 미국의 출산 비용은 자연 분만은 평균 약 3만 달러, 제왕절개는 약 5만 달러로서, 양쪽 모두 네덜란드보다 약 3배씩 더 비싸다. 그런데도 미국 여성은 유럽 여성보다 분만 과정에서 사망할 확률이 70퍼센트 더 높고, 영국, 독일, 일본, 체코의 여성보다 임신 관련 질환으로 사망할 확률이 약 3배 더 높다. 아기도 마찬가지이다. 미국에서는 신생아가 233명에 1명꼴로 사망하는데, 그에 비해서 프랑스는 450명에 1명, 일본은 909명에 1명꼴로 사망한다. 쿠바(345명에 1명)와 리투아니아(385명에 1명)도 미국보다 훨씬 낫다.

미국이 산모들 중에서 비만인 사람의 비율이 높고, 난임 치료를 받은 이들이 더 많고(그래서 실패하는 사례가 그만큼 많다), 전자간증(pre-eclampsia)이라는 약간은 수수께끼 같은 질병에 걸리는 비율이 높은 것 등이 원인으로 지목되고 있다. 전자간증은 예전에는 임신중독증(toxemia)이라고 했는데, 임신부의 혈압이 높아지는 증상으로서, 엄마와 태아 모두 위험해질 수 있다. 임신부의 약 3.4퍼센트에게서 나타나므로, 드문 증상은 아니다. 태반 구조의 결함으로 생긴다고 보기도 하지만, 원인은 여전히 대체로 수수께끼로 남아 있다. 조치를 취하지 않으면, 전자간증은 자간증으로 악화될 수 있으며, 그러면 뇌졸중, 혼수상태, 죽음에 이를 수도 있다.

우리가 전자간증과 자간증을 제대로 알고 있지 못하다면, 그 이유는 대체로

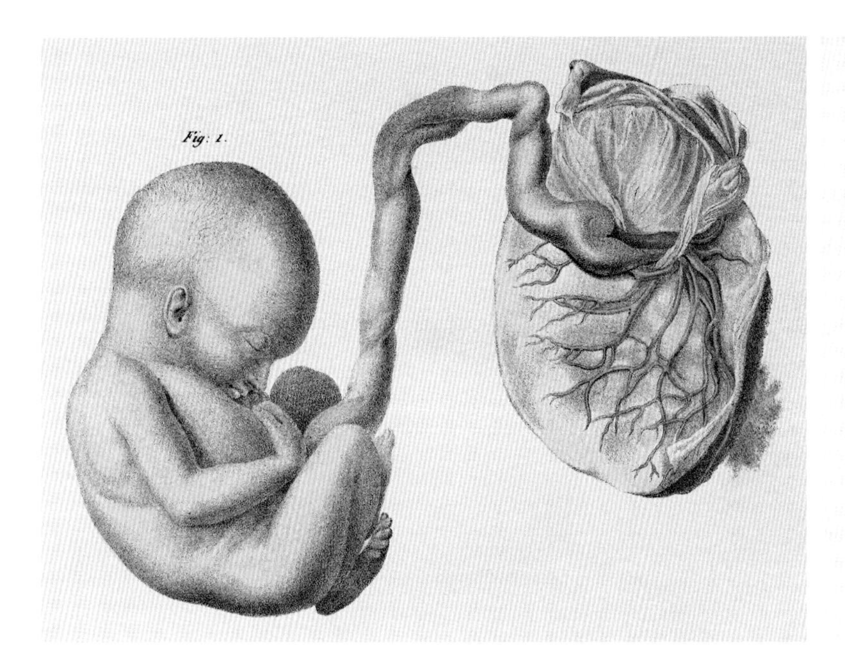

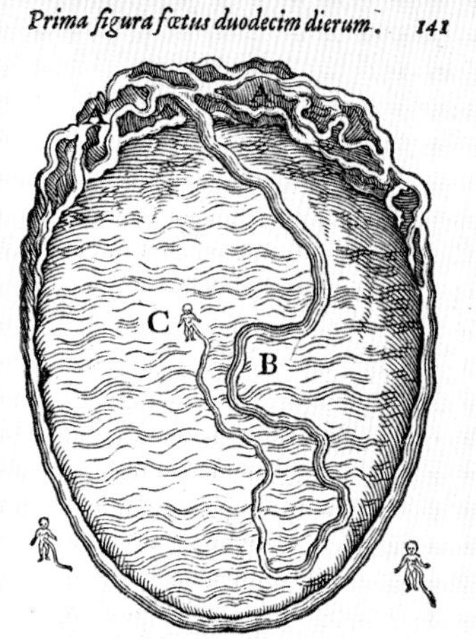

오랫동안 평가절하되었다가 서서히 인정을 받았지만 그래도 여전히 수수께끼 같은, 태반을 그린 19세기 초(왼쪽)와 16세기(오른쪽)의 그림.

태반에 관해서 그만큼 모르기 때문이다. 태반은 "인체에서 가장 덜 이해된 기관"이라고 불려왔다. 오랫동안 분만에 관한 의학적 연구는 거의 발달하는 태아에만 초점을 맞추었다. 태반은 그저 태아의 발달에 관여하는 부수적인 기관에 불과했고, 유용하고 필수적이기는 하지만, 별 관심거리가 아니었다. 연구자들은 태반이 노폐물을 걸러내고 산소를 전달하는 일만 하는 기관이 아님을 뒤늦게야 깨달았다. 태반은 태아의 발달에 적극적인 역할을 한다. 모체에게서 태아에게로 독소가 들어오는 것을 막고, 기생체와 병원체를 죽이고, 호르몬을 퍼뜨리고, 엄마가 흡연이나 음주를 하거나 너무 늦게까지 깨어 있거나 하는 등의 행동을 할 때에 생기는 피해를 벌충하기 위해서 최선을 다한다. 어떤 의미에서 볼 때 발달하는 태아를 위한 원시 형태의 모체이다. 엄마가 진정으로 굶주리거나 몸을 돌보지 않는다면 태반이라고 해도 기적을 발휘할 수 없겠지만, 그래도 차이를 빚어낼 수 있다.

아무튼 현재 우리는 임신기에 일어나는 유산을 비롯한 임신 중단 사례들이 대부분 태아가 아니라 태반에 문제가 있어서 생긴다는 것을 안다. 어떤 문제 때문인지는 아직 제대로 모르는 경우가 대부분이다. 태반은 병원체를 막는 장벽 역할을 하지만, 다 막는 것은 아니다. 악명 높은 지카 바이러스는 태반 장벽을 통과하여 태아에 심한 결함을 일으킬 수 있는 반면, 아주 비슷한 뎅기 바이러스는 이 장벽을 통과하지 못한다. 태반이 왜 한쪽은 막고 한쪽은 통과시키는지, 아무도 모른다.

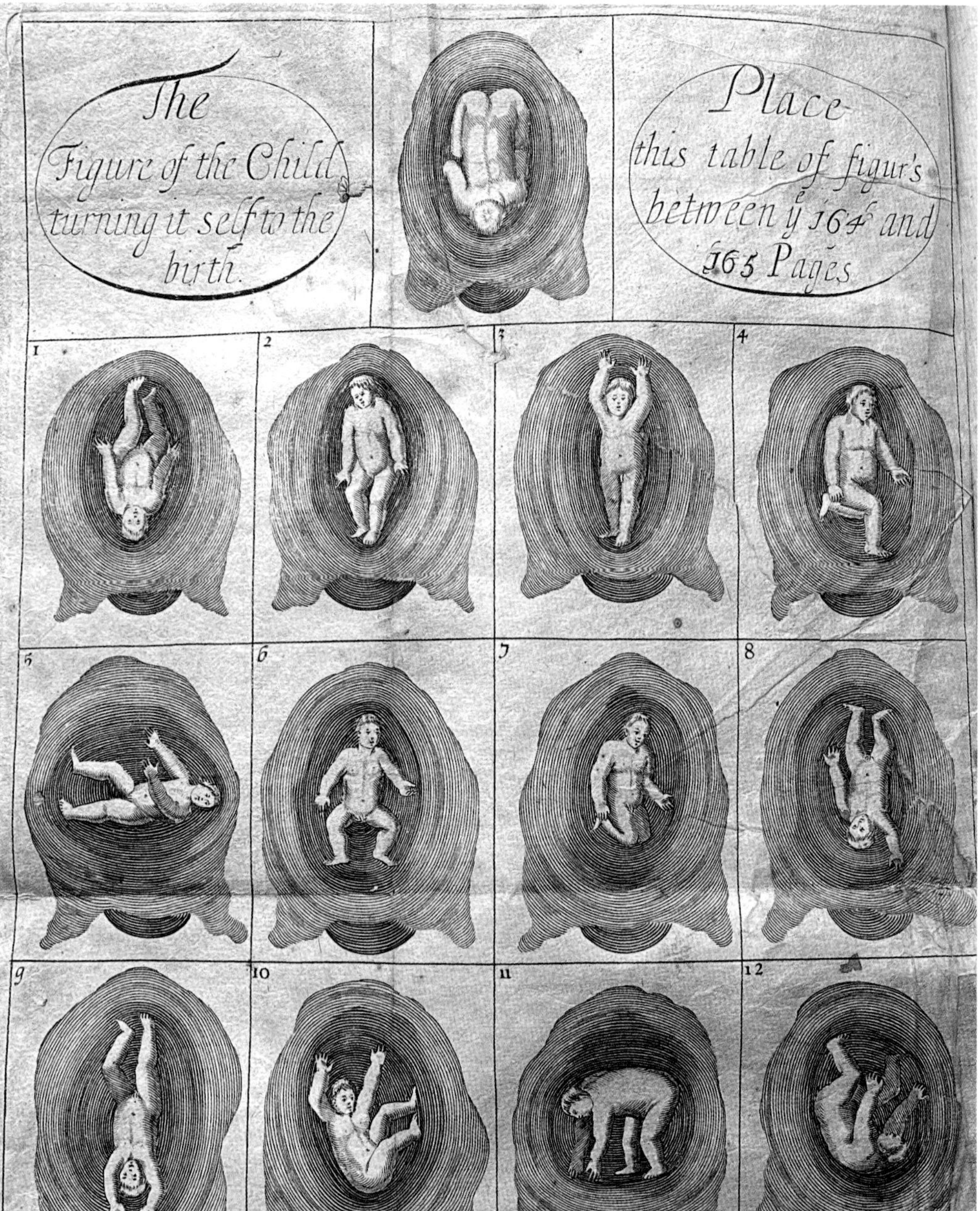

The Figure of the Child turning it self to the birth.

Place this table of figur's between yͤ 164 and 165 Pages

1 2 3 4

5 6 7 8

9 10 11 12

13 14 15 16

여성의 산도 지름은 아기 머리의 지름보다
평균 약 2.5센티미터 더 좁다.
그래서 분만이 가장 고통스러운 일이 된다.

좋은 소식은 제대로 알고서 적절히 산전 관리를 하면, 온갖 유형의 문제들을 크게 줄일 수 있다는 것이다. 캘리포니아는 임신부 돌봄 협의체라는 사업을 통해서 전자간증과 분만 시 산모 사망의 주된 원인들을 파악함으로써 2006년에서 2013년 사이에 산모 10만 명당 사망률을 17명에서 7.3명으로 줄였다. 안타깝게도 같은 기간에 미국 전체의 분만 사망률은 10만 명당 13.3명에서 22명으로 높아졌다.

새 생명의 출발점인 탄생의 순간에는 정말로 기적이 일어난다. 자궁에서 태아의 허파는 양수로 가득 차 있지만, 태어나는 시점에 절묘하게 맞추어서 양수가 빠져나가면서 허파가 부푼다. 그러면서 작은 심장에서 뿜어내는 피가 허파에서 흡수한 산소를 몸 전체로 보내는 순환 회로가 처음으로 완결된다. 바로 전까지 사실상 기생생물이었던 아기는 이제 완전히 독립된, 자체 유지되는 존재가 된다.

우리는 출산을 촉발하는 것이 무엇인지 알지 못한다. 무엇인가가 임신이 280일째가 되었다는 것을 세고 있는 것이 틀림없지만, 그 메커니즘이 무엇이며 어디에서 작동하는지, 때가 되었다고 알리는 것이 무엇인지를 아무도 밝혀내지 못하고 있다. 지금까지 알려진 것은 모체가 프로스타글란딘(prostaglandin)이라는 호르몬을 생산하기 시작한다는 것이다. 이 호르몬은 평소에는 조직에 생긴 상처의 치료에 관여하지만, 이제는 자궁을 활성화한다. 그래서 점점 더 빠르게 고통스러운 자궁 수축이 일어나면서 아기를 태어날 곳으로 밀어댄다. 이 첫 단계는 초산 때에는 평균 약 12시간 동안 지속되겠지만, 그 다음 출산 때에는 더 짧아진다.

사람의 출산은 "머리-골반 불균형(cephalo-pelvic disproportion)"이라는 문제를 안고 있다. 간단히 말해서, 자연 분만을 해본 엄마라면 다 알겠지만, 아기의 머리가 너무 커서 산도를 매끄럽게 통과하기가 어렵다는 것이다. 여성의 산도 지름은 아기 머리의 지름보다 평균 약 2.5센티미터 더 좁다. 그래서 분만이 가장 고통스러운 일이 된다. 게다가 이 비좁은 통로를 지나가려면, 아기는 골

맞은편 : 1693년의 한 외과 교과서에는 출산할 때 태아가 일련의 복잡하면서 의식적인 움직임을 거쳐서 알아서 자세를 잡는다는 식으로 나와 있다. 그리고 그 과정에서 수수께끼처럼 두 사람으로 늘어난다. 실제로는 호르몬으로 유도된 수축이 출산을 맡는다.

반을 통과할 때에 90도로 방향을 돌려야 하는 거의 터무니없을 정도의 묘기도 부려야 한다. 지적 설계(Intelligent Design) 개념을 반박하는 사례가 있다면, 분만 과정이 바로 그러하다. 아무리 독실한 여성이라고 해도, 아이를 낳을 때에 이렇게 말한 사례는 없다. “주님, 제게 이런 고난을 겪을 기회를 주셔서 감사합니다.”

자연은 그나마 한 가닥 도움의 손길을 내미는데, 아기의 머리가 조금 눌릴 수 있다는 것이다. 아기의 머리뼈들은 아직 하나의 판으로 붙어 있지 않고 벌어져 있기 때문이다. 산도가 이렇게 뒤틀려 있는 이유는 곧추서서 걷을 수 있도록 하기 위해서 태반이 무수한 설계 변경을 거쳐야 했기 때문이며, 그 결과 출산은 훨씬 더 힘겨워지고 오래 걸리게 되었다. 영장류 중에는 2분이면 출산을 하는 종들도 있다. 사람에게 그런 쉬운 출산은 꿈에 불과하다.

우리는 출산 과정을 덜 고통스럽게 하기 위해서 애써왔지만, 놀라울 정도로 거의 진척된 것이 없다. 2016년 「네이처」에는 이런 기사가 실리기도 했다. “오늘날에도 분만 중인 여성은 증조모가 썼던 것과 거의 똑같은 산통 완화 방법들에 의존한다. 즉 힘주었다가 호흡을 가다듬거나, 페티딘(아편유사제의 일종)을 주사하거나, 경질막 바깥 마취를 하는 것이다.” 몇몇 연구에 따르면, 여성은 출산에서 겪은 극심한 고통을 잘 잊는다고 한다. 이는 다시금 출산할 준비를 하도록 만드는 일종의 정신적 방어 메커니즘임이 거의 확실하다.

아기는 살균되어 있는, 아니 일반적으로 그렇다고 생각하는 자궁을 떠나서 산도를 지나는 동안, 말 그대로 엄마의 몸에 있는 미생물들을 몸에 덕지덕지 바르게 된다. 우리는 여성 질의 미생물 군집이 지닌 중요성과 특성을 이제야 겨우 이해하기 시작했다. 제왕절개로 태어난 아기는 이 첫 미생물 세례를 받지 못한다. 이 차이는 아기에게 심오한 영향을 미칠 수 있다. 제왕절개로 태어난 아기가 제1형 당뇨병, 천식, 복강 질환, 심지어 비만의 위험이 상당히 더 높으며, 알레르기가 발달할 위험도 8배 높음을 시사하는 연구 결과들이 여럿 나와 있다. 제왕절개로 태어난 아기도 나중에 자연 분만으로 태어난 아기와 동일하게 미생물들을 지니게 되지만—1년쯤 지나면 대개 동일한 수준의 장내 미생물 군집을 갖춘다—그 초기 노출 여부에 따라서 어떤 식으로든 장기적인 차이가 빚어지는 듯하다. 왜 그러한지는 아직까지 밝혀내지 못했다.

의사와 병원은 자연 분만보다 제왕절개 분만 때에 더 많은 비용을 청구하므로, 여성들이 출산일이 정확히 언제인지 알고 싶어하는 것도 이해할 수 있다. 현재 미국에서 분만하는 여성의 3분의 1은 제왕절개를 택하며, 제왕절개 분만

의 60퍼센트 이상은 의학적 필요 때문이 아니라 편의 때문에 이루어진다. 브라질에서는 제왕절개 분만이 거의 60퍼센트를 차지한다. 영국에서는 23퍼센트, 네덜란드에서는 13퍼센트이다. 의학적 이유만으로 이루어진다면, 그 비율은 5–10퍼센트가 될 것이다.

또 엄마의 피부에서 얻는 유용한 미생물들도 있다. 뉴욕 대학교의 교수이자 의사인 마틴 블레이저는 아기를 태어나자마자 서둘러 씻기는 행위가 사실은 아기를 보호하는 미생물을 제거하는 것일 수도 있다고 주장한다.

더구나 10명 중 약 4명은 분만할 때 항생제를 투여받는다. 아기가 미생물을 습득하고 있는 바로 그때에 의사가 아기의 미생물을 상대로 전쟁을 선포하고 있다는 의미이다. 이런 방식이 장기적으로 건강에 어떤 영향을 미칠지는 전혀 알지 못하지만, 좋을 것 같지는 않다. 이미 몇몇 유익한 세균들이 사라질 위험에 있다는 우려가 제기되고 있다. 비피도박테륨 인판티스(*Bifidobacterium infantis*)는 모유에 들어 있는 중요한 미생물로서, 개발도상국 아이들은 90퍼센트까지도 이것을 지니고 있는데, 선진국 아이들은 30퍼센트에 불과하다.

율리우스 카이사르가 자신의 이름이 붙은 수술을 통해서 태어나는 과정을 묘사한 중세의 그림. 점점 널리 쓰이고 있는 이 방식은 편리함이라는 혜택을 넘어서 아기를 위험에 노출시킬 수도 있다.

생애 초기에 접하는 가장 놀라운 특징 중의 하나는
엄마의 젖에 아기가 소화할 수 없는 올리고당,
즉 복잡한 구조의 당이 200종류 넘게 들어 있다는 것이다.
아기는 이 올리고당들을 소화할 효소가 없다.

제왕절개로 태어났든 아니든 간에, 아기는 첫돌을 맞이할 무렵이면 평균 약 100조 마리의 미생물을 몸에 가지게 된다. 아니, 그만큼 가질 것이라고 추정되어왔다. 그런데 우리가 모르는 이유로, 그때쯤에는 이미 획득한 특정한 질병에 더 잘 걸리는 성향을 되돌리기가 너무 늦은 듯하다.

생애 초기에 접하는 가장 놀라운 특징 중의 하나는 엄마의 젖에 아기가 소화할 수 없는 올리고당, 즉 복잡한 구조의 당이 200종류 넘게 들어 있다는 것이다. 아기는 이 올리고당들을 소화할 효소가 없다. 이 올리고당들은 오로지 아기의 장내 미생물을 위해서 생산된다. 한마디로 뇌물인 셈이다. 모유에는 공생균류에게 먹일 양분뿐만 아니라, 항체도 가득하다. 엄마가 아기에게 젖을 물릴 때, 빠는 아기의 침이 일부 젖샘관을 통해서 흘러들며, 엄마의 면역계가 그 침을 분석하여 아기에게 맞춰서 모유에 든 항체의 종류와 양을 조절한다는 증거가 얼마간 있다. 생명이란 정말 경이롭지 않은가?

1962년에는 미국에서 아기에게 모유를 먹이는 엄마가 20퍼센트에 불과했다. 1977년에는 40퍼센트까지 늘었지만, 여전히 낮은 비율임에는 분명했다. 지금은 갓 태어난 아기에게 젖을 물리는 미국 여성이 거의 80퍼센트에 달한다. 비록 6개월 뒤에는 49퍼센트로, 1년 뒤에는 27퍼센트로 떨어지기는 한다. 영국에서는 그 비율이 81퍼센트에서 시작하여, 6개월 뒤에는 34퍼센트로 떨어지고 1년 뒤에는 겨우 0.5퍼센트가 된다. 선진국 중에서 가장 낮은 비율이다. 더 가난한 나라들에서는 오래 전부터 엄마들에게 조제분유가 모유보다 낫다고 믿게 만들려는 광고가 판을 쳐왔다. 그러나 분유는 비싸기 때문에, 엄마들은 더 오래 먹이려고 종종 물을 더 많이 섞었는데, 모유보다 덜 깨끗한 물밖에 쓸 수 없는 사례도 흔했다. 그 결과 유아 사망률이 높아지는 일도 종종 벌어졌다.

오랜 세월이 흐르면서 분유도 크게 개선되어왔지만, 그 어떤 분유도 모유가 주는 면역 혜택을 완전히 모방할 수는 없다. 2018년 여름, 미국 도널드 트럼프 정부는 모유 수유를 장려하는 국제 결의안에 반대를 표명하고, 그 계획을 입안

엄마 가슴이 최고 : 모유는 아기에게 필수 항체뿐 아니라 장내 미생물도 먹인다. 둘 다 분유를 통해서는 얻지 못한다.

한 에콰도르 정부에 입장을 바꾸지 않으면 무역 제재를 가하겠다고 위협함으로써 많은 보건 전문가들을 경악시켰다. 비판가들은 연 매출 700억 달러에 달하는 분유업계가 미국의 입장을 결정하는 데에 한몫을 했을 것이라고 비꼬았다. 미국 보건복지부 대변인은 그런 기사가 사실이 아니라고 부인하면서, 미국이 "여성들이 아기의 영양을 위해서 최고의 선택을 할 수 있도록 보호하고" 분유를 접하지 못하는 일이 없도록 하기 위해서 애쓸 뿐이라고 말했다. 아무튼 그 결의안은 통과되지 못했다.

1986년 사우샘프턴 대학교의 데이비드 바커는 "바커 가설", 조금 덜 멋진 명칭으로는 "성인병의 태아 기원론"이라고 알려지게 될 것을 제안했다. 역학자인 바커는 자궁에서 일어나는 일이 평생의 건강과 안녕을 결정할 수 있다고 보았다. 그는 2013년 세상을 떠나기 얼마 전에 이렇게 말했다. "모든 기관은 발달할 때 어떤 결정적인 시기를 거치는데, 그 기간은 아주 짧을 때가 많다. 그리고 기관마다 시기가 다르다. 태어난 뒤에는 간과 뇌와 면역계만이 융통성을 간직하고 있다. 다른 모든 기관들은 그 단계가 끝났다."

모성애에 바치는 감동적인 찬사 : 호아킨 소로야 이 바스티다가 1895년 딸 엘레나의 탄생을 축하하기 위해 그린 「어머니」.

대다수 전문가들은 현재, 결정적인 취약성을 띠는 시기를 잉태의 순간부터 2번째 생일을 맞이할 때까지로 늘린다. 흔히 첫 1,000일이라고 말한다. 이것은 우리 삶의 이 비교적 짧은 형성기에 일어나는 일이 수십 년 뒤에 우리가 얼마나 편안하게 살 것인지에 강력한 영향을 끼칠 수 있다는 의미이다.

1944년 겨울에 극심한 기근에 시달렸던 네덜란드 사람들을 연구한 결과는 이런 경향을 잘 보여주는 유명한 사례이다. 당시 나치 독일이 봉쇄 작전을 펼치는 바람에 네덜란드에는 식량 공급이 끊기고 말았다. 그래도 그 기근 당시 잉태된 아기들은 기적이라고 할 수 있을 만큼 정상 체중으로 태어났다. 아마 엄마가 자라는 태아에게 본능적으로 영양분을 돌렸기 때문인 듯했다. 그리고 다음해에 독일이 패전하면서 기근도 끝났고, 그 아이들은 세계의 여느 아이들처럼 먹으면서 건강하게 자랐다. 모든 우려를 불식시키듯이, 대기근은 그들에게 지금 자라는 아이들은 현대 역사에서 처음으로 부모 세대보다 덜 건강한 삶을 살 뿐만 아니라 수명도 더 짧을 것이라는 주장이 나와 있다.

아무런 후유증을 남기지 않은 듯했다. 그들은 스트레스를 덜 받은 지역들에서 태어난 다른 아이들과 다를 바 없어 보였다. 그러나 세월이 흐르자 심란한 일이 벌어졌다. 50-60대가 되자, 그들은 동시대에 다른 지역에서 태어난 이들보다 심장병 발병률이 2배에 달했고, 암, 당뇨병 등 생활에 지장을 주는 질환들에 걸리는 비율도 더 높았다.

요즘의 아기들은 영양 부족이라는 유산을 물려받은 채 태어나는 것이 아니라 정반대이다. 그들은 더 많이 먹고 운동을 덜 하는 가정에서 태어날 뿐 아니라, 나쁜 생활습관이 가져오는 질병에 더욱 취약한 상태로 태어난다.

지금 자라는 아이들은 현대 역사에서 처음으로 부모 세대보다 덜 건강한 삶을 살 뿐만 아니라 수명도 더 짧을 것이라는 주장이 나와 있다. 그러니 우리는 일찍 무덤에 들어가는 방향으로 먹고 있을 뿐만 아니라, 자녀들을 함께 무덤으로 끌고 들어가는 식으로 먹고 있는 셈이다.

TRIGINTA PARIVM NERVORVM QVAE A' DORSALI MEDVLLA DORSI OSSIBVS

contenta originem ducunt, nuda delineatio ea proportione expressa, qua superius venæ cauæ & magnæ arteriæ delineationes exhibuimus. Hæc trium subsequentibus Capitibus communium figurarum secunda numeratur.

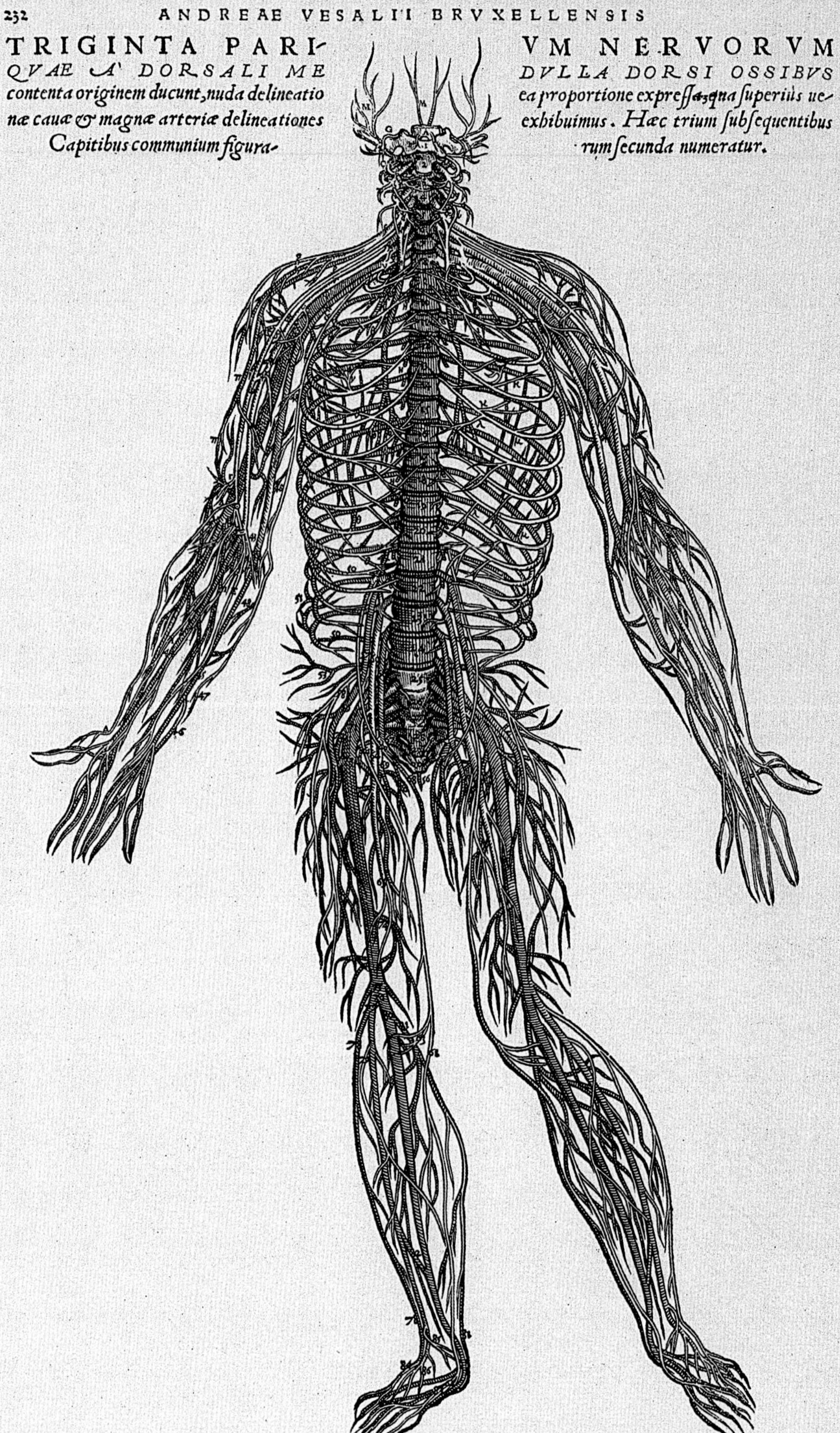

19

신경과 통증

통증에는 공백이 하나 있다.
언제 시작되었는지,
아니, 없었던 날이 있었는지조차
떠올릴 수가 없다.

에밀리 디킨슨

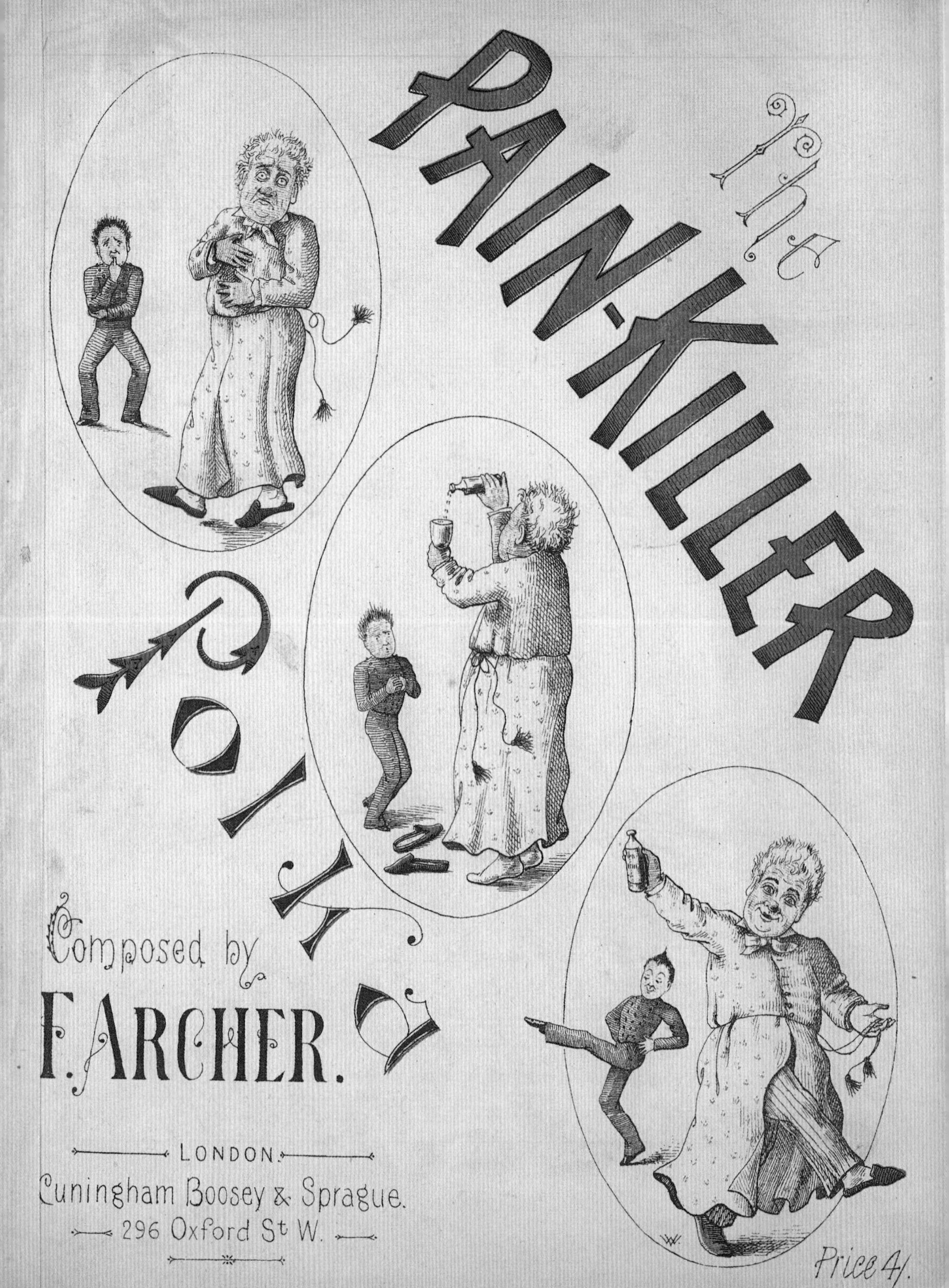
The
PAIN-KILLER
Polka
Composed by
F. ARCHER.
LONDON.
Cuningham Boosey & Sprague.
296 Oxford St W.
Price 4/.

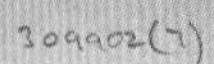
309902(7)

통증은 기이하면서 성가시다. 우리의 삶에서 통증이야말로 가장 필요하면서도 가장 환영받지 못하는 것이라고 할 수 있다. 통증은 우리를 가장 신경 쓰이게 하고 당혹스럽게 만드는 것에 속하며, 의학의 가장 큰 도전과제 중의 하나이다.

전기가 찌릿 하고 느껴져서 재빨리 손을 움츠릴 때나 뜨거운 모래 위를 맨발로 걸으려고 할 때면 생생하게 떠올리게 되듯이, 통증은 때때로 우리를 구해준다. 우리의 몸은 위협적인 자극에 대단히 민감하게 반응하도록 짜여 있어서, 통증 사건을 접할 때 뇌가 그 소식을 미처 받기도 전에 움츠리게 된다. 물론 이 모든 반응들은 당연히 유익하다. 그러나 통증이 그냥 이어지고 또 이어지는, 아무런 목적도 없이 되풀이되는 듯이 보이는 경우도 아주 많다. 한 계산에 따르면, 인구의 최대 40퍼센트가 그런 통증을 겪고 있다고 한다.

통증은 역설로 가득하다. 통증의 가장 자명한 특징은 아프게 한다는 것이다. 아무튼 통증은 바로 그 일을 하기 위해서 있는 것이니까. 그러나 때로 통증은 약간의 좋은 느낌도 준다. 오래 달리기를 한 뒤에 느껴지는 근육의 욱신거림이나 목욕탕의 뜨거운 물에 들어갈 때 처음에는 견딜 수 없지만 곧이어 찾아오는 기분 좋은 느낌을 떠올려보라. 때로 아예 설명할 수 없는 통증도 있다. 가장 심각하면서 해결하기 어려운 통증 가운데 하나는 헛 팔다리 통증(phantom limb pain)이다. 사고나 절단수술로 없어진 신체 부위에서 통증을 느끼는 현상이다. 우리가 느끼는 가장 심한 통증 중의 하나가, 더 이상 존재하지 않는 부위에서 생길 수 있다니 정말로 난감하지 않을 수 없다. 게다가 상처가 나으면 대개 누그러지는 정상적인 통증과 달리, 헛 통증은 평생 이어질 수도 있다. 이유는 아직 아무도 모른다. 한 이론은 뇌가 사라진 부위의 신경 섬유로부터 아무런 신호도 받지 못하게 되자, 부상이 너무 심각해서 세포가 죽었다고 해석함으로써, 결코 꺼지지 않는 도난 경보처럼 끝없이 스트레스 신호를 내보내는 것이라고 본다. 지금은 팔다리 절단수술이 예정되어 있으면, 외과의사는 종종 며칠 전부터 그 부위의 신경을 마비시킴으로써 뇌가 감각 상실에 적응하도록 준비시킨다. 이 방법을 쓰면 헛 팔다리 통증이 크게 줄어든다.

헛 통증에 맞먹는 것이 있다면, 삼차 신경통(trigeminal neuralgia)이 아닐까 한다. 얼굴에 주로 분포하는 신경에서 일어나며, 예전에 동통틱(tic douloureux, "고통스러운 씰룩거림"이라는 프랑스어)이라고 불리기도 했다. 얼굴 전체에서 갑작스럽게 팍 찌르는 듯한 통증이 느껴지는 증상이며, 한 통증 전문가는 "전기 충격을

맞은편 : 춤으로 물리칠 수만 있다면……설득력은 떨어지지만 나름 정겨운 그림을 곁들인 이 악보는 한 특허받은 진통제의 전면 광고와 함께 발표되었다.

앞쪽 : 16세기의 위대한 해부학자 안드레아스 베살리우스의 『인체 구조에 관하여(*De humani corporis fabrica*)』에 실린 신경계 판화.

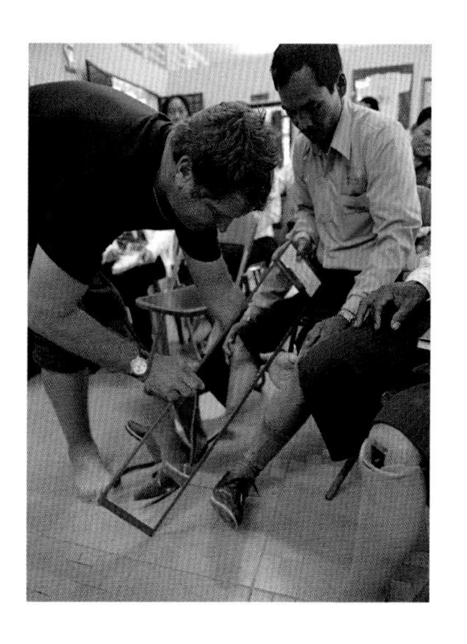

헛 팔다리 통증은 팔다리를 잃은 이들을 끈덕지게 괴롭힌다. 사진은 캐나다의 스티븐 섬너가 다리 절단 수술을 한 캄보디아인에게 "거울 요법"을 시도하는 장면이다. 사라진 팔다리가 "움직인다"고 생각하도록 뇌를 속임으로써 통증이 잦아들도록 하는 혁신적인 방법이다.

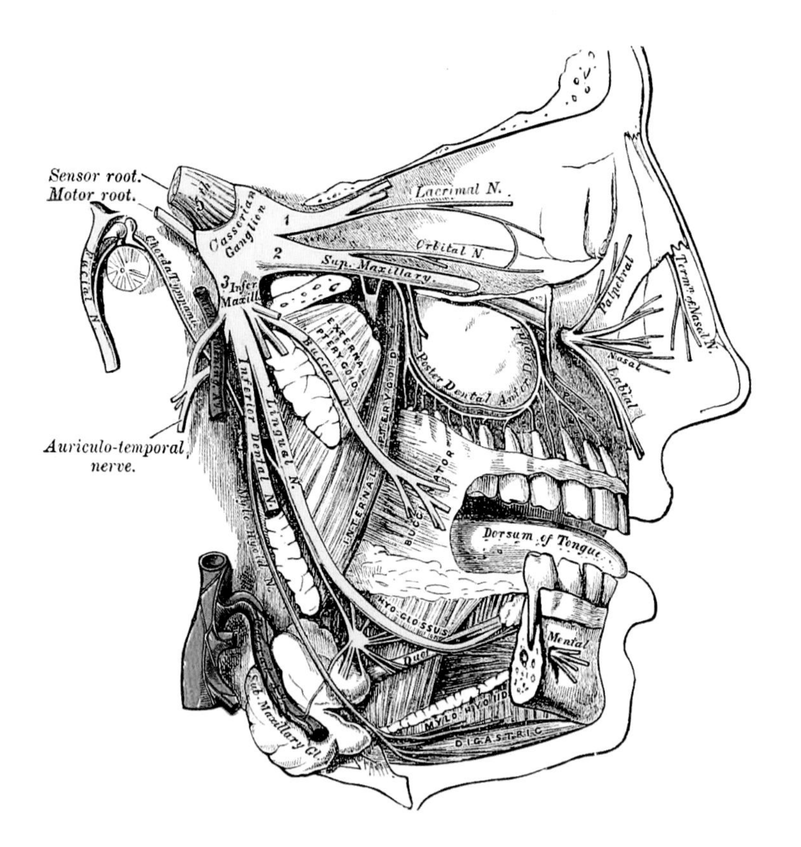

1918년 판 『그레이 해부학』에 실린 이 그림은 위 왼쪽에 삼차 신경("5번째 뇌 신경"을 뜻하는 "5th"로 표시된)을 보여준다. 이 신경은 때로 뜬금없이 활성을 띠면서 통증을 일으킨다.

이 "만능 신경통약" 광고는 "안전하고, 확실하고, 빠른 치료"를 제공한다고 주장하지만, 그런 만능 진통제는 아직 나오지 않았다.

받는 것 같은" 느낌이라고 했다. 종양이 삼차 신경을 누르는 것처럼 뚜렷한 원인이 있을 때도 있지만, 뚜렷한 원인을 전혀 모를 때도 있다. 환자들은 주기적으로, 아무런 예고 없이 갑작스럽게 시작되었다가 멈추는 통증을 겪기도 한다. 통증은 시작되면 정말로 고통스러울 수 있으며, 며칠이나 몇 주일 동안 완전히 사라졌다가 다시 시작될 수도 있다. 시간이 흐르면서 얼굴에 통증의 부위가 옮겨가기도 한다. 왜 옮겨가는지, 통증이 나타났다가 사라지는 이유가 무엇인지는 아무도 알지 못한다.

이쯤이면 짐작하겠지만, 통증이 정확히 어떻게 생기는지는 아직 대체로 수수께끼로 남아 있다. 뇌에는 통증 중추가 아예 없으며, 통증 신호들이 따로 모이는 곳도 없다. 생각은 기억이 되려면 해마를 지나가야 하지만, 통증은 뇌의 거의 어디에서든 표상될 수 있다. 발가락을 찧으면, 그 감각은 뇌의 어느 한 영역들로 전달될 것이다. 망치로 맞으면 다른 영역들이 활성을 띨 것이다. 똑같은 일을 다시 겪는다면, 이번에는 다른 영역들로 신호가 전달될 수도 있다.

아마 가장 기이한 역설은 뇌에 통증 수용기 자체가 없는데도 모든 통증을 느끼는 부위가 뇌라는 것이 아닐까? 옥스퍼드 대학교 누필드 임상신경과학과 학과장이자 통증의 세계적인 권위자인 아이린 트레이시는 이렇게 말한다. "통증은 뇌가 신호를 받을 때에야 나타납니다. 통증은 퉁퉁 부은 발가락에서 시작

아마 가장 기이한 역설은 뇌에 통증 수용기 자체가 없는데도 모든 통증을 느끼는 부위가 뇌라는 것이 아닐까?

될지 몰라도, 아픔을 일으키는 것은 뇌입니다. 뇌가 알아차리기 전까지는 통증이 아닙니다."

모든 통증은 사적이면서 지극히 개인적인 양상을 띤다. 통증의 의미 있는 정의를 내리기란 불가능하다. 국제통증연구협회는 통증을 "실제 또는 잠재적 조직 손상과 관련된, 또는 그런 손상에 관해서 기술할 때의 불쾌한 감각적이며 감정적인 경험"이라고 요약한다. 즉 직설적으로나 비유적으로 아프게 하거나, 아프게 할 수 있거나, 아프게 할 것처럼 들리거나 아프게 할 것처럼 느껴지는 모든 것을 가리킨다. 총에 맞은 상처에서부터 헤어졌을 때의 상심에 이르기까지, 온갖 나쁜 경험을 포괄하는 용어이다.

통증의 가장 잘 알려진 측정법 중의 하나는 맥길 통증 질문지인데, 1971년 몬트리올에 있는 맥길 대학교의 로널드 멜잭과 워런 S. 토거슨이 고안한 것이다. "쑤시다", "따갑다", "얼얼하다", "찌릿하다" 등 불편한 정도를 기술하는 78가지 단어 목록을 질문지에 담아서 환자에게 보여주는 것이다. 이 용어들 중에는 모호하거나 구별하기 힘든 것들도 많다. "짜증나다"와 "신경질나다" 또는 "비참하다"와 "끔찍하다"를 누가 구별할 수 있을까? 대체로 이런 이유 때문에, 현재 통증 연구자들은 대부분 1–10단계로 이루어진 더 단순한 척도를 이용한다.

통증의 경험 자체는 명백히 주관적이다. 옥스퍼드의 존래드클리프 병원에 있는 교수실에서 나와 만난 트레이시는 잘 안다는 표정으로 빙긋 웃으면서 말했다. "나는 아이를 셋 낳았어요. 통증의 최댓값이 어디라는 생각이 아이를 낳을 때마다 달라졌지요." 트레이시는 옥스퍼드에서 가장 바쁜 사람일지도 모른다. 학과의 온갖 행정 업무와 연구 활동을 하고 있을 뿐만 아니라, 2018년 말에 내가 방문했을 때에는 막 이사를 했고, 두 차례 해외 출장도 다녀온 참이었고, 곧 머튼 칼리지의 학장에 취임할 예정이었다.

트레이시는 우리가 통증을 어떻게 지각하며, 어떻게 하면 통증을 완화시킬 수 있는지를 이해하는 일에 몰두하고 있다. 통증의 이해는 쉬운 일이 아니다. "우리는 뇌가 통증 경험을 어떻게 구축하는지 정확히

우리 대다수가 최선을 다해서 피하고자 하는 것을 연구하는 사람. 아이린 트레이시는 의학계 최고의 통증 전문가 중 한 명이다.

신경 신호는 아주 빠르지는 않다. 빛은 1초에 3억 미터를 나아가는 반면, 신경 신호는 훨씬 더 점잖게 1초에 120미터를 나아간다.

잘 모릅니다. 그러나 많은 발전을 이루어왔고, 몇 년 안에 통증 이해라는 분야 전체에 극적인 변화가 일어날 것이라고 봅니다."

트레이시가 앞선 세대의 통증 연구자들보다 한 가지 유리한 점은 정말로 강력한 자기공명 영상장치를 갖추고 있다는 것이다. 트레이시 연구진은 실험실에서 과학을 위해서 핀으로 찌르거나 캡사이신을 바르거나 함으로써 실험 자원자들을 약하게 고문한다. 제6장에서 말했듯이, 캡사이신은 고추의 주성분이며, 스코빌 지수의 토대이다. 실험 참가자들에게 통증을 일으키는 것은 진정으로 까다로운 일이다. 통증을 진짜로 느끼게 하면서도, 윤리적인 이유 때문에 심각하거나 지속적인 손상을 입혀서는 결코 안 되기 때문이다. 이런 실험을 통해서 트레이시는 실험 참가자의 뇌가 통증에 어떻게 반응하는지를 실시간으로 지켜볼 수 있다.

짐작할 수 있겠지만, 많은 사람들은 상업적인 이유로만 사람들의 뇌를 들여다봄으로써 그들이 언제 고통을 느끼는지, 언제 거짓말을 하는지, 더 나아가 광고에 언제 호감을 보이는지를 알고 싶어할 것이다. 교통사고 담당 변호사는 법정에서 증거로 제시할 수 있는 통증 목록을 지니게 될 것이므로 대단히 기뻐할 것이다. "우리는 아직 그 단계에는 이르지 못했어요." 트레이시는 조금 안도하는 분위기를 풍기면서 말한다. "그렇지만 통증을 관리하고 억제하는 방면에서는 진정으로 급속한 발전이 이루어지고 있고, 많은 사람들에게 도움을 주고 있어요."

통증은 피부 바로 밑 통각 수용기(nociceptor)라는 특수한 신경 말단에서 시작된다. ("noci"는 "아프다"라는 뜻의 라틴어에서 유래했다.) 통각 수용기는 열 자극, 화학적 자극, 기계적 자극이라는 세 종류의 통증 자극에 반응한다. 아니 적어도 보편적으로 그렇다고 간주된다. 놀랍게도 과학자들은 아직 기계적 통증에 반응하는 통각 수용기를 찾아내지 못했다. 엄지를 망치에 찧거나 바늘에 찔릴 때 피부 밑에서 실제로 어떤 일이 일어나는지를 우리가 모른다고 말하면, 정말로 놀랄 것이 확실하다. 우리가 말할 수 있는 것은 모든 유형의 통각 수용기에서 오는 신호가 두 유형의 신경 섬유를 통해서 척수와 뇌로 전달된다는 것이다. 전달 속도가 빠른 A-델타 섬유—미엘린이 감싸고 있어서 반지르르하다—와 속도가 더 느린 C 섬유이다. 망치에 찧는 순간 터져나오는 아얏 소리는 빠른 A-델타 섬유가 담당하고, 그 뒤에 이어지는 지끈거리는 통증은 더 느린 C 섬유를 통해서 전달된다. 통각 수용기는 불쾌한 (또는 불쾌할 가능성이 있는) 감각에만 반응한다. 발이 바닥에 닿는 느낌, 손이 손잡이를 쥐는 느낌, 뺨이 매끄러운 베개에 닿는 느낌 등 정상적인 촉각 신호는 다른 수용기들이 A-베타 신경 섬유라는 다른 경로를 통해서 전달한다.

선제적 행동의 힘 : W. R. 고워스의 『신경계 질환 편람(*A Manual of Diseases of the Nervous System*)』에 실린 "무릎 반사"와 같은 반사 작용은 의식적인 판단을 내릴 겨를이 없을 때 위험을 피하는 방법이다.

신경 신호는 아주 빠르지는 않다. 빛은 1초에 3억 미터를 나아가는 반면, 신경 신호는 훨씬 더 점잖게 1초에 120미터를 나아간다. 약 250만 분의 1이다. 그래도 1초에 120미터는 1시간에 거의 430킬로미터로서, 사람이 생활하는 대부분의 상황에서는 사실상 즉시라고 할 수 있다. 게다가 우리는 반사의 도움을 받아서 더 빨리 반응할 수 있다. 반사는 중추신경계가 신호를 가로채서, 신호가 뇌로 채 전달되기 전에 미리 행동을 취하는 것이다. 우리가 몹시 달갑지 않은 무엇인가를 건드렸을 때, 무슨 일인지 뇌가 알아차리기도 전에 손을 움츠리는 이유가 바로 그 때문이다. 한마디로 척수는 단순히 몸과 뇌 사이에서 무심하게 메시지를 전달하는 긴 케이블이 아니라, 감각 기구의 일부로서 말 그대로 적극적으로 판단을 한다.

통각 수용기 중에서 일부는 다형성을 띤다. 즉 다양한 자극에 활성을 띤다는 뜻이다. 매운 음식이 뜨겁게 느껴지는 이유가 바로 그 때문이다. 진짜 열에 반응하는 입속의 통각 수용기를 화학적으로 활성화하기 때문이다. 우리의 혀는 그 차이를 구분할 수 없다. 뇌조차도 약간 혼동한다. 뇌는 이성적인 차원에서는 혀가 진짜로 불타고 있지 않다는 것을 알지만, 확실히 불타는 것처럼 느낀다. 가장 기이한 점은 통각 수용기가 어떻게 하는지는 잘 모르지만 매운 카레라면 자극을 흡족한 것으로 지각하고, 뜨거운 성냥불이면 비명을 질러야 하는 것으로 지각할 수 있다는 것이다. 둘 다 동일한 신경을 활성화하는 데에도 말이다.

통각 수용기를 처음 발견한 사람, 아니 더 나아가 중추신경계의 대부라고 부를 수 있는 사람은 찰스 스콧 셰링턴(1857-1952)이다. 그는 가장 위대한 과학자에 속하지만, 현대에 들어와서 가장 불가사의하게 잊힌 인물이다. 셰링턴은 19세기 소년의 모험담에서 곧바로 튀어나온 듯한 삶을 살았다. 그는 운동에 재능이 있어서 입스위치 타운 축구 클럽에서 축구를 했고, 케임브리지 대학교에

찰스 스콧 셰링턴 : 명석한 과학자, 상상력 넘치는 작가, 모든 면에서 훌륭한 인물임에도 지금은 잊힌 영웅.

서는 조정 선수로 이름을 날렸다. 게다가 머리도 아주 좋아서 여러 상을 휩쓸었고, 사람들로부터 겸손한 태도와 날카로운 지성을 겸비한 인물이라는 찬사를 받았다.

1885년 대학을 졸업한 뒤, 그는 독일의 위대한 과학자 로베르트 코흐의 제자로 들어갔다. 그 뒤에 파상풍, 산업 피로, 디프테리아, 콜레라, 세균학, 혈액학 분야에서 선구적인 연구를 하는 등 놀라울 만치 다방면으로 활발하게 성과를 내놓았다. 그는 근육의 기본 작동방식을 설명하는 상반신경 분포 법칙(law of reciprocal innervation)도 제시했다. 한쪽 근육이 수축하면 반대편에 있는 짝을 이루는 근육은 이완된다는 개념이다.

또 그는 뇌를 연구하다가 "시냅스"라는 용어와 개념을 창안했다. 이어서 "고유감각"이라는 개념과 용어도 창안했다. 고유감각은 몸이 자신의 공간적 위치를 파악하는 능력이다. (이 감각 덕분에 우리는 눈을 감아도 자신이 누워 있는지 팔을 뻗고 있는지 등을 안다.) 그 연구에서 더 나아가 그는 1906년에 통증을 알리는 신경 말단인 통각 수용기도 발견했다. 그 주제를 다룬 셰링턴의 기념비적인 저서 『신경계의 통합 작용(*The Integrative Action of the Nervous System*)』은 그 분야에 혁신을 일으켰다는 점에서 뉴턴의 『프린키피아(*Principia*)』나 하비의 『운동에 관하여(*De Motu Cordis*)』에 비교되어왔다.

셰링턴의 탄복할 만한 자질은 거기에서 그치지 않았다. 그는 어느 모로 보나 경이로운 인물이었다. 헌신적인 아버지이자, 모임을 이끄는 우아한 주최자이자, 유쾌한 동료이자, 사랑받는 교사였다. 제4장에서 만난 기억 분야의 권위자인 와일더 펜필드, 페니실린 개발에 기여한 공로로 노벨상을 받은 하워드 플로리, 미국 최고의 신경외과의사 중 한 명이었던 하비 커싱도 그의 제자였다. 1924년 그는 시집도 출간하여 가까운 친구들의 감탄을 자아냈다. 그 시집은 널리 호평을 받았다. 8년 뒤, 그는 반사작용을 연구한 공로로 노벨상을 받았다. 그는 왕립협회의 명예 회장이자, 여러 박물관과 도서관의 후원자이자, 세계에서 손꼽힐 정도의 장서가이기도 했다. 그가 1940년 여든셋의 나이에 쓴 『인간의 본성(*Man on His Nature*)』이라는 책은 베스트셀러가 되었고, 1951년 영국 축제 당시 현대 영국의 명저 100권 중 1권으로 뽑히기도 했다. 그 책에서 그는 마음을 "매혹적인 베틀(enchanted loom)"에 비유한 멋진 표현을 썼다. 그런데 지금 불가사의하게도 그는 자기 분야 바깥에서는 완전히 잊혔을 뿐만 아니라,

맞은편 : 전기 신호가 뇌의 한 신경세포에서 다음 신경세포로 전달되는 통로인 시냅스의 모습. 시냅스라는 단어는 셰링턴이 창안했다. 여기에서 신경세포는 녹색으로 표시했다. 신호는 위쪽 세포에서 아래쪽 세포로 전달되고 있다. 세포에 에너지를 공급하는 미토콘드리아는 파란색으로 표시했다. 전기 신호가 시냅스에 닿으면 신경전달물질이 든 주머니(빨간색)가 세포 사이의 틈새로 물질을 방출하고, 이 물질은 시냅스 이후 세포의 수용체에 결합한다.

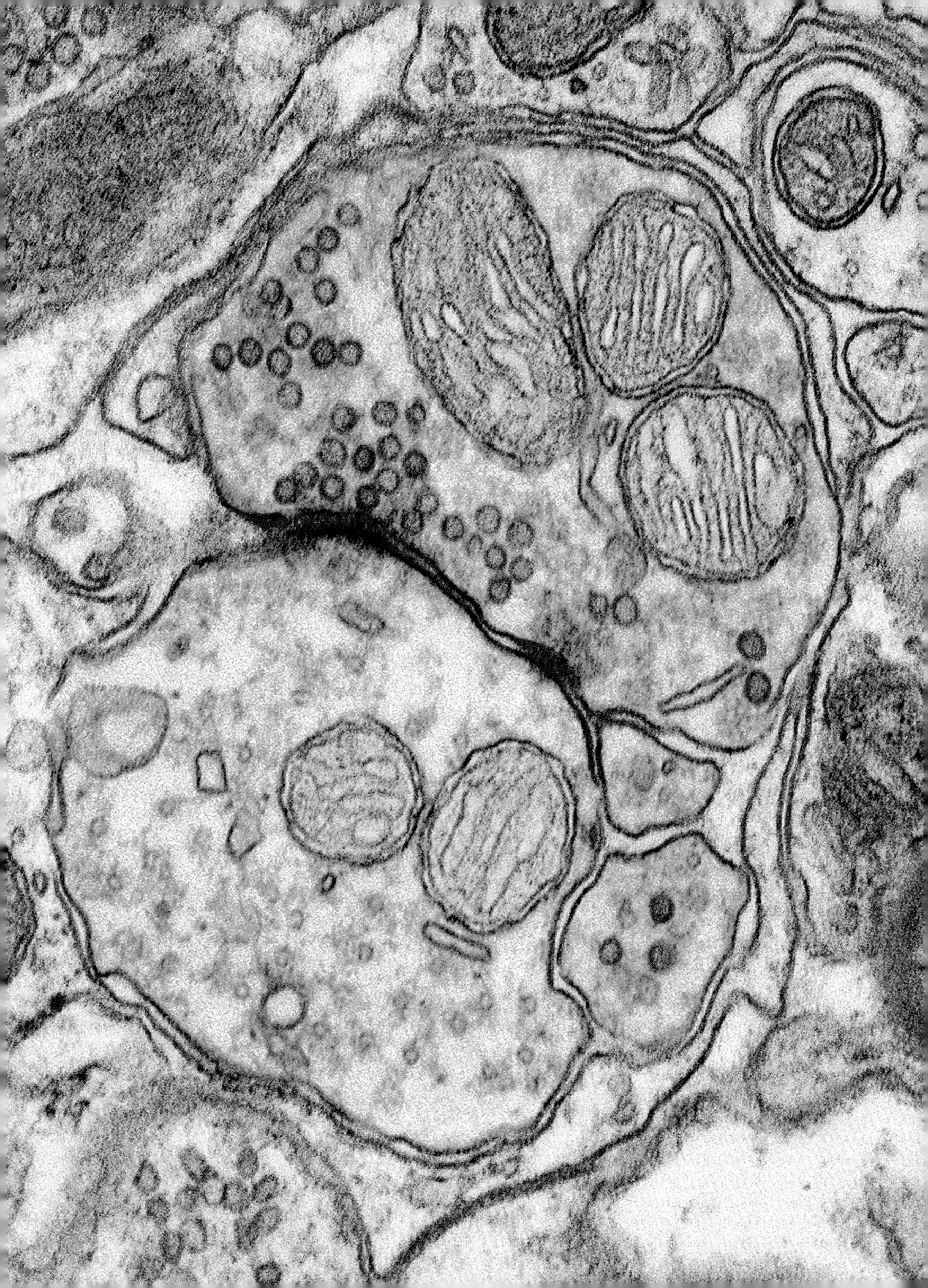

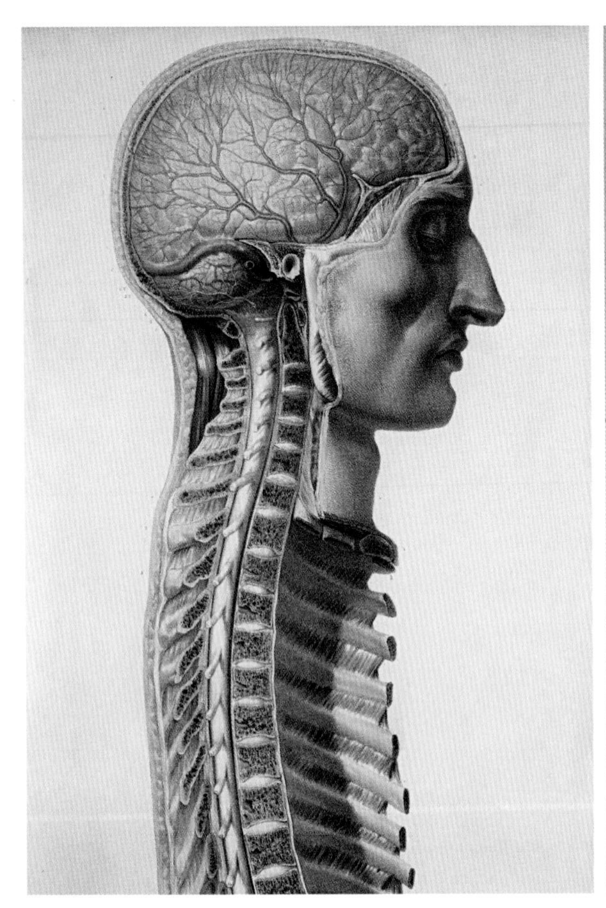

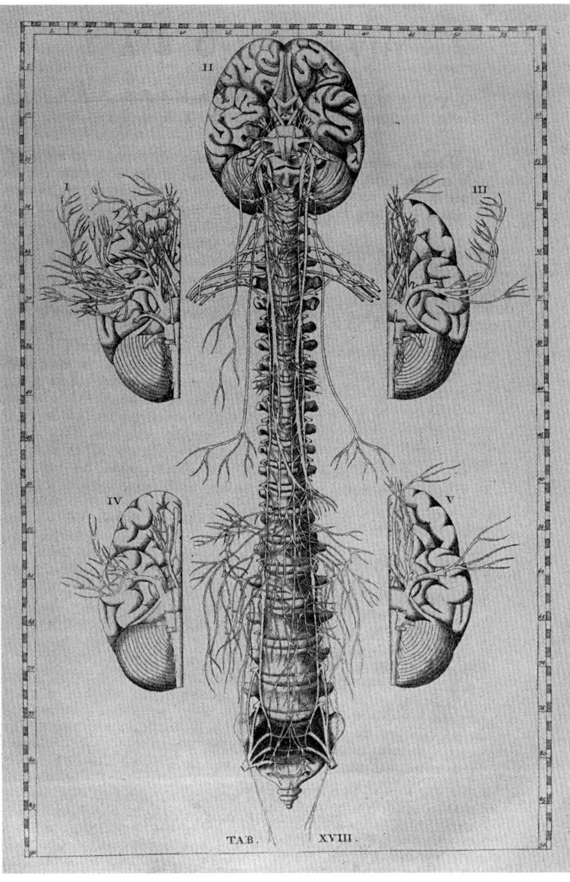

19세기(왼쪽)와 18세기의 중추신경계 그림.

그 분야에서도 기억하는 사람이 거의 없는 인물이 되었다.

신경계는 구조나 기능에 따라서 다양한 방식으로 나뉜다. 해부학적으로는 두 부분으로 이루어진다. 중추신경계는 뇌와 척수를 말한다. 이 중심축에서부터 뻗어나가는, 즉 몸의 다른 부위들로 이어지는 신경들은 말초신경계를 이룬다. 신경계는 기능에 따라서는 (머리를 긁는 것 같은) 수의적(隨意的) 행동을 제어하는 체성신경계와 우리의 생각과 무관하게 알아서 움직이는 심장 박동 같은 것들을 통제하는 자율신경계로 나뉜다. 자율신경계는 교감신경계와 부교감신경계로 더 세분된다. 교감신경계는 몸이 갑작스러운 행동을 필요로 할 때 반응하는 부위이다. 일반적으로 투쟁-도피 반응이라고 하는 것 말이다. 부교감신경계는 "쉬고 소화하기" 또는 "먹고 낳기" 계통이라고 부르기도 하며, 소화와 노폐물 배출, 침과 눈물 생산, 성적 흥분(강렬할 수는 있지만, 투쟁-도피 반응처럼 급박하지는 않다) 등 대체로 덜 급박한 갖가지 일들을 맡는다.

우리 신경의 한 가지 특이한 점은 말초신경계는 손상되면 다시 자라서 치유가 되는 반면, 뇌와 척수에 있는 더욱 중요한 신경은 그렇지 않다는 것이다.

우리 신경의 한 가지 특이한 점은 말초신경계는 손상되면 다시 자라서 치유가 되는 반면, 뇌와 척수에 있는 더욱 중요한 신경은 그렇지 않다는 것이다. 손가락을 베였을 때에는 그 신경이 다시 자랄 수 있지만, 척수가 손상되었을 때에는 그런 행운을 누릴 수가 없다. 척수 손상은 안타까울 만큼 흔하게 일어난다. 미국에서는 척수가 손상되어 마비된 사람이 100만 명이 넘는다. 미국에서 척수 손상의 절반 이상은 교통사고나 총기사고로 생기며, 짐작할 수 있겠지만 남성이 여성보다 척수를 다칠 확률이 4배나 높다. 특히 16-30세의 확률이 높은데, 총기와 자동차를 구입할 수 있는 나이는 되었으나 아직 철이 덜 들어서 잘못 사용하기가 쉬운 나이이기 때문이다.

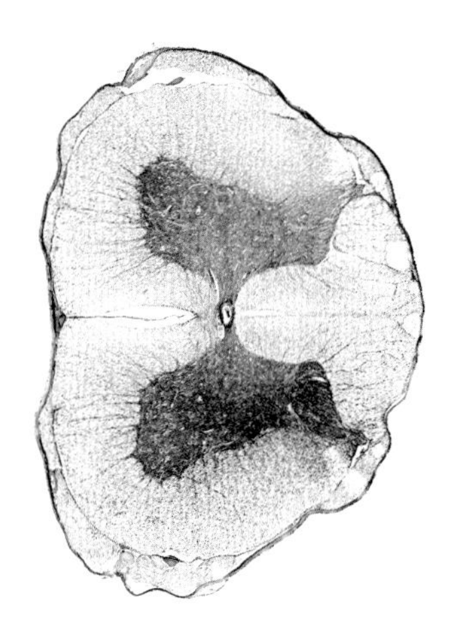

사람 척수의 단면. 안쪽에 있는 회백질로 된 핵(여기에서는 갈색으로 보인다)을 주로 펄스를 전달하는 일을 하는 백질이 감싸고 있다. 바깥 가장자리는 수막이라는 세 층의 막으로 이루어져 있다.

신경계와 마찬가지로 통증도 다양한 방식으로 분류되는데, 학자마다 유형과 가짓수가 제각각이다. 가장 흔히 쓰이는 범주는 통각 통증(nociceptive pain)인데, 자극을 받아서 통증이 생기는 것을 말한다. 발가락을 찧거나 떨어져서 어깨뼈가 부러졌을 때의 통증이 그렇다. 그 부위를 푹 쉬게 함으로써 나을 기회를 제공하라고 알려주는 통증이라는 의미에서 때로는 "좋은" 통증이라고도 한다. 두 번째 유형은 염증 통증(inflammatory pain)으로서, 조직이 붓거나 충혈될 때에 생긴다. 세 번째 유형은 기능장애 통증(dysfunctional pain)으로서, 신경 손상이나 염증을 일으키는 외부의 자극이 전혀 없는 상태에서 나타나는 통증이다. 이것은 뚜렷한 이유 없이 일어난다. 네 번째 유형은 신경병 통증(neuropathic pain)으로서, 신경이 손상되거나 예민해져서 나타난다. 외상의 후유증으로 생길 수도 있고, 아무런 뚜렷한 이유 없이 생길 수도 있다.

통증은 사라지지 않고 계속 남아 있으면, 급성에서 만성으로 변한다. 약 20년 전 영국의 손꼽히는 신경과학자인 패트릭 월은 『통증 : 고통의 과학(*Pain: The Science of Suffering*)』이라는 영향력 있는 책에서 어떤 수준과 기간을 넘어서는 통증은 거의 완전히 무의미한 것이라고 보았다. 그는 자신이 지금까지 본 거의 모든 교과서에 통증이 반사작용을 통해서 몸을 보호한다는 것을 설명하려고 불꽃이나 뜨거운 물체 옆에서 손을 움츠리는 그림이 실려 있었다고 했다.

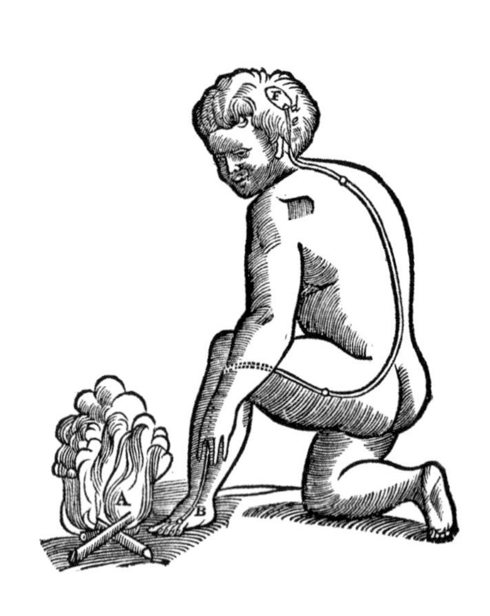

보호일까, 헛짓거리일까? 데카르트의 『철학 전집(*Opera Philosophica*)』에 실린 그림. 사람이 불에 타는 느낌이 들 때 저절로 움츠리는 모습을 보여주는 전형적인 그림이다. 오른쪽은 많은 영향을 끼친 자신의 저서를 들고 있는 패트릭 월이다. 그는 통증이 그런 식으로 대변되는 것에 분개했다.

그는 다소 의아스러울 정도로 격렬한 어조로 이렇게 썼다. "나는 그 그림을 경멸한다. 사소한 것에 초점을 맞추기 때문이다. 우리가 위험한 자극으로부터 성공적으로 움츠린 사례를 다 모은다고 해도 평생에 겨우 몇 초에 불과할 것이다. 불행히도 우리는 평생 며칠 또는 몇 달을 통증에 시달리곤 하는데, 그 어리석은 그림에는 그런 내용이 전혀 담겨 있지 않다."

월은 암 통증을 "무용지물의 극치"라고 꼽았다. 대부분의 암은 치료 조치를 취하라고 알리는 유용한 경보가 될 수도 있을 통증을 초기에는 일으키지 않는다. 오히려 너무 늦어서 유용성이 전혀 없는 말기가 되어서야 통증을 일으키는 경우가 너무나 많다. 월의 식견은 자신의 경험에서 우러난 것이었다. 당시 그는 전립샘암으로 죽어가고 있었다. 그 책은 1999년에 출판되었고, 그는 그로부터 2년 뒤에 세상을 떠났다. 통증 연구의 관점에서 볼 때, 그 두 사건은 한 시대가 끝났음을 의미하는 것이기도 했다.

아이린 트레이시는 20년 동안 통증을 연구해왔다. 우연히도 월이 세상을 떠난 때부터였다. 그 기간에 의사들이 통증을 보는 관점은 완전히 바뀌었다.

"패트릭 월은 만성 통증의 **목적**이 무엇인지를 캐내려고 애쓰던 시대에 살았어요. 급성 통증에는 명백한 이유가 있어요. 뭔가가 잘못되었으니까 살펴보라고 알려주는 거죠. 당시 사람들은 만성 통증도 비슷할 거라고 생각했어요. 어

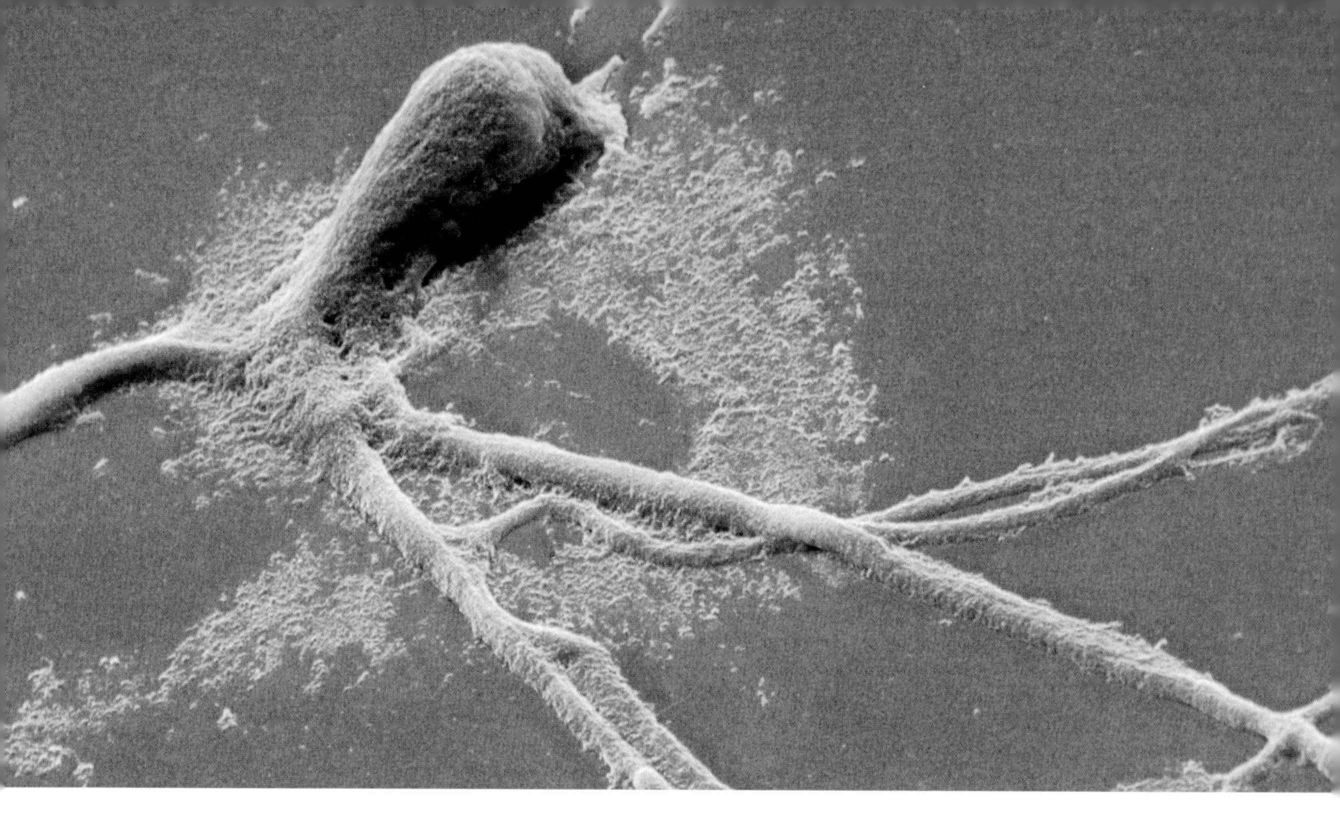

중추신경계 내에서 정보를 전달하고, 축삭이라는 통로를 통해서 몸의 다른 부위로도 전달하는 신경세포인 뉴런. 각 뉴런은 세포체를 중심으로 수많은 돌기들이 뻗어 있는 모습이다. 이런 가지돌기는 다른 신경세포와 감각세포로부터 정보를 모은다.

떤 목적이 있을 거라고요. 그런데 사실 만성 통증에는 목적이 아예 없어요. 그냥 어떤 체계가 잘못되어서 생기는 거예요. 암이 어떤 체계가 잘못되어서 생기는 것과 마찬가지예요. 지금은 만성 통증의 몇몇 유형들이 뭔가의 증상이 아니라 질병 자체라고 봅니다. 급성 통증과 다른 양상으로 악화되고 유지되는 질병이라고요."

통증의 치료가 유달리 어려운 것은 기본적으로 통증이 지닌 역설 때문이기도 하다. "대부분의 신체 부위는 손상되면 작동을 멈춰요. 꺼지는 거죠. 그런데 신경은 손상되면 정반대가 됩니다. 계속 켜져 있는 거죠. 아예 꺼지지 않을 때도 있어요. 그러면 만성 통증이 되는 겁니다." 트레이시는 마치 볼륨 조절 다이얼을 최대로 올린 것 같은 통증이 최악의 사례라고 본다. 그 볼륨을 줄일 방법을 알아내려고 노력하는 사람들은 의학계에서 가장 심한 좌절을 겪어야 했다.

대체로 우리의 장기들은 대부분 통증을 일으키지 않는다. 장기에서 비롯되는 통증은 연관 통증(referred pain)의 형태로 나타난다. 즉 몸의 다른 부위와 "연관되어서" 생기는 통증이다. 예를 들면, 심장 동맥 질환의 통증은 팔이나 목, 때로는 턱에서 느껴질 수도 있다. 뇌도 본래는 아무것도 느낄 수 없다. 그러면 두통이 어디서 나오는 것이냐는 질문이 자연히 제기된다. 두통을 느끼는 이유는 머리 피부, 얼굴, 머리의 다른 부위들에 신경 말단이 많이 분포되어 있어서이다. 대부

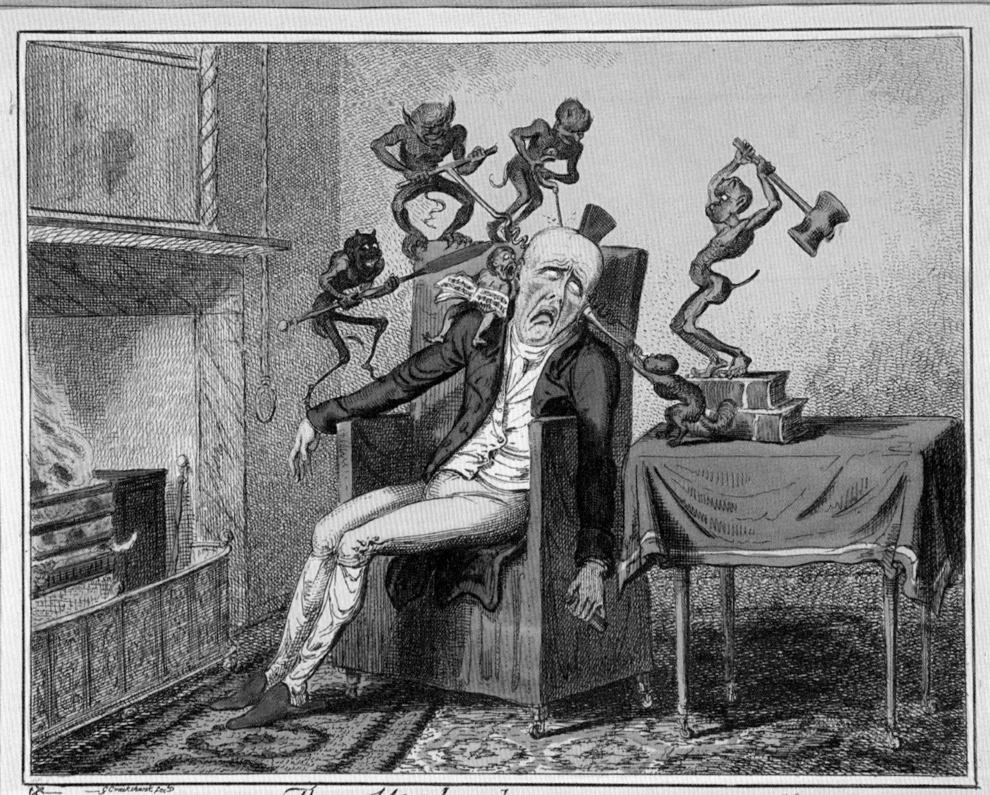
The Head ache
Pub.y Feb.th 12 1819 by G. Humphrey 27 St James's St.

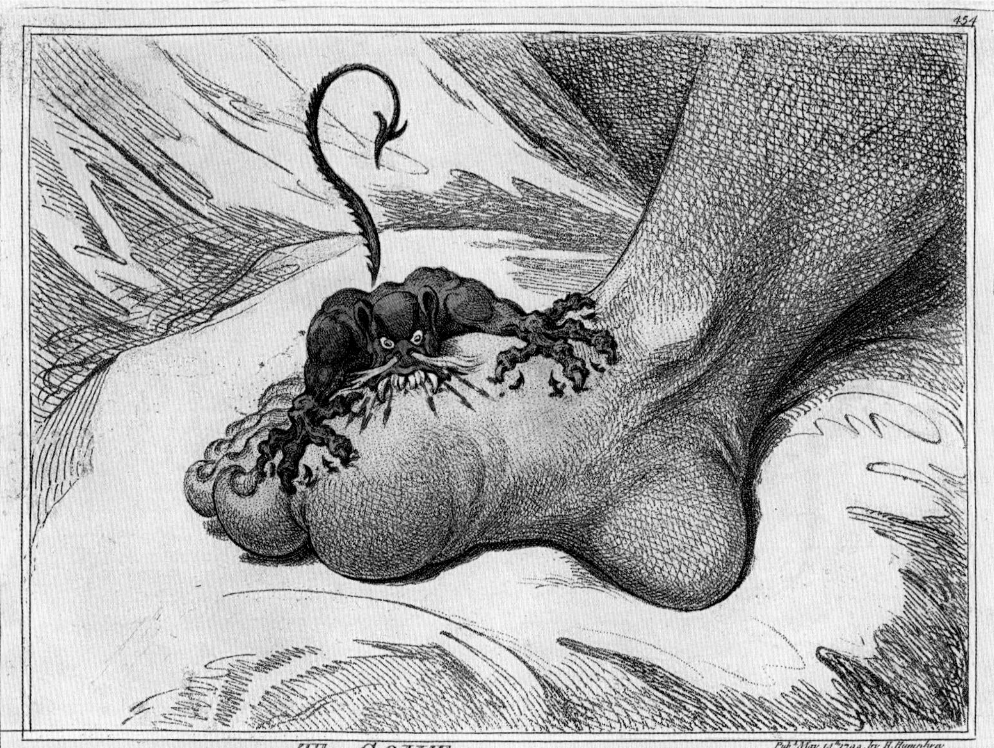
454
The GOUT.
Pub.d May 14th 1799, by H. Humphrey
27 St James's Street.

분의 두통은 이런 신경 말단들로 충분히 설명할 수 있다. 설령 머리 깊숙한 곳에서 통증이 느껴진다고 해도, 일반적인 두통은 머리 표면에서 일어나는 것이 거의 확실하다. 머리뼈 안에서 뇌를 보호하고 있는 덮개인 뇌막에도 통각 수용기가 있으며, 뇌종양이 뇌막을 눌러서 통증이 생기는 사례도 있지만, 다행히도 그런 일을 겪는 사람은 극소수이다.

보편적인 증상을 하나 꼽으라고 하면 아마 두통을 떠올리겠지만, 사실 두통을 한번도 겪어보지 않은 사람도 4퍼센트에 달한다. 국제두통 질환분류는 두통을 편두통, 긴장성 두통, 외상성 두통, 항상성 장애 두통 등 14가지 범주로 나눈다. 그러나 대부분의 전문가들은 두통을 크게 두 범주로 구분한다. 1차성 두통과 2차성 두통이다. 1차성 두통은 편두통이나 긴장성 두통처럼 식별할 수 있는 직접적인 원인이 전혀 없는 두통을, 2차성 두통은 감염이나 종양 같은 어떤 원인이 있어서 나타나는 두통을 말한다.

편두통은 가장 수수께끼 같은 두통에 속한다. 편두통(migraine, 머리의 절반을 뜻하는 프랑스어 "demi-craine"가 변형된 것)은 인구 중 약 15퍼센트에게 나타나는데, 남성보다 여성에게서 3배 더 흔하다. 편두통은 거의 완전히 수수께끼이다. 또한 몹시 개인적이다. 올리버 색스는 편두통을 다룬 저서에서 편두통에는 거의 100가지 유형이 있다고 했다. 어떤 이들은 편두통이 오기 전에 놀라울 만치 기분이 좋아진다. 소설가 조지 엘리엇은 편두통이 시작되기 직전에 언제나 "위험할 정도로 기분이 좋아진다"고 했다. 반면에 며칠 동안 기분이 나빠지고 자살하려는 충동까지 느끼는 사람들도 있다.

맞은편 : 뛰어난 풍자화가들이 통증을 악마의 공격으로 묘사하던 시대가 있었다. 위는 조지 크룩생크가 두통의 증상을, 아래는 제임스 길레이가 통풍을 묘사한 그림이다.

통증은 신기할 정도로 가변적이다. 상황에 따라서 심해질 수도 있고 약해질 수도 있고, 뇌가 아예 무시할 수도 있다. 극단적인 상황에서는 아예 아무것도 느끼지 못할 수도 있다. 나폴레옹 전쟁 중 아스페른-에슬링 전투 때의 일화는 유명하다. 당시 오스트리아의 한 대령은 말을 타고 작전을 지휘하고 있었는데, 부관이 그에게 오른쪽 다리가 총에 맞아서 떨어져 나갔다고 알려주었다.

"제기랄, 그랬군." 대령은 냉담하게 내뱉고는 계속 싸웠다.

우울하거나 걱정이 있으면 거의 언제나 고통을 더 심하게 지각할 것이다. 반면에 기분 좋은 향기, 마음을 가라앉히는 풍경, 즐거운 음악, 좋은 음식과 섹스는 통증을 줄인다. 한 연구에 따르면, 교감하고 사랑하는 상대가 곁에 있는 것만으로도 협심증의 통증이 절반

메리 앤 에번스(조지 엘리엇)는 편두통이 찾아오기 직전에 아주 기분이 좋아지는 기만적인 느낌을 받은 사람에 속했다.

만성 통증에 시달리는 사람은 암, 심장병, 당뇨병 환자를 더한 수보다 많다.

으로 줄어든다고 한다. 또 한 가지 대단히 중요한 역할을 하는 것은 기대감이다. 트레이시 연구진이 통증 환자들에게 미리 알리지 않은 채 모르핀을 투여했더니, 환자들이 느끼는 진통 효과가 훨씬 적었다. 우리는 통증을 느낄 것이라고 예상할 때, 실제로 그 통증을 느낀다.

통증은 수많은 사람들에게 피할 수 없는 악몽이나 다름없다. 미국 과학한림원 산하의 의학연구소는 어느 시점에든 간에 미국 성인의 약 40퍼센트, 즉 1억 명이 만성 통증에 시달린다고 추정한다. 그들 중 5분의 1은 20년 넘게 만성 통증을 앓고 있을 것이다. 만성 통증에 시달리는 사람은 암, 심장병, 당뇨병 환자를 더한 수보다 많다. 게다가 만성 통증은 사람을 극도로 무력하게 만들 수 있다. 프랑스 소설가 알퐁스 도데는 약 1세기 전에 『고통(*La Doulou*)』에서 매독의 영향에 서서히 잠식되면서 자신을 장악한 통증 때문에 "모든 사람, 삶, 모든 것에 눈과 귀를 막고 오로지 내 비참한 몸뚱이에만" 신경을 쓰게 되었다고 토로했다.

당시에 의학은 안전하면서 지속적으로 통증을 완화할 방법을 거의 제공하지 못했다. 지금도 그다지 나아진 것은 없다. 런던 임피리얼 칼리지의 통증 연구자 앤드루 라이스는 2016년 「네이처」에 이렇게 말했다. "우리가 처방하는 약물들은 환자 4–7명 중 1명꼴로 통증을 50퍼센트 줄인다. 가장 잘 듣는 약들을 썼을 때 그렇다." 다시 말해서, 최고의 진통제를 사용한다고 해도 환자 가운데 75–85퍼센트는 아무런 혜택도 얻지 못하고, 약효가 있는 이들도 대개는 큰 효과를 보지 못한다는 뜻이다. 아이린 트레이시는 진통제가 "제약업계의 무덤"이 되어왔다고 말한다. 제약업계는 진통제 개발에 수십억 달러씩 쏟아부었지만, 통증을 효과적으로 제어하면서 중독을 일으키지 않는 약물을 단 하나도 내놓지 못했다.

알퐁스 도데. 통증을 줄일 방법이 거의 없던 시대에 끔찍한 만성 통증에 시달렸다.

유명한 아편유사제 위기(opioid crisis : 1990년대 말부터 특히 미국에서 아편유사제 사용량이 급증하는 현상을 가리키는 용어/역주)는 그런 시도가 불행한 결과를 빚어낸 대표적인 사례이다. 이제는 모두가 알고 있겠지만, 아편유사제는 헤로인과 거의 같은 방식으로 작용하는 진통제이며, 같은 중독성 물질인 아편에서 얻는다. 오랫동안 아편유사제는 수술 후나 암의 치료 과정에서 주로 단기적으로 통증을 줄이기 위해서 소량으로 쓰였다. 그런데 1990년대 말에 제약회사들이 아편유사제를 통증의 장기적인 해법이라고 광고하기 시작했다. 아편유사제 옥시콘틴(OxyContin)의 제조사인 퍼듀파마는 통증 치료를 전문으로 하는 의사가 출연한 동영상 광고를 내보냈다. 의사는 카메라를 정면으로 응시한 채 아주 진실한 어조로 아편유사제가 완벽하게 안전하며 중독성이 거의 없다고 주장했다. "우리 의사들은 아편유사제가 장기적으로는 사용할 수 없다고 생각했는데, 틀렸어요. 장기적으로 쓸 수 있고, 또 써야 합니다."

실상은 그 말과 전혀 달랐다. 미국 전역에서 이 약물에 중독된 사람들이 급증했고, 사망자까지 생겼다. 1999년에서 2014년 사이에 아편유사제 과용으로 죽은 사람이 25만 명에 달한다는 추정값도 나왔다. 아직까지도 아편유사제 남용은 대체로 미국만의 문제로 남아 있다. 미국은 세계 인구의 4퍼센트를 차지하지만, 아편유사제의 80퍼센트를 소비한다. 약 200만 명의 미국인이 아편유사제 중독자로 추정된다. 그들 외에 아편유사제 이용자는 1,000만 명에 달한다. 그에 따른 소득 기회 상실, 치료, 범죄로 연간 5,000억 달러의 경제적 손실이 발생하고 있다. 아편유사제가 그 정도로 대규모 산업으로 성장하는 바람에 제약업계는 아편유사제를 판매하는 한편으로, 그 약물의 과용에 따른 부작용을 줄이는 약물을 만들어 파는 기상천외한 상황이 벌어지고 있다. 수백만 명을 중독시키는 데에 한몫을 해놓고, 좀더 편안하게 중독될 수 있도록 고안한 약물을 만들어서 수익을 올리는 중이다. 그 위기는 여전히 진행 중인 듯하다. (합법적인 것과 불법적인 것을 포함한) 아편유사제는 해마다 미국에서만 4만5,000명의 목숨을 앗아간다. 교통사고 사망자 수를 훨씬 넘어선다.

이 위기가 가져온 한 가지 긍정적인 측면은 아편유사제 사망자가 늘면서 장기 기증자가 증가해왔다는 것이다. 「워싱턴 포스트(*Washington Post*)」에 따르면, 2000년에는 장기 기증자 중 아편유사제 중독자는 150명이 되지 않았으나 지금은 3,500명이 넘는다.

19세기의 이 광고들은 현대의 아편유사제 위기가 달리 사용할 수단이 거의 없던 시대로 돌아가는 것임을 상기시킨다. 당시에도 일부 공급자들은 자신들의 약품 성분을 공개하기도 했다. 위는 "맥먼의 아편 만병통치약"이라고 대놓고 선전한다. 아래는 아편 유도체인 모르핀이 주성분임을 전혀 언급하지 않은 채, 강아지를 안은 아이를 모델로 삼아서 "세스 아널드 박사의 기침 제거제"라고 포장한다.

완벽한 약물은 없으므로, 아이린 트레이시는 자신이 "무료 진통(free analgesia)"이라고 부르는 것에 초점을 맞추고 있다. 그녀는 인지 행동 치료와 훈련을 통

사람들에게 그냥 흰 알약보다 끝에 색깔을 칠한 알약을
주었을 때에 더 나아졌다고 답했다는 연구 결과도 있다.
빨간 알약은 흰 알약보다 더 빨리 작용하는 듯하다.
초록과 파란 알약은 더 진정시키는 효과가 있다.

해서 통증을 관리할 수 있는 방법을 연구한다. "뇌 영상을 통해서 사람들에게 자신의 뇌와 소통하는 법을 배우게 하면 통증을 참을 만한 것으로 만드는 데 큰 도움이 되는 듯해요. 정말로 흥미로워요. 그렇게 하는 것만으로도 훨씬 나아질 수 있어요."

통증 관리에 가장 유리하게 활용할 수 있는 것들 가운데 하나는 우리가 놀라울 정도로 암시에 취약하다는 것이다. 물론 플라세보(속임약) 효과가 통하는 것도 그 때문이다. 플라세보 효과라는 개념은 아주 오래 전부터 있었다. 심리적 혜택을 주는 무엇인가를 뜻하는 현대 의학적 의미에서의 플라세보 효과는 1811년 한 영국 의학 문헌에 처음 등장했다. 그러나 플라세보(placebo)라는 단어 자체는 중세 영어에도 있었다. 그때부터 아주 최근까지도 대개 아첨꾼이라는 뜻으로 쓰였다. (초서의 『캔터베리 이야기』에서도 그런 의미로 쓰였다.) "즐겁게 하다"라는 라틴어에서 유래한 단어이다.

뇌 영상을 통해서 연구자들은 플라세보의 작용 과정을 밝혀줄 몇 가지 흥미로운 발견을 했다. 물론 여전히 수수께끼로 남아 있는 부분이 훨씬 더 많기는 하다. 한 실험에서는 막 사랑니를 뽑은 사람들에게 초음파 기기로 얼굴 마사지를 했다. 그러자 기분이 한결 나아졌다고 말하는 사람이 압도적으로 많았다. 그런데 흥미로운 점은 장치의 전원을 켰을 때나 껐을 때나 똑같이 나아졌다고 답했다는 사실이다. 또 사람들에게 그냥 흰 알약보다 끝에 색깔을 칠한 알약을 주었을 때에 더 나아졌다고 답했다는 연구 결과도 있다. 빨간 알약은 흰 알약보다 더 빨리 작용하는 듯하다. 초록과 파란 알약은 더 진정시키는 효과가 있다. 패트릭 월은 통증을 다룬 책에서, 한 의사가 알약을 집게로 집어서 건네면서 약효가 너무 강해서 맨손으로 집으면 안 된다고 설명하자, 환자의 증상이 더 호전되었다는 사례를 인용했다. 특이하게도, 플라세보는 사람들이 그 약이 플라세보임을 알고 있을 때에 더 효과가 있다. 하버드 의과대학의 테드 캡트척은 과민성 대장 증후군을 앓는 사람들에게 설탕이 든 알약을 주면서 그 안에 설탕밖에 안 들었다고 알려주었다. 그런데도 그 실험의 대상자들 중 59퍼센트는 증상이 나아졌다고 했다.

플라세보의 한 가지 단점은 그것이 우리의 마음이 얼마간 제어할 수 있는 문제들에는 이따금 효과를 보이지만, 의식적으로 관여할 수 없는 문제에는 도움이 되지 않는다는 것이다. 플라세보는 종양을 줄이지도, 좁아진 동맥에 달라붙은 판을 떼어내지도 못한다. 더욱 공격적인 진통제도 그런 일을 하지 못하는 것은 마찬가지이다. 그러나 적어도 플라세보는 그 약을 먹은 사람을 일찍 무덤으로 보내는 일은 결코 하지 않는다.

20

일이 잘못될 때: 질병

"나는 장티푸스라는 항목에서 증상들을 읽었고, 내가 장티푸스에 걸렸다는 것을 알았다. 걸린 줄도 몰랐지만 몇 개월째 앓고 있었던 것이 분명했다. 그러다가 다른 병에도 걸리지 않았을까 하는 생각이 들었다. 책장을 넘겨서 시덴함무도병 항목으로 가니, 예상했던 대로 그 병에도 걸렸다는 것을 알게 되었다. 이제 내가 또 어떤 병에 걸렸을지 궁금해지기 시작했고 나는 이왕이면 끝까지 파헤쳐보자고 마음먹었다. 그래서 알파벳순으로 처음부터 훑기 시작했다. 학질(ague) 항목을 읽자, 나는 내가 그 병을 앓고 있다는 것을 깨달았고, 약 2주일 뒤에 급성 단계에 들어설 것임을 알 수 있었다. 브라이트병은 다행히도 조금 약한 형태로 걸렸기 때문에, 그 병만 따지면 앞으로도 여러 해 동안 생존할 가능성이 있었다."

제롬 K. 제롬, 의학 교과서를 읽으면서

VACCINATED ?

Get a BOOSTER!

WELLBEE

I

1948년 가을, 아이슬란드 북부 해안의 아퀴레이리라는 소도시의 주민들이 시름시름 앓기 시작했다. 처음에는 회색질 척수염에 걸린 것이라고 생각했지만, 그 병이 아니라는 것이 드러났다. 1948년 10월부터 1949년 4월 사이에 주민 9,600명 중에서 거의 500명이 앓게 되었다. 증상들은 놀라울 정도로 다양했다. 근육통, 두통, 신경과민, 불안정, 우울증, 변비, 수면 장애, 기억 상실 등이 나타났고 전반적으로 몸 상태가 몹시 악화되었다. 사망자는 없었지만, 걸린 사람 모두가 심하면 몇 달까지도 심한 무기력증을 겪었다. 이 질병 대발생의 원인은 수수께끼였다. 모든 검사에서 어떤 병원체도 발견되지 않았다. 그 지역에서만 일어난 병이었기 때문에, 아퀴레이리병(Akureyri disease)이라는 이름까지 붙었다.

그러다가 약 1년 동안 더 이상 환자가 나타나지 않더니, 다시 집단 발병이 시작되었다. 이번에는 이상하게도 서로 멀리 떨어져 있는 미국 켄터키 주의 루이빌, 알래스카 주의 수어드, 매사추세츠 주의 피츠필드와 윌리엄스타운, 영국 북쪽 끝 댈스턴에 있는 작은 농촌 마을에서 출현했다. 1950년대에 미국의 10곳, 유럽의 3곳에서 집단 발병이 일어났다. 증상들은 모든 지역에서 대체로 비슷했지만, 지역적 특성을 띠는 것들도 있었다. 몇몇 지역의 주민들은 유달리 우울하거나 졸리거나, 아주 특이한 근육 압통을 느낀다고 말했다. 그 병은 확산되면서 다른 명칭으로도 불렸다. 바이러스 감염후 증후군, 비정형 회색질 척수염, 유행성 신경근육 무력증 등이었다. 지금은 주로 맨 뒤의 이름으로 알려져 있다.* 집단 발병이 왜 주변 지역으로 퍼져 나가지 않고, 지리적으로 아주 멀리 떨어진 곳에서 일어나는 양상을 띠었는지는 이 병이 지닌 많은 수수께끼 가운데 하나에 불과했다.

이 모든 집단 발병은 해당 지역에서만 화젯거리가 되었을 뿐이었다. 그러나 몇 년 동안 잠잠하다가 1970년 텍사스의 래클랜드 공군 기지에서 다시 나타나면서, 마침내 의학 조사관들의 시선을 끌었다. 그들은 그 감염병을 자세히 조사했지만, 결과가 그다지 생산적이지 못했다는 말도 해야겠다. 래클랜드 집단 발병 때에는 221명이 병에 걸렸는데, 대부분은 약 1주일 뒤에 나았지만 1년까지도 증세가 이어진 이들도 있었다. 한 부서에서 1명만 걸린 사례도 있었고, 부

....

* 이 병은 증상들이 비슷하고 진단이 어렵기 때문에, 만성피로 증후군과 하나로 묶기도 하지만, 사실은 전혀 다르다. 후자는 개인에게서 나타나는 경향을 띠는 반면, 전자는 집단에서 나타난다.

맞은편 : 웰비(Wellbee). 미국 질병통제예방센터가 제작한 만화의 캐릭터로, 1960년대 내내 소아마비, 디프테리아, 파상풍 백신 접종에서부터 손 씻기, 운동, 부상 예방에 이르기까지 모든 보건 정보를 시민들에게 알릴 때에 사용했다.

앞쪽 : 에드바르 뭉크가 누나 요하네 소피가 10대 중반에 결핵으로 사망하기 얼마 전에 그린 「아픈 아이」라는 단순한 제목의 그림. 결핵은 오랜 세월 동안 전 세계에서 가장 많은 사람의 목숨을 앗아간 감염병이었다.

어떤 감염병은 감염 지역을 쑥대밭으로 만들고는
여러 해 동안 또는 영구히 모습을 감추기도 한다.

서의 직원들 거의 모두가 걸린 사례도 있었다. 대부분은 완치되었지만, 몇 주일 뒤나 몇 달 뒤에 재발한 사람도 소수 있었다. 지금까지 그랬듯이 이 집단 발병은 그 어떤 논리적 패턴에도 들어맞지 않았고, 모든 세균과 바이러스 검사에서 아무것도 검출되지 않았다. 환자들 중에는 너무 어려서 암시에 넘어갈 리가 없는 아이들도 많았기 때문에, 달리 설명할 수 없는 집단 발병 사례에서 가장 흔하게 설명으로 제시되는 히스테리조차도 원인이라고 할 수 없었다. 이 감염병은 두 달 남짓 이어지다가 사라졌고(재발 사례를 빼고), 두 번 다시 나타나지 않았다. 「미국 의학협회지」에 실린 보고서는 환사들이 "근본적인 정신성 질환의 악화를 포함할 수도 있는 미묘하기는 해도 주로 기질성인 질병"을 앓았다고 결론을 내렸다. 달리 표현하면 이런 뜻이었다. "우리는 아무것도 모른다."

이쯤이면 짐작할 수 있겠지만, 감염병은 기묘하다. 일부 감염병은 아퀴레이리병처럼 아무렇게나 뜬금없이 나타났다가, 얼마 동안 잠잠하다가 다른 곳에서 다시 출현한다. 반면에 정복에 나선 군대처럼 해당 지역을 휩쓸면서 전진하는 유형도 있다. 1999년 뉴욕에 출현한 웨스트 나일 바이러스는 4년 사이에 아메리카 전역으로 퍼졌다. 어떤 감염병은 감염 지역을 쑥대밭으로 만들고는 여러 해 동안 또는 영구히 모습을 감추기도 한다. 1485년부터 1551년 사이에 영국에서는 땀병(sweating sickness)이라는 지독한 질병이 되풀이하여 출현했으며, 사망자가 수천 명에 달했다. 그러다가 이 감염병은 갑자기 사라졌고, 두 번 다시 나타나지 않았다. 200년 뒤, 프랑스에서 아주 비슷한 질병이 출현했다. 그곳에서는 피카디 땀병(Picardy sweat)이라고 불렀다. 그 병도 사라졌다. 우리는 그 감염병이 어디에서 어떻게 잠복해 있었는지, 왜 사라졌는지, 지금은 어디에 있는지 전혀 알지 못한다.

당혹스러운 집단 발병, 특히 작은 규모로 일어나는 집단 발병은 우리의 짐작보다 더 흔하다. 미국에서는 한 해에 약 6명이 포와산 바이러스(Powassan virus)에 걸리며, 미네소타 주 북부에서 특히 잘 걸린다. 가벼운 독감 같은 증상을 보이다가 낫는 이들도 있지만, 일부는 영구적인 신경 손상을 입는다. 그리고 감염자의 약 10퍼센트는 사망한다. 치료법도 치료제도 없다. 2015-2016년 겨울에는 위스콘신 주의 12개 카운티에서 54명이 엘리자베스킹기아(Elizabethkingia)

2000년 8월 루돌프 줄리아니 뉴욕 시장은 시청에서 웨스트 나일 바이러스 감염자가 새로 발생했다고 발표했다. 첫 환자가 나온 지 4년 만에 병은 전국으로 퍼졌다.

라는 거의 알려지지 않은 세균에 감염되었다. 그중 15명이 사망했다. 엘리자베스킹기아는 흔한 토양 미생물이지만, 사람에게 감염되는 일은 극히 드물다. 이 미생물이 왜 갑자기 그 주의 여러 지역에서 날뛰다가 멈추었는지는 누구도 알지 못한다. 진드기를 통해서 감염되는 야생토끼병(tularemia)은 미국에서 한 해에 약 150명의 목숨을 앗아가지만, 설명할 수 없이 변화무쌍하다. 2006년부터 2016년까지 11년 동안 아칸소 주에서는 232명이 이 병으로 목숨을 잃었지만, 기후, 식생 면적, 진드기 개체수가 아주 비슷하고 서로 이웃해 있는 앨라배마 주에서는 겨우 1명만이 사망했다. 이런 소규모 집단 발병의 목록은 아주 길다.

아마 2014년에 처음 출현한 캔자스 주의 한 카운티의 이름을 딴 버번 바이러스(Bourbon virus)야말로 설명하기가 가장 어려운 사례가 아닐까 한다. 그해 봄에 캔자스시티에서 남쪽으로 약 150킬로미터 떨어진 포트 스콧의 건강한 중년 남성인 존 시스테드는 자신의 땅에서 일하다가 진드기에 물렸다는 것을 알아차렸다. 얼마 뒤, 몸이 아프고 열이 나기 시작했다. 증상이 나아지지 않자, 그는 동네 병원에 입원하여 진드기에 물렸을 때 발생하는 감염을 막는 약인 독시사이클린을 투여받았다. 그러나 아무 효과가 없었다. 그 뒤로 하루이틀 사이에 시스테

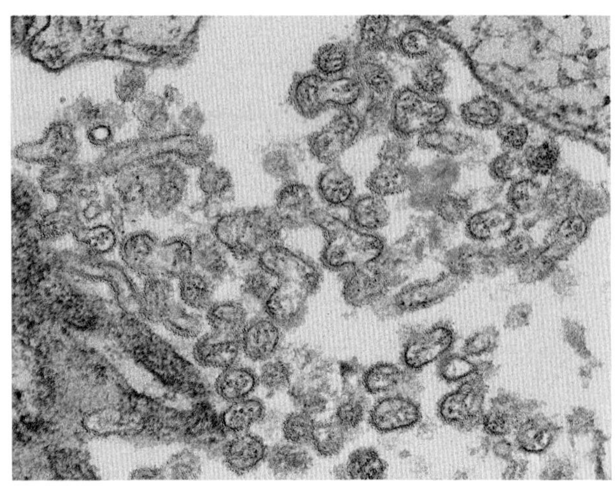

버번 바이러스만큼 수수께끼처럼 발생했다가 사라져서 당혹스럽게 만드는 바이러스는 없을 것이다. 2014년에 처음으로 이 병이 발생한 캔자스 지역의 이름을 땄다. 이 바이러스는 진드기에 물려서 전파되는 듯하며, 오른쪽은 바이러스를 찍은 투과전자현미경 사진이다.

드의 상태는 계속 악화되었다. 이윽고 장기의 기능도 망가지기 시작했다. 11일째에 그는 숨을 거두었다.

버번 바이러스는 완전히 새로운 유형의 바이러스였다. 아프리카, 아시아, 동유럽의 여러 지역에 있는 토고토 바이러스(thogotovirus)라는 집단에서 나왔지만, 이 균주는 완전히 새로운 유형이었다. 그런데 왜 미국의 한가운데에서 갑자기 출현했는지는 수수께끼였다. 시스테드 말고는 포트 스콧, 아니 캔자스 어디에서도 이 병에 걸린 사람이 없었다. 그런데 1년 뒤 약 400킬로미터 떨어진 오클라호마 주에서 한 남성이 같은 병에 걸렸다. 그 뒤로 지금까지 추가로 보고된 사람은 적어도 5명이다. 미국 질병통제예방센터(CDC)는 감염자 수를 이야기할 때에는 신기하게도 입단속을 한다. “2018년 6월 현재, 미국 중서부와 남부에서 한정된 수의 버번 바이러스 감염 사례가 확인되었다”라는 식으로만 말한다. 어떤 질병이 일으킬 수 있는 감염자 수에는 분명히 한계가 없다는 점을 생각하면 다소 기이한 표현방식이 아닐 수 없다. 이 글을 쓰는 현 시점에서 확인된 가장 최근 사례는 58세의 여성인데, 미주리 주 동부의 메라멕 주립공원에서 일하다가 진드기에 물려서 머지않아 사망했다.

훨씬 더 많은 사람들이 이런 모호한 질병들에 걸리지만 증세가 심각하지 않아서 알아차리지 못한 채 넘어가는 것일 수도 있다. CDC의 한 과학자는 2015년 미국 공영 라디오의 기자에게 또다른 수수께끼의 병원체인 하틀랜드 바이러스(Heartland virus)를 언급하면서 이렇게 말했다. “이 바이러스의 감염 여부를 파악하는 검사를 따로 하지 않는 한, 의사들은 모르고 넘어갈 겁니다.” (그런 사례들이 정말로 많다.) 2018년 말 기준으로 하틀랜드 바이러스에 감염되었음이 밝혀진 환자는 약 20명이며, 2009년에 미주리 주 세인트조지프 인근에서 처

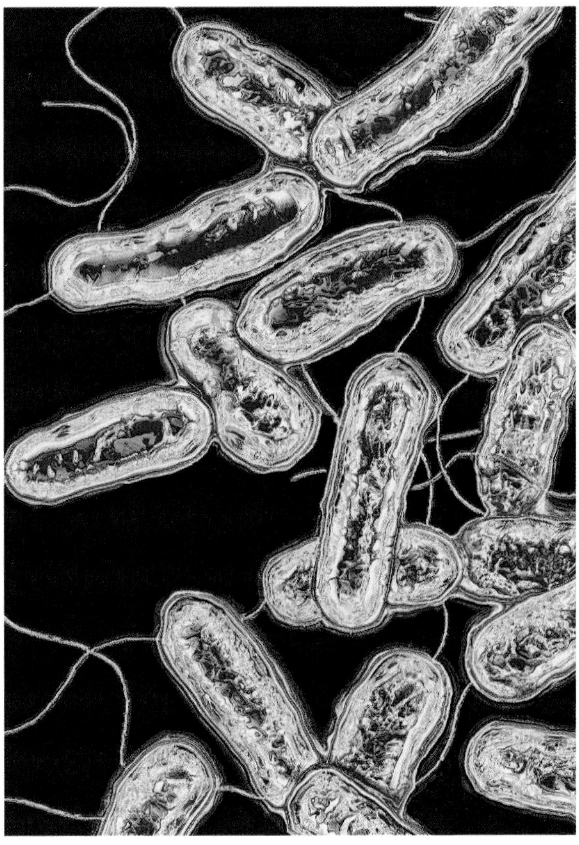

때로는 우리가 호흡하는 공기가 우리를 죽일 수도 있다. 왼쪽은 1976년 레지오넬라균 대발생의 진원지였던 필라델피아의 벨뷰-스트래트퍼드 호텔. 오른쪽은 호텔의 환기 장치를 통해서 퍼진 레지오넬라균.

음 출현한 이래로 감염자 중 정확히 몇 명이 사망했는지는 잘 모른다. 현재 확실히 말할 수 있는 것은, 아무런 관계도 없이 서로 멀리 떨어져 사는 극소수의 운 나쁜 사람들만 이런 감염병에 걸렸다는 것이다.

때로는 새로운 감염병처럼 보이는 것이 전혀 새로운 것이 아님이 드러나기도 한다. 1976년 펜실베이니아 주 필라델피아의 벨뷰-스트래트퍼드 호텔에서 열린 미국 재향군인회 총회에 참석한 대의원들에게 일어난 감염이 바로 그런 사례였다. 그들이 앓아눕기 시작했지만, 아무도 어떤 감염병인지 알아내지 못했다. 곧 많은 사람들이 죽어가기 시작했다. 며칠 사이에 34명이 사망했고, 약 190명이 시름시름 앓았으며, 죽음의 문턱에 다다른 이들도 있었다. 또 한 가지 수수께끼는 감염자들 가운데 약 5분의 1은 호텔 안에 들어오지 않고 그냥 그 앞을 걸어간 사람들이었다는 것이다. CDC의 역학자들은 2년이 걸려서야 범인을 찾아냈다. 레지오넬라속(*Legionella*)의 새로운 세균이었다. 호텔의 환기구를 통해서 퍼졌던 것이다. 불운한 감염자들은 배기구 앞을 걸어가다가 감염되었다.

1965년 미국 워싱턴과 그로부터 3년 뒤에 미시간 주 폰티액에서 일어났던 원

에볼라는 감염성이 터무니없을 정도로 강하다. 피 한 방울에는
에볼라 바이러스 입자 1억 개가 들어 있을 수도 있으며,
그 하나하나는 수류탄만큼 치명적이다.

인 불명의 비슷한 집단 발병 사례 역시 레지오넬라가 일으킨 것이 거의 확실하다는 사실은 훨씬 뒤에야 드러났다. 사실 벨뷰-스트래트퍼드 호텔에서 그보다 2년 전에 오드 메이슨 총회가 열렸을 당시 일부 회원들이 덜 치명적인 유형의 폐렴에 걸린 적이 있다는 것이 드러났다. 그러나 당시에는 사망자가 없었기 때문에 별 주목을 받지 못했다. 지금 우리는 레지오넬라가 토양과 민물에 널리 퍼져 있으며, 레지오넬라병이 대다수가 짐작하는 것보다 훨씬 더 흔해졌음을 안다. 해마다 미국에서 10여 건의 집단 발병이 보고되며, 입원을 해야 할 만큼 앓는 사람이 약 1만8,000명에 달하지만, CDC는 실제로는 더 많을 것이라고 추정한다.

아퀴레이리병에서도 거의 같은 일이 일어났다. 조사를 추가로 진행해보니, 1937년과 1939년 스위스에서 비슷한 집단 발병이 있었고, 1934년 로스앤젤레스에서 일어난 집단 발병도 같은 병일 수 있음이 드러났다. (당시에는 약한 형태의 회색질 척수염이라고 생각했다.) 알려지기 전에도 이미 집단 발병이 있었던 것이다.

어떤 질병이 유행병이 될지 여부는 네 가지 요인에 달려 있다. 즉 얼마나 치명적인가, 새 희생자를 얼마나 잘 찾는가, 격리하기가 얼마나 어려운가, 백신이 얼마나 잘 듣는가이다. 가장 무시무시한 질병은 사실 이 네 가지에 잘 들어맞지 않을 때가 많다. 실제로 질병을 무시무시하게 만드는 그런 특성 자체는 전파 효율을 떨어뜨릴 때가 많다. 예를 들면, 에볼라는 너무나 끔찍해서 감염 지역 주변에 있는 사람들을 달아나게 만든다. 그들은 노출을 피하기 위해서 모든 수단을 강구한다. 게다가 희생자를 금방 무력하게 만드는 바람에, 그 환자들은 대개 남에게 전파하기도 전에 죽고 만다. 에볼라는 감염성이 터무니없을 정도로 강하다. 이 책에 쓰인 "ㅇ"이라는 글자만 한 피 한 방울에는 에볼라 바이러스 입자 1억 개가 들어 있을 수도 있으며, 그 하나하나는 수류탄만큼 치명적이다. 다행히도 전파에 서툴기 때문에 덜 퍼진다.

희생자를 너무 잘 죽이지 않으면서 널리 퍼질 수 있는 바이러스야말로 성공한다. 독감이 그토록 끊임없이 우리를 위협하는 이유가 그 때문이다. 전형적

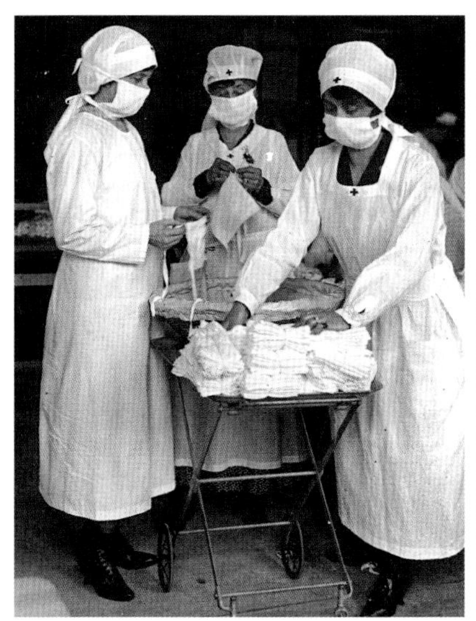

1918년의 마스크와 실외 활동. 왼쪽은 스페인 독감이 전 세계적으로 유행했을 당시, 미국 병사들을 위해서 마스크를 마련하고 있는 적십자 대원들. 오른쪽은 감염 위험을 최소화하기 위해서 실외에서 열린 샌프란시스코 즉결 심판소.

인 독감 바이러스는 먼저 희생자를 감염성을 띠게 하고서 하루쯤 뒤에야 증상을 일으키며, 일주일쯤 앓은 뒤에야 회복되도록 한다. 그 결과 모든 희생자는 감염 매개체가 된다. 1918년의 스페인 독감은 전 세계에서 수천만 명의 목숨을 앗아갔다. 최대 1억 명이라고 추정하기도 한다. 이 독감이 유달리 치명적이어서가 아니라, 전파 능력이 강하게 계속해서 유지되었기 때문이다. 감염자 중 약 2.5퍼센트만이 사망한 것으로 추정된다. 만일 에볼라가 그렇게 지역사회에 공황 상태를 불러일으키지 않는 더 온화한 형태로 돌연변이를 일으켜서, 감염자가 누구도 알아차리지 못한 상태에서 사람들과 어울려 지낸다면, 더욱 효과적으로 전파될 것이다. 그리고 장기적으로 볼 때, 더욱 위험해질 것이다.

그렇지 않다고 안도할 수도 없다. 에볼라는 1970년대에야 공식적으로 알려졌는데, 최근까지도 집단 발병은 고립된 지역에서 일어났다가 금방 사라지는 양상을 띠었다. 그런데 2013년에는 기니, 라이베리아, 시에라리온 3개국으로 퍼져서 2만8,000명이 감염되었고 1만1,000명이 사망했다. 대발생이었다. 항공 여행에 힘입어서 다른 나라들로도 확산될 기회가 몇 번 있었지만, 다행히도 검역을 통해서 격리 조치할 수 있었다. 그러나 언제나 그렇게 운이 좋을 수는 없을 것이다. 고병원성을 띨수록 전파의 가능성은 낮아지지만, 그렇다고 해서 전파되지 않을 것이라고 장담할 수는 없다.*

* 감염병을 이야기할 때 접촉감염성(contagious)과 감염성(infectious)을 대개 혼동하여 쓰지만, 둘 사이에는 한 가지 차이가 있다. 감염병은 미생물을 통해서 옮겨지고, 접촉감염병은 접촉을 통해서 옮겨진다.

이렇게 보면 나쁜 일들이 더 자주 일어나지 않는다는 사실이 오히려 놀랍다. 에드 용은 「애틀랜틱」에 쓴 글에서 조류와 포유류의 바이러스 중에서 종 사이의 장벽을 넘어서 우리를 감염시킬 가능성이 있는 것들이 80만 종류에 달할 수 있다고 추정했다. 엄청난 위험이 도사리고 있는 셈이다.

II

사람들은 반쯤은 농담 삼아서, 인류 역사상 건강에 최악의 영향을 미친 혁신은 농경의 발명이라는 말을 흔히 한다. 재레드 다이아몬드는 "우리가 결코 복구하지 못한 대재앙"이라고 표현했다.

조금 삐딱하게 말하자면, 농경은 식단을 개선한 것이 아니라, 거의 모든 지역

디프테리아의 심각성. 아동은 유달리 이 병에 취약했기 때문에 백신이 개발되기 전까지 많은 피해를 입었다. 백신이 개발되자 당국은 첫돌이 되기 전에 아기에게 백신 접종을 하라고 장려했다. 편도움편도염과 디프테리아를 구별할 수 있도록 돕는 진단 보조 기구도 쓰였다.

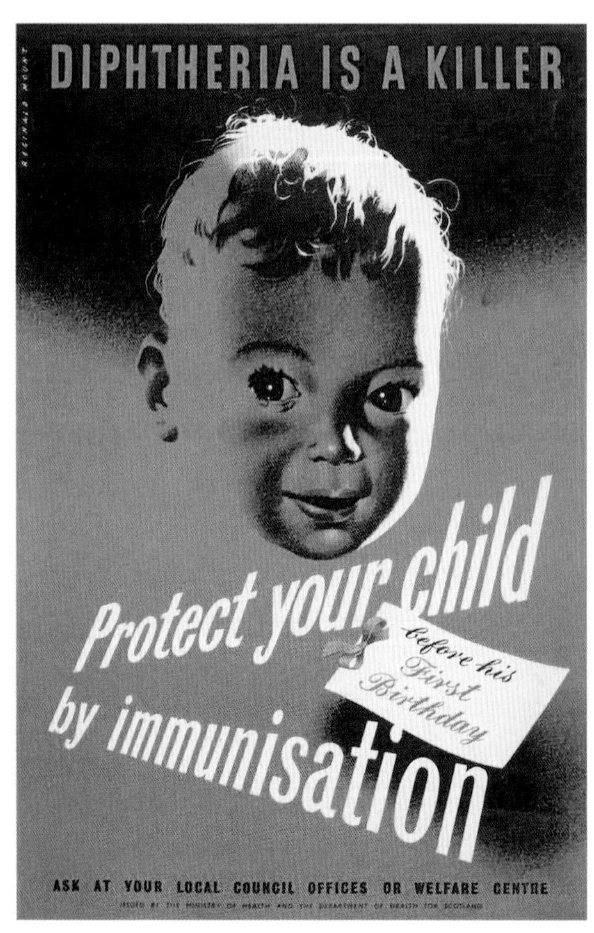

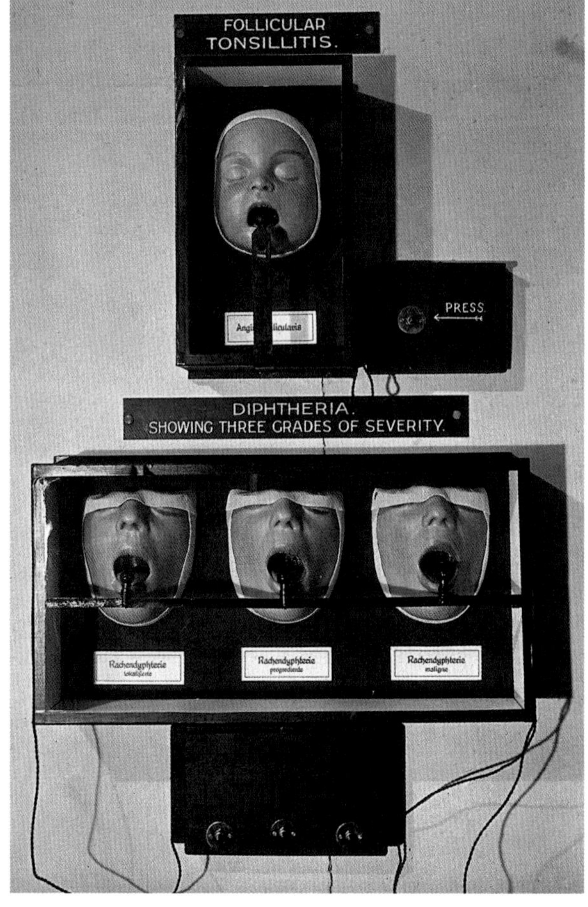

> 농경은 교역과 문자와 문명을 낳았지만,
> 수천 년 동안 충치, 성장 저해, 건강 악화도 가져왔다.

에서 식단을 더 빈약하게 만들었다. 얼마 되지 않는 주식 작물에 집중한 탓에, 인류의 대다수는 적어도 일부 영양소 부족에 시달리게 되었다. 게다가 그 사실을 모를 때도 많다. 또한 길들인 동물들을 늘 가까이에 두고 살다 보니, 그들의 질병이 우리의 질병이 되었다. 한센병, 페스트, 결핵, 장티푸스, 디프테리아, 홍역, 독감은 모두 염소와 돼지와 소 같은 동물들에게서 우리에게로 옮겨진 것이다. 모든 감염병의 약 60퍼센트가 인수감염(zoonotic, 즉 동물에게서 유래)이라는 추정도 나와 있다. 농경은 교역과 문자와 문명을 낳았지만, 수천 년 동안 충치, 성장 저해, 건강 악화도 가져왔다.

우리는 아주 최근까지도 많은 질병들이 우리를 몹시 황폐하게 만들었다는 사실을 잊고 있다. 디프테리아를 예로 들어보자. 백신이 나오기 전인 1920년대까지도, 미국에서 연간 20만 명 이상이 디프테리아에 감염되어서 그중 1만 5,000명이 목숨을 잃었다. 아이들이 특히 잘 걸렸다. 대개 처음에는 열이 조금 나고 목이 아프기 때문에, 감기로 착각하기 쉬웠다. 그러다가 금방 심하게 악화되면서 곧 목에 죽은 세포들이 쌓여서 마치 가죽으로 덮은 듯한 모습이 된다(디프테리아라는 단어는 "가죽"이라는 뜻의 그리스어에서 유래했다). 그러면 숨쉬기가 점점 어려워지며, 서서히 장기가 하나씩 침식당하면서 기능을 잃는다. 곧이어 빠르게 죽음이 찾아오고는 했다. 단 한 차례의 대발생으로 자녀를 모두 잃는 부모도 많았다. 지금은 디프테리아에 걸리는 사례가 아주 드물다. 최근 10년 사이에 미국에서 단 5건뿐이었다. 그래서 의사들이 디프테리아 감염임을 진단하는 데에 오래 걸리기도 한다.

장티푸스도 그에 못지않게 섬뜩한 질병이었고, 적어도 그에 못지않은 고통을 안겨주었다. 프랑스의 위대한 미생물학자 루이 파스퇴르는 당대의 어느 누구보다도 병원균을 잘 이해하고 있었지만, 그도 자녀 5명 중 3명을 장티푸스로 잃었다. 장티푸스(typhoid)와 발진티푸스(typhus)는 이름과 증상이 비슷하지만, 서로 다른 질병이다. 둘 다 세균 때문에 생기고, 극심한 복통과 무력증을 일으키고 심해지면 정신착란으로까지 이어지는 경향이 있다. 발진티푸스는 리케차(Rickettsia)가 일으키고, 장티푸스는 살모넬라(salmonella)가 일으키며 증세가 더 심각하다. 장티푸스에 걸린 사람 중 약 2–5퍼센트는 아무런 증상이 없

아프지 않지만, 그럼에도 치명적인 : 요리사로 일하면서 개인위생에 무심했던 탓에 아주 많은 사람들을 감염시킨 메리 맬런. 사진은 롱아일랜드 해협의 격리시설에 있을 때의 모습으로서 오른쪽에서 네 번째.

으면서 감염성을 띤다. 그래서 그들은 거의 무의식중에, 매우 강력한 매개체가 된다. 그런 보균자들 중에서 가장 유명했던 인물은 메리 맬런이라는 수상쩍은 요리사 겸 가정부였다. 그녀는 20세기 초에 장티푸스 메리라는 악명을 떨치게 되었다.

그녀가 어떻게 성장했는지는 알려진 것이 거의 없다. 활동하던 시절에 그녀는 아일랜드나 영국 출신이라고도 했고, 미국 출신이라고도 했다. 확실히 말할 수 있는 것은 그녀가 젊을 때부터 여러 부유한 가정에서 일했으며, 주로 뉴욕시에서 활동했다는 것이다. 그리고 그녀가 일하러 간 집에서는 반드시 두 가지 일이 일어났다. 사람들이 장티푸스로 앓아눕고, 메리가 갑작스럽게 사라진다는 것이었다. 1907년 유달리 심각한 집단 발병이 일어났을 때, 전파 경로를 추적하던 당국은 그녀도 검사를 했다. 그 과정에서 그녀가 무증상 보균자임이 드러났다. 즉 감염성은 있지만, 증상은 전혀 없는 사람이었다. 그리하여 그런 사람이 있다는 것이 최초로 알려지게 되었다. 그녀가 너무나 위험한 인물이었기 때문에, 당국은 그녀의 의사를 무시하고 3년간 그녀를 보호 구금했다. 그러다가 그녀가 음식을 만드는 일을 결코 하지 않겠다고 약속을 하자 풀어주었다.

그러나 메리는 신용할 만한 인물이 아니었다. 풀려난 지 얼마 지나지 않아 그녀는 다시 주방 일을 하기 시작했고, 많은 가정에 새롭게 장티푸스를 퍼뜨렸다. 그녀는 교묘하게 피해 다니다가 1915년에 맨해튼에 있는 슬로언 여성병원에서 25명이 장티푸스에 걸리면서 발각되었다. 그녀는 가명으로 그곳에서 요리사로 일하고 있었다. 환자 중 2명은 사망했다. 메리는 달아났지만 다시 체포되었고, 이스트 강에 있는 노스브라더 섬에서 23년 동안 가택 연금 상태로 지내다가 1938년에 사망했다. 그녀 때문에 적어도 53명이 장티푸스에 걸려서 그중 3명이 사망한 것으로 확인되었지만, 아마 실제로는 훨씬 더 많았을 것이다. 이 사례가 특히 비극적인 이유는 그녀가 음식을 만지기 전에 손만 잘 씻었어도 불행한 희생자들이 크게 줄었을 수 있기 때문이다.

"Microbe Carriers"-The Newly Discov

People Who Are Fountains of Germs, Scattering Disease and Death A
Their Lives--And the Problem of What to Do With Them.

1915년 7월, 한 신문에 실린 이 "장티푸스 메리" 그림은 무증상 보균자가 얼마나 치명적일 수 있는지를 잘 표현했다.

장티푸스는 지금은 예전보다 덜 걱정스럽지만, 그래도 전 세계에서 해마다 2,000만 명이 넘는 사람들이 감염되며, 어느 통계를 택하느냐에 따라서 달라지기는 하지만 20만–60만 명이 목숨을 잃는다. 미국에서는 한 해에 5,750명이 걸리는 것으로 추정되는데, 그중 약 3분의 2는 해외에서 걸려서 들어오고, 약 2,000명은 미국 내에서 걸린다.

감염병이 가능한 모든 방식으로 악성 행동을 할 때에 어떤 일이 벌어지는지를 상상하고 싶다면, 천연두의 사례를 살펴보면 된다. 천연두는 인류 역사상 가장 지독한 피해를 입힌 질병임이 거의 확실하다. 천연두는 노출되기만 하면 거의 모두 감염되었고, 감염자의 약 30퍼센트가 사망했다. 20세기에만 사망자 수가 약 5억 명에 달한다고 추정된다. 천연두가 얼마나 경악할 감염성을 띠는지를 생생하게 보여주는 사례가 있다. 1970년 파키스탄에 갔다가 독일로 돌아온 한 젊은 여행자가 천연두 감염 증상을 보였다. 그는 병원에 격리되었다. 그런데 어느 날 몰래 창문을 열고는 담배를 한 대 피웠다. 그 짧은 노출로 2층쯤 떨어진 곳에 있던 17명이 감염되고 말았다.

천연두는 사람만 감염시킨다. 그리고 그것이 천연두의 치명적인 약점임이 드러났다. 다른 감염병—특히 독감—은 인류 집단에서는 사라져도 새나 돼지나 다른 동물들의 몸에 잠복해 있을 수 있다. 천연두에는 인류의 박해를 받아서 지구의 점점 더 작은 구석으로 내몰릴 때, 그렇게 물러나서 잠복할 보유숙주가

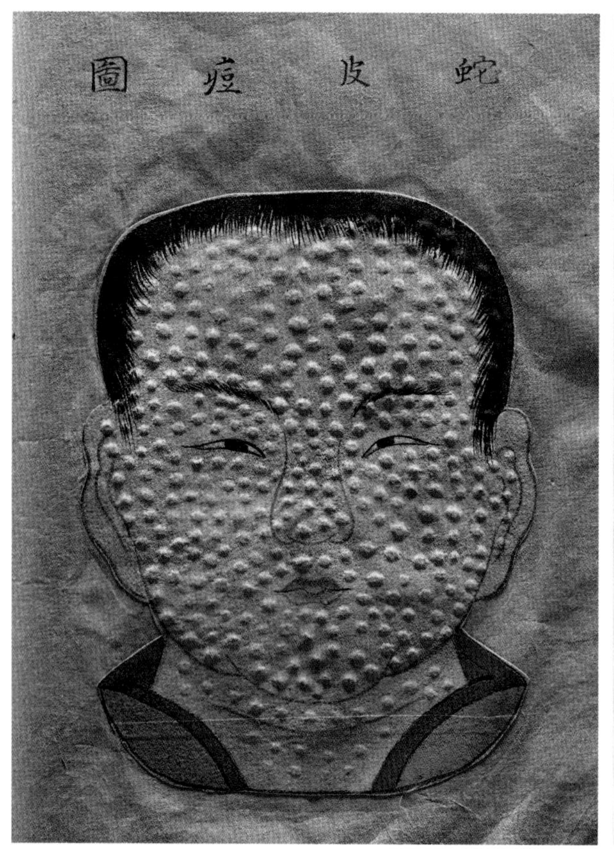

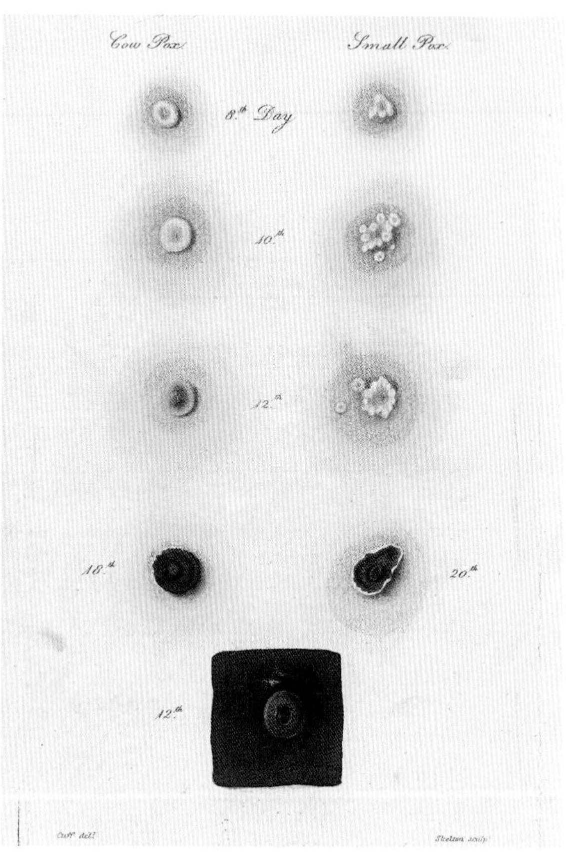

감염성이 매우 높지만, 사람에게만 치명적인 : 왼쪽은 18세기 일본의 문헌에 실린 천연두 그림. 오른쪽은 우두와 천연두의 진행 단계들을 나타낸 그림. 우두는 이윽고 천연두를 물리친 백신 접종의 토대가 되었다.

전혀 없었다. 먼 과거의 어느 시점에 천연두는 인간만 공략하기 위해서, 다른 동물들을 감염시킬 능력을 버렸다. 그들은 상대를 잘못 고른 셈이었다.

지금은 스스로 접하는 것만이 천연두에 감염될 수 있는 유일한 방법이다. 불행히도 실제로 그런 일이 일어난 적이 있었다. 1978년 늦여름의 어느 날 오후, 버밍엄 대학교의 의료영상 촬영기사인 재닛 파커는 머리가 너무 아프다면서 조퇴를 했다. 그런데 곧 증세가 심각해졌다. 열이 펄펄 나고 정신착란 증세도 나타났고, 온몸이 고름물집으로 뒤덮였다. 그녀는 자기 사무실 바로 아래층에 있는 연구실에서 환기관을 통해서 새어나온 천연두에 감염되었다. 그 연구실에서는 헨리 베드슨이라는 바이러스 학자가 아직 연구용으로 허용되어 있던 지구에서 마지막 남은 천연두 표본 중 하나를 연구하고 있었다. 그는 마감시한을 맞추려고 바쁘게 일하다가 표본이 든 병 하나를 깨뜨렸고, 안전조치를 제대로 취하지 않았던 듯하다. 불행하게도 재닛 파커는 감염된 지 약 2주일 뒤에 사망했고, 지구에서 천연두에 걸려 죽은 마지막 사람이 되었다. 사실 그녀는 12년 전에 천연두 백신 접종을 했지만, 그 백신은 효과가 그만큼 오래 지속되지 않는다. 베드슨은 자신의 연구실에서 빠져나간 천연두로 무고한 사람이 죽었다는 사실을 알고서는, 집 뜰에 있는 헛간으로 가서 자살했다. 그러니 어떤 의미에서는 그가 천연두의 마지막 희생자라고 할 수 있다. 파커가 치료를 받았던 병동은 그 뒤로 5년간 봉쇄되었다.

파커가 끔찍한 죽음을 맞이한 지 2년 뒤인 1980년 5월 8일, 세계보건기구는 천연두가 지구에서 박멸되었다고 선포했다. 인간의 질병 중에서 최초이자 지금까지 유일하게 박멸된 사례이다. 공식적으로 천연두 표본은 전 세계에 단 두 곳에만 남아 있다. 미국 조지아 주 애틀랜타에 있는 CDC의 냉동고와 시베리아 노보시비르스크 인근의 한 러시아 바이러스 연구소에 있다. 두 나라는 남은 표본을 없애겠다고 몇 차례 약속했지만, 지키지 않았다. 2002년 CIA는 프랑스, 이라크, 북한에도 아마 표본이 있을 것이라고 주장했다. 우연히 남은 표본이 있는지, 있으면 양은 어느 정도일지 아무도 모른다. 2014년 누군가가 메릴랜드 주 베데스다에 있는 미국 식품의약청의 창고를 뒤지다가 1950년대에 보관한 천연두 병들을 발견했다. 균은 아직 살아 있었다. 그 병들은 폐기되었지만, 그 사례는 우리가 미처 보지 못하고 놓친 표본들이 얼마나 많을지를 떠올리게 하는 계기가 되었다.

천연두가 사라진 지금은 결핵이 지구에서 가장 치명적인 감염병이다. 해마다 150만-200만 명이 결핵으로 사망한다. 결핵도 지금은 거의 잊혔지만, 2세대 전만 해도 정말로 지독한 병이었다. 루이스 토머스는 1978년 「뉴욕 리뷰 오브 북스」에 쓴 글에서, 자신이 의대생이었던 1930년대에는 결핵이 어떤 치료법도 듣지 않는 정말로 가망 없는 병이었다고 회고했다. 누구든 걸릴 수 있었고, 감염을 막기 위해서 할 수 있는 일도 사실상 전혀 없었다. 걸리면, 그것으로 끝이었다. "환자와 가족을 가장 힘들게 하는 부분은 이 병이 사망하기까지 너무나 오래 걸린다는 것이었다. 유일하게 위안이 되는 것은 삶이 거의 끝날 무렵에 찾아오는 스페스 프티시카(*spes phthisica*)라는 신기한 현상이었다. 환자가 갑작스럽게 낙관적이고 희망적이면서, 때로 조금 고양되기까지 한 태도를 보이는 것이다. 이는 최악의 징후였다. 스페스 프티시카는 죽음이 임박했음을 뜻했다."

하늘이 내리는 벌이라고 여겨지던 결핵은 사실 시간이 흐를수록 점점 극성을 부렸다. 19세기 말까지 결핵은 소모병이라고 불렸고, 유전되는 것이라고 간주되었다. 그러다가 1882년 미생물학자 로베르트 코흐가 결핵균을 발견하면서, 의학계는 비로소 결핵이 감염병—그 점은 환자와 보호자에게 더욱

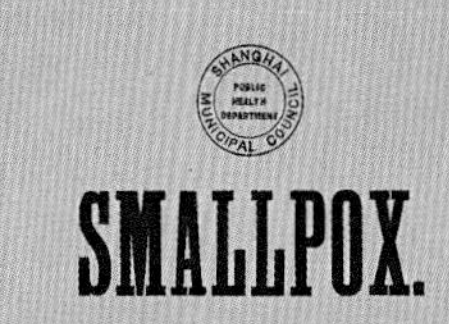

천연두를 막으려는 전 세계의 공중 보건 운동 : 자녀들의 백신 접종을 부모에게 촉구하는 중국 상하이 공공 조계 공중보건부의 포스터(위). 조금 나중에 영국 최고의료 책임자가 내놓은 비슷한 내용의 권고안(아래).

치료가 질병보다 별로 나을 것 없는 사례들도 있었다 : 1926년에 촬영된 사진 속 영국 여성 결핵 환자들이 곡괭이질을 하고 있다. 약해진 허파가 튼튼해진다는 잘못된 믿음 때문이었다.

좋지 않은 소식이었다—이라는 것을 깨달았다. 그 뒤에야 결핵이라는 병명으로 더 널리 불리게 되었다. 전에는 결핵에 걸리면 환자 자신을 위해서 결핵 요양소로 보냈지만, 이제는 내쫓아 격리시킬 더 절박한 이유가 있었다.

거의 어디에서든 간에 환자들은 혹독한 치료를 받았다. 몇몇 시설에서는 의사들이 환자의 호흡량을 줄이기 위해서 가로막으로 가는 신경을 자르거나(이 수술을 가로막 손상이라고 했다), 허파가 완전히 팽창하지 못하도록 가슴 안의 공간에 기체를 집어넣기도 했다. 영국의 프리믈리 결핵 요양소에서는 정반대의 치료법을 시도했다. 환자들에게 손도끼를 주고서 열심히 일하도록 했다. 그러면 약해진 허파가 튼튼해질 것이라고 믿고서 노동을 시킨 것인데, 헛수고였다. 그 어떤 방법을 써도 미미한 차도조차, 아니 나아질 기미조차 없었다. 한편 대부분의 시설에서는 병원균이 허파에서 다른 신체 부위로 퍼지는 것을 막겠다고 환자를 그냥 아주 가만히 있도록 하는 방법을 썼다. 환자는 말하는 것도, 편지를 쓰는 것도, 심지어 책이나 신문을 읽는 것조차도 금지되었다. 혹시나 불필요하게 흥분하게 될까 우려해서였다. 베티 맥도널드는 1948년에 출간

> 세계 인구 3명에 약 1명꼴로 결핵균을 가지고 있지만, 결핵에 걸리는 사람은 그중 아주 적은 비율에 불과하다.

되었지만 지금도 널리 읽히는 인기 있는 저서 『폐결핵과 나(*The Plague and I*)』에서 워싱턴 주의 한 결핵 요양소에서 보낸 경험을 털어놓았다. 그녀를 비롯한 환자들은 한 달에 딱 한 번 10분 동안 자녀를 만날 수 있었고, 배우자나 성인인 방문자는 목요일과 일요일에만 2시간 동안 만날 수 있었다. 환자들은 불필요한 말을 하거나 웃음을 터뜨리는 것도, 노래를 부르는 것도 금지되었다. 깨어 있는 시간 내내 거의 꼼짝하지 않고 누워 있어야 했고, 무엇인가를 집으려고 몸을 굽히거나 팔을 뻗는 것도 금지되었다.

결핵이 현재 대다수 사람들의 관심 밖으로 밀려나 있다면, 그 이유는 연간 150만 명이 넘는 결핵 사망자 중에서 95퍼센트가 소득이 낮거나 중간 수준에 있는 나라들에서 나오기 때문이다. 세계 인구 3명에 약 1명꼴로 결핵균을 가지고 있지만, 결핵에 걸리는 사람은 그중 아주 적은 비율에 불과하다. 그래도 많기는 하다. 미국에서는 연간 약 700명이 결핵으로 사망한다. 런던의 몇몇 자치구는 감염률이 나이지리아나 브라질과 거의 비슷한 수준이다. 더욱 우려되는 점은 새로 결핵에 걸리는 사람 중 10퍼센트가 약물 내성 균주를 지니고 있다는 것이다. 머지않아 약물로 치료할 수 없는 결핵이 유행할 가능성도 얼마든지 있다.

역사적으로 가공할 피해를 입힌 질병들은 완전히 사라지지 않고 여전히 많이 남아 있다. 믿거나 말거나 가래톳페스트(흑사병)도 아직 남아 있다. 미국에서 연간 평균 7명이 감염되는데 대개 그중 한두 명이 사망한다. 그리고 대부분의 선진국에서는 드물지만, 세계 전체로 보면 많은 감염병이 여전히 활개를 치고 있다. 리슈만 편모충증, 트라코마, 요스 등 들어본 사람이 거의 없는 감염병도 많다. 이 3가지와 또다른 15가지 감염병을 묶어서 "소외된 열대 질환(neglected tropical diseases)"이라고 하는데, 전 세계에 10억 명 이상이 앓고 있다. 한 예로, 감염 부위를 기형으로 만드는 림프 사상충증 환자는 1억2,000만 명이 넘는다. 매우 안타까운 사실은 어느 부위가 감염되든 간에 소금에 단순한 화합물을 하나 첨가해서 먹기만 하면 사상충증을 없앨 수 있다는 것이다. 소외된 열대 질환 중에는 이루 말할 수 없이 끔찍한 것들도 많다. 메디나충은 감염자의

의학계의 헌신적인 영웅 4인조. 왼쪽부터 : 테오도어 빌하르츠, 하워드 테일러 리케츠, 제스 러지어, 스타니슬라우스 폰 프로바제크. 모두 질병으로부터 인류를 보호할 방안을 찾다가 그 병에 걸려서 사망했다.

몸속에서 1미터 넘게 자란 뒤에, 피부에 구멍을 뚫고서 밖으로 나온다. 지금까지 나온 치료법은 오직 이 벌레가 기어나올 때에 막대기로 돌돌 감아서 더 빨리 빼내는 것뿐이다.

이런 감염병들에 맞서서 이루어낸 발전들은 힘겹게 해냈다는 말로도 부족하다. 열대의학의 아버지라고 여겨지는 독일의 위대한 기생충학자 테오도어 빌하르츠(1825–1862)의 공헌을 생각해보라. 그는 끊임없이 위험과 맞닥뜨리면서 몇몇 세계 최악의 감염병을 이해하고 정복하는 일에 평생을 바쳤다. 주혈흡충증(schistosomiasis, 현재는 그를 기리기 위해서 bilharzia라고도 부른다)이라는 진정으로 끔찍한 감염병을 이해하고 싶은 마음에 그는 유생 발달의 한 단계인 세르카리아(cercaria)를 배에 붙인 뒤, 며칠에 걸쳐서 그것이 피부를 뚫고 들어가서 간으로 침입하는 과정을 꼼꼼히 기록했다. 그는 그 감염에서는 살아남았지만, 그 직후에 카이로에서 대발생한 발진티푸스를 막으려고 애쓰다가 감염되는 바람에 서른일곱 살을 일기로 사망했다. 리케차를 발견한 미국 연구자인 하워드 테일러 리케츠(1871–1910)도 발진티푸스를 연구하러 멕시코로 갔다가 그 병에 걸려서 사망했다. 동료 미국인인 존스홉킨스 의과대학의 제스 러지어(1866–1900)는 1900년 황열병을 모기가 전파한다는 것을 입증하기 위해서 쿠바로 갔다가 그 병에 걸려서 사망했다. 아마 일부러 감염되었을 것이다. 보헤미아의 스타니슬라우스 폰 프로바제크(1875–1915)는 감염병을 연구하면서 전 세계를 돌아다녔고, 트라코마의 원인균을 발견했다. 그는 독일의 한 교도소에서 집단 발병한 발진티푸스를 조사하다가 1915년에 그 병에 쓰러지고 말았다. 이 목록은 죽 이어진다. 19세기 말에서 20세기 초에 세계의 가장 해로운 감염병들을 정복하고자 애쓰다가 목숨을 잃은 병리학자들과 기생충학자들이야말로 의학계에서 가장 고귀하면서 이타적인 사람들이 아닐 수 없다. 세상 어딘가에

맞은편 : 주혈흡충증을 피하는 방법. 이 병을 조심하라고 경고하는 1945년 미국 전쟁부의 포스터. 테오도어 빌하르츠는 병리학을 이해하고자 스스로 이 병에 감염되었다.

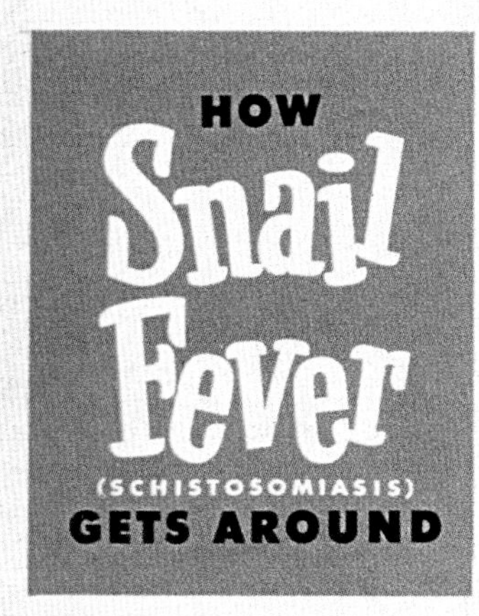

BUT Snail Fever

(SCHISTOSOMIASIS)

CAN BE PREVENTED

WD Poster 8-3c, Dec. 45—"But Snail Fever (Schistosomiasis) Can Be Prevented"

Distribution: Continental: AAF (2); AGF (2); ASF (Dir of Mil Tng) (2); A (1); CHQ (1); D (1); Special Distribution. Overseas: AFPAC, IB & China Theaters only: T of Opns (1); A (1); CHQ (1); D (1); B (1); R (1); Bn (1); AF (1); W (1); G (1); S (1). For explanation of distribution formula, see FM 21-6.

그들을 기리는 기념비가 세워져야 마땅하다.

III

감염병으로 사망하는 사람들이 줄어들자, 다른 많은 질병들이 그 틈새를 비집고 들어왔다. 특히 예전보다 훨씬 더 눈에 띄게 된 두 가지가 있는데, 어느 정도는 우리가 감염병으로 먼저 죽지 않게 됨으로써 나타난 결과이다.

하나는 유전병이다. 20년 전에는 알려진 유전병이 약 5,000가지였다. 지금은 7,000가지에 달한다. 유전병의 수가 늘어난 것은 아니다. 유전병을 찾아내는 우리의 능력이 향상되었을 뿐이다. 때로는 하나의 유전자에 이상이 생겨서 병이 생길 수 있다. 헌팅턴병이 한 예이다. 헌팅턴병은 예전에는 "춤"이라는 그리스어에서 유래한 단어를 써서 헌팅턴 무도병(Huntington's chorea)이라고 했다. 이 병에 걸리면 갑자기 씰룩거리는 움직임을 보이는데, 그 점을 가리키는 너무나 무신경한 별난 명칭이었다. 1만 명에 약 1명꼴로 걸리는 이 병은 사람을 너무나 비참하게 만든다. 대개 30대나 40대에 증상이 처음 나타나며, 불가항력적으로 계속 악화되면서 일찍 죽음을 맞는다. 헌팅틴이라는 단백질을 만드는 HTT 유전자에 일어난 돌연변이가 원인이다. 헌팅틴은 인체에서 가장 크고 가장 복잡한 단백질 중의 하나인데, 우리는 헌팅틴이 왜 있는지 전혀 알지 못한다.

반면에 여러 유전자들이 대개 너무 복잡해서 제대로 이해할 수 없는 방식으로 상호작용하여 유전병을 일으킬 때가 더 많다. 한 예로, 염증성 창자병에 관여하는 유전자는 100개가 넘는다. 또 제2형 당뇨병에 관여하는 유전자는 적어도 40개가 밝혀졌는데, 건강과 생활습관 등 다른 요인들에 관여하는 유전자들을 다 빼고서도 그 정도이다.

대다수의 유전병은 촉발 요인들이 복잡한 양상으로 관여한다. 그것은 원인 파악이 불가능할 때가 많다는 의미이다. 다발경화증을 예로 들어보자. 중추신경계에 일어나는 이 병에 걸리면 서서히 마비가 일어나면서 운동 제어 능력을 상실하게 되며, 거의 언제나 40세 이전에 발병한다. 유전병이라는 것은 분명하지만, 어느 누구도 설명할 수 없는 지리적 요소도 병의 발병에 작용한다. 북유럽인들은 더 따뜻한 기후대에 있는 사람들보다 이 병에 훨씬 더 많이 걸린다. 데이비드 베인브리지는 이렇게 간파했다. "왜 온대기후가 몸이 자신의 척수를 공격하게 만드는지는 그다지 명백하지 않다. 그러나 그 효과는 명백하며, 북쪽 사람이라면 사춘기 이전에 남쪽으로 이사를 가면 위험을 줄일 수 있다는 것도

20년 전에는 알려진 유전병이 약 5,000가지였다.
지금은 7,000가지에 달한다.
유전병의 수가 늘어난 것은 아니다.
유전병을 찾아내는 우리의 능력이 향상되었을 뿐이다.

프랑스의 화가 앙리 툴루즈-로트레크는 다리의 성장이 억제되는 희귀한 유전병을 앓았다.

밝혀졌다." 또한 여성이 훨씬 더 잘 걸리는데, 아직 누구도 그 이유를 알아내지 못했다.

다행히도 대부분의 유전병은 아주 드물며, 거의 사라지다시피 한 것도 있다. 화가인 앙리 드 툴루즈-로트레크는 희귀한 유전병을 앓은 유명인사였다. 그는 피크노디소스토시스(pycnodysostosis)를 앓았을 것으로 추측된다. 툴루즈-로트레크는 사춘기 전까지는 신체 비율이 정상이었지만, 그 뒤로 그의 몸통은 계속 자라서 정상적인 성인의 모습이 된 반면 다리는 성장을 멈추었다. 그래서 그가 서 있으면 마치 무릎을 대고 선 것처럼 보였다. 지금까지 이 장애가 있다고 알려진 사람은 약 200명이다. 희귀병은 2,000명에 1명 이하로 나타나는 병이라고 정의되는데, 거기에는 역설이 하나 있다. 각각의 희귀 유전병에 걸린 사람은 적지만, 다 합치면 많다. 약 7,000가지의 희귀 유전병을 전부 더하면, 선진국 주민 중 17명에 약 1명꼴로 한 가지 병에 걸렸을 정도로 많다. 따라서 그다지 드물지 않다. 그러나 안타깝게도 한 질병에 걸리는 사람들이 아주 소수이기 때문에, 그 병이 연구 대상이 될 가능성이 적다. 희귀병 중 약 90퍼센트는 효과적인 치료법이 전혀 없다.

현대에 들어서 더 흔해졌으며, 우리 대다수에게 훨씬 더 위협적인 두 번째 범주의 질환은 하버드의 대니얼 리버먼이 "불일치 질환(mismatch disease)"이라고 부르는 것이다. 우리의 게으르거나 과도한 현대 생활습관에서 비롯된 질병이다. 개략적으로 말하면, 우리가 수렵채집인의 몸을 지니고 태어났으면서 소파에서 뒹굴거리며 살아간다는 것이다. 건강해지고 싶다면, 우리는 고대 조상들이 했던 방식에 좀더 가깝게 먹고 움직여야 한다. 덩이뿌리를 캐먹고 야생동물을 사냥해야 한다는 말이 아니다. 가공식품과 가당식품의 섭취를 대폭 줄이고, 더 적게 먹고, 더 운동을 해야 한다는 뜻이다. 그렇게 하지 못하기 때문에 아주 많은 사람들이 제2형 당뇨병과 심혈관 질환 같은 병에 걸려서 사망한다. 사실 리버먼이 간파했듯이, 현대 의료가 불일치 질환의 증상들을 치료하는 일을 워낙 잘하는 탓에 우리는 "자신도 모르게 그런 질환의 원인들을 계속 유지하도록" 함으로써 사실상 상황을 악화시키고 있다. 리버먼은 그 점을 통명스럽게 설명한다. "우리는 불일치 질환 때문에 죽을 가능성이 가장 높다." 그는 더욱 냉정한 태도로, 우리를 죽이는 질환들 가운데 70퍼센트는 우리가 좀더 분별 있게 산다면 쉽게 예방할 수 있다고 생각한다.

세인트루이스에 있는 워싱턴 대학교의 마이클 킨치와 만났을 때, 나는 현재 우리에게 가장 위험한 질병이 무엇이라고 생각하는지 물었다. 그는 전혀 망설임 없이 대답했다. "독감입니다. 독감은 사람들이 생각하는 것보다 더 위험해요. 우선 독감은 이미 많은 사람들의 목숨을 빼앗고 있어요. 미국에서만 해마다 약 3만-4만 명이 목숨을 잃어요. 게다가 이른바 '좋은 해'에 그 정도고요. 독감 바이러스는 아주 빠르게 진화해요. 그래서 특히 위험한 겁니다."

매년 2월 세계보건기구와 미국 CDC는 공동으로 다음 독감 백신을 어떻게 만들지를 결정한다. 대개 동아시아에서 벌어지는 일을 토대로 판단한다. 문제는 독감 균주가 극도로 다양하며, 예측하기가 정말로 어렵다는 것이다. 모든 독감이 H5N1형이나 H3N2형 같은 이름이 있다는 것을 알지 모르겠다. 이유는 모든 독감 바이러스의 껍데기에 헤마글루티닌(hemagglutinin)과 뉴라미니다아제(neuraminidase)라는 두 종류의 단백질이 있고, 각각을 H와 N으로 부르기 때문이다. H5N1형은 5번째 유형의 헤마글루티닌과 1번째 유형의 뉴라미니다아제가 결합되어 있는 바이러스라는 뜻이다. 그리고 이 조합은 특히 지독한 독감을 일으킨다. "H5N1형은 흔히 '조류 독감'이라고 말하는 겁니다. 감염자의 50-90퍼센트가 사망하죠. 다행히도 사람 사이에는 전파가 잘 되지 않아요. 금세기에 지금까지 약 400명의 목숨을 앗아갔어요. 감염자의 약 60퍼센트예요. 게다가 돌연변이를 잘 일으켜요."

모든 가용 정보를 토대로, 세계보건기구와 미국 CDC가 2월 28일에 결정을 내리면 전 세계의 모든 독감 백신 제조사들은 그 균주로 백신 생산을 시작한다. 킨치는 이렇게 말한다. "2월부터 8월까지 새로운 독감 백신을 만듭니다. 독감이 유행하는 계절이 왔을 때 대비할 수 있기를 바라면서요. 그러나 진정으로 강력한 새로운 독감이 출현했을 때, 백신이 정말로 표적을 제대로 맞췄다고 보장할 수는 없어요."

Published 3 times a week. Subscription 40c per week. Illustrated Current News, Inc., 902 Chapel Street, New Haven, Conn.

ILLUSTRATED CURRENT NEWS

Entered as second class matter October 20, 1913, at the Post Office at New Haven, Connecticut, under Act of March 3, 1879.

Vol. 1 No. 788
October 18, 1918

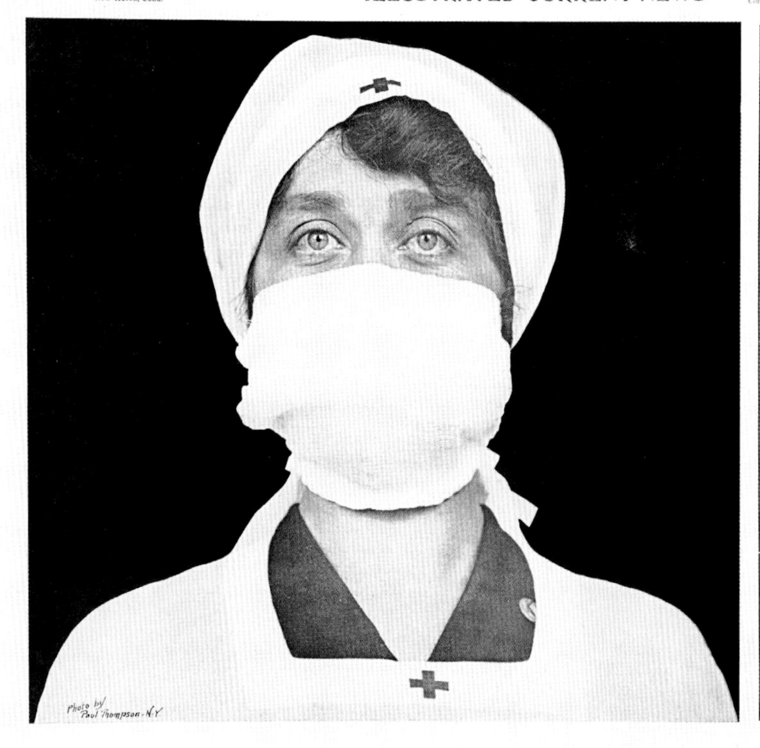

To Prevent Influenza!

Do not take any person's breath.
Keep the mouth and teeth clean.
Avoid those that cough and sneeze.
Don't visit poorly ventilated places.
Keep warm, get fresh air and sunshine.
Don't use common drinking cups, towels, etc.
Cover your mouth when you cough and sneeze.
Avoid Worry, Fear and Fatigue.
Stay at home if you have a cold.
Walk to your work or office.
In sick rooms wear a gauze mask like in illustration.

끊임없이 새로운 균주로 돌연변이를 일으키기 때문에, 인류에게 가장 위험한 감염병으로 남아 있는 독감.

최근 사례를 들면, 2017-2018년 독감 유행 계절에 백신을 접종한 사람들은 그렇지 않은 사람들보다 독감에 걸릴 확률이 겨우 36퍼센트 더 낮았다. 그 결과 미국의 사망자 수가 8만 명으로 추정되었다. 독감 통계로 보면 나쁜 해였다. 킨치는 아이나 젊은이가 대규모로 사망하는 것과 같은 진정으로 재앙 수준의 유행병이 닥친다고 할 때, 설령 백신이 효과가 있다고 할지라도 모든 사람에게 접종할 수 있을 만큼 백신을 빨리 생산하지 못할 것이라고 본다.

"사실 백 년 전에 수천만 명을 죽음으로 몰고 간 스페인 독감이 발생했을 때나 지금이나, 심각한 대발생에 대비가 안 되어 있다는 점에서는 별 다를 바 없어요. 그런 일을 또 겪지 않고 있는 이유는 우리가 경계를 아주 잘 하고 있기 때문이 아닙니다. 그냥 운이 좋았던 거죠."*

* 2019년 12월 코비드-19가 대발생하면서 우리의 운은 다했다. 이 책이 만들어진 2021년 11월까지 500만 명 이상이 이 바이러스로 목숨을 잃었다.

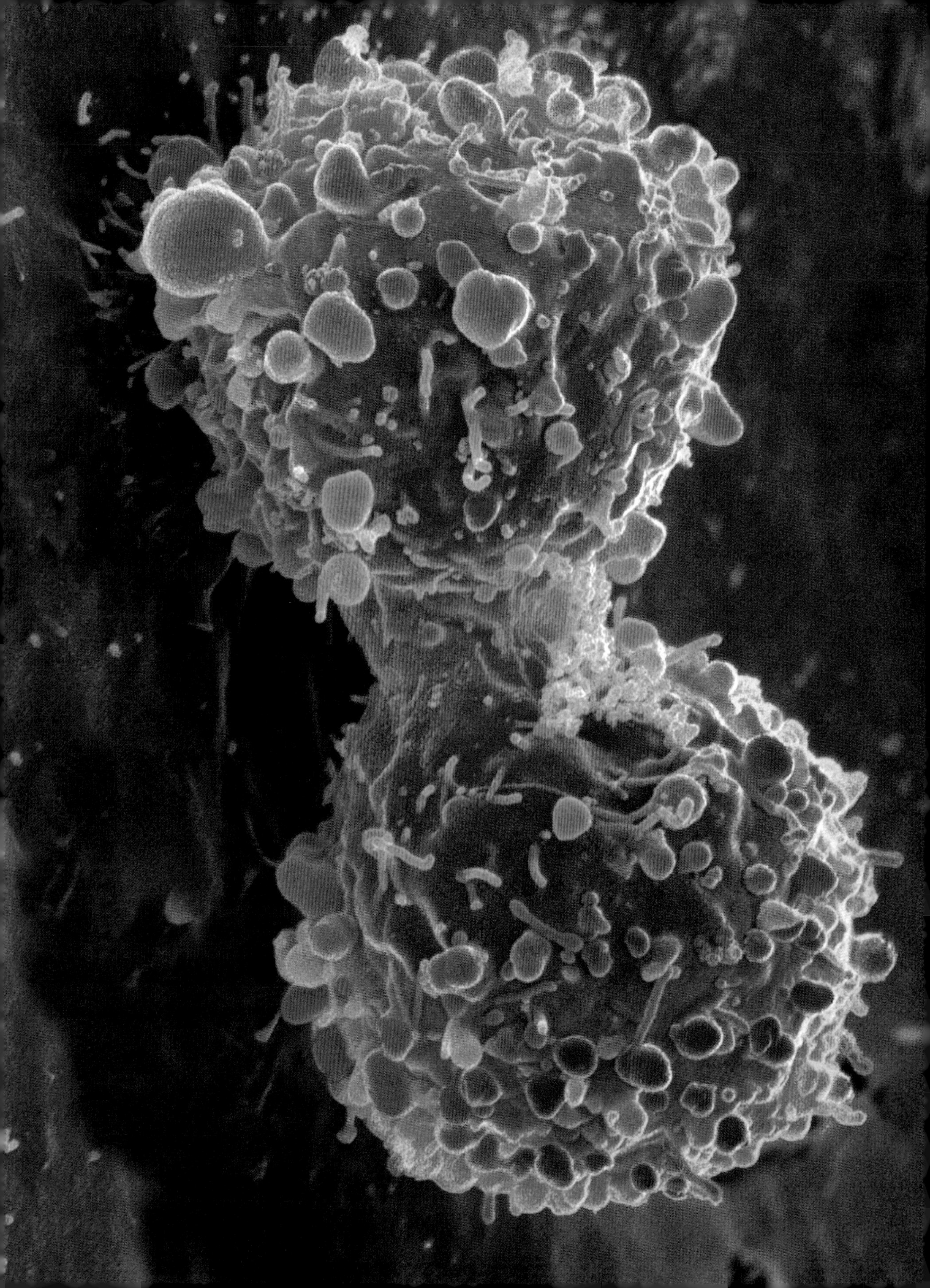

21

일이 아주 잘못될 때: 암

"우리는 몸이다. 몸은 고장이 난다."

톰 러벅

『다음에 알릴 때까지, 나는 살아 있어(*Until Further Notice, I Am Alive*)』

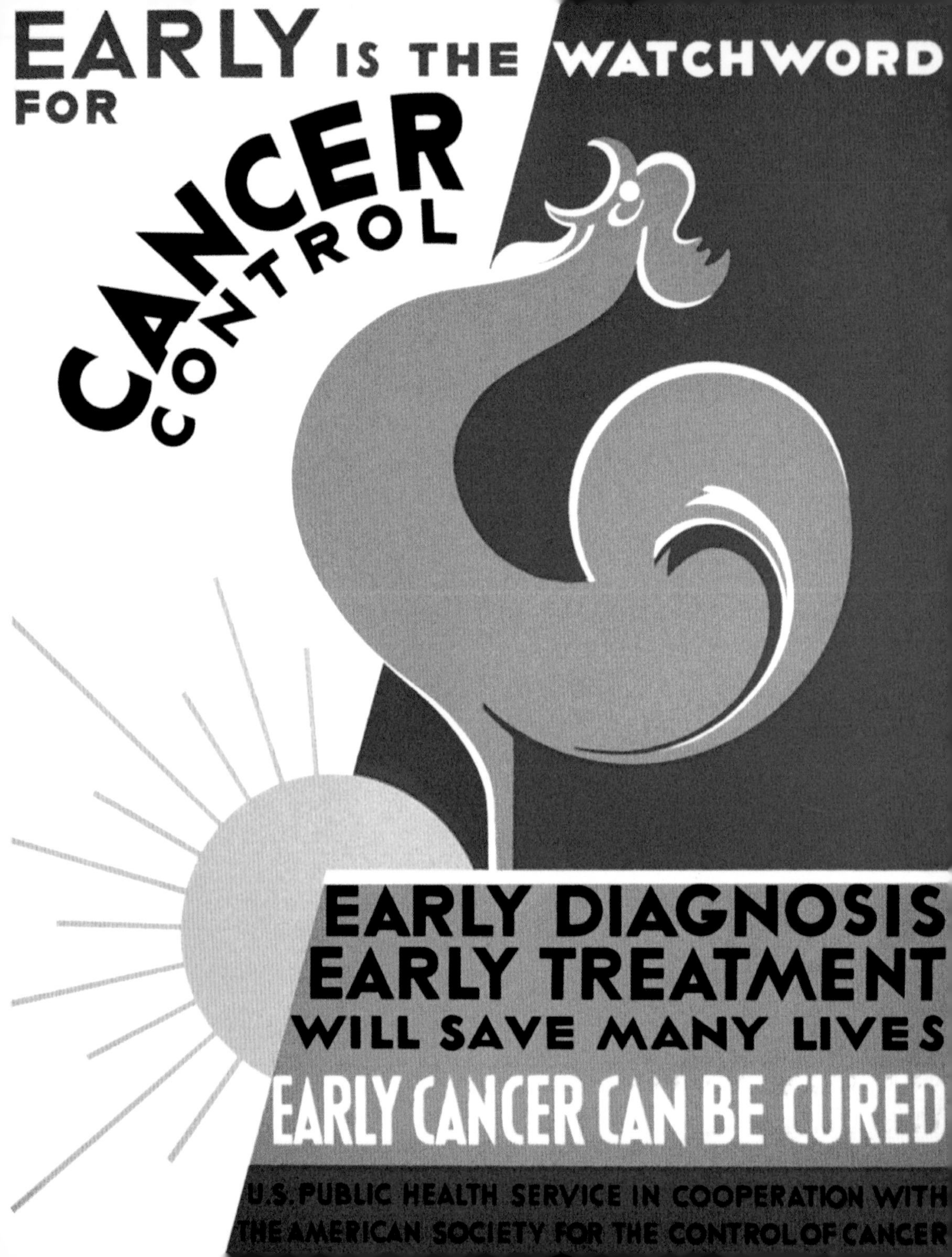
EARLY IS THE WATCHWORD FOR
CANCER CONTROL
EARLY DIAGNOSIS
EARLY TREATMENT
WILL SAVE MANY LIVES
EARLY CANCER CAN BE CURED
U.S. PUBLIC HEALTH SERVICE IN COOPERATION WITH
THE AMERICAN SOCIETY FOR THE CONTROL OF CANCER

I

암은 그 어떤 병보다 우리를 가장 두려움에 떨게 하는 질병이지만, 그 두려움의 많은 부분은 꽤 최근에야 가지게 된 것이다. 1896년 새로 창간된 「미국 심리학 회지(*American Journal of Psychology*)」는 가장 두려운 건강 위기가 무엇이라고 생각하는지에 대한 설문조사를 했다. 암이라는 말은 거의 나오지도 않았다. 디프테리아, 천연두, 결핵이 가장 걱정되는 질병이었지만, 파상풍, 익사, 광견병에 걸린 동물에게 물리는 것, 지진도 보통 사람들이 암보다 더 두려워하는 것이었다.

어느 정도는 그런 두려운 것들 때문에 예전에는 암에 걸릴 만큼 오래 사는 사람이 적었다. 싯다르타 무케르지는 『암 : 만병의 황제의 역사(*The Emperor of All Maladies*)』에서 한 동료가 암의 역사를 이렇게 표현했다고 썼다. "암의 초기 역사는 그 역사를 거의 찾아보기 어렵다는 것이 특징입니다." 암이 아예 없었다는 말이 아니라, 사람들이 암을, 걸릴지도 모를 두려움의 대상으로 보지 않았다는 뜻에 더 가깝다. 그런 의미에서 지금의 폐렴과 조금 비슷하다. 폐렴은 아직도 9번째로 흔한 사망 원인이지만, 폐렴으로 죽을 것이라고 크게 걱정하는 사람은 거의 없다. 우리는 폐렴을 어떤 식으로든 머지않아 삶을 마감하게 될 쇠약한 노인과 연관짓는 경향이 있기 때문이다. 암도 긴 세월 동안 그렇게 생각되었다.*

맞은편 : 1936년 미국의 공중보건 포스터. 암이 두 번째로 중요한 사망 원인이 되었으므로, 조기 진단이 효과적인 치료법이라고 알리고 있다.

앞쪽 : 분열 중인 폐암세포. 두 세포는 세포질 다리를 통해서 잠시 연결된 채로 있다. 암세포는 통제되지 않은 방식으로 빠르게 마구 분열한다. 뭉쳐서 종양을 형성하여, 주변 조직을 파괴하면서 침입하기도 한다.

20세기에 들어오자 상황이 바뀌었다. 1900년부터 1940년 사이에 암은 8번째에서 (심장병 다음으로) 2번째 사망 원인으로 뛰어올랐고, 그 이후로 죽 사망 원인이라고 하면 으레 떠올리는 음울한 병이 되었다. 지금은 인구 중 약 40퍼센트는 생애의 어느 시기에든 암에 걸릴 것이다. 많은, 상당히 많은 사람들은 몸에 암이 생긴 줄도 모르는 상태에서, 다른 요인으로 먼저 사망할 것이다. 한 예로, 남성은 60세 이상은 절반, 70세 이상은 4분의 3이 전립샘암에 걸리지만, 사망할 때까지도 그 사실을 모

암에 걸린 유방을 그린 이 16세기 독일의 그림에는 이렇게 적혀 있다. "유방에 난 게." 게와 암을 연관짓게 된 것은 종양의 모양 때문이라고 한다.

* 원래 "암(cancer)"은 낫지 않는 모든 궤양을 가리켰다. "궤양(canker)"이라는 단어도 어원이 같다. 그 단어의 더 구체적인, 현대적인 의미는 16세기에 등장했다. 그 단어는 "게(crab)"라는 라틴어에서 유래했다. 별자리와 12궁의 게자리(Cancer)에도 같은 단어가 쓰이는 이유가 그 때문이다. 고대 그리스 의사인 히포크라테스가 종양이 게와 비슷한 모양이라고 생각해서 그 이름을 붙였다고 한다.

한마디로 암은 섬뜩하게도 자신을 죽이려고
최선을 다하는 자신의 몸이라고 할 수 있다.
허가받지 않은 자살이다.

른다. 사실 모든 남성은 충분히 오래 살면 전립샘암에 걸린다는 주장도 나와 있다.

20세기에 암은 가장 끔찍할 뿐만 아니라, 큼지막한 낙인이 되었다. 1961년 미국의 의사들에게 설문조사를 했더니, 10명 중 9명은 너무 극심한 수치심과 공포심에 빠질까 우려되어서 환자에게 암에 걸렸다는 사실을 알리지 않는다고 답했다. 비슷한 시기에 영국에서 실시한 설문조사에서는 암 환자 중 약 85퍼센트는 자신이 죽어가고 있는지 여부를 알고 싶다고 답했지만, 의사들의 70-90퍼센트는 알려주지 않겠다고 답했다.

우리는 암을 세균 감염처럼 밖에서 들어오는 것인 양 생각하는 경향이 있다. 사실 암은 전적으로 몸 안에서 일어나는 일이며, 몸이 자기 자신을 공격하는 것이다. 2000년에 학술지 「셀(*Cell*)」에 모든 암세포가 가진 6가지 속성을 나열한 기념비적인 논문이 실렸다.

암은 무한정 분열한다.
암은 호르몬 같은 외부 요인의 지시나 영향을 받지 않은 채 증식한다.
암은 혈관 생성을 동반하는데, 그 말은 암이 몸을 속여서 혈액을 계속 공급하도록 만든다는 뜻이다.
암은 성장을 멈추라는 모든 신호를 무시한다.
암은 세포자멸사(apoptosis), 즉 예정된 세포 죽음을 거부한다.
암은 전이한다. 즉 몸의 다른 부위로 퍼진다.

한마디로 암은 섬뜩하게도 자신을 죽이려고 최선을 다하는 자신의 몸이라고 할 수 있다. 허가받지 않은 자살이다.

네덜란드 위트레흐트에 신설된 프린세스 막시마 소아암 센터의 소아혈액종양학과장 요세프 보르모르는 이렇게 말한다. "암이 전염성이 없는 이유가 바로 그 때문이에요. 암은 자신을 공격하는 자기 자신입니다." 보르모르는 나의 오랜 친구이다. 그를 처음 만난 것은 그가 뉴캐슬 대학교 노던 암연구소 소장으

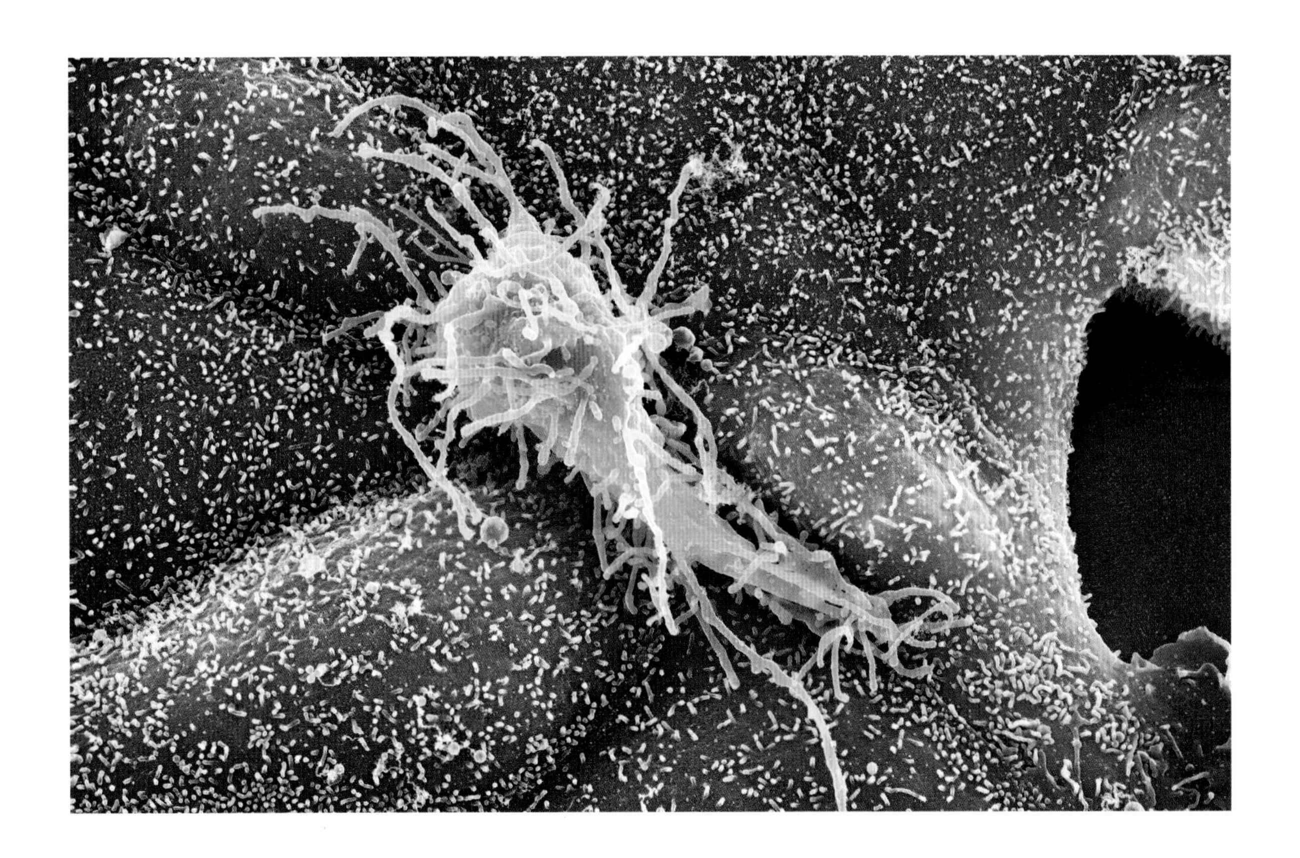

행군 중. 독특하게 털 같은 부속지를 지닌 이 암세포(노란색)는 정상적인 상피세포 층(갈색) 위로 나아가고 있다.

로 재직할 때였다. 그는 2018년 여름 프린세스 막시마 센터가 문을 열기 직전에 그곳으로 옮겼다.

암세포는 마구 증식한다는 점을 빼면 정상 세포와 거의 다를 바 없다. 너무나 정상처럼 보이기 때문에, 몸은 암을 알아차리지 못할 때가 종종 있으며, 그래서 외래 침입자에게 으레 일으키는 염증 반응을 일으키지 않는다. 그래서 대부분의 암은 초기 단계에 통증도 없고 증상도 없다. 종양이 너무 커져서 신경을 누르거나 알아차릴 만큼 덩어리가 커진 뒤에야 비로소 우리는 무엇인가가 잘못되었음을 깨닫는다. 수십 년 동안 조용히 자란 뒤에야 드러나는 암도 있고, 평생 아예 드러나지 않는 암도 있다.

암은 다른 질병들과 전혀 다르다. 때로는 정말로 무자비하게 공격을 가하기도 한다. 암과의 전쟁에서 승리하려면 언제나 지난한 과정을 거쳐야 하며, 그 과정에서 몸 전체가 심한 대가를 치러야 할 때도 많다. 암은 공격을 받으면 후퇴했다가 다시 집결하여 더욱 강력한 형태로 돌아오기도 한다. 암을 물리친 것처럼 보일 때에도, 암은 "잠든" 세포를 남겨둘 수도 있다. 그 세포는 여러 해 동안 휴면 상태로 있다가 깨어나서 활동할 수도 있다. 무엇보다도 암세포는 이기적이다. 본래 사람의 세포는 맡은 일을 한 뒤에, 다른 세포가 지시를 하면 그

명령에 따라서 몸 전체를 위해서 죽음을 맞이한다. 암세포는 그렇지 않다. 암세포는 오직 자신의 이익을 위해서 불어난다.

보르모르는 이렇게 말한다. "암세포는 들키지 않는 쪽으로 진화해왔습니다. 약물로부터 숨을 수도 있어요. 내성이 발달할 수도 있고요. 도와줄 세포들을 끌어들일 수도 있어요. 휴면 상태에 들어가서 상황이 나아질 때까지 기다릴 수도 있고요. 생존하기 위해서 온갖 방법을 동원할 수 있어요."

우리가 최근에야 깨달은 것들 중 하나는 암이 전이하기 전에, 멀리 떨어진 표적 기관에 침략할 교두보를 미리 마련할 수 있다는 것이다. 아마도 어떤 화학적 신호 전달을 이용하는 듯하다. "그 말은 암세포가 다른 기관으로 퍼질 때, 일이 잘 되기를 바라면서 무작정 떠나는 것이 아니라는 뜻이에요. 목적지인 기관에 이미 베이스캠프를 마련하죠. 특정한 암이 왜 특정한 기관으로, 그것도 때로 멀리 떨어져 있는 기관으로 퍼지는지는 오랫동안 수수께끼로 남아 있었어요."

우리가 지금 다루고 있는 대상이 뇌가 없는 세포들이라는 점을 때때로 스스로에게 상기시킬 필요가 있다. 암세포는 악의가 없다. 우리를 죽일 음모를 실행하는 것이 아니다. 그저 모든 세포가 하는, 즉 생존을 하는 일을 하고 있을 뿐이다. "세상은 힘겨운 곳입니다. 모든 세포는 DNA 손상으로부터 자신을 보호하는 데 쓸 다양한 기구들을 갖추는 쪽으로 진화했어요. 세포는 짜인 프로그램에 따라 행동하는 것일 뿐입니다." 아니면 보르모르의 동료인 올라프 하이델라이히가 내게 설명한 대로일 수도 있다. "암은 우리가 진화를 위해 지불하는 대가입니다. 우리 세포가 돌연변이를 일으키지 못하면 우리는 결코 암에 걸리지 않을 겁니다. 대신에 진화도 할 수 없겠지요. 영구히 고착되어 있을 겁니다. 이 말은 진화가 개인에게는 힘겨울 때도 종종 있지만, 전체적으로 종에게는 이롭다는 뜻입니다."

암은 사실 단일한 질병이 아니라, 원인과 예후가 저마다 다른 200가지가 넘는 질병들의 집합이다. 암의 80퍼센트는 상피세포, 즉 피부와 장기의 표면을 덮고 있는 세포에서 생기며, 그런 암을 암종(carcinoma)이라고 한다. 예를 들면, 유방암은 가슴에서 그냥 무작위로 자라는 것이 아니라, 대개 젖샘관에서 시작된다. 상피세포는 자주 빨리 분열하기 때문에 암에 유달리 민감하다고 추정된다. 연결조직에서 생기는 암은 약 1퍼센트에 불과하며, 육종(sarcoma)이라고 한다.

무엇보다도 암은 나이와 관련이 있다. 생후 40세까지 암에 걸릴 확률은 남성은 71명에 1명, 여성은 51명에 1명에 불과하다. 그러나 60세를 넘으면 그 확률은 남성은 3명 중 1명, 여성은 4명 중 1명으로 높아진다. 80세인 사람은 십대보다 암에 걸릴 확률이 1,000배 더 높다.

생활습관도 암에 걸릴지 여부에 영향을 미치는 매우 중요한 요인이다. 일부에서는 암의 절반 이상이 흡연, 과음, 과식 등 우리가 바꿀 수 있는 것들로 인해서 생긴다고 추정한다. 미국 암협회는 과체중과 간, 유방, 식도, 전립샘, 곧은창자, 췌장, 콩팥, 자궁목, 갑상샘, 위 등에 생기는 많은 암의 발병률 사이에 "의미 있는 관계"가 있다고 발표했다. 체중이 정확히 어떻게 그 균형을 한쪽으로 기울이는지는 전혀 밝혀지지 않았지만, 그 점은 확실한 듯하다.

환경 노출도 암의 중요한 원인이다. 아마 대다수가 짐작하는 것보다 더 큰 역할을 할 것이다. 환경과 암이 관련이 있음을 처음으로 알아차린 사람은 영국의 외과의사 퍼시벌 폿이다. 그는 1775년 굴뚝 청소부들에게 음낭암이 유달리 많이 발생한다는 것을 알아차렸다. 사실 유달리 그 직업에서만 발병해서 "굴뚝 청소부 암"이라고 불렸다. 폿은 그들의 비참한 처지를 조사하여『백내장, 코의 폴립, 음낭의 암 등에 관한 외과적 관찰(*Chirurgical Observations Relative to the Cataract, the Polypus of the Nose, the Cancer of the Scrotum, Etc.*)』이라는 책을 펴냈다. 그 책은 암의 환경 요인을 파악했을 뿐만 아니라, 가여운 굴뚝 청소부들에게 연민을 드러냈다는 점에서 독특했다. 그들은 그 힘들고 무심한 시

자신의 시대와 계급에 어울리지 않게 유달리 동정심이 많았던 18세기의 외과의사 퍼시벌 폿은 굴뚝 청소부들이 몹시 열악한 조건에서 일할 뿐 아니라 음낭암에 잘 걸린다는 것을 알아차렸다. 그는 검댕이 생식기 주위에 쌓여서 음낭암이 생긴다고 올바로 파악했다.

현재 전 세계에서 상업적으로 생산되는 화학물질은
8만 종이 넘으며, 그중에 사람에게 어떤 영향을 미치는지
검사를 하지 않은 것이 86퍼센트에 달한다고
추정한 자료가 있다.

대에조차 버려진 집단이었기 때문이다. 폿은 청소부들이 아주 어릴 때부터 "자주 몹시 야만적인 취급을 받았고, 추위와 허기로 거의 굶주려 있었다"고 했다. "좁은 굴뚝 안을 때로는 뜨거울 때 기어올라야 했고, 멍들고 화상을 입고 거의 질식할 지경에 이르곤 했다. 그러다가 사춘기에 이르면, 가장 해롭고 고통스럽고 치명적인 병에 유달리 취약해진다." 폿은 이 암의 원인이 청소부의 음낭 주름에 쌓인 검댕 때문임을 알아차렸다. 일주일에 한 번이라도 잘 씻으면 암이 생기는 것을 막을 수 있지만, 대부분은 일주일에 한 번조차 씻지 못했다. 음낭암은 19세기 말까지도 여전히 사회 문제로 남아 있었다.

환경 요인이 암에 어느 정도 기여를 하는지는 아무도 모른다. 본질적으로 판단하기가 불가능하기 때문이다. 현재 전 세계에서 상업적으로 생산되는 화학물질은 8만 종이 넘으며, 그중에 사람에게 어떤 영향을 미치는지 검사를 하지 않은 것이 86퍼센트에 달한다고 추정한 자료가 있다. 샌디에이고에 있는 캘리포니아 대학교의 피터 도레스타인은 2016년 「케미스트리 월드(*Chemistry World*)」의 기자에게 이렇게 말했다. "사람이 사는 곳에서 가장 풍부한 분자 10가지가 무엇이냐고 물으면, 아무도 대답할 수 없어요." 우리에게 해를 끼칠 만한 것들 중에서 진정으로 폭넓게 연구된 것은 라돈, 일산화탄소, 담배 연기, 석면밖에 없다. 나머지는 대체로 추정뿐이다. 우리는 내화 처리재와 가구의 접착제로 쓰인 많은 포름알데히드를 흡입한다. 또 이산화질소, 다환탄화수소, 준휘발성 유기화합물, 잡다한 입자물질도 생산하고 흡입한다. 음식을 요리하고 촛불을 켜는 것만으로도 몸에 결코 좋을 수 없는 입자물질이 나올 수 있다. 공기와 물에 있는 오염물질이 암에 얼마나 기여하는지는 누구도 말할 수 없지만, 20퍼센트까지도 달할 수 있다고 추정되어왔다.

바이러스와 세균도 암을 일으킨다. 세계보건기구는 2011년에 바이러스로 생기는 암의 발병률이 선진국에서는 6퍼센트이지만, 소득 수준이 낮거나 중간인 나라들에서는 22퍼센트에 달한다고 추정했다. 이 개념은 예전에는 매우 급진적이라고 간주되었다. 1911년 뉴욕 록펠러 연구소의 갓 학위를 딴 연구원인 페

이턴 라우스는 바이러스가 닭에게 암을 일으킨다는 것을 발견했다. 그러나 거의 모든 연구자들은 그의 발견을 헛소리라고 치부했다. 반박과 심지어 조롱까지 쏟아지자, 라우스는 포기하고 다른 연구로 돌아섰다. 그로부터 무려 50년이 더 지난 1966년에야 그에게 노벨상이 주어짐으로써, 그의 발견이 옳았음이 공식적으로 인정을 받았다. 지금 우리는 병원체가 자궁암(사람유두종 바이러스), 몇몇 유형의 버킷림프종과 간암, 그밖의 몇몇 암의 원인임을 안다. 모든 암 가운데 4분의 1이 병원체 때문에 생길 수 있다고 추정하는 사람들도 있다.

때로 암은 잔인할 정도로 무작위적인 듯이 보인다. 폐암에 걸리는 남성의 약 10퍼센트와 여성의 15퍼센트는 흡연자가 아니며, 자신이 아는 한 위험을 증가시킬 다른 어떤 알려진 환경 위해 요인에도 노출된 적이 없다. 그냥 너무나도 운이 나쁜 사람처럼 보인다. 그러나 그 불운이 인생사를 가리키는 것인지 유전자를 가리키는 것인지는 말하기가 어렵다.*

어쨌거나 모든 암에는 공통점이 하나 있다. 바로 치료가 어렵다는 것이다.

늦게라도 받는 편이 낫다 : 페이턴 라우스는 젊을 때 중요한 발견을 했지만, 의학계로부터 외면을 받았다. 반세기 뒤에야 비로소 공로를 인정받아서 노벨 의학상을 수상했다.

II

1810년 프랑스에서 지내고 있던 영국의 소설가 패니 버니는 쉰여덟에 유방암에 걸렸다. 이 소식이 얼마나 끔찍한 것인지 지금으로서는 거의 상상하기가 불가능하다. 200년 전에는 모든 유형의 암이 다 끔찍했지만, 유방암은 더욱더 그랬다. 환자들은 대부분 여러 해 동안 지독한 고통에 시달렸고, 종양이 서서히 유방을 잠식하여 유방에 구멍이 뻥 뚫려서 그곳에서 악취 나는 곪은 체액이 스며나오는 이루 말할 수 없이 거북한 일이 벌어지는 바람에, 남들 심지어 가족과도 함께 있지 못하게 될 수도 있었다. 수술만이 유일한 치료법이었지만, 마취제가 등장하기 전이었기 때문에 수술을 받는 것도 적어도 암 자체만큼이나 고통

* 예리한 독자는 이 비율들을 전부 더하면 100퍼센트가 넘는다는 사실을 알아차릴 것이다. 어느 정도는 이 비율들이 추정값 — 추측이나 다름없는 것들도 있다 — 이며, 출처가 저마다 다르기 때문이고, 또 어느 정도는 이중 또는 삼중으로 집계되었기 때문이기도 하다. 한 예로, 퇴직한 석탄 광부들의 치명적인 폐암은 작업 환경 때문일 수도 있고, 40년 동안 담배를 피웠기 때문일 수도 있고, 둘 다일 수도 있다. 암의 원인을 그저 추측만 할 수 있는 사례들도 많다.

incision. A silence the most profound ensued, which lasted for some minutes, during which, I imagine, they took their orders by signs, & made their examination—Oh what a horrible suspension!—I did not breathe—& M. Dubois tried vainly to find any pulse. This pause, at length, was broken by Dr. Larry, who, in a voice of solemn melancholy, said "Qui me tiendra ce sein?—"

No one answered; at least not verbally; but this aroused me from my passively submissive state, for I feared they imagined the whole breast infected—feared it too justly,—for, again through the cambric, I saw the hand of M. Dubois held up, while his fore finger first described a straight line from top to bottom of the breast, secondly a Cross, & thirdly a circle; intimating that the Whole was to be taken off. Excited by this idea, I started up, threw off my veil, &, in answer to the demand "Qui me tiendra ce sein?" cried "C'est moi, Monsieur!" & I held my hand under it, & explained the nature of my sufferings, which all sprang from one point, though they darted into every part. I was heard attentively, but in utter silence, & M. Dubois then replaced me as before, &, as before, spread my veil over my face. How vain, alas, my representation! immediately again I saw the fatal finger describe the Cross—& the circle—Hopeless, then, desperate, & self-given up, I closed once more my Eyes, relinquishing all watching, all resistance, all interference, & sadly resolute to be wholly resigned.

My dearest Esther,—& all my dears to whom she communicates this doleful ditty, will rejoice to hear that this resolution once taken, was firmly adhered to, in defiance of a terror that surpasses all description, & the most torturing pain. Yet—when the dreadful steel was plunged into the breast—cutting through veins—arteries—flesh—nerves—I needed no injunctions not to restrain my cries. I began a scream that lasted unintermittingly during the whole time of the incision—& I almost marvel that it rings not in my Ears still! so excruciating was the agony. When the wound was made, & the instrument was withdrawn, the pain seemed undiminished, for the air that suddenly rushed into those delicate parts felt like a mass of minute but sharp & forked poniards, that were tearing the edges of the wound—but when again I felt the instrument—describing a curve—cutting against the grain, if I may so say, while the flesh resisted in a manner so forcible

패니 버니의 수술에 성공한 외과의사 앙투안 뒤부아.

앞쪽 : 1810년 마취 없이 유방 절제수술을 받은 소설가 패니 버니. 자매에게 그 끔찍한 경험을 털어놓은 편지의 일부.

스럽고 괴로운 일이었을 뿐 아니라, 수술에서 살아남는 사람도 드물었다.

버니는 유방 절제수술을 받는 것만이 그나마 생존할 가능성이 있다는 말을 들었다. 그녀는 자매인 에스더에게 "말로 표현할 수 없는 공포"에 사로잡혀 있다고 편지를 썼다. 지금 읽어도 그 고통이 느껴진다. 9월의 어느 날 오후 버니의 외과의사 앙투안 뒤부아가 조수 6명을 데리고 그녀의 집으로 왔다. 4명은 의사였고 2명은 학생이었다. 이미 의사들이 일할 수 있도록 침대를 방 한가운데로 옮기고 주변의 물건들을 치운 상태였다.

버니는 자매에게 수술 장면을 꼼꼼히 적어 보냈다. "뒤부아 씨는 나를 매트리스에 눕힌 뒤, 삼베 손수건을 얼굴에 덮었어. 그런데 손수건이 얇아서 바깥이 다 보였지. 남자 일곱 명과 내 간호사가 곧 침대를 둘러쌌어. 몸을 묶겠다고 하기에 싫다고 했어. 손수건 너머가 환해서 윤이 나는 강철 칼이 빛나는 것이 보였어. 나는 눈을 감았지……섬뜩한 칼이 유방으로 파고들었어. 정맥과 동맥, 살, 신경을 잘라냈어. 비명을 지르고 싶으면 지르라는 말을 들을 필요조차 없었어. 나는 비명을 지르기 시작했는데, 절개하는 내내 쉴 새 없이 질러댔어. 그 소리가 아직까지 귀에 남아 있지 않다는 게 의아할 정도라니까. 그 정도로 견딜 수 없을 만큼 고통스러웠어…… 칼이 곡선을 그리면서 살을 베어내는 것이 느껴졌어. 의사의 손을 지치게 할 만큼 살이 아주 강하게 저항했나봐. 의사는 어쩔 수 없이 오른쪽에서 왼쪽으로 방향을 바꿨어. 그 뒤에 난 내가 죽은 게 틀림없다고 생각했어. 더 이상 눈을 뜰 시도조차 안 했지."

이윽고 그녀는 수술이 끝났다고 생각했다. 그러나 뒤부아는 유방에 아직 붙어 있는 종양을 보았다. 그래서 다시 잘라내기 시작했다. "오 맙소사! 칼이 가슴뼈에 닿아서 사각거리는 것이 느껴졌어. 긁어내고 있었어!" 의사는 할 수 있는 만큼 다했다고 확신할 때까지 몇 분에 걸쳐서 근육과 병든 조직을 베어냈다. 버니는 이 마지막 단계에서는 아무 소리도 내지 않고 견뎠다. "정말로 소리 없는 고문이었지."

수술은 총 17분 30초 동안 진행되었지만, 패니 버니에게는 영원처럼 느껴졌을 것이 틀림없다. 놀랍게도 수술은 성공했다. 버니는 29년을 더 살았다.

비록 19세기 중반에 마취제가 등장하면서 수술의 직접적인 고통과 공포를 상

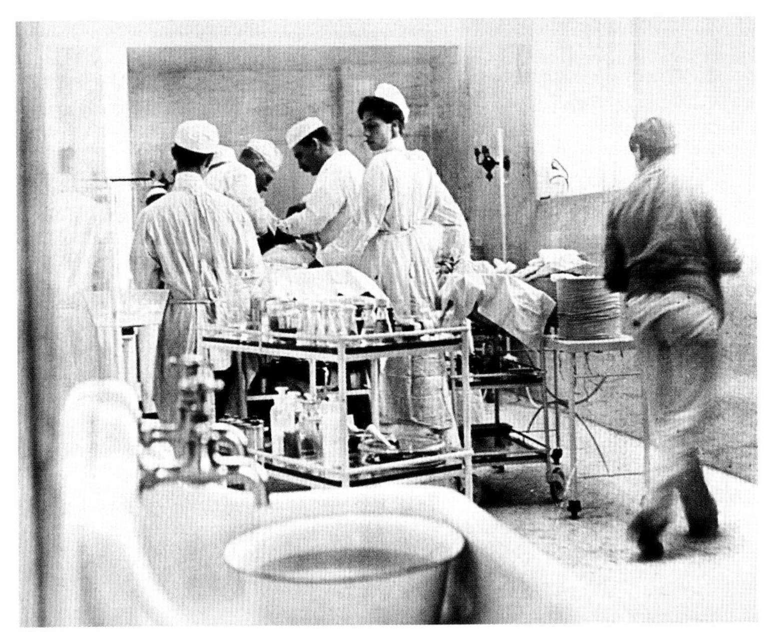

윌리엄 스튜어트 핼스테드. 왼쪽은 20세기 초에 부집도의인 존 피니와 함께 수술하는 모습. 그는 근치유방 절제술이라는 유방암 수술법을 개척했는데, 안타깝게도 암이 퍼지는 방식을 잘못 이해함으로써 나온 방법이었다. 그는 평생 코카인과 모르핀에 중독되어 있었지만, 오른쪽 사진이 보여주듯이 꽤 오래 살았다.

당히 없앨 수 있었지만, 유방암 치료는 현대로 넘어오면서 더욱 야만적인 양상을 띠었다. 그리고 그 흐름을 거의 독불장군처럼 주도한 사람이 있다. 바로 현대 외과의 역사에서 가장 유별난 인물에 속하는 윌리엄 스튜어트 핼스테드(1852–1922)였다. 뉴욕의 부유한 사업가의 아들로 태어난 핼스테드는 컬럼비아 대학교에서 의학을 공부했고, 졸업하자마자 곧 유능하면서 혁신적인 외과의사로서 두각을 나타냈다. 제8장에서 말했듯이, 그는 대담하게 쓸개 수술을 최초로 시도한 사람 중 한 명이었다. 뉴욕에 있는 자택의 주방 식탁에 어머니를 눕혀놓고 수술했다. 또 그는 뉴욕에서 막창자꼬리 절제수술도 최초로 시도했고(환자는 사망했다), 미국 최초로 수혈에 성공한 사람 중 한 명이기도 했다. 출산 뒤에 심한 출혈을 겪은 여동생 미니에게 수혈했다. 동생이 거의 죽기 직전에 이르자, 핼스테드는 자기 팔에서 피를 약 1리터 뽑아서 동생에게 수혈함으로써 목숨을 구했다. 혈액형이 맞아야 한다는 사실을 아무도 몰랐던 시대였지만, 다행히도 두 사람의 혈액형은 들어맞았다.

핼스테드는 1893년에 설립된 볼티모어의 존스홉킨스 의과대학의 첫 외과 교수가 되었다. 그곳에서 다음 세대의 최고의 외과의사들을 길러냈고, 수술 기법에서 많은 탁월한 혁신을 이루었다. 무엇보다도 그는 수술 장갑을 발명했다. 그는 학생들에게 수술 환자의 보호와 위생 측면에서 가장 엄격한 기준을 지키라고 귀에 못이 박히도록 강조한 인물로도 유명해졌다. 그 접근법은 미국 전역에 대단히 큰 영향을 미쳤고, 곧 "핼스테드 기법"이라고 알려지게 되었다. 그래

암은 사실 단일한 질병이 아니라,
원인과 예후가 저마다 다른 200가지가 넘는
질병들의 집합이다.

서 그는 흔히 미국 외과의 아버지라고 불린다.

헬스테드가 이룬 성과가 더욱 놀라운 이유는 그가 의사로서 산 세월의 상당 기간에 걸쳐서 마약 중독자였기 때문이다. 통증을 줄여줄 방법을 찾다가 그는 자기 몸에 코카인을 투여하는 실험을 했고, 곧 스스로도 어쩔 수 없이 중독되었다. 중독이 점점 심해짐에 따라, 그는 눈에 띄게 더 절제하는 태도를 보이게 되었다. 동료들은 대체로 그가 그저 더 깊이 심사숙고하고 있다고 생각했다. 그러나 글에서는 그가 조증을 앓고 있음이 드러난다. 그가 어머니를 수술한 지 겨우 4년 뒤인 1885년에 쓴 논문의 첫머리를 보자. "외과의사들이, 그리고 그토록 많이, 불신을 받지 않으면서, 대다수에게, 특히 그들에게 국소 마취제로서, 매력적이라고 확실히 입증되었다고 설령 선언되지는 않았다고 해도, 가정되었던 여겨져왔던 것에 거의 아무런 관심도 보일 수 없었던 이유를, 대단히 많은 가능성 중 무엇인가가 가장 잘 설명할 수 있을지에 관해서 개의치 않지도 않았거나, 이해하기 위해 애타하지도 않았든 간에, 어쨌든 나는 이 상황을 생각하지 않으며, 아니 어떤 의무감에서……." 이런 식으로 요점이 무엇인지 전혀 알 수 없는 말이 몇 줄 더 이어진다.

헬스테드는 마약의 유혹에 빠지지 않고 마약을 끊으려고 카리브 해의 크루즈 선에 올랐지만, 배의 약장에서 마약을 찾다가 그만 걸리고 말았다. 그 뒤에 로드아일랜드의 한 시설에 들어갔는데, 의사들이 그의 코카인 의존성을 줄여보겠다고 대신에 모르핀을 투여했다. 결국 그는 두 가지 마약에 다 중독되었다. 그는 삶이 다할 때까지 마약에 완전히 중독되어 살았지만, 고위직 한두 명을 빼고는 거의 누구도 눈치채지 못했다. 그의 아내도 중독자가 되었다는 증거가 얼마간 있다.

1894년 메릴랜드에서 열린 한 학술대회에서, 중독 증세가 정점에 달한 상태에서 그는 자신의 가장 혁신적인 개념을 제시했다. 근치유방 절제술(radical mastectomy)이라는 개념이었다. 헬스테드는 유방암이 식탁보에 엎지른 포도주처럼 바깥으로 방사상으로 뻗어나가며, 따라서 종양뿐 아니라 그 주변 조직까지 가능한 한 모조리 제거하는 것이 유일하게 효과적인 치료 방법이라고 잘못 믿었다. 근치유방 절제술은 수술이라기보다는 발굴이었다. 유방 전체를 들어냈을 뿐만 아니라, 가슴 근육, 림프절, 때로는 갈비뼈까지 주변 조직들도 전부 제거했다. 당장 사망으로 이어지지 않는다면, 떼어낼 수 있는 것들은 모조리 제거했다. 너무나 많은 부위를 제거하는 바람에 절개 부위를 다시 덮을 방법이 없어서 허벅지에서 피부를 크게 떼어내 이식해야 했다. 그 결과 혹사당한 가여운 환자는 고통이 더 늘어나고 흉터 부위도 더 커졌다.

그래도 수술 결과는 좋았다. 핼스테드에게 수술을 받은 환자 중 약 3분의 1은 적어도 3년 동안 생존했다. 다른 암 전문의들에 비하면 엄청나게 높은 생존율이었다. 덕분에 악취와 고름이 밖으로 스며나오는 바람에 사람들을 꺼리고 집에 틀어박혀 있어야 했던 많은 유방암 환자들이 적어도 몇 달 동안은 마음 편안한 삶을 누릴 수 있었다.

영국의 외과의사 스티븐 패짓. 핼스테드를 비롯한 이들은 암이 얼룩처럼 퍼진다고 가정했는데, 그는 암이 사실은 먼 거리를 옮겨다닌다는 것을 발견했다. 안타깝게도 이 발견은 약 한 세기 동안 거의 외면당했다.

그러나 모두가 핼스테드의 방식이 옳다고 확신한 것은 아니었다. 영국 외과의사 스티븐 패짓(1855-1926)은 유방암 환자 735명을 조사해서 암이 얼룩이 번지는 식으로 퍼지는 것이 아니라, 동떨어진 자리에서 갑자기 나타나는 양상을 띤다는 것을 알아냈다. 유방암이 간으로, 게다가 간의 특정한 부위로 옮겨가는 사례가 아주 많았다. 패짓의 발견은 옳았으며 반박의 여지가 없었지만, 거의 100년 동안 누구도 관심을 보이지 않았다. 그리고 그 사이에 수만 명의 여성들이 불필요하게 많은 조직을 떼어내어 흉한 모습으로 살아야 했다.

그 사이에 세계 각지의 의학 연구자들은 다른 암 치료법들을 개발하고 있었다. 대개는 근치유방 절제술에 못지않게 환자에게, 그리고 때로는 치료하는 이들에게 고통을 주는 방법들이었다. 20세기 초에는 프랑스의 마리와 피에르 퀴리 부부가 1898년에 발견한 라듐이 엄청난 화제였다. 라듐에 노출되면 뼈에 축적된다는 것이 일찍부터 알려졌지만, 당시에는 방사선이 몸에 유익하다고 널리 믿었기 때문에 좋은 것이라고 생각했다. 그래서 많은 의약품에 방사성 물질이 마구 첨가되었고, 때로 몹시 파괴적인 결과가 빚어졌다. 처방전 없이 살 수 있던 인기 있는 진통제 라디터(Radithor)는 라듐을 희석한 것이었다. 에벤 M. 바이어스라는 피츠버그의 사업가는 그 약을 강장제로 생각해서 3년 동안 매일 한 병씩 마셨다. 이윽고 그의 머리뼈는 마치 칠판 분필이 빗물에 녹아내리는 것처

사람들은 라듐을 이롭다고 섣불리 가정하고 라디터 같은 약으로 복용했다. 라듐은 담배에 실제로 그 성분이 없음에도 담배 광고에 쓰였다. 사업가 에벤 바이어스는 그 약이 건강에 좋다고 생각해서 상용했다. 한편 시계에 라듐을 칠하는 일을 하는 여성들처럼 어쩔 수 없이 방사선에 노출된 사람들도 있었다.

럼, 서서히 부드러워지면서 녹아내렸다. 턱뼈의 대부분과 머리뼈의 곳곳이 녹아 사라지면서 그는 서서히 끔찍한 죽음을 맞이했다.

직업상 라듐에 노출되어 피해를 입은 사람들도 많았다. 1920년에 미국에서는 무려 400만 대의 라듐 손목시계가 판매되었고, 약 2,000명의 여성이 시계 공장에서 글자판을 칠하는 일을 했다. 붓으로 칠하는 단순하면서 섬세한 작업이었는데, 그들은 두 입술 사이에 붓을 대고 돌려서 그 끝을 뾰족하게 한 뒤 칠을 하곤 했다. 티머시 J. 조겐슨이 탁월한 역사서인 『기이한 발광 : 방사선 이야기(*Strange Glow: The Story of Radiation*)』에 썼듯이, 글자판을 칠하는 여성은 이 과정에서 일주일에 평균 찻숟가락 1개 분량의 방사성 물질을 삼켰다고 추정되었다. 일부 공장에서는 공기에 라듐 먼지가 너무 많이 떠다니는 바람에, 어둠이 깔리면 여성들의 몸이 빛나곤 했다. 곧 앓다가 죽는 여성들이 나타나기 시작한 것도 놀랄 일이 아니었다. 이상하게 몸이 허약해지는 이들도 있었다. 한 여성은 춤을 추다가 저절로 다리가 부러졌다.

방사선 요법에 처음 관심을 가진 사람들 가운데 시카고에 있는 하네만 의과대학의 에밀 H. 그루베(1875-1960)라는 학생이 있었다. 1896년 빌헬름 뢴트겐이 X선을 발견했다고 발표한 지 몇 달 뒤, 그루베는 암 환자에게 X선을 써봐야겠다고 결심했다. 사실 그는 아직 의사 자격증을 따지 못한 상태였다. 그루베가 초기에 치료한 환자들은 모두 금방 사망했다. 어쨌든 그들 모두는 지금 치료를 받는다고 해도 살 가망이 거의 없는 말기 환자들이었다. 그루베는 방사선 조사량을 그저 추측으로 결정했다. 그러나 그 젊은 의대생은 인내심이 많았고, 경험이 쌓이면서 점점 성공 사례가 나타났다. 불행히도 그는 자신의 노출량을 제한해야 한다는 점을 알아차리지 못했다. 1920년대에 그의 온몸에 종양이 생기기 시작했는데, 주로 얼굴에 많았다. 종양들을 수술로 제거하다 보니, 그의 얼굴은 기괴한 모습으로 변했다. 결국 환자들이 그를 기피하는 바람에 그는 더 이상 진료를 할 수 없었다. 티머시 조겐슨은 이렇게 썼다. "여러 차례 수술을 받으면서 외모가 너무나 흉해지자, 1951년 집주인이 아파트를 비워달라고 했다. 다른 주민들이 두려워한다는 이유에서였다."

자신이 매우 중요하다고 생각한 연구를 하다가 병에 걸린 개척자 : 에밀 H. 그루베. X선을 연구하다가 얼굴과 손이 온통 종양으로 뒤덮였음에도 놀라울 만치 유쾌해 보인다.

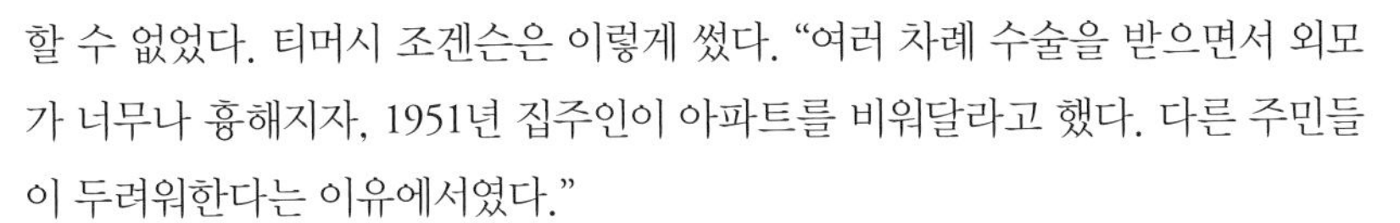

다행히도 때로 좋은 결과가 나오기도 했다. 1937년 사우스다코타 주에 살던 교사이자 주부인 건더 로런스는 복부암에 걸려서 거의 죽음을 앞두고 있었다. 미네소타 주에 있는 메이요 병원의 의료진은 남은 수명이 약 석 달이라고 했다. 운 좋게도 로런스에게는 비범하면서 헌신적인 아들이 둘 있었다. 존은 재능 있는 의사였고, 어니스트는 20세기의 가장 위대한 물리학자 중의 한 명이었다. 어니스트는 버클리에 있는 캘리포니아 대학교에 새로 설립된 방사선 연구소의 소장이었고, 얼마 전에 사이클로트론(cyclotron)을 발명한 상태였다. 사이클로트론은 양성자를 가속시키는 입자 가속기인데, 그 과정에서 방사선이 생성되었다. 사실상 형제는 100만 볼트의 에너지를 생성할 수 있는 미국에서 가장 강력한 X선 발생기를 가지고 있는 셈이었다. 결과가 어찌될지 전혀 확신할 수 없는 상태에서, 그들은 중양성자 광선을 어머니의 배에 쬐었다. 아무도 사람을 대상으로 해본 적이 없는 시도였다. 너무나 고통스러운 경험이었다. 너무나 아프고 괴로운 나머지 어머니는 아들들에게 자신을 그냥 죽게 놔두라고 애원했다. "그 말을 받아들이지 않는 것이 너무 잔인하게 느껴질 때도 있었다." 훗날 존은 그렇게 기록했다. 다행히도 몇 차례 치료를 한 뒤에 어머니의 암은 완화되

방사선 요법의 탄생 : 어니스트 로런스(바닥에 앉은 사람)와 조수 도널드 쿡시가 사이클로트론의 최종 시험을 준비하고 있다.

었고, 그녀는 22년을 더 살았다. 가장 중요한 점은 새로운 암 치료 분야가 탄생했다는 것이다.

한편 뒤늦게야 마침내 방사선의 위험을 우려하기 시작한 것도 버클리의 방사선 연구소에서 이루어진 실험이 계기가 되었다. 일련의 실험을 한 뒤에 장치 뒤쪽에서 생쥐 사체가 발견되었다. 어니스트 로런스는 장치에서 생기는 엄청난 양의 방사선이 인체 조직에 위험할 수도 있겠다는 생각을 품게 되었다. 그래서 보호벽을 만들고 연구자들은 장치가 작동될 때에는 다른 방으로 피했다. 그후 그 생쥐가 방사선 때문이 아니라 질식사했다는 것이 밝혀졌지만, 이미 안전 조치를 취하는 쪽으로 결정이 내려진 상태였기 때문에 다행히도 그대로 실행되었다.

수술과 방사선에 이은 세 번째의 주된 암 치료법인 화학 요법도 마찬가지로 있을 법하지 않은 일을 계기로 발견되었다. 제1차 세계대전 이후로 화학 무기는 국제 조약으로 금지되었지만, 여전히 몇몇 국가들은 화학 무기를 생산하고 있었다. 물론 다른 나라가 쓸 때를 대비한 예방 조치라는 핑계를 대면서였다. 미국은 조약 위반 국가에 속했지만, 당연히 그 사실은 기밀이었다. 그런

머스터드 가스에 노출된 사람들의 백혈구 생산량이 급감했다는 사실이었다. 그렇다면 머스터드 가스를 토대로 일부 암의 치료에 유용한 약물을 만들 수도 있지 않을까?
이런 깨달음으로부터 화학 요법이 탄생했다.

데 1943년 미국 해군의 보급함인 존하비 호가 머스터드 가스(mustard gas) 폭탄을 화물에 숨기고 항해하다가 바리라는 이탈리아 항구에서 독일의 폭격을 받았다. 하비 호가 폭발하면서 머스터드 가스가 구름처럼 피어올라서 넓은 지역으로 확산되었다. 몇 명인지도 모를 많은 사람들이 사망했다. 예기치 않은 일이었지만, 이 사건이 머스터드 가스의 살상 효과가 얼마나 되는지를 조사할 좋은 기회임을 알아차린 미국 해군은, 화학자이기도 한 스튜어트 프랜시스 알렉산더 중령을 현장으로 파견했다. 머스터드 가스가 배의 선원들과 주변 지역 사람들에게 어떤 영향을 끼쳤는지 조사하는 것이 그의 임무였다. 후대의 사람들에게는 다행스럽게도, 알렉산더는 빈틈이 없으면서 열정적인 조사관이었다. 그는 남들이 간과했을 법한 사실을 알아차렸다. 머스터드 가스에 노출된 사람들의 백혈구 생산량이 급감했다는 사실이었다. 그렇다면 머스터드 가스를 토대로 일부 암의 치료에 유용한 약물을 만들 수도 있지 않을까? 이런 깨달음으로부터 화학 요법이 탄생했다.

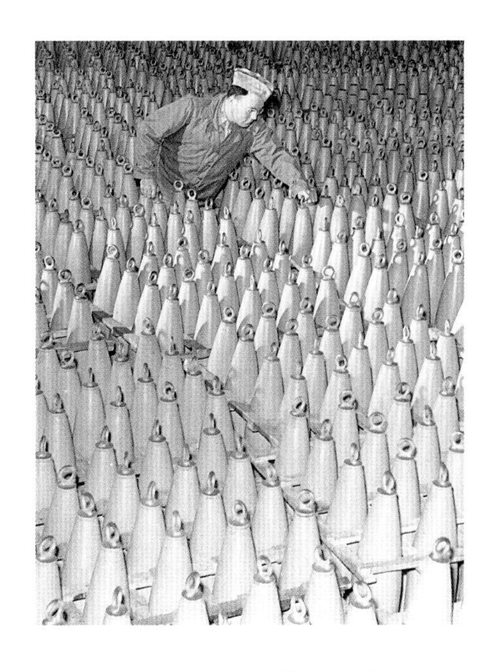

무엇을 가지고 있느냐보다 그것으로 무엇을 하느냐가 더 중요하다 : 제2차 세계대전 당시 미국 육군의 머스터드 가스를 실은 탄두들. 이 가스는 나중에 화학요법의 토대가 되었다.

한 암 전문의는 내게 이렇게 말했다. "매우 놀라운 점은 우리가 지금도 기본적으로 머스터드 가스를 이용하고 있다는 겁니다. 물론 다듬어진 것이지만, 제1차 세계대전 때 군대가 서로에게 쓰던 독가스와 사실상 별 차이가 없습니다."

III

최근의 암 치료법이 얼마나 발전했는지 알고 싶다면, 위트레흐트의 프린세스 막시마야말로 딱 맞는 방문지일 것이다. 이 유럽 최대의 소아암 센터는 전국의 모든 치료와 연구를 한곳에서 하기 위해서, 네덜란드 대학병원 7곳의 소아암과를 하나로 합친 곳이다. 대체로 풍부한 자원을 갖춘 놀라울 정도로 밝고 활기

찬 곳이다. 나는 요세프 보르모르의 안내로 병원을 둘러보았다. 한 무리의 아이들이 꼬마 자동차를 몰고 가는 바람에 우리는 옆으로 비켜서야 했다. 아이들은 머리가 다 빠졌고, 플라스틱 관을 통해서 숨을 쉬었다. 아주 숨 가쁘게 호흡을 했다. "아이들이 자유롭게 돌아다니도록 하고 있어요." 요세프는 즐거운 표정으로 사과했다.

암은 사실 아이들에게는 아주 드물다. 해마다 전 세계에서 1,400만 명이 암이라는 진단을 받는데, 그중 19세 이하는 2퍼센트에 불과하다. 소아암은 약 80퍼센트가 백혈병이며, 그 주된 원인은 급성 림프모구 백혈병이다. 50년 전에는 사망 선고나 다름없었다. 약물로 얼마간은 암을 완화시킬 수 있었지만, 곧 재발했다. 5년 생존율이 0.1퍼센트도 되지 않았다. 지금은 생존율이 약 90퍼센트에 달한다.

1968년 테네시 주 멤피스에 있는 세인트주드 아동병원의 도널드 핀켈이 백혈병에 대한 새로운 접근법을 시도하면서 돌파구가 열렸다. 핀켈은 당시의 표준 치료방식에 따라서 약물을 적당한 용량으로 투여하면, 일부 백혈병 세포가 피신했다가 치료를 끝내면 되돌아올 수 있다고 확신했다. 완화가 언제나 일시적인 양상을 띠는 것이 그 때문이라고 보았다. 그래서 핀켈은 동원할 수 있는 모든 약물을 때로는 섞어가면서 가능한 최대 용량으로 투여하고, 거기에다가 때로 방사선까지 쬐면서 백혈병 세포를 공략했다. 2년까지도 이어지는 혹독한 방법이었지만, 그 치료법은 효과가 있었다. 생존율은 극도로 높아졌다.

요세프는 이렇게 말한다. "우리는 지금도 본질적으로 백혈병 치료의 선구자들이 썼던 접근법을 따르고 있어요. 그 뒤로 우리는 그저 세밀하게 다듬는 일만 한 거예요. 화학 요법의 부작용을 줄이고 감염을 막는 쪽으로 점점 발전해왔지만, 기본적으로는 핀켈이 썼던 방법을 여전히 사용하고 있어요."

자신들이 필요 없기를 바라는 이들 : 요세프 보르모르(맨 오른쪽)가 운영하는 위트레흐트의 프린세스 막시마 센터의 직원들. 2019년 막시마 왕비(가운데)가 방문했을 당시에 찍은 사진.

그리고 그 치료는 모든 사람의 몸에 혹독하며, 아직 자라고 있는 아동의 몸에는 더욱 그렇다. 소아암 사망자 중에서 상당 비율은 암 자체가 아니라 치료 때문에 목숨을 잃는다. 요세프는 이렇게 말한다. "부수적인 피해가 많이 생겨요. 암 치료는 암세포만이 아니라, 많은 건강한 세포에도 영향을 미쳐요." 가장 눈에 띄는 것은 털세포의 손상이다. 그래서 온몸의 털이 다 빠진다. 더 중요한 점은 심장을 비롯한 다른 기관들도 장

기적인 손상을 입는다는 것이다. 화학 요법을 받은 여아는 훗날 더 일찍 폐경이 찾아올 가능성이 높고, 난소의 기능이 상실될 위험도 더 크다. 남녀 모두 생식 능력이 손상될 수 있다. 물론 암의 종류와 치료법에 따라서 크게 다르다.

그래도 대개는 치료를 받으면 호전되며, 소아암만이 아니라 모든 연령의 암이 그렇다. 선진국에서 폐암, 곧은창자암, 전립샘암, 호지킨병, 고환암, 유방암의 사망률은 약 25년 사이에 25-90퍼센트가 줄어들었다. 발병률이 달라지지 않았다고 가정할 때, 지난 30년 사이에 암 사망자 수가 미국에서만 240만 명이 줄어들었다.

많은 연구자들의 꿈은 암이 초기 단계일 때, 혈액이나 소변이나 침의 미세한 화학적 변화를 통해서 그 사실을 알아내는 것이다. 그러면 암을 치료하기가 더 쉬울 수 있다. "문제는 우리가 암을 더 일찍 찾아낼 수 있을 때에도, 그 암이 악성인지 양성인지를 알 수 없다는 겁니다. 우리는 애초에 암이 생기지 않게 예방하기보다는 생긴 암을 치료하는 쪽에 훨씬 더 초점을 맞추고 있어요." 전 세계의 암 연구비 중에서 겨우 2-3퍼센트만이 예방 분야에 쓰인다는 추정값도 나와 있다.

요세프는 시설을 모두 둘러보았을 무렵에 이렇게 말했다. "한 세대 사이에 얼마나 많은 발전이 이루어졌는지 상상도 못 할 거예요. 이 아이들이 대부분 치유되어서 집으로 돌아가 다시 평소처럼 살아가게 되는 것이야말로 세상에서 가장 흡족한 일이지요. 그렇지만 애초에 여기에 올 필요가 없다면 더욱 놀랍지 않겠어요? 그게 바로 우리의 꿈입니다."

22

좋은 의학과 나쁜 의학

의사 : 왜 존을 수술한 거지?
외과의사 : 100파운드 때문에.
의사 : 아니, 내 말은 그가 뭘 얻었냐고?
외과의사 : 100파운드라니까.

「펀치(*Punch*)」 시사만화, 1925년

1
8
2
3
4
4
2
10
14
7
6
14
12
5
4
9
11
13

이 장에서 앨버트 샤츠(1920–2005)의 이야기를 하고 넘어가고 싶다. 우리의 감사 인사를 받아 마땅한 인물임에도, 그렇지 못하기 때문이다. 샤츠는 코네티컷 주의 한 가난한 농가에서 태어났다. 그는 뉴저지 주에 있는 럿거스 대학교에서 토양생물학을 공부했다. 그는 토양에 유달리 열정을 가지고 있었고, 토양에 관해서 무엇을 배우든 간에 적어도 집안의 농사에 도움이 될 것이라고 생각했기 때문이다.

그러나 농사 대신에 그는 수많은 생명을 구하는 데에 기여했다. 1943년 아직 학생이던 그는 새로 발견된 약물인 페니실린에 견줄 만한 새로운 항생제를 토양 미생물로부터 얻을 수 있지 않을까 직감했다. 페니실린은 대단히 유용했지만, 그람–음성(Gram-negative)이라는 세균에는 잘 듣지 않았다. 결핵을 일으키는 세균도 그람–음성균에 속했다. 샤츠는 인내심을 가지고 수백 종류의 토양 미생물을 하나하나 검사했고, 단 몇 달 만에 스트렙토마이신(streptomycin)을 발견했다. 그람–음성균을 없애는 최초의 약물이었다. 그 발견은 20세기에 미생물학계에서 일어난 가장 중요한 돌파구 중의 하나였다.*

샤츠의 지도교수인 셀먼 왁스먼은 샤츠의 발견이 지닌 잠재력을 즉시 알아차렸다. 그는 그 약물의 임상시험을 맡았고, 그 과정에서 특허권을 럿거스 대학교에 양도하는 서류에 샤츠가 서명을 하도록 만들었다. 그런데 그 직후에 샤츠는 왁스먼이 그 발견의 영예를 독차지하고 있으며, 자신이 찬사와 주목을 받아야 할 학술대회와 모임에 참석하지 못하게 막고 있다는 것을 알아차렸다. 또 얼마 뒤에는 왁스먼이 자신의 특허권을 대학 당국에 양도하지 않았으며, 엄청난 특허료를 받고 있다는 것도 알게 되었다. 특허료는 곧 연간 수백만 달러로 늘어났다.

도저히 참을 수가 없었던 샤츠는 결국 왁스먼과 럿거스 대학교를 상대로 소송을 제기했다. 그는 법정 밖 화해를 통해서 특허료의 일부와 공동 발견자의 지위를 돌려받게 되었지만, 그 소송은 그의 경력에

맞은편 : 자기 분야의 온갖 도구들을 갖추고 있는 약제사를 묘사한 18세기의 그림.

앞쪽 : 배양 중인 토양 세균 스트렙토미세스.
이 세균에서 항생제 스트렙토마이신을 얻는다.

아래 : 스트렙토마이신의 발견자였음에도 오랫동안 인정을 받지 못한 앨버트 샤츠(위)와 사실상 그의 발견을 훔치고 수익까지 올린 셀먼 왁스먼(아래).

---

* 그람–음성균과 그람–양성균의 "그람(Gram)"은 무게나 척도와는 아무런 관련이 없다. 덴마크의 세균학자 한스 크리스티안 그람(1853–1938)의 이름에서 따온 것이다. 그는 1884년에 현미경 슬라이드에 놓인 세균을 염색하여, 색깔에 따라서 크게 두 종류로 나누는 방법을 고안했다. 두 균은 세포벽의 두께가 다르며, 항체가 침투하는 속도도 다르다.

한 추정값에 따르면, 20세기의 상당 기간에 걸쳐서 이루어진 지구 전체의 기대수명 증가는 그 이전의 8,000년에 걸쳐 이루어진 증가분과 거의 맞먹는다고 한다.

심각한 지장을 초래했다. 당시 학계는 지도교수에게 소송을 거는 행위를 몹쓸 짓이라고 생각했다. 그래서 오랜 세월 샤츠는 펜실베이니아에 있는 한 작은 농대의 교수직에서 벗어나지 못했다. 권위 있는 학술지들은 그의 논문을 계속 거부했다. 스트렙토마이신의 실제 발견 과정을 기술한 글을 써서 발표하려고 했지만, 모든 학술지에서 거부당하는 바람에 결국 「파키스탄 치과 리뷰(*Pakistan Dental Review*)」에 실어야 했다.

1952년에는 현대 과학에서 가장 부당한 일들 중의 하나가 일어났다. 셀먼 왁스먼이 노벨 생리의학상 수상자로 선정된 것이다. 앨버트 샤츠는 아무런 영예도 받지 못했다. 왁스먼은 여생 동안 발견자라는 영예를 누리며 살았다. 그는 노벨상 수상 연설에서도 1958년에 내놓은 자서전에서도 샤츠의 이름을 언급조차 하지 않았다. 자서전에서 그냥 지나가듯이 한 대학원생이 발견을 도왔다고 적었을 뿐이다. 1973년 왁스먼이 사망했을 때, 많은 부고 기사는 그를 "항생제의 아버지"라고 적었다. 그러나 결코 그렇지 않았다.

왁스먼이 사망한 지 20년이 지난 뒤에야, 미국 미생물학회는 스트렙토마이신 발견 50주년을 기념하는 자리에 샤츠를 초청함으로써 뒤늦게야 조금 보상하겠다는 자세를 취했다. 그의 업적을 인정한다는 차원에서 학회는 그에게 최고 메달을 수여했다. 그러나 깊이 생각하지는 않았던 모양이다. 그 메달의 이름은 셀먼 A. 왁스먼 메달이었다. 인생이란 정말로 불공평할 때가 많다.

이 이야기에서 그나마 희망적인 부분이 있다면, 어찌되었든 간에 의학은 발전한다는 것이다. 앨버트 샤츠 같은 수많은 무명의 영웅들 덕분에, 자연의 습격에 맞서는 우리의 무기는 세대가 흐르면서 점점 강력해져왔다. 지구 전체에서 수명이 대폭 늘어났다는 사실이 그 점을 잘 보여준다.

한 추정값에 따르면, 20세기의 상당 기간에 걸쳐서 이루어진 지구 전체의 기대수명 증가는 그 이전의 8,000년에 걸쳐 이루어진 증가분과 거의 맞먹는다고 한다. 미국 남성의 평균수명은 1900년에는 46세였지만, 그 세기 말에는 74세로 늘었다. 미국 여성은 48세에서 80세로 더 크게 늘어났다. 세계의 모든 지역에서 이렇게 단기간에 큰 폭의 증가가 일어났다. 지금 싱가포르에서 태어나는

홍콩 빅토리아 공원에서 태극권을 수련하는 사람들. 이들은 현재 80대까지 건강하게 살기를 원한다. 최근인 1950년의 세계 평균 수명보다 거의 2배 늘어난 나이이다.

여성은 증조모 시대의 평균수명보다 2배 이상이 늘어난 87.6년을 살 것이라고 예상된다. 지구 전체로 보면, 남성의 기대수명은 1950년(지구 전체의 수명 기록이 믿을 만하다고 여겨지는 시점)에는 48.1세였는데 지금은 70.5세이다. 여성의 기대수명은 52.9세에서 75.6세로 늘었다. 기대수명이 80세를 넘는 나라도 24개국이 넘는다. 가장 높은 나라는 홍콩으로서 84.3세이며, 그 뒤를 일본이 83.8세, 이탈리아가 83.5세로 바짝 뒤따르고 있다. 영국도 81.6세로 꽤 높지만, 미국은 뒤에서 이야기할 이유들 때문에 78.6세로 평범한 수준이다. 그러나 전 세계를 보면, 이 증가는 대다수 국가에서 일어난 놀라운 성공 이야기라고 할 수 있다. 개발도상국에서도 겨우 한두 세대 사이에 수명이 40-60퍼센트 늘어났다.

게다가 우리가 사망하는 원인도 예전과 달라졌다. 다음은 1900년과 현재의 주된 사망 원인을 적은 목록이다. (각 숫자는 인구 10만 명당 사망자 수를 가리킨다.)

1900년	현재
폐렴과 독감 202.2	심장병 192.9
결핵 194.4	암 185.9
설사 142.7	호흡기 질환 44.6
심장병 137.4	뇌졸중 41.8
뇌졸중 106.9	사고 38.2
콩팥 질환 88.6	알츠하이머병 27.0
사고 72.3	당뇨병 22.3
암 64.0	콩팥 질환 16.3
노환 50.2	폐렴과 독감 16.2
디프테리아 40.3	자살 12.2

두 시대의 가장 두드러진 차이점은 1900년에는 감염병이 사망 원인의 거의 절반을 차지한 반면, 지금은 3퍼센트에 불과하다는 것이다. 결핵과 디프테리아는 지금은 10대 사망 원인에 끼지도 못한다. 대신에 암과 당뇨병이 올라왔다. 사고는 7위에서 5위로 상승했는데, 사람들이 더 굼떠졌기 때문이 아니라, 더 상위에 있던 다른 원인들이 뒤로 밀려난 탓이다. 마찬가지로 심장병으로 사망한 사람은 1900년에는 10만 명당 137.4명이었다가 지금은 192.9명으로 40퍼센트가 늘어났는데, 더 많은 사람들을 죽음으로 몰아가던 요인들이 뒤로 밀려난 것이 주된 이유이다. 암도 마찬가지이다.

여기에서 기대수명의 통계들에는 여러 가지 문제들이 있다는 말도 하고 넘어가야겠다. 모든 사망 원인 목록은 어느 정도는 임의적이다. 노인의 사망 원인은 더욱 그렇다. 노인은 대개 사람을 쇠약하게 만드는 여러 가지 질환을 앓고 있으며, 그중 어느 것이라도 죽음을 가져올 수 있고 모두가 죽음에 한몫을 한다. 1993년 미국의 두 역학자 윌리엄 포지와 마이클 맥기니스는 「미국 의학협회지」에 실은 유명한 논문에서 심근경색, 당뇨병, 암 등 사망의 원인이라고 기록된 것들이 사실은 다른 질환들의 결과일 때가 많으며, 진짜 원인은 흡연, 편식, 마약을 비롯하여 대개는 사망 확인서에 적히지 않는 행동들이라고 주장했다.

또다른 문제점은 예전에는 사망의 원인을 놀라울 만치 모호하고 상상력을 발휘한 용어로 적고는 했다는 것이다. 한 예로, 작가이자 여행가인 조지 보로가 1881년에 영국에서 사망했을 때, 사망 원인이 "자연의 부패"라고 적혔다. 그 말이 무슨 뜻인지 누가 알겠는가? "신경열", "체액의 정체", "신 치아", "경악"

모호한 사망 원인들. 윌리엄 포지(왼쪽)와 마이클 맥기니스(가운데)는 1990년대에 사망 증명서에 명확히 적힌 사망 원인이 과연 맞는지 의문을 제기했다. 그보다 한 세기 전에 사망한 조지 보로(오른쪽)의 사망 원인은 아주 모호하게 기재되어 있었다.

등 불분명하기 그지없는 온갖 것들이 사망 원인이라고 적혔다. 그렇게 용어들이 모호한 탓에 현재와 과거의 사망 원인들을 신뢰할 수 있을 수준으로 비교하기가 거의 불가능하다. 위의 두 목록에서도 1900년의 노환과 현재의 알츠하이머병 사이에 일치하는 사례들이 얼마나 되는지 아무도 알 수 없다.

또 과거의 기대수명 통계가 유아 사망률 때문에 늘 한쪽으로 치우친 양상을 띤다는 점도 염두에 두어야 한다. 1900년에 미국 남성의 기대수명이 46세라고 할 때, 그것이 남성의 대다수가 46세까지 살다가 모두가 갑자기 쓰러진다는 뜻은 아니다. 당시 기대수명이 낮았던 이유는 유아기에 죽는 아이들이 너무 많아서 평균수명을 끌어내렸기 때문이다. 유년기에 살아남는다면, 노년까지 살아남을 확률은 그다지 나쁘지 않았다. 일찍 죽는 사람들도 많았지만, 노년까지 산다고 해도 별 놀랄 일은 아니었다. 미국의 연구자 마를린 주크의 말마따나, "노년은 최근의 발명품이 아니라, 본래 흔했다." 최근 들어서 이루어진 가장 고무적인 발전은 유아의 사망률이 크게 낮아졌다는 것이다. 1950년에는 5세 이전에 죽는 아이들이 1,000명당 216명으로, 거의 4분의 1이었다. 지금은 소아 사망률이 70년 전보다 5분의 1로 줄어든 1,000명당 38.9명에 불과하다.

모든 불확실한 요인들을 감안해도, 20세기 초부터 선진국 국민들의 건강이 더 좋아지면서 더 오래 살 가능성이 훨씬 높아지기 시작했다는 데에는 의문의 여지가 없다. 하버드의 생리학자 로런스 헨더슨은 이런 유명한 표현을 남겼다. "1900년에서 1912년 사이에, 임의의 질병에 걸린 임의의 환자가 임의의 의사를 찾아가서 진료를 받을 때에 그 만남으로부터 이로운 결과를 얻을 확률이 역사

치우친 평균 : 켄트 교회 묘지에 묻힌 아이들의 묘비는 안타깝게도 18-19세기 영국의 아동 사망률이 높았음을 말해준다.

상 처음으로 50퍼센트를 넘어섰다." 의학이 20세기에 들어서서 어떤 식으로든 전환기를 맞이했고, 그 세기 내내 발전을 거듭해왔다는 데에는 역사가들이나 의학 전문가들이나 대체로 동의한다.

그러나 이렇게 개선이 이루어져온 이유를 놓고서는 저마다 견해가 갈린다. 페니실린과 앨버트 샤츠의 스트렙토마이신 같은 항생제들이 감염병의 감소에 뚜렷하면서 상당한 효과를 일으킨 것은 분명하다. 그리고 그 세기가 흐르는 동안 다른 의약품들도 많이 쏟아져 나왔다. 1950년에는 처방할 수 있는 의약품 중 절반이 그 전의 10년에 걸쳐 개발되거나 발견된 것들이었다. 백신도 그 개선에 엄청난 기여를 했다. 1921년에는 미국에서 디프테리아 감염자가 연간 약 20만 명에 달했다. 백신 접종을 받던 1980년대 초에는 겨우 3명으로 줄어들었다. 거의 같은 기간에 백일해와 홍역 감염자 수도 연간 약 110만 명에서 단 1,500명으로 줄었다. 백신이 나오기 전에는 미국인 중 연간 2만 명이 소아마비에 걸렸다. 1980년대에는 연간 7명으로 줄었다. 영국의 노벨상 수상자 맥스 퍼루츠는 20세기에 항생제보다 백신 접종이 더 많은 목숨을 구했을 수 있다고 했다. 아무튼 간에 이 모든 개선이 사실상 의학의 발전 덕분이라고 보지 않는 사람은 없었다. 그런데 1960년대 초에 영국의 역학자 토머스 매커운(1912–1988)이 기록들을 재검토하다가 이상하게 어긋나는 몇 가지 양상을 발견했다. 결핵, 백일해, 홍역, 성홍열 등 많은 질병들의 사망자 수가 효과적인 치료제가 나오기 한참 전부터 줄어들기 시작했던 것이다. 영국의 결핵 사망률은 1828년에는 100만 명당 4,000명에서, 1900년에는 1,200명, 1925년에는 800명으로 줄었다. 한

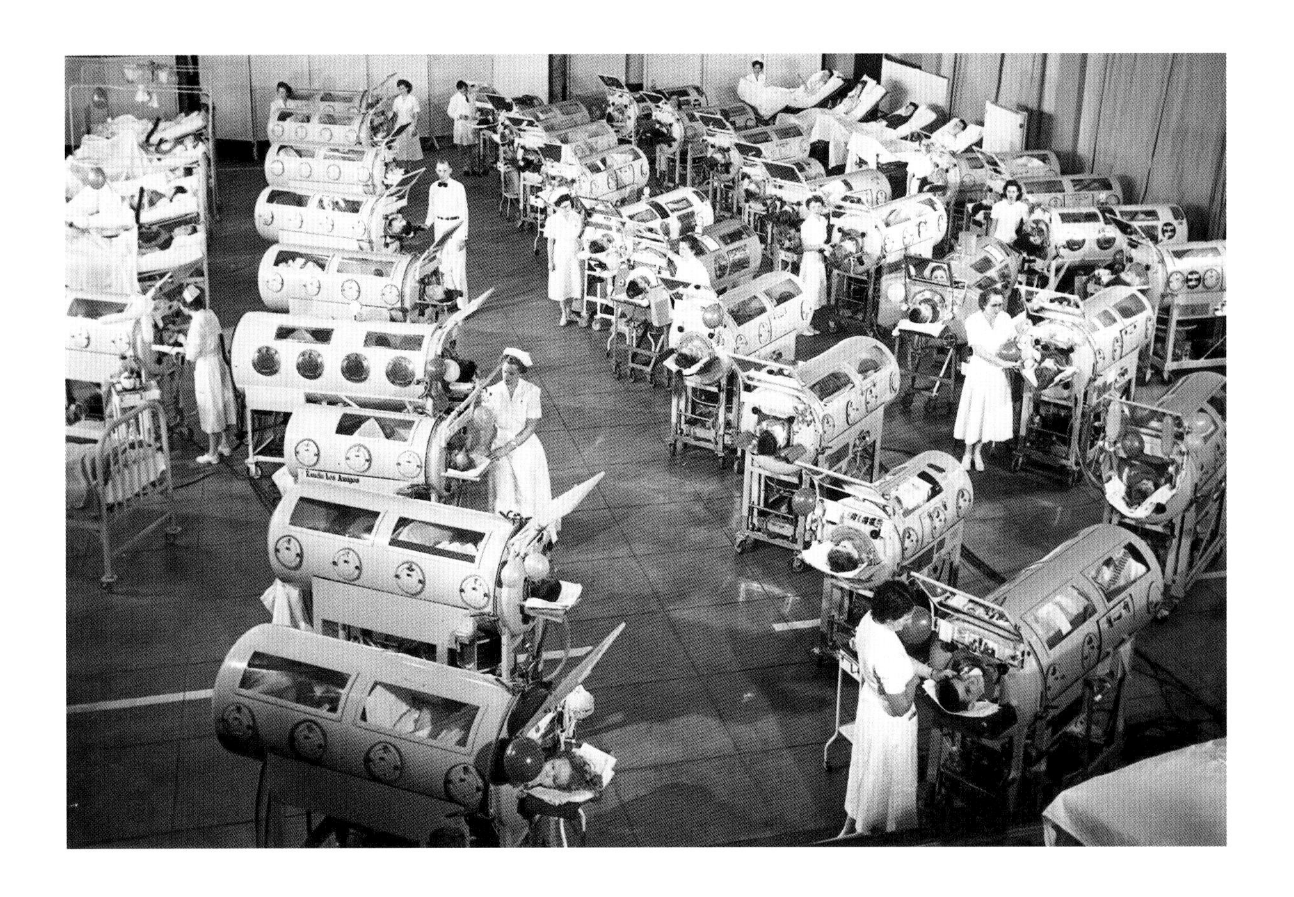

1950년 소아마비에 대처하기 위해서 설립된 로스앤젤레스의 호흡기 센터의 한 방은 철 폐(iron lung)로 가득 찼다. 철 폐에 들어가 있는 환자 1명을 빼내려면 35명이 필요했다.

세기 사이에 무려 80퍼센트가 줄었다. 이 감소에 의학은 전혀 기여한 바가 없었다. 소아의 성홍열 사망률은 1865년에는 1만 명당 23명이었는데, 1935년에는 겨우 1명으로 줄었다. 백신도 효과가 있는 약물도 전혀 나오지 않은 상태에서 이루어진 일이었다. 매커운은 이런 사례들을 종합하면, 그 개선에 의학이 기여한 비율은 아마 20퍼센트에 불과할 것이라고 주장했다. 나머지는 위생과 식단의 개선, 더 건강한 생활습관, 그리고 심지어 식품의 유통을 개선함으로써 도시민들에게 더 신선한 육류와 채소를 공급할 수 있게 해준 철도의 출현 같은 사건들 덕분이었다는 것이다.

매커운의 주장은 아주 많은 비판을 받았다. 비판자들은 매커운이 자신의 논지를 뒷받침하는 질병들만을 일부러 취사선택했고, 아주 많은 지역에서 개선된 의료 활동의 역할을 무시하거나 깎아내렸다고 주장했다. 비판자인 맥스 퍼루츠는 19세기에는 위생 수준이 전혀 개선되지 않았을 뿐만 아니라, 신흥 산업 도시들로 인구가 계속 꾸역꾸역 밀려들면서 매우 지저분한 환경에서 생활했다는 주장을 설득력 있게 펼쳤다. 한 예로 19세기에 뉴욕 시 수돗물의 질은 꾸준히 그리고 위험할 정도로 나빠졌다. 너무 나빠져서 1900년에는 맨해튼 주민들

토머스 매커운이 주장한 "위생 개선"이 건강을 향상시켰다는 이론을 비판한 저명한 분자생물학자 맥스 퍼루츠.

에게 수돗물을 반드시 끓여먹으라는 권고까지 나왔다. 뉴욕 시에 처음으로 여과 정수시설이 설치된 것은 제1차 세계대전이 터지기 직전이었다. 미국의 다른 모든 주요 도시 지역들도 거의 똑같은 상황에 처해 있었다. 인구가 너무나 빠르게 증가하는 바람에, 안전한 식수 공급과 효율적인 하수 처리를 할 능력도 의지도 턱없이 부족한 상황에 처해 있었다.

수명 증가의 원인을 어디에에서 찾든 간에, 현재 거의 모든 사람들이 증조부모 세대를 흔히 병들게 했던 감염과 질환에 더 잘 대항할 수 있으며, 필요할 때면 의지할 수 있는 훨씬 더 나은 의료 수단을 갖추고 있다는 것은 분명하다. 한마디로, 이처럼 좋은 시대는 없었다.

아니, 최소한 꽤 부유한 사람에게는 그렇다. 그들에게 이토록 좋은 시대는 없었다. 오늘날 우리가 경계하고 우려해야 할 것이 하나 있다면, 지난 세기의 혜택들이 과연 얼마나 사람들에게 고르게 돌아갔느냐 하는 것이다. 영국의 기대수명이 전반적으로 크게 늘어났을지도 모르지만, 존 란체스터가 2017년 「런던 리뷰 오브 북스」에 쓴 글에 따르면, 현재 글래스고의 이스트엔드에 사는 남성들은 기대수명이 54세에 불과하다고 한다. 인도에 사는 남성보다 9년 더 짧다. 마찬가지로 뉴욕 할렘에 사는 30세의 흑인 남성은 방글라데시의 30세 남성보다 사망할 확률이 훨씬 더 높다. 마약과 거리 폭력 때문이라고 생각할지도 모르겠지만, 뇌졸중, 심장병, 암, 당뇨병 때문이다.

서양의 어느 대도시에서든 간에 버스나 지하철을 타고서 조금만 가면, 비슷하게 생활환경의 격차를 금방 실감할 수 있다. 파리에서는 포르루아얄 역에서 지하철 B선을 타고 라 스타드 드 프랑스 역까지 5개 역만 가도 연간 사망 확률이 82퍼센트가 더 높은 사람들 사이에 있게 된다. 런던에서는 웨스트민스터 역에서 지하철 디스트릭트 선을 타고서 동쪽으로 2개 역을 이동할 때마다 연간 기대수명이 확실히 떨어지는 양상이 나타난다. 미주리 주 세인트루이스에서는 부자 동네인 클레이턴에서 차를 몰고 도심 쪽에 있는 제프밴더루까지 20분 동안 가면, 1분마다 기대수명이 1년씩, 약 1.5킬로미터마다 약 2년씩 낮아진다.

맞은편 : 19세기 말에 뉴욕 빈민가에 사는 가난한 이들을 찍은 이 두 장의 사진은 퍼루츠의 회의론을 뒷받침하는 강력한 증거이다.

오늘날 세계의 기대수명에 관해서 자신 있게 말할 수 있는 것은 두 가지이다. 하나는 부유하면 정말로 기대수명 증가에 도움이 된다는 것이다. 당신이 중년의 나이이고 정말로 부자이면서 소득 수준이 가장 높은 국가에서 산다면, 80대 후반까지 살 가능성이 매우 높다. 다른 모든 면에서 똑같으면서 가난한 사람,

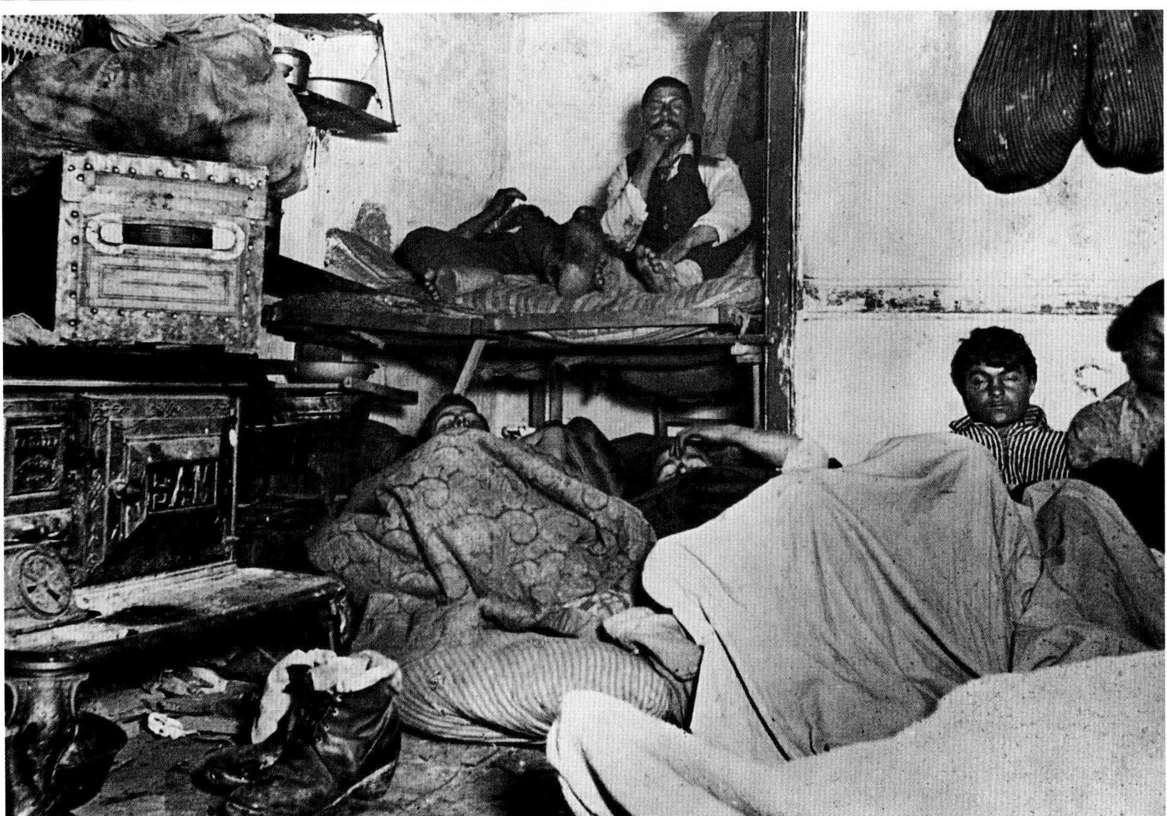

THE
SOLUTION
TO INFANT
MORTALITY
IN THE SLUMS

BETTER
HOUSING

NEW YORK CITY HOUSING AUTHORITY ..
FIORELLO H. LaGUARDIA mayor LANGDON W POST comm.

BENJ. SHEER

USA
WORK
WPA

한 해에 중년의 미국인이 400명 사망할 때, 중년의 오스트레일리아인은 겨우 220명, 영국인은 230명, 독일인은 290명, 프랑스인은 300명이 사망한다.

즉 운동도 거의 똑같이 하고, 수면 시간도 똑같고, 비슷하게 건강한 식사를 하지만 은행 잔고가 훨씬 적을 뿐인 사람은 10–15년 더 빨리 사망할 것이라고 예상할 수 있다. 생활습관이 거의 같음에도 불구하고 그만큼 차이가 나며, 어떻게 그럴 수 있는지는 아무도 모른다.

기대수명에 관해서 말할 수 있는 또 한 가지는 미국인이라는 것이 딱히 좋다고 말할 수 없다는 것이다. 다른 선진국에 사는 동년배들과 비교할 때, 미국에서는 부유함이 수명 증가에 별 도움이 되지 않는다. 45–54세의 미국인을 무작위로 골랐을 때, 그 사람은 같은 연령 집단에 속한 스웨덴 사람보다 어떤 원인으로든 간에 사망할 확률이 2배 이상 높다. 이런 식으로 생각해보라. 당신이 중년의 미국인이라면, 웁살라나 스톡홀름이나 린셰핑의 거리에서 임의로 고른 사람보다 제명을 다하지 못할 위험이 2배 이상 높다. 다른 국가들과 비교해도 거의 다를 바 없다. 한 해에 중년의 미국인이 400명 사망할 때, 중년의 오스트레일리아인은 겨우 220명, 영국인은 230명, 독일인은 290명, 프랑스인은 300명이 사망한다.

이런 건강의 차이는 태어날 때부터 모든 연령대에 걸쳐서 나타난다. 미국에서 태어나는 아이는 세계의 다른 부유한 국가들에서 태어나는 아이보다 유년기에 사망할 확률이 70퍼센트 더 높다. 부유한 국가들 중에서 미국은 의학적 건강의 거의 모든 척도에서 최저 수준이거나 그 근처에 놓인다. 만성 질환, 우울증, 약물 남용, 살인, 십대 임신, HIV 감염 면에서도 그렇다. 낭성섬유증 환자도 미국보다 캐나다에서 평균 10년을 더 오래 산다. 아마 가장 놀라운 점은 이 모든 불행한 결과들이 혜택을 받지 못하는 가난한 시민들에게서만 나타나는 것은 아니라는 사실일 것이다. 대학 교육을 받은 부유한 백인 미국인들도 다른 나라들의 비슷한 사회, 경제적 지위에 있는 사람들에 비해서 열악한 양상을 보인다.

미국이 다른 어떤 나라들보다 보건 의료에 더 많은 돈을 쓰고 있다는 점을 생각하면, 왠지 앞뒤가 맞지 않는 듯하다. 미국은 다른 모든 선진국보다 보건 의료에 1인당 평균 2.5배나 더 많은 돈을 쓴다. 미국인의 소득의 5분의 1—1인

맞은편 : 1936년의 이 포스터에서 자랑스럽게 주장하듯이, 1930년대에 뉴욕은 삶의 질을 개선하기 위해서 노력을 기울였다.

당 연간 10,209달러, 인구 전체로 보면 3.2조 달러—이 건강관리에 쓰인다. 보건 의료는 미국에서 6번째로 규모가 큰 산업이며, 경제활동 인구의 6분의 1을 고용하고 있다. 국가 차원에서 보건 의료에 이만큼 많은 예산을 쏟아붓는다면, 전 국민을 의사로 만들 수도 있을 것이다.

이렇게 엄청난 돈을 쏟아붓고 있고, 미국의 병원과 보건 의료 수준이 전반적으로 분명히 높음에도, 세계적으로 미국인의 기대수명은 겨우 31위를 차지한다. 사이프러스, 코스타리카, 칠레보다 낮고, 쿠바와 알바니아 바로 위이다.

이런 역설을 어떻게 설명해야 할까? 우선 가장 당연히 나올 말은 미국인이 세계의 대다수 사람들보다 건강하지 못한 생활습관을 가졌다는 것이다. 그것도 미국 사회의 모든 계층이 말이다. 앨런 S. 데츠키는 「뉴요커」에 이렇게 썼다. "부유한 미국인들조차도 과식, 운동 부족, 스트레스로 가득한 생활습관을 유지하고 있다." 예를 들면, 네덜란드와 스웨덴 국민은 평균적으로 미국인보다 열량을 약 20퍼센트 덜 섭취한다. 미국인이 엄청나게 더 많이 먹는 것은 아닌 것처럼 들릴지 모르지만, 1년이면 25만 칼로리를 더 먹는 셈이다. 일주일에 두 번씩 치즈케이크 하나를 다 먹는다고 보면 된다.

미국은 생활하기에도 훨씬 더 위험한 곳이다. 젊은이들에게는 더욱 그렇다. 미국의 십대 청소년은 다른 나라의 청소년에 비해서 교통사고로 죽을 확률이 2배 더 높고, 총기사고로 죽을 확률은 82배 더 높다. 미국인은 다른 거의 모든 나라의 사람들보다 음주 운전을 더 자주 하며, 이탈리아인을 제외한 세계의 모든 부유한 국가의 국민들보다 안전띠를 덜 맨다. 거의 모든 선진국은 오토바이를 몰거나 타는 사람에게 반드시 헬멧을 쓰도록 한다. 그런데 미국의 주들 가운데 60퍼센트에는 그런 법규가 없다. 아예 전 연령에게 헬멧 착용을 요구하지 않는 주도 3곳이 있고, 20세 미만의 운전자에게만 착용을 요구하는 주는 16곳이다. 그런 주들에서는 성인이 되기만 하면 바람에 머리를 날리며 오토바이를 탈 수 있고, 그러다가 포장도로에 머리를 긁어대는 일이 자주 일어난다. 헬멧을 쓴 운전자는 뇌 손상을 입을 가능성이 70퍼센트 더 적고 충돌로 목숨을 잃을 확률도 약 40퍼센트 더 낮다. 이 모든 요인들이 종합적으로 작용한 결과, 미국은 인구 10만 명당 연간 교통사고 사망자 수가 무려 11명이다. 비교하자면 영국은 3.1명, 스웨덴은 3.4명, 일본은 4.3명이다.

미국이 다른 나라들과 정말로 다른 점은 보건 의료비가 엄청나게 비싸다는 것이다. 「뉴욕 타임스」의 설문조사에 따르면, 혈관조영술을 받는 비용이 미국은 914달러인 반면, 캐나다는 35달러이다. 인슐린 투약 비용도 미국이 유럽보

젊은 미국인들의 우려되는 흔한 사망 원인인 총기 폭력의 희생자들을 위한 기도.

다 약 6배 더 비싸다. 미국에서 고관절 교체 수술에는 평균 40,364달러가 든다. 스페인보다 약 6배 더 비싸다. MRI 촬영 비용도 미국은 1,121달러로서, 네덜란드보다 4배 더 비싸다. 한마디로 의료 시스템 자체가 시민들에게 악명 높을 만큼 많은 비용과 부담을 안겨준다. 미국에는 약 80만 명의 의사가 있지만, 진료비 청구와 결제 업무를 처리하는 데에는 그보다 2배나 많은 인력이 필요하다. 따라서 미국에서 지출을 더 늘린다고 해서 반드시 더 좋은 의료를 받는다는 의미는 아니며, 그저 비용만 더 늘어날 뿐이라는 피치 못할 결론에 다다르게 된다.

반면에 지출을 거의 하지 않는 것도 가능하다. 분명히 영국은 고소득 국가들 중에서 그 범주에 들어가기로 결정한 듯하다. 영국은 1인당 CT 스캐너의 수가 부유한 37개국 중에서 35위이며, MRI 스캐너의 수는 36개국 중에서 31위, 인구 비율에 따른 병원의 침대 수는 41개국 중에서 35위이다. 2019년 초「영국 의학회지」에는 2010년부터 2017년 사이에 이루어진 보건과 사회복지 예산의 감소로 영국에서 약 12만 명이 때 이른 죽음을 맞이했다는 보고서가 실렸다. 참으로 충격적인 발견이 아닐 수 없다.

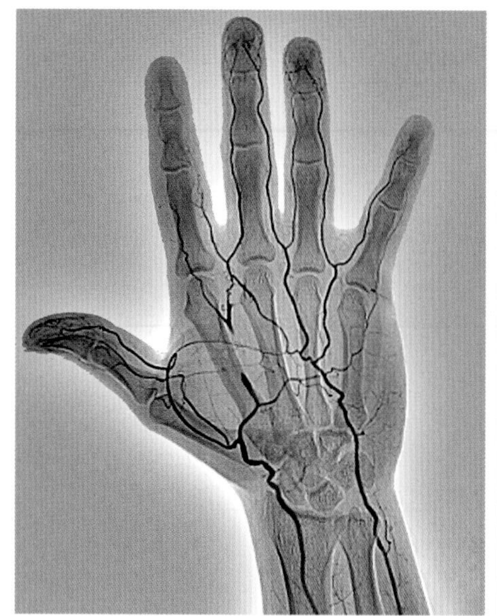
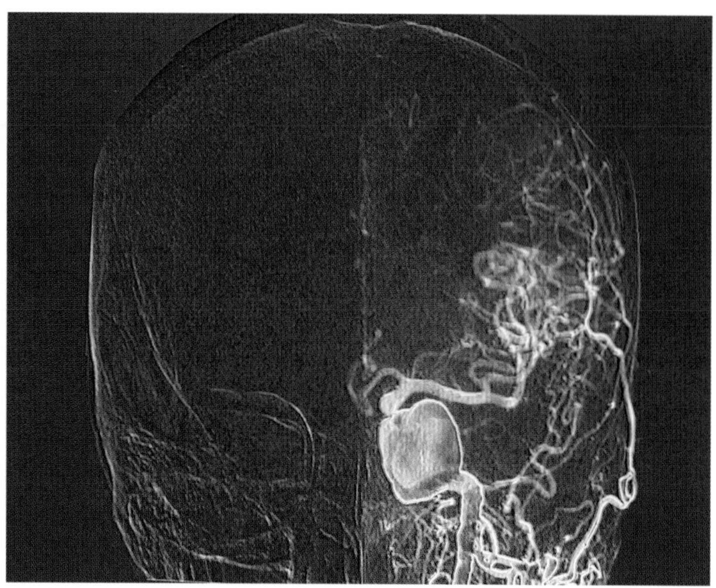

혈관조영술로 찍은 사진이 보내는 경고 : 손 사진은 엄지와 검지로 이어지는 동맥에서 몇 군데가 피로 엉겨 있음을 시사한다. 그리고 뇌 사진은 뇌졸중 위험을 야기하는 동맥류가 생겼음을 보여준다.

보건 의료의 질을 나타내는 척도로 널리 받아들여진 것 중의 하나가 암의 5년 생존율인데, 나라마다 차이가 크다. 곧은창자암의 5년 생존율은 한국이 71.8퍼센트이고 오스트레일리아가 70.6퍼센트인 반면, 영국은 60퍼센트에 불과하다. (미국도 64.9퍼센트로 그리 낫지 않다.) 자궁목암의 5년 생존율은 일본이 71.4퍼센트로 가장 높고, 덴마크가 69.1퍼센트로 바짝 뒤쫓고 있고, 미국은 67퍼센트로 중간이며, 영국은 63.8퍼센트로 바닥을 긴다. 유방암의 5년 생존율은 미국이 90.2퍼센트로 세계 최고이고, 오스트레일리아가 89.1퍼센트로 바로 뒤이며, 85.6퍼센트인 영국보다 상당히 앞서 있다. 전체적인 생존율만 따지다가는 인종별 차이라는 껄끄러운 문제를 보지 못하고 지나칠 수 있다는 점도 유념할 필요가 있다. 자궁목암을 예로 들면, 미국의 백인 여성은 5년 생존율이 69퍼센트로서 세계 최고 수준에 근접해 있는 반면, 흑인 여성은 겨우 55퍼센트로 바닥에 근접해 있다. (흑인 여성이 가난하든 부유하든 간에 차이가 없다.)

종합하자면 오스트레일리아, 뉴질랜드, 북유럽 국가들, 극동의 부유한 국가들은 이 모든 암의 생존율이 정말로 높고, 유럽의 여러 나라들도 꽤 좋다. 미국은 결과가 뒤섞여 있다. 영국의 암 생존율은 암울하며, 따라서 국가적 관심 사항이 되어야 한다.

그러나 의학에서는 그 어떤 것도 단순하지 않으며, 상황을 몹시 복잡하게 만드는 추가로 고려할 사항들이 있기 마련이다. 과잉 치료도 그렇다.

역사적으로 의학이 주로 병든 사람을 치료하는 쪽에 초점을 맞춰왔다는 점은 굳이 말할 필요도 없을 것이다. 그런데 지금 의사들은 선별 검사 같은 것들을 통해서 아예 문제가 생기기 전에 싹을 잘라내려고 점점 더 노력을 쏟아붓고 있다.

역사적으로 의학이 주로 병든 사람을 치료하는 쪽에 초점을 맞춰왔다는 점은 굳이 말할 필요도 없을 것이다. 그런데 지금 의사들은 선별 검사 같은 것들을 통해서 아예 문제가 생기기 전에 싹을 잘라내려고 점점 더 노력을 쏟아붓고 있다. 그 결과 기존의 보건 의료 방식 자체가 바뀌고 있다. 여기에 아주 딱 들어맞는 의학계의 오래된 농담이 있다.

문 : 건강한 사람을 정의한다면?
답 : 아직 검사를 받지 않은 사람.

현대 보건 의료의 아주 많은 부분은 건강에 주의를 기울이면 기울일수록 더 좋고, 검사도 많이 받을수록 더 좋다는 사고방식을 토대로 하고 있다. 그 논리에 따르면, 설령 먼 미래에 일어난다고 할지라도, 실제로 일이 터지기 전에 문제가 생길 가능성에 미리 대처하거나 아예 가능성 자체를 없애는 편이 확실히 더 낫다. 이 접근법의 단점은 거짓 양성(false positive) 사례가 나타난다는 것이다. 유방암 선별 검사를 예로 들어보자. 유방암 선별 검사에서 너무나도 깨끗하다고 나온 여성 중에서 20–30퍼센트는 실제로는 종양이 있다는 연구 결과가 나와 있다. 정반대로 선별 검사로 찾아낸 종양이 실제로는 걱정할 필요가 전혀 없는 것인데, 발견된 탓에 사실상 불필요한 치료까지 받게 되는 사례도 그만큼 많다. 종양학자들은 "체류 시간(sojourn time)"이라는 개념을 쓴다. 선별 검사로 암이 발견되었을 때부터 어떤 식으로든 암이라는 사실이 명백히 드러날 때까지 걸리는 기간을 말한다. 많은 암은 체류 시간이 길고 너무나 느리게 진행된다. 그래서 암에 걸리기 전에 대개 다른 원인으로 사망한다. 영국의 한 연구에 따르면, 유방암에 걸린 여성 중에서 최대 3분의 1이 매우 불필요한 수술을 받고서 외모가 손상되고 심지어 수명까지 단축된다고 한다. 유방 촬영사진은 사실 알아보기가 쉽지 않다. 정확히 읽어낸다는 것이 쉬운 일이 아니다. 많은

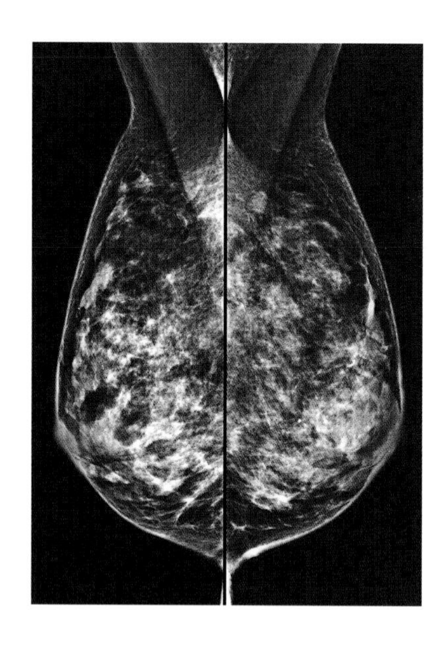

정밀과학이 아니다 : "불균일 치밀" 조직이 보이는 이 유방 촬영사진은 치료가 필요한 사람이 누구인지를 정확히 말하기가 어렵다는 점을 잘 보여준다.

의료 전문가들이 인식하고 있는 것보다 훨씬 더 어렵다. 티머시 J. 조겐슨이 말했듯이, 부인과 전문의 160명에게 50세 여성의 유방 촬영사진을 보여주면서 양성이라면 유방암에 걸렸을 가능성이 얼마나 될지 평가해달라고 하자, 60퍼센트는 가능성이 십중팔구라고 답했다. 그러나 조겐슨은 이렇게 썼다. "사실 그 여성이 실제로 암일 확률은 겨우 10분의 1이다." 놀랍게도 방사선 의학자들도 별 다르지 않다.

불행하게도 기본적으로 유방암 선별 검사는 그다지 많은 목숨을 구하고 있지 않다. 선별 검사를 받은 여성 1,000명당 4명은 어떻게 하든 간에 (암이 있음을 알아차리지 못했거나 암이 너무 공격적이어서 치료가 안 되거나 해서) 유방암으로 사망할 것이다. 선별 검사를 받지 않은 여성 1,000명당 5명은 유방암으로 죽을 것이다. 따라서 선별 검사는 1,000명에 1명을 구하는 셈이 된다.

남성도 전립샘암 선별 검사에서 마찬가지로 불행한 양상을 접한다. 전립샘은 크기가 호두만 하고 무게가 30그램이 되지 않는 작은 샘이며, 주로 정액을 생산하고 배출하는 일을 한다. 방광 아래쪽에 산뜻하게 끼워져 있으며, 요도관을 감싸고 있다. 전립샘암은 남성의 암 사망 원인 중 (폐암 다음으로) 두 번째를 차지하며, 50대부터 점점 흔해진다. 문제는 PSA 검사라는 전립샘암 검사가 신뢰성이 떨어진다는 데에 있다. 이 검사는 혈액에 든 전립샘 특이 항원(prostate-specific antigen, PSA)의 농도를 측정한다. PSA 농도가 높게 나오면 암일 가능성이 있음을 시사한다. 그러나 말 그대로 가능성일 뿐이다. 암이 있는지 확인할 방법은 생검(biopsy)뿐이다. 그러나 생검을 하려면, 곧은창자를 통해서 전립샘으로 긴 바늘을 찔러서 조직 표본을 떼어내야 한다. 받겠다고 자청하고 나설 사람은 거의 없을 것이다. 게다가 바늘을 전립샘에 무작위로 찔러 넣는 수밖에 없으므로, 바늘이 종양을 뚫고 들어가는지 여부는 순전히 운에 달려 있다. 설령 종양을 발견한다고 해도, 현재 기술로는 그 암이 악성인지 양성인지를 구별할 수 없다. 이 불확실한 정보를 토대로, 방사선 치료를 받을지 아니면 전립샘을 제거하는 수술을 받을지 말지를 결정해야 한다. 이 수술은 까다로우며, 때로 기력을 쇠퇴시키는 결과를 가져오기도 한다. 치료를 받은 남성의 20–70퍼센트는 발기 불능이나 실금에 시달린다. 생검 자체의 후유증을 겪는 사람도 5명 중 1명꼴이다.

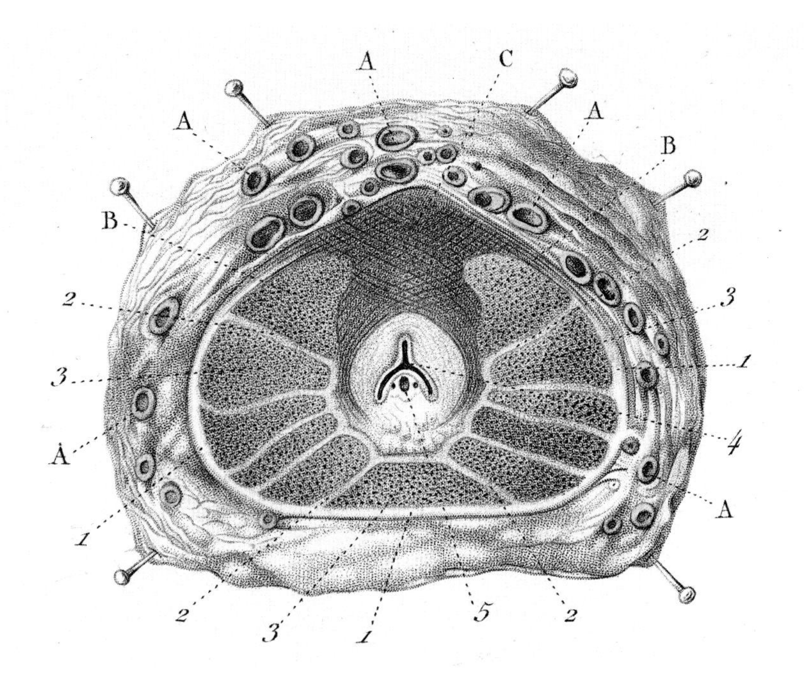

크기가 작은 전립샘을 그린 19세기의 그림. 접근하기가 쉽지 않아서 검사가 어렵다.

애리조나 대학교의 리처드 J. 애블린은 이 검사가 "동전 던지기나 다를 바 없다"고 썼다. 더 널리 알려져야 마땅한 인물인 그는 1970년 전립샘 특이 항원을 발견한 사람이다. 그는 미국 남성들이 전립샘 검사에 적어도 연간 30억 달러를 쓰고 있다는 사실을 언급하면서 이렇게 덧붙였다. "40년 전에 이루어진 내 발견이 이렇게 돈벌이에 혈안이 된 재앙으로 이어질 것이라고는 상상도 하지 못했다."

38만2,000명을 대상으로 한 무작위 대조군 임상시험 6건을 메타 분석했더니, 전립샘암 선별 검사를 받는 남성 1,000명에 약 1명이 목숨을 구한 것으로 드러났다. 당사자에게는 희소식이겠지만, 여생을 실금이나 발기 불능에 시달리면서 보낼 수도 있는 많은 사람들에게는 그렇지 않을 것이다. 게다가 그들 중 대다수는 힘겹게 받았지만 별 쓸모없었을지도 모를 치료를 받은 것이다.

그렇다고 해서 남성은 PSA 검사를, 여성은 유방암 선별 검사를 피하라는 말이 아니다. 결함이 있기는 해도, 그것들은 현재 이용할 수 있는 최선의 도구들이며 생명을 구한다는 점에는 의문의 여지가 없다. 그러나 검사를 받는 사람들은 그런 검사에 어떤 단점이 있는지도 더욱 잘 알 필요가 있다. 다른 모든 심각한 의학적 문제들과 마찬가지로, 걱정이 된다면 신뢰할 수 있는 의사를 찾아가시라.

일상적인 검사를 하다가 이루어지는 우연한 발견이 너무 흔한 나머지 의사들은 아예 이름까지 붙였다. 우연종(incidentaloma)이라는 것이다. 미국의 국립의학 한림원은 연간 7,650억 달러—보건 의료 지출의 4분의 1—가 무익한 예방 진단에 쓰인다고 추정한다. 워싱턴 주에서 이루어진 비슷한 연구는 그렇게 낭비되는 비용이 더욱 높은 거의 50퍼센트라고 추정하면서, 수술 전의 실험실 검사 가운데 최대 85퍼센트는 완전히 불필요한 것들이라고 결론지었다.

여러 지역에서는 소송을 당할까 하는 두려움, 그리고 이 말도 해야겠는데 돈을 벌겠다는 일부 의사들의 욕망이 과잉 치료라는 문제를 더욱 악화시킨다. 작가이자 의사인 제롬 그루프먼은 미국에서 의사들의 대다수가 "치료보다는 어떻게 해야 소송을 당하지 않을지나 돈을 더 많이 벌 수 있을지에 더 신경을 쓴다"고 했다. 더 비꼬아 표현한 평론가도 있다. "누군가의 과잉 치료는 다른 누군가의 수익원이다."

제약업계도 나름대로 할 말이 많다. 제약사는 대개 약을 팔기 위해서 의사들에게 후한 보상을 제시한다. 하버드 의과대학의 마르시아 에인절은 「뉴욕 리뷰 오브 북스」에 "의사들의 대다수는 이런저런 방식으로 제약사로부터 돈이나 선물을 받는다"고 썼다. 일부 제약사는 의사들이 고급 휴양지에서 열리는 학술대회에 참석하는 비용을 대신 지불하는데, 그 의사들은 그저 골프나 치면서 즐기다가 올 뿐이다. 실제로 쓰지도 않은 논문이나 하지도 않은 "연구"에 이름을 올리는 대가로 의사에게 돈을 주는 제약사들도 있다. 에인절은 미국의 제약사들이 해마다 의사들에게 직간접적으로 지불하는 돈이 "수백억 달러"에 이를 것이라고 추정한다.

현재 우리는 보건 의료 측면에서 매우 기이한 상황에 처해 있다. 즉 제약사들이 원래 계획했던 대로 작용하기는 하지만 반드시 몸에 좋다고는 할 수 없는 약물들을 만들고 있다는 것이다. 혈압을 낮추도록 고안된 베타 차단제인 아테놀올(atenolol)이라는 약물이 바로 그런 사례이다. 이 약은 1976년부터 널리 처방되어왔다. 그런데 2004년에 2만4,000명의 환자를 대상으로 조사했더니, 아테놀올이 혈압을 낮춘다는 것은 맞지만, 그 약을 전혀 복용하지 않은 대조군과 비교했을 때 심근경색이나 사망률을 낮추는 효과는 전혀 없다는 것이 드러났다. 아테놀올을 투여한 환자나 그렇지 않은 환자나 사망률에는 아무런 차이가 없었다. 한 평론가는 이렇게 썼다. "그저 사망할 때 혈압이 더 낮다는 것뿐이다."

지금까지 제약사들이 언제나 가장 윤리적인 방식으로 행동했던 것은 아니

과잉 치료, 약물 남용 국가?
프랭크 헌틀리가
자신이 15년간 처방받은
옥시콘틴과 메타돈 병으로
뼈대처럼 만들어서 2019년
백악관 앞에 전시한 필맨
(Pill Man).

다. 퍼듀파마는 사기에 가까운 주장을 통해서 아편유사제인 옥시콘틴을 판매한 죄로 2007년에 6억 달러의 벌과금을 내야 했다. 머크는 항염증약 바이옥스의 부작용을 숨긴 죄로 9억5,000만 달러의 벌금을 내야 했다. 그 약물은 시장에서 사라졌지만, 이미 최대 14만 명에게 돌이킬 수 없는 심근경색을 일으켰다. 현재 가장 많은 벌과금이 부과된 제약사는 글락소스미스클라인으로, 다수의 침해 행위로 인해서 물게 된 액수가 30억 달러에 달한다. 그러나 마르시아 에인절은 이렇게 말한다. "이런 벌과금은 그들에게 그저 사업 활동에 따른 비용일 뿐이다." 범법 행위를 저지른 기업이 법정에 끌려오기 전까지 벌어들인 엄청난 수익에 비하면 대개 푼돈일 뿐이다.

아무리 부지런히 최선을 다한다고 해도, 약물 개발은 본질적으로 모 아니면 도의 과정이다. 거의 모든 나라는 약물을 사람에게 시도하기 전에 동물을 대상으로 시험을 할 것을 요구하지만, 동물이 반드시 사람을 잘 대변하는 것은 아니다. 동물들은 우리와 대사방식이 다르고, 자극에 다르게 반응하고, 걸리는 병도 다르다. 오래 전에 한 결핵 연구자는 이렇게 간파한 바 있다. "생쥐는 기침을 안 한다." 알츠하이머병 약물의 시험 사례들은 이 점을 절망적일 정도로 잘 보여준다. 생쥐는 본래 알츠하이머병에 걸리지 않으므로, 연구자들은 유전공학적으로 생쥐의 뇌에 베타 아밀로이드(beta-amyloid)라는 단백질이 쌓이도

공감과 상식 같은 일상적인 속성들도
가장 정교한 첨단기기 못지않게 중요할 수 있다는 것이다.

록 만들어야 한다. 베타 아밀로이드는 사람의 뇌에 쌓이는 단백질로서 알츠하이머병과 관련이 있다. 그렇게 만든 생쥐에게 BACE 억제제라는 약물을 투여하자, 뇌에 쌓인 베타 아밀로이드가 녹아서 사라졌다. 연구자들은 대단히 흥분했다. 그런데 같은 약물을 사람에게 투여하자, 오히려 치매가 더 심해지는 결과가 나타났다. 결국 2018년 말, 제약사 3곳은 BACE 억제제의 임상시험을 포기한다고 선언했다.

임상시험의 또 한 가지 문제는 시험 대상자를 고를 때에 다른 질환이 있거나 다른 약물을 투여 중인 사람은 거의 언제나 제외한다는 것이다. 시험 결과를 복잡하게 만들 수 있기 때문이다. 교란 변수들을 제거한다는 개념이다. 문제는 약물 임상시험과 상관없이 우리의 삶은 교란 변수들로 가득하다는 것이다. 이는 임상시험 때에는 가능성이 있는 수많은 결과들을 조사하지 않는다는 뜻이다. 예를 들면, 우리는 다양한 약물을 섞어서 투여할 때에 어떤 일이 일어나는지 거의 알지 못한다. 영국에서 입원하는 환자의 6.5퍼센트는 약물 부작용 때문이며, 여러 약을 함께 복용하다가 그럴 때가 많다는 연구 결과가 나와 있다.

모든 약물은 혜택뿐만 아니라 위험도 수반하며, 그런 위험이 제대로 연구되지 않은 사례도 많다. 소량의 아스피린을 매일 먹으면 심근경색 예방에 도움이 될 수 있다는 말을 들어보았을 것이다. 그 말은 사실이지만, 어느 정도까지만 그렇다. 5년 동안 소량의 아스피린을 매일 먹은 사람들을 조사한 연구가 있는데, 심혈관 질환은 1,667명에 1명, 치명적이지 않은 심근경색은 2,002명에 1명, 치명적이지 않은 뇌졸중은 3,000명에 1명꼴로 예방된 반면, 3,333명에 1명은 먹지 않았다면 겪지 않았을 심한 위 출혈을 겪었다. 따라서 대부분의 사람은 매일 아스피린을 먹으면 심근경색이나 뇌졸중을 피하는 대신에 위험한 장내 출혈을 겪을 위험이 비슷한 수준으로 높아진다. 그리고 어쨌든 간에 위험이 줄어들거나 늘어나는 정도는 미미한 수준이다.

2018년 여름, 옥스퍼드 대학교의 임상신경학과 교수 피터 로스웰 연구진이 저용량 아스피린이 체중이 70킬로그램을 넘는 사람에게는 심장 질환이나 암의 위험을 줄이는 효과가 전혀 없는 반면에, 심각한 장내 출혈을 일으킬 위험은 여전히 존재한다고 발표함으로써, 더욱 혼란스러운 상황이 벌어졌다. 남성의 약 80퍼센트와 여성의 약 50퍼센트는 그 기준을 넘으므로, 많은 이들은 매일 아스피린을 먹는다고 해도 아무런 혜택도 보지 못하고 위험만 커지는 듯하다. 로스웰은 70킬로그램이 넘는 사람은 용량을 2배로 늘려야 한다고 제시했다. 즉 하루에 알약을 한 번 먹는 대신에 두 번 먹으라는 것이었지만, 사실 그 제안은 그저 기존 정보를 토대로 추정한 것에 불과하다.

나는 현대 의학이 엄청난 혜택을 주고 있다는 명백한 사실을 폄하하려는 것이 아니다. 그러나 현대 의학은 결코 완벽하지 않으며, 폭넓게 제대로 이해하지 못한 상태에서 쓰일 때도 많다는 것도 명백한 사실이다. 2013년 한 국제 연구진은 현재 널리 쓰이는 치료법들을 조사했는데, "현재 표준 치료법 중에서 아무런 혜택도 없거나 더 이전의 치료법보다 더 좋지 않은" 것이 146가지라고 했다. 오스트레일리아에서 이루어진 비슷한 연구에서는 156가지 흔한 치료법이 "아마도 안전하지 못하거나 효과가 없다"고 나왔다.

물론 의학 혼자서 이 모든 일들을 할 수는 없고, 그럴 필요도 없다. 다른 요인들도 결과에 상당한 영향을 미치며, 때로 놀라운 방식으로 그렇게 한다. 한 예로, 친절한 태도만으로도 영향을 미칠 수 있다. 2016년 뉴질랜드에서 당뇨병 환자들을 조사했더니, 환자에게 공감한다는 항목에서 높은 평가를 받은 의사에게 치료받은 환자들이 심각한 합병증에 시달리는 비율이 40퍼센트 더 낮았다. 한 평론가는 이렇게 썼다. "당뇨병을 가장 집중적으로 치료받았을 때에 얻는 효과와 맞먹는다."

한마디로 공감과 상식 같은 일상적인 속성들도 가장 정교한 첨단기기 못지않게 중요할 수 있다는 것이다. 적어도 그런 의미에서 토머스 매커운은 혜안을 가지고 있었다.

23

결말

"가려서 먹고, 규칙적으로 운동해도, 어쨌든 죽는다."

익명

K100
50

I

2011년, 인류는 한 흥미로운 역사적인 이정표를 지났다. 인류 역사상 처음으로, 전 세계에서 심장정지, 뇌졸중, 당뇨병 등 비감염성 질환으로 사망한 사람의 수가 감염병 사망자를 더한 수보다 많았다. 우리는 다른 원인들보다 생활습관으로 죽을 가능성이 더 높은 시대를 살고 있다. 즉 어떻게 죽을지를 사실상 스스로 선택하는 셈이다. 비록 별 생각 없이, 깨닫지도 못한 채 하는 선택이지만 말이다.

현재 사망자 중 약 5분의 1은 심근경색이나 교통사고 등으로 갑작스럽게 목숨을 잃으며, 약 5분의 1은 짧게 앓다가 곧 세상을 하직한다. 그러나 대다수인 약 60퍼센트는 오랫동안 서서히 쇠약해지다가 세상을 떠난다. 우리는 긴 삶을 산다. 그리고 죽는 데에도 오래 걸린다. 2017년 「이코노미스트」에는 우울한 글이 실렸다. "65세 이후에 죽는 미국인의 약 3분의 1은 생애의 마지막 석 달을 집중치료실에서 보내게 될 것이다."

우리가 예전보다 더 오래 산다는 것은 의문의 여지가 없다. 독자가 지금 미국에 사는 70세 남성이라면, 내년에 사망할 확률이 겨우 2퍼센트이다. 1940년에는 56세에 그 확률이었다. 현재 선진국 국민들 중 90퍼센트는 65세 생일도 맞이할 것이며, 그중 대다수는 그때에도 건강할 것이다.

그러나 지금 우리는 노력에 따른 보상이 줄어드는 시점에 와 있는 듯하다. 한 계산에 따르면, 내일 당장 모든 암을 완치시킬 방법이 나온다고 해도 인류 전체의 기대수명은 겨우 3.2년 늘어날 뿐이다. 모든 심장 질환을 치료한다고 해도 겨우 5.5년 늘어날 것이다. 그런 질환들로 사망하는 사람들이 대개 이미 나이를 꽤 먹은 상태이며, 암이나 심장병이 아니라고 해도 다른 질병으로 머지않아 세상을 떠날 가능성이 높기 때문이다. 알츠하이머병은 더욱 그렇다. 생물학자 레너드 헤이플릭은 알츠하이머병을 완전히 없앤다고 해도, 기대수명은 겨우 19일이 늘어날 것이라고 말한다.

수명이 유달리 늘어난 탓에 우리는 한 가지 대가를 치르고 있다. 대니얼 리버먼의 말을 빌리면 이렇다. "1990년 이래로 증가한 수명 1년당 10개월만 건강하다." 50세 이상의 사람들 중 거의 절반은 이미 어떤 만성 통증이나 질환에 시달리고 있다. 우리는 수명을 연장하는 일은 꽤 잘 해냈지만, 삶의 질을 향상시키는 일까지 잘 했다고는 할 수 없다. 고령자일수록 경제에 더 많은 부담을 준다. 미국에서 고령자는 인구의 10분의 1을 약간 넘는 수준이지만, 병실의 절반과

맞은편 : 냉혹하기보다는 무심한 사진 : 사진과 그 낫을 묘사한 폴 알베르 베나르의 이 그림에는 「무관심」이라는 딱 맞는 제목이 붙어 있다.

앞쪽 : 오래 전부터 화가들은 인간의 삶의 덧없음을 상기시키고는 했다. 그래서 "바니타스 정물(vanitas still life)"이라는 장르까지 생겨났다. 네덜란드의 화가 헤르만 헨스텐뷔르흐의 연대 미상 수채화도 그 한 예이다.

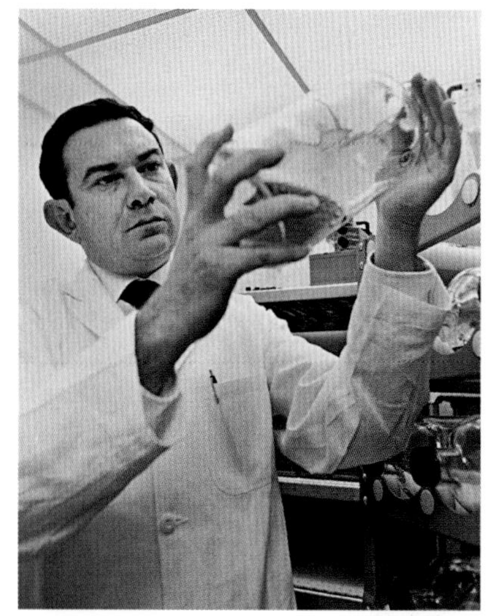

우리는 왜 늙을까? 아직 알지 못한다. 레너드 헤이플릭(위)은 사람 세포에 존속 기한이 있다는 사실을 토대로 노화 이론을 세웠다. 조레스 메드베데프(아래)는 노화를 설명하는 진지한 이론이 300가지나 된다고 했다.

모든 의약품 소비량의 3분의 1을 차지한다. 미국 질병통제예방센터에 따르면, 고령자가 미국 경제에 연간 310억 달러의 비용 부담을 안긴다고 한다.

우리가 은퇴한 뒤에 사는 기간은 상당히 늘어났지만, 그 늘어난 노년에 먹고사는 데에 필요한 일을 하는 기간은 늘어나지 않았다. 1945년 이전에 태어난 사람은 은퇴한 뒤에 평균 약 8년을 살다가 삶을 마감한다고 예상할 수 있었다. 그러나 1971년에 태어난 사람은 은퇴한 뒤에 20년을 더 살 것이라고 예상할 수 있고, 1998년에 태어난 사람은 현재 추세로 보면 아마도 35년을 더 살 수 있을 것이다. 그러나 은퇴한 뒤에 먹고살 돈을 버는, 일하는 기간은 똑같이 대략 40년이다. 대다수 국가들은 몸이 편치 않고 수입도 없는, 점점 늘어나고 있는 이 모든 사람들을 위해서 부담해야 할 장기적인 비용 문제를 아직 직시할 생각조차 하지 않고 있다. 한마디로, 우리 앞에는 개인적으로나 사회적으로나 아주 많은 문제들이 쌓여 있다.

행동이 굼떠지고, 활력이 떨어지고, 회복력이 꾸준히 돌이킬 수 없이 약해져가는 것, 한마디로 노화는 모든 종의 보편적이자 본질적인 현상이다. 즉 생물의 내부에서부터 시작되는 현상이다. 어느 시점에서 우리 몸은 노쇠해지고, 그러다가 죽는 쪽으로 향하기로 결정을 내릴 것이다. 주의를 기울여서 건강한 생활습관을 유지한다면 그 과정을 조금 늦출 수는 있지만, 무한정 회피하지는 못한다. 다시 말해서, 우리는 모두 죽는다. 단지 그 과정이 남들에게서보다 더 빨리 일어나도록 하는 사람들이 있을 뿐이다.

우리는 자신이 왜 늙는 것인지 전혀 모른다. 아니, 사실 이런저런 온갖 생각을 품고 있지만, 그중 어느 것이 옳은지 알지 못할 뿐이다. 거의 30년 전에 러시아의 생물노화학자인 조레스 메드베데프는 노화를 설명하기 위해서 제시된 이론이 약 300가지라고 파악했는데, 그 뒤로도 그 수는 줄어들지 않았다. 발렌시아 대학교의 호세 비냐 연구진은 현재의 관점에서 그 이론들을 크게 세 가지 범주로 구분했다. 유전자 돌연변이 이론(유전자의 기능 이상으로 죽는다), 마모 이론(몸이 닳아서 낡는다), 세포 노폐물 축적 이론(세포가 독성 부산물에 뒤덮인다)이다. 이 세 가지 요인이 함께 작용할 수도 있고, 어느 두 가지가 다른 한 가지의 부수적인 효과일 수도 있다. 또는 전혀 다른 원인이 있을 수도 있다. 우리는 알지 못한다.

세포가 어떤 형태로든 기억을 가지고 있으며, 자신의 죽음이 찾아올 때까지 분열 횟수를 셀 수 있다는 개념이 너무나 급진적이었기 때문에 이를 받아들이는 사람은 거의 없었다.

* * *

1961년 당시 필라델피아에 있는 위스타 연구소의 젊은 연구자였던 레너드 헤이플릭은 자기 분야의 거의 모든 사람들이 도저히 받아들이지 못할 발견을 했다. 그는 배양하는 사람 줄기세포—즉 살아 있는 몸속이 아니라 실험실에서 키우는 세포—가 50번쯤 분열하고 나면 수수께끼처럼 분열 능력을 잃는다는 것을 발견했다. 본질적으로 늙어서 죽도록 프로그램이 짜여 있는 듯했다. 이 현상은 헤이플릭 한계(Hayflick limit)라고 불리게 되었다. 생물학에 한 이정표가 마련된 순간이었다. 노화가 세포 내에서 일어나는 과정임을 처음으로 보여준 것이었기 때문이다. 또한 헤이플릭은 배양하던 세포를 얼려서 얼마 동안 저장하든 간에, 해동하면 원래 멈추었던 바로 그 시점부터 노화 과정이 다시 시작된다는 것도 알아냈다. 세포 내에 자신이 몇 번이나 분열을 했는지를 기록하는 일종의 계수기가 들어 있는 것이 분명했다. 세포가 어떤 형태로든 기억을 가지고 있으며, 자신의 죽음이 찾아올 때까지 분열 횟수를 셀 수 있다는 개념이 너무나 급진적이었기 때문에 이를 받아들이는 사람은 거의 없었다.

헤이플릭의 발견은 거의 10년 동안 사장되어 있었다. 그러다가 샌프란시스코에 있는 캘리포니아 대학교의 한 연구진이 각 염색체의 끝에 달린 텔로미어(telomere)라는 특수한 DNA 가닥이 계수기 역할을 한다는 사실을 발견했다. 세포가 분열할 때마다 텔로미어는 짧아지다가 이윽고 미리 정해진 길이(세포의 종류마다 크게 다르다)에 다다르면, 그 세포는 죽거나 활성을 잃는다. 이 발견이 이루어지면서, 갑작스럽게 헤이플릭 한계도 신뢰를 얻게 되었다. 거기에 노화의 비밀이 담겨 있다는 주장들이 쏟아졌다. 텔로미어가 짧아지는 것을 막는다면, 세포의 노화를 멈출 수 있을 터였다. 전 세계의 노화학자들은 흥분했다.

그러나 안타깝게도, 그 뒤로 여러 해 동안 이루어진 후속 연구들을 통해서, 텔로미어의 단축은 노화 과정의 일부만을 설명할 수 있다는 것이 드러났다. 60세를 넘어서면, 사망 위험은 8년마다 2배씩 증가한다. 유타 대학교의 유전학 연구진은 텔로미어의 길이로는 그 추가 위험의 단 4퍼센트만 설명할 수 있을 것이라고 추정했다. 2017년 노화학자 주디스 캠피시는 「스탯(*Stat*)」에 이렇게

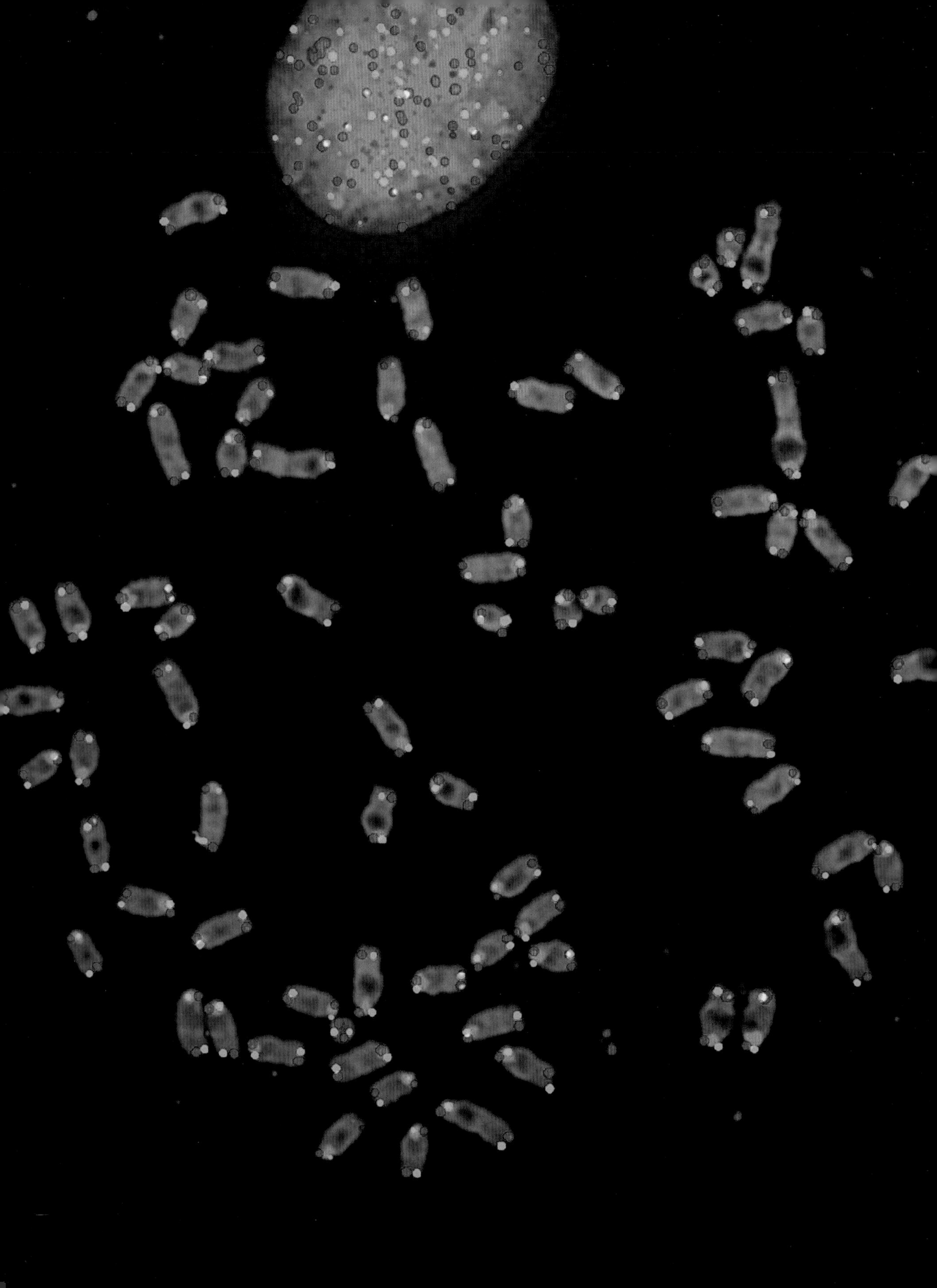

말했다. “노화가 오로지 텔로미어 때문이라면, 노화 문제는 오래 전에 해결되었을 것이다.”

노화에는 텔로미어 외에도 훨씬 많은 것들이 관여하며, 텔로미어도 노화뿐 아니라 훨씬 많은 일들에 관여한다. 텔로미어의 화학은 텔로머라아제(telomerase)라는 효소를 통해서 조절되며, 이 효소가 생산되지 않을 때에 세포는 미리 정해진 분열 횟수에 다다르면 활동을 멈춘다. 그러나 암세포에서는 텔로머라아제가 계속 활동함으로써, 세포 분열이 멈추는 대신에 끝없이 되풀이되면서 증식이 이루어진다. 그래서 세포의 텔로머라아제를 표적으로 삼는다면 암을 없앨 수 있지 않을까 하는 생각이 제기되었다. 종합하자면, 텔로미어는 노화뿐 아니라, 암을 이해하는 데에도 중요하지만, 불행히도 양쪽 다 완전히 이해하려면 아직 갈 길이 멀다.

맞은편 : 사람 염색체의 끝에 있는 (빨간 점과 초록 점으로 표시한) 텔로미어는 노화와 관련이 있다고 여겨진다. 정확히 어떻게 관련되는지는 아직 불분명하다.

이제는 조금 화제성이 떨어지기는 했지만, 그래도 노화에 관한 논의에서 흔히 들을 수 있는 용어가 두 가지 더 있다. “활성산소(자유 라디칼, free radical)”와 “항산화제(antioxidants)”이다. 활성산소는 대사 과정에서 세포에서 잠시 생성되는 노폐물로, 산소 호흡의 부산물이다. 한 독성학자(毒性學者)의 표현을 빌리면 이렇다. “호흡의 생화학적 대가가 바로 노화이다.” 항산화제는 활성산소를 중화하는 분자이며, 영양제의 형태로 항산화제를 많이 섭취하면 활성산소의 노화 효과를 막을 수 있지 않을까 하는 생각도 할 수 있다. 불행히도, 그 생각을 뒷받침하는 과학적 증거는 전혀 없다.

캘리포니아의 화학자 데넘 하먼이 1945년에 아내가 읽던 「레이디스 홈 저널(*Ladies' Home Journal*)」의 한 기사를 읽고서 착안하여 활성산소와 항산화제가 노화의 핵심이라는 이론을 제시하지 않았더라면, 아마 지금쯤 대부분의 사람들은 두 단어를 들을 일조차 없었을 것이 거의 확실하다. 하먼의 생각은 그저 직감이나 다름없는 것이었고, 그 뒤의 연구를 통해서 그의 생각이 틀렸다는 것이 입증되었다. 그럼에도 그 개념은 꿋꿋하게 살아남았고, 앞으로도 그럴 것 같다. 현재 항산화제 영양제는 연간 20억 달러가 넘게 팔리고 있다.

데넘 하먼. 그는 항산화제가 노화 과정을 저지할 수도 있다는 개념을 내놓음으로써 그의 의도와 상관없이 엄청난 수익을 올리는 식품 보조제 산업을 출범시켰다.

런던 유니버시티 칼리지의 데이비드 젬스는 2015년 「네이처」에 이렇게 말했다. “엄청난 갈취이다. 산화와 노화라는 개념이 여전히 판을 치는 이유는 그 덕분에 돈을 버는 사람들이 계속 떠들어대고 있기 때문이다.”

심장이 한 번 뛸 때에 뿜어내는 혈액의 양이 나이가 들수록 서서히 줄어든다는 것이다. 다른 어떤 원인으로 먼저 사망하지 않는다면, 심장은 이윽고 멈출 것이다. 그 점은 확실하다

「뉴욕 타임스」에는 이런 기사도 실렸다. "항산화제 영양제가 해로울 수도 있음을 시사하는 연구 결과들도 있다." 그 분야의 주요 학술지인 「항산화제와 산화환원 신호 전달(*Antioxidants and Redox Signaling*)」은 2013년에 이렇게 썼다. "항산화제 영양제는 많은 노화 관련 질환의 발병률을 낮추지 못할 뿐 아니라, 사망 위험을 증가시키는 사례도 있다."

미국에서는 특이하게도 식품의약청이 영양제를 사실상 전혀 관리하지 않는다는 사실 때문에 상황이 더욱 복잡하다. 영양제에 처방약 성분이 전혀 들어 있지 않고 사망을 야기하거나 심각한 해를 끼치지 않는 한, 제조사는 얼마든지 원하는 대로 영양제를 판매할 수 있다. 「사이언티픽 아메리칸(*Scientific American*)」의 기사를 인용하면, "순도나 효능을 전혀 보증하지 않아도, 복용량에 관한 기준이 전혀 없어도, 승인된 약품과 함께 복용할 때 부작용이 생길 수도 있다는 경고문을 전혀 붙이지 않고서도" 판매할 수 있다. 물론 그 제품들이 유익할 수도 있다. 단지 누구도 입증할 생각을 하지 않는 것일 수도 있다.

데넘 하먼 자신은 영양제 업계와 아무런 관계도 없고 항산화제 이론의 대변인도 아니었지만, 평생 항산화제인 비타민 C와 E를 고용량으로 섭취했고, 항산화제가 풍부한 과일과 채소를 대량으로 먹었다. 그런 것들이 그에게 아무런 해를 끼치지 않았다고는 분명히 말할 수 있다. 그는 아흔여덟 살까지 살았다.

설령 우리가 현재 건강을 누리고 있다고 해도, 노화는 결국 우리 모두에게 피할 수 없는 결과를 가져온다. 나이를 먹을수록 우리의 방광은 탄력을 잃으며, 담을 수 있는 소변의 양도 줄어든다. 그래서 노화의 저주 가운데 하나인 끊임없이 화장실을 찾는 현상이 벌어진다. 피부도 탄성을 잃고, 점점 더 건조해지고 더 가죽처럼 변한다. 혈관도 더 쉽게 터지고 멍도 더 잘 든다. 면역계는 예전처럼 침입자를 잘 찾아내지 못하게 된다. 색소세포의 수도 대개 줄어들지만, 때로는 군데군데 늘어남으로써 검버섯(liver spot)이 생긴다. 영어로는 간의 점이라는 뜻이지만, 물론 간과는 아무 관련이 없다. 피부와 직접적인 관련이 있는 지방층도 얇아짐으로써, 노인은 체온을 유지하기가 더 어려워진다.

해양동물의 폐경기 : 범고래는 인간 여성처럼 폐경이라는 전환점을 맞는다고 알려진 극소수의 동물이다.

더욱 심각한 문제는 심장이 한 번 뛸 때에 뿜어내는 혈액의 양이 나이가 들수록 서서히 줄어든다는 것이다. 다른 어떤 원인으로 먼저 사망하지 않는다면, 심장은 이윽고 멈출 것이다. 그 점은 확실하다. 그리고 심장의 힘으로 온몸을 순환하는 혈액의 양이 줄어들면서, 기관들도 피를 덜 받게 된다. 40세를 넘으면, 콩팥으로 가는 혈액의 양은 해마다 평균 1퍼센트씩 줄어든다.

여성은 폐경에 이를 때에 노화 과정을 생생하게 체험한다. 대다수 동물은 번식 능력이 다하면 곧 죽지만, 인간의 여성은 (다행히도) 그렇지 않다. 폐경기가 지난 뒤에도 인생의 약 3분의 1을 더 산다. 우리는 유일하게 폐경을 겪는 영장류이며, 더 나아가 폐경을 겪는 몇 안 되는 동물 중의 하나이다. 멜버른에 있는 플로리 신경과학과 정신건강 연구소는 양을 이용해서 폐경을 연구한다. 양이 우리 외에 폐경을 겪는다고 알려진 거의 유일한 육상동물이라는 단순한 이유에서이다. 고래도 적어도 2종이 폐경을 겪는다고 알려져 있다. 왜 어떤 동물은 폐경을 겪는지는 아직 알려져 있지 않다.

나쁜 소식은 폐경이 끔찍한 시련이 될 수 있다는 것이다. 여성 중 약 4분의 3은 폐경기에 홍조를 경험한다. (알 수 없는 이유로 호르몬 변화가 일어나서 대개 가슴 위쪽이 갑자기 달아오르는 느낌이다.) 폐경은 에스트로겐 생산량의 감소와 관련이 있지만, 어떤 조건에서 일어나는지를 명확히 확인할 수 있는 검사법 같은 것은 지금도 없다. 여성이 폐경기에 들어서고 있음(폐경 전후기라는 단계)을 말해주는 최고의 지표는 생리가 불규칙해지고, 로스 조지가 웰컴 트러스트의 간행물 「모자이크(*Mosaic*)」에 쓴 바에 따르면, "무엇인가가 매우 정상이 아니라는 느낌"을 받을 가능성이 높다는 것이다.

폐경은 노화 자체만큼 수수께끼이다. 지금까지 제시된 주된 이론은 두 가지인데, 조금 산뜻하게 "어머니 가설"과 "할머니 가설"이라고 한다. 어머니 가설은 육아가 위험하고 소모적이며, 여성이 나이를 먹을수록 더욱 그렇다고 본다. 그렇다면 폐경은 단순히 일종의 보호 전략일 수 있다. 더 이상 출산에 지치고 주의가 분산되지 않도록 함으로써, 여성은 가장 생산적인 시기에 들어설 때, 자신의 건강을 유지하면서 자녀를 키우는 일을 마무리하는 쪽으로 더 잘 초점을 맞출 수 있다. 이는 자연히 할머니 가설로 이어진다. 할머니 가설은 여성이 중년에 번식을 멈추고 자녀가 손주를 더 잘 키울 수 있도록 돕는다는 것이다.

말이 난 김에 덧붙이면, 폐경이 난자가 바닥이 나서 촉발된다는 것은 신화이다. 폐경에 들어가도 여성은 여전히 난자를 가지고 있다. 많지 않다는 것은 분명하지만, 생식 능력은 충분히 가지고 있다. 따라서 그 과정은 난자가 소진되어서 촉발되는(많은 의사들도 그렇다고 믿는 듯하다) 것이 아니다. 정확히 무엇이 폐경을 촉발하는지는 아무도 모른다.

II

2016년 뉴욕에 있는 알베르트 아인슈타인 의과대학의 연구진은 보건 의료가 아무리 발전하더라도, 수명이 약 115세를 넘길 사람은 많지 않을 것이라고 결론지었다. 반면에 워싱턴 대학교의 생물노화학자 맷 캐벌레인은 현재의 젊은이들이 대체로 지금보다 50퍼센트 더 오래 살 수 있다고 보며, 캘리포니아 주 마운틴 뷰에 있는 센스 연구재단의 최고 과학 책임자인 오브리 드 그레이는 지금 막 태어난 사람들 중에는 1,000년을 살 이들도 있을 것이라고 믿는다. 유타 대학교의 유전학자 리처드 코슨은 그런 긴 수명이 적어도 이론상으로는 가능하다고 주장한다.

누구의 말이 옳을지는 세월이 알려줄 것이다. 지금 말할 수 있는 것은 현재로서는 100세까지 사는 사람도 1만 명에 약 1명에 불과하다는 사실이다. 우리는 100세 이상 사는 사람들에 관해서 아는 것이 별로 없는데, 연구할 대상자가 그리 많지 않기 때문이기도 하다. 로스앤젤레스에 있는 캘리포니아 대학교의 독자가 110세 생일을 기념할 확률은 약 700만 분의 1이다.
여성이라면 꽤 가능성이 높아진다.
남성보다 여성이 110세에 도달할 가능성이 10배 더 높다.

노화학 연구단은 전 세계의 모든 초백세인(supercentenarian), 즉 110세 이상인 사람들을 추적 조사하고 있다. 그러나 세계에는 출생 기록이 미흡한 곳이 많고, 또 많은 고령자들은 이런저런 이유로 실제보다 자기 나이를 올려서 생각하는 경향이 있기 때문에, 연구진은 이 가장 배타적인 집단에 들어오겠다는 후보자들을 대할 때에 매우 신중한 태도를 취한다. 확인을 거쳐서 이 기관에 등록된 초백세인은 약 70명이지만, 실제 숫자는 아마 그 절반에 불과할 것이다.

독자가 110세 생일을 기념할 확률은 약 700만 분의 1이다. 여성이라면 꽤 가능성이 높아진다. 남성보다 여성이 110세에 도달할 가능성이 10배 더 높다. 여성이 남성보다 오래 산다는 것은 흥미로운 사실이다. 아기를 낳다가 죽는 남성이 아무도 없다는 점을 생각하면 조금 의아한 일이다. 게다가 인류 역사의 대부분에 걸쳐서, 아픈 사람을 돌보다가 감염원에 가까이 노출되는 쪽은 남성이 아니었다. 그런데도 인류 역사 내내, 조사한 모든 사회에서, 평균적으로 여성은 반드시 남성보다 몇 년을 더 살았다. 남녀 모두 거의 동일한 보건 의료의 혜택을 보고 있음에도 지금도 여전히 그렇다.

우리가 아는 한 가장 장수한 사람은 프로방스 아를에 살았던 잔 루이즈 칼망으로, 1997년에 122년 164일을 살고서 세상을 떠났다. 그녀는 122세까지 산 유일한 사람일 뿐 아니라, 116, 117, 118, 119, 120, 121세에 다다른 유일한 사람이기도 하다. 칼망은 여유 있는 삶을 살았다. 아버지는 부유한 조선업자였고, 남편은 잘나가는 사업가였다. 그녀는 직장에 다닌 적이 없었다. 남편보다는 50년 넘게, 외동딸보다는 63년을 더 살았다. 칼망은 평생 담배를 피웠고—117세에 마침내 끊을 때에도 하루에 2개비를 피우고 있었다—일주일에 초콜릿을 1킬로그램씩 먹었다. 그런데도 말년까지 활기차게 움직이면서 건강한 삶을 누렸다. 노년에 그녀는 재치 있게 자랑하곤 했다. "내 몸에 주름은 딱 하나뿐이라오. 지금 깔고 앉아 있는 거지."

또한 칼망은 역사상 가장 잘못 판단한 거래 가운데 하나의 흡족한 수혜자이기도 하다. 1965년 경제적 어려움에 처한 그녀는 어느 변호사와 그녀가 사망할

대단한 잔 루이즈 칼망 : 왼쪽은 1895년 20세 때, 오른쪽은 1992년 117세 생일 때. 그녀는 그로부터 5년 뒤에 122세를 일기로 사망했다.

때까지 매월 2,500프랑을 받기로 하고, 자신이 사망하면 아파트를 넘기기로 계약했다. 당시 칼망의 나이가 90세였으므로, 변호사에게는 꽤 좋은 거래처럼 보였다. 그러나 먼저 사망한 쪽은 변호사였다. 그는 계약서에 서명을 한 뒤로 사망할 때까지 30년 동안 칼망에게 총 90만 프랑이 넘는 돈을 지불했다. 자신이 결코 차지할 수 없었던 집을 구입한 대가로 말이다.

한편 가장 오래 산 남성은 일본의 기무라 지로에몬으로서, 116년 54일을 살다가 2013년에 사망했다. 그는 집배원으로 별 탈 없이 일하다가 퇴직한 뒤에 교토 인근의 마을에서 살았다. 기무라의 생활습관은 건강했지만, 일본에는 그런 사람이 수백만 명은 된다. 그가 왜 다른 사람들보다 그토록 오래 살 수 있었는지는 답할 수 없겠지만, 집안 유전자가 장수에 상당한 기여를 하는 것 같기는 하다. 대니얼 리버먼은 내게 말하기를, 80세까지는 대개 건강한 생활습관의 산물이지만, 그 이후로는 거의 전적으로 유전자에 달려 있다고 했다. 뉴욕 시티 대학교의 명예 교수인 버나드 스타의 말을 빌리면 이렇다. "장수할 수 있는 가장 좋은 방법은 부모를 잘 고르는 것이다."

기무라 지로에몬. 2012년 115세임에도 즐겁게 지내는 모습.

이 글을 쓰는 현재, 지구에서 115세임이 확인된 사람은 전 세계에 3명(일본에 2명, 이탈리아에 1명)이 있고, 114세도 3명(프랑스에 2명, 일본에 1명)이 있다.

어느 척도로 보아도 남들보다 오래 사는 이들이 있다. 조 머천트는 『기적의 치유력(*Cure*)』에서 코스타리카인이 미국인보다 약 5

배 더 가난하고, 보건 의료도 더 제대로 받지 못하지만, 더 오래 산다고 했다. 게다가 코스타리카에서 가장 가난한 지역에 속한 니코야 반도의 주민들은 비만과 고혈압 환자의 비율이 훨씬 높음에도 가장 오래 산다. 또 그들은 텔로미어가 더 길다. 그들이 더 끈끈한 사회적 유대와 가족관계의 혜택을 보기 때문이라는 이론도 나와 있다. 신기하게도 홀로 살거나 일주일에 적어도 한 차례 아이를 보지 않는다면, 더 길었던 그들의 텔로미어 길이가 짧아진다는 것이 드러났다. 애정 어린 좋은 관계를 맺는지 여부가 DNA에 물리적인 변화를 가져온다니 신기하다. 2010년 미국의 한 연구에서는 그런 관계가 없을 때에 어떤 원인으로든 사망할 위험이 2배 높아진다는 결과가 나왔다.

III

1901년 11월, 프랑크푸르트의 한 정신병원에서 아우구스테 데터라는 여성이 병리학자이자 정신의학자인 알로이스 알츠하이머(1864–1915)에게 기억력이 계속 떨어지고 있다고 하소연했다. 그녀는 모래시계에서 모래가 떨어지는 것처럼, 자신의 인격이 빠져나가는 것을 느낄 수 있었다. 그녀는 서글프게 말했다. "나 자신을 잃어가고 있어요."

코안경을 쓰고 늘 입 한쪽으로 시거를 물고 있던 바이에른 출신의 거칠지만 친절한 의사였던 알츠하이머는 여성의 증세에 흥미를 느꼈지만, 어떤 방법으로도 증상 악화를 늦출 수 없다는 것을 알고 좌절했다. 게다가 당시 알츠하이머 자신도 힘겨운 나날을 보내고 있었다. 혼인한 지 7년밖에 되지 않은 아내 세실리아가 바로 전해에 세상을 떠나는 바람에, 그는 세 아이를 홀로 키우고 있었다. 그래서 데터 부인이 찾아왔을 때, 그는 가장 깊은 슬픔에다가 의사로서 무능하다는 가장 큰 좌절감까지 겪어야 했다. 몇 주일 사이에 그녀는 점점 더 정신착란에 빠져서 자제력을 잃기도 했으며, 알츠하이머가 어떤 방법을 써도 전혀 나아지는 기미가 없었다.

다음해에 알츠하이머는 뮌헨으로 자리를 옮겼지만, 멀리서 데터 부인의 악화되는 양상을 계속 주시했고, 1906년 그녀가 사망하자 뇌를 보내달라고 해서 부검을 했다. 그는 그 가여운 여성의 뇌 곳곳에서 파괴된 세포 덩어리들을 발견했다. 그는 강의와 논문을 통해서 자신이 발견한 내용을 알렸고, 그럼으로써 그 병에 영구히 그의 이름이 붙게 되었다. 사실 알츠하이머병이라는 이름은 그가 아니라 1910년에 동료 의사가 붙인 것이었다. 놀랍게도 데터 부인의 뇌 조직 표본은 살아남았고, 훗날 현대 기술을 통해서 재조사가 이루어졌다. 그

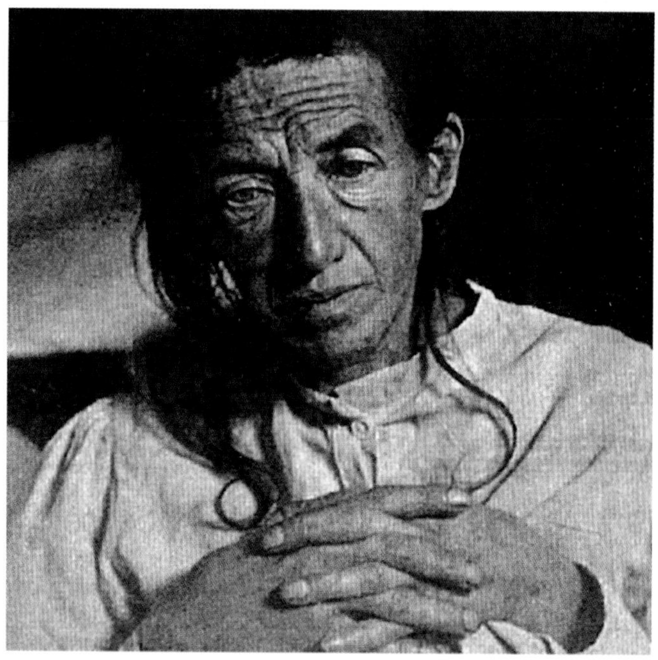

알로이스 알츠하이머. 노화의 가장 당혹스러운 질환 중 하나에 자신의 이름을 붙였다(아니, 그의 이름이 붙었다). 그는 오른쪽의 아우구스테 데터를 통해서 이 증상을 처음 접했다.

런데 다른 알츠하이머병 환자들과 달리 그녀가 유전적 돌연변이를 지니고 있었다는 것이 드러났다. 그녀는 사실 알츠하이머병이 아니라, 이염 백색질 장애(metachromatic leukodystrophy)라는 유전병을 앓고 있었던 듯하다. 아무튼 알츠하이머는 자신의 발견이 지닌 중요성을 제대로 이해할 만큼 오래 살지 못했다. 그는 1915년 심한 감기의 합병증으로 쉰하나의 나이에 사망했다.

현재 우리는 알츠하이머병이 뇌에 베타 아밀로이드라는 단백질 조각이 쌓이면서 시작된다는 것을 안다. 아밀로이드가 적절하게 작용할 때에 어떤 일을 하는지는 아무도 확실히 모르지만, 기억의 형성에 관여하는 듯하다. 어쨌든 간에, 정상이라면 아밀로이드는 자기 일을 한 뒤에 더 이상 필요가 없어지면 씻겨 나간다. 그러나 알츠하이머병 환자의 뇌에서는 완전히 씻겨 나가지 않고 쌓여서 군데군데 판(plaque)이라는 덩어리를 형성함으로써 뇌 기능에 장애를 일으킨다.

나중에 이 병에 걸린 사람들의 뇌에 타우(tau) 단백질이 엉키면서 쌓인다는 것도 드러났다. 이를 "타우 엉킴물(tau tangle)"이라고 한다. 타우 단백질이 아밀로이드와 어떤 관계에 있고, 둘이 알츠하이머병과 어떤 관계가 있는지도 아직은 불분명하지만, 환자의 기억이 꾸준히 돌이킬 수 없이 사라져간다는 점은 분명하다. 일반적인 진행 양상을 보면, 환자는 먼저 단기 기억 능력을 잃고, 이어서 기억들의 전부 또는 대부분을 잃으며, 정신착란, 분노 발작, 자제력 상실을 드러내다가, 결국에는 호흡하고 삼키는 것까지 포함하여 모든 신체 기능을 잃게 된다. 한 평론가는 이렇게 표현했다. "근육의 수준에서 숨을 쉬는 법까지 잊는다." 알츠하이머병 환자는 두 번 죽는다고 할 수도 있다. 정신이 먼저 죽고, 이어서 몸이 죽는다.

이런 사실들은 한 세기 전부터 알려져 있었지만, 그 외에는 거의 모든 것이 혼란스럽다. 또 한 가지 당혹스러운 사실은 아밀로이드와 타우가 쌓이지 않으면서 치매가 일어날 수도 있고, 반대로 아밀로이드와 타우가 쌓이는데도 치매가 일어나지 않을 수 있다는 것이다. 고령자 중에서 약 30퍼센트는 베타 아밀로이드가 뇌에 상당히 쌓여 있음에도 인지력이 쇠퇴하는 기미가 전혀 없다는 연구 결과도 있다.

판과 엉킴물이 알츠하이머병의 원인이 아니라 그저 "서명"에 불과할 수도 있다. 즉 그 병이 남긴 잔해일 수도 있다. 한마디로, 아밀로이드와 타우가 쌓여 있는 이유가, 환자가 그 물질들을 너무 많이 만들기 때문인지, 아니면 청소가 제대로 이루어지지 않은 결과인지조차도 우리는 알지 못한다. 의견이 갈리는 탓에 연구자들은 크게 두 진영으로 나뉜다. 베타 아밀로이드 단백질이 주된 원인이라고 보는 이들은 슬며시 비꼬아서 침례교도(baptist)라고 하며, 타우를 주된 원인이라고 보는 이들은 타우론자(tauist)라고 한다. 한 가지 분명한 사실은 판과 엉킴물이 서서히 쌓이며, 치매의 징후가 드러나기 오래 전부터 쌓이기 시작한다는 것이다. 그렇다면 실제로 손상이 일어나기 전, 그 물질들이 쌓이기 시작할 때를 공략하는 것이 알츠하이머병을 치료하는 열쇠가 될 수 있다. 그러나 그런 치료법은 아직까지 나와 있지 않다. 심지어 우리는 알츠하이머병을 명확히 진단조차 내리지 못하고 있다. 그 병임을 확인하는 확실한 방법은 사후 부검밖에 없다. 즉 환자가 죽은 뒤에야 가능하다.

1909-1910년 뮌헨 대학교의 알로이스 알츠하이머(뒷줄 왼쪽) 연구진. 프리드리히 H. 레비(뒷줄 오른쪽)도 있다.

가장 큰 수수께끼는 왜 누구는 알츠하이머병에 걸리고 누구는 걸리지 않는가이다. 알츠하이머병과 관련이 있는 유전자가 몇 개 발견되기는 했지만, 근본 원인과 직접적인 관련이 있는 유전자는 발견된 적이 없다. 나이를 먹기만 해도 알츠하이머병에 걸릴 가능성이 크게 증가하기는 하지만, 그 점에서는 다른 질환들도 거의 모두가 마찬가지이다. 교육 수준이 높을수록, 알츠하이머병에 걸릴 가능성은 더 낮아진다. 어릴 때처럼 그냥 멍하니 교실에서 수업 시간을 보내는 식이

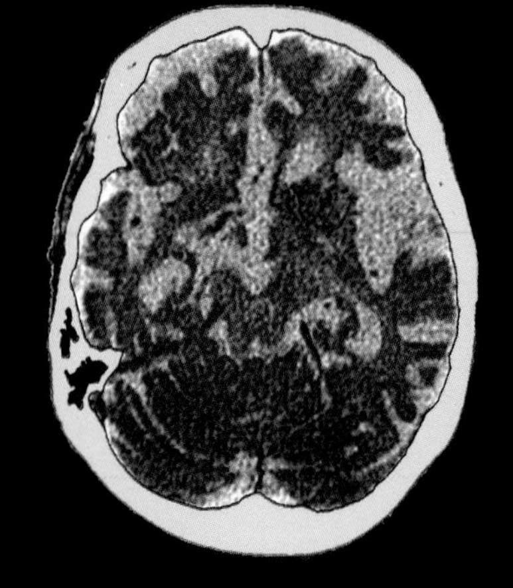
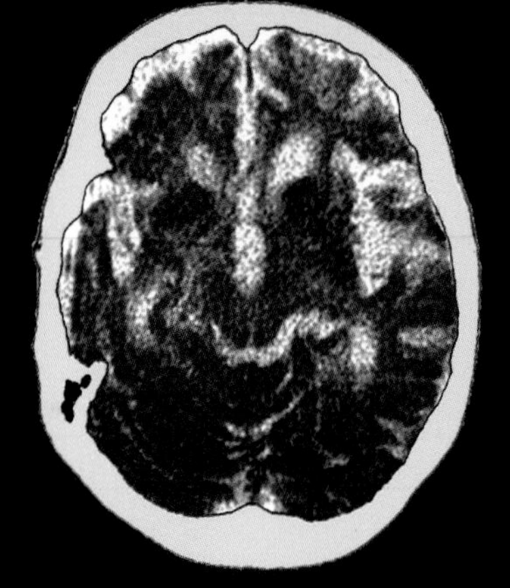
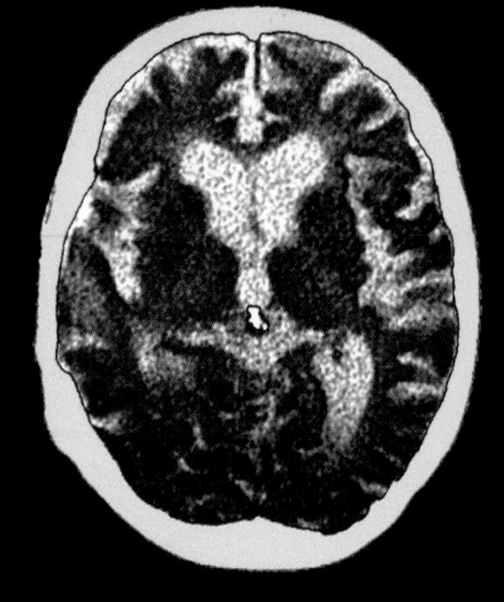

뇌의 수평 단면 사진들은 알츠하이머병으로 뇌가 퇴화한 흔적들을 보여준다. 하얀 부위가 위축된 영역들이다.

아니라, 탐구하면서 적극적으로 머리를 쓴다면 알츠하이머병이 억제되는 것이 거의 확실하다. 건강한 식단을 꾸리고, 적어도 적당한 운동을 하고, 체중을 적절히 유지하고, 금연을 하고, 과음하지 않는 사람은 모든 유형의 치매에 걸릴 확률이 상당히 더 낮다. 건강한 생활습관이 알츠하이머병의 위험을 완전히 없애는 것은 아니지만, 약 60퍼센트는 줄여준다.

알츠하이머병은 치매 중에서 60-70퍼센트를 차지하며, 전 세계에서 약 5,000만 명이 앓고 있는 것으로 추정된다. 그러나 치매는 약 100종류가 있으며, 각각을 구별하기가 쉽지 않을 때도 많다. 예를 들면, 레비 소체 치매(Lewy body dementia)는 신경 단백질의 변성을 수반한다는 점에서 알츠하이머병과 매우 비슷하다. (독일에서 알로이스 알츠하이머와 함께 일한 의사 프리드리히 H. 레비의 이름을 땄다.) 이마관자엽 치매(frontotemporal dementia)는 뇌의 이마엽과 관자엽에 손상이 일어나서 생기며, 뇌졸중이 그 원인일 때가 많다. 이 치매에 걸리면 자제력을 잃고 충동을 억제하지 못해서 길거리에서 옷을 벗거나, 남이 버린 음식을 주워 먹거나, 상점에서 물건을 훔치는 등의 행동을 종종 하기 때문에, 돌보는 주변 사람들을 몹시 힘들게 만든다. 19세기 러시아의 신경의학자인 세르게이 코르사코프의 이름을 딴 코르사코프 증후군(Korsakoff's syndrome)은 주로 만성 알코올 중독으로 생기는 치매이다.

세르게이 코르사코프. 알코올 중독과 으레 연관지어지는 치매 유형을 발견했다.

종합하자면, 65세를 넘은 사람들 중 3분의 1은 치매로 죽을 것이다. 치매가 사회에 안기는 부담이 엄청난데도, 이상하게 거의 모든 사회는 치매 연구에 소홀하다. 영국에서는 국민의료보험이 치매 환자에게 쓰는 비용이 연간 260억 파운드에 달하지만, 치매 연구에 투자하는 예산은 9,000만 파운드에 불과하다. 심장병 연

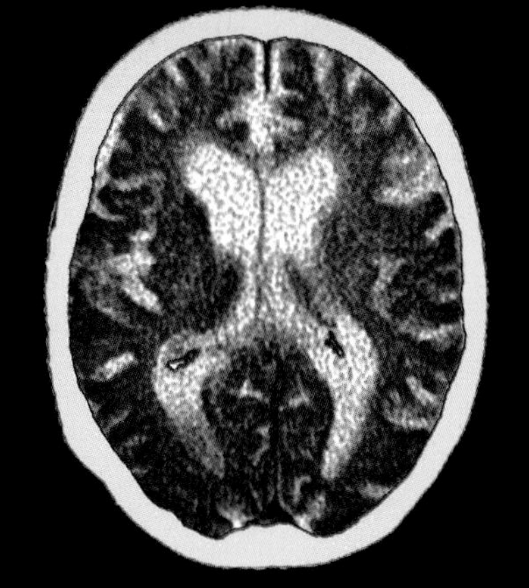
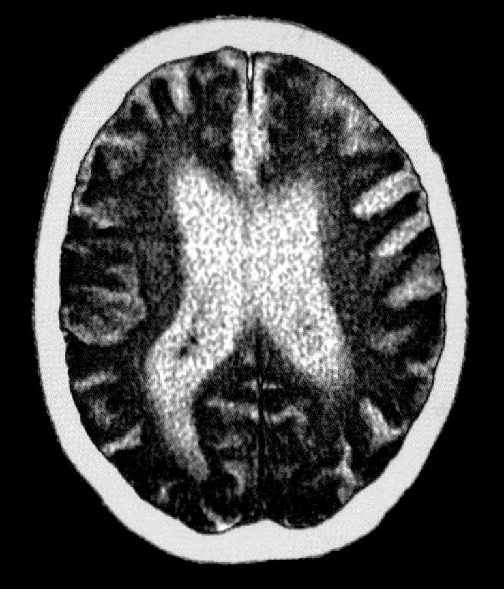
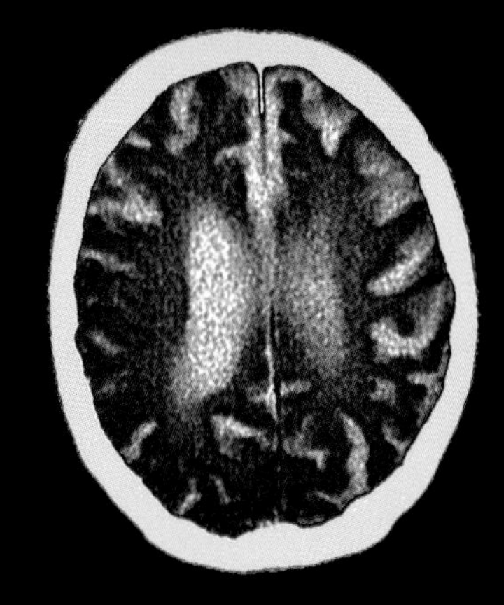

구에 1억6,000만 파운드, 암 연구에 5억 파운드를 지원하는 것에 비해서 훨씬 적다.

알츠하이머병보다 치료하기 어려운 병은 거의 찾아보기 어렵다. 알츠하이머병은 고령자의 사망 원인 중에서 심장병과 암 다음으로 세 번째이며, 효과적인 치료법이 아예 없다. 알츠하이머병 약물들은 임상시험에서 99.6퍼센트가 실패하며, 제약학의 모든 분야를 통틀어서 가장 높은 비율에 속한다. 1990년대 말에 많은 연구자들은 치료제가 곧 나올 것이라고 떠들어댔다. 그러나 그것은 성급한 주장이었음이 드러났다. 유망하다고 여겨지던 한 치료제는 임상시험 참가자 중 4명이 뇌염에 걸리는 바람에 시험이 중단되었다. 제22장에서도 말했듯이, 실패의 원인 중 하나는 알츠하이머병 임상시험이 먼저 실험실 생쥐를 대상으로 이루어져야 하는데, 생쥐가 그 병에 걸리지 않는다는 데에 있다. 그래서 유전공학을 통해서 뇌에 판이 형성되는 생쥐 혈통을 만들어야 하며, 그 말은 생쥐가 인간과 다른 방식으로 약물에 반응할 것이라는 의미이기도 하다. 현재 많은 제약사는 알츠하이머병 약물 개발을 아예 접은 상태이다. 2018년에 화이자는 알츠하이머병과 파킨슨병 연구를 포기하고 뉴잉글랜드의 두 연구시설에 있는 인력 300명도 감축하겠다고 발표했다. 아우구스테 데터가 지금 의사를 찾아온다고 해도, 120여 년 전에 그녀가 알로이스 알츠하이머를 찾았을 때나 별 다를 바가 없을 것이라고 생각하면 가슴이 철렁해진다.

IV

죽음은 우리 모두에게 찾아온다. 매일 전 세계에서 16만 명이 사망한다. 1년으로 따지면 약 6,000만 명이다. 스웨덴, 노르웨이, 벨기에, 오스트리아, 오스트레일리아의 인구를 더한 만큼의 사람들이 매년 죽는다. 그런데 다른 관점에서 보면, 사망률은 100명당 약 0.7명에 불과하다. 즉 한 해에 죽는 사람이 100명 중 1명도 채 되지 않는다는 뜻이다. 다른 동물들에 비해, 우리의 생존 능력이 경이로울 만치 뛰어난 셈이다.

죽음으로 향하는 가장 확실한 길은 나이를 먹는 것이다. 서양에서 암 사망자의 75퍼센트, 폐렴 사망자의 90퍼센트, 독감 사망자의 90퍼센트, 각종 원인에 따른 사망자의 80퍼센트는 65세 이상이다. 흥미로운 점은 미국에서는 1951년부터 "고령"으로 죽는 사람이 없어졌다. 적어도 공식적으로는 그렇다. 사망 확인서에 적는 사망 원인의 목록에서 "고령"이라는 항목을 빼버렸기 때문이다. 반면에 영국에서는 여전히 "고령"을 사망 원인으로 적을 수 있지만, 그다지 자주 쓰이지는 않는다.

사람들은 대개 죽음이 상상할 수 있는 가장 끔찍한 사건이라고 생각한다. 제니 디스키는 암으로 죽음이 가까워졌을 때(2016년에 사망), 「런던 리뷰 오브 북스」에 곧 죽을 것임을 알고 있는 사람이 겪는 "지독한 공포"를 다룬 감동적인 글을 연재했다. "벗겨내고 쏠아내는 온갖 끔찍한 것들이 내장 속에 살면서 날카로운 발톱으로 후벼 파는" 느낌이라고 적었다. 그러나 우리는 몸속에 어느 정도의 방어체계를 가지고 있는 듯하다. 2014년 「완화의학회지(*Journal of Palliative Medicine*)」에는 말기 질환자의 50-60퍼센트가 죽음을 앞두고 강렬하지만 매우 마음을 편하게 해주는 꿈을 꾼다는 조사 결과가 실렸다. 또다른 연구는 죽는 순간에 뇌에서 화학물질이 왈칵 분비된다는 증거를 제시했다. 임사체험을 한 사람들이 겪었다고 하는 강렬한 경험을 그것으로 설명할 수 있을지도 모른다.

죽어가는 사람들은 대부분 마지막 하루나 이틀 동안 먹거나 마시려는 욕구를 잃는다. 말할 힘조차 없어지는 사람도 있다. 기침하거나 삼킬 힘도 사라지면, 흔히 죽음의 쌕쌕거림(death rattle)이라고 하는 가쁜 소리가 나오고는 한다. 용어 자체는 몹시 괴로울 것 같다는 인상을 주지만, 실제로 죽어가는 사람에게는 그렇지 않은 듯하다. 그러나 죽음을 앞둔 사람을 힘들게 하는 또다른 종류의 호흡은 정말로 괴로울 수 있다. 임종 호흡(agonal breathing)이라는 것인데, 심장이 약해져서 호흡이 충분하지 않아서 나타난다. 몇 초 사이에 끝나기도 하지만, 40분 넘게 이어질 수도 있다. 그럴 때는 당사자뿐 아니라 임종을 지켜보려고 온 사람들까지도 엄청난 괴로움에 직면한다. 신경근육 차단제로 멈출 수 있기는 하지만, 많은 의사들은 처방하지 않으려고 한다. 그러면 불가피하게 죽음이 앞당겨지고, 비윤리적이라거나 더 나아가 불법적인 일을 했다는 말을 들

> 시신을 접해본 적이 없는 이들조차도,
> 대개 죽음을 즉시 알아볼 수 있다.

을 가능성이 있기 때문이다. 어차피 곧 죽음이 찾아올 상황에서도 그렇다.

우리는 죽음에 유달리 예민하게 반응하는 듯하며, 그 불가피한 결말을 조금이라도 미루기 위해서 필사적인 시도를 하곤 한다. 세계 어디에서든 죽어가는 사람에게는 으레 과잉 치료가 이루어진다. 미국에서 암으로 죽어가는 사람 중 8분의 1은 치료가 효과를 보일 시점이 이미 훨씬 지났는데도 삶이 끝나기 2주일 전까지도 화학 요법을 받는다. 암 환자가 마지막 몇 주일 동안 화학 요법이 아니라 완화치료를 받으면 사실상 좀더 오래 살고 고통도 훨씬 덜하다는 것을 보여준 연구가 3건 나와 있다.

죽음이 임박한 사람을 두고서도, 임종 시기를 예측하기란 쉽지 않다. 매사추세츠 대학교 의과대학의 스티븐 해치는 이렇게 썼다. "평균 생존 기간이 4주일에 불과한 말기 환자들에 대해서도 의사들이 예측하는 임종 시기가 1주일 이내로 들어맞는 사례는 25퍼센트에 불과하며, 4주일 넘게 어긋나는 사례도 25퍼센트에 달한다는 연구 결과가 있다!"

죽음은 곧바로 뚜렷이 드러난다. 죽자마자 피부 가까이에 있는 모세혈관에서 피가 빠져나가기 시작하며, 그래서 죽음과 연관짓는 유령처럼 창백한 피부가 된다. 셔윈 눌랜드는 『사람은 어떻게 죽음을 맞이하는가』에 이렇게 썼다. "사람의 시신은 마치 그 본질이 떠난 것처럼 보인다. 밋밋하고 단조로우며, 그리스인들이 숨결(pneuma)이라고 부른 생명의 기운에 부푸는 일이 더 이상은 없다." 시신을 접해본 적이 없는 이들조차도, 대개 죽음을 즉시 알아볼 수 있다.

조직은 거의 즉시 붕괴하기 시작한다. 이식용 장기의 "수확(harvesting)"(가장 추한 의학 용어가 아닐 수 없다)이 그토록 시급하게 이루어지는 이유가 바로 그 때문이다. 피는 중력에 이끌려 몸의 가장 아래쪽으로 몰려서 고이게 되고, 그 부위의 피부는 자주색으로 변하게 된다. 이를 시체 얼룩(livor mortis, 시반)이라고 한다. 안쪽의 세포들이 터져서 효소들이 흘러나와 몸을 소화하기 시작한다. 이를 사후 자가용해(autolysis)라고 한다. 기관들마다 기능을 멈추는 데에 걸리는 시간이 다르다. 간은 분명히 아무런 필요가 없음에도, 사후에 알코올 분해를 계속할 것이다. 세포들이 죽는 시간도 저마다 다르다. 뇌세포는 금방, 약 3-4분 안에 죽는다. 그러나 근육과 피부의 세포는 몇 시간까지, 길면 하루까지 버틸 수도 있다. 사후 경직(rigor mortis)이라는 근육이 뻣뻣해지는 잘 알려진 현상은 사후 30분에서 4시간 사이에 시작되는데, 얼굴 근육에서 시작되어 몸을 따라 아래로 내려가면서 말단으로 퍼진다. 사후 경직은 하루쯤 지속된다.

시신은 여전히 생명으로 가득하다. 그저 우리의 삶이 더 이상 없을 뿐이다. 우리가 떠난 뒤에도 세균들을 비롯한 미생물 무리는 남아 있다. 장내 세균들은 우리의 몸을 게걸스럽게 먹어치우면서 다양한 기체를 생산한다. 메탄, 암모니아, 황화수소, 이산화황뿐만 아니라, 카다베린(cadaverine)과 퓨트레신(putrescine)처럼 이름 자체에 시신과 썩는다는 의미가 내포된 화합물들도 생산된다.

시신은 썩어가면서 대개 2-3일 동안 지독한 냄새를 풍긴다. 날씨가 더울 때에는 기간이 더 짧아질 수 있다. 그 뒤로 냄새는 서서히 줄어들면서, 살이 전혀 남아 있지 않을 때, 따라서 냄새를 풍길 만한 것이 전혀 남아 있지 않을 때까지 이어진다. 물론 시신이 세균이 증식할 수 없는 빙하나 이탄(泥炭) 늪에 빠지거나 바짝 말라붙어서 미라가 될 때처럼, 이 과정은 방해를 받을 수도 있다. 말이 나온 김에 덧붙이면, 죽은 뒤에도 머리카락과 손톱이 자란다는 말은 신화이며, 생리학적으로 불가능하다. 죽은 뒤에는 아무것도 자라지 않는다.

묻히는 쪽을 택했을 때, 봉인된 관 속에서 시신이 썩는 데에는 오랜 시간이 걸린다. 5년에서 40년까지 걸린다고 추정한 연구가 있다. 물론 방부처리를 하지 않았을 때의 이야기이다. 친지들이 무덤을 계속 방문하는 기간은 평균 약 15년에 불과하므로, 무덤에 묻힌 이들은 사람들의 기억에서 잊힌 뒤에도 지구에 더 오래 머물러 있다. 한 세기 전에는 100명 중 약 1명이 화장을 했지만, 지금은 영국인의 4분의 3, 미국인의 40퍼센트가 화장을 택한다. 화장을 하면, 무게 약 2킬로그램의 재가 남는다.

그것이 우리가 남기는 전부이다. 그러나 삶이란 살아볼 만하지 않았던가?

맞은편 : 멕시코에서 대개 11월 2일에 열리는 "죽은 자들의 날" 축제. 죽은 친척의 영혼이 잠시 돌아와서 가족과 만나는 날이다.

짧은 후일담

2020년 1월 8일, 「뉴욕 타임스」는 "중국이 폐렴성 질환을 일으키는 신종 바이러스를 찾아냈다"라는 홍콩발 기사를 게재했다.

중국 중동부에 자리한 인구 1,100만 명의 도시 우한에서 발생한 이 질병이 새로운 종류의 코로나바이러스임이 밝혀졌고, 12월 초에 첫 발병 사례가 보고된 이래로 환자가 59명으로 늘었다는 기사였다.

다행히도 기사에는 독자를 안심시키는 내용도 있었다. 그 바이러스가 사람 사이에 쉽게 전파된다는 증거는 전혀 없다는 것이었다.

기사는 홍콩 대학교 감염학과 교수의 말을 인용했다. "이 바이러스의 전파 가능성이 그리 높지 않다고 가정할 수 있습니다." 그러나 그것이 너무 성급한 결론이었다는 사실이 드러났다.

그로부터 2주일이 지난 1월 21일, 미국에서 첫 발병 사례가 보고되었다. 최근에 우한을 방문하고 온 워싱턴 주의 30대 남성이었다.

그 사이에 중국의 감염자 수는 300명으로 늘었고, 과학자들은 전파가 얼마나 쉽게 이루어지는지는 아직 모르지만, 이 바이러스가 사람 사이에 전파될 수도 있다고 추측하기 시작했다.

사실 이 질병에 대해서 알려진 것이 거의 없었기 때문에 이 질병을 부를 명칭도 없었다. 세계보건기구는 첫 발병 사례가 보고된 지 2개월 남짓 지난 뒤인 2월 11일에야 공식 명칭을 붙였다. 코로나바이러스 감염증 2019(Coronavirus Disease 2019)라는 이름으로, 곧 줄여서 코비드-19(Covid-19)라고 불리게 되었다. 그 병을 일으킨 바이러스에는 SARS-CoV-2라는 이름이 붙었다.

2월 초인 이 무렵에, 중국의 감염자 수는 4만4,650명으로 급증했고, 그 병은 세계로 퍼지면서 24개국에서 393명의 환자가 보고된 상태였다.

곧 다른 나라들의 환자 수가 중국을 따라잡았고, 이윽고 넘어섰다. 이탈리아에서는 감염자 수가 2월 초에는 겨우 5명이었는데, 6주일 뒤에는 17만 명을 넘어섰다. 스페인, 프랑스, 독일, 영국 등 유럽 전역의 여러 나라들과 다른 나라들도 비슷한 증가율을 보였다. 미국의 뉴욕에서는 3월 1일에 첫 확진자가 나왔다. 그리고 이 병은 빠르게 퍼지기 시작했다. 늦여름 무렵에는 미국인 사망자가 거의 20만 명에 이르렀다. 세계 사망자의 약 5분의 1에 달했다. 그리고 검사에서 양성으로 나온 미국인이 660만 명에 달했다.

누구나 알다시피, 이 유행병은 그렇게 가차없이 진행되었다. 2021년 11월

2020년 1월 24일 중국 우한에서 코비드-19 환자들을 수용하기 위해서 무려 열흘 만에 새 병원이 건설되는 현장.

말, 이 글을 쓰는 지금은 이 유행병이 터진 지 694일째이며, 2020년 말부터 효과가 있는 백신들이 나왔지만 아직도 유행이 언제 끝날지 확실하지가 않다. 현재까지 확진자가 2억6,000만 명을 넘어서고 사망자가 520만 명에 달했지만, 유행병이 잦아들기 전까지(잦아든다고 할 때) 얼마나 많은 사람들이 더 앓거나 목숨을 잃을지 전혀 예측할 수 없다. 이 질병은 우리가 일하고 공부하고 서로 어울리고 여행하는 방식, 아니 사실상 우리가 살아가는 방식 자체를 근본적으로 바꾸어왔다.

그러나 확실하면서 영원히 이어질 법한 것이 하나 있다. 우리가 어느 질병이 뜬금없이 갑자기 출현하여 진정으로 무시무시하게 빠른 속도로 세계적 유행병이 될 수 있는 시대를 살고 있다는 사실이다. 그러니 다음에 같은 일이 벌어져도 그리 놀랄 필요도 없고, 우리는 여전히 준비가 덜 되어 있을 가능성이 높다.

그림 출처

사용된 약어 :
AP = AP Images; ASP = Alamy Stock Photo; BI = Bridgeman Images; Getty = Getty Images; LC = Courtesy of the Library of Congress; NARA = US National Archives and Records Administration; NLM = US National Library of Medicine; SHI = Science History Images; SPL = Science Photo Library, London; WC = Wellcome Collection

10, 52, 96, 266, 329, 385, 459쪽 삽화 © Kipper Williams 2022

제1장: 6 © 1959 by Golden Press, Inc.; 8 *Elementi di anatomia fisiologica applicata alle belle arti figurative*, Francesco Bertinatti, 1837/NLM/The Internet Archive; 11 J-P Metsavainio/SPL; 13 Lennart Nilsson, TT/SPL; 14 *Die Lunge* by Fritz Schüler/Axel Springer Verlag Berlin; 15 KTSDesign/SPL; 16-17 James King-Holmes/SPL; 18 Laguna Design/SPL; 19 *Der Mensch als Industriepalast*, Fritz Kahn 1926, Franckh/Kosmos Stuttgart, fritz-kahn.com.

제2장: 22 WC; 24 Power and Syred/SPL; 26 l. and r. Steve Gschmeissner/SPL; 27 t. NLM/SPL; 27 b. NLM; 28 ISM/SPL; 29 Heidi Lynne Lewis; 31 LC; 32 Syndromeda/Shutterstock; 35 © Delaware Art Museum/Samuel and Mary R. Bancroft Memorial/BI; 37 The Metropolitan Museum of Art, N.Y. Twentieth-Century Photography Fund, 2009; 38 l. WC; 38 r. PNC/ASP; 39 LC; 41 t. Richard Wehr/Custom Medical Stock Photo/SPL; 41 b. NARA; 43 l. Power and Syred/SPL; 43 r. Steve Gschmeissner/SPL; 44 The Metropolitan Museum of Art, N.Y. The Elisha Whittelsey Collection, The Elisha Whittelsey Fund, 1959.

제3장: 46 NIAD/National Institutes of Health/SPL; 48 Thomas Deerinck, NCMIR/SPL; 51 Steve Gschmeissner/SPL; 53 GL Archive/ASP; 55 t. Chantal Abergel, IGS UMR 7256 CNRS-AMU and Jean-Michel Claverie; 55 b. NLM; 56 SPL; 59 l. Nick Cote, Daily News-Sun/AP; 59 r. Michael Abbey/SPL; 60 David Scharf/SPL; 61 l. London School of Hygiene/SPL; 61 r. Dennis Kunkel/SPL; 63 t. WC; 63 b. NLM; 64 l. and r. WC; 65 t.l. Hans Wild/The LIFE Picture Collection/Shutterstock; 65 t.r. © British Library Board. All Rights Reserved/BI; 65 b.l. and r. St. Mary's Hospital Medical School/SPL; 67 WC; 69 l. Image courtesy of the Advertising Archives; 69 r. © IWM; 70 © Washington University in St Louis; 73 John Durham/SPL; 74 Eye of Science/SPL.

제4장: 76 K H Fung/SPL; 78 Otis Historical Archives, National Museum of Health and Medicine/SPL; 79 Photo by Universal Images Group/Getty; 81 Biophoto Associates/SPL; 83 Medimage/SPL; 84 The Washington Post/Getty; 89 Media News Group/Orange County Register/Getty Images; 92 © World Memory Sports Council 2021; 93 l. Reproduced by permission of the Osler Library of the History of Medicine, McGill University; 93 r. © 1986, Suzanne Corkin, used by permission of The Wylie Agency (UK) Limited; 94 Korbinian Brodmann Museum; 95 WC; 97 Thomas Deerinck, NCMIR/SPL; 98 Science Source/SPL; 99 t. and b. NLM/SPL; 100 Bettmann/Getty; 102 George Rinhart/Corbis/Getty; 104 WC; 105 © Archives Charmet/BI; 106 SHI/ASP.

제5장: 108 Oxford Science Archive/Heritage Images/SPL; 110 DEA/G Costa/Getty; 112 Etching by L. Mark, 1824/WC; 113 t. NLM; 113 b. WC; 114 t. and b. NLM; 115 Zephyr/SPL; 116 l. and r. WC; 118 BI; 119 WC; 120 WC; 121 J.C. Revy, ISM/SPL; 123 Photo by Suren Manvelyan; 124 l. Lennart Nilsson, TT/SPL; 124 r. Freya Mowat/WC CC BY 4.0; 126-7 Illustrations by Henry Vandyke Carter from *Anatomy* by Henry Gray, Longmans 1893; 128 l. Steve Gschmeissner/SPL; 128 r. Capt. Horton/IWM/Getty; 130 t. Engraving by Romuald Ceracchi c.1820/WC; 130 b. DEA/A. Dagli Orti/Getty; 131 Portrait of Dame Ellen Terry c.1864 by George Frederick Watts/BI; 133 Steve Gschmeissner/SPL; 134 Noam Sobel, courtesy of UC Berkeley.

제6장: 136 Anatomical Travelogue/SPL; 138 Photograph by Robert Howlett, 1857/The Metropolitan Museum of Art, N.Y. Gilman Collection, Purchase, Harriette and Noel Levine Gift, 2005; 139 Leemage/Universal Images Group/Getty; 140 ullstein bild/Getty; 141 DNA Illustrations/SPL; 142 Granger/BI; 143 AP/Shutterstock; 144 Chevalier Jackson Papers, Archives Center, National Museum of American History, Smithsonian Institution; 145 The Mütter Museum of the College of Physicians of Philadelphia; 146 F.G. Weller/George Eastman Museum/Getty; 148-9 Illustrations from *Anatomy* by Henry Gray; 150 Yomiuri Shimbun/AP; 152 l. The History Collection/ASP; 152 r. AFP/Getty; 153 Kyodo News Stills/Getty; 154 © Christie's Images/BI; 157 Middle Temple Library/SPL; 159 SPL; 160 l. Hulton-Deutsch/Corbis /Getty; 160 r. NLM; 161 GraphicaArtis/Getty.

제7장: 162 K H Fung/SPL; 164 Illustration from *Petit Livre d'Amour* by Pierre Sala © British Library Board. All Rights Reserved/BI; 166 Patrick Guenette/Alamy Stock Vector; 167 Illustration by Emile Beau, 1866/SPL; 168 l. Cuzzort/WC; 168 r The Internet Archive; 170 CNRI/SPL; 172 Hoang Dinh Nam/AFP/Getty; 173 Keystone/Getty; 174 l. Süddeutsche Zeitung Photo/ASP; 174 r. ullstein bild /Getty; 175 Courtesy of Thomas Jefferson University, Archives & Special Collections; 176 (all) Al Fenn/The LIFE Picture Collection/Shutterstock; 177 l. Keystone/Hulton Archive/Getty; 177 r. Alfred Pasieka/SPL; 178 l. Reprinted with permission, Cleveland Clinic Center for Medical Art & Photography ©2021. All Rights Reserved; 178 r. Popperfoto/Getty; 180 Rolls Press/Popperfoto/Getty; 181 BSIP/UIG/Getty; 182 Ink drawing by Leonardo da Vinci, c.1490 © Royal Collection/Royal Collection Trust © Her Majesty Queen Elizabeth II, 2021/BI; 184 l. Steve Gschmeissner/SPL; 184 r. Susumu Nishinaga/SPL; 185 t. WC; 185 b. NLM; 186 l. Susumu Nishinaga/SPL; 186 r. NLM; 188 SHI/ASP; 190 Science Museum/WC CC BY 4.0; 191 Historical Picture Archive/Corbis /Getty; 192 Charles B.J.F. de Saint-Mémin, 1802/LC; Russell Lee, 1939/LC; 193 l. NLM/SPL; 193 r. American Philosophical Society/SPL; 194 Courtesy of the Abraham Lincoln Presidential Library & Museum/© AP/Shutterstock; 195 E. Holland Durando/Washington University.

제8장: 198 Antonio Romero/SPL; 200 Art Archive/Shutterstock; 201 t. Historic Collection/ASP; 201 b. Darling Archive/ASP; 202 l. History and Art Collection/ASP; 202 r. GL Archive/ASP; 203 Patient JL, 15 pounds, 7 December, 1922. Patient JL, 30 pounds, 26 February, 1923. Images courtesy of Eli Lilly and Company; 205 Watford/Mirrorpix / Getty; 206 Photo: Furnace Ltd; Illustrations: Dover Publications. Anatomical and Medical Illustrations: A Pictorial Archive ISBN # 9780486467528; 207 Scott Camazine/Science Source/SPL; 208 Vintage Space/ASP; 209 Historic Images/ASP; 211 (all) WC; 212 SPL; 213 James Leynse/Corbis /Getty); 215 *The Natural Way is the Best Way for Mother and Child*. Illustration by Eileen Soper. Courtesy of Chris Beetles Gallery, St James's, London on behalf of the AGBI. Poster from David Pollack Vintage Posters; 216 ullstein bild/Getty; 217 JAIME REINA/AFP /Getty; 219 SPL; 221 The Granger Collection/ASP; 222 l. Universal History Archive/UIG/BI; 222 r. Charles Williams/WC; 223 WC https://creativecommons.org/licenses/by/4.0/; 224 t. Universitätsbibliothek Heidelberg/heidICON; 224 b. Dr Keith Wheeler/SPL; 225 t. and b. WC; 226 WC; 227 Smith Collection/Gado/Getty; 228 *Litotomia* by Tommaso Alghisi, 1707/WC; 229 t. Portrait by John Hayls, 1666/Art Images /Getty; 229 b. The Royal College of Surgeons of England RCSSC/P 456.

제9장: 230 WC; 232 Universal History Archive/UIG/Getty; 233 Nottingham University Hospitals NHS Trust; 234 G H Ford, 1863/WC; 235 Bettmann/Getty; 237 l. William Austin 1773/WC; 237 r. Portrait (detail) by Pierre Poncet, 17th century; 238 akg-images; 239 SHI/ASP; 240 l. © The Royal College of Surgeons of Edinburgh; 240 r. Engraving after photograph by H. Pollock/WC; 242 *The skeleton*, drawing by Leonardo da Vinci c.1510-11 © Royal Collection/Royal Collection Trust © Her Majesty Queen Elizabeth II, 2021/BI; 243 Microscape/SPL; 244 l. Lennart Nilsson, TT/SPL; 244 r. Steve Gschmeissner/SPL; 245 Science Source/akg-images; 246 l. The Getty/SPL; 246 r. SPL; 247 Smith Collection/Gado/Getty; 248 t. GL Archive/ASP; 248 b. Nick Veasey/SPL; 249 BSIP/Universal Images Group /Getty; 251 Zephyr/SPL; 252 Hulton-Deutsch/Corbis/Getty.

제10장: 254 © Archives Charmet/BI; 256 © Natural History Museum, London/BI; 257 John Reader/SPL; 258 Bettmann/Getty; 259 D Roberts/SPL; 260 © SZ Photo/BI; 261 Jeff Gross/Getty; 262 t.l. © TfL from the London Transport Museum collection; 262 b.l. © London School of Hygiene & Tropical Medicine, Courtesy Library, Archives & Open Research Access Service, LSHTM; 262 r. Topfoto; 264 © Pritchett & Hull Associates, Inc. Used with permission; 268 Archives New Zealand Te Rua Mahara o te Kāwanatanga.

제11장: 270 Edward Kinsmand/SPL; 272 Photo © Leonard de Selva/BI; 274 ©The Royal Society; 276 Universal History Archive/UIG/Getty; 277 t. Photo by Bachrach, 1934/WC; 277 b. WC; 278 l. ©Photo Researchers/Mary Evans

Picture Library; 278 r. Hulton-Deutsch/Corbis/Getty; 280 l. Dennis Kunkel Microscopy/SPL; 280 r. Anonymous/AP/Shutterstock; 283 l. The Alkemade Family; 283 r. Oldrich Picha/CTK via AP; 285 ATP/RDB/ullstein bild/Getty; 286 Arterra/Universal Images Group/Getty; 288 t. Northcliffe Collection/ANL/Shutterstock; 288 b. CPA Media Pte Ltd/ASP; 289 Pictures from History/BI.

제12장: 290 Dennis Kunkel Microscopy/SPL; 292 Zephyr/SPL; 293 Steve Gschmeissner/SPL; 294 Steven May/Alamy Live News; 296 Image courtesy of The Walter and Eliza Hall Institute of Medical Research (WEHI); 297 (all) Edelmann/SPL; 299 Steve Gschmeissner/SPL; 300 Bettmann/Getty; 302 l. Bettmann/Getty; 302 r. Irish Kidney Association CLG, Dublin; 303 National Pictures/Topfoto; 305 l. The Arthur H. Aufses, Jr., MD Archives, Icahn School of Medicine at Mount Sinai/Mount Sinai Health System, New York, N.Y.; 305 r. Living Art Enterprises/SPL; 306 SIU/SPL; 308 Eye of Science/SPL.

제13장: 310 Innerspace Imaging/SPL; 312 Sovereign, ISM/SPL; 314 l. Dennis Kunkel Microscopy/SPL; 314 c. Dr Tony Brain/SPL; 314 r. Dennis Kunkel Microscopy/SPL; 316 The National Archives/SSPL/Getty; 318 Apic/Getty; 319 l. Universal History Archive/UIG / Getty; 319 r. The National Archives, London, England; 320 © London School of Hygiene & Tropical Medicine; 321 Peter Gardiner/SPL; 322 *Boys and Kitten* 1873 by Winslow Homer © Worcester Art Museum/BI; 324 l. Fritz Goro/The LIFE Picture Collection/Shutterstock; 324 r. Bettmann/Getty; 325 l. Gemma Levine/Hulton Archive/Getty; 325 r. WC; 327 The National Archives, London, England.

제14장: 330 Fine Art/Getty; 332 Science & Society Picture Library/Getty; 334 (all) Wilbur Owen Atwater Papers/US Department of Agriculture/SPL; 336 Rick Friedman/Corbis/Getty; 337 l. Fernán Federici/WC CC BY 4.0; 337 c. Dennis Kunkel Microscopy/SPL; 337 r. Portrait by Henry Wyndham Phillips/GL Archive/ASP; 338 The National Archives, London, England/Mary Evans; 339 l. AP/Shutterstock; 339 r. WC; 341 WC; 342 Bettmann/Getty; 343 l. Russell Lee, 1939/LC; 343 r. Buyenlarge/Getty; 345 l. Dennis Kunkel Microscopy/SPL; 345 r. Lennart Nilsson/Boehringer Ingelheim/TT/SPL; 346 Scott Camazine/SPL; 347 t. The History Collection/ASP; 347 b. Rick Danzl/The News-Gazette/AP; 349 Marine Biological Laboratory Archives, 1930, https://hdl.handle.net/1912/16769; 350 NARA 026-g-037-021-001; 351 l. Wallace Kirkland/The LIFE Picture Collection/Shutterstock; 351 r. Pete Hohn/Star Tribune/Getty; 354 Unknown artist, Dutch School, 1590/Erich Lessing/akg-images; 356 Tony Camacho/SPL; 357 Douglas Sonders.

제15장: 360 SPL; 362 WC; 365 t. SHI/ASP; 365 b. FLHC A29/ASP; 367 Granger/BI; 368 l. SHI/ASP; 368 c. *Life and Letters of Dr. William Beaumont* by Jesse S. Myer/WC; 368 r. *Experiments and Observations on the Gastric Juice, and the Physiology of Digestion* by William Beaumont, 1838/WC; 369 Steve Gschmeissner/SPL; 370 Patrick Guenette/Alamy Stock Vector; 371 l. Courtesy of the Naval History and Heritage Command NH 102917; 372 l. WC; 372 r. *Operative Treatment of Chronic Intestinal Stasis* by William Arbuthnot Lane/WC; 373 l. *Appleton's Cyclopædia of American Biography*; 373 r. *The Defective Delinquent and Insane* by Henry A. Cotton/WC; 374 t. NLM/SPL; 375 l. Charles Hewitt/Getty; 375 r. *The Wasp*, 1882/California State Library/ The Internet Archive.

제16장: 376 *Night and Sleep* (detail) by Evelyn de Morgan, 1878 © De Morgan Foundation/BI; 378 NARA; 380 Colin Varndell/ASP; 381 Natalia Pryanishnikova/ASP; 383 Allan Hobson/SPL; 386 Provided by Russell G. Foster; 389 (both) Keystone-France/Gamma-Keystone/Getty Images; 391 *The Insomniac* from Tacuinum Sanitatis Codex Vindobonensis, Alinari/BI; 392 The Metropolitan Museum of Art, N.Y. Harris Brisbane Dick Fund, 1917; 395 *Gaping's Catching* by T L Busby, c.1826/WC.

제17장: 396 Photo © Raffaello Bencini/BI; 398 Biophoto Associates/SPL; 399 t. FLHC A31/ASP; 399 b. SPL; 400 l. American Philosophical Society/SPL; 400 r. Biodiversity Heritage Library/The Internet Archive; 401 t. Science Source/SPL; 401 b. American Philosophical Society/SPL; 403 Matthijs Kuijpers/ASP; 405 l. stf/AP/Shutterstock; 405 b. Bettmann/Getty; 406 Paul Slade/Paris Match/Getty; 410 l. WC; 410 r. Plate from the *Nouvelles démonstrations d'accouchements* by Jacques-Pierre Maygrie, 1840/Adoc-photos/Corbis/Getty; 412 The Internet Archive; 413 WC; 414 t. Vintage MedStock/Getty; 415 b. WC; 416 Ignelzi/AP/Shutterstock.

제18장: 416 Eye of Science/SPL; 418 Studies of the foetus in the womb by Leonardo da Vinci, c.1510-13 © Royal Collection / Royal Collection Trust © Her Majesty Queen Elizabeth II, 2021/BI; 420 Dennis Kunkel Microscopy/SPL; 422-3 TheVisualMD/Science Source/SPL; 424 Lennart Nilsson, TT/SPL; 425 l. NASA, Robert Markowitz/SPL; 425 r. Dr Najeeb Layyous/SPL; 426 WC; 428 l. BI; 428 r. Pennsylvania State Library/The Internet Archive; 429 t. WC; 429 b. WC; 431 l. SPL ; 431 r. Middle Temple Library/SPL; 432 The Figure of the Child turning itself to the birth in *Mellificium chirurgiæ* 1685 by James Cooke © The Royal College of Surgeons of Edinburgh; 435 © British Library Board. All Rights Reserved/BI; 437 WC; 438 Album/ASP.

제19장: 440 WC; 442 WC; 443 AFP PHOTO/TANG CHHIN SOTHY/Getty; 444 t. WC; 444 b. Old Paper Studios/ASP; 445 © Irene Tracey; 447 WC; 448 SHI/ASP; 449 Thomas Deerinck, NCMIR/SPL; 450 l. SPL; 450 r. WC ; 451 Kage Mikrofotografie GBR/SPL; 452 l. Oxford Science Archive/Print Collector/Getty; 452 r. Courtesy of the South Canterbury Museum, NZ, 2012/186.10307; 453 Lennart Nilsson, TT/SPL; 454 t. The Metropolitan Museum of Art, N.Y. The Elisha Whittelsey Collection, The Elisha Whittelsey Fund and Harris Brisbane Dick Fund, by Exchange, 1970; 454 b. The Cleveland Museum of Art. Bequest of Dr. Paul J. Vignos, Jr.; 455 Pictorial Press Ltd/ASP; 456 Alphonse Daudet, 1893. Lithograph by Eugène Carrière. The Cleveland Museum of Art. Twenty-fifth anniversary gift, Mr. and Mrs. Lewis B. Williams Collection; 457 t. © New York Historical Society/BI; 457 b. WC.

제20장: 460 Luisa Ricciarini/BI; 462 steeve-x-art/ASP; 465 Howard Earl Simmons/NY Daily News Archive/Getty; 466 l. Steve Gschmeissner/SPL; 466 r. AMI Images/Cynthia S Goldsmith, Olga I Kosoy/SPL; 467 l. Jack E. Boucher/LC; 467 r. James Cavallini/SPL; 469 l. RBM Vintage Images/ASP; 469 r. NARA 165-WW-269B-013; 470 l. CBW/ASP; 470 r. WC; 472 New York Public Library/SPL; 473 LC; 474 l. From *Toshin seiyo* by Kanda Gensen, c.1720/WC; 474 r. WC; 475 WC; 476 Barts Health NHS Trust Archives RLHBH/P/2/9/4; 478 l. Stephan Bianchetti/BI; 478 c.l. NLM; 478 c.r. WC; 478 r. WC; 479 United States War Department, 1945/NLM; 481 Bettmann/Getty; 483 NLM.

제21장: 484 Steve Gschmeissner/SPL; 486 LOC/Science Source/SPL; 487 WC; 489 SPL; 491 l. akg-images; 491 r. WC; 493 t. SHI/ASP; 493 b. Keystone Press/ASP; 494 Pictorial Press Ltd/ASP; 495 The Miriam and Ira D. Wallach Division of Art, Prints and Photographs: Print Collection, The New York Public Library. "Hugo Arnot." The New York Public Library Digital Collections; 496 WC; 497 l. NLM/SPL; 497 r. NLM/SPL; 499 NLM; 500 t.l. GL Archive/ASP; 500 c. PNC Collection/ASP; 500 b. John B Carnett/Bonnier Corp/Getty; 500 t.r. Daily Herald Archive/SSPL/Getty; 501 Paul Cannon/AP/Shutterstock; 502 Hulton-Deutsch/Corbis/Getty; 503 Bettmann/Getty; 504 dpa picture alliance/ASP.

제22장: 506 J C Revy, ISM/SPL; 508 SHI/ASP; 509 t. Photo by Julius Schatz. Courtesy of the Schatz family, albertschatzphd.com; 509 b. Roger Higgins/LC; 511 Francisco Martinez/ASP; 513 l. Smith Collection/Gado/Getty; 513 c. Darling Archive/ASP; 513 r. Portrait by Henry Wyndham Phillips/Rapp Halour/ASP; 514 Homer Sykes/ASP; 515 Bettmann/Getty; 516 Keystone/Getty; 517 t. Photo by Jacob Riis/Bettmann/Getty; 517 b. Hulton-Deutsch/Corbis /Getty; 518 Benjamin Sheer/Federal Art Project/Granger/BI; 521 MEGAN JELINGER/AFP/Getty; 522 (both) Zephyr/SPL; 524 Steven Needell/SPL; 525 SPL; 527 BRENDAN SMIALOWSKI/AFP/Getty.

제23장: 530 The Metropolitan Museum of Art, N.Y. Purchase, Anonymous Gift, in memory of Frits Markus, and Frits and Rita Markus Fund, 2003; 532 Heritage Images/Getty; 534 t. Bettmann/Getty; 534 b. Fotos International/Getty; 536 Arturo Londono, ISM/SPL; 537 Nati Harnik/AP/Shutterstock; 539 Elaine Thompson/AP/Shutterstock; 542 (t. both) Sipa/Shutterstock; 542 b. The Yomiuri Shimbun via AP; 544 l. IanDagnall Computing/ASP; 544 r. SHI/ASP; 545 SHI/ASP; 546-7 t. Zephyr/SPL; 546 b. Sputnik/SPL; 551 ULISES RUIZ/AFP/Getty; 553 STR/AFP/Getty.

주와 참고 문헌은 www.kachibooks.co.kr 에서 보실 수 있습니다

역자 후기

옮기면서 가장 자주 떠오른 생각은 빌 브라이슨은 역시 기대를 저버리지 않는구나 하는 것이었다. 인체를 다루는 책을 쓰려면 여러 가지를 고려해야 한다. 해부학과 생리학의 전문용어를 얼마나 써야 할지, 질병이나 유전 같은 내용을 얼마나 깊이 다루어야 할지, 독자가 모를 법한 새로운 지식을 얼마나 넣어야 할지, 독자가 알거나 들어보았음직한 내용을 어떻게 새롭게 구성해야 할지 등 많은 것들을 생각해야 한다. 그러면서도 쏙쏙 와닿고 재미있게 써야 한다. 게다가 틈틈이 재치 있는 말도 넣으면 금상첨화일 것이다. 저자는 이 책에서 그 모든 일들을 해낸다. 그것도 너무나도 탁월하게 해낸다.

우선 인체를 다룬 책이라면 으레 전문용어가 가득할 것이라고 지레짐작하기 쉽지만, 놀랍게도 이 책에는 그런 용어가 거의 없다. 읽기를 방해할 만한 전문용어가 거의 없다고 보아도 된다. 그나마 저자가 조금 풀어서 설명하는 용어들도 사실상 우리가 익히 아는 것들이거나 그냥 듣고 넘어가도 좋을 것들이다.

그렇지 않은 용어들은 대개 역사에 남을 중요한 발견을 했지만, 지금은 거의 잊혔거나 제대로 인정을 받지 못하는 연구자들을 설명하기 위해서 말하는 것들이다. 이 책에는 그런 연구자들의 일화들도 흥미진진하게 소개되어 있다. 노벨상까지 빼앗겼고, 수십 년 뒤에 후대 사람들이 공로를 인정해준 메달이 자신의 노벨상을 빼앗은 사람의 이름이 붙은 것이라는 일화를 읽었을 때 조금은 안타까운 마음이 들기도 한다.

저자는 인류가 몸이 정상일 때나 잘못될 때에 어떤 일들이 일어나는지를 설명하면서, 그런 것들을 밝혀냄으로써 인류를 위해서 기여한 사람들의 노력과 고초에 찬사를 보낸다. 그럼에도 읽다 보면, 우리가 지금까지 인체에 관해서 모르고 있던 것들이 너무나 많다는 사실을 저절로 깨닫게 된다.

저자는 우리가 너무나도 놀라운 몸을 가지고 온갖 놀라운 일을 하면서도, 사실상 자신의 몸을 거의 모르고 있다는 점을 강조한다. 게다가 이 책이 다른 책들과 다른 점은 그런 내용들을 설명하는 방식이다. 저자는 우리가 하품을 하는 이유도, 목젖이 있는 이유도, 콩팥이 두 개인 이유도, 혈액형이 있는 이유도 모른다는 말을 특유의 유머와 재치를 곁들여서 색다른 시각에서 들려준다. 다른 책에서는 찾아볼 수 없는 저자 특유의 문체 덕분에, 모른다는 사실이 정말로 실감나게 와닿는다.

피부에서부터 죽음에 이르기까지, 저자의 설명을 들으면서 몸속 구석구석을 돌아다니다 보면 자신의 몸을 좀더 잘 알아야겠다는 생각이 절로 들게 된다. 그리고 그 몸을 더 잘 사용해야겠다는 마음도 새삼스럽게 들게 된다. 저자는 우리가 질병에 걸린다는 사실이 놀라운 것이 아니라, 평생 질병에 드물게 걸리면서 살아간다는 사실이 놀라운 것이라고 역설한다. 예를 들면, 심장은 우리가 두 손으로 힘껏 펌프질을 하다가는 곧 지쳐 나가떨어질 만한 압력으로 피를 뿜어내는 일을 수십 년 동안, 단 몇 초조차도 쉬지 않고 아무 탈 없이 한다. 그 심장과 몇 년 가지 않아서 닳고 망가지는 기계 장치를 비교하면 우리 몸이 얼마나 놀라운지 알 수 있다는 것이다.

저자가 들려주는 우리 몸의 놀라운 이야기에 푹 빠져보시기를. 저자의 말처럼 삶이란 정말 살아볼 만한 것임을 느끼게 된다.

2019년 겨울

이한음

찾아보기